“十二五”普通高等教育印刷本科规划教材

印刷机械

（第二版）

主　编：成刚虎
副主编：刘国栋　刘琳琳　王西珍
　　　　楚高利　牛一帆
主　审：张海燕

文化发展出版社
Cultural Development Press

内容提要

本书以传统印刷机械为主，揭示基本原理，展示常见机型，剖析典型机构，介绍操作、调节方法。本书汇集了印刷工程（原印刷机械）专业创建三十多年以来的教学成果积淀，并融入了印刷行业的最新进展和科研成果。本书共14章，分别介绍了印刷机概述、单张纸胶印机的整体结构与传动、单张纸胶印机的印刷装置、单张纸胶印机的水墨系统、自动输纸机、单张纸胶印机纸张的定位与传递部件、单张纸印刷机收纸理纸系统、印刷机控制系统、卷筒纸平版印刷机、凸版印刷机、凹版印刷机、柔性版印刷机、丝网印刷机、其他印刷机。

本书为印刷、包装领域广大读者提供基础知识平台，以便学习和应用，提升操作与维修水平。本书可作为高等院校印刷工程类专业的教学用书，也可作为从事印刷机设计、操作及印刷企业技术人员参考用书。

图书在版编目（CIP）数据

印刷机械/成刚虎主编.－2版.－北京：文化发展出版社，2013.8（2024.2重印）
（“十二五”普通高等教育印刷本科规划教材）
ISBN 978-7-5142-0665-4

Ⅰ.印… Ⅱ.成… Ⅲ.印刷机－高等专业学校－教材 Ⅳ.TS803

中国版本图书馆CIP数据核字(2013)第140419号

印刷机械（第二版）

主　　编：成刚虎
副 主 编：刘国栋　刘琳琳　王西珍　楚高利　牛一帆
主　　审：张海燕

责任编辑：李　毅　　　　责任校对：岳智勇
责任印制：邓辉明　　　　责任设计：韦思卓
出版发行：文化发展出版社（北京市翠微路2号 邮编：100036）
网　　址：www.wenhuafazhan.com
经　　销：各地新华书店
印　　刷：北京捷迅佳彩印刷有限公司

开　　本：787mm×1092mm　1/16
字　　数：565千字
印　　张：24.25
印　　次：2024年2月第2版第7次印刷
定　　价：65.00元
I S B N：978-7-5142-0665-4

◆ 如发现印装质量问题请与我社发行部联系　发行部电话：010-88275710

出版说明

20世纪80年代以来，在世界印刷技术日新月异的发展浪潮中，中国印刷业无论在技术还是产业层面都取得了长足的进步。桌面出版系统、激光照排、CTP技术、数码印刷、数字化工作流程等新技术、新设备、新工艺在中国得到了快速普及与应用。一大批具备较高技术和管理水平的中国印刷企业开始走出国门，参与国际市场竞争，并表现优异。

印刷产业技术的发展既离不开高等教育的支持，又给高等教育提出了新要求。近30年来，我国印刷高等教育与印刷产业一起得到了很大发展，开设印刷专业的院校不断增多，培养的印刷专业人才无论在数量还是质量上都有了很大提高。但印刷产业的发展急需印刷专业教育培养出更多、更优秀的掌握高新印刷技术和国际市场运营规划的高层次人才。

新闻出版总署颁布的印刷业“十二五”发展指导实施意见提出，要在“十二五”期末使我国从印刷大国向印刷强国的转变取得重大进展，成为全球第二印刷大国和世界印刷中心。我国印刷业的总产值达到9800亿元。如此迅猛发展的产业形势对印刷人才的培养和教育工作也提出了更高的要求。

教材是教育教学工作的重要组成部分。印刷工业出版社自成立以来一直致力于专业教材的出版，与国内主要印刷院校建立了长期友好的合作关系，先后承担了“九五”“十五”“十一五”印刷专业高等教育规划教材、统编教材的出版工作。自2006年以来，我社组织了北京印刷学院、西安理工大学、武汉大学、天津科技大学、湖南工业大学、南京林业大学、江南大学等主要专业院校的骨干教师，编写出版了《印刷机设计》《分色原理与方法》《印刷概论（第二版）》《印刷工艺学》《印刷色彩学（第二版）》《印刷机械》《印刷材料及适性（第二版）》《印前处理、制版及打样》《印刷图文复制原理与工艺》《印刷设备与工艺》《印刷过程自动化》《印刷应用光学》《印后加工工艺与设备》《特种印刷技术》《当代印刷专业英语》《柔性版印刷技术》等16门“普通高等教育印刷工程本科专业教材”，其中，《印刷机设计》《分色原理与方法》被教育部列为“普通高等教育‘十一五’国家级规划教材”。同时，为了配合加强这些专业课程的教学，还出版了《印刷材料及适性实验指导书》《数字化印前原理与技术实验指导书》《数字印刷实验教程》等一系列配套实验指导教材，供实验课程使用。

这套教材出版以后，得到了全国开设印刷专业的高等院校的认可，并广泛作为教材选用。为了更好地推动印刷专业教育教学改革与课程建设，紧密配合教育部“十二五”国家级规划教材建设，在“十二五”期间，印刷工业出版社将对本套印刷专业教材进行修订，在增加新技术、新知识的同时，紧密配合教育发展需求，修订知识体系，使教材与教育教学发展同步，与行业发展同步，为培养更多的优秀专业人才服务。

综合来看，这套教材具有以下优点：

● **先进性**。该套教材涵盖了当前印刷方面的最新技术，符合目前普通高等教育的教学需求，弥补了当前教育体系中教材落后于科技发展和生产实践的局面。

● **系统性**。该套材料覆盖了印刷基础课程及特色课程，包括印刷工程、印刷机械等各方面的内容，从印刷工艺到印刷设备，从印前到印后，具有较强的系统性，适合当前印刷院校教学需求。

● **实用性**。该套教材突出反映了当前国际及国内印刷技术的巨大变化和发展，是国内最新的印刷专业教材，能解决当前高等教育印刷专业教材急需更新的迫切需求。

● **作者队伍实力雄厚**。该套教材的作者来自重点主要印刷专业院校，均是各院校最有实力的教授、副教授以及从事教学工作多年的骨干教师，有丰富的教学、科研以及教材编写经验。

● **实现立体化建设**。本套教材大部分将采用“教材 + 配套 PPT 课件”的出版模式（供使用教材的院校老师免费使用）。

经过广大院校、作者和出版社的共同努力，“普通高等教育印刷工程本科专业教材”的修订工作正在陆续进行并将相继出版，希望本套教材能够继续为印刷院校的人才培养做出贡献。

印刷工业出版社

2011年5月

改版前言

复杂而冗长的印刷工艺过程，最终需要在印刷机上获得饱满的色彩和丰富的阶调；不尽完美的印刷系统，依靠印刷机保证其稳定的呈色质量。作为印刷系统五要素之一，印刷机既是印品效果的最终实现者，又是印品质量的核心保证者。

现代印刷机是一种复杂的自动机械，包含着众多的功能部件和运动机构。本书以传统印刷机械为主，揭示基本原理，展示常见机型，剖析典型机构，介绍操作、调节方法。汇集了印刷工程（原印刷机械）专业创建30多年以来的教学成果积淀，并融入了印刷行业的最新进展和科研成果。为印刷、包装领域广大读者提供基础知识平台，以便学习和应用，提升操作与维修水平。

参加本次修订工作的人员及修改内容包括：成刚虎（西安理工大学）编写了第一章、第三章和第十章，刘国栋（陕西科技大学）编写了第二章和第六章，刘琳琳（西安理工大学）编写了第四章、第十一章和第十二章，王西珍（西安工程大学）编写了第七章、第十三章和第十四章，楚高利（河南工程学院）编写了第五章和第八章，牛一帆（山东济宁技师学院）编写了第九章。另外，在文字校对、书稿整合及规范化处理以及图表绘制等方面，张国方、黄春芳、陈芳、刘跃坤、张曼、张鸿及孔飞等几位硕士也付出了不少劳动。

本书的第1版自2007年4月出版发行以来，作为教材先后在陕西科技大学、西安理工大学、北京工业大学、湖南工业大学、曲阜师范大学、河南工业大学等多所高校的印刷工程、包装工程专业使用。在编撰和再版修改的过程中，得到了西安理工大学印刷包装学院印刷工程系及其实验室广大同人们的鼎力支持和热情帮助，并一再受到西安理工大学教材出版基金的资助。承蒙广大读者的厚爱，得以再版发行，作者在此一并表示衷心感谢。

本次再版修订，我们深感责任重大，丝毫不敢懈怠，反复讨论，精心策划，力求系统全面、客观而实用。但是由于我们知识有限、缺乏实践经验，错误在所难免。

不妥之处，恳请业内专家和同人以及广大读者批评指正！

成刚虎

2013年6月于西安

目 录

第一章

印刷机概述

印刷机是按一定印刷方式进行印品大量复制的自动化、半自动化专用机械。

第一节　印刷机的发展历程、现状和发展趋势

印刷机是实现成熟印刷工艺方法的机械化工具。因此，早期印刷机的发展要落后于印刷方法。随着科学技术的发展和渗透，印刷机和印刷方法呈伴随性发展状态，与此同时，在各种成熟的印刷工艺下，印刷机本身也不断得到改进和完善。

一、印刷机的发展历程

印刷与人类活动的密切关系，直接推动了印刷机的快速发展。1440 年古登堡发明第一台垂直手扳印刷机，首次用机械方法部分代替了繁重手工劳动。1796 年，德国人塞纳非尔德发明了石印（平印）术，并于次年设计了第一台石印机。为摆脱笨重的石版，他于 1805 年试用金属版印刷获得成功，并于 1826 年，石印机上印制成功第一张彩色印刷品。但是到此为止，人们一直在专注于直接印刷方法和机器的改革和完善，直到 1875 年，英国人利用间接平版印刷方法制成了第一台铁皮印刷机。然而，此后很长时间，人们并未想到这种间接方法也能用在纸张印刷上。1905 年，美国人威廉·罗培尔在印刷时的不经意发现，才揭开了胶印的发展序幕。他发现由橡皮布上间接印下来的图文比直接从版上印在粗糙纸上要好很多，于是就在两个滚筒的印刷机上增加了一个包橡皮布的滚筒，产生了胶印机。

凸版印刷机在 20 世纪 60 年代以前一直是具有统治地位的工业化印刷工具，尔后平版胶印才逐步占据印刷工业的主导地位，胶印机便成为印刷机发展主流。

经过 570 多年的发展变迁，印刷技术从单一的凸版印刷发展为平版为主，平、凸、凹、柔、丝以及数字印刷共同发展的格局，印刷机械也先后经历了由手工到自动，从单一版型（凸）版到多版型（平、凸、凹、柔、丝），从平压平到圆压圆，从有压到无压，从有版到无版，由低速到高速，由单色到多色，由平面到立体的发展历程。

二、印刷机械的发展现状与趋势

近年来，平版印刷技术和设备得到空前提升，广泛应用于包装、装饰及广告等方面的丝

网印刷以及柔版印刷也得到迅猛发展。印刷领域呈现出凸版印刷明显收缩，平版印刷主导发展，凹版印刷保持稳定状态，而丝网印刷和柔版印刷在迅速上升的发展趋势。印刷机市场上，在各类单机的研发顺应潮流的基础上，出于各种不同的应用需求背景，不断涌现出了多种新的综合性印刷机种。

平版印刷引领潮流。由于平印具有版材薄而轻，且可弯曲等优点，适合于高速轮转印刷机，加之制版时采用感光成像原理，不用铅合金浇铸，根除了铅毒污染，因此，平印不仅在数量上有较大提高，而且在品种和性能上也日臻完善，引领印刷潮流。

目前，平印的压印方式均为圆压圆型。单张纸平版印刷机以高速度、高质量印刷为主，且市场覆盖面最广。卷筒纸胶印机的生产已经形成了系列。国产机的研发现状表现为：不仅品种多样化，零部件通用化，产品标准化、系列化以及生产管理现代化，而且输纸机、自动清洗滚筒装置、气泵、电子监测装置、喷粉装置、干燥设备、张力控制及自动接纸装置等专用部件或配套设备也实现了专业化生产。今后的发展重点是朝着高精度、高质量、高速度、多色组、多功能以及控制水平高度自动化的方向发展。

单张纸胶印机将发展适合市场需要和符合国际标准的、从单色到多色的、根据市场需要可以配置各种功能的高、中、低不同档次的系列胶印机。发展的重点是提高自动化、数字化和智能控制水平，目标是压缩辅助时间和提高机器的稳定性、可靠性。借鉴、研发并不断推广应用各种成熟新技术，如气垫式传纸滚筒，印品规格变化自动预调，自动套准，印品质量和故障的显示、诊断和自动调整，半自动和自动上版，无水胶印，无轴传动，直接制版和印刷机一体化等。在此基础上，根据市场需求，进一步研发新的实用技术，研制配套的辅助设备，如上光、烘干及翻转装置等，不断拓宽产品功能。高端产品将向国际先进水平靠拢；一般产品确保达到中档实用水平；低档次产品逐步趋于淘汰。

卷筒纸胶印机发展重点是主要针对新闻用多色卷筒纸胶印机和中、高档商用卷筒纸胶印机，既要不断提高印刷速度又要解决可靠性和稳定性问题。新闻用卷筒纸胶印机在发展不同型式的单幅每小时印刷 6 万 ~7 万张对开报纸的新闻用胶印机的同时，还要根据市场需求发展双幅和速度更高的新闻用卷筒纸胶印机及配套装置，如裁单张纸机、复卷装置、烘干箱加硅装置，新闻用胶印机配套的报纸输送、打包、分拣、输出系统等，高速和零速自动接纸机，墨色遥控系统，水墨平衡自动控制系统，自动套准系统，张力控制系统，印品质量和机器故障的显示和调整装置，不停机折页开本自动转换，裁切规格的自动改变和预调，短墨路系统，无水、无缝、无轴技术，无扎针折页机，自动穿纸和多纸路自动改变穿纸路线装置等国际先进技术是国产机长期研发重点。

凸版印刷经久不衰。作为最传统的印刷方式，凸版印刷的应用范围不断扩大，现在已有各种形式、种类及型号的凸版印刷机数百种，形成了比较完整的凸版印刷机系列。然而，从印刷市场总体比例来看，凸版印刷（不包括柔版印刷）有明显收缩趋势，目前大多应用在不干胶标签印刷和表格印刷等组合型印刷机上。不少厂家把凸版印刷机改造为柔性版印刷机、模切烫金机等，也有的厂家加装了润湿系统，以平印代替凸印。

凹版印刷稳定发展。凹版印刷机主要应用在包装印刷和票证印刷等方面。凹版印刷机按其制版方法不同又可分为照相凹版印刷机和雕刻凹版印刷机。目前，国内凹版印刷机的生产厂家和产量都比较少。其发展缓慢的主要原因是制版工艺落后，周期长，缺少先进的制版及测试设备。因此，质量不够稳定，且苯胺油墨易燃、有毒，很大程度上限制了凹版印刷的发展和应用。近年来，随着电子技术的发展、电子雕刻机的广泛采用，以及胶乳型水性凹印油墨的研制成功，又使得凹版印刷机的发展产生新的转机，保持稳定态势。今后，为适应印刷多色、高效的实际需求，国内将在中低档凹印机的基础上，提高机器的自动控制技术水平，重点研发多色中、高档以及用于短版的凹印机。

丝网印刷异常活跃。市场经济的发展和完善，大型广告宣传的社会需求不断扩大，给丝网印刷提供了广阔的发展应用空间：在织物印刷中继续发挥支柱作用，进而向非织物印品领域迅速蔓延，为广告宣传、大型乃至巨型招贴画印刷提供了技术保证。丝网印刷机正从手动小型设备向多色全自动、联动轮转等配套完善的丝网印刷机发展，逐步取代落后的丝网印刷设备、技术和制版工艺。

柔版印刷迅猛发展。柔性版印刷机是目前发展较快的设备，其特点是印刷压力小，墨路简单，适印材料广泛以及水性油墨等，满足了不断被认识和深化的环保要求，不但适应于普通纸质印刷，还与凹版印刷争夺塑料品印刷市场。同时在瓦楞纸板等结构材料的印刷中柔版印刷则几乎独领风骚。今后柔性版印刷机发展重点是带有裁切、模切、上光、烘干等后续加工设备的窄幅机组式柔印机，并不断提高其性能和稳定性、可靠性，对其中关键技术，如自动接纸、自动套准、张力控制及模切滚筒和网纹辊加工等技术更会加大投入。另外，根据市场需求研制中、高档卫星式柔印机和层叠式柔印机也有一定的市场。

数字印刷势不可当。数字印刷缩短了印刷周期，打破了印前、印刷的界限，满足了个性化、小批量、快速印刷的按需印刷需求，符合环保要求，趋向绿色印刷，近年来发展极快，成为一种不可逆转的发展趋势。目前市场上已涌现出海德堡公司的 DI46、以色列 Indigo 公司的 E－Print 1000、KBA 公司的 74 Karat、曼罗兰公司的可擦写印版数字印刷机、高斯公司的 ADOPT/CP 机等不同机型。2012 年德鲁巴展会上，兰达公司展出了纳米印刷技术和设备，为印刷业指明了新的发展方向。

组合机型不断涌现。随着人们对印品质量的要求越来越高，以及承印物范围的扩大，只用一种印刷方式，难以全面满足用户的各种特殊要求，为此需要采用组合印刷方式，将各种印刷的优势集于一体，这就出现了组合式印刷机。不干胶标签印刷机大多采用组合型印刷部件，而且几乎包括凸印、平印、柔印、丝印、凹印以及凹凸加工等所有印刷方式。另外，除完成多色套印外，还与诸如上光、覆膜、模切、裁切等部件联机形成印刷、印后加工生产线。表格印刷机中，打号码（或条码）、压钢线一般采用凸印，而表格文字采用胶印，还有涂碳印刷机组和印后折裁机组等。因此，在传统印刷方式发展的同时，适时研发胶印、柔印、凸印、凹印、丝印等不同印刷方式的组合式印刷机成为各大厂家的一大共识。

作为综合性的工业领域，各种科学进步和先进技术都在印刷工业中有所体现，而科学技术的发展渗透，特别是计算机技术、控制理论和技术、激光检测技术的集中应用，使现代印刷机械设备已发展成为高度精细化和高效自动化的“机、电、光、液、气”一体化设备。

我国虽然是一个印刷大国，但却不是印刷强国，而在全球化经济发展格局中，较之于进口印刷机，国产印刷机械的技术含量和水平还亟待提高。虽然，在印刷领域技术上中国也曾经领先于世界，而现在必须努力进取，方可重新跻身于世界印刷强国之林。

第二节　印刷机的分类与组成

传统意义上，印刷就是印和刷的结合，即利用一定的压力，并借助油墨或黏性色料，使印版上的文字或图案向承印物复制转移的技术。而印刷机就是进行油墨涂敷、承印物换续，并施加印刷压力完成图文转移复制，使油墨牢固地附着在纸张或其他承印物表面上的一种自动机器，是大批量生产印刷复制品的重要基础工具。尽管现在出现了无须任何压力与印版也能使油墨或其他黏附性色料转移到承印物上的新技术，如静电复印和喷墨印刷等，但是，由于这类印刷工艺过程仅仅包含简单的机械动作，并不需要复杂而精确的机械系统支持。因此，印刷机基本上都是指传统意义上的印刷机。

一、印刷机的种类

各种印刷机，因其印版形态、压印方式、用途及输纸方式、印刷幅面及印色等方面的差异可以有不同的分类。

1. 按印版分类

根据印版形态的不同，曾将印刷方式划分为凸版、平版、凹版和孔版四种。随着印刷材料的日益扩大，特别是包装装潢印刷的繁荣，柔性凸版印刷凭借广泛的版材适应性、油墨的环保性以及机器结构的独特性，得到了快速发展和推广应用，现在已从凸版印刷方法中独立出来，形成了一种新的印刷方法，即柔版印刷。

因此，通常将现代工业化印刷划分为平版胶印、凸印、凹印、柔印和孔版印刷五类印刷方式，对应的也有五类印刷机。

（1）凸版印刷机

凸版印刷机使用的印版其图文部分凸起，而空白部分（非图文部分）凹下，如活字版、铜锌版、照相凸版以及感光性树脂版等。凡使用凸版的印刷机，都可统称为凸版印刷机，其印刷原理如图 1－1 所示。

首先由着墨辊 2 在印版滚筒 3 的印版 4 上着以油墨，然后将纸张 6 覆盖其上，在纸的背面由压印滚筒 5 加压，从而使印版上的油墨转移到纸上，此种印刷方法属于直接印刷方式。

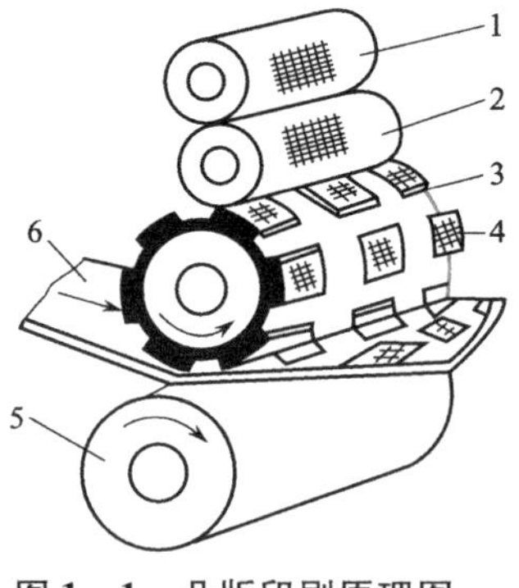

图 1－1　凸版印刷原理图

1－匀墨辊；2－着墨辊；3－印版滚筒；4－印版；5－压印滚筒；6－纸张

（2）平版印刷机

平版印刷机使用的版材其图文部分和空白部分几乎在同一平面上，如石版、平凹版、多层金属版以及预涂感光版等。凡使用这类版材的印刷机均称平版印刷机，亦称胶印机。其印刷原理如图 1－2所示。

印版滚筒 P 上的印版在着墨前首先由着水辊 2 在版面上着水，其非图文部分 4 亲水斥油，然后用着墨辊3在版面上着墨，其图文部分5亲墨斥水，利用油水相斥原理进行印刷。因此，在结构上除设有输墨装置外，还设有输水装置。另外，对于胶印机来讲，不是把印版图文部分5上的油墨直接转移到纸张1上，而是先转印到橡皮布上，再由橡皮布转印到纸上，故设有橡皮滚筒B。当纸张从橡皮滚筒B与压印滚筒I中间通过时，进行压印完成印刷，此种印刷属于间接印刷方式。

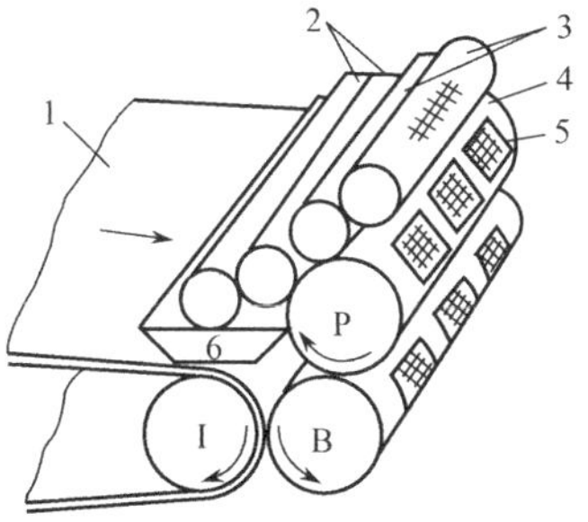

图1－2　平版印刷原理图

1－纸张；2－着水辊；3－着墨辊；4－印版非图文部分；5－印版图文部分；6－水斗

（3）凹版印刷机

凹版印刷使用的印版正好和凸版相反，其图文部分凹下，低于空白部分，如照相腐蚀凹版或雕刻凹版等。使用凹版的印刷机统称为凹版印刷机，其印刷原理如图1－3所示。

凹版印刷机的着墨方法与前两种不同，首先使整个版面全部着墨，然后把凹版图文部分3以外的油墨用刮墨刀4刮掉，当纸张6从压印滚筒2与印版滚筒1中间通过时进行压印完成印刷。为此，印刷机上设有刮墨装置。对于照相凹版印刷机，为使油墨迅速干燥，一般还设有干燥装置。这种印刷方法属于直接印刷方式。

图1－4为双面凹版印刷机工作原理图。纸带经正面印刷装置（I、P）和反面印刷装置（I′、P′）印刷后被送入收纸部分进行折叠裁切，然后收在一起。

图1－3　凹版印刷原理图

1－印版滚筒；2－压印滚筒；3－印版图文部分；4－刮墨刀；5－墨斗；6－纸张

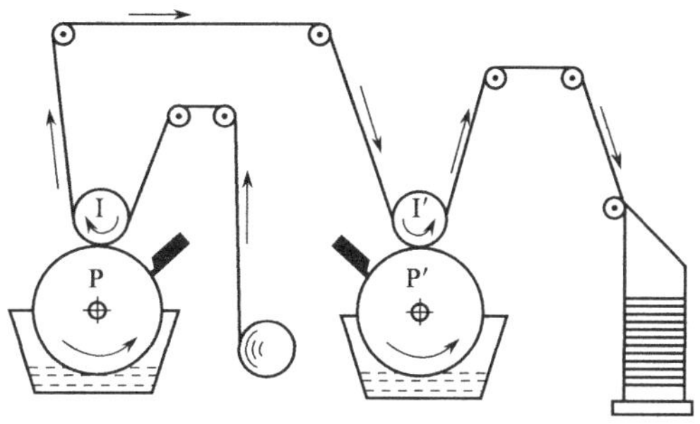

图1－4　双面凹版印刷机工作原理图

P－正面印刷的印版滚筒；I－正面印刷的压印滚筒；P′－反面印刷的印版滚筒；I′－反面印刷的压印滚筒

（4）柔版印刷机

柔版印刷实际上属于凸版印刷，只是其版材选用树脂等柔性材料制成。因此，柔版印刷机的印刷原理与凸版印刷机并无太大区别。除使用柔性凸版外，柔版印刷通常采用水基油墨，使用短墨路输墨。若将图1－1所示的凸版印刷原理图中墨斗辊、匀墨系统和着墨辊去掉，换以陶瓷网纹辊，直接进行输墨和着墨，就变成了柔版印刷系统。

柔性印版降低了油墨转移的压力需求，因此柔性印刷的印刷压力小，机器负荷轻。

（5）孔版印刷机

孔版上的图文部分是由大小不同的洞孔组成的，油墨从洞孔中挤压到承印物表面而完成印刷。它包括誊写印刷、喷花印刷和丝网印刷。

誊写印刷是孔版印刷中最简易的一种印刷方法。它是在特别的蜡纸上，用打字机或铁笔尖打出文字或刻画图文，制成印版，然后在油印机上滚墨印刷，得到成品。

喷花印刷是先用手工制成镂空版，然后把印版放在承印物上，经喷雾或涂刷，把油墨转移到承印物的表面，如搪瓷器皿上的图案花纹，车站站牌、路标等。

丝网印刷是孔版印刷中用途最广泛的一种印刷方法。是通过把特制的阴图文印版固定在丝网上，油墨从图文部分透过丝网，在印刷物上复制成清晰图文。

由于丝网印刷非图文部分的印版网孔被堵住，油墨不能通过；而图文部分的印版被腐蚀掉，油墨就从印版的图文部分经丝网的网孔，黏附在印刷物的表面，形成图文。所以，丝网印刷又有“丝漏印刷”、“漏印”、“孔版印刷” 和 “滤过版印刷” 之称。

图 1 –5 为手动丝网印刷机工作原理图。

图 1 –6 为滚筒式平型丝网印刷机工作原理图。刮墨板 4 在网版 1 上部，做上下移动，网版做水平往复运动，滚筒 2 处于网版下部可进行旋转。当承印物 3 从网版与滚筒中间通过时，刮墨板向下移动，对网版实施一定压力，此时，网版开始向右运动，滚筒靠网版对其表面的接触摩擦力与网版同步转动，油墨在刮墨板的挤压下，从网版通孔部分漏印到承印物上。现在丝网印刷设备已有半自动丝网印刷机和全自动丝网印刷机。

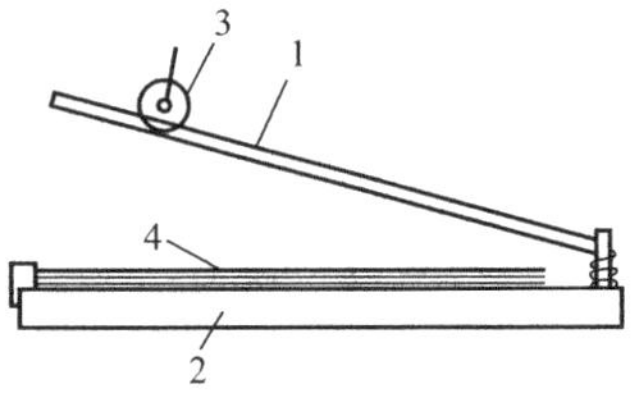

图 1 –5　手动丝网印刷机工作原理图

1 – 版框（装有丝网版）；2 – 平台；
3 – 墨辊；4 – 承印物

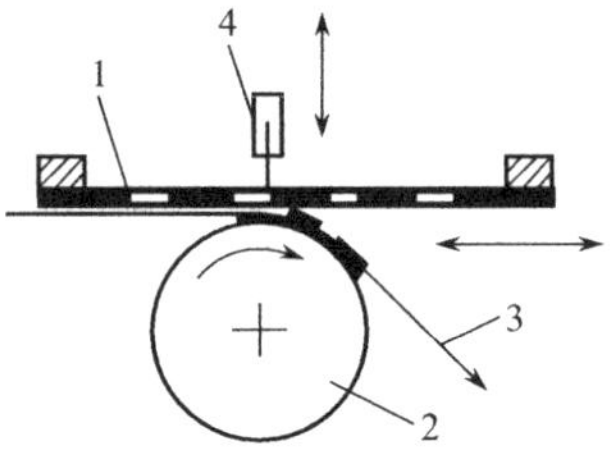

图 1 –6　滚筒式平型丝网印刷机工作原理图

1 – 丝网版；2 – 滚筒；
3 – 承印物；4 – 刮墨板

上述五种印刷机，由于印版形式不同，机器的结构特点也不相同，但有一个共同点，即不管哪一种印刷机都需要对纸张实施压力，才能完成印刷过程。

2. 按印刷机的压印形式分类

压力是印刷中油墨转移的条件，印版是印刷的基础。印刷机中所用印版的形式以及施压部件的整体形态都有平板型和滚筒型两种型式，两者不同型式的组合，便形成了平压平、圆压平和圆压圆三种不同类型的基本结构型式。

（1）平压平型印刷机

平压平型印刷机工作原理如图 1 – 7 所示。把印版 3 装在平面的版台 2 上，待印版由着墨辊 4 着墨后，将承印物 5 铺在上面，由另一平面压印板 1 施加压力完成印刷。

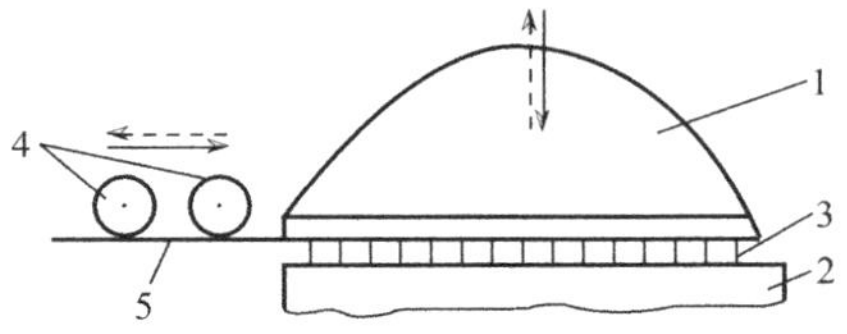

图 1 –7　平压平型印刷机工作原理图

1 – 压印板；2 – 版台；3 – 印版；
4 – 着墨辊；5 – 承印物

平压平型印刷机目前已很少使用，很多老机型已改装成模切机和烫金机。不干胶标签印刷中大多采用凸版印刷，而且平压平型和圆压平型压印方式居多。比较流行的模切机型（或模切机组）采用平压平形式。

（2）圆压平型印刷机

圆压平型印刷机工作原理如图 1－8 所示。把印版 3 固定在平面的版台 2 上做水平往复运动。压印部分为圆柱体，称为压印滚筒。压印滚筒旋转的表面线速度与版台平移速度相等。印刷时，印版 3 经着墨辊 4 上墨，压印滚筒 1 上的叼纸牙叼住纸张 5 并带其旋转，依靠压印滚筒 1 与版台 2 接触时的滚压完成印刷。版台往复运动一次，完成一个工作循环。

（3）圆压圆型印刷机

圆压圆型印刷机又称轮转机，其压印形式在现代印刷机中应用最广泛，工作原理如图 1－9所示。将圆弧形印版 4 装于印版滚筒 2 上，由压印滚筒 1 施加印刷压力，而纸张 5 从两个滚筒中间通过完成印刷。

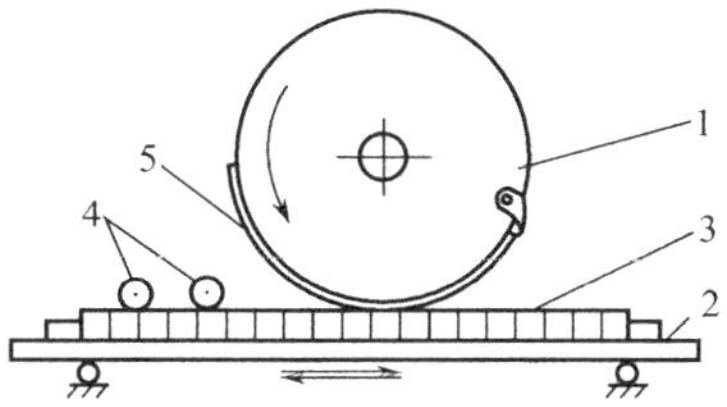

图 1－8　圆压平型印刷机工作原理图

1－压印滚筒；2－版台；3－印版；
4－着墨辊；5－纸张

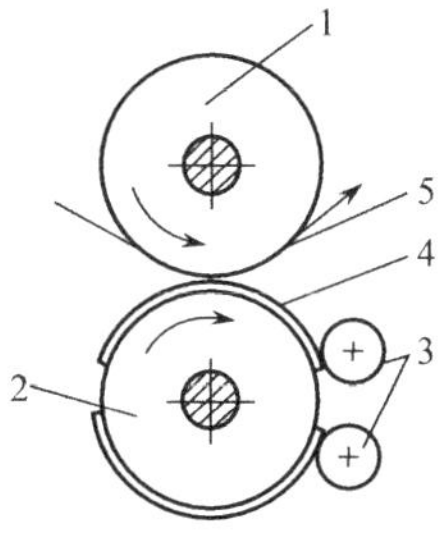

图 1－9　圆压圆型印刷机工作原理图

1－压印滚筒；2－印版滚筒；
3－着墨辊；4－印版；5－纸张

这种印刷机由于采用了连续旋转的滚筒形式，利用两个滚筒的线接触进行压印，结构简单，运动比较平稳，避免了往复运动产生的惯性冲击，大大提高了印刷速度，而且压印区面积小，比压大，机器负荷小而油墨转移充分，提高了印刷质量。另外，印刷装置还可设计成机组型，易于进行双面、多色双面、多色印刷。因此，在报纸、书刊印刷中得到了广泛应用。

3. 按用途分类

按使用的用途不同，可将印刷分为书刊印刷、报纸印刷、特种印刷三种类型。书刊印刷以传递图文信息为主，主要用于印刷书籍、期刊等产品，可采用凸印、平印、凹印等印版形式，以纸张为承印材料。报纸印刷以报纸等信息媒介为印刷对象，主要采用卷筒纸印刷方式。特种印刷采用不同于一般制版、印刷、印后加工方法与材料，进行特殊用途的产品印刷。

4. 按输纸形式分类

按纸张输送的形式分为单张纸印刷机和卷筒纸印刷机。单张纸印刷机用于印刷单页形式的纸或其他承印材料，而卷筒纸印刷机用于印刷带状形式的纸或其他材料。单张纸印刷机套印准确，适于印刷精致的印品；卷筒纸印刷机印刷速度很高，并可附设折页、裁切和复卷装置。

5. 按印刷色数和面数分类

在同一印刷过程中，根据印色多少可分为单色、双色和多色印刷机。根据印品印刷面的情况可分为单面和双面印刷机。如单色、双色、多色印刷机及双面单色和双面多色印刷机等。

6. 按纸张幅面分类

根据单张纸印刷机的印刷能力，即可印刷纸张的最大幅面，有全张、对开、四开、八开印刷机等不同型号。

根据国标 GB/T 788—1999 规定：全张纸幅面 A 系列为 880mm × 1230mm、900mm × 1280mm；B 系列为 1000mm × 1400mm。由于全张纸的规格有 A、B 两种系列，所以印刷机也有相应的尺寸系列。

二、印刷机的组成与各部分的功能

印刷机的种类繁多，用途各异，其组成也各有不同和侧重。围绕施墨、走纸、压印以及动力传递和运动协调等主要功能，各部有机联系在一起。

印刷机需要有序地协调地完成一系列工艺动作，而每部分工艺内容都需要专门的功能机构来完成。根据各部功能，印刷机可划分为传动、印刷、输墨、润湿、输纸与走纸、纸张定位、收纸、控制等系统。各部分功能分述如下。

1. 传动系统

通常由原动机（或称动力源）、传动机构和执行机构三部分组成，为整个机器提供动力并协调各部运动关系。原动机一般指电动机，由它把电能转变为机械能，然后由传动机构实现减速或增速以及运动形式的转变，把原动机产生的机械能传递到各执行机构上去，使各执行机构实现预想的运动，同时把电机的输出功率和扭矩传递到执行机构上，使其能克服各种阻力而做功，执行机构则通过运动协调实现大量印品的连续复制印刷。

2. 输纸与走纸系统

单张纸印刷机的输纸与走纸系统的职能包括：从输纸台由输纸头逐张连续（或断续）分离纸张，经过输纸板，由输纸辊轮、输纸皮带等输送，到达规矩部件进行定位后，再加速递送，并完成机组间交接传送等。该系统主要由输纸分离头（飞达）、输纸台、输纸板和输送辊轮、递纸机构、机组间传纸机构等组成；对于卷筒纸印刷机，输纸与走纸系统一般包括纸架、纸卷制动机构、自动接纸装置以及导纸部件等。

3. 规矩系统

单张纸印刷机在纸张输送过程中需要进行定位和交接控制。因此，需要设有定位部件（规矩部件）及传纸交接控制部件；对于卷筒纸印刷机，则依靠自动套准调节装置及自动张力控制装置保证准确套印。

4. 印刷系统

这是印刷机的核心部件。对于不同类型的印刷机，其印刷系统的组成也不相同。平台印刷机主要是版台和压印滚筒（或压印平板）；凸版和凹版轮转印刷机有印版滚筒和压印滚筒；平版印刷机主要有印版滚筒、橡皮滚筒和压印滚筒。此外，还有滚筒的离压、合压机构以及压力调节机构等。印刷机中该部件设计得优劣直接影响着印刷质量、生产率、外形尺寸以及机器的精度和使用寿命。

5. 输墨系统

输墨系统的作用是使油墨定时、定量均匀地输送并涂敷在印版上。主要由供墨部分、匀墨部分、着墨部分以及实现给墨和停墨控制的离合机构与调节墨量大小的压力调节机构等组成。

6. 润湿系统

润湿系统只用于平版胶印印刷机上。它定时、定量、均匀地将水涂敷在印版表面非图文的空白部分。主要由供水、匀水与着水部分以及给水、停水的离、合控制机构组成。近年来，润湿系统有很大发展，结构形式也比较多。

7. 收纸系统

在单张纸印刷机上，用于收集和堆放印刷后的纸张，把印张闯齐、闯平或堆好，以便于运走，主要有收纸滚筒、收纸链条、收纸台等部件；在卷筒纸印刷机上，该系统的作用是将印刷品折页裁切成书帖、报纸杂志，或者复卷成圆筒形，因此，卷筒纸印刷机的收纸系统就是折页裁切机构或复卷机构。

8. 控制系统

该系统在现代印刷机上是必不可少的。主要是为了实现印刷机自动化、高速化以及高效化而发展出来的。目前控制系统的类型也很多，单张纸印刷机的控制系统主要用于自动控制或遥控墨量（包括水墨平衡）、自动进行印刷套准调控，以及自动检测和纠正纸张早到、晚到以及双张、空张等走纸故障；在卷筒纸印刷机中，控制系统还包括自动检测套印误差和自动对版系统，以及张力控制系统等。

第三节　印刷机产品的名称与型号

印刷机的型号、名称一般包含着机器类型或机器用途、结构特点、纸张品种、主要规格、印刷色数、自动化程序等主要方面的规范内容。根据现代印刷机械的基本组成和分类，我国印刷机产品型号编制方法曾发布过四个标准。

一、规范命名与型号表达标准

印刷机的命名和型号表达虽然经过四次定标，但比较流行的是 JB/E 106—1973（1973. 1 ~ 1983. 1）和 JB/T 6530—1992。

1973 年，原机械工业部制定的 JB/E 106—1973 中规定，用汉语拼音大写字母和数字表示产品的结构型号。以胶印机为例，其名称表达内容的顺序依次为：主要规格—纸张品种—自动化程度—印刷色数—结构特点—胶印机类型或用途。

主要规格前面第一个字母“J”表示单张纸胶印机，“JY”表示打样胶印机，“JJ”表示卷筒纸胶印机，“JS”表示双面胶印机。型号的第一个数码表示胶印机用纸的主要规格，全张幅面以“1”表示，对开幅面以“2”表示，四开幅面以“4”表示，八开幅面以“8”表示。型号的第二个数字表示印刷色数，单色机以“1”表示，“2”表示双色机，“4”表示四色机。型号的后两位数表示同类产品的设计序号，最后的大写英文字母则表示同类机型的改进序号。如 J2101（J2201）表示对开单色（双色）胶印机中的第一号机型；JS2101 表示对开双面单色胶印机中的第一号机型；JJ204 表示对开（滚筒有效印刷尺寸）双面（单色）卷筒纸胶印机的第四号机型；而 J2108A 表示对开单色胶印机中的第八号机型，而且经过了第一次改进设计。

1982 年制定的 JB 3090—1982（1983. 1 ~ 1989. 1），目前只有少数还在应用。就胶印机系列，它规定："PZ" 表示机组式平版胶印机，"PW" 表示五滚筒式平版胶印机，"PD" 表示对滚式（B－B 型）平版胶印机，"DP" 表示平版胶印打样机。如 PZ4880，则表示机组式单张纸平版四色印刷机，最大印刷长度尺寸，即纸张幅面宽度，亦即滚筒有效长度为 880mm。

1988 年制定了 JB 87007. 1 ~ 8（1989. 1 ~ 1993. 1）标准，使用四年后，1992 年又进行了部分补充、修改完善，最终形成了 1993 年 1 月 1 日开始实施的最新的标准 JB/T 6530—1992。

二、命名与型号

1. 型号代号表示规范与内容

JB/T 6530—1992 标准规定：印刷机产品型号由主型号和辅助型号两部分组成。主型号用大写汉语拼音字母表示产品的分类名称、印版种类、压印结构型式等。辅助型号表示产品的主要性能规格和设计顺序，用阿拉伯数字或字母表示。印刷机产品型号代号共包括七项内容，其排列顺序（见图 1－10）依次为：分类名称、印版种类、压印结构型号、印刷面数、印刷色数、承印材料规格、设计序号。若产品型号中某一位代号不用表示时，后位代号往前排齐，产品型号中不留空位。其中各项内容如下：

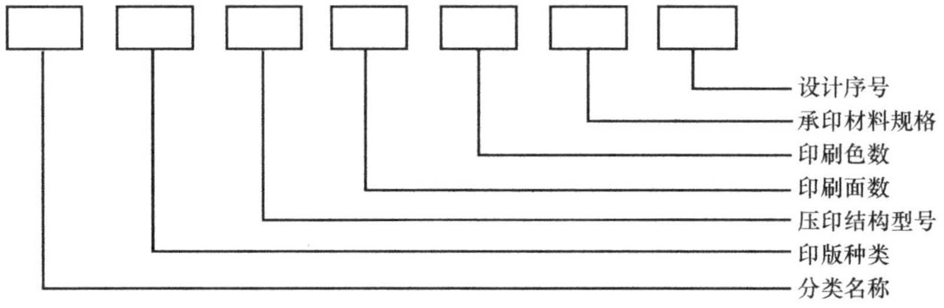

图 1－10　印刷机型号代号内容

（1）分类名称

分类名称（印刷机）代号均用字母 Y 表示。

（2）印版种类

印版种类包括凸、平、凹、孔、特五种，各类印版对应代号字母见表 1－1。

表 1－1　印刷机印版代号

印版种类	凸 版	平 版	凹 版	孔 版	特 种
代　　号	T	P	A	K	Z

对于使用两种印版的组合印刷机或适用于两种印版的两用印刷机，在两个印版种类代号之间用短横线“-”隔开表示。

（3）压印结构型号

压印结构型号代号属于非独立表示内容，总是与印版种类相联系的。同一个字母，对于不同的印版种类，可以表示不同的压印结构形式。

不同压印结构的型号代号对应表示含义见表1-2。其中圆压圆的压印结构形式在现代印刷机中属于主流结构，在型号中无须表示。

表1-2　压印结构型号代号

印版种类	凸版					孔版	
压印结构型号	平压平	停回转	一回转	二回转	往复转	平型	圆型
代号	P	T	Y	E	W	P	Y

（4）印刷面数

印刷面数代号，双面印刷机与单双面可变印刷机用字母S表示；单面则不用表示。

（5）印刷色数

印刷色数代号用数字1、2、3、4、5、6表示单面的印刷色数。一面单色而另一面为多色的印刷机，用多色的色数代号表示。

（6）承印材料规格

承印材料规格代号表示印刷机能承印的材料最大尺寸，对于单张纸（包括单张型其他承印材料）与卷筒纸（包括卷筒型其他承印材料），用两种不同的代号表示。

单张纸规格代号分别用一个字母和一个数字A0、A1、A2、…… B0、B1、B2……二个字符组合表示；A、B表示GB/T 788—1999中的未裁切单张纸尺寸系列。A和B符号后面的数字，表示未裁切的全张纸对折长边次数，如A2表示将A系列全张纸对折长边二次为四开；B3表示将B系列全张对折长边三次为八开。

对于既可印刷A系列纸张，又可印刷B系列纸张的印刷机，按B系列标注。

卷筒纸张规格代号按照GB/T 147—1997规定，用以mm为度量单位的宽度尺寸表示。

（7）设计序号

设计序号表示各生产厂家的产品开发顺序。其代号位于辅助型号最后。

对于具有相同印版种类、压印结构形式，适用于同规格承印材料，功能也相同的印刷机，当产品的主要结构形式改变时，以设计序号加以区别。改进设计，按产品开发的先后顺序，依次用字母A、B、C等代号表示。第一次设计的产品不表示。

2. 印刷机产品的命名

印刷机产品的命名一般需要与产品型号表达相统一，但又比较通俗和简略。

（1）产品名称应为中文名称，一般使用简称，必要时使用全称。已在产品型号中表明的类型和规格等特征，如印版种类、压印结构型号、印刷面数、印刷色数、承印材料规格等一般不在产品名称中重复。

（2）对于产品的其他技术特征或需要特别说明的特征以及专用途的机型，在产品名称中应增加该部分内容。

（3）对于承印材料为非纸张的专用印刷机，产品型号按印版类编制，在产品名称中应增加表明专用的承印材料名称，位于分类名称代号之前。

（4）产品的全称可依型号中代号含义从后往前依次读出。对于需要特别说明而型号中未表示出的其他技术特征，应补充在印版种类与分类名称（印刷机）之间，作为产品全称的一部分。若产品名称为某种印版的特例，在产品全称中应用其专有名称，而印版种类则可省略。

3. 名称与型号的对应关系

（1）凸版印刷机

凸版印刷机产品名称与型号的对应关系如表 1－3 所示。柔版印刷机也归于此类。

表 1－3　凸版印刷机产品名称与型号的对应关系

产品名称（主型号）	产品型号
卷筒纸凸版印刷机	YT××××
卷筒纸凸版书刊印刷机	YTS××××
卷筒纸凸版报纸印刷机	YTS××××
凸版印刷机	YT×△×
双面凸版印刷机	YTS×△×
停回转凸版印刷机	YTT×△×
平压平凸版印刷机	YTP×△×
二回转凸版印刷机	YTE×△×
一回转凸版印刷机	YTY×△×
双色一回转凸版印刷机	YTY2△×
卷筒纸橡皮凸版印刷机	YT××××
柔性版印刷机	YT×△×
卷筒纸柔性版印刷机	YT××××

注：① 表中×表示一个阿拉伯数字 0，1，2，3，…，9；
② △表示拉丁字母 A 或 B。

（2）凹版印刷机

凹版印刷机产品名称与型号的对应关系如表 1－4 所示。

表 1－4　凹版印刷机产品名称与型号的对应关系

产品名称（主型号）	产品型号
凹版印刷机（单张纸）	YA×Δ×
卷筒纸凹版印刷机	YA×Δ×
凹版卷筒薄膜印刷机	YA××××（塑料薄膜印刷机）

（3）平版印刷机

平版印刷机产品名称与型号的对应关系如表 1－5 所示。

表 1－5 平版印刷机产品名称与型号的对应关系

产品名称（主型号）	简 称	产品型号
平版印刷机	印刷机	YP×Δ×
卷筒纸平版印刷机	印刷机	YP××××
卷筒纸平版书刊印刷机	书刊印刷机	YPS××××
卷筒纸平版报纸印刷机	报纸印刷机	YPS××××
单双面可变平版印刷机	单双面可变印刷机	YPS×Δ×
卷筒纸平版凸版组合印刷机	组合印刷机	YP－TS××××
平版凸版两用印刷机	两用印刷机	YP－T×Δ×
金属板平版印刷机	金属板印刷机	YP×Δ×

（4）丝网印刷机

丝网印刷机产品名称与型号的对应关系如表 1－6 所示。

表 1－6 丝网印刷机产品名称与型号的对应关系

产品名称（主型号）	简 称	产品型号
平型丝网印刷机	丝网印刷机	YKP×Δ×
平型半自动丝网印刷机	（半自动）丝网印刷机	YKP×Δ×
卷筒纸平型丝网印刷机	丝网印刷机	YKP××××
圆型丝网印刷机	丝网印刷机	YKY×Δ×
卷筒纸圆型丝网印刷机	丝网印刷机	YKY××××
孔版凸版组合印刷机	组合印刷机	YK－T×Δ×

（5）特种印刷机

由于目前我国特种印刷机的应用范围很小，其型号编制还不甚完善，所以，这里仅列出几种典型产品名称与型号的对应关系，如表 1－7 所示。

表 1－7 几种典型产品名称与型号的对应关系

产品名称（主型号）	简 称	产品型号
盲文印刷机	盲文印刷机	YZ×Δ×
喷墨印刷机	喷墨印刷机	YZ×Δ×
激光印字机	激光印字机	YZ×Δ×

4. 典型产品的名称与型号表达

YP2A1A 表示对开（A 系列）双色平版印刷机，并经过一次改进设计；

YTS1880 表示卷筒纸单色双面凸版印刷机，卷筒纸幅面宽度 880mm；

YTT1B2 表示四开（B 系列）单色停回转凸版印刷机；

YA4880 表示卷筒纸四色凹版印刷机，卷筒纸幅面宽度 880mm；

YKP4A3 表示八开四色平型丝网印刷机；

YP－TS2880 表示卷筒纸双色双面平版组合印刷机，卷筒纸幅面宽度 880mm。

第四节　印刷机的性能要求

作为自动机，印刷机是为实现一定的印刷工艺要求而设计制造的。因此，必须具备实现其功能的技术保证。从操作方面讲，一台高效的印刷机还需要操作者的精心操作和维护保养。因此，它必须为人工操作和干预提供相应的方便和条件。作为广泛使用的印刷机产品，需要以可靠的制造工艺技术基础为前提，为此要求设计时予以足够的重视，以保证技术容易实现。另外，印刷机的具体结构和印品质量要求、印刷适性有着密切关系。随着印刷要求的不断提高，对印刷机的设计、制造和使用也影响很大，要求印刷机具体结构的设计要不断改进。

印刷机通常有技术、使用、工艺等方面的性能需求。

一、技术性能要求

1. 套印准确

这是代表印刷机工作性能的主要指标之一。在印刷过程中，纸张的输送、交接和印刷等，不论是在低速还是在高速下都能保证处在规定的位置上。对于要求较高的精细印品和彩色图像印刷，这一点更为重要。这要求印刷机的传动系统、纸张传递交接位置和时间以及印版和压印机构的运动精度等都应达到一定的标准。

2. 墨色匀实

这是衡量印品质量的又一项指标。不论采用哪一种印刷方式，要印制墨色清晰牢实的印品，必须要求墨色均匀。因此，给墨装置需要足量而均匀地供墨，并且保持稳定；压印机构需要提供足够的印刷压力，保持充分的油墨转移。

3. 生产率高

印刷机的生产率一般以每小时印刷多少张印品作为衡量标准。随着我国科学、文化、教育事业的迅速发展，对各类报纸、杂志、图书等需求量越来越大，有的印品需求量高达几百万册甚至上千万册。因此，提高印刷机的生产率是发展印刷工业的一个重要方面，而印刷机的结构特点往往就决定了其生产率的高低。当前，印刷机正向大型、高速化、轮转化、联动化的方向发展，以最大限度地提高生产率。

二、使用性能要求

1. 经久耐用

要求印刷机经过长期使用还能保持其原有的精度，即机器具有较长的使用寿命。要实现这一点，需要做到：正确选择零件的材料和热处理工艺，以保证零件的耐磨性；提高传动系统的运动精度，各配合表面有正确的几何形状精度以及恰当的配合间隙；使用中应注意保养机器，保持良好而及时的润滑和维修。

2. 操作方便

在提高印刷速度及自动化程度的同时，要便于工人操作。印刷机一般占地面积较大，应设几套操纵盘，以保证操作者在每个主要工作位置都能进行操作。各操纵盘要符合人的动作习惯，工作位置便于观察，调整部位直观易于靠近等。

3. 安全可靠

为了保证操作人员的人身安全和设备安全，在印刷机上除附有安全保护装置外，还设有安全保险装置，一旦机器发生故障便能自动停机。

三、工艺性能要求

印刷机在满足工作要求的前提下，要力求其结构简单、紧凑，具有良好的加工装配工艺性，便于维护保养，以降低制造成本和维修成本。

这里要说明的是：上述各项要求往往是彼此制约、互相矛盾的，实用时需要统筹兼顾，科学分析，优化处理。套印准确和提高速度往往是一对矛盾。纸张的快速而准确的交接和输送、油墨的快干、运动部件的平稳性等都与印刷速度有关，高速使套准不易保证，而如果增加一些辅助装置，又会提高机器的制造成本。另外，结构简单与提高自动化程度之间，印刷速度与使用寿命之间也都存在一定矛盾。因此，只能把上述要求作为分析问题的出发点，根据印刷工艺对机器的要求，从全局出发避轻就重，权衡利弊，在满足基本要求的前提下，抓住主要矛盾和薄弱环节，有所为有所不为，妥善处理次要问题，从而科学地、务实地解决印刷机研发中的冲突和矛盾。

第二章

单张纸胶印机的整体结构与传动

胶印技术自产生以来，经过百余年的发展进步，不断融入现代高新技术，工艺和设备方面均早已成熟，并且以其独特的综合优势很快渗透于各个行业，遍布世界各个地区，自20世纪60年代起逐步占领行业主导地位，成为市场上的主导印刷方式。

第一节　平版胶印的基本原理与特征

一、平版胶印的基本特征

平版胶印是发展较迟的一门综合性科学技术。在印前处理、制版阶段，将层次丰富的连续调原稿的色彩进行分解，分别制成网目调的单色版；在印刷阶段，由各网目调单色版叠印，来实现色彩还原。胶印具有的基本特征可归纳如下。

① 平面印版。印版的图文部分和空白部分无明显的高低之分，几乎处在同一平面上。这是平版印刷与其他印刷方式在印版形态上的区别。

② 油水相斥。平版印刷以水做图文和空白部分的隔离剂，利用油水不相混溶、相互排斥的自然规律，在印版上，经过设计和处理，使处在同一平面上的图文部分斥水亲油，空白部分亲水，从而为实现图文的正确转移奠定基础。只要在同一平面上达到油水平衡，就可使图文得到清晰、完整的转移。

③ 先水后墨。在平印版表面，如果印版不先润湿而直接上墨，完全可能在空白部分也着墨，从而分不清图文和空白部分，使图文失真。因为一般来讲，具有干燥表面的物体，都具有亲油的特性。因此必须先用水润湿印版，然后再使版面着墨。当印版先接触水时，空白部分被水润湿，着墨时则排斥油墨；而图文部分具有憎水性，它排斥水分吸附油墨从而可以完成图文的正确转移，获得清晰、完整的图像。

④ 间接转印。以弹性体为媒介，先将油墨从印版上转移到橡皮布上，然后再转印到承印物上，纸张从橡皮布上获得图文。借助橡皮滚筒，利用软硬相间、接触紧密、压力需求小的特点，使得机器负载小，油墨转移率高。通过具有弹性的橡皮布的传递，不但能提高印刷速度，减少印版磨损，从而延长印版的使用寿命，而且可以在较粗糙的纸张上印出细小的网点和线条，比直接印刷更为清晰。另外这种间接印刷的印版图文为阳图文，便于印前操作。

根据以上特征，为保证印刷顺利进行，平版版材和印刷工艺流程必须满足如下条件：

a. 印版的图文部分，必须是以亲油性物质为基础，完全能被油润湿并呈亲油斥水性。
b. 印版的空白部分，必须有能被水润湿的物理性能，能完全被水润湿并呈亲水斥油性。
c. 油墨和水作用于同一表面上，两者必须达到稳定的和相对的平衡条件。

二、胶印工艺

平版印刷的总体工艺分为两个阶段：第一阶段是平版照相制版工艺，对彩色原稿进行网目调网点加工，完成色彩分解；第二阶段是平版印刷工艺，实现色彩还原。

图2－1是三滚筒胶印机的工艺流程简图，其印刷复制工艺流程大致如下：

① 印版滚筒P上的印版在着墨前首先用着水辊9在版面上着水，使非图文部分被水润湿，呈现亲水斥油特性。而图文部分由于油脂的憎水性而排斥水分，水自然涂不上去。

② 用着墨辊10在版面上图文部分上墨。由于空白部分被水润湿而憎油，图文部分亲油着墨，在同一印版表面上由于水的隔离而形成图文墨层。

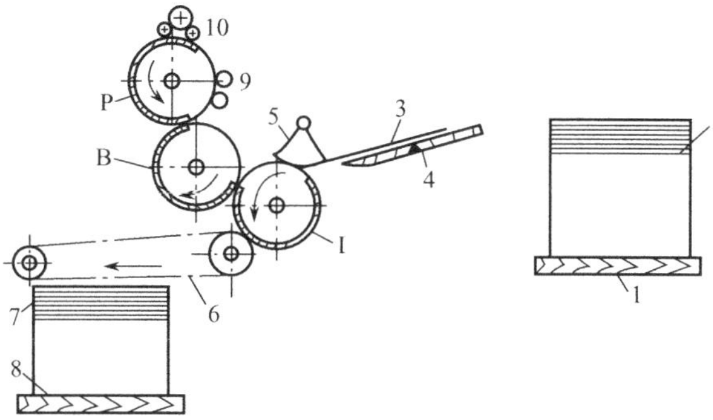

图2－1　胶印原理与胶印机工艺流程示意图

1－纸台；2、7－纸堆；3－纸张；4－输纸板；5－递纸机构；6－收纸链条；8－收纸台；9－着水辊；10－着墨辊；B－橡皮滚筒；P－印版滚筒；I－压印滚筒

③ 纸张3由输纸机从纸台1上的纸堆2上送到倾斜的输纸板4上，再由摆动递纸机构5把它传给压印滚筒I。

④ 通过对滚施压，图文首先转印到橡皮滚筒B的橡皮布上。

⑤ 在压力作用下，纸张3在橡皮滚筒B和压印滚筒I之间通过时，图文从橡皮表面印刷到纸张上，实现印刷复制。

⑥ 最后印品用收纸链条6从压印滚筒输送到收纸台8并积成纸堆7，然后用人工取走。

第二节　单张纸胶印机的基本结构与分类

胶印基本原理和工艺技术的发展成熟决定了胶印机基本结构的相对稳定。大凡胶印机都有着基本相似的功能结构，不同种类的胶印机只是各功能模块在实现方式及其细部结构上有所侧重而已。

一、单张纸胶印机的种类

胶印机种类繁多，形式各样。各种胶印机，根据需要，可以有不同的类别归属。就单张纸胶印机而言：

① 按用途划分。可分为印刷纸张的胶印机、打样胶印机及印铁胶印机等。

② 按纸张幅面划分。可分为双全张胶印机、全张胶印机、对开胶印机、四开胶印机和八开胶印机等。

③ 按印刷色数划分。可分为单色胶印机、双色胶印机、四色胶印机、五色胶印机、六色胶印机等。

④ 按印品的特征划分。可分为书刊胶印机、图页和专用胶印机、名片胶印机等。

⑤ 按印品印刷面的情况划分。可分为单面胶印机和双面胶印机。

⑥ 按自动化程度划分。可分为半自动胶印机和自动胶印机。半自动胶印机一般由人工给纸，机器完成印刷等其余工序，而自动胶印机从给纸、印刷到收纸的全部工序均由机器来自动完成。目前半自动胶印机已基本淘汰。

二、单张纸胶印机的整体结构

现代单张纸胶印机，基本上都是全自动的，无论哪一种类型，均由传动、给纸、规矩、递纸、印刷、给水、给墨、传纸、收纸及控制装置等几大部分组成，单张纸单色胶印机的典型结构如图 2－2 所示。当然，多色机的印刷部分要复杂一些，主要表现在压印部件及其色组联系有所区别。

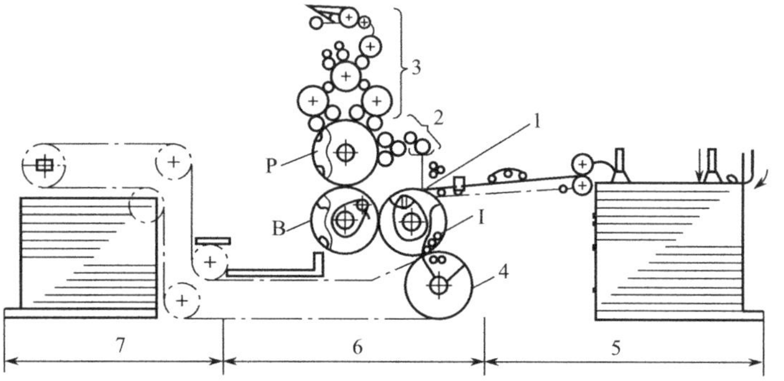

图 2－2　单张纸自动胶印机的结构简图

1－规矩装置；2－润湿装置；3－给墨装置；4－收纸链轮；5－输纸装置；6－印刷装置；7－收纸装置

一垛单张纸，由自动给纸机一张一张把纸张分开，向前递送，由输纸装置将纸张输送到规矩装置，依次经过前规、侧规定位，再由递纸机构将纸张传给压印滚筒，压印滚筒叼着纸，经过橡皮滚筒和压印滚筒之间的挤压，将印版传给橡皮滚筒的图文再次转印到纸张上，完成印刷。印刷完后的纸张由压印滚筒交给收纸滚筒，经链条传送，再经过理纸机构收齐印张，即完成印刷工作。

从以上的印刷过程可以看出，各种类型单张纸胶印机的主要组成部分都是相同的，只是单色机有一组输墨润湿装置和一次压印过程，双色机有两组输墨润湿装置和两次压印过程，四色机有四组输墨润湿装置和四次压印过程，而其余工作过程全部相同。当然，除了单面单色胶印机之外，其他类型的胶印机还要增加传纸、调版等一些辅助装置，以完成纸张的传递和套印功能。

第三节　单张纸胶印机的传动系统

单张纸胶印机的各运动部分的动力来自其传动系统。胶印机印刷部件的运动是主体运动，另外还有输水、输墨、给纸、收纸等运动。上述运动，都是有机联系在一起的，不能有相对的运动错位。为满足印刷工艺要求，保证各部分运动的协调与同步，印刷机的传动部分普遍采用定传动比的齿轮传动和链传动，三滚筒滚压时的纯滚动依靠其齿轮节圆直径与滚筒直径相等来实现。

一、主体运动的传递

一般单张纸胶印机对传动提出如下要求：

① 应有低速起动（速度在 3000r/h 左右）功能。以满足调整对版，试印刷等需要。

② 要有高印刷速度。起动速度到高速印刷速度之间应该是无级变速且调节要方便。

③ 有点动机构。由于在单张纸胶印机上要进行频繁的洗橡皮和洗印版操作，希望有低速（在 3 ~ 16r/min 之间）爬行和点动机构，这样在装卸印版和橡皮布时就比较安全。

④ 主传动减速机构应平稳，不得影响印刷质量。

1. 印刷机整机传动系统

图 2 -3 所示为 J2203A（J2205）型对开双色胶印机全机传动系统。全机各部分动力都是由主电机经过三角带轮、减速机构传给收纸滚筒，然后再将动力分配到各部分。

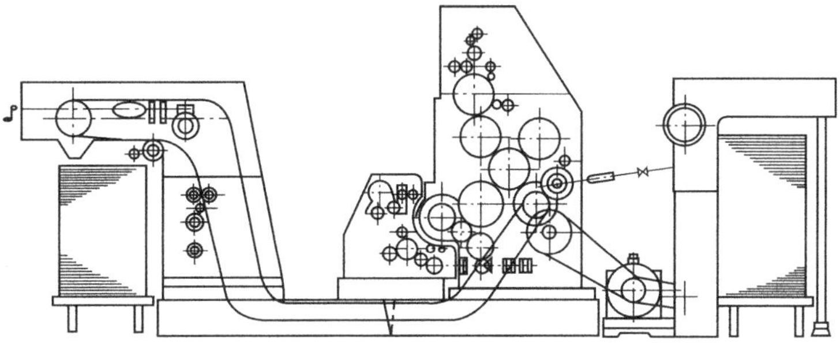

图 2 -3　J2203A（J2205）型对开双色胶印机传动系统图

（1）收纸滚筒—万向联轴节—输纸机。

（2）收纸滚筒—压印滚筒—递纸牙轴。

（3）收纸滚筒—压印滚筒—上橡皮滚筒—上印版滚筒—上输墨、输水装置。

（4）收纸滚筒—压印滚筒—下橡皮滚筒—下印版滚筒—下输墨、输水装置。

（5）收纸滚筒—收纸链条—收纸台。

2. 各机型主运动传动

单张纸胶印机的整机运动一般从收纸滚筒（或传纸滚筒）开始，而将电机到收纸滚筒的传动称为主传动。

（1）J2109 型胶印机的主传动

J2109 型对开单色胶印机的主传动系统如图 2 -4 所示。该传动系统对印刷机的主运动可提供两种速度：正常运转速度和慢速调整速度。而慢速调整速度包括正向点动速度、反向点动速度和慢速运转速度。

机器正常运转时，动力来自主电机 12。慢速调整时，动力来自小电机 1。它们均通过主轴 5 来传递运动。为了协调两个动力源的工作，在主轴上设置了两个离合器 4。该传动系统的其他部分与 J2108 型胶印机的传动系统基本相似，这里不再赘述。

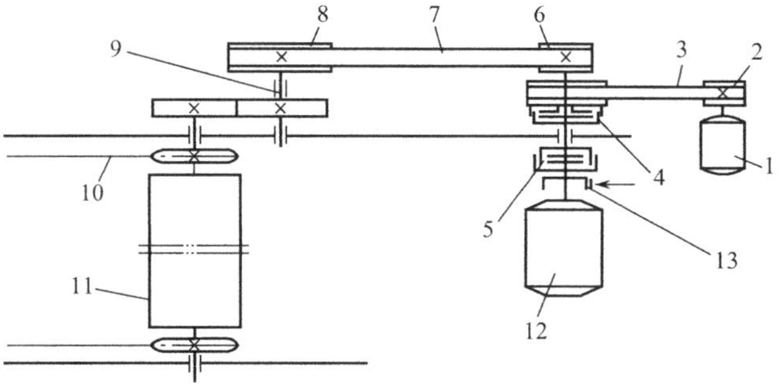

图 2－4　J2109 型胶印机的主传动图

1－小电机；2、6、8－带轮；3、7－三角皮带；4－离合器；5－主轴；
9－轴；10－链条；11－收纸滚筒；12－主电机；13－电磁制动器

（2）J2111 型胶印机的主传动

如图 2－5 所示，本机主电机由整流子电机 13（7kW）带动，电机尾端电磁离合器做制动用。当主电机运转带动大皮带轮 3 旋转时，牵引电磁铁 10 有两种状态，① 当按“运转”按钮时，牵引电磁铁 10 吸合，闸块 8 提起，齿轮 4、5 不起行星齿轮的作用，齿轮 6 与大皮带轮转速相同。此时为运转车速。② 按“慢速”按钮，牵引电磁铁 10 不吸合，闸块 8 依靠重力下落，闸块卡住齿轮 4，齿轮 4 不旋转，此时大皮带轮经过齿轮 2（9）、5，在齿轮 4 上做差速旋转，齿轮 6 经过行星减速机构带动各滚筒慢速运转（3.75r/min）。慢速是用来擦洗橡皮和装印版的。大皮带轮端头的电磁离合器 7 此时不吸合。当行星减速机构不工作时，电磁离合器 7 吸合，此时大皮带轮带动齿轴旋转，齿轴与大皮带轮可视为一整体。

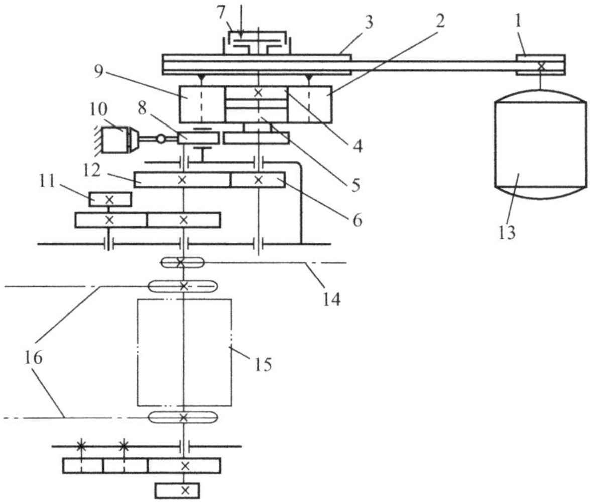

图 2－5　J2111 型胶印机的主传动图

1、3－皮带轮；2、4、5、6、9、12－齿轮；7－电磁离合器；8－闸块；10－电磁铁
11－侧规驱动齿轮；13－电机；14－给纸链条；15－收纸滚筒；16－收纸链条

（3）PD11230A 型全张双面胶印机的主传动

PD11230A 型全张双面胶印机电机功率 17kW，转速范围 0～1550r/min，该机的主传动

仍采用正齿轮传动。由于直流电机 2 的最高转速较高，所以比 J2108 型胶印机多一级传动，即齿轮 6 和齿轮 7，如图 2 -6 所示。其余传动情况基本上与 J2108 机型是一样的。

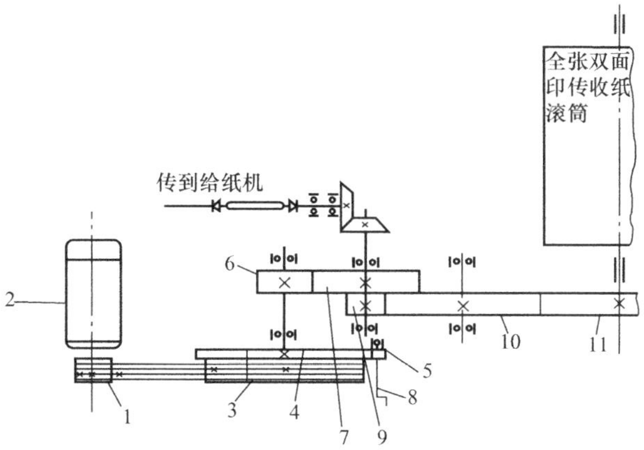

图 2 -6　PD11230A 型全张双面胶印机的主传动图

1、3 - 皮带轮；2 - 电机；4、5、6、7、9、10、11 - 齿轮；8 - 盘车手把

（4）J2205（J2108）型机主传动系统制动及低速转换

如图 2 -7 所示，当主电机 1 运转时，电磁制动器 8 处于非制动状态，主电机通过皮带轮 2、三角皮带 7 及大皮带轮 6 驱动机器运转。此时电磁离合器 10 也处于断电离开状态。所以，主电机运转时对低速电机没有影响。需点动或低速运转时，电磁离合器 10 通电吸合，低速电机由减速器 4 以 3. 5r/min 的转速经皮带轮 5、皮带 11、皮带轮 9、电磁离合器 10、皮带轮 2、皮带 7、皮带轮 6 传动使机器低速转动。同时，控制电路使主电机停止运转，此时，电磁制动器 8 仍处于非制动状态。当停车时，即切断主电机电源时，电磁制动器 8 随之通电制动，使机器迅速停止转动。

（5）J2204A 的主传动

图 2 -8 是 J2204A 型胶印机的主传动系统图。电机 9 经过皮带轮和齿轮两级减速直接将动力传给收纸滚筒。该机除主电机外，其余传动基本上与 J2203 和 J2108 型相同。

二、典型的传动系统与传动路线

1. J2101 型胶印机传动系统与传动路线（见图 2 -9）

该机的压印滚筒不固定（其上偏心套用于调压），因此，动力首先传给橡皮滚筒。

（1）印刷部件的传动

① 橡皮滚筒的传动。

电动机→小带轮 1→大带轮 3→胀环式摩擦离合器 M→I 轴齿轮 4→齿轮 5→橡皮滚筒。

② 印版滚筒的传动。

齿轮 5→橡皮滚筒轴→齿轮 6→齿轮 9→印版滚筒。

③ 压印滚筒的传动。

齿轮 6→齿轮 7→压印滚筒。

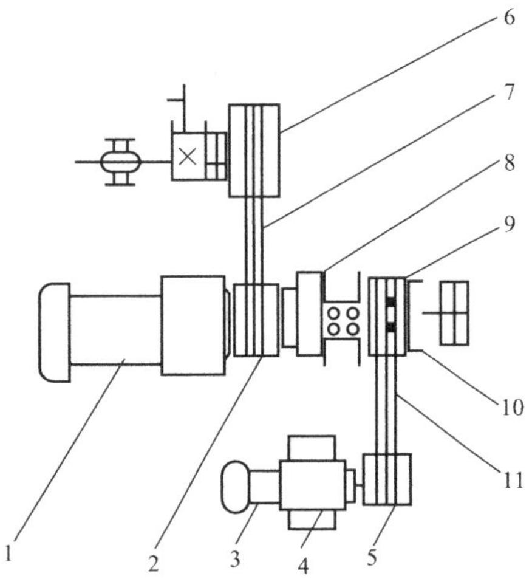

图 2－7　J2205 型胶印机主、辅电机传动与制动简图

1－电磁调速异步电机（主电机）；2、5、6、9－皮带轮；3－低速电机 M_2；4－摆线针轮减速器；7、11－三角皮带；8－电磁制动器 YB；10－电磁离合器 YC

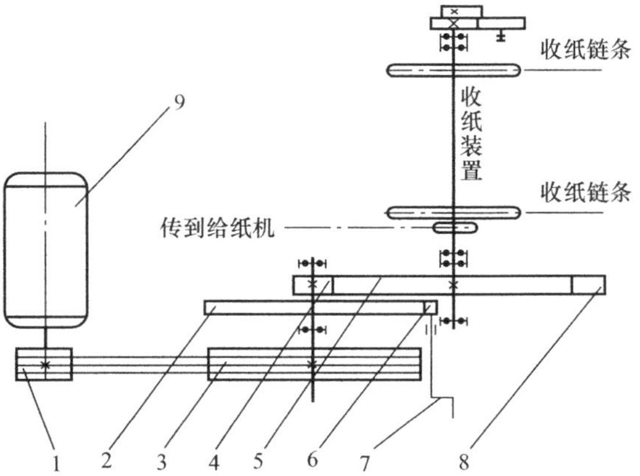

图 2－8　J2204A 型胶印机主传动简图

1、3－带轮；2、4、5、6、8－齿轮；7－盘车手把；9－调速电机J

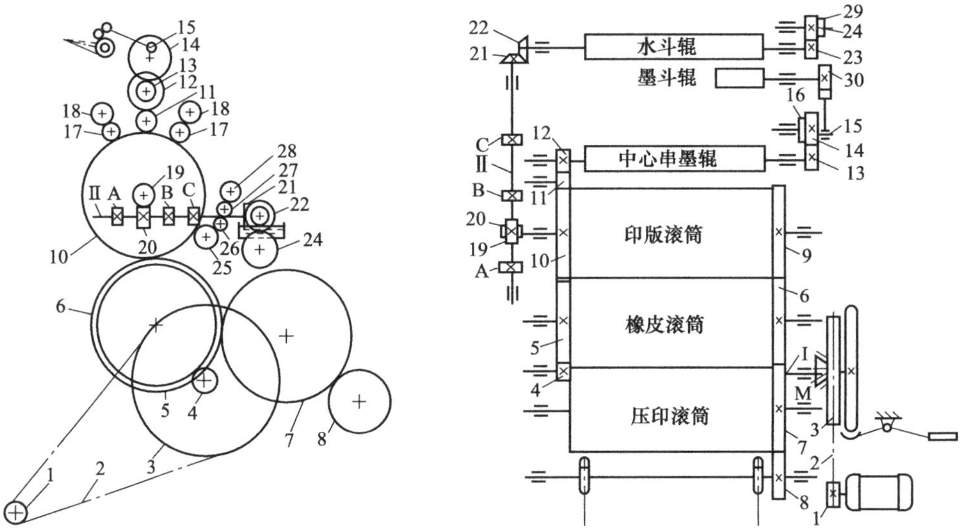

图 2－9　J2101 型胶印机传动系统图

1、3－皮带轮；2－皮带；4～14、17～28、30－齿轮；15－曲柄；16、29－凸轮

受限于当时电气元件还不够发达，这款旧式机器点动、停、开采用机械离合的结构形式，胀环式摩擦离合器是不可缺少的。胀环的胀紧程度可以通过调整胀环位置的螺栓来控制。随着各种现代化电器元件的广泛应用，改进后的 J2101 型机都附有全套按钮和继电器。机器点动、倒、顺、转、开、停都可由按钮控制。目前胀环离合器已被逐步淘汰。

（2）输墨部件的传动

输墨、输水、输纸和收纸部件的传动都与滚筒部件有密切的关系，在 J2101 型胶印机上，都是由滚筒直接传动的。具体传动路线如下：

① 中串墨辊转动。

印版滚筒齿轮 10 → 齿轮 11 → 齿轮 12 → 中心串墨辊转动。

② 墨斗辊间歇转动和传墨辊往复摆动。

中心串墨辊齿轮 13→齿轮 14→曲柄 15、凸轮 16→墨斗辊转动和传墨辊摆动。

③ 下串墨辊的转动。

印版滚筒齿轮 10→齿轮 17→齿轮 18→下串墨辊转动。

④ 串墨辊的串动。

齿轮 19→齿轮 20→Ⅱ轴转动→偏心轮 A、B→传动杠杆→串墨辊轴向移动。

（3）输水部件的传动

输水部件主要由水斗辊、传水辊、串水辊和着水辊组成。输水部件的具体传动如下：

① 串水辊的转动。

印版滚筒齿轮 10→齿轮 25、26、27→齿轮 28→串水辊转动。

② 水斗辊的转动。

斜齿轮 19→齿轮 20→Ⅱ轴→锥齿轮 21→锥齿轮 22→水斗辊匀速转动。

③ 串水辊的轴向串动。

Ⅱ轴转动→偏心轮 C→杠杆→串水辊轴向串动。

④ 传水辊的摆动。

水斗辊转动→齿轮 23→齿轮 24→凸轮 29→摆杆（未示出）→传水辊摆动。

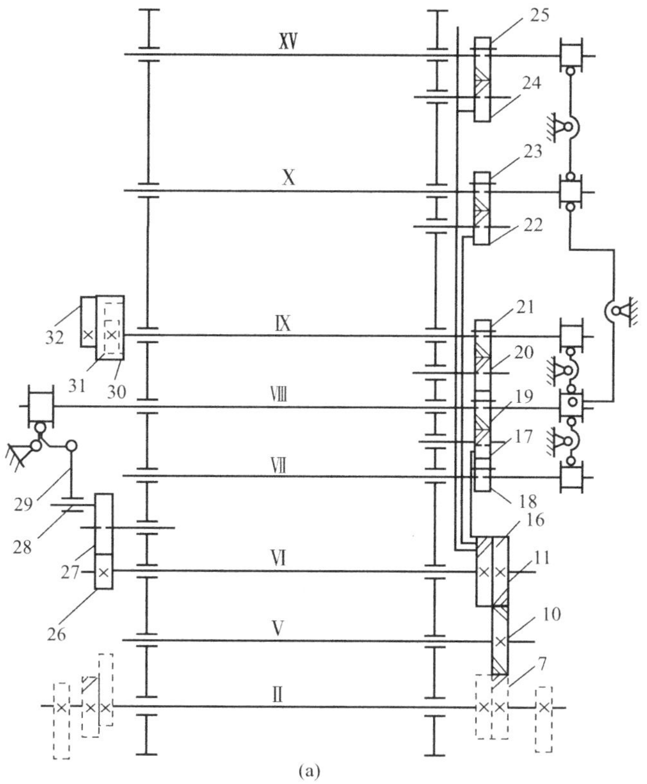

(a)

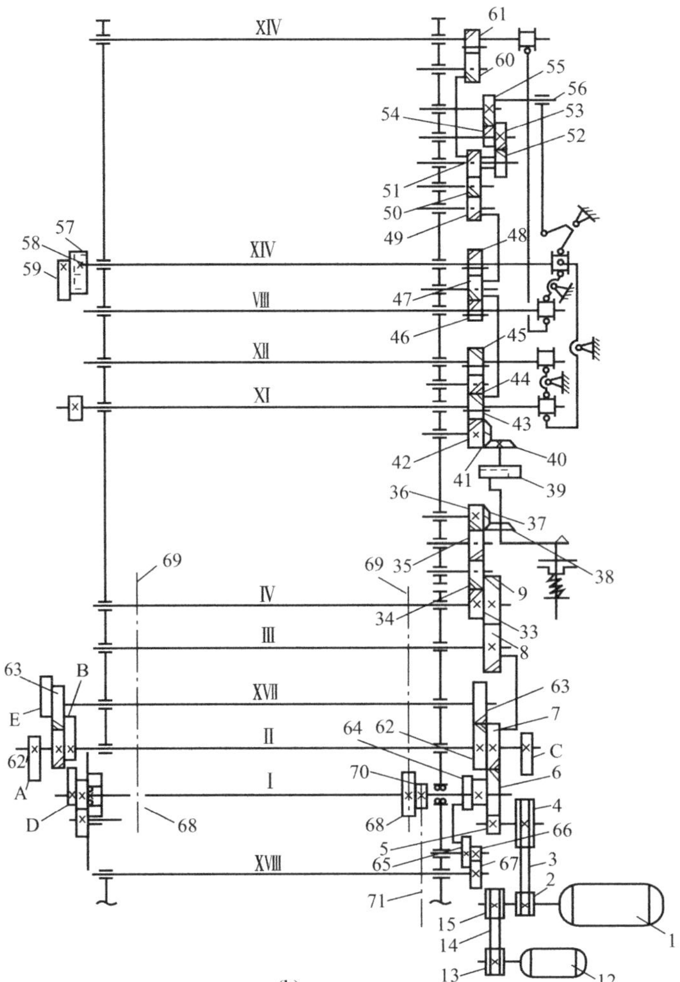
(b)

图 2－10　J2205 型胶印机传动系统图

1、12－电机；2、4、13、15－带轮；3、14－皮带；

5～11、16～27、30、31、33～36、42～55、57、58、60～64－齿轮；

28、56－曲轴；29－连杆；32、59－凸轮；37、38、40、41、65、66－锥齿轮；

39－联轴器；67－万向轴；68、70－链轮；69、71－链条；Ⅰ～ⅩⅧ－轴

2. J2205 型胶印机传动系统与传动路线（见图 2－10）

J2203A、J2205、J2108A（J2108B）型对开单张纸胶印机的传动系统与传动路线基本是一致的。它们的零部件可以通用，这对备品备件的制作非常有益。J2205 型对开双色胶印机，如果把二色（下橡皮滚筒、下印版滚筒和下匀墨装置）去掉，则该机就变成了 J2108A 型对开单色胶印机。

（1）滚筒部件的传动

① 压印滚筒的转动。

电机 1→带轮 2→皮带 3→带轮 4→齿轮 5→齿轮 6（收纸链轮轴Ⅰ转动）→齿轮 7→压印

滚筒转动（Ⅱ轴）。

② 橡皮滚筒的转动。

齿轮 7→齿轮 10→一色橡皮滚筒轴转动（Ⅴ轴）。

齿轮 7→齿轮 8→二色橡皮滚筒轴转动（Ⅲ轴）。

③ 印版滚筒的转动。

齿轮 7→齿轮 10→齿轮 11→一色印版滚筒轴转动（Ⅵ轴）。

齿轮 7→齿轮 8→齿轮 9→二色印版滚筒轴转动（Ⅳ轴）。

（2）输墨部分的传动

① 第一色组的输墨运动。

a. 墨辊的转动。

印版滚筒轴端齿轮 16→齿轮 17→齿轮 18→下串墨辊轴Ⅶ转动。

齿轮 17→齿轮 19→中串墨辊轴Ⅷ转动。

齿轮 19→齿轮 20→齿轮 21→上串墨辊轴Ⅸ转动。

印版轴齿轮 16→齿轮 22→齿轮 23→下串墨辊Ⅹ转动。

b. 串墨辊的轴向串动。

印版滚筒轴端齿轮 26→齿轮 27→曲轴 28、连杆 29→串墨辊轴Ⅷ轴向往复运动。

小串墨辊→另一端杠杆→两根下串墨辊和上串墨辊轴向往复运动。

c. 传墨辊的摆动。

上串墨辊轴Ⅸ→齿轮 30→齿轮 31→减速轮系→凸轮 32→传墨辊摆动。

② 第二色组的输墨运动。

a. 串墨辊的转动。

二色版滚筒轴Ⅳ转动→齿轮 33、34、35、36→圆锥齿轮 37、38→离合器 M（未示出）→联轴器 39→圆锥齿轮 40、41→齿轮 42→齿轮 43→中串墨辊转动（Ⅺ轴）。

齿轮 43→齿轮 44→齿轮 45→下串墨辊轴Ⅻ转动。

齿轮 43→齿轮 47→齿轮 46→下串墨辊轴ⅩⅢ转动。

齿轮 47→齿轮 48→上串墨辊轴ⅩⅣ转动。

b. 串墨辊的串动。

齿轮 47→齿轮 49→齿轮 50→齿轮 51、52（两齿轮固接）→齿轮 53→齿轮 54→齿轮55→端面曲轴 56→杠杆机构→中串墨辊轴向串动→杠杆机构→上、下串墨辊串动。

（3）输水部件的传动。

a. 一色串水辊的转动。

齿轮 16→齿轮 24→齿轮 25→一色串水辊轴ⅩⅤ转动。

b. 二色串水辊的转动。

齿轮 51→齿轮 60→齿轮 61→二色串水辊轴ⅩⅥ转动。

c. 传水辊的摆动。

传水辊摆动由凸轮连杆机构带动，见第四章。

（4）其他辅助机构的传动。

压印滚筒轴Ⅱ上的齿轮 62→齿轮 63→递纸牙轴ⅩⅦ两端的偏心轴承转动；

收纸链轮轴 Ⅰ 上链轮 70→链条 71→将运动传给给纸部件；

收纸链轮轴 Ⅰ 上两个收纸链轮 68→链条 69→将运动传给收纸部件；

齿轮 64→圆锥齿轮 65→圆锥齿轮 66→万向轴 67→侧规轴 XⅧ转动；

凸轮 A 控制滚筒合压动作；

凸轮 B 控制滚筒的离压动作。离合压时间由电磁开关控制；

凸轮 C（偏心轮）控制递纸牙摆动；

凸轮 D 是递纸牙拉簧恒力装置控制凸轮；

凸轮 E 控制前规轴的摆动。

3. J4102 型四开胶印机传动系统

J4102 型四开单色胶印机的主电机采用电磁调速异步电动机，电机转速范围 120 ~ 1200r/min，由电气控制进行调整。如图 2 – 11 所示，电机轴上的皮带轮 1 通过三角皮带 2 将动力传给带轮 3，与带轮 3 同轴固定的齿轮 4 传动轴 I 上的齿轮 5，轴 I 的左端齿轮 6 带动压印滚筒齿轮 7，三滚筒齿轮互相啮合，传动印刷部件。另外，轴 I 直接带动收纸滚筒链轮，给收纸系统传递动力。

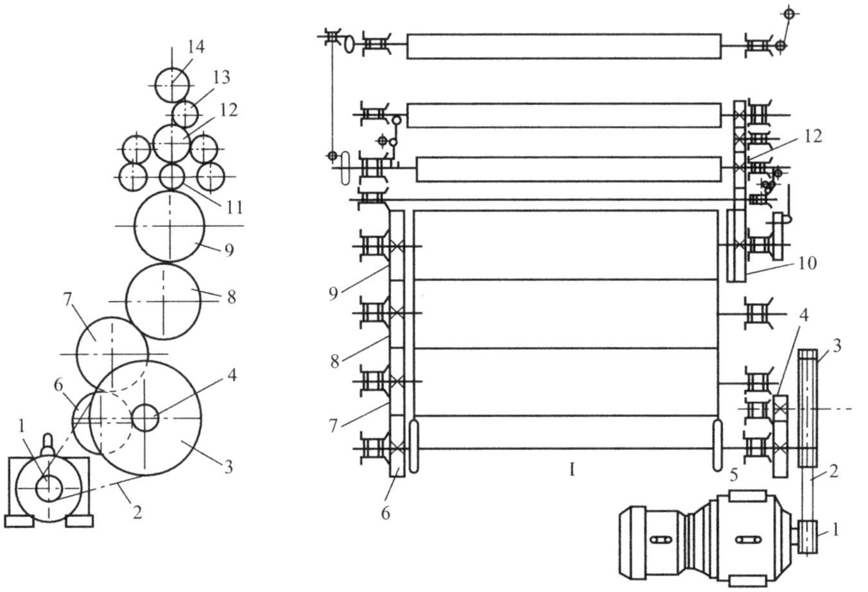

图 2 – 11　J4102 型四开胶印机传动系统图

1 – 皮带轮；2 – 三角皮带；3 – 带轮；4 ~ 14 – 齿轮

由于三角皮带久用后，不可避免地会有所伸长，该机采用了皮带张紧轮，当皮带伸长时，为了不使带轮打滑，又不必挪动电机位置，只要将带轮张紧轮张紧，皮带即可压紧，从而解决了皮带伸长的问题。

该机电机安装在机架底座内，使传动机构紧凑，操作安全，外形美观，但是电机在机身内，其排出的热量会对印刷纸张产生不利影响。采用电磁调速异步电机，无低速爬行电机，不能反点，因而该机调整很不方便。

4. PZ4880－01 型对开四色胶印机的传动系统

图 2－12 所示为 PZ4880－01 型对开四色胶印机传动示意图。它有四个机组，该机动力是通过第二组和第三组之间的传纸滚筒分两路传到两边的，即给纸机端和收纸端。这样动力分配较为合理，有利于平衡齿轮负荷，使滚筒齿轮磨损寿命近似一致。该机的单机组传动与 J2108 机相似。

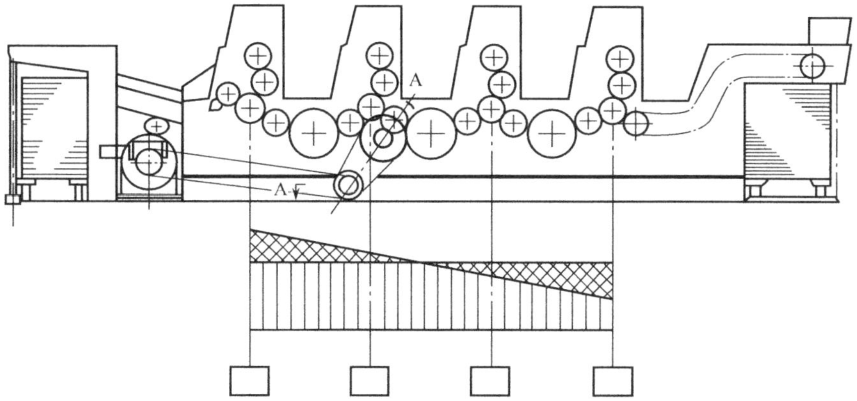

图 2－12 PZ4880－01 型对开四色胶印机传动示意图

三、典型的传动机构

1. 减速机构

单张纸胶印机主电机，不管是哪一种形式的电动机，它们的转数一般都在 1200～2800r/min 范围，这样快的转速，不能直接带动胶印机滚筒，而需经过减速机构，减到机器所需的转数（如 8000r/h，即 133r/min）。因此，不管是哪种型号的胶印机都有减速机构，只不过是形式种类不同而已。常见的国产单张纸胶印机减速机构，有圆柱齿轮和蜗轮蜗杆减速机构两种，为改变机组之间运动方向，还经常采用锥形齿轮（一般是螺旋锥齿轮）传动。另外，周转轮系可以获得大降速比。因此，在单张纸胶印机上也得到应用。图 2－13 所示为 J2111 型胶印机的大三角带轮上装的少齿差的行星齿轮减速机构。

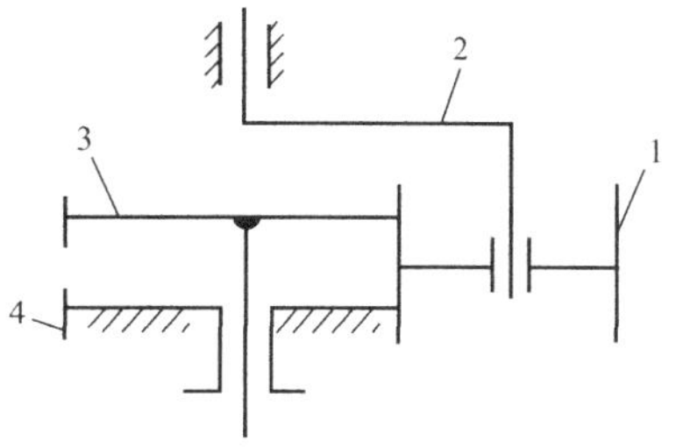

图 2－13 J2111 型胶印机大三角带轮减速机构

1－宽齿轮；2－大带轮；3、4－齿轮

大皮带轮 2 上装有宽齿轮（齿数 14）1，与少齿差的两个齿轮 3（齿数 22）和 4（齿数 20）同时啮合。其中，两个齿轮 3 和 4 中有一个为变位齿轮。由于齿轮 4 是用闸块卡住的，固定不转动，因此，该机构可获得降速比为 11 的减速效果。

该周转轮系与 J2108 型机的行星针轮摆线减速器相比，占用空间少，减速效果好。

2. 离合器

（1）机械离合器

图 2－14 为 J2203、J2205 胶印机第二色组的机械离合器结构图。离合器 M 的打开或合

上，由电磁铁T控制。当电磁铁T通电时，衔铁上升，使连接在衔铁上的滚子和销上升，离合器M在弹簧作用下右移，合上接通第二色传动系统。通过两对伞齿轮副5、6把动力传给第二色组。当电磁铁T断电时，衔铁下落，第二色组停止运动。

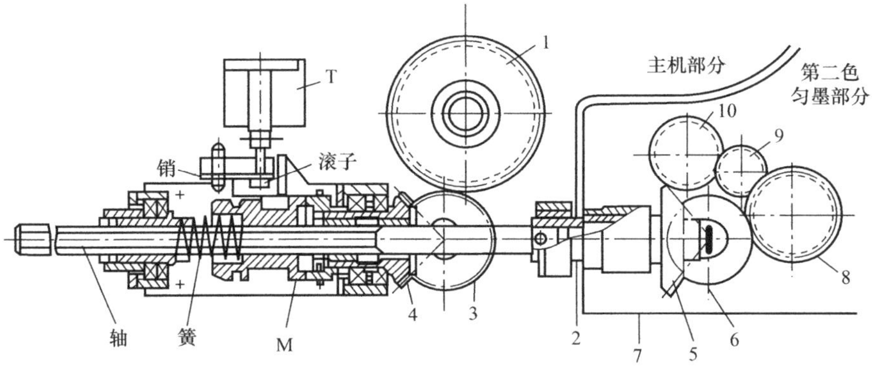

图2－14　J2203、J2205胶印机第二色组离合器结构图

1、2、7、8、9、10－齿轮；3、4、5、6－伞齿轮

（2）电磁离合器

电磁离合器在现代印刷机上除了控制运动离、合外，还可实现电机瞬间刹车功能。

电磁离合器工作原理如图2－15所示，电刷2给线圈1供电，线圈1通电后产生吸力将摩擦片3吸往左边，紧压摩擦片，依靠摩擦力来传递动力或是刹车。电磁离合器可以实现远距离控制，当遇到故障或紧急停车时，使电机瞬间刹车。J2108、J2203型胶印机即采用这类电磁离合器。

主电机尾部安装的整流子电机电磁离合器如图2－16所示，其原理同上。当通24V直流电后，线圈6将产生吸力，吸住圆环7，圆环7顶住定片4，定片4与动片1相互紧压，使刹车力传给电机座3，电机座3再传到电机后盖5上。

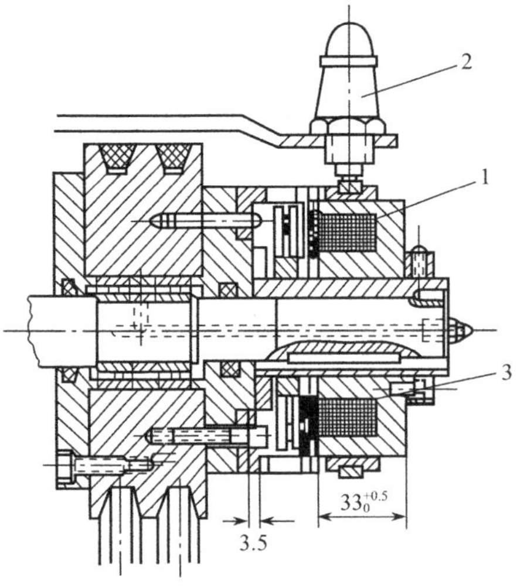

图2－15　电磁离合器

1－线圈；2－电刷（供直流电）；3－摩擦片

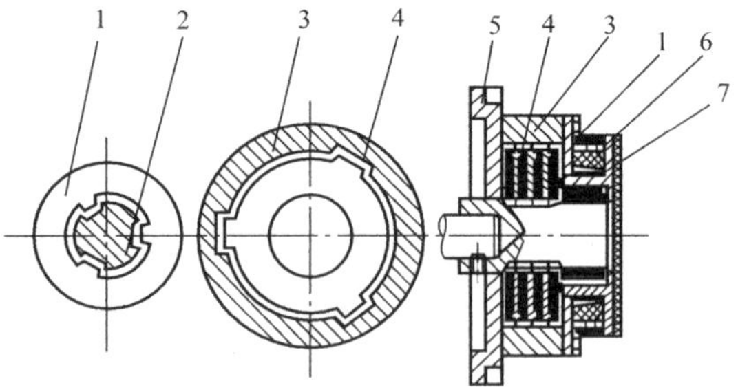

图2－16　电机电磁离合器

1－动片；2－电机轴；3－电机座；4－定片；5－电机后盖；6－线圈；7－圆环

3. 联轴器

在 J2203（J2203A）和 J2108（J2108A）型胶印机传动系统中，采用如图 2-17 所示的内齿轮联轴器，在电机 5 的小带轮 2 上连接内齿轮 3 并与外齿轮 4 啮合，使转动轴 1 转动。这种联轴方法具有结构简单、制造方便等优点，但安装精度要求很精确，制造起来要比固定式联轴器困难得多，制造成本也要高一些。

4. 主机与给纸机之间的传动

主机与给纸机需要联动，但传动精度及安装要求不是很高。因此，一般采用链传动、万向联轴节传动和齿形带传动。目前，采用最多的是链传动，约占 80% 以上，其次是万向联轴节。链传动结构简单，使用维修方便，总的制造成本低；万向联轴节用来进行相交两轴间的转动传递，在运动过程中，两轴之间的夹角及其变化只对瞬时传动比的大小有些许影响，而并不会因夹角变化中断传动。德国海德堡、日本小森、意大利奥姆泽和国产不少机型（J2111A、J2205、J2204A 和 PZ4880-01 等）均采用链传动；而德国的曼罗兰、高宝和 J2203（J2203A）、J2108（J2108A）等胶印机中则采用万向联轴节。

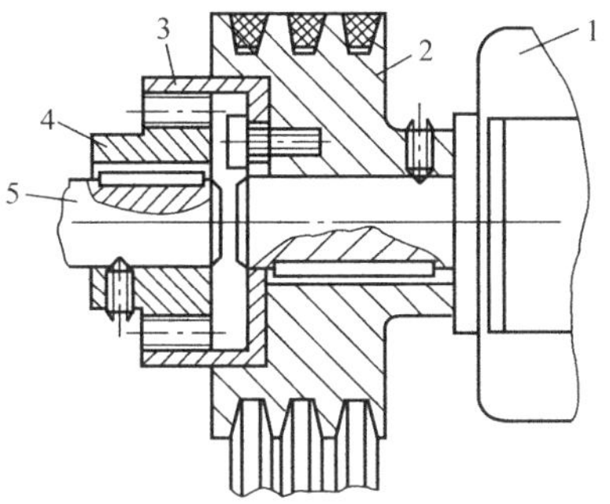

图 2-17 内齿轮联轴器
1-转动轴；2-小带轮；3-内齿轮；
4-外齿轮；5-电机

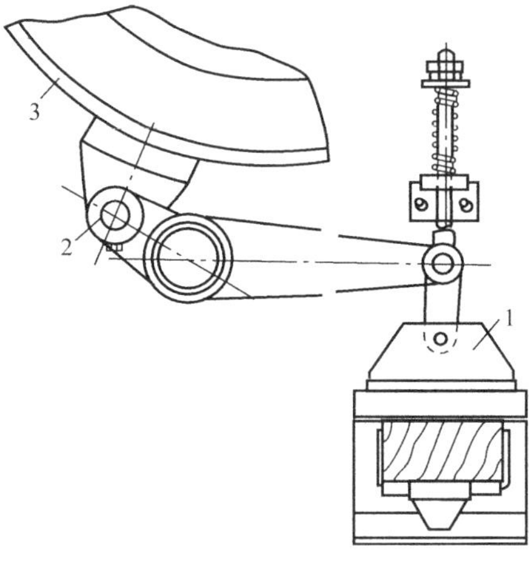

图 2-18 J4102 胶印机电磁铁制动器
1-电磁铁；2-制动器；3-滚筒肩铁

5. 制动器

为了机器安全运转，当电源中断停机时，应能自动克服惯性，立即停止运转。J4102 型四开胶印机装有图 2-18 所示的制动装置，电磁铁 1 与正、反转及开、停按钮相连接，吸合时，机器运转制动器 2 自动打开，制动器自动制动，机器停转。

6. 盘车安全机构

为了防止人身和机器事故的意外发生，各型胶印机在盘车时均设有安全机构，也就是说在盘车时，机器是不能开动的，图 2-19 所示是 J2203A（J2205）、J2108A（J2108B）胶印机安全机构，护罩右端安装有活页铰链机构，左端护罩压着电气微动开关。微动开关是常开的，当大皮带轮护罩打开时，微动开关切断全机电源。此时，在任何部位都不能开动胶印机，除非把皮带轮护罩盖上后胶印机才能开动，这是用电气互锁来保证的。这种机构简单，但也有缺点，如微动开关调节的压缩量较少，当有人在刚性较差的踏板上走动时，微动开关会使全机停车。

20 世纪末研发的 J2111A、J2204A 和 PD11230A 型全张胶印机都将微动开关安装在盘车小齿轮的端头（见图 2－20）。盘车小齿轮端头有一斜面，斜面压着微动开关，当盘车小齿轮插到头后，全机断电。当盘车小齿轮取出后，全机电源又重新接通。这种盘车安全机构设计在护罩内，比较合理，也比较美观。

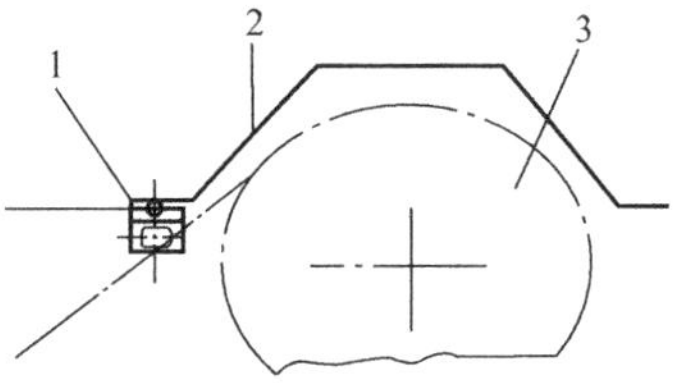

图 2－19　护罩上装安全机构

1－微动开关；2－大皮带轮护罩；3－大皮带轮

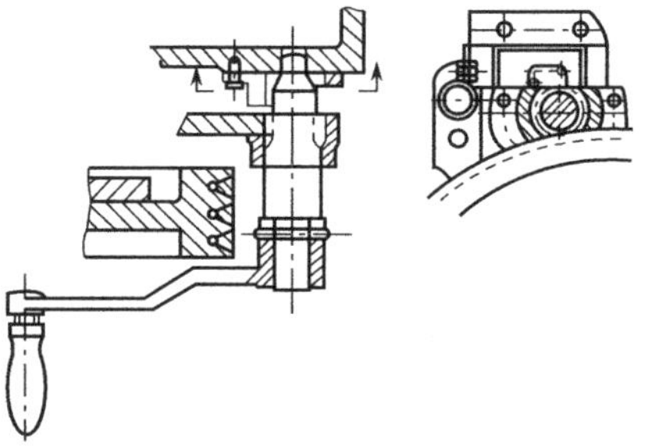

图 2－20　安全机构设在盘车机构内

7. 过载保护机构

机器意外事故是不能完全杜绝的。为了防止出故障时损坏重要的机器零件，一般在胶印机传动系统中，设计有过载保护安全机构。当机器载荷超过规定的载荷值后，传动系统中的某些连接件首先折断、分离或打滑，以停止或限制扭矩的传递，动力就不能继续往下传，起到过载保护的作用。胶印机过载安全机构是各式各样的。J2201 型对开双色胶印机的过载安全机构是摩擦环（见图 2－21），当超过所规定的扭矩时，摩擦环打滑，保护其他重要零件不受损坏。

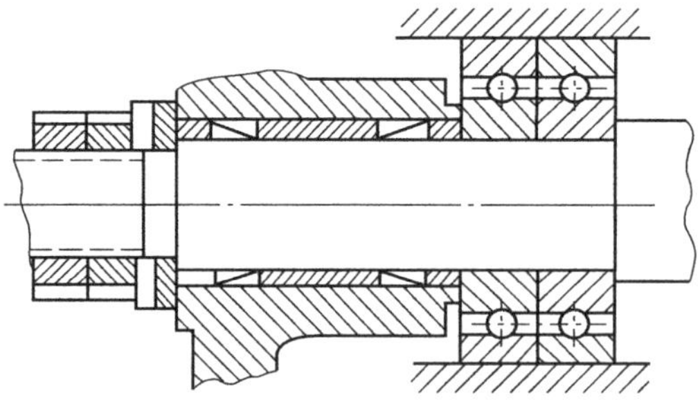

图 2－21　摩擦环过载安全机构

J2203A（J2205）和 J2108A（J2108B）没有设计机械的过载安全机构，但是当转差离合器（见图 2－16）电机过载时，电机的转差头立即打滑，不再传递扭矩。转差离合器电机的转差头本身就是一个过载安全机构。

第三章

单张纸胶印机的印刷装置

印刷装置是胶印机上直接完成图像转移印刷过程的核心部分，它主要由印版滚筒、橡皮滚筒、压印滚筒、离合压机构和调压机构组成。另外，在滚筒部件上，还有一些诸如印版的装卡、橡皮布夹紧、叼纸牙安装与调节和调版机构及其动力传动和控制装置。依据印刷中诸因素的条件，选择合理的结构，进行正确的调节，是印刷装置处于优良和稳定工作状态、获得高质量印刷品的根本保证。

第一节　滚筒的组合排列

印刷机是一个集成化的有机统一系统，其中印刷装置是胶印机的主要职能部件。因此，印刷工艺系统的设计安排一般总是和系统中各部件的组成与排列布置密切相关。不同的印刷实现方式、不同的工艺系统布局具有不同的特征，决定了机器的可操作性和可维护性，对整机性能有一定的影响。

一、滚筒的组合方式

根据印刷滚筒的组合方式，胶印机有两滚筒、三滚筒和多滚筒等很多类型。其中常见的有如下几类。

1. 单面双滚筒胶印机

单面双滚筒胶印机的印版滚筒和压印滚筒（见图 3－1）合并为一个大滚筒，另一个为橡皮滚筒。图 3－1（a）为单色；图 3－1（b）为双色。单色机的大滚筒直径为橡皮滚筒直径的 2 倍，双色机的大滚筒直径为橡皮滚筒直径的 3 倍，依此类推。每完成一张产品，需大滚筒旋转一周，而橡皮滚筒却要转二或三周。这类胶印机的印刷方式缺点比较多。

① 滚筒笨重，机体庞大。

② 机器的工作效率低。

③ 水辊经过压印面、墨辊经过压印和不同色的印刷面必须离让，这样频繁的水、墨辊离合运动，增加了印版表面的磨损，控制也很烦琐。

④ 各色都经一个橡皮滚筒同时转印，有严重混色现象。

目前这类胶印机已被淘汰。

2. 单面三滚筒胶印机

单面三滚筒排列的胶印机（见图 3－2），是最普遍采用的方式，如 J2108、J2106 和 J2101 型等胶印机都是这样排列的。还有很多机型是以这种排列形式为基础，把几个单色机组通过中间传纸滚筒连接起来，构成机组式多色胶印机。三滚筒组成的单色机组有如下主要的优点：

① 容易标准化、多色化，便于制造。

② 三滚筒直径相等，每转完成一次印刷，生产率高。

③ 对各种印刷品有较高的适应性，产品质量较好。

④ 以三滚筒单色组构成的多色机，不存在两滚筒多色机的混色弊病。

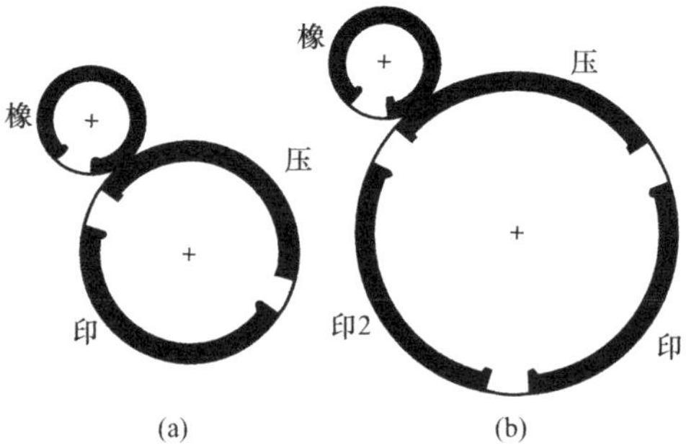

图 3－1　单面双滚筒胶印机滚筒排列

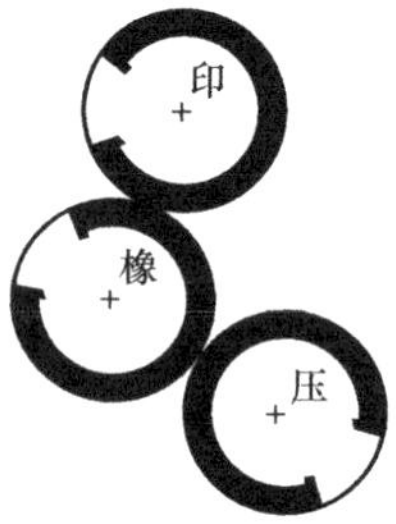

图 3－2　单面三滚筒胶印机滚筒排列

三滚筒单张纸胶印机印刷部件除了图 3－2 所示的五点钟排列形式之外，实用中又有多种变形，如图 3－3 所示，分别为垂直排列、水平排列、直角排列、七点钟排列。考虑印版、橡皮布、衬垫的更换与调整，滚筒的离合压，润湿和输墨装置的使用和维修以及占地面积、受力的均匀性和工作的稳定性等因素，垂直排列和水平排列现已不采用。五点钟排列也正趋于淘汰，因为其纸尾尚在印刷而纸头已进入交接，带来印刷质量隐患。直角排列形式占地面积较小，且易于更换印版、橡皮布及衬垫，便于清洗和调压。七点钟排列形式除具有直角排列的一些优点外，还有利于布置前规定位部件，既能保证操作方便又占有较小空间，因而被广泛采用。

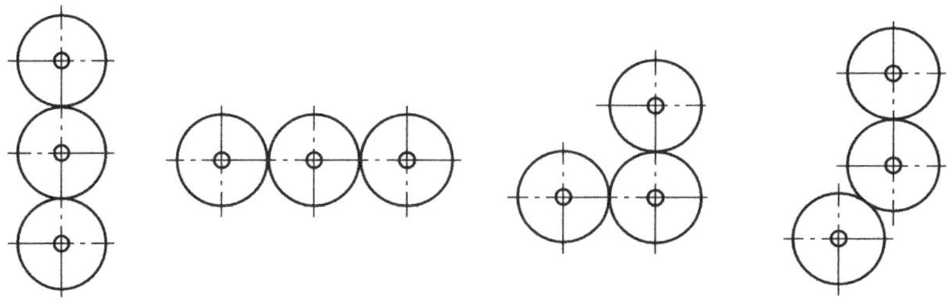

(a) 垂直排列　(b) 水平排列　(c) 直角排列　(d) 七点钟排列

图 3－3　三滚筒排列变异形式

三滚筒单色胶印机，结构比较简单，印刷速度高。近年来发展起来的采用倍径压印滚筒的三滚筒胶印机，继承了其优点，同时有利于印刷厚纸张。

3. 单面多色胶印机

在单色机上进行多色印刷，理论上是可行的。但是，由于某些印刷品套色要求较高，而单色机印刷过程中存在色与色之间的时间间隔，容易发生纸张伸缩变形；另外，有些数量很大的印刷品，由于经济效果和印刷速度方面的考虑，单色机不能满足要求。这些情况下，多色机显出了它的优越性。

单面多色胶印机的滚筒排列方式主要有机组式、卫星式及卫星机组混合式三类。

第一种是三滚筒机组型（见图3－4），由几组独立的三滚筒单色组通过传纸滚筒连接而成。纸张经第一色压印后，需经过传纸滚筒送入第二色压印滚筒压印，依此类推，可实现多色印刷。根据不同的印刷需求，可以任意增加色组，当然也就需要更多的传纸滚筒。

第二种是卫星型（见图3－5）。这类胶印机都有一个公共的压印滚筒。纸张在一个压印面上完成数色转印，套印准确性提高。图3－5（a）（如J2201型和J2203型胶印机）和图3－5（b）是五滚筒双色机组，共用的压印滚筒和印版、橡皮滚筒直径相等。要在压印滚筒圆周上分布更多的色组（特别是四色以上），受空间限制，因此，单面卫星型多色机往往把共用压印滚筒放大1～3倍，压印滚筒上设置2～4排叼纸牙，如图3－5（c）所示。卫星型胶印机仍具有三滚筒机组的优点。缺点是体积庞大，而且，纸张在较短的时间内压印多色，必然对油墨的质量和干燥速度等要求比单色机更高。

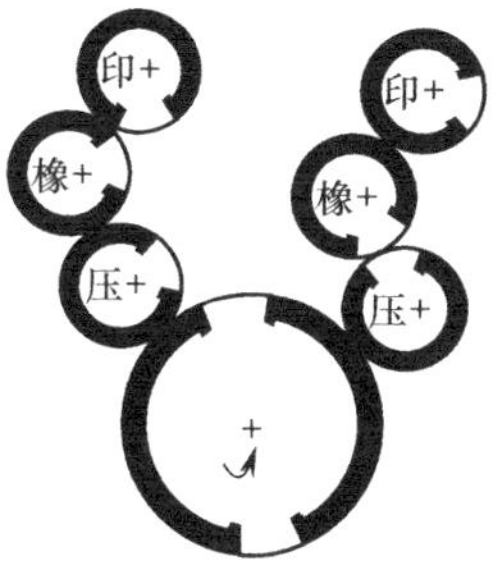

图3－4　机组型双色机

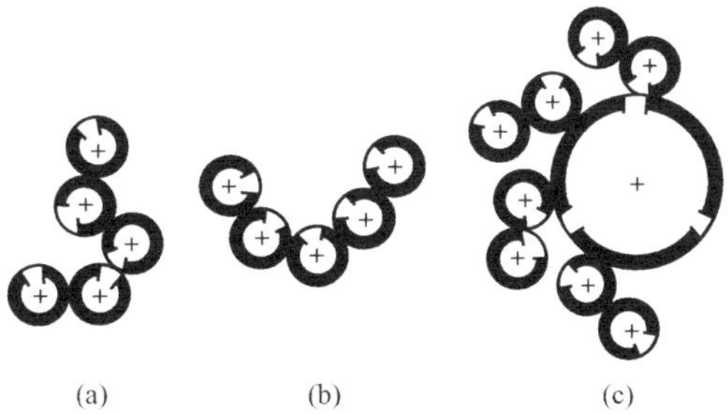

图3－5　卫星型多色机

第三种是混合型。这类胶印机由多机组组成，而同时每个机组又由服从卫星式分布的多滚筒排列而成。

4. 可变单双面胶印机

为适应更广泛的用户需求，近年来发展了可进行单面印刷也可进行双面印刷的单张纸胶印机，它是在机组型单面多色胶印机的基础上将某一组传纸滚筒改变为翻转滚筒而成。如图3－6所示，A为一面印刷时的走纸路线；当印刷双面时，可调节机组使翻转滚筒Ⅰ的叼牙越过交接点，而使纸的尾端与滚筒Ⅱ交接，使纸翻过来，通过B走纸路线，在下一组印刷另一面。这种可变单双面的方式在两个双色卫星组成的四色机上也实现，但只能在二、三色之间翻转，不如三滚筒多色机组灵活。

5. 橡皮对橡皮的双面胶印机

这种型式是两个橡皮滚筒互为压印滚筒，简称B－B型（见图3－7）。纸张从两个橡皮滚筒之间通过，一次完成双面单色印刷，效率较高。

为适应不同的市场需求，以及出于不同开发商的个性化考虑，目前又出现了一些特殊的印刷方式，这里不一一展开，留待后面结合具体机型介绍。

二、滚筒排列实例

通过印刷部件排列组合，可实现复杂多样的印刷需求。

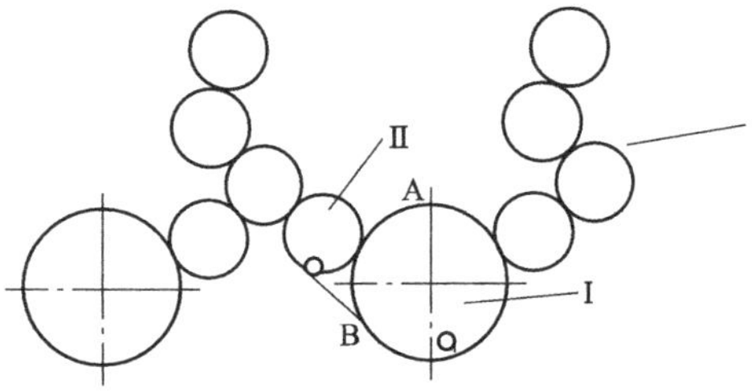

图 3－6　可变单双面胶印机

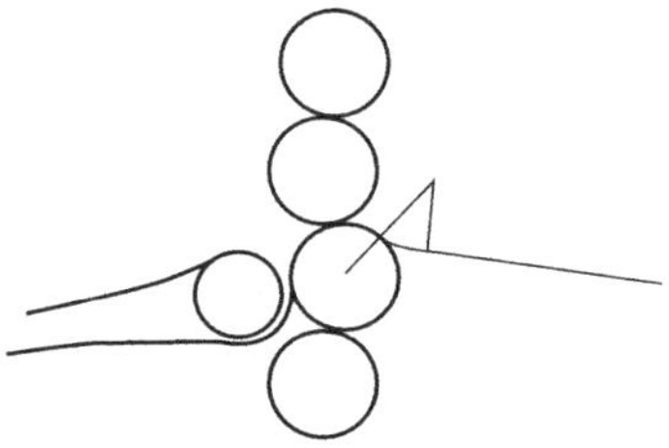

图 3－7　B－B 型双面胶印机

1. 单色胶印机

（1）三滚筒单色胶印机

图 3－8、图 2－1 所示为高台给纸和纸张正向输出的三滚筒单色胶印机。不同的是，一个是高台收纸，另一个为低台收纸，而且滚筒排列角稍有差异。

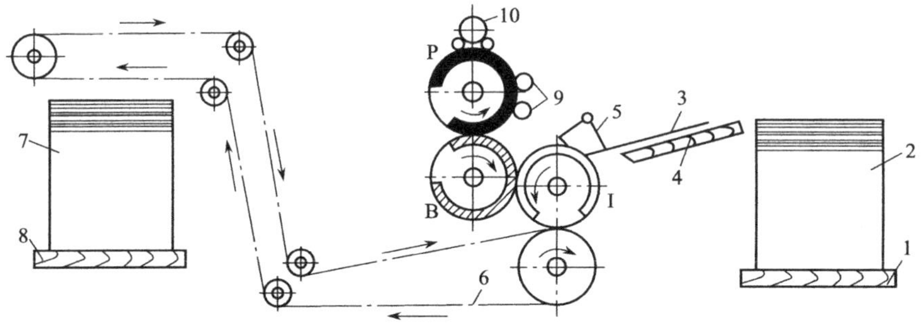

图 3－8　三滚筒单色胶印机

1－输纸台；2－给纸堆；3－纸张；4－输纸台板；5－递纸牙；6－收纸链条；
7－收纸堆；8－收纸台；9－着水辊；10－着墨辊

高台收纸布局的优点是：机器各部件成水平排列，结构上容易安排；高台给纸、高台收纸结构，存放纸张容量大，可减少停机及手工上下纸叠的次数，减少工人的劳动强度。另外，高台收纸便于安装副给纸台和收纸台，可实现不停机连续上纸和收纸，大大提高了劳动效率。所以，近代高速印刷机上都采用高台给纸、高台收纸方式。

该布局的缺点是：从输纸到收纸路线较长，机器占地面积大。

低台收纸结构的优点是：机器结构紧凑，占地面积小，重量轻。

该种布局的缺点是：收纸劳动强度大，适合短版活印刷。

（2）二滚筒单色胶印机

图 3－9 为二滚筒单色胶印机结构示意图。这种机型结构更为简单，大滚筒的表面一半安装印版（P），另一半作为压印表面（I）；小滚筒为橡皮滚筒 B，其直径为大滚筒的一半。每印一张印品，大滚筒转一周，橡皮滚筒转二周；印刷时，纸张从橡皮滚筒和压印滚筒表面之间通过，将图文转印到纸张上。虽然这种机型着墨比较充分，但工作效率低，滚筒笨重，水、墨辊频繁离让，印版磨损加快，故

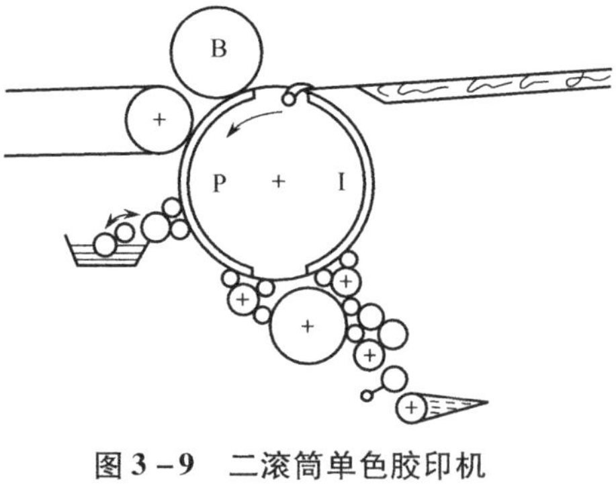

图 3－9　二滚筒单色胶印机

这类机型已基本被淘汰。

2. 单面多色胶印机

（1）五滚筒双色胶印机

图 3 - 10 为五滚筒双色胶印机的基本形式。J2201、J2202、J2203A、J2204、J2205 和 PW2920 型胶印机均采用五滚筒排列方式。

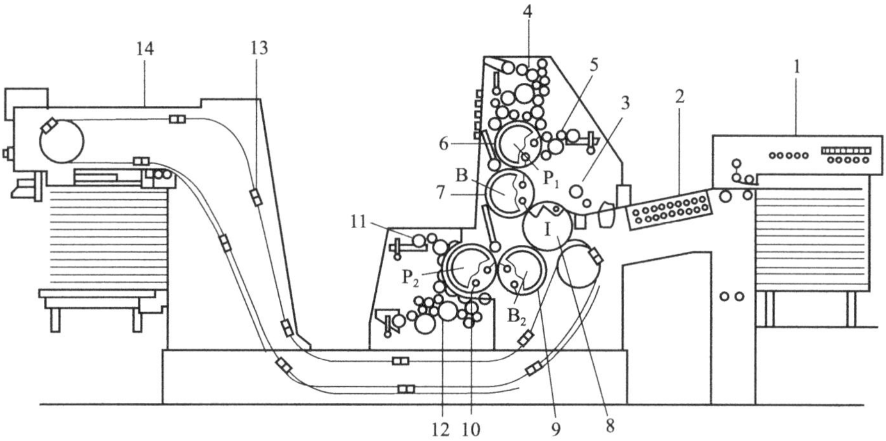

图 3 - 10 五滚筒双色胶印机

1 - 输纸机；2 - 输纸板；3 - 递纸牙；4、12 - 输墨装置；5、11 - 润湿装置；
6、10 - 印版滚筒；7、9 - 橡皮滚筒；8 - 压印滚筒；13 - 收纸牙排；14 - 收纸台

（2）机组式多色胶印机

图 3 - 11 为机组式三滚筒四色胶印机示意图。PZ4880 - 01 型胶印机、米勒 TP104 型胶印机均采用三滚筒等径机组式，曼罗兰 700、900 胶印机，海德堡 Speedmaster CD 型胶印机均采用双倍径压印滚筒机组式。

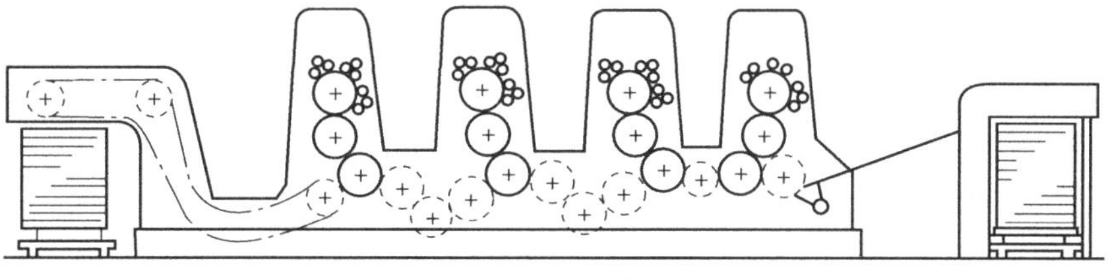

图 3 - 11 机组式三滚筒四色胶印机

图 3 - 12 为机组式五滚筒四色胶印机示意图。机组式多色胶印机结构简单、便于制造、生产效率高、印品质量好，适于各种印刷。

（3）卫星式多色胶印机

图 3 - 13 为卫星式四色胶印机滚筒排列示意图。在一个共用的压印滚筒 I 周围配置四色组印版滚筒和橡皮滚筒及输墨和润湿装置，纸张经过一次交接，压印滚筒转一周，即完成四色印刷。因此，这种机型套印准确，但其机械结构庞大。

3. 双面胶印机

（1）B - B 型双面印刷胶印机

B - B 型胶印机为四滚筒型，如图 3 - 14 所示，上下各设一个印版滚筒和橡皮滚筒，没

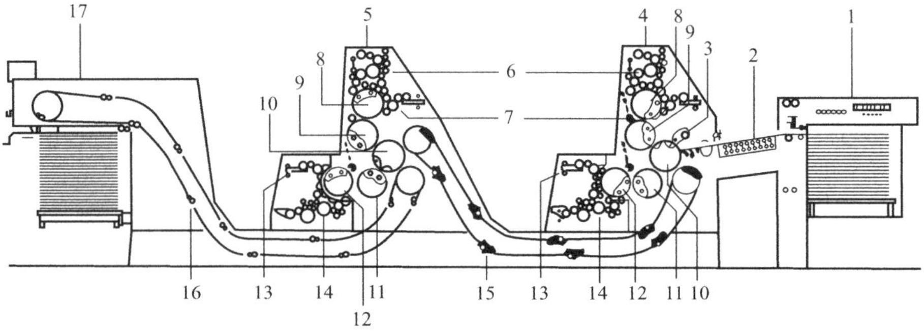

图 3－12　机组式五滚筒四色胶印机

1－输纸机；2－输纸板；3－递纸牙；4－第一机组；5－第二机组；6、14－输墨装置；
7、13－润湿装置；8、12－印版滚筒；9、11－橡皮滚筒；10－压印滚筒；
15－传纸牙排；16－收纸牙排；17－收纸台

有专用压印滚筒，印刷时由两橡皮滚筒接触对滚，纸张从两滚筒之间通过，完成双面印刷，这种机型定位准确、成本较低，如 JS2102 对开双面胶印机就采用这种形式。

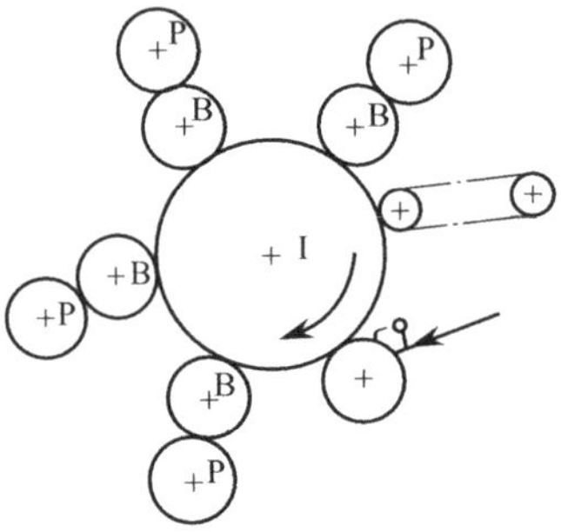

图 3－13　卫星式四色胶印机滚筒排列

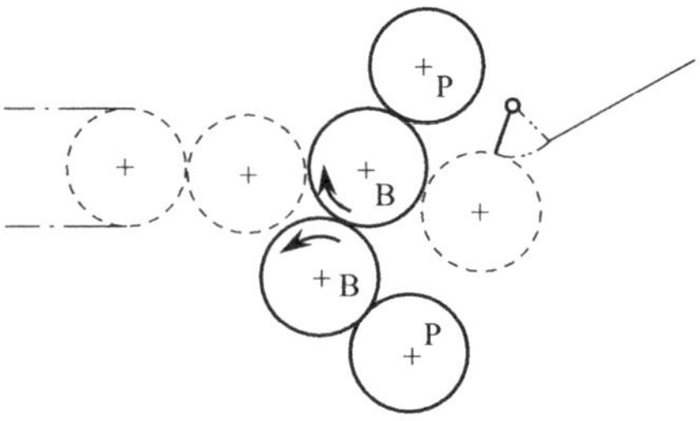

图 3－14　B－B 型四滚筒型胶印机

（2）机组式可翻转双面胶印机

多机组单色胶印机之间加上纸张翻转机构，可进行双面印刷。如图 3－15 所示为曼罗兰单面及双面两用单张纸胶印机示意图。进行单面印刷时，纸张正常传纸；当需要双面印刷时，纸张通过滚筒翻转（需要调整）印刷另一面，纸张传送时噪声小、平稳，且套印准确。

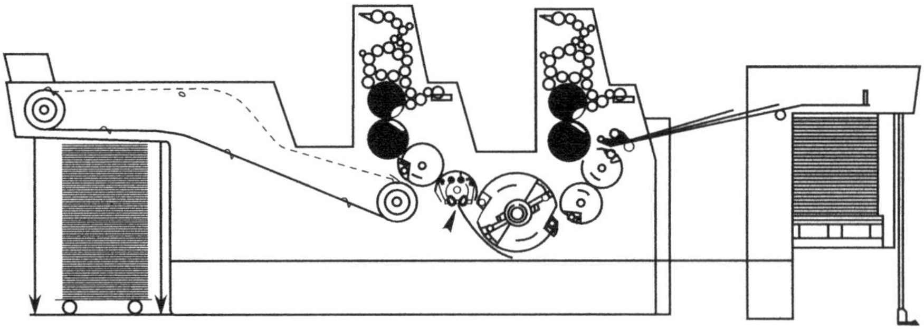

图 3－15　机组式可翻转双面胶印机

第二节　滚筒部件的结构和平衡

胶印机的印刷装置包括印版滚筒、压印滚筒和橡皮滚筒。各滚筒的结构基本相同，如图 3－16所示，主要由滚筒体、齿轮和装夹机构组成。

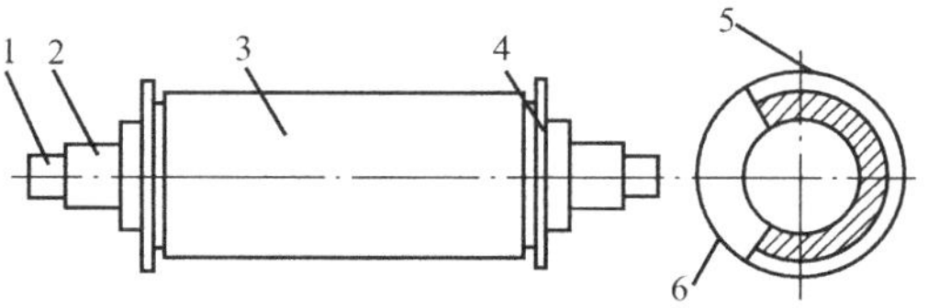

图 3－16　滚筒部件的结构图

1－轴头；2－轴颈；3－滚筒体；4－肩铁；5－筒体有效周长；6－空档

一、滚筒结构概述

印刷滚筒均由轴颈、滚枕和滚筒体构成，基本属于中空的分段圆柱体结构，通常选用优质灰铁铸造而成。滚筒的刚度对印刷质量有很大影响。因此，需要在结构设计时，合理确定筋板数目、剖面形状及布局。

轴颈是滚筒的支承部分。合理的轴颈有效地保证了各滚筒正确对滚印刷，保证了滚筒匀速运转以及印刷品质量，因此，两端轴颈的圆度和同轴度要求较高。

滚筒采用中空结构，即空心带筋圆筒。采用这种结构的目的有两个：一是节约材料，减轻重量以便减少磨损；二是在保持足够的刚性条件下，为添加配重消除不可避免的结构不平衡提供空间。滚筒由优质灰铸铁铸造而成，具有较高的结构刚度和接触刚度。

滚枕又称肩铁，分为走肩铁和不走肩铁两种类型，即接触滚枕和不接触滚枕。

不走肩铁（如 J2108 型胶印机）在机器工作时不接触，备作测量滚筒距离的基准，是调节滚筒中心距和确定包衬厚度的依据；而走肩铁（如海德堡、曼罗兰胶印机），作为运动基准，在机器运转印刷时，印版滚筒和橡皮滚筒的滚枕相互接触，使机器运转平稳。现代胶印机在滚筒体的两端均装有加工要求很高的滚枕。

走肩铁结构较之于不走肩铁结构具有明显的优点：振动小，滚筒运转平稳。滚枕以较轻压力接触只做纯滚动，滚筒齿轮在标准中心距的啮合位置，因而工作状态良好。通常这种走肩铁方式一般只在印版滚筒和橡皮滚筒间采用，在橡皮滚筒和压印滚筒间不采用。这是印刷适性所决定的。由于压印滚筒（不加衬垫）直径不变，在印刷不同厚度的纸张时，为保证印刷压力一致，需要调节橡皮滚筒和压印滚筒间的中心距。因此，橡皮滚筒和压印滚筒滚枕间留有间隙，以便改变纸张厚度时加以调整。

但是接触滚枕要求滚筒的中心距固定不变，对滚筒的加工精度要求较高。

三种滚筒筒体的直径一般是不相同的。就不加包衬的滚筒体来说，压印滚筒直径最大，印版滚筒次之，橡皮滚筒筒体直径最小。

滚筒筒体与滚枕外圆有一距离，称为滚筒的下凹量，三种滚筒的下凹量也是不一样的。利用下凹量可以计算出滚筒的包衬厚度。

二、压印滚筒

1. 压印滚筒结构

在胶印机上，压印滚筒（见图3－17）叼着纸张借助于压力直接从橡皮滚筒上转印图文，以完成印刷。它不仅是其他滚筒的调节基准，而且还是各运动部件运动关系的调节基准。顺便指出，印刷机组之间承担传递纸张作用的传纸滚筒，其结构与压印滚筒相似，只是滚筒表面要求较低而已。

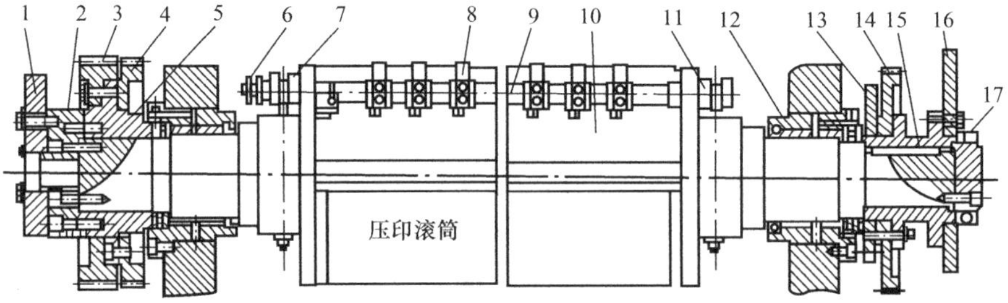

图3－17　J2203、J2108型胶印机压印滚筒结构图

1－递纸牙凸轮；2－凸轮座；3－滚筒齿轮；4、14－传动递纸牙轴齿轮；5－齿轮座套；6－开闭牙滚子；7、11－摆杆；8－叼纸牙排；9－牙轴；10－压印滚筒体；12－轴套；13－离压凸轮；15－凸轮座；16－合压凸轮；17－锁紧螺母

作为整台机器的基准和核心，压印滚筒的直径是三滚筒中最大的，其大小和齿轮节圆、滚枕相等或近似相等。与其他两种滚筒不同之处在于，滚筒体表面到滚枕圆表面的距离为凸量（不是下凹量）。压印滚筒在携带纸张印刷时，不加衬垫。因此，压印滚筒的筒体表面一般很光滑，精度要求高；为了提高滚筒寿命，筒体表面应具有良好的耐磨性和耐腐蚀性，有的还进行镀铬处理。另外，滚筒齿轮及轴套配合的精度也要求很高，以保证运动平稳。

压印滚筒是纸张印刷时的支撑面，同时把纸张从递纸牙传往收纸链条。压印滚筒传递纸张是依靠滚筒上的叼纸牙机构定时开闭来完成的，纸张在印刷过程中应被夹紧，不得有任何位移。因此，压印滚筒的滚筒空档部分装有叼纸牙排8。

如图3－17所示，压印滚筒轴上无偏心套机构，其轴在墙板上的滑动轴承12中转动，而滑动轴承用螺钉固定在墙板上。滚筒的轴向定位一般依靠端面的推力滚动轴承。通过螺母17可进行端面轴承的预紧力调节，以保持适当压紧，不使滚筒轴向窜动。然后紧固好螺母17的放松螺钉。

压印滚筒是整机的“传动枢纽”。机器的动力通过收纸滚筒上的齿轮直接传动压印滚筒旋转，再由压印滚筒轴端齿轮3和4（14）分别带动橡皮滚筒（再传给印版滚筒）和递纸滚筒同速转动。当开牙滚子6与凸轮大面接触时（凸轮固定在墙板上，滚子随压印滚筒旋转），通过杠杆旋转叼纸牙轴，使全部叼纸牙排8张开（弹簧被压缩）。当牙排8叼住纸张后，在旋转中依靠滚筒间的压力，使纸张紧密与橡皮布表面接触而获得图文印迹。印刷结束后，压印滚筒叼纸牙排8将纸张交给传纸滚筒（或者收纸链条）。

另外，压印滚筒还是整机的“控制核心”，印刷状态（正常印刷、试车以及故障反应）的控制大多围绕它展开。因此，压印滚筒轴上还装有控制输纸装置（递纸牙）运动的凸轮 1 和控制滚筒离压凸轮 13、合压凸轮 16。

压印滚筒叼纸牙的结构如图 3 – 18 所示。在叼牙轴 2 上安装有 15 个叼牙，卡箍 3 用紧固螺钉 1 紧固在叼牙轴上，牙体 6 骑在卡箍两侧并活套在叼牙轴上，在牙体上通过调节螺钉 7 装有牙片 9，依靠弹簧 4 使牙片 9 与牙垫 10 始终接触，其接触力的大小，可通过调节螺钉 5 来调节。当叼牙轴逆时针方向转动时，卡箍 3 也随之逆时针方向转动，卡箍 3 通过调节螺钉 5 的锁紧螺母拉动牙体 6，使其抬起，带动牙片 9 开牙。

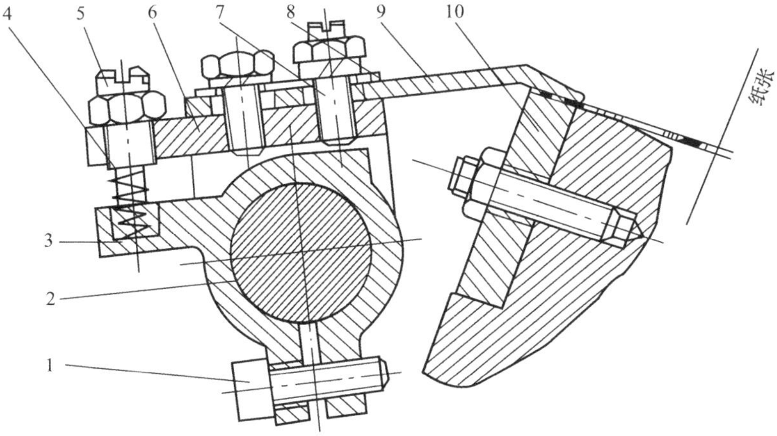

图 3 – 18　J2203、J2108 型胶印机叼纸牙结构图

1 – 紧固螺钉；2 – 叼牙轴；3 – 卡箍；4 – 弹簧；5、7 – 调节螺钉；
6 – 牙体；8 – 垫片；9 – 牙片；10 – 牙垫

由于上述叼纸牙结构中弹簧 4 在运动中易抖动，稳定性差，叼纸牙叼纸力常常发生变化，直接影响套印精度。为了克服这一缺点，PZ4880 – 01 型胶印机采用凸轮控制叼纸牙的开、闭，即高点闭牙结构。

2. 压印滚筒的调节

压印滚筒叼纸牙的作用是叼住纸张，使纸张随压印滚筒表面一起转动，转动时与橡皮滚筒相滚压，将图文转印到纸张上。然后叼纸牙开牙与传纸滚筒或收纸滚筒叼牙进行交接。因此，压印滚筒叼纸牙排上各牙的开闭时间及叼牙力的大小应当一致，才能保证正确交接。

压印滚筒的调节包括压印滚筒整排叼纸牙的叼纸力调节和每个叼纸牙叼纸力的一致性调节，还有开、闭牙时间的调节。

（1）压印滚筒整排牙叼纸力的调节

如图 3 – 19 所示，调整时，在叼牙

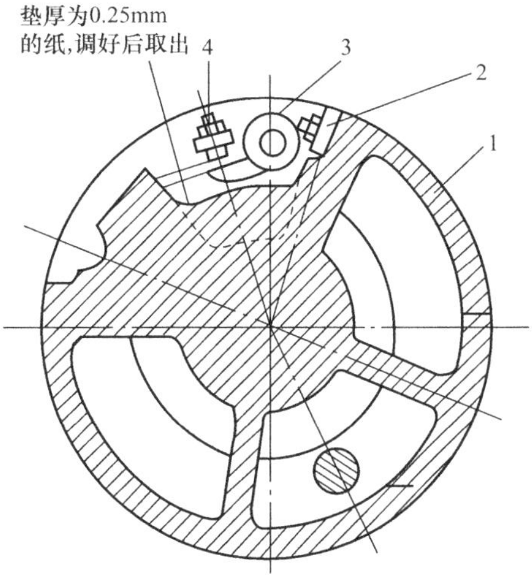

图 3 – 19　压印滚筒叼牙的整体调节示意图

1 – 压印滚筒体；2 – 牙垫；3 – 靠刹定位块；4 – 靠刹螺钉

轴上的靠刹定位块3与靠刹螺钉4之间垫0.25mm厚的牛皮纸；将卡箍（见图3－18）的螺钉1松开，在牙片9和牙垫10之间垫上一条与叼牙同宽的牛皮纸，用手拧动牙体6和卡箍3（见图3－18），使牙片9压着牛皮纸，然后锁紧螺钉1，注意牙体6与卡箍3应平行，然后再抽出牛皮纸，使各个叼牙松紧一致，即叼纸力大小一致即可。最后抽出牛皮纸，压印滚筒的整排牙叼纸力调节即完成。

（2）压印滚筒单个牙的叼纸力调节

在印刷过程中，有时出现叼纸牙叼纸力不一致，此时对于叼纸力小者需要进行调节。由图3－18可知，可以通过调节螺钉5来实现。拧动调节螺钉5压缩小弹簧来增加叼牙片的叼纸力，同时还要求控制叼牙叼纸和开牙放纸的时间，使各叼牙开闭时间一致，此时可通过调节螺钉7来完成。

（3）滚筒叼纸牙开闭时间的调节

机组式多色胶印机的传纸滚筒上也有叼纸牙排。牙排上叼纸牙的开闭时间的调整是实现准确传纸，保证套印精度的因素之一。所以，不论是压印滚筒还是传纸滚筒，其叼纸牙的开闭时间和叼牙力调节都是至关重要的。

在印刷过程中，要求待印纸张在整个印刷过程中不能失去控制，纸张在交接瞬间必须保持纸张受控。纸张在交接时，最理想的状况应是交纸滚筒（如压印滚筒）叼纸牙开牙交纸的同时，接纸滚筒（如传纸滚筒）叼纸牙闭合。但由于加工制造及安装调试均存在误差，这在实际操作上难以实现。因此，在两个滚筒的圆周上要有3～5mm长的交接时间。在此交接时间内，两个滚筒的叼纸牙同时叼住纸张。

滚筒叼纸牙开闭时间的调节如图3－20所示。叼纸牙的开闭由装在墙板内侧的固定凸块控制，通过滚子和叼纸牙开闭杆使叼纸牙排轴转动，叼纸牙随牙排轴的转动实现开闭。当滚子与凸块的突起部接触时，叼纸牙张开放纸；当滚子离开凸块的凸起部位时，叼纸牙在弹簧作用下闭合叼住纸张。调整时先把两排叼纸牙的端部调节到两个滚筒的中心线上，使两排叼纸牙背靠背对齐；然后转动机器，待压印滚筒1叼纸牙的滚子5与叼纸牙开闭凸块6在A点（叼纸牙开始打开点）接触时，传纸滚筒2的叼纸牙开闭滚子4从叼纸牙闭牙点B移到C点，BC的弧长一般为3～5mm。滚子4在凸块3上从B点移到C点，叼纸牙7和8都是闭牙状态，二者共同控制纸张。

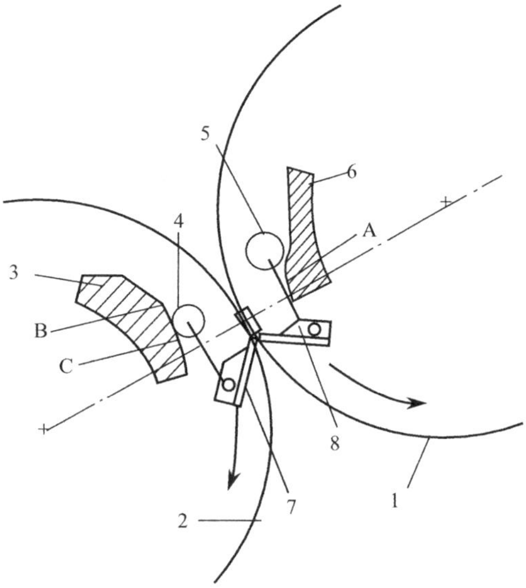

图3－20　滚筒叼纸牙开闭时间的调节

1－压印滚筒；2－传纸滚筒；3、6－凸块；4、5－滚子；7、8－叼纸牙

三、印版滚筒

1. 印版滚筒结构

印版滚筒表面装夹有印版，如图3－21所示，是任何胶印机都不可缺少的重要部件。在排列形式上，它总是同橡皮滚筒相接触，直径介于压印滚筒和橡皮滚筒之间。在印刷过程

中，固定在滚筒表面的印版，在每转动一周的工作循环时间内，先和水辊接触，使空白部分先获得水分，后再同墨辊接触，使图文部分接受油墨，最后又同橡皮滚筒接触，在一定的压力下做纯滚动，把图文上的墨迹转印给橡皮布表面。

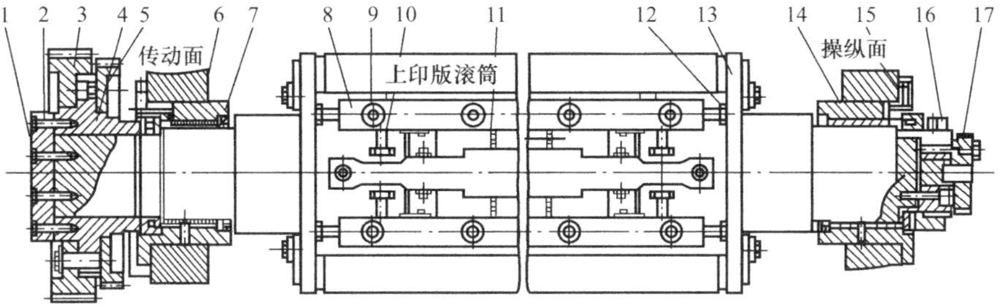

图 3-21 胶印机印版滚筒结构图

1-借版螺钉；2-压盖；3、5、17-齿轮；4-轮毂；6、14-偏心套；7-油封；8-版夹；9-卡版螺钉；10、12-调节螺钉；11-顶簧；13-印版滚筒；15-止推轴承；16-锁紧螺母

在滚筒体上有大约 30mm 宽的滚枕。印版滚筒的筒体两端装有传动齿轮 3。橡皮滚筒齿轮与印版滚筒齿轮啮合，带动印版滚筒转动。印版滚筒上的齿轮 5、17 将动力引向输墨部分，分别带动串墨辊转动和串动。印版滚筒表面比滚枕低的差值称为筒体的下凹量，印版滚筒筒体的下凹量一般为 0.5mm，作为装版空间。滚筒齿轮 3 上设有长孔，用于调节印版滚筒与橡皮滚筒在圆周方向的相对位置。印版滚筒运转在墙版上的偏心套 6 中，偏心套用于调节印版滚筒和橡皮滚筒间的压力。

滚筒的空档部分设有印版装夹机构。常用的印版装夹机构有固定装夹机构和快速装夹机构两种。滚筒空档部分还设有印版位置的调节装置，用以拉紧印版，校正版位，调节图文位置，满足套印要求。

固定式装夹机构，如图 3-22 所示。上版时，将印版插入上版夹 2 和下版夹 4 之间，然后将紧固螺钉 1 拧紧，即可把印版夹紧。在卸版时，拧松螺钉 1，压簧 5 将版夹 2 自动撑起，印版即可方便取出。图 3-21 中的调节螺钉 10 可以将印版拉紧在滚筒表面上，并可调节印版的周向位置；调节螺钉 12 可以调节印版的轴向位置。

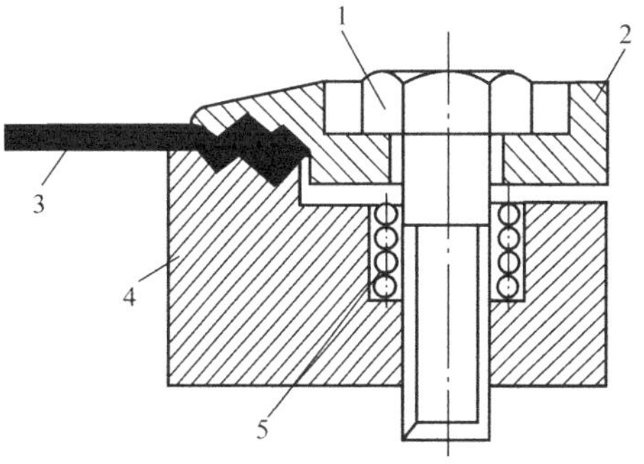

图 3-22 固定式夹版机构图

1-紧固螺钉；2-上版夹；3-印版；4-下版夹；5-压簧

快速装夹机构如图 3-23 所示。转动夹紧块 2 和 3，即可将印版卡紧在上、下版夹之间，如图 3-23（a）所示。如果印版厚度尺寸发生变化，应松开螺钉 4，插入印版转动 2 和 3，使其处于卡紧状态，调整螺钉 1，使印版夹紧，最后拧紧螺钉 4。JS2101 型对开双面胶印机就采用这种装夹机构。图 3-23（b）为 J2204 型胶印机的快速装夹机构，装夹印版时用拨辊转动夹紧块 2 和 3 到图示位置，即可将印版卡紧在上、下版夹之间。印版厚度尺寸发生变化，只要调整螺钉 1 的位置即能可靠上版。

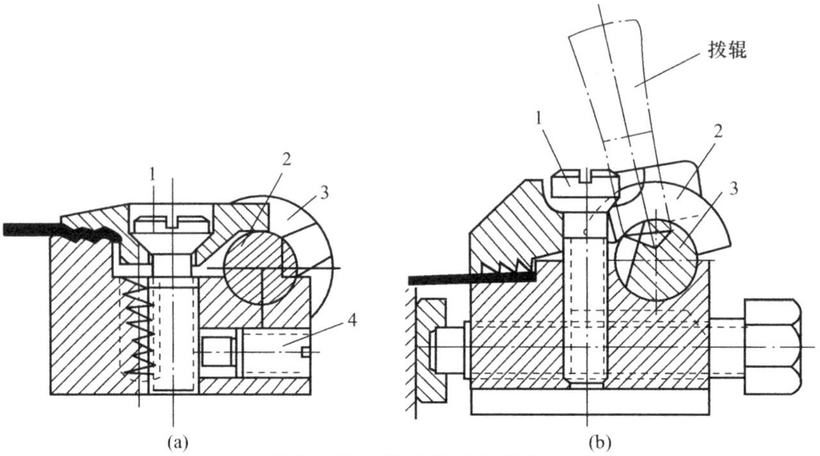

图 3-23 快速装夹机构图

1、4-螺钉；2、3-夹紧块

另外，对于双色机和多色机而言，第一色印版滚筒以后的各色组的印版滚筒上均装有调版机构，用于套色调版。当各色印版都装好之后，利用调版机构实现微量的轴向和周向的套印调节。

2. 印版的周向和轴向调节

胶印机印刷时为了保证各色套印准确，要对印版进行周向和轴向调节。

（1）校正版位

利用调版（拉版、定版）螺钉可以校正版位。

① 印版周向调节。

印版的周向调节即将印版沿着滚筒圆周方向做微量位置移动，以达到与前一色印品上套印十字线的要求。

调节方法：在印版滚筒（见图3-21）上有调节螺钉10，向前调版时，拧松下边口调节螺钉，然后再拧紧上边口调节螺钉，直至满足套印要求即可。向后调版时，拧松上边口调节螺钉，拧紧下边口调节螺钉，直至达到套准要求为止。调整时，注意要从中间向两边分别拧紧（松开）调节螺钉，以防印版的变形或调斜。

② 印版轴向调节。

在印版滚筒版夹两端各有一对调节螺钉12（图3-21），它拧在印版滚筒版夹上，螺帽顶在肩铁的侧面上，它们用来调节和固定印版的左右轴向位置。向左调版时，先松开左边的一对螺钉，然后再拧动右边一对螺钉，直至调到位置合适、满足套准要求为止。向右调版时，则松开右边一对螺钉，拧动左边一对螺钉直至满足套印要求为止。需要强调指出，无论是拧松或拧紧螺钉，都需要循序渐进，而且必须要使两边的螺钉都拧紧，不能有松动。

（2）校正版斜

印刷过程中，在印品的边角位置产生套印不准时，靠调节印版轴向或周向位置不能解决套准问题，只能通过调节版斜的方法来解决。调节时，先松开将要校正的方向对面的拉版螺钉，然后再松开版夹两端的调整螺钉，接着调整校正方向对角线上的螺钉，把版向横向方向推，同时，再把版向准备校正的方向拽，直至满足套印要求为止。

（3）借滚筒校正版位

借滚筒就是调整印版滚筒与轴端齿轮的相对位置，大范围调整印版周向位置。如果印版在圆周方向上要作大尺寸的粗调，应先松开滚筒轴端传动齿轮的四个固定螺钉，再用盘车铁棍插入滚筒空档中部 Φ16mm 孔中，扳动滚筒，使滚筒与其上的传动齿轮改变相对位置，调节滚筒印版在圆周上的位置。也可以采用正（反）盘车的办法，达到粗调的目的。调节量的大小可以从齿轮上的指针位置看出。调好后，必须拧紧齿轮上的固定螺钉。该方法改变了滚筒的相对位置，一般需要谨慎使用。

（4）利用调版机构校正版位

安装在印版滚筒上的印版，不可能很准确，在印刷第二色时与前一色套印不准，即使用定位销上版，也有误差。因此，胶印机第二色印版滚筒和多色胶印机二色以后的各印版滚筒均设计有调版机构。一般情况是以第一色为基准，第二色套第一色，依此类推，均以第一色的十字线为基准套准。

四、橡皮滚筒

1. 橡皮滚筒的基本结构

橡皮滚筒是使印版上的图文墨迹转印到纸张上，完成胶印印刷的不可缺少的部件。因此，橡皮滚筒的几何尺寸、制造精度，橡皮布的性能直接影响到印刷网点的结构、图文的清晰度、套印精度等印刷质量。橡皮滚筒（见图 3－24）的直径是三滚筒中最小的，其上包衬较厚而有弹性的橡皮布，用以转印从印版上获得的印迹。

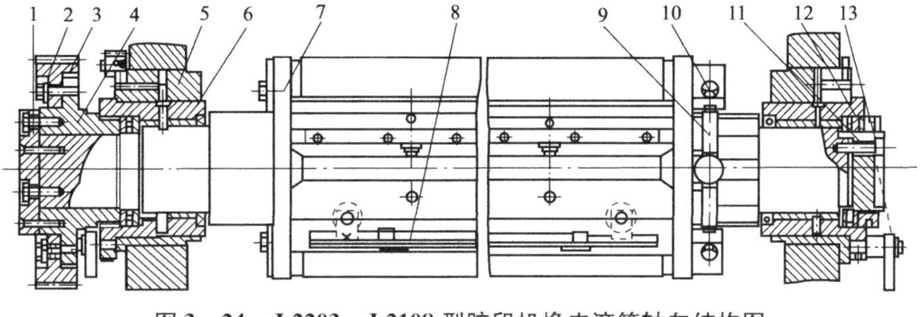

图 3－24　J 2203、J 2108 型胶印机橡皮滚筒轴向结构图

1－压盖；2－螺钉；3 －斜齿轮；4－齿轮座套；5－外偏心套；6－内偏心套；7－橡皮滚筒；8－纸卡子；9－蜗轮；10－蜗杆头；11－止推轴承；12－锁紧螺母；13－离合压连板

橡皮滚筒轴上一端安装有传动齿轮，下与压印滚筒传动齿轮相啮合，得到动力，上与印版滚筒齿轮相啮合传给其动力。在滚筒齿轮上也设有长孔，用以调节橡皮滚筒与印版滚筒和压印滚筒在圆周方向的相对位置。为了安装橡皮布与衬垫，橡皮滚筒的筒体下凹量一般为 2～3.5mm。同时在轴的两端装有内、外偏心套 6 和 5，外偏心套 5 用于调节与压印滚筒之间的压力，内偏心套 6 用来实现滚筒的离合压。

橡皮滚筒的空档部分有橡皮布的装夹和张紧机构（见图 3－25）。橡皮布一端固定，另一端装在可以收紧的轴上。老式胶印机依靠杠杆和棘爪、棘轮调节张力；一般自动胶印机均采用蜗轮、蜗杆调节张力。

图 3－25（a）所示为单面胶印机橡皮布装夹装置。夹版 1 和 2 上有齿沟，通过紧固螺

钉3将橡皮布咬紧；张紧轴5上有凹槽和卡板4用以固定夹板。装橡皮布时，先推开卡板4，使夹板1的凸出阶台面嵌入轴5的凹槽，并把压板用力压向轴5的配合平面，卡板4在压簧6的作用下，自动钩住夹板1。卸下橡皮布时，只要先推开卡板4，取出夹板即可。在橡皮滚筒的叼口部位还设有衬垫呢子和垫纸的夹紧位置，衬垫靠压簧片7和夹板8夹紧。装衬垫时，推开压簧片放入衬垫后，压簧片便自动压紧。

图3－25（b）所示为单面胶印机橡皮布张紧装置，位于橡皮滚筒右肩铁的外端面上。轴5上装有蜗轮9，与蜗杆10相啮合；用专用筒扳转动蜗杆10的轴端，带动轴5，以张紧或松开橡皮布。虽然蜗杆、蜗轮有自锁作用，但为了防止因振动造成的橡皮布松动，还设有锁紧螺钉11，张紧橡皮布后，将蜗杆10锁住。

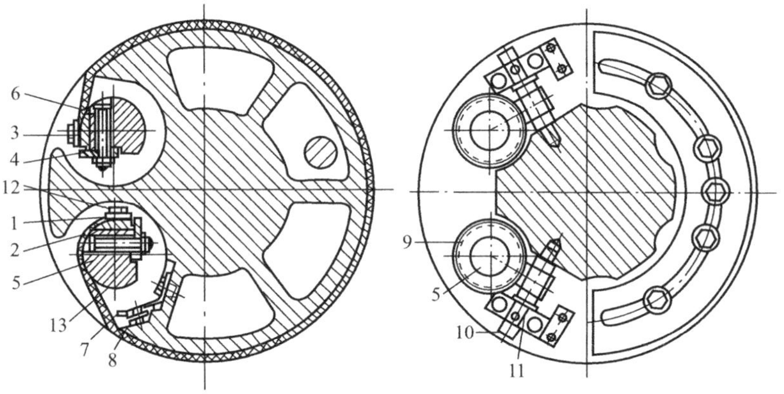

(a)装夹装置　　(b)张紧装置

图3－25　J 2203、J 2108型胶印机橡皮滚筒截面结构图

1、2、8－夹板；3、12－紧固螺钉；4、13－卡板；5－张紧轴；6、7－压簧；9－蜗轮；10－蜗杆；11－锁紧螺钉

在双面胶印机上，其中的一个橡皮滚筒要承担压印滚筒的作用，该橡皮滚筒称作硬橡皮滚筒，其结构要复杂一些。它的空档内，除了装有橡皮布装夹、张紧机构外，在靠近滚筒叼口的空档部位还装有一套叼牙机构，其结构形式（见图3－26）和开闭动作与J2108型胶印机的压印滚筒的叼牙机构基本相同。

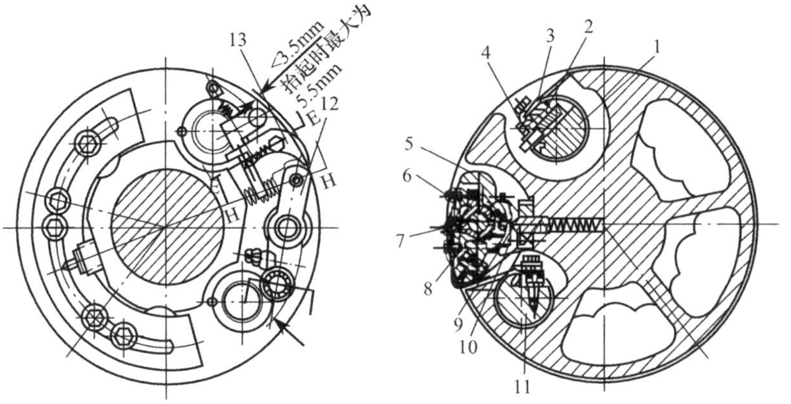

图3－26　双面胶印机的橡皮滚筒

1、11－张紧轴；2、3－夹板；4－卡板；5－牙轴架；6－牙体；7－牙轴；8－牙片；9－座；10－推块；12－摆杆；13－钩子

2. 橡皮滚筒的调节

（1）橡皮滚筒轴向串动量的调节

印刷装置各滚筒间采用斜齿轮传动，必然产生轴向力，这个轴向力将使滚筒产生左右串动，造成套印误差。因此，在滚筒轴两端各装有一个推力轴承，用于承受轴向载荷，轴端装有锁紧螺母，进行间隙调节和控制轴向串动量，保证轴向串动量在 0.03mm 范围内。调整时，先将橡皮滚筒推向右靠紧，拧紧锁紧螺母，然后再将锁紧螺母倒退 1/3 圈即可。

（2）压印滚筒与橡皮滚筒超前量的调节

压印滚筒与橡皮滚筒超前量是指压印滚筒牙尖超过橡皮滚筒前边口位置的大小，超前量的调节使牙尖不损伤橡皮滚筒上的橡皮布。如图 3－27 所示。

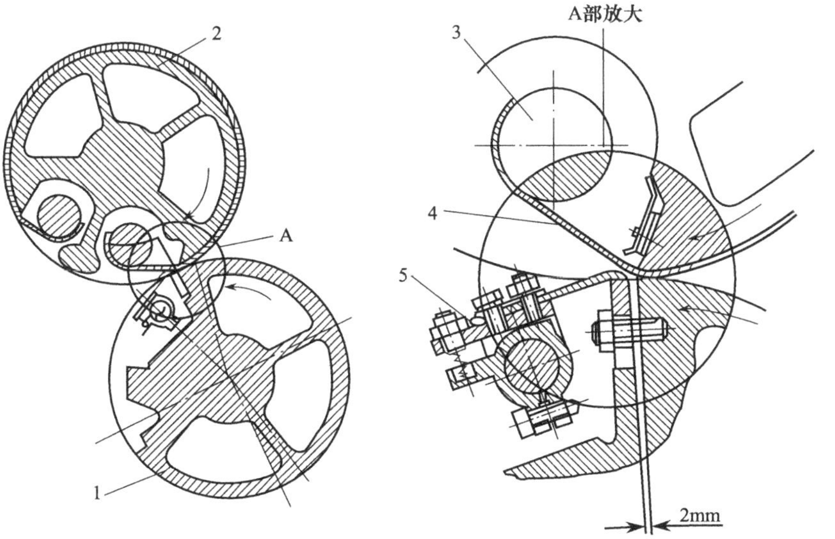

图 3－27　橡皮滚筒与压印滚筒叼牙的相对位置

1－压印滚筒；2－橡皮滚筒；3－橡皮布卷轴；4－橡皮布；5－压印滚筒叼牙片

从图 3－27 中可以看出，压印滚筒与橡皮滚筒超前量为 2mm，才能保证合压时压印滚筒叼牙片的牙尖背面不碰撞橡皮布。调节时，可在牙片尖的背面涂上油墨，转动一周，橡皮布上没粘上油墨即可。纸张叼口的极限值（叼口宽度）可达 7mm。

（3）橡皮布的安装

橡皮布装好后，要求它均匀紧密地包围在衬垫的外表面，表面各处的张力一致，这是保证印品表面质量均匀一致的一个重要条件。橡皮布由两个专用的夹子夹住，每个夹子上有 6～8 个夹紧螺钉。橡皮布安装时有几点需注意。

① 橡皮布裁切成所要求的矩形，这是保证橡皮布均匀受力的一个很关键部分，如果一边长，一边短，则装好了后松紧就可能不一致。

② 一般情况下，橡皮布不能保证绝对的矩形。如果是微量差别（与其长度相比），对张力不会有太大的影响，但是如果差别较大，一个办法是取下来重新裁切；另外一个办法是可在蜗轮的轴上垫纸，这样可局部调紧。

③ 橡皮布两边是用蜗轮蜗杆机构的自锁性锁紧的，其防松可用橡皮布本身的弹性来实现，越紧自锁性越好。

④ 紧橡皮布时，先中间，后两边，可防止被夹的边成波浪形。紧螺钉时一定要循序渐进，否则有时以为夹上了，而实际上没有夹上，造成橡皮布在里面滑动。

⑤ 使橡皮布的边紧紧地靠在夹子里面的止口上，这样可防止一边夹多，一边夹少，造成受力不均匀。

⑥ 把橡皮布装在滚筒上时，一定要注意把橡皮布的夹子放在滚筒上面的夹子里，否则机器运转时，橡皮布的夹子会甩出来。

五、滚筒的支撑与平衡

1. 滚筒的齿轮

胶印机滚筒齿轮是用来传递运动和动力的。齿轮是胶印机的关键件，必须进行精细加工和磨削。滚筒由斜齿轮传动，传动平稳。齿轮采用非标准的15°或14°30″的小压力角，这是由于胶印机传动特殊要求决定的。

印刷部件经常在离压与合压两种状态下运行和转换，印刷纸张厚度也在一定范围内变化，这就导致滚筒中心距也发生变化。为尽量减少因中心距变化引起的齿侧间隙，使胶印机能够保持稳定的传动性能，印刷部件滚筒普遍采用小压力角齿轮传动。另外，压力角 α 越小，重叠系数越大，传递同样的扭矩所需的驱动力也较小，即所消耗的传动功率小，传动平稳性高；而且选用小压力角齿轮的齿轮加工误差小。国外胶印机的齿侧间隙控制在0.04～0.1mm左右。国内胶印机的齿侧间隙控制在0.1mm左右。

传动齿轮精度包括有运动精度、平稳性精度、接触精度和侧隙精度。我国胶印机传动齿轮采用新国家标准6－5－5－D的级别。

滚筒齿轮材料与热处理也是至关重要的。国内的胶印机齿轮多采用40Cr钢淬火。曼罗兰、海德堡的胶印机齿轮采用合金耐磨铸铁，小森的胶印机齿轮材料采用球墨铸铁。胶印机的滚筒齿轮基本上在墙板外侧，采用油池浴淋式润滑。

2. 滚筒的轴承

滚筒轴承是重要的承载零件，它不仅承受滚筒本身的重量、印刷压力及由各种零件运转产生的惯性力等径向力，还要承受由于斜齿轮传动产生的轴向力。滚筒的运转状态又直接影响印品的质量。

滚筒轴承包括滚动轴承和滑动轴承。

滑动轴承能承受较大的冲击载荷，润滑条件好，具有体积小承载能力大的优点。滑动轴承与轴颈的配合间隙应适当。若间隙过大，会影响滚筒印刷精度，而间隙过小，机器运转时易损坏或咬死。在实际生产中，为了不使轴和孔的加工精度过高，常采用选配的方法使装配精度达到要求。不走肩铁的机器，都采用滑动轴承。

滚动轴承具有摩擦小、效率高、运转轻快、维修与润滑方便等优点。一般滚筒走肩铁的机器，都采用滚动轴承，如滚针轴承等。由于滚筒齿轮为斜齿轮，为承受轴向力还要采用推力轴承。

3. 滚筒的平衡

印刷机滚筒的空当安装着许多零件，滚筒在旋转中质量分布不均，会产生惯性力和振动冲击，影响印刷质量。为此，滚筒部件在安装完成后，对印刷机的滚筒部件必须进行平衡

（静平衡或动平衡），特别是对高速印刷机的滚筒更为重要。

一般情况下，当机器设计转速较低时，对印刷滚筒采用刀口式、滚子式或天平式等静平衡装置进行静平衡试验（加配重）就可以满足要求。而对于高速印刷机的滚筒部件理论上应进行动平衡处理，但是动平衡需要在动平衡机（机械式、电测式、激光式等）上进行，由于种种原因，目前生产厂家大多仅仅进行静平衡处理。

第三节　滚筒的离合压与调压机构

印刷装置在工作进行过程中，有两个工作状态：合压与离压。当纸张进入滚筒时滚筒应能相互滚压，即进入合压印刷状态；而当纸张停止供给或有其他需要时，滚筒应能及时脱开，即进入离压状态。

滚筒的离压、合压与调压是胶印机印刷部件必备的重要功能，分别由离压、合压机构和调压机构实现。前者主要为适应频繁的离压、合压状态转换设置，后者则是印刷适性的需要。滚筒离合压与滚筒调压在几何原理上具有相似性，都是依靠调节印刷滚筒中心距来实现的，而且由于实现方式上二者集中在一起或机构相毗邻，所以将二者综合起来讨论。

一、概述

1. 离合压与调压的作用

根据印刷工艺过程和机器运行操作、调试需要，单张纸胶印机印刷装置的印刷滚筒必须具备“合压”、“离压”两个状态。当纸张进入印刷装置正常印刷时，三个滚筒相互合上（即处于合压状态），相互滚压，完成图文转移得到印张；而当出现输纸等故障停止给纸或调整输墨系统等调机需要时，三个滚筒应及时相互脱开，使其处于离压状态，机器空运转。胶印机上都设有控制滚筒离、合的离合压机构，通过移动橡皮滚筒来实现。

离合压机构的作用就是根据需要控制印刷部件，即橡皮滚筒与印版滚筒和压印滚筒之间的离与合。机构合压动作使橡皮滚筒与压印滚筒和印版滚筒接触，完成油墨向纸张上的转移；不印刷（无纸张）时，机构离压动作，使橡皮滚筒与压印滚筒和印版滚筒离开，防止油墨转移到压印滚筒背面，使后续印刷时纸张背面蹭脏。当机器出现故障时，离压机构自动工作，从而避免非正常输入的纸张或其他异物进入滚筒之间，使印刷压力发生大的波动冲击，破坏橡皮布，损坏机器。

胶印机的调压是影响印品质量的重要一环。在印刷实务中，随着工艺条件的改变，如油墨、印版，尤其是纸张的更换，或者印品质量要求的严格限制，操作者需要调节印刷压力，为完成油墨向纸张上转移提供条件。调节印刷压力常常和滚筒调压相结合，而滚筒调压也就是调节合压状态下的滚筒中心距。

2. 机构实现要求

在机构设计制造时，为了确保在改变中心距条件下，滚筒传动齿轮运动的平稳性，胶印机的滚筒传动应采用小压力角齿轮。除此之外，为保证离合压作用可靠，调压准确方便，通常都设有自动控制功能，技术上还考虑如下要求。

① 控制灵活。运行中发生各类故障时，滚筒应自动离压（需要时可手动控制）；离压时间要适当。

② 调压灵敏。调压机构保证精确度高，调节灵敏，调压独立、互不影响。

③ 过程平稳。滚筒离合压时两侧应该协调一致，动作准确、平稳，无冲击现象。

④ 状态稳定。合压时，机构能够自锁，保证印刷压力稳定。

⑤ 离合压机构应能根据印刷工艺过程和有关机构动作程序，按严格的时间规律使滚筒离合，保证不出半彩半白、半浓半淡的印张，不发生背面蹭脏现象。

二、离合压原理

所谓离合压就是相互作用两部件的分离与接触。在胶印机上通过控制滚筒之间的中心距来实现。当中心距大于二滚筒半径之和，即离压；中心距小于二滚筒半径之和，即合压。

对三滚筒印刷单元而言（其他形式的印刷单元可仿此分析），离合压的方式通常有两种：一种是顺序离合压，即合压和离压过程的动作都是按顺序进行的；另一种是同时离合压，即橡皮滚筒与压印滚筒和印版滚筒同时接触和分离。

1. 顺序离合压

合压时，橡皮滚筒先与印版滚筒合压（第一次合压），后与压印滚筒合压（第二次合压）；离压顺序则相反。

如图 3-28 所示，设橡皮滚筒与印版滚筒合压到橡皮滚筒与压印滚筒合压所经过的时间相当于滚筒的转角 θ，滚筒排列角为 α，空档角为 β，橡皮滚筒与印版滚筒前口（叼口边）在到达压印接触区中点 A 提前 γ（10°左右）角合压［见图 3-28（a）］，为了使橡皮滚筒上拖梢部分图像通过橡皮滚筒与压印滚筒接触区中点 C 后才合压，则应有：

$$\theta > \alpha + \gamma - \beta$$

显然，θ 值取大些有利于保证橡皮滚筒与压印滚筒在图文拖梢边通过压印点 C 之后合压，但 θ 值过大，可能会使橡皮滚筒与压印滚筒的叼口边经过 C 点后才合压，会导致半彩半白现象，仍然不能满足要求。为了保证橡皮滚筒与压印滚筒合压时，它们的前口（叼口边）尚未通过它们的接触区中点 C，并且有同样的一个提前角 γ，如图 3-28（b）所示，则应有：

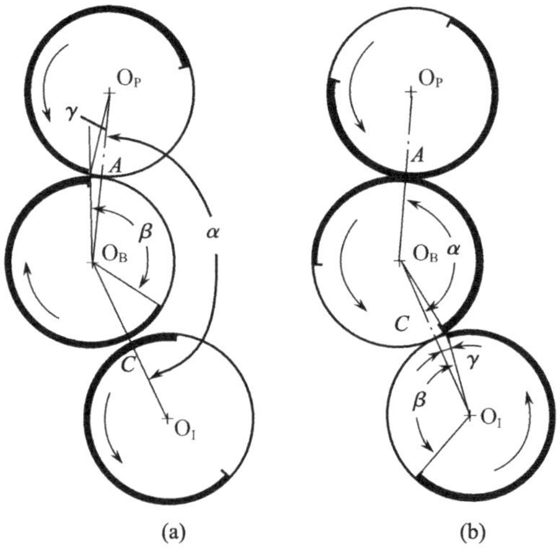

图 3-28 顺序离合压原理图

$$\theta < \alpha$$

综合以上两式可得到胶印机实现顺序离合压的条件：

$$\alpha > \theta > \alpha + \gamma - \beta$$

从图 3-28 还可以看出，在满足合压工艺条件下，自橡皮滚筒与印版滚筒合压到橡皮滚筒与压印滚筒合压的时间间隔极限值为：

$$\theta_{min} = \alpha + \gamma - \beta$$

$$\theta_{max} = \alpha$$

时间间隔 θ 的大小受制于偏心轴承的位置安排以及合压凸轮和离压凸轮的轮廓曲线设计。因此，欲达到某种期望效果，需要在工艺系统排列布置以及结构设计时精心策划。

顺序离合压机构简单，易于调节，有利于提高滚筒表面利用系数（因为滚筒表面利用率不受排列角的限制）和满足印刷工艺要求，特别是在滚筒排列角大于180°时，顺序离合压方式更具有优越性。因此，现代单张纸胶印机普遍采用顺序离合压方式。

2. 同时离合压

要实现同时离合压，橡皮滚筒的（瞬时）移动方向应该在印版滚筒和压印滚筒中心连线的垂直平分线上，这是同时离合压的几何条件。

如图3－29所示，沿着橡皮滚筒的旋转方向，从橡皮滚筒与印版滚筒接触点 A 至橡皮滚筒与压印滚筒接触点 B，两条滚筒连心线间的夹角 α，称为滚筒的排列角。滚筒排列角 α，可以小于180°，也可以大于180°。根据同时离合压的几何要求以及滚筒的排列可以看出，滚筒空档角 β 必须大于滚筒排列角 α，即：

$$\beta > \alpha$$

只有这样，才能防止离合压导致的印张"半彩半白"现象。

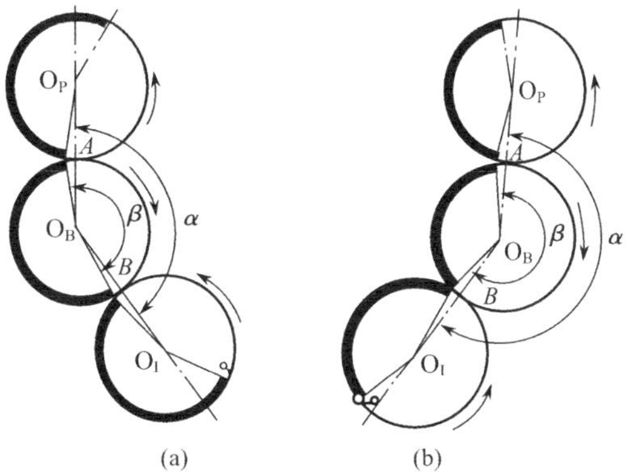

图3－29　同时离合压与滚筒排列角关系图

假如考虑合压提前角 γ（即滚筒合压点与接触点之间弧长的对应滚筒圆心角），也就是滚筒先合压后接触对滚，则有：

$$\beta \geqslant \alpha + 2\gamma$$

在这种情况下，滚筒排列角越大，空档角也要相应增大，则滚筒表面的利用系数K就减小。通常 $\gamma = 5° \sim 10°$。当滚筒排列角大于180°时，就使滚筒表面利用系数小于0.5。显然，当印刷幅面较大时，滚筒直径亦大，结构笨重，给机器设计、制造、调节控制带来很多问题，因此，现代胶印机一般不采用这种离合压形式。

三、离合压与调压的机构实现

实现滚筒离合压和滚筒调压（二者一般统一设计）的机构形式一般分为两种：即偏心轴承式和三点悬浮式。后者的应用正在不断扩大。

1. 偏心轴承机构

多数胶印机的印刷装置滚筒的离合压和压力调节是由偏心套机构来实现的。将需要移动或调节的滚筒轴头装在偏心套内，通过一定的机构或装置，使偏心套转过一定角度，即可移动滚筒改变相邻两滚筒的中心距，实现离合压和调压。

利用偏心轴承结构进行离合压和滚筒调压，在设计偏心量大小、布置滚筒偏心轴承的位置和偏心方向时，应保证滚筒的离压量相等，还要考虑调压的实际空间限制。根据调压偏心套和离合压偏心套的不同的组合方式，其实现结构的形式一般有：

（1）单偏心轴承结构

采用两个单偏心轴承调节滚筒中心距，一般都是压印滚筒固定（因为如果印版滚筒固定，而压印滚筒中心变动，这样会使走纸系统受到影响），印版滚筒和橡皮滚筒的轴端分别安装在偏心轴承上。如图3－30所示，印版滚筒的偏心轴承是专门用来调节印版滚筒和橡皮滚筒之间压力的；橡皮滚筒的偏心轴承用于滚筒的离合压，又通过调节连杆长度调节橡皮滚筒和压印滚筒之间的压力。

这种结构保证了调压与走纸系统调节的相互独立，其机构形式简单，制造方便。但是，由于只有压印滚筒的中心固定，调节后容易出现滚筒间平行度误差，同时，调节也不方便。最大的缺点是，频繁的离合压工艺动作对墙板的磨损严重，造成配合间隙，影响印刷质量，影响机器使用寿命。

（2）双偏心轴承结构

这种结构中印版滚筒和压印滚筒的轴心是固定的，在橡皮滚筒轴端装有双偏心轴承。如图3－31所示，外偏心轴承用来调节橡皮滚筒和压印滚筒之间的压力，内偏心轴承用来调节（调节连杆长度）印版滚筒和橡皮滚筒之间压力及实现滚筒离合压。

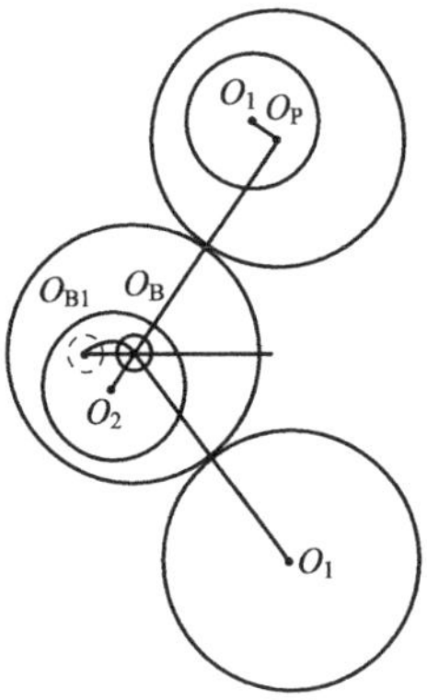

图3－30　单偏心轴承机构简图

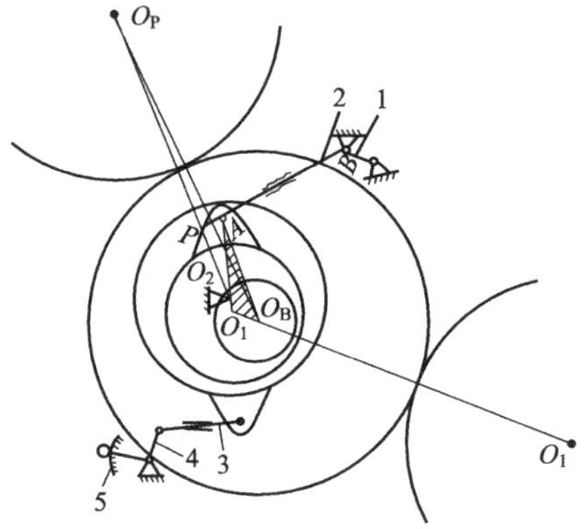

图3－31　双偏心轴承机构简图

1、4－摆杆；2、3－可调连杆；5－调压指示表

双偏心轴承有三个圆心，而每个圆心是两个零件表面的共用圆心（重合）。O_B 为内偏心轴承内孔和橡皮滚筒轴的圆心；O_1 为外偏心轴承内孔和内偏心轴承外圆的圆心；O_2 为外偏心轴承外圆和墙板孔的圆心。

离合压及调节橡皮滚筒与印版滚筒之间的压力时，外偏心轴承不动（O_2 和 O_1 都不动），内偏心轴承绕 O_1 转动。调节橡皮滚筒与压印滚筒之间的压力时，外偏心轴承转动，O_2 不动但 O_1 变动，此时 O_B 绕 O_1 转动，改变橡皮滚筒与压印滚筒之间压力的同时，橡皮滚筒与印版滚筒之间的压力也会改变，所以调压时必须先调压－橡压力，后调版－橡压力。也就是先调外偏心套，后调内偏心套。但即使如此，在改变橡皮滚筒与印版滚筒之间压力的同时，橡皮滚筒与压印滚筒之间的压力也会改变。

双偏心轴承调节机构，滚筒平行度较好，但采用双偏心轴承调压，操作过程复杂而且不灵敏，还不能实现调压独立性，加工制造要求也很高。

（3）三单偏心轴承结构

如图3－32所示，三个滚筒上均装有一个偏心套。这种结构以橡皮滚筒为基准，分别利用印版滚筒和压印滚筒上的偏心套来调整它们与橡皮滚筒之间的压力，其原理同前面所述。美国奥立斯四色胶印机压印滚筒偏心套的偏心距为6.25mm，印版滚筒的偏心距为4.5mm。橡皮滚筒上的偏心套，它不起调节中心距的作用，是专用的离合压偏心套。

由于印版滚筒和压印滚筒的偏心套上分别安装有蜗轮齿块（近似于蜗轮），偏心套下方装有蜗杆，通过蜗轮蜗杆机构，使偏心套转动，调节该滚筒与橡皮滚筒的中心距。

该结构解决了调压独立性问题，其缺点是压印滚筒中心在调节时有变动，这种变动会影响纸张的交接。因此，这种调压印滚筒中心的调节方法较少采用。另外，频繁的离合压工艺动作产生的墙板磨损问题，对印刷质量及机器使用寿命影响较大。

（4）单、双偏心套组合式

印版滚筒的偏心轴承用于调节橡皮滚筒与印版滚筒之间的压力。橡皮滚筒轴安装于双偏心轴承中，外偏心轴承用于调节橡皮滚筒与压印滚筒之间的压力，内偏心轴承进行滚筒的离合压。如图3－33所示，压印滚筒轴为调节的基准，滚筒轴颈直接装在墙板孔的直套轴承1内旋转，其中心 O_i 位置不变。印版滚筒轴装在单偏心套4的内孔中，偏心套外圆（轴心为 O_3）装在墙板孔的轴承内，其轴心 O_3 的位置不变。当转动偏心套时，印版滚筒轴心 O_p 将绕 O_3 转动，从而改变了中心距 O_pO_3，即调节了印版滚筒与橡皮滚筒间的压力。橡皮滚筒轴颈置于双偏心套内，外偏心套用以调节橡皮滚筒与压印滚筒之间的压力，而内偏心套专门用来实现滚筒间的离合压。

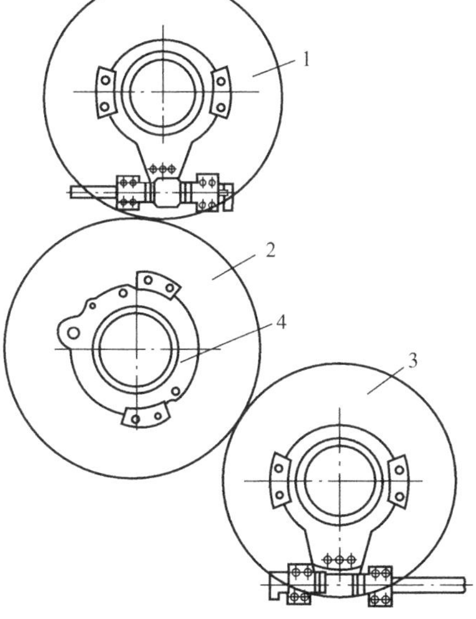

图3－32 三单偏心调压、离和压轴承结构图

1－印版滚筒；2－橡皮滚筒；

3－压印滚筒；4－离合压偏心套

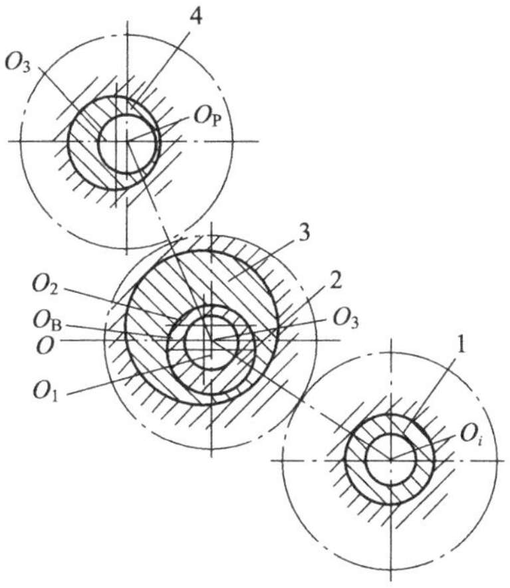

图3－33 单、双偏心套组合式结构图

1－直套轴承；2－内偏心套；

3－外偏心套；4－偏心套

单、双偏心套组合式机构的工作原理如图3－34所示，调节橡皮滚筒与压印滚筒的中心距，须将外偏心套的内圆心 O_1 绕外圆心 O_2 转动，使 O_1 移至 O_1'。因为偏心套受离合压机构牵制而发生一定摆动。因此，橡皮滚筒中心 O_B 的运动可视为其随外偏心套的牵连运动（平动）与相对于内偏心套外圆心的相对摆动的合成运动，即橡皮滚筒中心的实际运动位移由 O_B 移至 O'_B。由于设计上通常保证 O_p、O_1 和 O_2 大体在一直线上，加之外偏心距大于内偏心距。因此，牵连运动的影响更大。故在调节过程中，橡皮滚筒与印版滚筒的中心距 O_pO_B 变化不大，但却能使橡皮滚筒与压印滚筒的中心距 O_BO_i 发生较大变化（调节值很小）。调节印版滚筒与橡皮滚筒间的中心距，需将偏心套4（见图3－33）的圆心 O_p 绕 O_3 转动，就可使中心距 O_pO_B 发生变化。

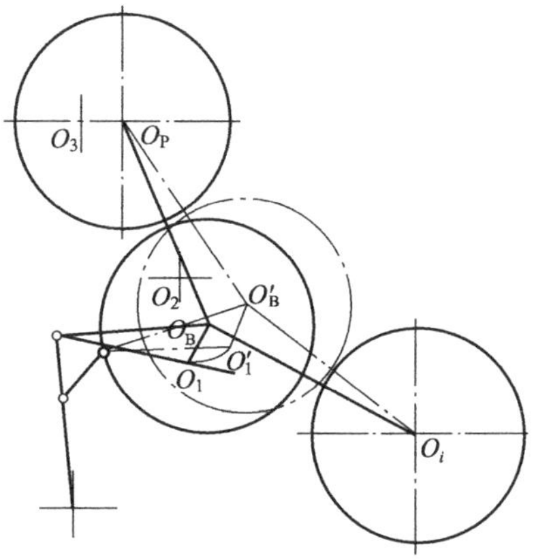

图3－34　单、双偏心套工作原理图

这种调节机构，由于每一个偏心套只控制和完成一个工艺动作，所以，比较容易达到技术要求。国产单双色、四色胶印机，国外多数单张纸胶印机（除海德堡公司生产的胶印机采用三点悬浮式机构外）也均采用这种离合压和调压机构。

采用偏心轴承实现滚筒的离合压和调压，结构简单，调节方便，工作平稳，准确可靠，易保证滚筒的平行度。而且，偏心套式的离合压机构由于偏心套与墙板孔的接触面积比较大，所以，其抗冲击的能力强，偏心套内外都呈圆形，离合压动作产生的冲击小。

但偏心套的加工工艺性不好，偏心套内孔、外圆及墙板孔都要求很高的尺寸和位置精度，加工、装配困难，故制造成本高。

2. 三点悬浮式离合压机构（三点支撑离合压机构）

图3－35所示为三点悬浮式离合压机构图，橡皮滚筒轴上的滚动轴承的外套不是装在墙板孔内而是架在三个圆柱之上，其中，下面两个支撑圆柱为偏心圆柱，位置可由各自的调节蜗轮、蜗杆副来进行调节，支撑圆柱B在强力压簧作用下，始终将滚筒轴承压向左下方。

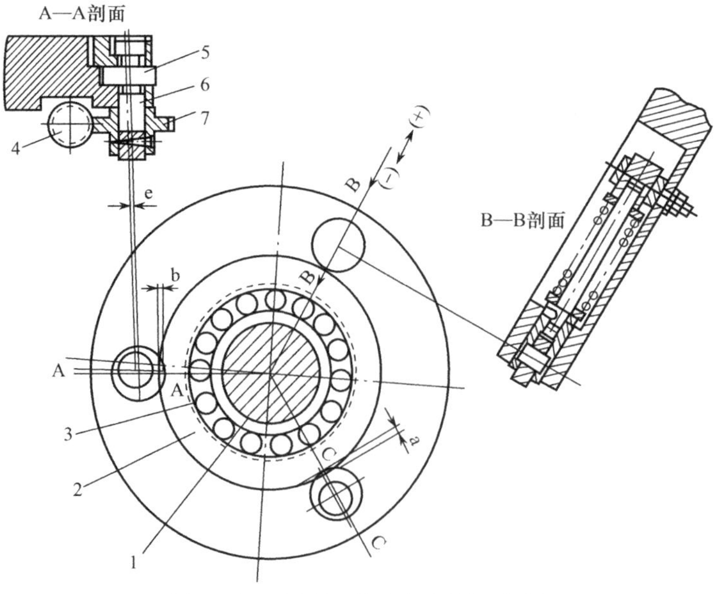

图3－35　三点悬浮式离合压机构图

1－橡皮滚筒轴；2－钢套；3－轴承；4－蜗杆；5－滚轮；6－偏心轴；7－蜗轮

滚筒轴 1 安装在滚动轴承 3 中，滚动轴承 3 又安装在钢套 2 中，钢套 2 由三个滚轮 5 分别处于 A－A、B－B、C－C 位置支撑着。钢套 2 的外圆切去两块（实际上是有高低的凸轮轮廓），即在 A－A 与 C－C 处的滚轮附近的钢套表面低于圆周表面。A－A 与 C－C 处滚轮的轴心是固定不动的，B－B 处的滚轮由弹簧压向钢套。钢套受离合压机构的拉杆驱动而转动（图中未示出）。

图示位置钢套 2 在 A－A 和 C－C 两处由两个低下的平面与相应的滚轮接触，滚筒处于离压状态。当图示位置的钢套 2 顺时针方向转动时，它上面两个低下的平面就在相应的滚轮上滑过，而由它的外圆圆周表面与 A－A 及 C－C 处的滚轮接触。这时 B－B 处的滚轮压缩弹簧向（＋）方向运动，滚筒也向（＋）方向运动——合压。从合压位置开始，若逆时针转动钢套 2，钢套就回到图示位置，滚筒进入离压状态。从图中还可以看出，由于滚筒轴承完全由三个滚轮支撑，故墙板孔不与任何零件接触，只为装配提供空间。

为了避免离合压时冲击，切口应当与钢套外圆表面圆滑过渡，故应为曲线形。

印刷压力的调节是通过调节相应手轮，转动蜗杆使蜗轮及偏心轴承转过一个角度，从而改变滚筒间的中心距，达到调压的目的。

如图 3－35 所示，相对于印版滚筒和压印滚筒的滚轮，即 A－A 与 C－C 处的滚轮 5，装在偏心轴 6 上，偏心轴 6 上装有蜗轮—蜗杆副，转动蜗杆 4，通过蜗轮 7 使偏心轴 6 转动，从而改变滚轮 5 的轴心位置，推动橡皮滚筒轴承 3 带着其滚筒向相应滚筒方向上下移动，控制其压力大小。调压时应同时转动滚筒轴两端的蜗杆 4，以保证滚筒平行度。调节顺序也是以压印滚筒为基准，先调橡皮滚筒—压印滚筒间压力，后调印版滚筒—橡皮滚筒间压力。

三点悬浮式离合压机构，不采用偏心套，几乎对墙板孔没有任何要求，这给墙板孔的加工带来了很大的方便。而且压力调节环节少，准确性高，调节方便。这种方式有两个滚筒中心不动，对保持滚筒平行度有利，还不会对走纸及水墨产生影响。而且，由于有薄弱环节的存在，能够起到保护机器的作用。但是，这种离合压机构的安装和调试都很麻烦，没有专用的工具和丰富的经验，很难保证其精度。调压操作时，两端调节量须严格协调配合。另外，由于只有三点接触，接触面比较小。因此，抗冲击能力差，不适于大的印刷压力。

3. 多色胶印机离合压及调压机构

在机组式四色及多色胶印机上，每个色组均设有一套离合压机构，机构的结构及工作原理相同，所不同的是每一个机组的合压、离压时间是有顺序的，其合压离压时间间隔必须根据机组间纸张传递交接的时间、周期来确定。待纸张到达每一色组压印接触区一定提前角，该色组完成合压；而当出现输纸故障时，自第一色组起依次离压，对于后续色组，它首先应将前面色组正常印刷的印品连续印刷完毕，又能保证出现空张时滚筒及时脱开。因此，各色组合压、离压时间是由可编程序控制器严格控制的，工艺动作相互错开，避免载荷集中，也可避免出现类似单色机组“半彩半白”及“半浓半淡”的印张现象。

图 3－36 所示为 PZ4880－01 型四色胶印机的离合压机构简图，该机四个机组的离合压机构采用单偏心轴承结构，橡皮滚筒上只有一个偏心套，既用于滚筒的离合压，又用来调节橡皮滚筒与压印滚筒的印刷压力。各色组合压时间间隔如表 3－1 所示。

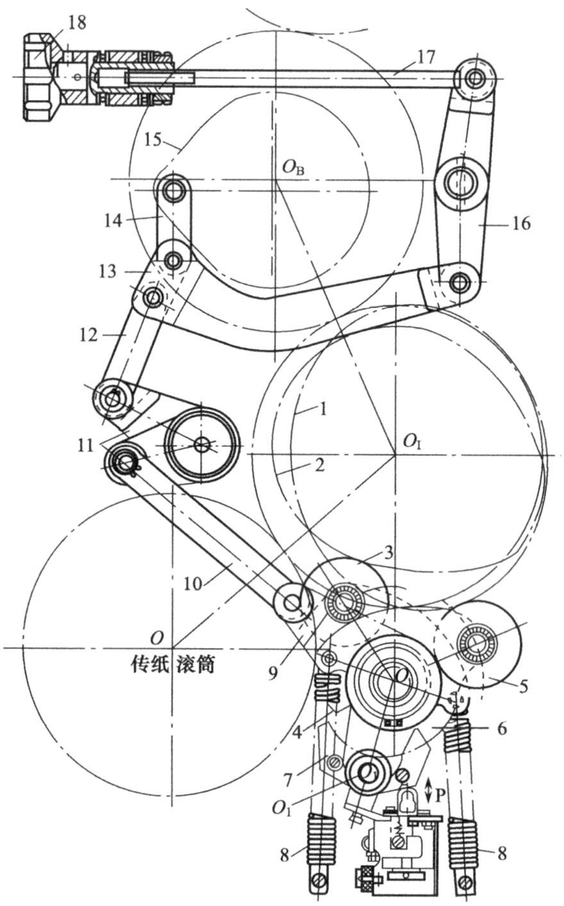

图3－36　PZ4880－01四色胶印机离合压结构简图

1－合压凸轮；2－离压凸轮；3－离压滚子；4－离压撑牙；5－合压滚子；6－合压撑牙；7－双头棘爪；8－拉簧；9、11、16－摆杆；10、14－连杆；12、13－连板；15－偏心套；17－螺杆；18－手轮

表3－1　各色组合压时间间隔

第一色组	第一次合压结束	45°	第三色组	第一次合压结束	200°
	第二次合压结束	190°		第二次合压结束	345°
第二色组	第一次合压结束	302°	第四色组	第一次合压结束	97°
	第二次合压结束	87°		第二次合压结束	342°

如图3－36所示，装于压印滚筒轴端的合压凸轮1和离压凸轮2分别驱动合压滚子5和合压撑牙6（两件固连在一起）及离压滚子3和离压撑牙4（两件固连），通过离合压轴上的从动机构和两组四杆机构，传动偏心套15，使橡皮滚筒进入合压位置或回到离压位置。滚子和撑牙不停地绕轴 O 往返摆动，当合压电磁铁驱动双头棘爪7绕轴 O_1 逆时针方向转动时，双头棘爪与离压撑牙接触，被合压凸轮大面推动连同双头棘爪一起绕轴 O 顺时针方向摆动一个角度。双头棘爪装在摆杆9上，并活套在轴 O 上，故由摆杆9推动连杆10、摆杆

11、连板 12、连杆 14 使偏心套顺时针方向转至合压位置（图示位置）。离压时，电磁铁断电释放，双头棘爪被弹簧拉着绕轴 O_1 顺时针方向转动，并与合压撑牙接触。此时在离压凸轮作用下，经过连杆 10、摆杆 11、连板 12、连杆 14 与上述相反方向摆动，从而使偏心套逆时针方向转至离压位置。

这种机构由于减少了一个偏心套，不仅结构简单，而且可以缩小合压时滚筒的离让值，有利于提高滚筒运转的平稳性。

当需要调节压力时，松开锁紧螺母、拧动调压手轮 18，使调节螺杆的位置产生左右移动，当摆杆 16 在螺杆 17 推动下顺时针相对其回转支轴移过一角度时，通过连板 13、连杆 14 使偏心套 15 在合压的位置上继续转过一定角度。橡皮滚筒与压印滚筒中心距进一步缩小，压力增大。如需减小压力，则调节过程向反向进行。由于调节橡皮滚筒与压印滚筒压力时，橡皮滚筒与印版滚筒的中心距和印刷压力也受到微小的变化，所以，必须先调橡皮滚筒与压印滚筒压力，然后再调印版滚筒与橡皮滚筒之间的压力。

四、离合压机构的驱动与控制

现代胶印机的离合压动作都是自动控制的，机构的驱动方式分为机械式、气动式、液压式三类。实现的方式都是使偏心轴承转动一定的角度。

1. 机械式离合压机构

这类离合压机构应用广泛，是用凸轮来驱动偏心轴承转动和控制离合压。图 3－37 所示的 J2108 型胶印机滚筒离合压机构和图 3－38 所示的海德堡 102 系列三点悬浮式离合压机构，都属于机械控制式离合压机构。

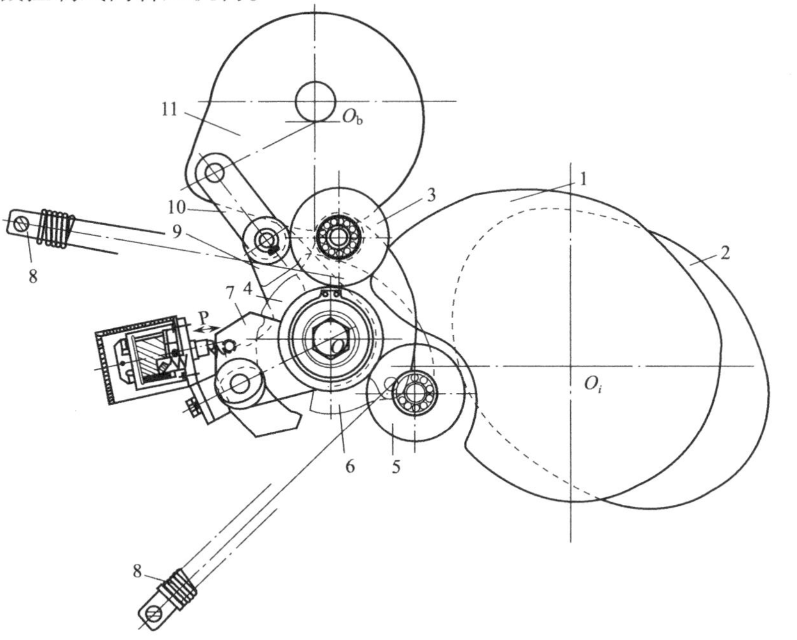

图 3－37　J2108 机的机械式离合压机构简图

1－合压凸轮；2－离压凸轮；3－合压摆杆滚子；4－合压撑牙；5－离压摆杆滚子；
6－离压撑牙；7－双头棘爪；8－拉簧；9－摆杆；10－连杆；11－偏心套
O_i－压印滚筒中心；O_b－橡皮滚筒中心

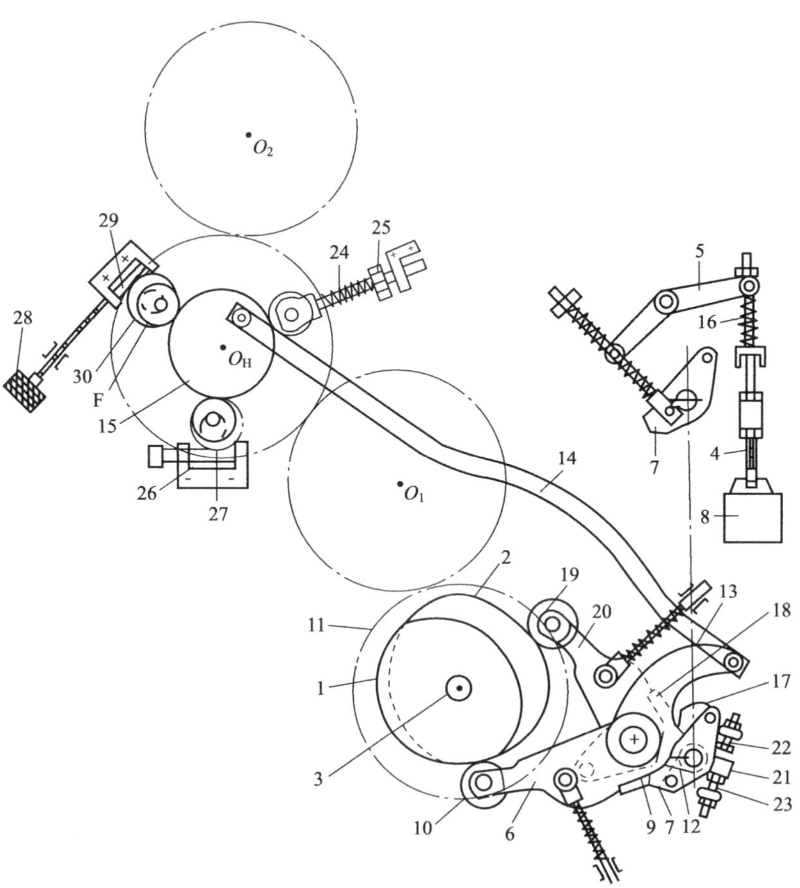

图 3 －38　海德堡 102 系列三点悬浮式离合压机构简图

1－合压凸轮；2－离压凸轮；3－前传纸滚筒轴；4－螺杆；5、12、13－摆杆；6 －滚子摆杆；7、17－棘爪；8－电磁铁；9、18－撑牙；10－合压滚子；11－前传纸滚筒齿轮；14 －拉杆；15－钢套；16－撑簧；19－离压滚子；20－离压摆杆；21－定位块（与 13 为一体）；22－合压定位螺钉；23－离压定位螺钉；24－撑簧；25－螺母；26、27、29、30－斜齿轮；28－调压器

如图 3 －37 所示，合压凸轮 1 与离压凸轮 2 安装在压印滚筒轴端。它们旋转时，分别驱动从动滚子 3、5 绕轴心 O 往复摆动。由于撑牙 4 和滚子 3 的摆臂相固连，撑牙 6 和滚子 5 的摆臂相固连。因此，在滚筒旋转时，撑牙 4 和 6 都绕轴心 O 往复摆动。双头棘爪 7 受电磁铁的控制有两个不同的工作位置。当电磁铁使双头棘爪 7 顺时针转动时，它就受撑牙 4 的推动，并通过它使摆杆 9 逆时针转动（9 和 7 铰接在一起），再通过连杆 10 使偏心套 11 逆时针转动至合压终点位置（即图示位置）；当电磁铁使双头棘爪 7 逆时针转动时，它就受撑牙 6 的推动，摆杆 9、连杆 10 和偏心套 11 的动作方向与前述相反，因而离压。图中的两根弹簧 8 分别使滚子 3 和凸轮 1、滚子 5 和凸轮 2 相互贴紧。

电磁铁的动作受人工按钮及自动离压探测装置的控制。探测装置主要设置在走纸系统，根据走纸情况，对纸张晚到、空张、歪斜、缺角等情况进行空位探测，对输纸机进行双张探测，另外还有一些安全防护探测等，J2108 机采用电牙探测原理。印刷中，一旦出现异常（包括输纸和安全）情况，探测装置即发出控制信号，机器便自动离压，同时离水、离墨，停止输纸。

图 3－38 所示为海德堡胶印机几种主要机型机械式离合压机构的通用形式，橡皮滚筒轴置于由三个滚柱支撑的轴承套内，轴承套外圆设计有特殊的轮廓曲线，合压时由传动机构带动轴承会顺时针转动，其外圆轮廓由低面转到高面依次滚到相对印版滚筒和压印滚筒的滚轮上，克服由弹簧支撑的平衡滚子压力使滚筒依次与印版滚筒和压印滚筒相合压；离压的过程相反。控制、传动机构工作原理与 J2108 胶印机离合压机构相似。

2. 气动离合压机构

图 3－39 为应用于双面胶印机上的气压传动离合压机构图。这类机构与液压离合压机构原理相同，只是动力源不同。按动气动合压电钮，压缩空气进入摆动式气缸 1，推动活塞连同连杆 2 下降，连杆 2 带动离合架 4 顺时针转动，安装于 4 上的连杆 7 向下运动，使安装在橡皮滚筒轴上的偏心轴承 8 顺时针转动，完成合压。当按动气动离压电钮时，活塞带动连杆 2 上升，使离合架 4 逆时针转动，并使连杆 7 上升，带动偏心轴承 8 逆时针转动，完成离压。

气缸活塞的行程由连杆 2 和接头 3 之间的螺纹副来调节。偏心调节量是由连杆 7 上的调节螺丝 6 调节。靠山螺钉 5 起限位作用，保证合压时离合架的位置准确。

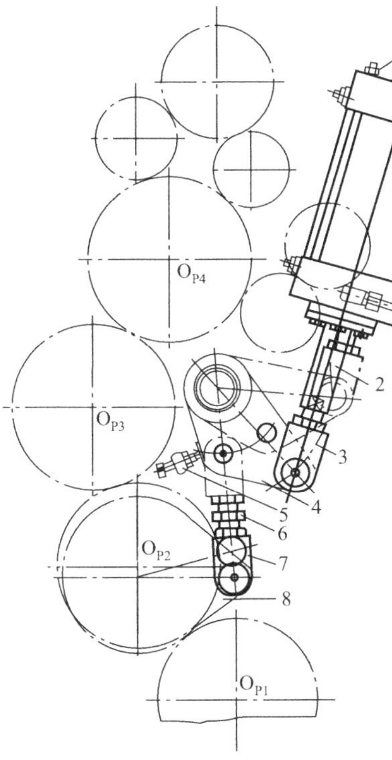

图 3－39　气动离合压机构图

1－气缸；2、7－连杆；3－接头；4－离合架；5－靠山螺钉；6－调节螺丝；8－偏心轴承

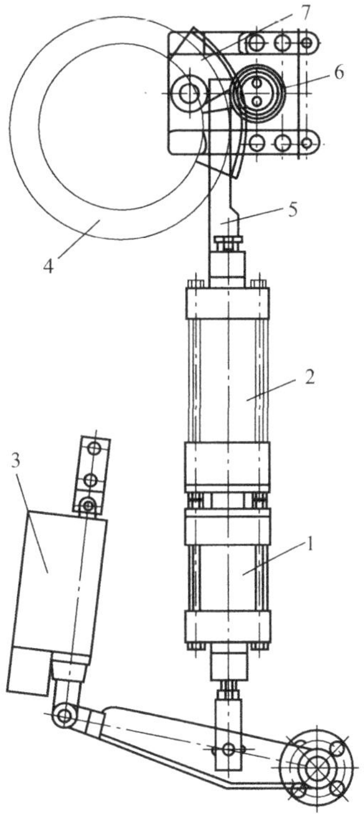

图 3－40　BEIREN 300 胶印机气动离合压机构图

1、2－气缸；3－电机；4－偏心套；5－齿条；6－齿轴；7－齿块

图 3－40 所示为 BEIREN 300 型胶印机的气动离合压机构图。该机采用顺序合压方式，橡皮滚筒与印版滚筒、压印滚筒的离合压动作由两个串联的气缸 1、2 分别驱动，而气缸的

动力来自直线电机3。在该机构中，印版滚筒中心是固定的，压印滚筒虽装有偏心套，但只用于调压，实现离合压动作主要是靠装在橡皮布滚筒两端的一对偏心套4（单偏心套机构）来完成。气缸带动齿条5上下运动，齿条5带动齿轴6上的小齿轮转动，齿轴6随之转动。齿轴的转动又带动固定于橡皮滚筒偏心套4上的齿块7转动，最终使偏心套4转动。

气动离、合压机构，离、合压平稳，准确性较好，机构布局也较灵活，所以，在现代单张纸胶印机上开始应用，只是这种机构中气缸体积较大。

3. 液动离合压机构

图3-41（a）为液压传动离合压机构简图。压印滚筒轴中心 O_i 安装在偏心轴承1中，偏心轴承1又装在机器的墙板孔中。借助于调节螺母3、拉杆2和4使偏心轴承1与活塞6及油缸5相连接。当在液体压力推动下使活塞6升高时，压印滚筒的偏心轴承逆时针转动，使两滚筒中心距变小，完成合压（图示位置）。当撤除液体压力时，活塞下降，顺时针转动偏心轴承1使压印滚筒升高完成离压。在偏心轴承1上有凸缘9，合压时，它顶在限位挡块8上，限位挡块8固定在支架7上。压印滚筒升高的高度用油缸盖上的挡块来限制。

在需要印刷总压力很大的场合，可采用中间传动机构。如图3-41（b）所示。杠杆5铰接在墙板上，绕固定轴4转动，其上一个臂通过铰链3和拉杆2连在一起，另一个臂用铰链6与液压缸连在一起。液压缸用铰链8固定在机座上，当活塞移动时它可以摆动。液压缸7的动力，经过杠杆5和铰连的拉杆2增力传递，带动偏心轴承1转动，实现离合压控制。这种结构可以增加压力而机构并不复杂。

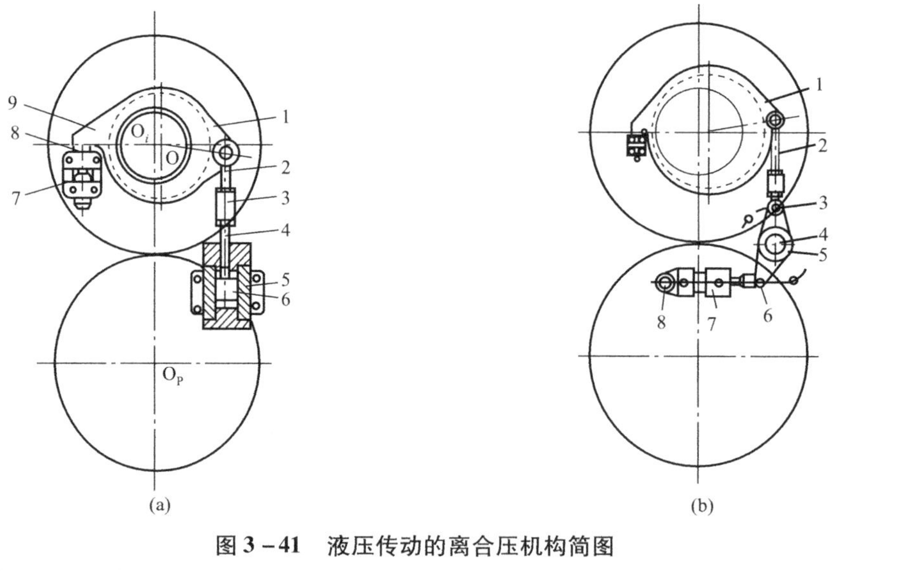

图3-41　液压传动的离合压机构简图

1-偏心轴承；2、4-拉杆；3-调节螺母；5-油缸；6-活塞；7-支架；8-限位挡块；9-凸缘　　1-偏心轴承；2-拉杆；3、6、8-铰链；4-轴；5-杠杆；7-液压缸

液压传动的离合压机构，调节平稳、准确，传动简单，机构布局灵活，充分利用了空间，可适应各种不同的条件，而且操纵简单、方便，也可以自动控制，但必须配备液压源。这种驱动方式主要用于两滚筒印刷单元的滚筒离合压。

第四章

单张纸胶印机的水墨系统

油墨是印刷图文传递与转印的媒介，必须借助输墨装置涂布在印版上。而水是印版上图文网点间的隔离剂，自然需要涂布水分的润湿装置。这也是胶印机结构上区别于其他印刷机的显著标志。实际印刷中，在给印版涂墨之前必须先涂布水，保证水墨平衡，从而实现图文的正确转移，这是平版胶印的主要特点之一，水墨平衡的实现是平版胶印的技术关键。为实现这一目标，胶印机输水输墨系统在排列布局上、传输路线上应该精心安排，在使用维护上也需要倍加关注。

第一节　润湿系统

保证供给印版足够而均匀的水量，将供水量控制在最小程度，并且使印刷质量达到最佳效果，是胶印技术的追求目标。给水量不足，会产生脏版现象；给水量过多，不仅会增加纸张伸缩，影响套准，而且还会加剧油墨的乳化。因此，在保证印品质量的前提下，尽可能减少润湿液用量。胶印机的润湿装置必须在印刷过程中稳定、均匀地向印版涂布以适量的润湿液膜，并能根据印版、印刷材料、版面图文分布，方便地对版面润湿液膜的厚薄进行调节。

一、润湿装置的类型与特点

随着印刷技术的发展以及现代技术的不断渗透，产生了各种不同类型的润湿方法和装置。根据向印版涂布润湿液的方式，润湿方法和装置，可分为接触式和非接触式；根据供给润湿液的方式，可分为连续式供水和周期性间歇式供水；根据润湿液成分不同，有水润湿和酒精润湿之分；根据印版获得润湿液膜的方式，可分为机械式、静电式、冷凝式和气动机械式等形式。

不同的润湿方法需要不同的润湿装置来实现。目前较成熟的有以下几种。

1. 传水辊式润湿装置

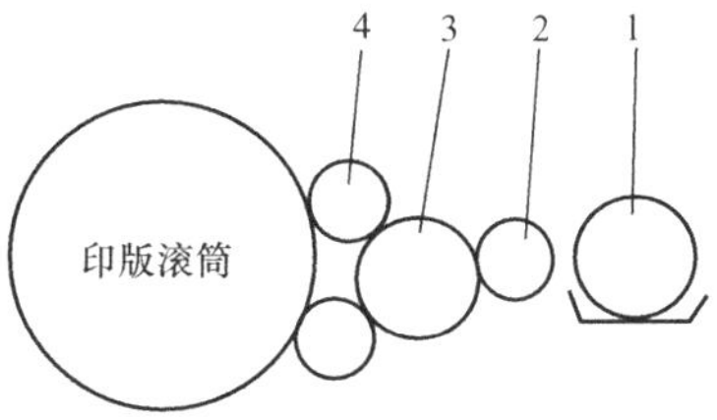

图 4－1　传水辊式润湿装置
1－水斗辊；2－传水辊；
3－串水辊；4－着水辊

传水辊润湿装置的常见形式如图 4－1 所示，J2203 型、J2108 型胶印机采用这种润湿装置。金属制的水斗辊 1 做间歇旋转运动，串水辊 3 除做轴向串动外，还做连续旋转运动，传水辊 2 在水斗辊 1 与串水辊 3 之间做往复摆动，本身靠摩擦转动，传水辊 2 从水斗辊 1 上获得水分并将水传给串水辊 3，串水辊 3 将水传给着水辊 4（靠版水辊），由着水辊 4 把水均匀地涂布在印版上。

调节传水辊 2 与水斗辊 1 的接触时间，可以改变给水量的大小。

这种润湿方式属于间歇式给水润湿，其装置结构简单，易于操作，且能够满足印刷要求。

水斗辊 1 的运动方式有间歇转动的，也有的水斗辊用直流电机带动连续转动的，如 J2206、J2204A、J2111A 和 PZ4880 - 01 型等胶印机的润湿装置。水斗辊 1 表面可包布套，也可以不包布套。不包布套时，水斗辊表面要特别光洁，需要超精磨。使用时要保持清洁，若水斗辊的镀铬表面沾有油污，就会产生局部不上水，应用浮石粉将水斗辊表面清洗干净。

这种润湿装置，由于传水辊的往返运动会产生惯性，导致与串水辊和水斗辊接触传水不匀。同时水斗辊大多由棘轮、棘爪机构驱动，不易进行细微的水量控制。水斗辊包有新绒套时有脱毛和压力过紧现象，用久后直径变小造成输水不匀，特别是随着印刷机高速和多色的迅速发展，这种润湿装置难以满足现代印刷技术的要求。

2. 计量辊润湿装置

图 4 - 2 所示为计量辊式润湿装置。水斗辊 1 由直流调速电机驱动。计量辊 2 调节水膜厚度，着水辊 4 和串水辊 3 的表面速度与印版滚筒表面速度相等。而水斗辊 1 和串水辊 3 在切点处速度方向相反，有较大速差，使水膜拉薄。辊 5 起匀水作用。这种润湿装置的水斗辊不用水胶绒套，而通过改变水斗辊转速和调节计量辊 2 与水斗辊 1 的间隙来控制水量。其特点是调节水量迅速方便，控制版面水量精确，结构简单、紧凑、使用效果较好。

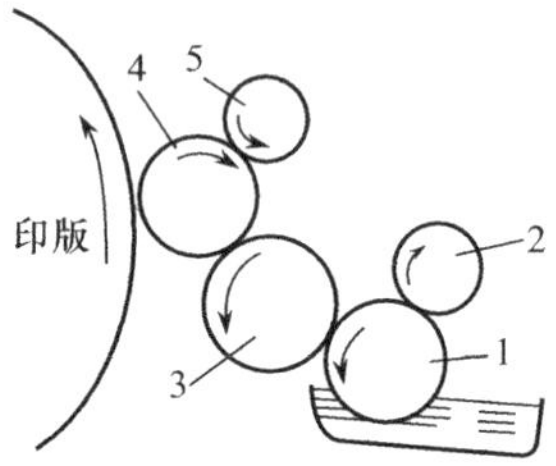

图 4 - 2　计量辊式润湿装置

1 - 水斗辊；2 - 计量辊；3 - 串水辊；4 - 着水辊；5 - 匀水辊

3. 刷辊式润湿装置

图 4 - 3 所示是刷辊式润湿装置。毛刷辊 1 由直流调速电机传动，借助刮板 2 将毛刷上沾有的水分弹到匀水辊 3，经串水辊 4 和两根着水辊 5 和 6 向印版给水。给水量的大小由调节刮板 2 的位置及毛刷辊的转速得到精确控制。由于匀水辊 3 不与毛刷辊 1 接触，版面的纸毛及乳化油墨等不会进入水斗而脏污润湿液。

4. 叶片水斗辊润湿装置

图 4 - 4 所示是叶片水斗辊润湿装置。由固定在水斗辊上的织物或叶片 1 间歇给水，经匀水辊 2、着水辊 3 传给印版。

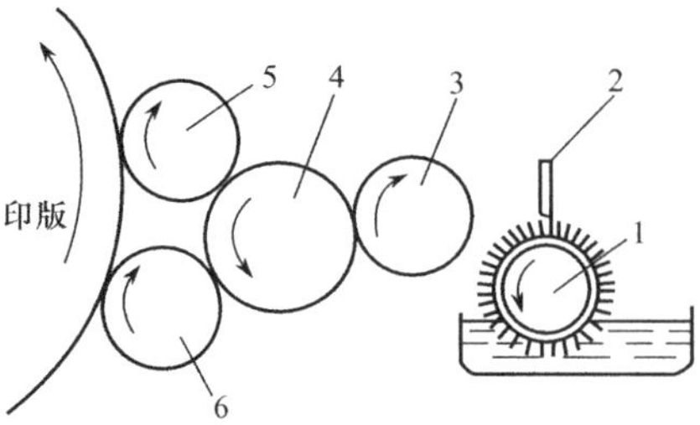

图 4 - 3　刷辊式润湿装置

1 - 毛刷辊；2 - 刮板；3 - 匀水辊；4 - 串水辊；5、6 - 着水辊

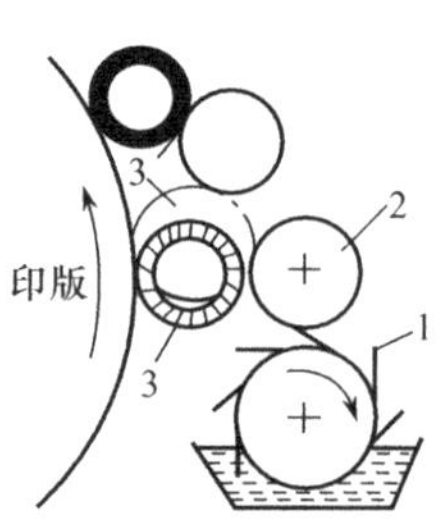

图 4 - 4　叶片水斗辊湿润装置

1 - 叶片；2 - 匀水辊；3 - 着水辊

间歇式润湿装置的缺点是对输水情况的变化反映很迟钝，即使是水量调节到最佳程度，印版上的水量和传到纸上的水墨仍然比较大，对印刷品的质量带来不好的影响。

5. 达格伦润湿装置

图 4－5 所示为达格伦润湿装置，其显著特点是水墨齐下。水斗辊 1 直接与第一着墨辊 3 接触，由着墨辊 3 在着墨的同时向印版涂润版液。镀铬水斗辊 1 由专用电机无级调速装置单独传动，它的表面速度小于着墨辊的表面速度，利用速度差造成水斗辊 1 与水量控制辊 2 和着墨辊 3 的相对滑动，形成均匀润湿液膜。水量控制辊 2 可改变水斗辊 1 向着墨辊 3 的给水量，着墨辊 3 上的多余水量又经水斗辊回至水斗。

达格伦润湿装置结构简单、操作方便；着水量小、印品干燥快，利于套准，使初印时的废品率减少；水辊与印版不接触，减少了对印版的磨损。

达格伦润湿装置有如下特点：

① 操作简单。

② 着水量很少，为一般润湿装置的 50% 左右，提高了印刷质量。

③ 纸张的伸缩小。

④ 水辊与印版不接触，减少了印版的磨损。

因此，这种润湿装置在大型胶印机中得到了应用。

6. 无传水辊润湿装置

图 4－6 所示为旋转水斗辊直接给水、无传水辊润湿装置。水斗辊 1 直接与着水辊 4 接触，将润版液传给印版。通过改变控制水量控制辊 3 与水斗辊 1 的压力可调节其润版液用量。

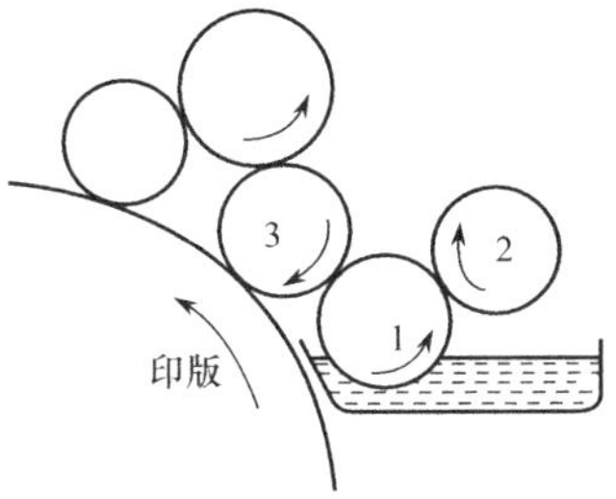

图 4－5　达格伦润湿装置

1－水斗辊；2－水量控制辊；
3－着墨辊

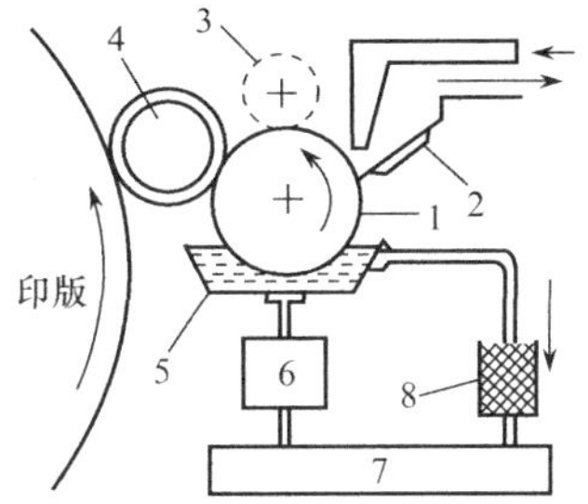

图 4－6　无传水辊润湿装置

1－水斗辊；2－挡尘板；3－水量控制辊；
4－着水辊；5、6、7、8－循环供水系统

7. 气流喷雾润湿装置

气流喷雾润湿装置是用喷嘴喷射出来的气流将网格中的水分直接吹到水辊或印版表面，纱网有垂直的，也有旋转圆筒形的。图 4－7 为三种气流喷雾润湿装置。这种装置由于供水部分和着水部分不直接接触，润湿液不会倒流，给水量可通过改变水斗辊的转速来调节。

图 4－7（a）为海德堡 Speedmaster 胶印机所采用的气流喷雾式润湿装置。水斗辊 1 由直流调速电机单独驱动，多孔圆柱网筒 3 套有细网编织的外套，并由水斗辊 1 利用摩擦带动旋转。压缩空气室 4 的一侧沿轴向开有一排喷口，将水斗辊传给圆柱网筒 3 的水喷成雾状射到辊子 5 上。再由串水辊 6 经着水辊 7 润湿印版。通过调节喷射角度及橡皮刮刀 2 与水斗辊

1 的间隙，来控制沿水斗辊轴向各区段的给水量。

图 4 –7（b）为垂直网的气流喷雾润湿装置。垂直网屏 9 浸在水槽 8 中并上下移动，吹气喷嘴 10 吹以压缩空气，将网屏网眼上的水滴吹成雾状喷到印版上。

图 4 –7（c）为圆筒形的气流喷雾润湿装置。带网的水斗辊 12 连续旋转，从水箱 11 中把水带起，在网辊轴内有一排空气喷嘴 13，把水喷向印版表面。水量的大小由调节板 14 控制。

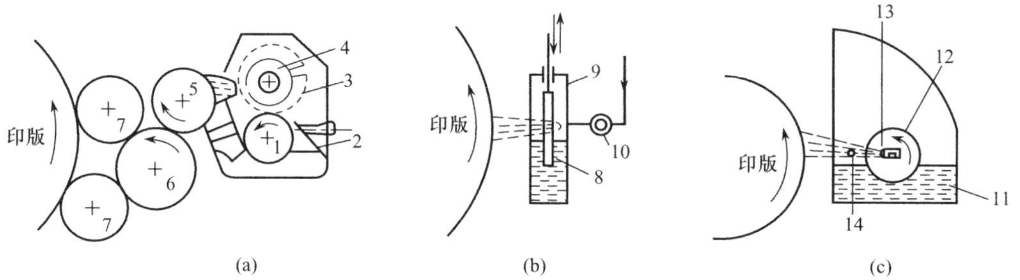

图 4 –7　气流喷雾式润湿装置

1、12 – 水斗辊；2 – 刮刀；3 – 圆柱网筒；4 – 压缩空气室；5 – 传水辊；
6 – 串水辊；7 – 着水辊；8 – 水槽；9 – 垂直网屏；10 – 吹气喷嘴；
11 – 水箱；13 – 空气喷嘴；14 – 调节板

8. 微孔着水辊润版装置

图 4 –8 所示为微孔着水辊润版装置，润湿液由容器 3 经管路 2、控制阀 4 输送到微孔着水辊 1，进行直接润版。输送的方法有强制输送或自由流动输送。

9. 空气调节润湿装置

图 4 –9 所示为空气调节润湿装置。镀铬水辊 1 连续旋转，与印版滚筒的表面有间隙量，间隙量为 0.1 ~0.5mm。利用水的附着原理将水传给印版表面，由吹风口 2 喷射出来的气流将版面上多余的润湿液吹掉，经下面的吸气口 3 和斜板 4 再返回液槽。版面上给水量的大小通过改变空气的压力和间隙量来调节。这种装置的给水量较少，有利于保证印刷质量，但是，配备一套空气压缩机装置，噪声较大。

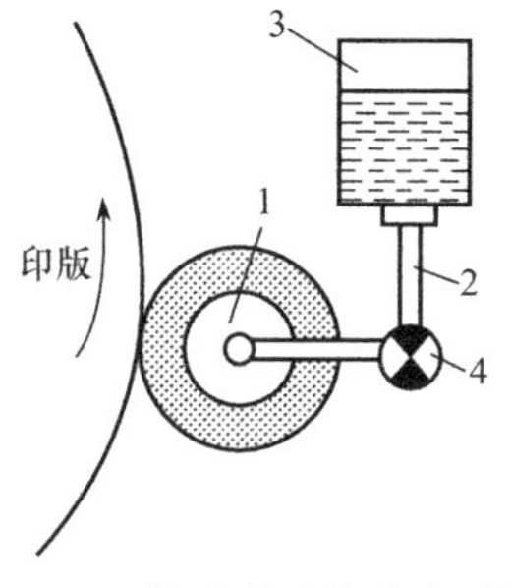

图 4 –8　微孔着水辊润版装置

1 – 微孔着水辊；2 – 管路；
3 – 容器；4 – 控制阀

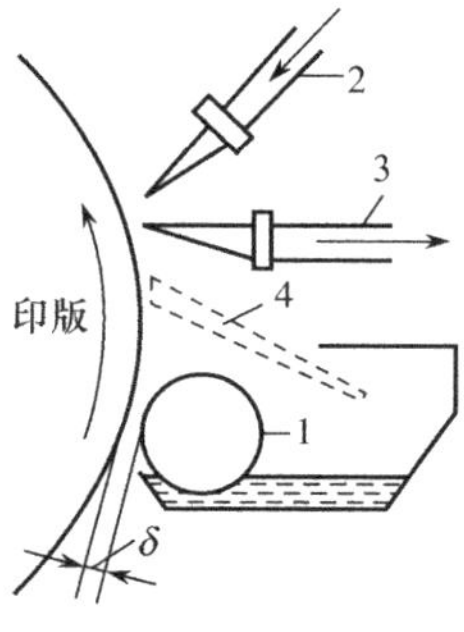

图 4 –9　空气调节润湿装置

1 – 水辊；2 – 吹风口；
3 – 吸气口；4 – 斜板

10. 可变式润湿装置

可变式润湿装置是通过改变水辊的位置，得到不同的润湿方式。图 4 –10 所示为三菱 F 系列胶印机的可变式润湿装置，可实现三种润湿方式。它由水斗辊 1、传水辊 2、着水辊 3

和过桥辊 4 组成。通过改变过桥辊 4 和传墨辊 5 的位置可完成三种润湿。

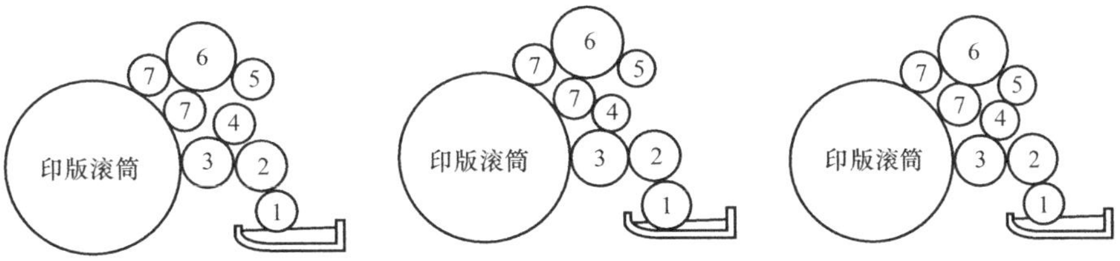

图 4－10　可变式润湿装置

1－水斗辊；2－传水辊；3－着水辊；4－过桥辊；5－传墨辊；6－串墨辊；7－着墨辊

该装置是根据印刷品中图文与非图文的面积比例，来选择合适的润湿方式，有利于达到最佳的水墨平衡，改善印刷密度和网点的再现性。可在操纵台面上进行预调，也可不停机调节。

11．酒精润湿装置

为了降低胶印的润水量以适应高速印刷，减少印张的变形，提高套准质量以及适于印刷吸收性差的印刷材料，可以采用 20%～25% 的酒精水溶液进行润湿。

含有一定量酒精的润湿液比纯水与印版的接触面积要大得多。在水中加入酒精能减小表面张力，可消除或减少普通润版液易在版面上呈现的水珠状态，只有一层很薄、可快速干燥的润湿膜，使润水量可大大减少。采用酒精润湿印版上的水分可减少 50% 左右。

图 4－11 所示为海德堡自动控制连续型酒精润湿装置，其形式和效果均类似于达格伦润湿方法。水斗辊 1 直接由电机驱动，其速度可调节，通过齿轮传动计量辊 2 和水斗辊 1 同速转动。两者之间的润湿膜厚度由无级调速来控制。串水辊 4 和着水辊 3 由印版滚筒带动而旋转。由于着水辊 3 的转速比计量辊 2 快，两者接触时使润湿膜拉长而变薄，并能渗入到着水辊上的油墨内，然后给印版着水。

图 4－11（a）为不工作状态，计量辊 2 和着水辊 3 脱开，水与墨都与印版脱离；图 4－11（b）为预润湿状态，计量辊 2 与着水辊 3 接触传水，中间辊 5 与着墨辊 6 接触，进行预润湿印版和着墨辊，润湿液通过着水辊 3 进入印版，并经中间辊 5 使水在着墨辊上达到平衡。图 4－11（c）为印刷状态，着水辊 3 和着墨辊 6 给印版输水、输墨。各个状态均可由程序进行自动控制。BEIREN 300 采用此技术，中间辊 5 凭借端部小气缸实现与着墨辊的脱开与接触控制。

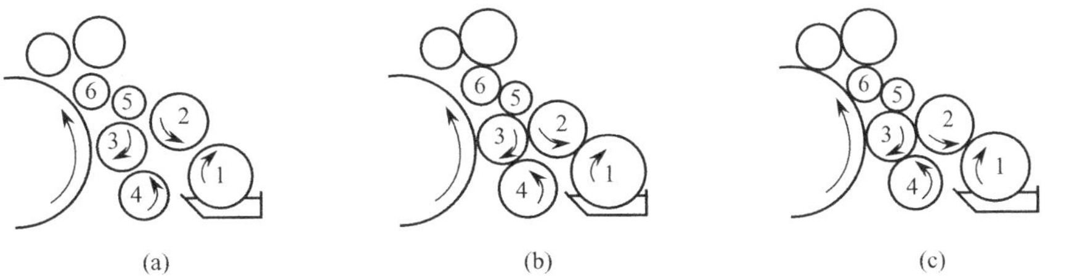

图 4－11　海德堡自动控制连续型酒精润湿装置

1－水斗辊；2－计量辊；3－着水辊；4－串水辊；5－中间辊；6－着墨辊

印刷正式开始前，先把中间辊 5 放下来与水辊相接触，从而把水墨路连接起来，润版液与油墨在辊子间压力的作用下已经初步达到了乳化，几乎达到了水墨平衡所需要的稳定值，这种乳化后的油墨开始是在墨辊上形成的，然后直接涂布在印版上，这样就大大缩短了印前调节水墨平衡所需要的时间，减少了过版纸的使用和纸张的浪费。

值得注意的是：中间辊 5 只在印刷前使用，水墨初步乳化后，中间辊必须与水辊脱开，否则会使水路积累大量的油墨，造成不上水现象。

酒精润湿装置目前在国外应用比较广泛，国内也在不断推广。其优点是：由于印版上水分少，容易达到水墨平衡，从而获得光亮而鲜艳的墨色；因为水分少，纸张吸水量少，加上酒精挥发快，因此，减少了纸张的伸缩变形。

二、供水装置的传动与调节

通常，供水装置是指由水斗、水斗辊及传水辊等三部分构成的系统。水斗辊与传水辊都是运动的，供水量的多少一般通过调节实现。

1. 水斗

胶版印刷采用的水，要求水质不能太硬，并且含杂质少，水斗中的润版液要经常保持洁净，以免发生霉变。一般胶印用水为弱酸性，使水的酸性成分和印版的金属氧化层相互作用形成稳定的水膜，水溶液的酸碱度应取 pH 值为 5 ~6 为宜。由于水斗用来盛酸性润湿液，因此，必须具有抗腐蚀性。一般采用铜合金材料，并常在水斗表面涂有防腐层，如耐酸漆、沥青等。

水斗一般采用黄铜板（如 HG -2 冷轧黄铜板）弯曲加工而成，也可采用防酸、碱塑料制成。国外的水斗一般采用不锈钢板制作。

2. 水斗辊

水斗辊分间歇转动和连续转动两种。

（1）间歇式转动水斗辊

图 4 -12 为间歇式润湿装置（J2203、J2108 型胶印机）的结构图。该机构的凸轮和曲柄安装在串水辊经过周转轮系减速后的轴端，由印版滚筒齿轮带动，凸轮带动传水辊周期摆动，曲柄通过棘轮机构使水斗辊做间歇转动。

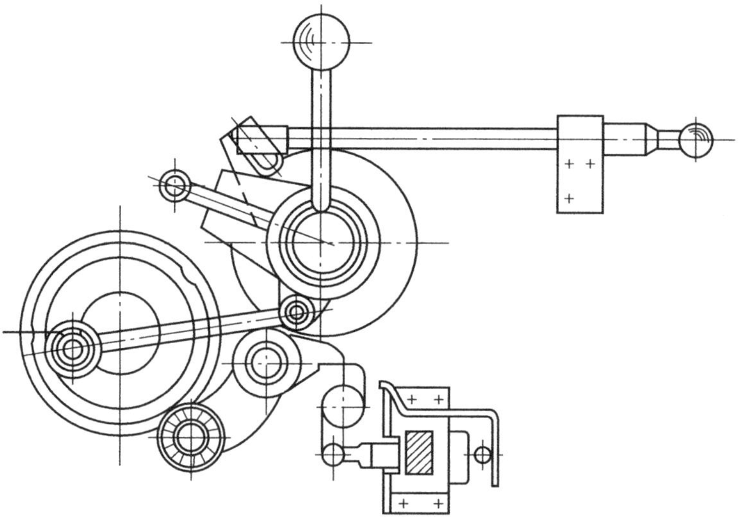

图 4 -12　间歇式润湿装置结构图

图 4－13 为间歇式润湿装置的工作原理。传水辊 9 的摆动与停止由电磁铁 17 来控制实现。当需要停止传水时，给电磁铁通电激磁，衔铁吸合，弹簧拉动摆杆 16，迫使摆杆 16 逆时针方向转动，从而阻止撑杆 18 下摆，使传水辊 9 停止摆动，即停止传水。当印刷机需要供水时，给电磁铁断电，电磁铁释放，衔铁推动摆杆 16 顺时针方向摆回，撑杆 18 失去摆杆 16 的阻止，传水辊 9 由凸轮 1 推动滚子 3 经摆杆 5 使传水辊往返摆动。当摆到与水斗辊 14 接触时取润湿液，摆到与串水辊 7 接触时将润湿液传给串水辊 7。电磁铁的动作由机器自动控制，也可由操作按钮控制。

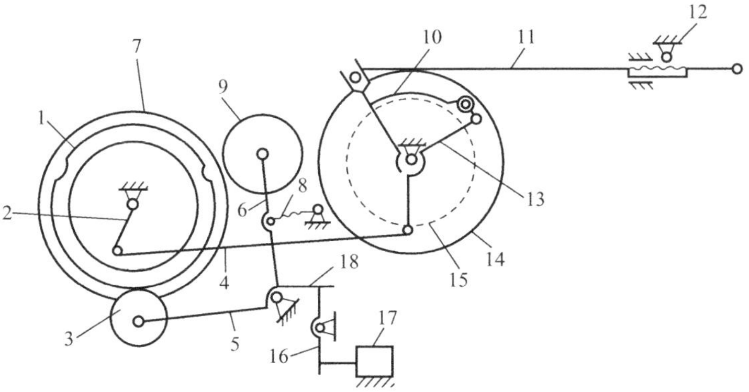

图 4－13　间歇式润湿装置的工作原理

1－凸轮；2－曲柄；3－滚子；4－连杆；5、6、13、16－摆杆；7－串水辊；
8－拉簧；9－传水辊；10－弧形板；11－拉杆；12－弹簧销；
14－水斗辊；15－棘轮；17－电磁铁；18－撑杆

当需要加大润湿液时，可提起弹簧销 12，向左推动拉杆 11，使弧形板 10 向左退回，使棘爪摆动角度加大，推动棘轮 15 加大转动角度，这样就加大了出水量。调好后放下弹簧销并进入齿中防止回松。如果需要减少润湿液量，只要与上述调节方向相反即可。

（2）连续式转动水斗辊

图 4－14（a）所示为 J2204A、J2111A 型胶印机水斗辊工作原理图。水斗辊转动是由直流电机经过齿轮 2、3 带动蜗杆 4 旋转，蜗杆是单头蜗杆，经蜗轮 5 带动蜗轮轴上的齿轮 7，再经齿轮 6 使水斗辊 8 旋转。转速可在 0～3lr/min 范围内无级调整。

图 4－14（b）所示为 PZ4880－01 型胶印机水斗辊的工作原理图。它也采用无级连续方式。不同之处是采用了行星减速机构。电机 1 带动系杆 4 旋转，系杆 4 旋转时带动齿轮 3 和 5 旋转，齿轮 2 是固定不转的，齿轮 3 就围绕齿轮 2 公转。通过齿轮 3、5 的齿数差从而达到减速的目的。减速后的齿轮 6 带动水斗辊 7 转动。

连续式润湿装置通过电机调速实现出水量的调整。

水斗辊的材料要有较好的亲水性和较强的抗腐性，通常选用铜合金、铬及铬镍合金。也可选用碳钢镀铬。

镀铬水辊亲水性好，能较好地防止上墨现象。这是国产平版印刷机采用较多的一种材料。

3. 传水辊

传水机构分为间歇式传水和连续式传水两种，J2203、J2108 型胶印机的传水属于间歇传

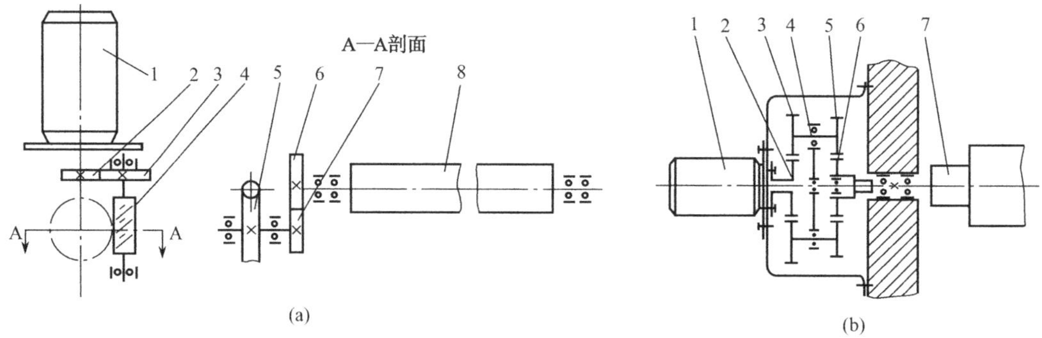

图4－14　连续式转动水斗辊

1－电机；2、3、6、7－齿轮；4－蜗杆；5－蜗轮；8－水斗辊

1－电机；4－系杆；2、3、5、6－齿轮；7－水斗辊

水。传水辊是靠水斗辊和串水辊之间的摩擦而转动的。而传水辊在水斗辊和串水辊之间的往复摆动，一般有凸轮传动和曲柄传动两种传动形式。

（1）凸轮传动形式

在图4－13中，凸轮1的凸面与滚子3相接触时，通过摆杆5和摆杆6摆动，使传水辊9按设计要求摆靠于串水辊7，当凸轮1转至凹面与滚子3相接触时，在拉簧8的作用下传水辊9靠向水斗辊14。凸轮转动一周，传水辊9往返摆动一次。传水辊与串水辊的平行度及其接触压力可通过螺钉来调节；传水辊与水斗辊之间的接触压力可通过拉簧8的拉力变化进行调节。

（2）曲柄传动形式

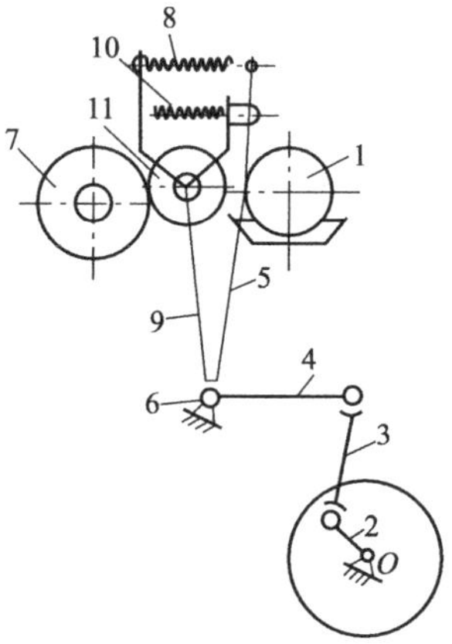

图4－15　传水辊曲柄传动机构简图

1－水斗辊；2－曲柄；3、5、9－摆杆；4－拉杆；6－轴；7－串水辊；8、10－弹簧；11－传水辊

如图4－15所示，当曲柄2绕轴O转动时，通过摆杆3带动固定在轴6上的拉杆4。由于拉杆4摆杆5都固定在传动轴6上。因此，当拉杆4在摆杆3的作用下左右摆动时，摆杆5也左右摆动。在摆杆5上分别装有两个弹簧8和10，而两个弹簧的作用力相反，弹簧8可以使传水辊11紧靠串水辊7，弹簧10使传水辊11紧靠水斗辊1。通过弹簧传动传水辊摆杆9，由摆杆9直接控制传水辊左右摆动。传水辊的位置依靠弹簧弹力的作用定位。当摆杆5摆向串水辊7时，传水辊随摆杆靠向串水辊，当两者接触后如果曲柄连续上升，则由摆杆5压缩弹簧8至曲柄最高点，此时弹簧8的弹力最大，两辊之间的压力也最大。反之，曲柄向下使摆杆5转向水斗辊，传水辊靠向水斗辊，弹簧8松开；同样在曲柄最低点，弹簧10的弹力最大。

传水辊与串水辊、水斗辊之间的压力大小可通过调节弹簧的弹力大小来获得，而弹簧的弹力大小可通过调节螺母来调节。曲柄传动能使传水辊与串水辊、水斗辊之间的接触成为弹性接触，保证传动平稳；与凸轮传动相比，负载均匀、传动性能好。

三、串水机构与着水机构

为了满足给印版均匀、适量地上水，除了供水部分的供水量需要调节外，着水部分的着水辊与串水辊以及着水辊与印版之间的压力都有相应的调节机构进行调节。同时为适应滚筒的合压和离压，着水辊也有起落机构。

为了减少着水辊与印版的摩擦，串水辊表面线速度应与印版表面线速度相等，各水辊轴线应彼此平行，并平行于印版滚筒轴线，各辊粗细要均匀。

1. 串水辊

串水辊可以选取与水斗辊相同的材料。传水辊和着水辊，一般由铁芯覆以胶质材料制成。使用时外面还要包绒布，其作用是利用毛细管原理均匀水分，可选取与传墨辊相似的材料。目前国内多选用橡胶材料（39 邵尔度），外包 2mm 厚的绒布。

串水辊的传动和结构与串墨辊基本相同。串水辊的外表面是镀铬抛光的，镀铬表面的亲水性能比镀铜材料好，能防止上墨。

2. 着水辊

着水辊调压机构和起落机构有机械式和气动式。

气动式着水辊起落及调压机构如图 4－16 所示，着水辊与串水辊之间的压力是通过着水辊上的偏心套 9、5 来调节的，而着水辊与印版之间的压力是通过拧动螺杆 4，改变弹簧 6 的压力经杠杆 7、8 来调节的。

着水辊的起落是通过气缸 1 来实现的。气缸工作时，由摆杆 2 控制短轴 3 在杠杆 7、8 之间转动，同时撑开杠杆 7、8 使其中间距离加大，从而使着水辊脱开印版。反之可使着水辊与印版接触给水。

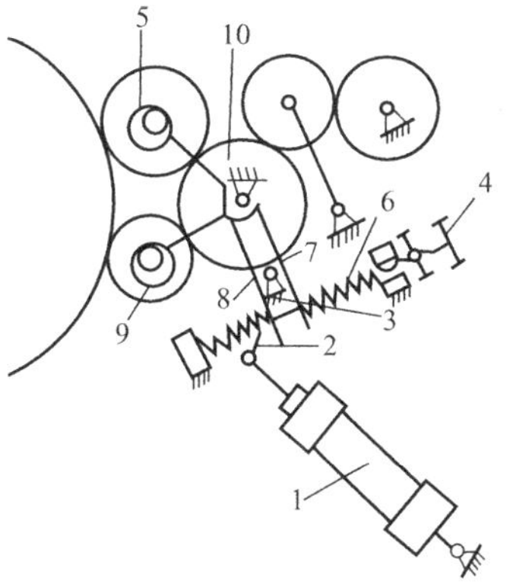

图 4－16　气动式着水辊调压机构和起落机构简图

1－气缸；2－摆杆；3－短轴；4－螺杆；6－弹簧；7、8－杠杆；5、9－偏心套；10－串水辊

机械式着水辊起落及调压机构的基本原理与着墨辊起落及调压机构相同，如图 4－46、图 4－47、图 4－48 所示，可以参照着墨辊的调节控制进行操作维护。

调节水辊压力时应该注意的是：调节前，首先对着水辊与串水辊之间和着水辊与印版滚筒之间在两端和中间位置进行压力检测。调整时，选用 0.15～0.20mm 厚的钢片，裁成长 140～160mm、宽 25～30mm，表面很光滑的钢片，塞入水辊之间，水辊与印版之间感觉有力，松紧一致即可。当调节着水辊与串水辊的压力时，必须注意着水辊两端偏心轴承的对称性（偏心旋转方向必须一致），否则会造成着水辊与印版滚筒、串水辊之间的不平行，并出现着水辊两端压力轻、中间压力重的现象。另外还要注意，调整着水辊压力时，应该先调节下着水辊压力后调节上着水辊压力。

着水辊一般为软质水辊，其表面是绒布，结构如图 4－17 所示。在铁质辊芯上浇铸橡胶层，并在橡胶层表面包缝经脱脂处理、亲水性能良好的水辊绒布或绒套，水辊绒布（套）

能吸收储藏大量的水分，均匀地供印版润湿。虽然水辊绒布（套）既能亲水也能亲油，而且亲水性能大于亲油性能，但是如果先接触油墨，或者在使用中储水量小，时间过长，绒布将会积沾油墨，使得毛细孔被封闭，润湿性能下降。所以必须先水后墨，而且要始终保持水辊绒布的清洁，以保证其良好的吸水性。

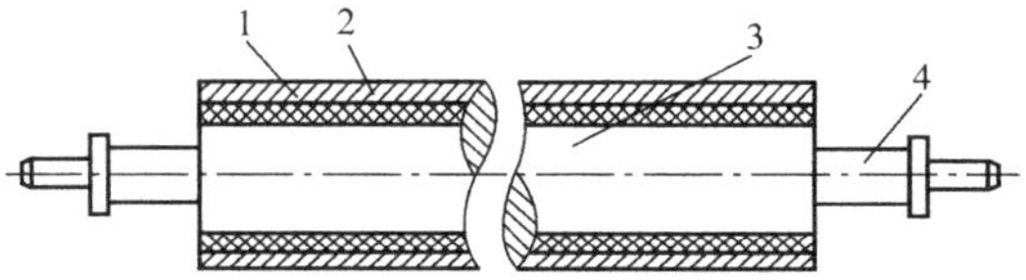

图 4－17　软质水辊结构示意图

1－水辊绒布（套）；2－橡胶层；3－铁质辊芯；4－辊轴

四、自动加水装置

印刷机运行过程中，水斗中的水不断地被消耗掉。为了保证印版得到稳定、均匀的供水量，必须保持水斗中有一定水位的水，所以，一般印刷机都配备有自动上水器。目前采用的上水器的类型大致有如下几类。

1. 水泵式上水器

水泵把润版液用水泵打上去使之循环，并使水斗中水的 pH 值保持一致，同时水斗中的水得到澄清和过滤，水斗中无沉积物，保持润版液的清洁。这种给水方式效果较好。

图 4－18 所示为水泵式上水器示意图。水斗辊 1 浸在水斗 2 中，水位是由水泵 4 控制的。当水位下降时，储水箱 5 中的水由水泵 4（齿轮泵或叶片泵）经上水管 3 流进水斗 2 中。当水位超过出水口 7 时，经回水管 6 流回储水箱 5，从而使水斗中始终保持一定的水位高度。通常要使水泵流量大于水斗的耗水量。

2. 风动上水器

图 4－19 为风动上水器示意图。它利用输纸机的余风作为断续的风源。有风时，风经导管 8 进入三通管 6，使单向阀 5 关闭，单向阀 4 压缩弹簧打开。水通过上水管 2 注入水斗 1。此时，导管 8 的液面低于储水箱 3 中的液面。当停风时，单向阀 4 在弹簧作用下关闭，单向阀 5 被储水箱中的溶液顶开，储水箱 3 向三通管 6 及导管 8 中注入溶液，直到导管 8 的液面和储水箱内的液面高度相等。再来风时又向水斗注水。当水斗液面高出规定高度时，水从回水管 7 流入储水箱 3 中。

3. 真空式自动上水器

真空水箱式是真空自动水箱利用水箱内外压差使液体的高低水位保持平衡的原理，使水箱内部的液体自动顺管道不断流入水斗中，达到连续自动给水的目的。这种给水方式是比较经济实用的给水装置，pH 值不均匀的可以加匀水器，使供给水斗的水分布均匀。润版液水斗可以经常清洗。

图 4－20 所示为真空自动上水器示意图。旋转的水斗辊 2 浸在水斗 1 中，随着印刷的进行，水斗中的水位不断下降，当水位降到塑料管 3 出水口与水面离开时，由于储水箱 4 由盖 5 密封，密封水箱内的气压低于大气压力，使外面气体压入箱内，使水流出。当水面高于管口时，储水箱内外气压达到平衡，水箱的水不再流出。

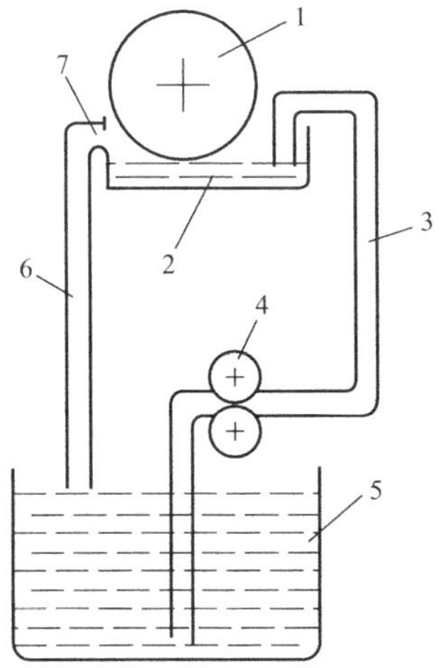

图 4－18　水泵式上水器示意图

1－水斗辊；2－水斗；3－上水管；4－水泵；5－储水箱；6－回水管；7－出水口

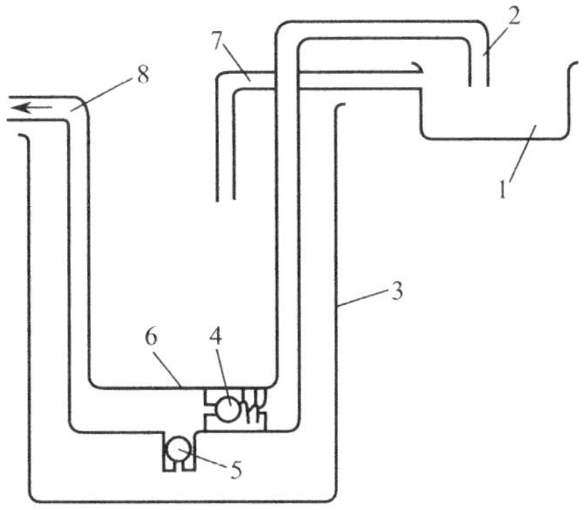

图 4－19　风动上水器示意图

1－水斗；2－上水管；3－储水箱；4、5－单向阀；6－三通管；7－回水管；8－导管

该结构简单，但储水箱必须密封良好，否则难以控制水槽的水位高度，目前这种上水器被广泛应用在各种类型的平版印刷机上。

4. 循环供水系统

在许多卷筒纸胶印机上，速度高，印刷数量大，用水需求量大，因此，这类胶印机都设置有如图 4－21 所示的循环供水系统。以实现润版液液面和成分浓度的恒定控制。

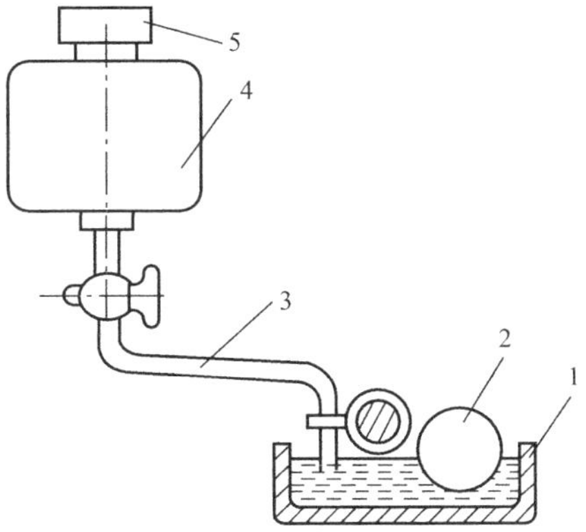

图 4－20　真空自动上水器示意图

1－水斗；2－水斗辊；3－塑料管；4－储水箱；5－密封盖

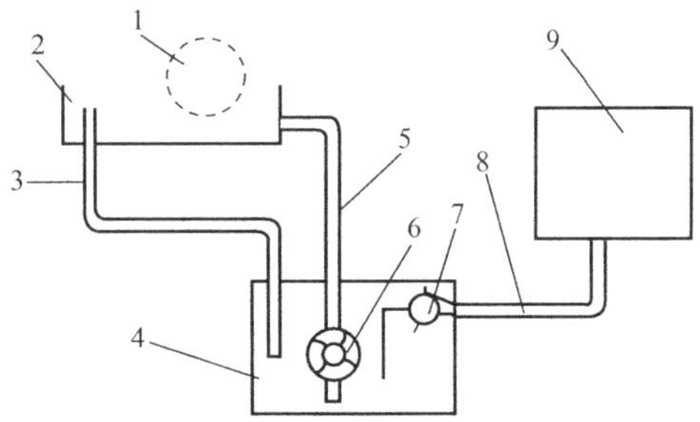

图 4－21　循环供水系统示意图

1－水斗辊；2－水斗；3、5、8－水管；4－分水箱；6－水泵；7－浮球阀；9－总水箱

（1）液面控制

图 4－21 中水斗辊 1 浸在水斗 2 的药水中，连续旋转所消耗的水量，由水泵 6 从分水箱 4 中注入水管 5 打入水斗里。水斗的水面超过水管 3 的溢口时，则流回分水箱 4 中。当分水箱的水面被消耗到低于浮球阀 7 时，浮球阀 7 自行打开，总水箱 9 的药水经水管 8 补充到各个分水箱 4 中，直至浮球重新浮起，再封住水管 8 的出水口为止。因此，总水箱使分水箱的

药水也稳定在一定的液面高度上。

（2）浓度控制

目前国内外许多厂家的平版印刷机均采用酒精润湿装置，酒精润湿装置的循环控制系统比起一般药水的循环控制系统的结构要复杂得多。该系统通常包括储水箱、冷却器、自动酒精百分比补偿器和 pH 值稳定器。酒精润湿液储存在水箱内，冷却器一般由冷冻机、热交换器或一组吸热管组成，起到控制水温的作用。自动酒精百分比补偿装置是将一液体比重计置于润湿液中漂浮，只要润湿液中酒精的含量发生变化，促使比重计上下移动，当到达一定值时，会触动到酒精储存槽上的开关，使酒精自动流到储水箱中，一直补充到所需要的百分比含量为止。至于 pH 值稳定装置是将“pH 值测定电极”置于润湿液中，当润湿液中 pH 值增大时，将触动 pH 值调整剂开关。增加调整液，直到水槽中润湿液的 pH 值达到所要求的值。

采用上述循环控制系统，可以保证水斗中润版液液面的恒定以及酒精润湿液中酒精浓度的恒定，从而为得到满意的印品质量创造了条件。

第二节　输墨系统

胶印机的印刷过程就是借助印刷压力将涂布在印版上的油墨转移到印张上去的过程。而印刷机的输墨装置就是承担着把油墨均匀地定量地传给印版表面上的功能。由于，供给印版油墨的均匀程度、油墨量的大小及输墨装置本身出现的故障均将影响印刷品的质量，所以，输墨装置的调节、维护、保养在胶印机的操作中占有重要的地位。

输墨装置的任务就是将墨斗辊输出的条状油墨从圆周和轴向两个方向迅速打匀，并全面、均匀和适量地传给印版。为此，输墨装置需要设置供墨量调节机构、墨辊压力（包括各墨辊之间、着墨辊与印版滚筒之间）调节机构，以及配合印刷机构合压与离压两种状态和调试需要，着墨辊应有自动起落机构。

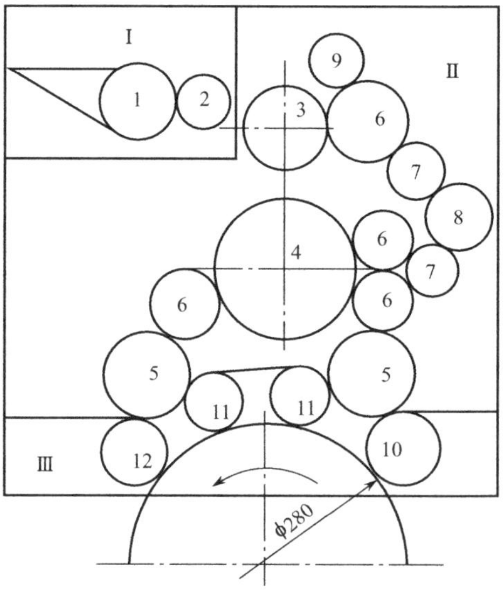

图 4－22　输墨装置墨辊布局图

1－墨斗辊；2－传墨辊；3、4、5－串墨辊；6、7、8－匀墨辊；9－重辊；10、11、12－着墨辊

一、输墨装置的组成及性能指标

输墨装置形态各异，但按其功能都由供墨装置、匀墨装置和着墨装置三部分组成。输墨装置的墨辊基本布局形式如图 4－22 所示。

1．输墨装置的组成

（1）供墨部分（Ⅰ）

如图 4－22 所示第Ⅰ部分为供墨部分，它是由墨斗、墨斗辊 1 和传墨辊 2

组成，其主要作用是储存油墨并定时定量均匀地将油墨传给匀墨部分。油墨置于墨斗刮刀和墨斗辊 1 组成的油墨容器——墨斗内。墨斗辊 1 在转动中将油墨传给传墨辊 2，传墨辊 2 定时地来回摆动，将油墨从墨斗辊 1 传给匀墨部分中的第一串墨辊 3。

（2）匀墨装置（Ⅱ）

第Ⅱ部分匀墨装置是由做轴向串动和周向转动的串墨辊 3、4、5，匀墨辊 6、7、8 以及重辊 9 三种辊组成。其主要作用是油墨在向印版涂布之前，将供墨部分传出的油墨通过对滚碾压拉薄、打匀，以达到工艺所要求的墨层厚度，并沿着一定的传输路线把油墨传给着墨部分。

串墨辊的转动由印版滚筒端部齿轮通过介轮驱动而旋转，同时又经过曲柄连杆或凸轮机构使其做轴向往复移动。串墨辊和匀墨辊在对滚过程通过轴向的相对滑动，保证油墨在墨辊轴向分布的均匀性，而串墨辊与墨辊的对滚则将油墨在墨辊圆周方向辗匀。如此反复即可达到匀墨和铺薄作用。重辊给匀墨辊与串墨辊之间施加必要的压力，以保证正常的摩擦传动，传递和辗匀油墨。

（3）着墨装置（Ⅲ）

如图 4－22 第Ⅲ部分所示，着墨部分由着墨辊 10、11、12 和起落机构及调压机构组成。着墨辊仅靠摩擦移动，其作用是从匀墨部分最后的串墨辊 5 接过均匀适量的油墨，并涂布到印版图文部分。起落机构用于需要的时候控制着墨辊与印版的离合，而调压机构则是为满足理想的传墨需要所设置的压力调节环节。

由于在印刷过程中墨辊都要与带有酸性的润湿液和油墨接触，所以墨辊的材料必须具有耐腐蚀性和耐油性。同时还应有良好的亲油性，以保证其表面能均匀地吸附油墨，而不易沾上润湿液。串墨辊一般用钢材或铜材制成，为了提高亲油性，在钢质辊表面喷涂硬塑料或尼龙。输墨装置中的匀墨辊、串墨辊、着墨辊等都起输墨和匀墨的作用，在互相配合的墨辊表面，要求有良好的接触，为此，在所有胶印机的输墨装置中，硬质墨辊与软质墨辊都相间设置。在一定的接触压力下，通过软质墨辊的弹性变形，使软、硬墨辊间接触良好，传动平稳。重辊、着墨辊和匀墨辊靠表面摩擦力转动。

输墨装置的调节主要包括供墨量调节和着墨压力调节，分别在后面有关部分进行讨论。

2. 几种典型输墨装置

墨斗输出的油墨，从传墨辊开始到着墨辊，所经过的最短传递路线，称为墨路。在确保输墨装置各性能指标的条件下，一定数量的墨辊采用不同的排列形式，直接影响到油墨的墨路和着墨率的大小，关系到向印版着墨的均匀程度和印品质量。

墨辊的排列形式有对称排列、不对称排列、长短墨路，着墨“前重后轻”等不同方案。

在印刷过程中，墨路过长，传墨辊至着墨辊之间墨辊上的墨层厚度差大，下墨较慢，并使过多的墨量聚积在上部墨辊上。当输纸发生故障或其他原因需要滚筒离压时，着墨辊脱离印版空转，墨辊墨层厚度差减小而趋向均匀，着墨辊墨层厚度比正常印刷时增加；当再次合压印刷时，印版图文部分受墨过多，会造成糊版或墨色过深现象。

墨路过短，下墨速度快，串墨辊不能及时将油墨轴向串匀，必然使传递到图文上的墨色不匀。但下墨速度快，能减少因油墨滞留时间长而引起的不良现象。彩色印刷品对墨层均匀性要求高，墨路应适当长些，以文字、线条为主的书刊印刷，需墨量大，墨路可短些。供墨组的墨路较短，收墨组的墨路较长。

下面介绍几种胶印机的输墨装置的墨辊排列形式。图 4 - 23 为 J2108 型胶印机的墨辊排列；图 4 - 24 为 PZ4880 - 01 型胶印机的墨辊排列；图 4 - 25 为 J4102 型胶印机的墨辊排列；图 4 - 26 为 JS2102 型双面胶印机的墨辊排列；图 4 - 27 为海德堡 S 系列胶印机的墨辊排列；图 4 - 28 为三菱 F 型胶印机的墨辊排列；图 4 - 29 为高宝胶印机的墨辊排列；图 4 - 30 为曼罗兰 700 胶印机的墨辊排列。

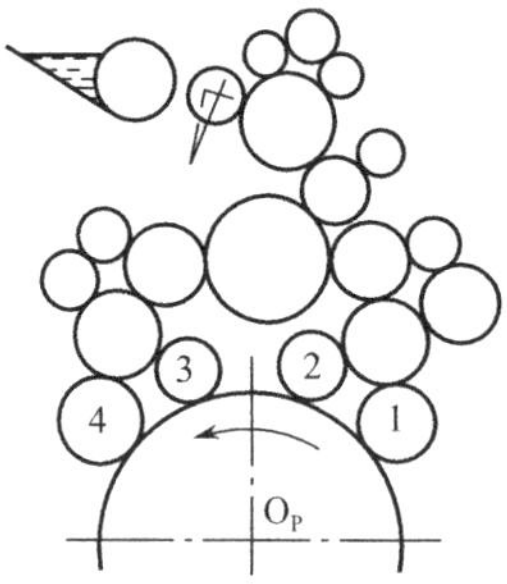

图 4 - 23　J2108 型胶印机墨辊排列

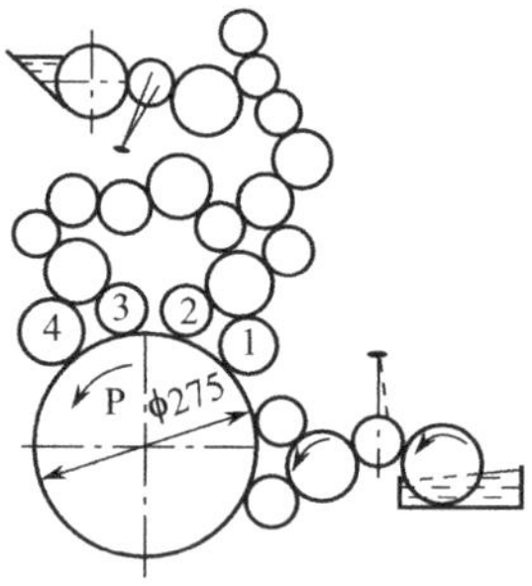

图 4 - 24　PZ4880 - 01 型胶印机墨辊排列

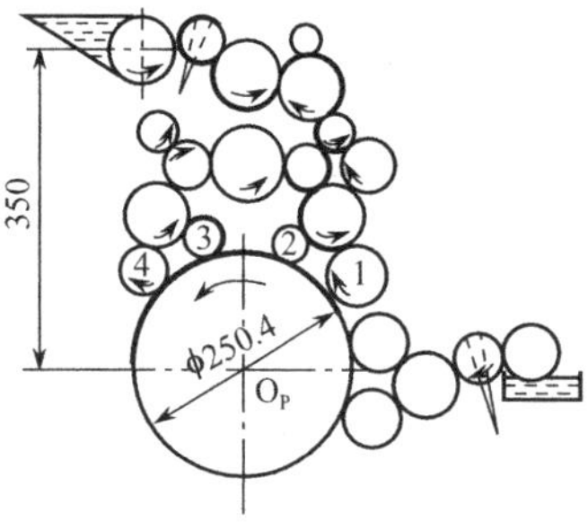

图 4 - 25　J4102 型胶印机墨辊排列

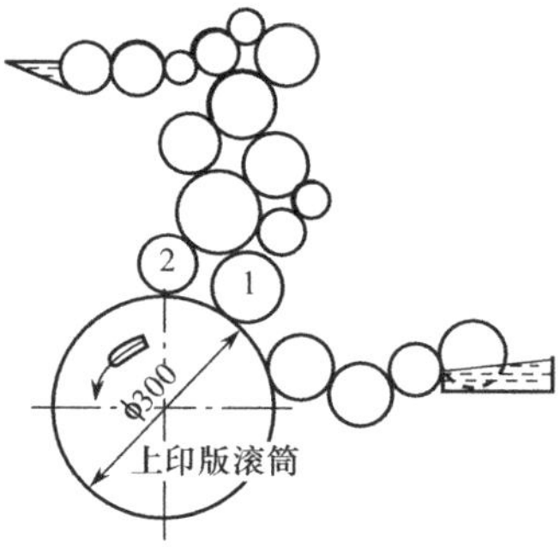

图 4 - 26　JS2102 型双面胶印机墨辊排列

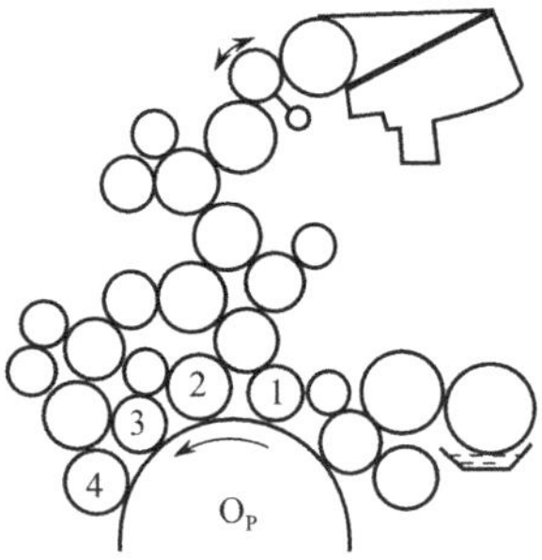

图 4 - 27　海德堡 S 系列胶印机墨辊排列

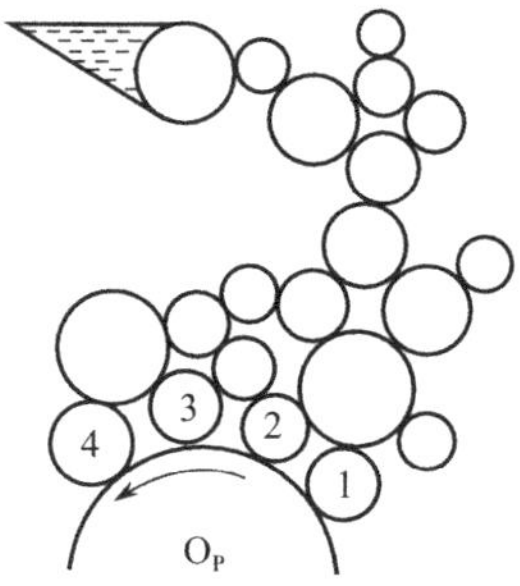

图 4 - 28　三菱 F 型胶印机墨辊排列

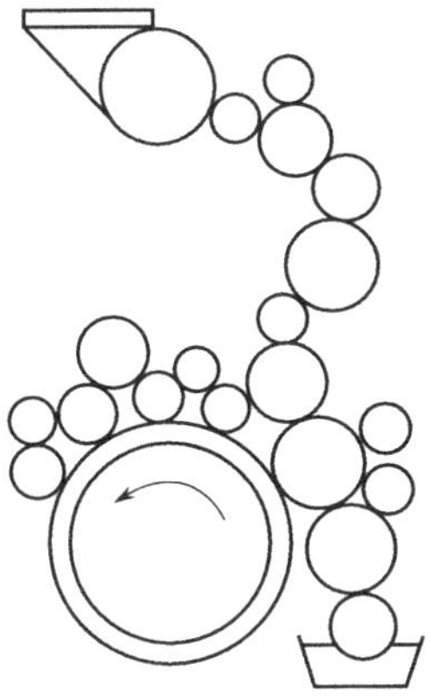

图 4－29　高宝胶印机墨辊排列

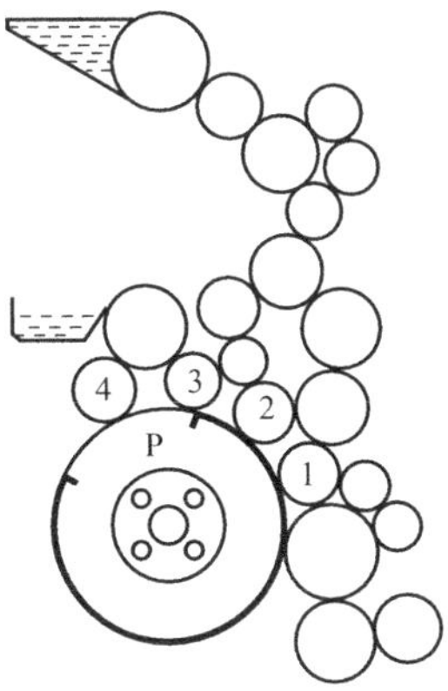

图 4－30　曼罗兰 700 胶印机墨辊排列

二、供墨装置及其调节

供墨装置由墨斗、墨斗辊、墨刀、传墨辊及其相应的传动机构、调墨装置组成。现代胶印机还备有油墨补充、液位高度调节及供墨控制装置等。供墨量大小可通过改变墨斗辊的平均速度和调节墨斗刀片与墨斗辊之间的间隙来实现。

1. 墨斗结构与调节

墨斗的作用是储存油墨和调节供墨量的大小，其基本构件是墨斗辊和墨刀片以及调节墨量的螺钉、搅拌器等。

（1）墨斗结构

国产单双色胶印机的墨斗结构大多采用如图 4－31 所示的结构形式。

墨斗辊 1 和墨斗座 6 通过轴承支架连成一体，可灵活转动。墨斗刀片 4 被铆接在墨斗刀体 3 上，松开紧固螺钉 13 可将刀片拆卸、清洗和定位。墨斗体的两端支轴上装有扭力弹簧 8，旋转挡圈 9 可调节扭力大小，可平衡墨斗刀体 3 的重力。J2108A、J2203A 型胶印机的墨斗结构中，调节螺钉采用了两段结构（即顶杆 15 和调节螺钉 10），提高了调节精度。

墨斗刀片 4 长期与墨斗辊 1 接触摩擦会磨损，当刀片磨损出现高低不平时，可以将墨斗刀片同墨斗刀体一起取下来重新刃磨成直线。经多次刃磨，墨斗刀片长度不够时，可将螺杆退回，然后将墨刀下移。如果墨刀 4 已放到头而顶杆 15 还顶不到墨斗刀片时，只能重新更换新刀片。

（2）墨斗的调节

调节调节螺钉 10 顶动顶杆 15 可改变墨斗刀片 4 与墨斗辊 1 之间的间隙，即可完成局部出墨量的大小调节，以便适应印刷画面局部用墨量的变化，当调节螺钉 10 退回时，顶杆 15 被撑簧 11 退回，此时墨斗辊 1 与墨斗刀片 4 的间隙为 1mm。

调换油墨或者清洗墨斗辊时，松开左右两个锁紧螺母 12，将墨斗辊 1 绕支撑轴转动一个角度，使墨斗刀片 4 离开墨斗辊 1。清洗后扳回锁紧螺母 12 并锁紧。

这种人工手动调节的墨斗结构，调节费时又费力，很难实现数据化、规范化控制。为此，现代高速多色胶印机大多采用遥控式电动调节墨斗结构。

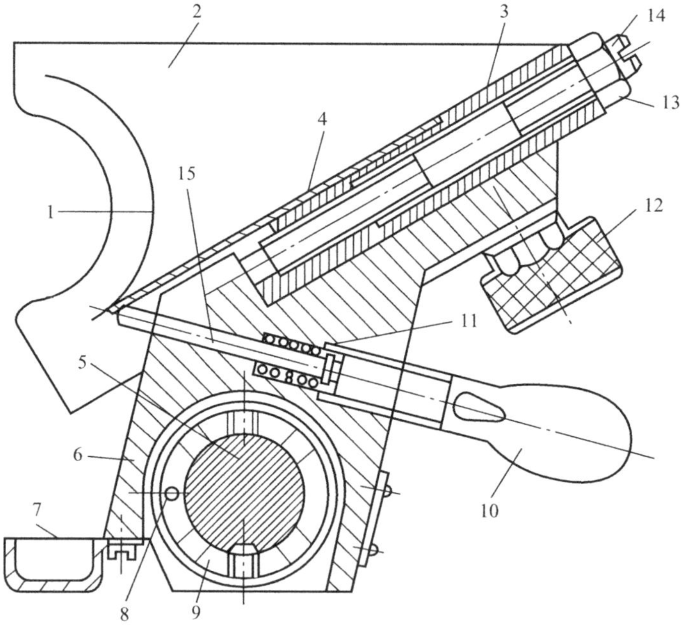

图 4－31　墨斗结构图

1－墨斗辊；2－墨斗侧挡板；3－墨斗刀体；4－墨斗刀片；5－支撑轴；6－墨斗座；
7－接墨槽；8－扭簧；9－旋转挡圈；10－调节螺钉；11－撑簧；
12－锁紧螺母；13－紧固螺钉；14－螺杆；15－顶杆

2. 供墨装置的传动机构

供墨装置的传动机构包括墨斗辊和传墨辊传动机构。墨斗辊运动有间歇旋转和匀速连续旋转两种形式。间歇旋转的墨斗辊由曲柄、棘爪、棘轮或单向离合器机构驱动。匀速旋转的墨斗辊可由匀墨装置传动或单独电机驱动。改变间歇旋转角度或连续旋转速度即可整体调节出墨量。

（1）连续旋转式供墨装置

连续旋转式供墨装置以连续不断的形式向匀墨装置输送定量油墨。常用的方法有采用螺旋线沟槽辊传递油墨和采用弹性螺旋线辊传递油墨两种形式。

① 借助螺旋线沟槽辊传递油墨。

如图 4－32 所示，在墨斗辊与串墨辊之间增加一根金属辊 1，金属辊 1 与墨斗辊之间有间隙，金属辊 1 以小于或等于印刷速度的固定速度旋转，其表面按螺旋线切割，沟深 0.2～0.4mm。墨斗辊匀速旋转。通过改变刮墨刀和墨斗辊的缝隙 α 来调节自墨斗输出的油墨层厚度 δ。如果 $\delta > \Delta$，则部分油墨经金属辊螺旋面带给弹性辊 2；如果 $\delta < \Delta$，则停止供墨。

② 采用弹性螺旋线辊传递油墨。

弹性螺旋线辊传递油墨原理如图 4－33 所示，弹性辊上的螺旋线沟槽一边有带棱 2，一边为变半径 R 的曲面 3 的楔形槽，以缩小所供油墨的厚度，降低对供墨组精度要求。试验表明：采用这样的弹性辊与墨斗辊接触、传递油墨的同时，会将油墨自沟槽中挤出，并有部分返回墨斗辊，其值取决于在接触区内的速度差。调整的最佳状态是弹性辊的速度为印刷速度的 83%，而墨斗辊的速度自零无级调到印刷速度的 6.5%。

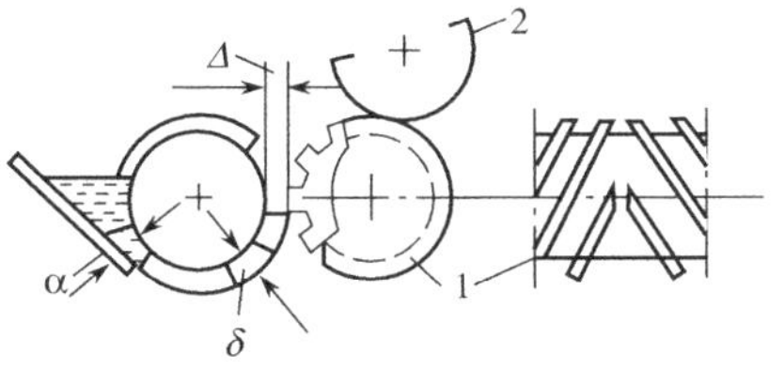

图 4－32　螺旋线沟槽辊传递油墨

1－金属辊；2－弹性辊

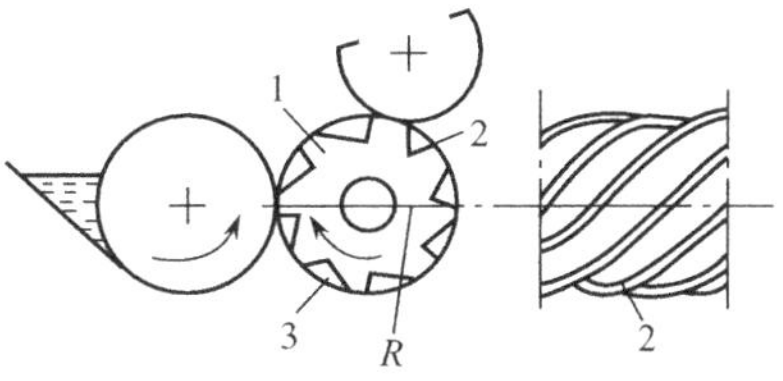

图 4－33　弹性螺旋线辊传递油墨

1－弹性螺旋线辊；2－棱；3－曲面

（2）间歇式供墨装置

传墨辊一般在墨斗辊和串墨辊之间做往复摆动以传递油墨。其摆动可由装在串墨辊轴端经减速的凸轮或装在做匀速旋转的墨斗辊轴头的凸轮控制机构来实现，也可以由偏心轮、气动或液压系统驱动。

① 电器控制的供墨机构。

图 4－34 为 J2108 型胶印机输墨装置的供墨机构简图。其机构实现工作原理与机械控制的供墨机构相同，只是控制方式不同，调节方法略有差异而已。

拉动手柄 6 使弧形板 7 绕棘轮中心转动，即可调节墨斗辊的转角大小；转动螺钉 14 可以调节传墨辊与上串墨辊之间的压力；调节螺母 18 可改变弹簧的变形量，达到调节传墨辊与墨斗辊之间压力的目的。

当电磁铁 20 通电时，铁芯伸出，推动撑杆 22 左摆，挡杆 21 受阻挡，传墨辊 16 不能靠向墨斗辊 9，停止传墨；相反，电磁铁 20 断电时正常供墨。电磁铁可单独控制也可联动。

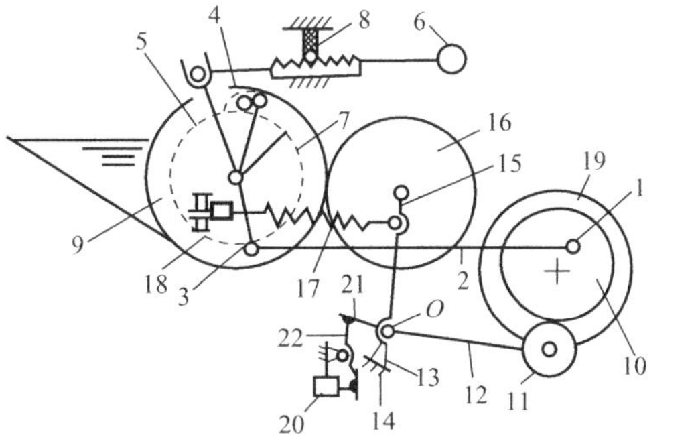

图 4－34　J2108 型胶印机供墨机构简图

1－曲柄；2－连杆；3、12、13、15－摆杆；4－棘爪；5－棘轮；6－手柄；7－弧形板；8－弹性定位销；9－墨斗辊；10－凸轮；11－滚子；14－螺钉；16－传墨辊；17－拉簧；18－螺母；19－上串墨辊；20－电磁铁；21－挡杆；22－撑杆

② 气动控制供墨机构。

如图 4－35（a）所示。该机构中，传墨辊 9 既摆动传墨还轴向摆动匀墨。轴 O 上安装有圆柱凸轮 1 及驱动墨斗辊间歇转动的曲柄 2。当轴 O 转动时，圆柱凸轮 1 带动摆杆 12 上滚子轴向移动，从而使摆杆 12 绕 O_2 轴摆动。摆杆 12 另一端的滚子拨动槽块 11 沿轴 O_4 移动，由拨块 11 上固连的拨叉 10 拨动传墨辊轴向移动，完成传墨辊的传墨运动。传墨辊的传墨由气压控制。当气路断气时，气缸 16 的活塞杆下降，带动摆杆 15 绕 O_3 顺时针转动使推杆 14 顶起摆杆 13，从而拨动与摆杆 13 固连在一起的槽块连同拨叉 10 转动一个角度，迫使传墨辊 9 与墨斗辊 8 脱开，传墨辊停止取墨。此时凸轮 17 小面与滚子之间有一定间隙。当需事先打匀油墨时，给气路通气，气缸 16 的活塞上升，使摆杆 15 绕 O_3 轴逆时针摆动，摆杆 13 脱开，此时，传墨辊 9 仍然由凸轮 17 驱动往返摆动，从墨斗辊取墨向匀墨辊传墨。当机器出现故障或停止印刷时，自动控制断气。

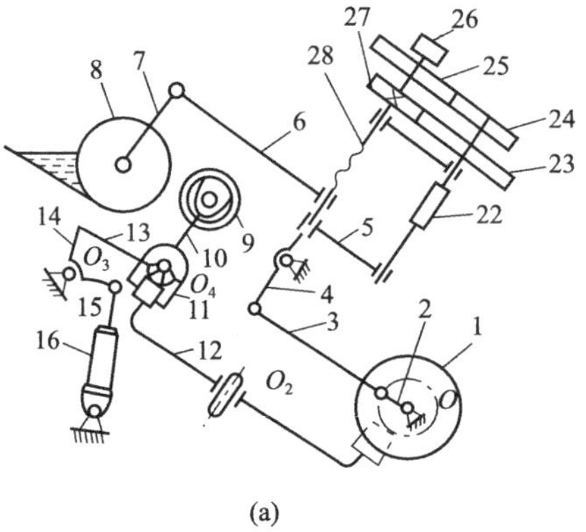

图 4－35　气动控制供墨机构简图

1、17－凸轮；2－曲柄；3、19－连杆；4、6、7、12、13、15、18、20－摆杆；
5－支架；8－墨斗辊；9－传墨辊；10－拨叉；11－拨块；14－推杆；
16－气缸；21－弹簧；22－步进电机；23、24、25、27－齿轮；
26－电位计；28－螺杆

传墨辊 9 的摆动原理如图 4－35（b）所示。墨斗辊 8 出墨采用自动调节无级出墨机构，墨斗辊 8 的间歇转动由曲柄 2（安装于圆柱凸轮端面）、连杆 3、摆杆 4、支架 5 和摆杆 6、7 驱动。在墨斗辊 8 轴上安装有单向离合器，墨斗辊 8 逆时针摆动时出墨。当需要增大或减小整个墨斗辊 8 的出墨量时，由控制系统给步进电机 22 发出信号，通过电机 22、齿轮 23、27 带动螺杆 28 转动，从而使摆杆 6 上的螺母上下移动；当螺母向上移动时，增大墨斗辊 8 的摆动角度，即增加出墨量，反之将减小出墨量。出墨量的多少可通过齿轮 24 带动齿轮 25（空套在螺杆轴 28 上）转动，并由电位计 26 检测，把角位移转换成电信号反馈到控制电路中，当墨量合适时，电机 22 停止转动。

③ 机械控制的供墨机构。

图 4－36 为机械控制的供墨机构简图。经串墨辊轴端的减速机构，把串墨辊的转速减到传墨辊摆动和墨斗辊间歇转动所需的转速。墨斗辊的间歇转动是由棘轮机构实现的。曲柄 1 经连杆 2 带动摆杆 11 使棘爪 7 往复摆动，推动与墨斗辊 5 相固连的棘轮 8 逆时针间歇转动，从而使墨斗辊间歇出墨。墨斗辊的转角大小可以通过扇形板 6 进行调节，由手柄 10 转动扇形遮盖板，以改变棘爪 7 与棘轮 8 的有效接触齿数。为了固定调节好的位置，用弹簧销 9 锁住固连在手柄 10 上的一个弧形齿条，以防扇形板自行移动。

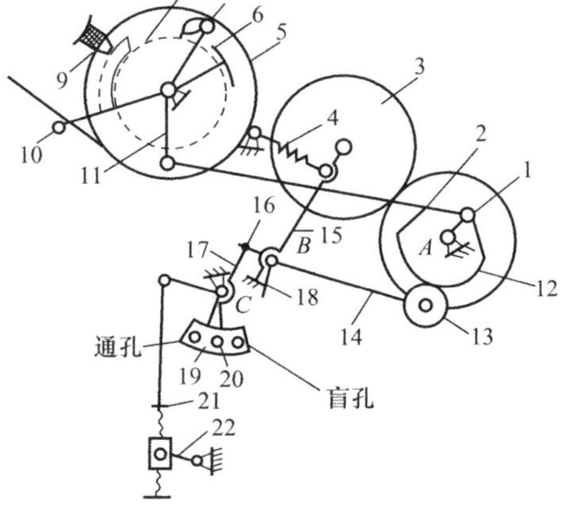

图 4－36　机械控制的供墨机构简图

1－曲柄；2、21－连杆；3－传墨辊；4－弹簧；
5－墨斗辊；6－扇形板；7－棘爪；8－棘轮；
9－弹簧销；10－手柄；11、14、15、16、22－摆杆；
12－凸轮；13－滚子；17－控制杆；
18－螺钉；19－扇形块；
20－手柄插销

传墨辊 3 的往复摆动是由凸轮 12 连续旋

转，经滚子 13 使摆杆 14 绕支点 *B* 摆动，又经调节螺钉 18 使传墨辊 3 随摆杆 15 绕支点 *B* 摆动，弹簧 4 使螺钉 18 始终与摆杆 14 接触。当凸轮 12 大面与滚子 13 接触时，传墨辊 3 靠向第一串墨辊，接触时间的长短是由凸轮大面圆弧所对应的中心角决定的，而接触压力的大小是通过螺钉 18 调节的。当凸轮 12 由大面转至小面时，凸轮 12 与滚子 13 有一定的间隙约为 0.2mm 左右。保证传墨辊 3 和墨斗辊 5 有足够的接触压力，则依靠弹簧 4 的拉力。

手柄插销 20 的三个不同位置控制机器三种状态。

当手柄插销 20 插入图示中间通孔位置时，传墨辊的摆动和停止由离合压机构自动控制。摆杆 22 安装在压印滚筒轴端，与离合压机构联动。当离压时，摆杆 22 向上摆动，扇形块 19 绕支点 *C* 顺时针摆动，控制杆 17 阻止摆杆 16 向下摆动（摆杆 16 与 14 为一体），从而阻止了凸轮小面与滚子 13 接触，传墨辊停止取墨。当合压时，摆杆 22 下摆，扇形块 19 逆时针摆回，控制杆 17 脱开摆杆 16 制约，传墨辊摆向墨斗辊取墨。

当把手柄插销 20 插入左边通孔时，无论滚筒合压或离压，控制杆 17 都将阻止摆杆 16，使传墨辊停止摆动。此时用于不给墨调试机器或观察走纸。

当手柄插销 20 插入右边的盲孔时，控制杆 17 远离摆杆 16，而不能阻止 16 摆动，此时即便离压，传墨辊仍然传墨。因为在印刷开始或换色时，必须先把油墨打匀，然后再合压印刷。当下墨正常开始合压印刷时，凭借扇形块逆时针摆动，插销 20 自动滑出盲孔落入中间通孔，使机器进入自动控制状态正常印刷。

在供墨机构中，墨量既要能整体调节，又要能局部调节。整体调节墨量的常用方法有：改变墨斗辊的转角（采用棘轮棘爪机构或单向离合器）；改变墨斗辊的旋转速度；改变传墨辊与墨斗辊接触停靠时间；改变一个周期中传墨辊摆动次数；等量调节墨斗辊与墨刀的间隙。局部调墨的常用方法有：用螺钉调节整体墨刀的局部区段与墨斗辊的间隙；手动或由伺服电机驱动调节装置来改变分段量墨辊或分段墨刀与墨斗辊的间隙。

3. 自动控制供墨装置

自动控制供墨装置是计算机墨色控制的执行机构，是实现印刷机输墨系统集中控制，远距离遥控和计算机自动控制的基础。其供墨装置结构区别于手动调节墨斗结构，国外胶印机所采用的自动控制供墨装置墨斗结构尽管各不相同，但大体可分为整体墨斗刀片式和分段墨斗刀片两类。

（1）整体墨斗刀片供墨装置

整体墨斗刀片形式是在传统的墨斗基础上将手动调墨螺丝改为由单独微电机经减速机构来带动，调节整体墨斗刀片上的局部墨区和墨斗辊之间的间隙。采用这种结构形式的有德国米勒公司的 Unimatic－C3 墨斗机构，普拉纳塔公司以及瑞典索尔纳公司所生产的胶印机。由于整体墨斗刀片弹性大，要求电机驱动力矩大。因此，米勒胶印机 Unimatic－C3 系统的墨斗量调节机构采用两个小电机，如图 4－37 所示。工作时通过改变墨斗刀片 6 和墨斗辊之间的间隙来调节出墨量的大小。其间隙是通过微电机 2（共有 28 个微电机）、电位计 3 及援杆 1 借助杠杆 5 顶动墨斗刀片 6 来实现的。由电位计 3 将电机转角变成电信号反馈给控制台，从而实现遥控出墨量。这种结构的优点是结构简单、换墨时清洗方便、易实现电动驱动和手动调节；缺点是当调整某一区域油墨量时，会影响相邻墨区的出墨量。

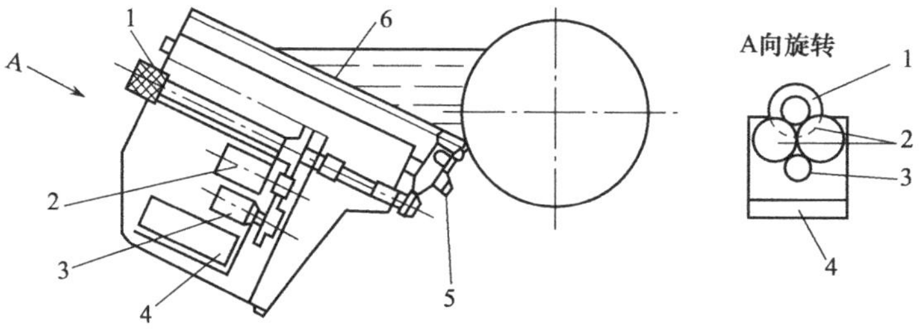

图 4－37　米勒印刷机供墨装置

1－援杆；2－微电机；3－电位计；4－支架；5－杠杆；6－墨斗刀片

（2）分段墨斗刀片供墨装置

整个版面供墨的墨量由尺寸相同的系列墨斗刀片条控制。每段刀片尺寸有 30mm、32mm 和 35mm 等几种规格，根据印刷幅面，在整个供墨区相应有 32 块、48 块等一定数量的分段墨斗刀片组成。每块刀片由单独的小伺服电机驱动，改变刀片与墨斗辊之间的间隙，即可实现调节该墨区的给墨量的目的。

分段墨斗刀片有带涤纶片和不带涤纶片两种类型。

① 带涤纶片的分段式墨斗刀片供墨装置。

图 4－38 所示为海德堡印刷机油墨自动控制供墨装置。32 块分段墨斗刀片 4 组成的墨斗底面上衬有一张涤纶片 3，好似薄墨刀片，能灵敏地反映各刀片墨量调节，同时涤纶片可防止油墨渗入分段墨斗刀片缝隙而影响墨量调节，且清洗更换非常方便。分段偏心计量墨辊 8 的两端为圆柱形，用以架在半圆环托架上，计量墨辊 8 的中间部分铣成扁圆形，刀片 4 架在偏心计量墨辊 8 上，弹簧 2 经分段刀片 4 使计量墨辊 8 的两端圆柱面将涤纶片 3 靠紧墨斗辊 1。调节墨斗辊轴向局部墨量时，伺服电机 5 接受 CPC 控制台的指令信号后转动，并通过螺旋副 7 及连杆机构使相应墨区的偏心计量墨辊转动一个角度，以改变计量墨辊 8 和墨斗辊 1 之间的间隙，从而调节了该区域的出墨量。电位计 6 与伺服电机 5 同轴，把相应的转角变为电信号再反馈到控制台显示装置上。

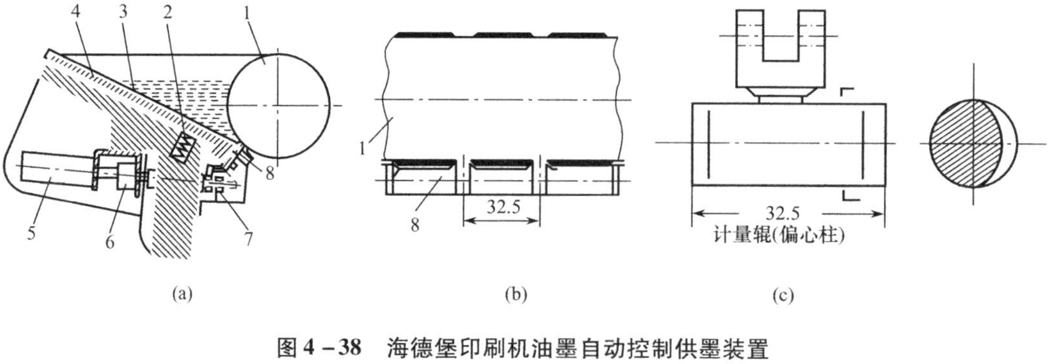

图 4－38　海德堡印刷机油墨自动控制供墨装置

1－墨斗辊；2－弹簧；3－涤纶片；4－刀片；5－伺服电机；

6－电位计；7－螺旋副；8－偏心计量墨辊

图 4－39 所示为三菱印刷机油墨自动控制供墨装置。将墨斗分割成多个输墨段，每段宽 35mm，各段输墨键 6 似琴键式，可分别调节。分段墨斗刀片由杠杆控制高低以调节与墨斗 1 之间的间隙。该装置除自动控制调节外，还可通过旋钮 4 手动调节。

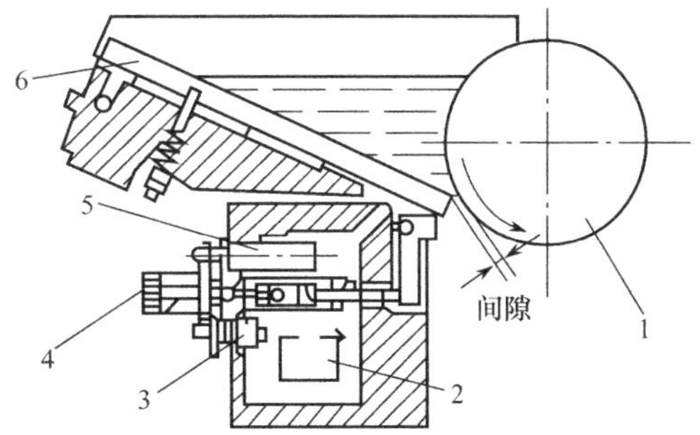

图 4－39　三菱印刷机油墨自动控制供墨装置

1－墨斗；2－电路板；3－分压器；
4－旋钮；5－电机；6－输墨键

② 不带涤纶片分段式墨斗刀片供墨装置。

图 4－40 所示为科尼希·鲍尔（高宝）印刷机油墨自动控制供墨装置。各墨刀片做上下调节以控制刀片与墨斗辊之间的间隙，达到调节墨层厚度的目的。该装置与曼罗兰胶印机供墨装置相比，其墨斗刀片仅一小段与油墨接触，而大部分油墨置于墨斗体底面，接触面小，墨斗电机驱动力小，且不易漏油墨。

图 4－41 所示为曼罗兰印刷机油墨自动控制供墨装置。34 个（指 720mm × 1020mm 规格的机型）尼龙墨斗刀片 5 各由相应的伺服电机 3 经齿轮减速机构 1 驱动做往复平移运动，从而改变墨斗刀片 5 与墨斗辊 6 之间的间隙，达到了调节各墨区出墨量的目的。电位器 2 同时将移动量（或墨层厚度）以电信号量反馈到 CCI 的控制台，以便实现自动控制出墨量。此装置还可以用螺钉 4 手动调墨。尼龙墨斗刀片 5 的上部由墨刀体遮盖仅露出墨斗刀片端部，以减少油墨对刀片的压力，防止对伺服电机驱动的影响，同时，也可避免漏墨且便于清洗。

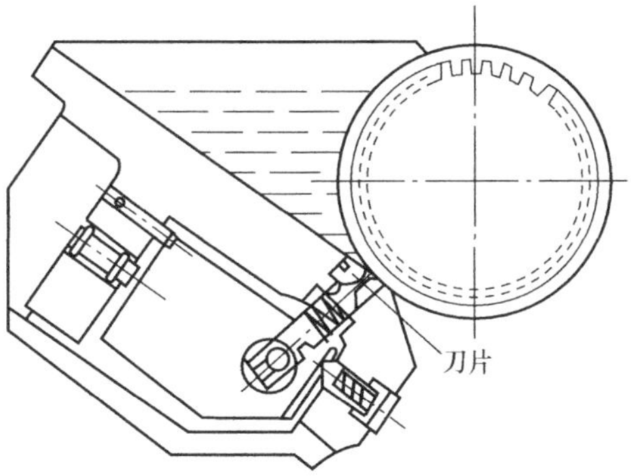

图 4－40　高宝印刷机自动控制供墨装置

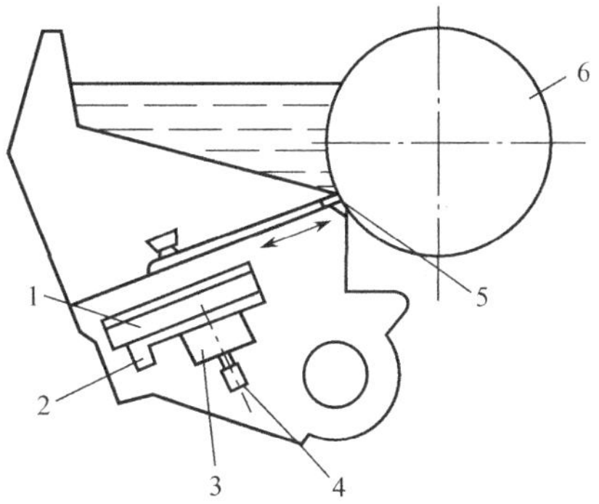

图 4－41　曼罗兰印刷机自动控制供墨装置

1－齿轮减速机构；2－电位器；3－伺服电机；
4－螺钉；5－墨斗刀片；6－墨斗辊

三、匀墨装置及其调节

匀墨装置有串墨辊、匀墨辊和重辊。匀墨辊和重辊结构比较简单，不需动力驱动，是靠摩擦转动的。串墨辊的结构较复杂，转动的同时还做轴向往复摆动（串动）。串墨辊轴向串动的主要作用是将油墨打匀。上串墨辊尽快将供墨装置所供给的不均匀油墨层拉开、拉薄、拉匀；中串墨辊承担着贮墨、打匀和分配墨流作用；下串墨辊负责打匀着墨辊向印版上墨后在其辊上残存的与印版上印刷图文和空白相对应的不均匀油墨。

1. 串墨辊结构与调节

图 4－42 所示为串墨辊结构图。J2108、J2203 型胶印机匀墨部分一般安装三种（四根）串墨辊（下串墨辊二根），其中一根为主串墨辊 14。串墨辊为三节结构，两轴头 6（15、18）、9（13、20）用螺钉 8 和串墨辊体 7（14、19）固定在一起成为一体。

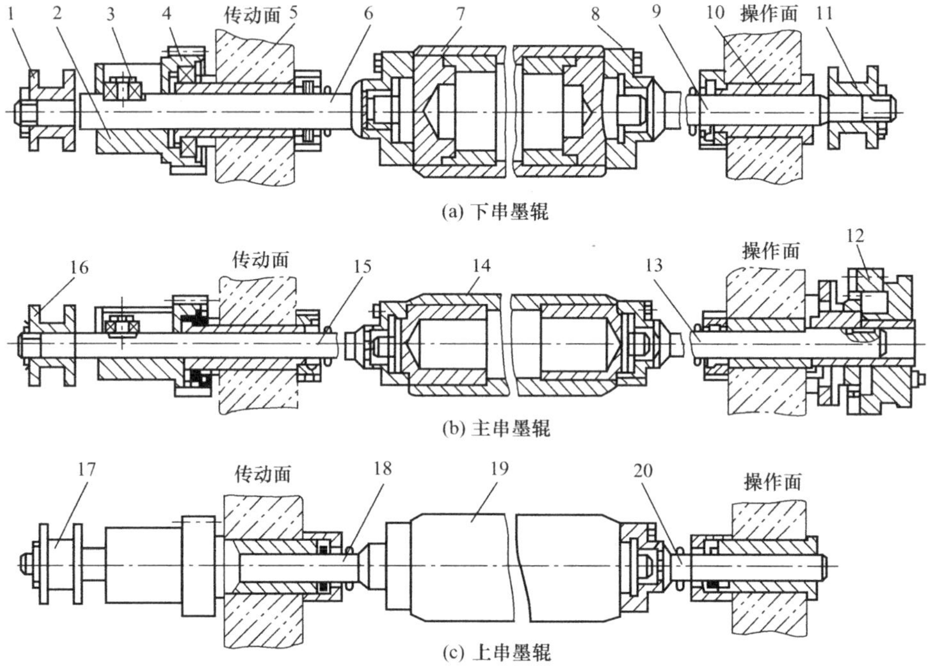

图 4－42　三节式串墨辊结构图

1、11、16、17－拨叉挡环；2－斜齿轮；3、4－滚动轴承；5、10－滑动轴承；6、9、13、15、18、20－轴头；7－下串墨辊；8－螺钉；12－减速机构；14－主串墨辊；19－上串墨辊

串墨辊的转动动力来自印版滚筒轴上齿轮经介轮带动斜齿轮转动。在斜齿轮的套上开有长槽，并在长槽中装有固定在下串墨辊轴头的滚动轴承 3，故斜齿轮转动时，通过齿轮套、滚动轴承拨动串墨辊转动。串墨辊的轴向串动，一般采用凸轮摆杆、曲柄连杆或蜗轮蜗杆等机构驱动，先带动某根串墨辊上的拨杆摆动，然后再由拨杆拨动其他串墨辊拨叉挡环联动，实现上、中、下串墨辊同步轴向串动。

串墨辊采用三节结构的目的是为了维修拆装方便，拆卸时松开两端轴头，便可卸下辊体。装配时可在两墙板装好后，先装两轴头，再装串墨辊棍体，最后用螺钉拧紧。要注意的是：装好后要测量主串墨辊的径向跳动量，不得超过 0.08mm。一般新出厂的机器，径向跳动量在 0.04mm 左右。

2. 串墨机构工作原理与调节

串墨辊的传动装置有机械式、液压式和气动式。而常用的机械式串墨机构有槽凸轮式、曲柄摆杆式、凸轮摆杆式和蜗轮蜗杆式等。

（1）曲柄连杆串墨机构

图 4－43 所示为 J2108、J2203 等胶印机所采用的曲柄连杆串墨机构图。在机器的操作

面外侧固定有印版滚筒轴上的齿轮 11 和曲柄座齿轮 12 啮合（传动比为 2∶1），印版滚筒转两周，曲柄座齿轮转一周，主串墨辊来回串动一次。

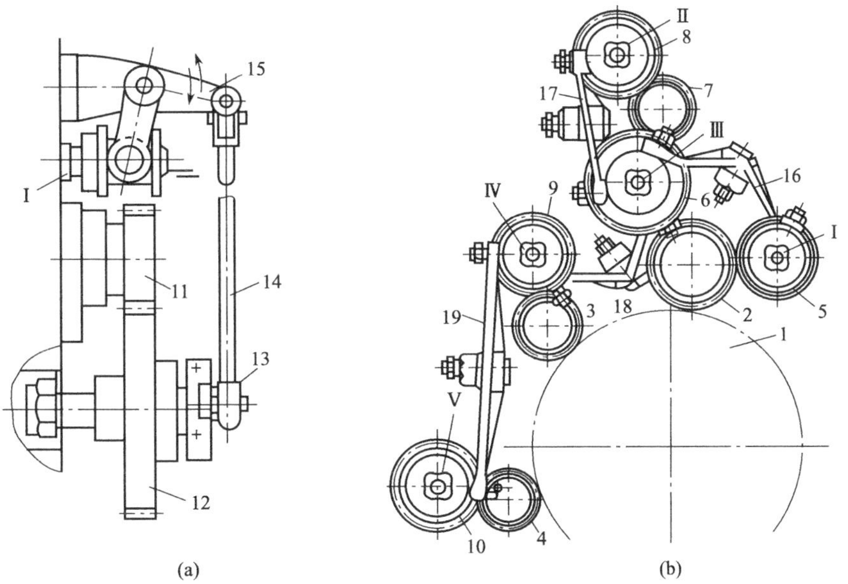

图 4－43　曲柄连杆串墨机构图

1－印版滚筒；2～12－齿轮；13－T 形块；14－连杆；15～19－摆杆

工作原理：带有滑槽的圆盘安装在曲柄座齿轮 12 的端面，其上装有 T 形块 13，并用螺钉固定在圆盘上，T 形块 13，可在圆盘的滑槽中移动的最大偏心距为 12.5mm（即可调偏心距）。当机器转动时带动 T 形块 13（有偏心距时）通过连杆 14、摆杆 15 由滚子拨动主串墨辊Ⅱ做轴向串动，串动量在 0～25mm 之间可任意调节。

主串墨辊Ⅲ轴端的槽轮通过摆杆 16 传动下串墨辊Ⅰ做轴向串动（和Ⅲ反向），经摆杆 17 使上串墨辊Ⅱ做轴向串动，又经摆杆 18 传动下串墨辊Ⅳ做轴向串动；再经摆杆 19 使串水辊Ⅴ做轴向串动。T 形块 13 每转 1 周，各串墨（水）辊也往复串动一次。

主串墨辊串动量的调节：由于墨斗辊输墨分布不可能完全均匀一致，而印版图文在轴向分布也不可能是均匀的。因此，串墨辊与胶辊之间应有相对滑动，以便把油墨打匀。而主串墨辊的串动量是根据需要来调节的，首先松开螺钉，移动 T 形块 13 上下位置，以其中心线与曲柄座齿轮中心线间距离的两倍为串墨辊的串动量。调好后拧紧螺钉。一般情况下，串动量不小于两墨斗螺钉间距的一半。也有特种胶印印品，匀墨不需要串动。

（2）凸轮摆杆串墨机构

图 4－44 所示的 J2106 型胶印机的串墨辊是由凸轮和摆杆机构控制的。印版滚筒的转动通过链传动带动圆柱形凸轮 1 旋转。凸轮 1 使从动杠杆 2 绕本身中间支撑轴摆动，从而使下串墨辊串动。下串墨辊的串动又通过杠杆 3 带动中串墨辊串动，中串墨辊的串动分别通过杠杆 4、5 分别带动下串墨辊与上串墨辊串动。

该机构串动量不可调（J2106 型机为 25mm），因此，应用受到限制。

（3）蜗轮蜗杆串墨机构

如图 4－45 所示为 PZ4880－01 型胶印机所采用的蜗轮蜗杆串墨机构图。

蜗杆从印版滚筒经齿轮传动得到动力而旋转，并带动相啮合的蜗轮2转动。在蜗轮2端面有T形槽，槽内装有T形块3。通过调节螺钉4改变T形块3在槽内的位置，即可改变曲柄6的中心与蜗轮之间的偏心距。当曲柄6绕蜗轮轴心转动时，经连杆7拉动中串墨辊1做轴向运动。在中串墨辊传动面的轴头上也有槽轮经滚子和杠杆传动上串墨辊以及两个下串墨辊做轴向运动。螺母5用来锁紧T形块。该机构中，主串墨辊的串动量范围为0～40mm，可根据需要通过改变T形块3的位置来调定。

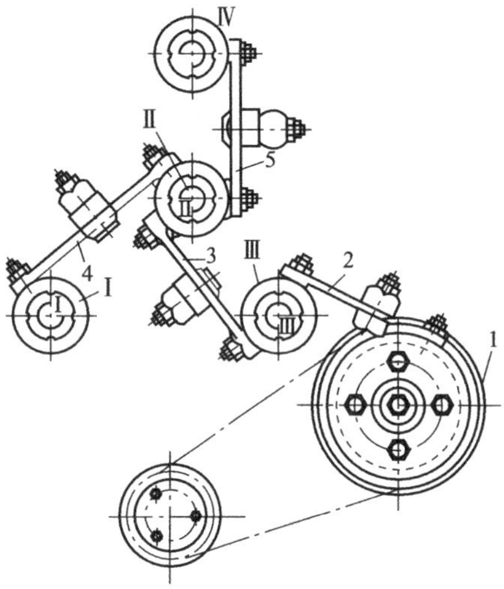

图4－44　凸轮摆杆串墨机构图

1－圆柱凸轮；2、3、4、5－杠杆

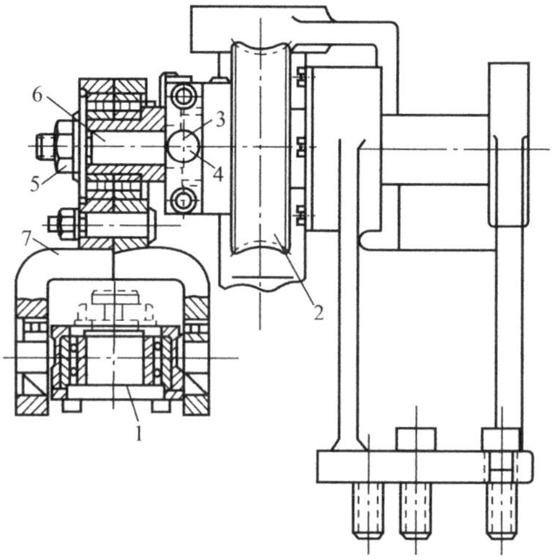

图4－45　PZ4880－01型胶印机所采用的蜗轮蜗杆串墨机构图

1－中串墨辊；2－蜗轮；3－T形块；
4－调节螺钉；5－螺母；
6－曲柄；7－连杆

值得注意的是，在实际的印刷过程中，纸张上纸毛的飞溅和流动是不可避免的，但是人们总希望对其影响有所控制。考虑这个因素，在印刷机设计制造阶段，人为地将下串墨辊的线速度相对于版滚筒线速度设计得略高一些（大约高8‰左右）。这样运行中由于速度差的存在，纸毛就逆油墨传输方向（即向上）定向流动，在速度较低的重辊上堆积起来，便于操作者清除。

四、着墨装置及其调节控制

着墨辊是依靠印版滚筒和下串墨辊的接触摩擦力带动其旋转，直接向印版涂敷油墨。为了使印版上油墨均匀并减少印版的过度磨损，着墨辊和印版之间必须有适当的接触压力，同时着墨辊上的油墨是从下串墨辊传递来的，故也必须有适当压力，为此，输墨装置中必须有压力调节机构。另外，为配合离合压控制以及调试机器需要，着墨辊必须具有自动起落机构。

1. 压力调节机构

为满足涂敷油墨的要求，着墨辊与串墨辊及印版滚筒之间必须有合适的压力。而不同条件下合适压力的取得必须依靠压力调节机构。

图 4－46 为 J2108 型胶印机着墨辊压力调节机构的原理与结构。

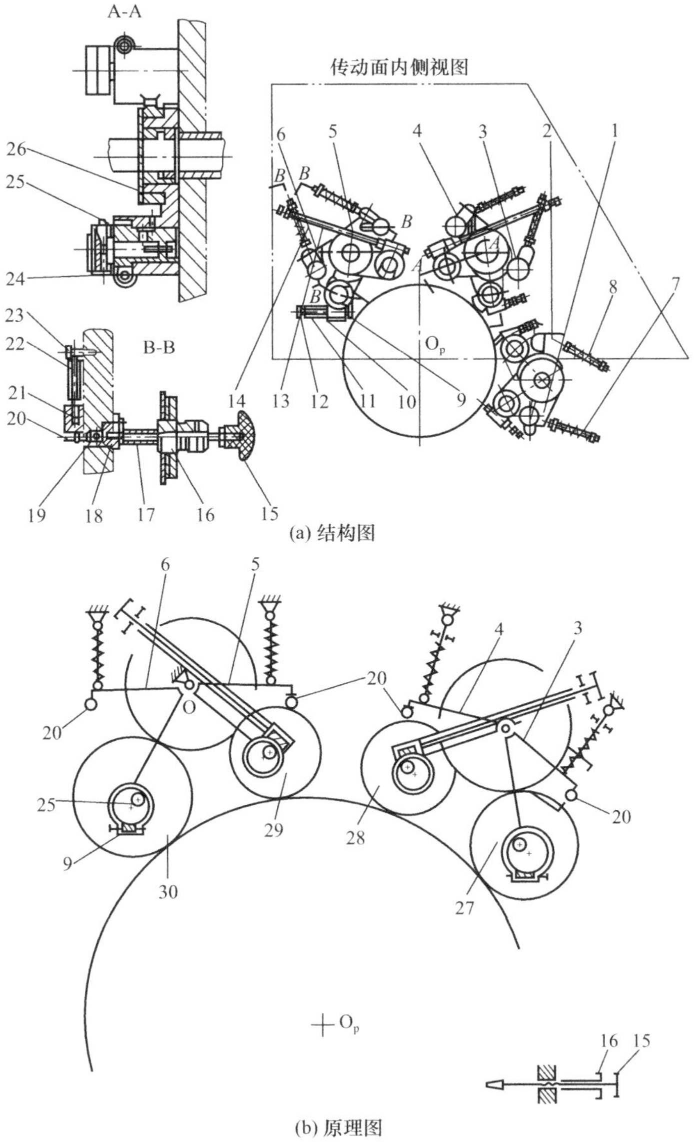

图 4－46 J2108 胶印机着墨辊压力调节机构原理图

1、2、3、4、5、6－摆杆；7－压簧；8－伸簧杆；9、13－蜗杆；10、14、19－套；11、16－锁紧螺母；12－圆螺母；15－调节螺杆；17－管套；18－固定座；20－锥头；21－挡轴；22－弹簧杆；23－支轴；24－锁套；25－斜齿轮；26－轴端挡圈；27、28、29、30－着墨辊

（1）着墨辊与串墨辊的压力调节

着墨辊与串墨辊之间的压力调节是通过蜗杆斜齿轮机构实现的。当手柄转动时，蜗杆 9 带动斜齿轮 25 转动，由于斜齿轮 25 偏心地安装于着墨辊轴端，从而使着墨辊绕偏心转动，改变着墨辊与串墨辊之间的中心距，压力随之变化。由于各着墨辊绕自身偏心转动，因此，

改变着墨辊与串墨辊之间压力时，还会影响着墨辊与印版的压力，但影响甚小。

（2）着墨辊与印版的压力调节

印版滚筒与着墨辊之间的压力调节是通过锥头 18（对应 4 根着墨辊有 4 个锥头）实现的。拧动螺杆 15，锥头 20 转动的同时做轴向移动，推动摆杆 3、4、5、6 绕其轴摆动。当摆杆 4、6 顺时针摆动时，着墨辊 28、30 与印版滚筒之间的压力减小；反之压力增大。着墨辊 27、29 与印版滚筒之间的压力随摆杆 3、5 摆动方向的变化关系亦然。在调节着墨辊与印版滚筒之间的压力时，由于着墨辊在摆杆带动下围绕串墨辊表面转动，这样不会改变着墨辊与串墨辊之间的压力。

调节压力时，应该注意：首先调节着墨辊与串墨辊之间的压力，然后再调节着墨辊与印版滚筒之间的压力。这样调节它们之间的压力就不会发生干涉。经验表明：四根着墨辊中，靠近润湿装置的着墨辊 27 与印版压力应大些，最后一根着墨辊 30 与印版压力应调得轻一些。调节时，可在着墨辊与串墨辊的两端加上两条纸带，此时调节偏心，使其能拉出纸带又不断即可。着墨辊与印版滚筒之间压力的调节，一般以压痕宽度测量为依据。实践证明，前两根着墨辊的着墨率一般在 80% 左右，而后两根着墨辊的着墨率则为 20% 左右，四根着墨辊在印版上的压痕宽度分别为 5mm、5mm、4mm、3mm（按印版滚筒旋转方向）即可，而对于 BEIREN 300A 型机则建议为 5mm、4mm、4mm、3mm。

2. 着墨辊的起落机构

在印刷过程中，当输纸出现故障或需要停止印刷时，着墨辊必须与印版脱开，停止供墨，以避免印版图文上墨层增厚。当合压进行印刷时，着墨辊与印版滚筒接触给墨。因此，着墨辊必须具有起落机构，以实现与印版滚筒离合的机动控制和手动控制。

图 4－47 是着墨辊起落的原理图，图 4－48 是其结构图。调节的手柄有两个，长手柄（也就是里侧手柄）用于使两根着水辊离开和合上。图 4－48 的 C 向视图中，短手柄（也就是外面的手柄）用于使四根着墨辊手动离开和合上，靠版墨辊（着墨辊）的离合动作有两种情况。

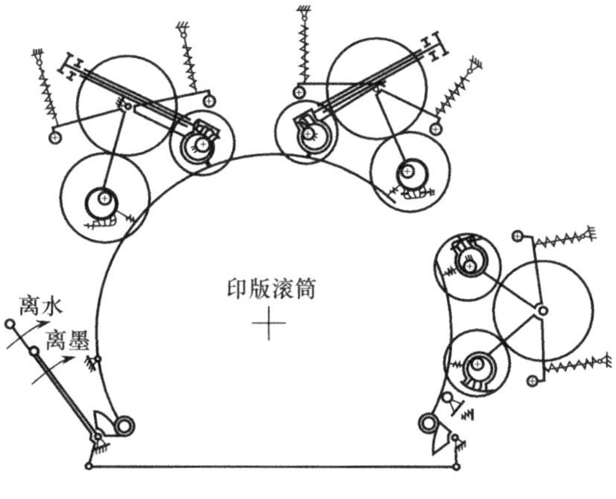

图 4－47　着墨（水）辊起落原理图

（1）机动离合动作

当滚筒合压时，滚筒离合轴上有一连杆，连杆与拉杆 4 相连。拉杆 4 再拉动连杆通过键 20 使轴 16 转动一角度，由于轴 16 上有凸轮 11 和 6，轴 16 转动时，凸轮随轴转动一角度，当凸轮高点推动离墨杆 7 时，离墨杆上的四个调节螺钉 1 顶动四根着墨辊上的摆体，使四根着墨辊离开印版。当凸轮 6 和 11在低点时，四根着墨辊在重力作用下与印版接触。给墨手柄离合的轻重，可以调节螺钉 1，如果使着墨辊抬起得高一些，则给墨手柄就重；如果抬起得高度小，则给墨手柄就轻。由于靠近给水的第一根着墨辊远离支点，应特别注意不要使螺钉 1 抬起太高，否则，扳动离合手柄的力就大，螺钉只要调节得使着墨辊足够离开即可，不要抬得太高。

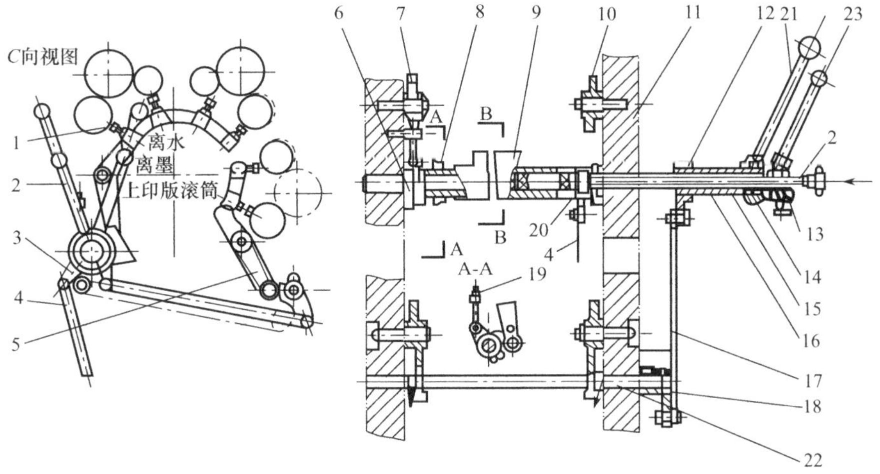

图 4-48 J2108 胶印机着墨辊着水辊起落机构结构图

1-调节螺钉；2-推杆；3、12、17-连杆；4-拉杆；5、21-离水杆；6、8、11-凸轮；7、10、23-离墨杆；9-安全杠；13、14-手柄座；15-连接套；16-套轴；18-定位块；19-调节螺母；20-键；22-离水凸轮

（2）手动离合动作

需采用手动起落着墨辊时，将推杆 2 向里推，并用锁紧螺钉将推杆顶着，此时键 20 沿导槽向传动侧移动，键 20 此时也脱离拉杆 4 连着的连杆，由于键 20 离开了连杆，故拉杆 4 无论怎样推拉，则连杆只能在空套轴 16 外圆空摆，这样手动离合操作与机动离合无关，着墨辊此时只能手动起落。

五、墨路新技术

胶印机长墨路一般存在如下主要问题：结构复杂，墨层受墨路影响很大，压力不易调节，墨量难以控制，匀墨时间长且易导致油墨乳化，换色操作复杂等。围绕胶印长墨路引发的各种问题，近年来，出现了一些对症下药的墨路新技术：相位串墨技术、着墨辊串动技术、墨路分离技术和胶印短墨路技术。

1. 相位串墨技术

许多新机型（如 BEIREN300 等）上都出现了相位串墨技术。

所谓相位串墨技术，就是采用专门的机构实现三根串墨辊（一个上串，两个下串）依固定相位差进行轴向串墨。典型墨路排列如图 4-30 所示，它省却了中串墨辊（也可理解为中串墨辊不串动），其余三根串墨辊按照固定相位差（多为 120°）依一定顺序进行轴向串动。

相位串墨机构的运动原理如图 4-49 所示，铰接于轴端的斜面圆盘 4 相当于一个简单的端面凸轮，当传动齿轮 1 带着斜面圆盘 4 转动时，三个（移动）串墨推杆 5 便会带着串墨辊进行轴向的周期串动。而且因为安装位置的差异，三根串墨辊的串动运动就会形成固定的相位差，实现相位串墨。三根串墨辊的串动运动如下式所示。

$$y_1 = R\cos\omega t \cdot \mathrm{tg}\alpha = R\mathrm{tg}\alpha \cdot \cos\omega t$$

$$y_2 = R\mathrm{tg}\alpha \cdot \cos\left(\omega t - \frac{2}{3}\pi\right)$$

$$y_3 = R\mathrm{tg}\alpha \cdot \cos\left(\omega t - \frac{4}{3}\pi\right) = R\mathrm{tg}\alpha \cdot \cos\left(\omega t + \frac{2}{3}\pi\right)$$

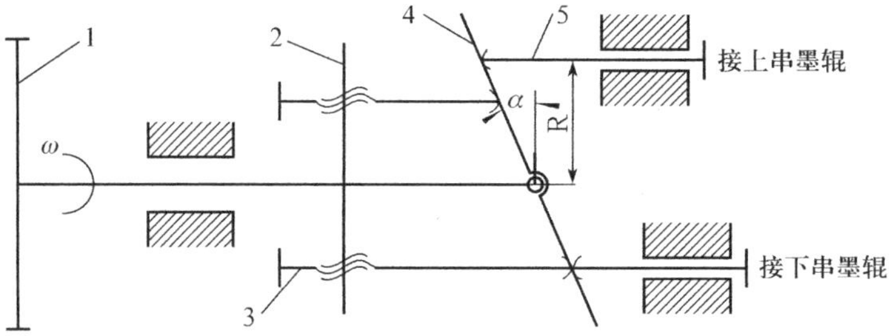

图 4-49 相位串墨机构原理

1-传动齿轮；2-固定圆盘；3-调节螺钉；4-斜面圆盘；5-串墨推杆

相位串墨机构的串动量和起始相位可以根据需要进行调节控制。依照不同图文的分布情况，串动量可在 0~35mm 之间任意调节，起始相位也可以进行适当调整，一般每调一次，相位推后 120°。如图 4-49 所示，调节固定圆盘 2 上的两个调节螺钉 3，即会改变斜面相对于轴线的倾角大小，因而实现串动量调整；起始相位的调整，是通过改变机构（即传动轴）相对于版滚筒转动的相位关系来实现的（图 4-49 中未示出），调节时，只要让传动齿轮 1 脱离传动（类似于错滚筒）一定角度然后恢复传动即可。

该机构与传统机构相比，具有如下技术优势：

（1）该机构可以实现严格的谐运动，避免了传统串墨机构（如 J2108）因近似的谐运动存在高次谐波分量而引发的运动冲击，给机器提速赢得了空间。

（2）虽然三个串墨辊串动运动同频率，但是由于相位相错 120°，避免了周期性重复引起的传墨问题，保证了墨层均匀性，提高了印刷一致性。

（3）串动起始相位可以根据不同的图文分布进行调整，具有广泛的印刷适性，对于不同的图文分布，都可以找到与之相适应的较佳的串墨相位，有利于图文输出的稳定性。一定意义上讲，串墨辊（尤其是下串墨辊）的轴向串动就是油墨的轴向打匀和补充。当着墨辊某个区域输出量较大时，就需要尽快得到补充，否则会引起墨量周向不均现象，甚至出现“鬼影”故障。然而此时如果恰逢串动的端点，那就不能及时补充墨辊墨量。通过调整串墨辊串动起始相位，就可以有针对性地避免故障产生。

2. 着墨辊串动技术

针对印刷中经常出现的“鬼影”故障，在现代比较先进的印刷机上出现了一些专门的解决方案。比如海德堡近年生产的 CD102 系列印刷机的墨路上添加了一个单独的串墨机构，这组串墨机构可以根据生产需要（主要是针对“鬼影”）由操作人员决定使用（落下）或是不使用（抬起），这样能够将墨路上的墨膜在短期内打得更匀。该机构对于鬼影问题有很好的改善作用。曼罗兰公司生产的新型的商业轮转机上，三根靠版墨辊中，后两根着墨辊是可以根据需要进行轴向串动的，串动量可以根据需要进行调节，该装置对于消除鬼影也同样非常有效。国内的印刷机如北人的 N300 和 BEIREN104 系列胶印机均采用气动控制的靠版墨辊轴向串动装置，用以有效的消除“鬼影”现象。

值得说明的是，着墨辊串动并不像串墨辊那样进行刚性串动。它们是利用串墨辊的轴向串动运动，依靠摩擦传递动力而串动的。传统的着墨辊两端都装有具有止推功能的轴承，因此只能依靠摩擦而转动。新型机器上（如 BEIREN300A），着墨辊两端都装有滚针轴承（相当于滑动轴承），辊子两端都设有专门机构，用以调整轴端的间隙。间隙可以根据串动量需要调大、调小，直至为零（其实是接近零），也可以单向调、双向调，实现单向串动和双向串动。

3. 墨路分离技术及其优势分析

现代胶印机长墨路带来的一个头疼问题就是：滚筒中途离压会造成后批产品与前批产品墨色不一致现象，导致这种现象的原因是多方面的，其中最重要的一个原因就是由于墨路的排列造成的。如图 4－50 是高宝 KBA105U 型印刷机墨辊排列图。在长墨路传递油墨过程中，靠近墨斗附近的几根墨辊上的墨层厚度一般比下部墨辊上的墨层厚度要厚，从而上下墨辊间存在一个墨层厚度差，当印刷机印刷过程中由于某种原因中途离压时，此时着墨辊并没有与印版相接触，着墨辊上的油墨也没有被印版带走，但此时墨辊还在转动，这样必然会使上部墨辊厚的墨层传到下部墨辊上去，从而造成了下部墨辊的墨层厚度比正常的要高，当再次印刷时就会造成印刷品墨色前重后淡现象，这种现象如果不加以消除，必然会造成同一批产品墨色的不一致现象，从而严重影响印刷品的质量。

为了克服这种现象，我们可采用了一种“墨路分离”技术，即滚筒在中途离压时墨辊间按照一定的方式逐级分离，如图 4－50 所示。墨路分离时按照 a、b、c 三级进行分离，通过三级分离后上、中、下墨路都断开了，确保中途离压时上部墨辊厚的油墨不会向下传递，从而避免印刷品墨色不一致现象。

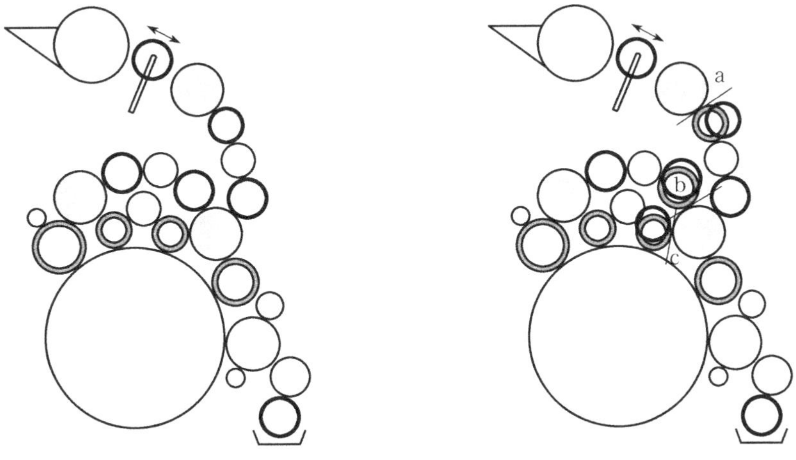

(a) 墨路分离前　　　　(b) 墨路分离后

图 4－50　墨路分离技术原理

如图 4－51 是胶印机墨路分离技术结构工作示意图，当启动墨路分离程序时，气缸 1 通气推动连杆 2 运动，由于连杆 2 的一端连有一根墨辊 3，并且墨辊是偏心安装，所以当连杆运动时就带动墨辊偏心转动使墨辊间的距离增大，从而使墨辊间逐级分离。

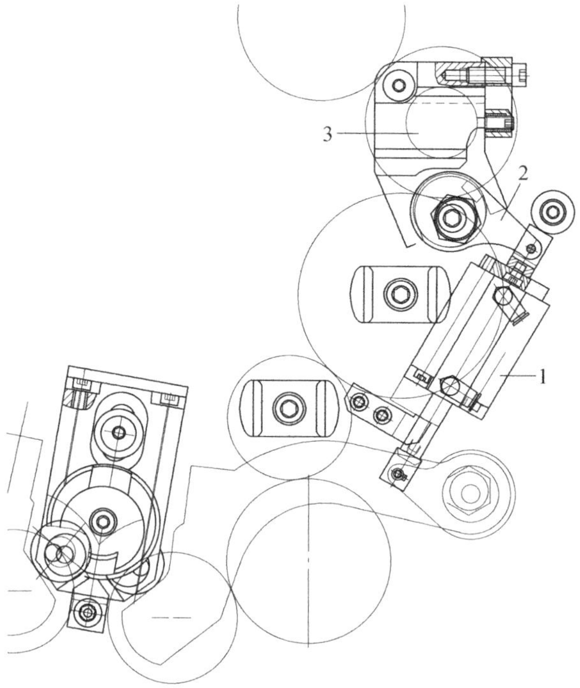

图 4－51　墨路分离机构工作示意图

1－气缸；2－连杆；3－墨辊

4. 胶印短墨路技术及其优势分析

高宝公司（KBA）仿照柔印网纹辊的墨路形式，省却了分墨区控制（即无墨键控制），形成了胶印短墨路技术。高宝推出的短墨路系统 Gravuflow，如图 4－52 所示，整个供墨装置由一根靠版胶辊、一根网纹辊和一个带自动供墨装置的刮刀墨斗组成。该系统已在包括 Genius 52 UV、利必达 74 Gravuflow、74 Karat DI 以及 Cortina 四类无水印刷设备上使用。

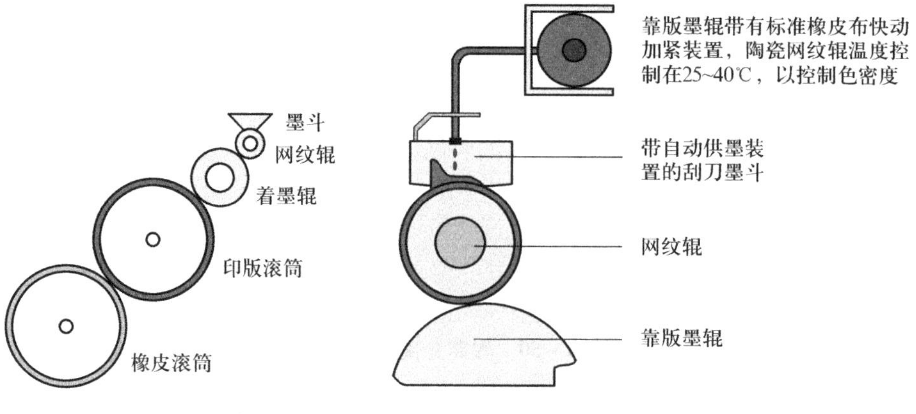

(a) 系统构成　　(b) 供墨部结构

图 4－52　高宝公司推出的短墨路系统

可控制温度的无墨键 Gravuflow 供墨系统，确保印刷图像不管多么复杂，都可在不需操作者干预的情况下，都能够保证印版得到均匀的墨量供应，不会产生机械性的重影故障。解决了传统胶印机输墨装置易产生“鬼影”的问题。由此，更清洁、更快速的印刷准备，使打样样张与印刷机完全匹配。

该系统油墨存储在墨斗上方的油墨筒中，墨斗墨量保持恒定，传感器保持不间断监控，如果油墨量小于设定值，油墨筒的活塞就自动将油墨挤入墨斗中，使油墨能连续不断、均匀地为网纹辊供墨。印刷中必须保证供墨系统的温度恒定，才能得到稳定的印刷质量。该供墨系统的温度可以调整，操作人员可以通过改变供墨系统的温度来改变油墨用量。

海德堡公司在 IPEX2006 上展出的 Anicolor 供墨系统，将网纹辊供墨技术和 Alcolor 直接连续润版系统完美地结合起来，成功应用于传统有水胶印设备。摆脱了以往推出的无墨键系统对低黏度油墨以及无水胶印油墨的依赖。同时，为彻底解决“鬼影”问题，又引入了大着墨辊技术。由于着墨辊（着墨滚筒）很大，不能简单地更换，因此采用了表面包裹橡皮布的结构。网纹辊如同柔印网纹辊一样，表面雕刻着很多细微的凹槽。

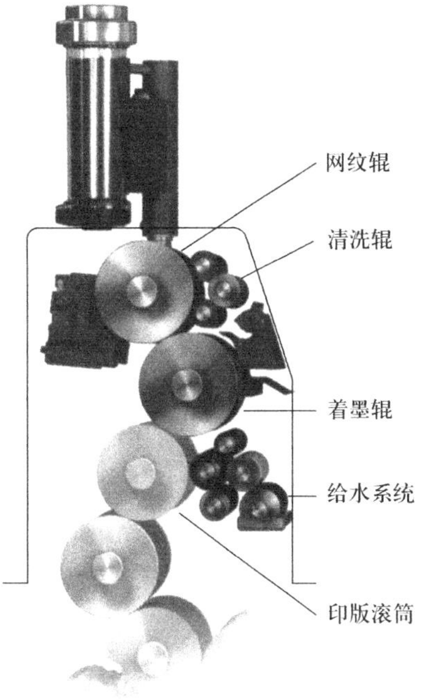

图 4－53 海德堡 Anicolor 墨控技术

Anicolor 供墨系统原理如图 4－53 所示，除了一个墨量控制平台以外，该系统完全省却了以往多个匀墨、串墨辊，由一个封闭的墨槽、两个与印版滚筒直径一样大的网纹辊和着墨辊以及一个刮墨刀组成，网纹辊直接带走由墨嘴流出的油墨，迅速、均匀、及时地向印版供墨。该系统可以在 Prinect CP 2000 中央控制台调整着墨辊的温度，并可以单独调整网纹传墨辊的温度。因其具有有效的温控系统（工作温度在 20～45℃之间调整）。可以很精细地调整墨量，即使墨量较小，也能实现精确的油墨供给。采用 Anicolor 供墨系统，不需要特殊油墨，由于墨路较短，墨层较薄，换色方便，同时又因为墨路短，油墨与空气接触面减少，可以印刷快干油墨。Anicolor 供墨系统目前应用在速霸 SM52 上。该机可以像数字印刷机一样印刷 100～500 张印件，而且可以印刷印量较大的印件，也可以联机进行上光等印后加工。

Anicolor 无墨键供墨系统有如下优点。

①墨量控制精细，呈色质量高而稳定。Anicolor 供墨系统无须墨区设置，在网纹辊和着墨辊两个辊中通入冷却介质，分别进行精确温控。通过温控系统进行油墨的浓度调节，进而调整墨量。在网纹辊上设置有一墨腔盒，油墨由该墨腔盒提供，通过刮墨刀刮墨，网纹辊向印版定量提供油墨。向印版提供了油墨后，着墨辊上残留的油墨由清洁辊收集，确保了每次能向版面均匀地提供定量的油墨。

②短版业务的最佳选择。Anicolor 的特点是不需要进行沿纸张来去方向的油墨调节，试印的同时就能得到与正式印刷接近的色调。按工作内容的不同，从试印的第 1 张就有可能印

出合格的印品。质量要求高的产品，试印时的损耗也不过 10 ~ 20 张，试印纸耗成本大幅降低。

③换色作业简单，辅助时间少，较之于长墨路系统，作业准备时间缩短了 40%，效率可提高 25%，可降低 15% 的材料成本，开机废张可以减少 90%。以往的印刷机需要清洗许多的墨辊，而该系统需要清洗的仅有一根着墨辊，网纹辊和墨腔简单地更换即可。

④另外，因为都无墨键可控制，操作非常容易，再版印件与质量更容易掌控，便于标准化作业，有利于与相关流程系统整合。

第五章 5

自动输纸机

单张纸输纸装置又称自动输纸机，作为续纸的功能部件，是现代单张纸印刷机不可或缺的重要组成部分。自动输纸机一般由纸张分离装置（俗称飞达）、输送装置、检测控制装置以及相应辅助装置组成，其作用是将纸堆的纸张自动、准确、平稳、与印刷装置同步而有节奏地一张张地分离，并将它们输送到定位部件进行定位，继而送入印刷部件进行印刷。输纸机性能的好坏，直接影响着印刷机的印刷速度和纸张定位套印精度。

第一节　输纸机及其功能构成

随着印刷技术的发展，印刷机速度的不断提高，手工给纸的给纸速度和给纸准确性都受到很大限制（对于一般幅面的纸张，每分钟给纸 40 张就达到了最高限度），单张纸印刷机的给纸已由人工续纸方式发展为自动给纸。目前，现代的单张纸印刷机输纸装置已全部采用了自动输纸机，完全实现了给纸作业机械化和自动化，在节省人力、减轻工人的劳动强度、提高生产率的同时，还提高了给纸可靠性，改善了印刷质量。

一、自动输纸机概述

作为印刷机的一个重要部件，现代单张纸印刷机的自动输纸机已成为一个相对独立的工作装置，在国内外均由独立的生产厂家专门生产。自动输纸机的主要功能可简单概括为分离功能和输送功能。印刷质量和印刷速度的不断提高，要求输纸机的结构与性能不断地改善，以适应主机性能的发展需求。当今的单张纸印刷机最高速度已超过 20000r/h，这对自动输纸机的性能及其维护提出了更高的要求。

1. 输纸机的功能要求

自动化的印刷工艺过程，高速精密运转的印刷装置，都需要输纸装置的可靠运行，根据印刷工艺及其印刷机主机的制约，自动输纸机的结构和性能应符合以下几点技术要求。

① 有较高的给纸、输纸速度，以适应主机的需要。

② 能可靠、平稳而准确地把纸张传送至规矩处进行正确的定位。

③ 当纸张的品种、规格发生变化时，能方便地进行调整。

④ 保证纸张正确分离，不能出现双张、空张、乱张，并应设相应检测装置。

⑤ 在印刷过程中，给纸台能自动上升，使纸堆保持合理的高度，并做到不停机补充纸张。

⑥ 在输纸过程中，不能损伤纸张，对其印刷的表面，不能产生蹭脏现象。

⑦ 当出现双张、纸张歪斜或残纸等故障时，要有可靠的自动停机安全装置。

⑧ 机构简单，操作方便，占地面积小。在机器运转过程中，能进行必要的调整。

2. 输纸机的分类与组成

为满足输纸工艺过程及其适性要求，目前各种单张纸印刷机（主要是气动输纸机）的输纸装置，均由传动装置、分纸机构、纸台升降机构、纸张输送装置、气泵和气路系统以及自动检测机构等结构组成。

根据分离纸张方法的不同，一般将自动输纸装置分为摩擦式输纸机和气动式输纸机。

二、摩擦式输纸机

1. 摩擦式输纸机的结构与工作过程

摩擦式自动输纸机是依靠摩擦力的作用把纸张从纸堆中分离出来，完成纸张的分离工作，同时通过相应的传送机构把纸张输送到规矩部件，其工作过程如图 5－1 所示。

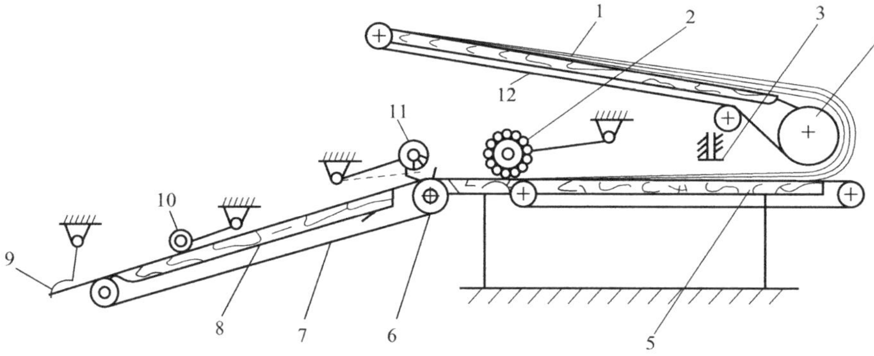

图 5－1　摩擦式自动给纸机

1、12－上铺纸板；2－分纸摩擦轮；3－压纸器；4－传纸滚筒；5－下铺纸板；6－导纸轴；7、12－传纸线带；8－输纸板；9－前规矩；10－压纸轮；11－导纸压轮

将一定数量（300～500 张）的纸张在上铺纸板上展开放好，相邻纸边错开 2～3mm，传纸滚筒做周期性旋转，围绕在传纸滚筒上的线带使展开的纸张在往下铺纸板移动的同时，继续错开。当纸张到达下铺纸板前边缘时，相邻两张纸的纸边已错开 20～30mm，为纸张的分离创造了条件。

在印刷过程中，下铺纸板上面的纸张前边沿被引导到分纸摩擦轮下面，分纸摩擦轮除了做上下运动外，还不停地转动。当分纸摩擦轮下降时，依靠它与纸面的摩擦力，将纸张送到导纸装置。

导纸装置由连续旋转的导纸轴和做上下摆动的导纸点轮组成。当纸张的前边缘进入导纸压轮与导纸轴中间时，压轮绕其回转中心向下摆动，把纸张输向输纸板，然后再由传纸线带和压纸轮送到前规处进行定位，与此同时，分纸摩擦轮 2 抬起。为了防止下面纸张移动，在下铺纸板 5 的上侧还装有压纸器，当第一张纸送往分纸摩擦轮处时，压纸器下降将第二张纸的后边缘压住。

2. 摩擦式输纸机的使用调节

摩擦式自动输纸机依靠摩擦力的作用把纸张由纸堆中分离出来输送给主机。摩擦力的产生依靠摩擦轮的旋转或摩擦块的移动。摩擦轮或摩擦块的压力大小可以根据需要调节。

这种给纸机的结构虽然比较简单，调节容易，但由于靠摩擦力进行分纸，噪声大，容易使印迹擦糊或出现蹭脏故障，而且分纸效果较差，薄纸易擦坏，厚纸不易分离，分纸速度受到很大限制。因此，这种输纸机除了在低速和小型印刷机上可以采用外，一般很少使用。目前这种输纸机主要使用在八开台式小胶印机上。

三、气动给纸机

气动式自动输纸机利用空气压缩机构，产生吹风和吸气两种功能动作，把纸张从纸堆中逐张分离出来。气动式自动输纸机工作平稳、可靠、噪声小，适用于高速。目前在各类单张纸印刷机上，气动式自动输纸机已得到广泛的应用。因此，本书主要讨论气动式输纸机。

1. 气动输纸机分离部件

气动式输纸机分离部件的基本构成如图 5－2 所示。

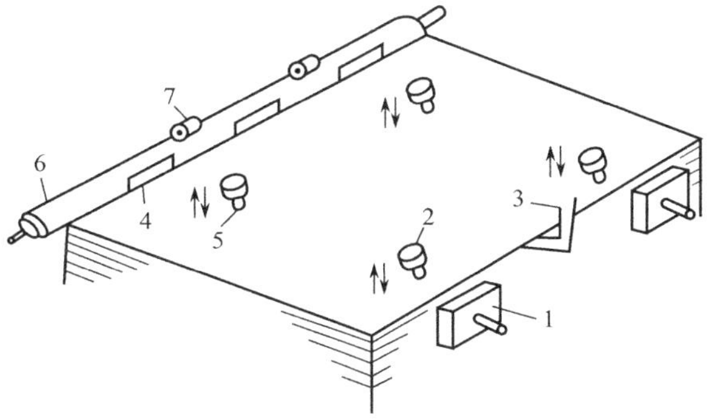

图 5－2 纸张分离装置的基本构成示意图

1－松纸吹嘴；2－分纸吸嘴；3－压纸吹嘴；4－齐纸板；5－递纸吸嘴；6－送纸轴；7－送纸轮

松纸吹嘴 1 设在给纸堆后侧（按照输纸方向）上部位置，左右各设一个，根据纸张的定量和印刷速度等因素调整其高低、前后和左右的位置。其作用是将纸堆上部的纸张吹松，以便于纸张的正确分离。

分纸吸嘴 2 一般设在给纸堆的后部上方，左右各设一个。其作用是将纸堆最上面的一张纸吸起分离纸张。

压纸吹嘴 3 设在给纸堆后侧中央的后上方位置，其作用是，当分纸吸嘴 2 将最上面的一张纸吸起后，压纸吹嘴从后上方落下插入，一方面将下面的纸张压住，另一方面接通吹气气路，将最上面一张纸吹起，以利于纸张的进一步分离。同时，它还起检测纸堆高度的作用，一旦纸堆高度过低便自动接通纸堆自动上升机构，使纸堆自动上升。

齐纸板 4 设在给纸堆前侧位置，一般设置三个。其作用是，当松纸吹嘴 1 吹风时，为防止上面纸张向前面移动，由齐纸板 4 将纸张挡住齐纸，一旦压纸吹嘴 3 压住下面的纸张，齐纸板 4 在凸轮机构的控制下向前摆动让纸。

递纸吸嘴 5 设在纸堆左部上方，前后设两个。其作用是，将分纸吸嘴 2 吸起的最上面一张纸接过来，并将其送往送纸轴 6 处。

送纸轴 6 与送纸轮 7 配合使用。由于送纸轴 6 不停地旋转，当递纸吸嘴 5 吸住纸张向左输送时，送纸轮 7 应抬起让纸，以便使纸张从送纸轮下方通过，而后随即将接纸轮放下，靠送纸轮 7 与送纸轴 6 的摩擦力将纸张送往输纸板。

另外还有挡纸毛刷（图5－2中未示出），起挡纸作用，防止分纸吸嘴吸起双张或多张。

2. 气动输纸机的工作过程

对于一般中等速度的单张纸印刷机，纸张的分离过程均由分纸器轴上的凸轮机构分别控制，各动作的相互配合关系如图5－3所示。

① 松纸吹嘴2首先将给纸堆上层的十几张纸吹松，以利于纸张的分离，如图5－3（a）所示。

② 分纸吸嘴4向下移动，吸住最上面一张纸，上抬并后翘（约25°），以防止吸住双张并有利于压纸吹嘴插入，如图5－3（a）、（b）所示。

③ 挡纸毛刷施加阻力，挡住第一张纸下面的已吹松的其余纸张（图中未示出）。

④ 压纸吹嘴3插入，压住给纸堆1第一张下面的纸张并打开吹气气路吹风，使上、下两张纸分开，同时探测纸堆高度，如图5－3（b）所示。

⑤ 递纸吸嘴5向后运动，吸住纸张，此时，分纸吸嘴4与递纸吸嘴5同时控制纸张，进行纸张的交接，即由分纸吸嘴交给送纸吸嘴，如图5－3（b）、（c）所示。

⑥ 分纸吸嘴4切断吸气气路放纸，完成纸张交接，并随即上升，此时，压纸吹嘴3停止吹气离开纸堆，递纸吸嘴5向前运动将纸张输出，如图5－3（d）所示。

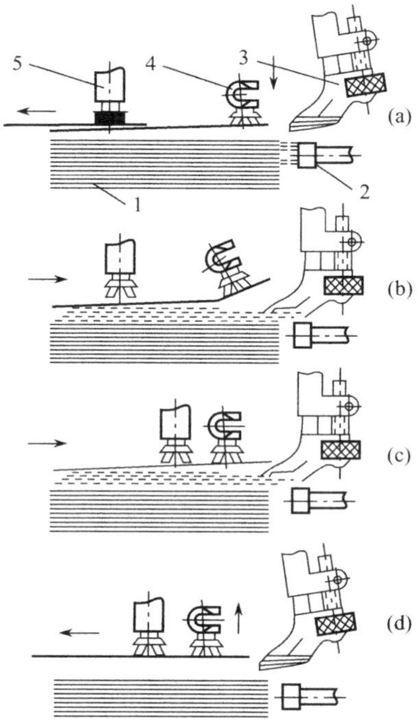

图5－3　给纸的分离过程图

1－给纸堆；2－松纸吹嘴；3－压纸吹嘴；4－分纸吸嘴；5－递纸吸嘴

递纸吸嘴5将接纸张交给接纸辊后，经过双张检测，纸张由输纸带继续向前输送，再经过空位检测，交由规矩部件进行定位。

综上所述，气动输纸机的工艺动作过程可简述为：松纸吹嘴吹松纸堆上部的十几张纸→分纸吸嘴从吹松的纸张中分离出最上面的一张纸→挡纸毛刷挡住第一张纸下面的已吹松的其余纸张（同时齐纸块齐平纸堆上的纸张）→压纸吹嘴压住未被分离的纸张→递纸吸嘴吸住并向前输送已分离出来的单张纸（同时齐纸块下摆让纸）→接纸辊接住纸张、输纸带继续向前输送单张纸（经过必要的监测控制环节）到前规处进行定位。

3. 气动输纸机的机构

为了完成完整的输纸工艺过程，目前气动输纸机均由以下工作机构组成。

① 纸张的分离机构（飞达头或分离头）。主要完成输纸工艺过程中的松纸、分纸、挡纸、压纸、递纸五个动作。分离头由分纸吸嘴机构、压纸吹嘴机构和递纸吸嘴机构以及固定吹嘴和挡纸毛刷组成。

② 纸张输送机构。把飞达头分离出来的单张纸继续输送到前规处进行定位，由接纸辊、输送带和输纸板等组成。

③ 输纸台的升降机构。使纸堆在工作时自动上升，以便调整纸堆与分离头的相对位置。该机构有快速升降和间歇自动上升两种运动，由传动装置、链条和输纸台组成。

④ 齐纸块机构。整理纸堆，完成纸堆上纸张齐平工序。

⑤ 纸张控制机构。检测控制走纸，包括双张、空张（包括歪斜、折角）控制器等。

⑥ 气泵和气路系统。供给纸张分离机构用气。

4. 间歇式与连续式自动输纸机

气动式自动输纸机根据它的输送方式可分为间歇式输纸（也称序列式输纸）和连续式输纸（又称重叠式输纸）两种类型。但后者应用更为广泛。

（1）间歇式自动输纸机

间歇式自动输纸机在纸张的输送过程中相邻两张纸之间保持一定的距离。如图 5－4 所示，在输纸台纸堆前沿上方装有一排分纸吸嘴 5，工作时先由纸堆前面的松纸吹嘴将纸堆表面的纸张吹松，然后吸嘴 5 下降，吸取纸堆上第一张纸 1，吸嘴吸住纸张上升并向前递送给送纸辊 3，此时压纸轮 4 下降压纸，依靠摩擦力把纸送到输纸板，并依靠输送带 6 和压纸轮 2 的配合，将纸传送到前规进行定位。这种输纸方式吸嘴可在纸张的叼口部位吸纸。它一般适用于低速印刷机。

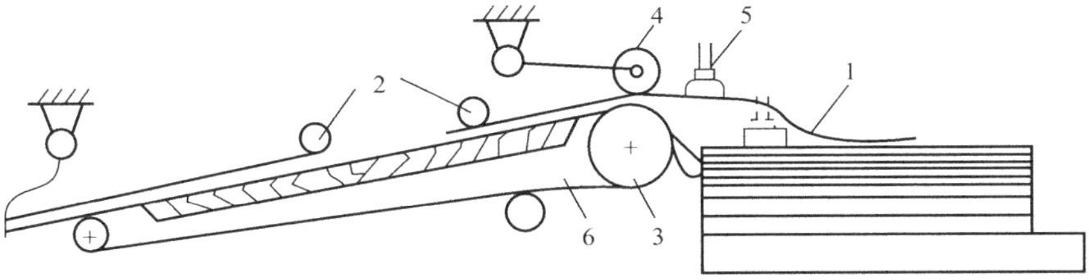

图 5－4　间歇式自动输纸机

1－纸张；2、4－压纸轮；3－送纸辊；5－吸嘴；6－输送带

（2）连续式自动输纸机

连续式自动输纸机在纸张的输送过程中，后一张纸的前面部分重叠在前一张纸的后面部分一段距离，并在其下面一起在输纸板上向前移动。如图 5－5 所示。

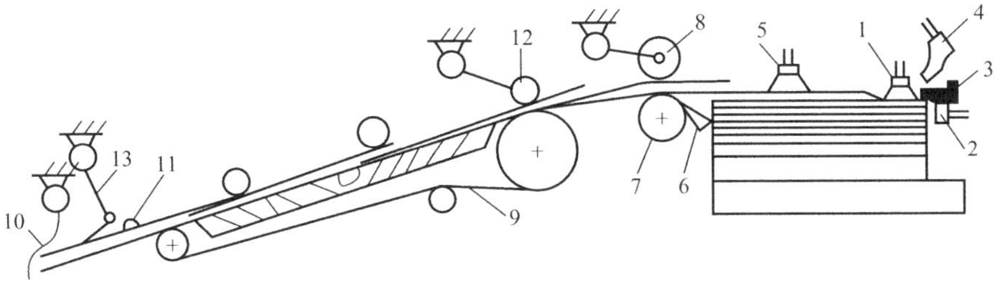

图 5－5　连续式自动输纸机

1－分纸吸嘴；2－松纸吹嘴；3－挡纸毛刷；4－压纸吹嘴；5－递纸吸嘴；
6－前齐纸板；7－送纸辊；8、12－压纸轮；9－输送带；10－前规；
11－侧规；13－探针

由于重叠，后一张纸的叼口被前一张纸的拖梢盖住，因此，这种输纸机的吸嘴不能在纸张的叼口部位吸纸，而只能在纸张的拖梢部位吸纸，所以，其飞达头位于纸堆后上方。工作时，先由松纸吹嘴 2 将纸堆表面的纸张吹松，然后再由分纸吸嘴 1 下降吸起纸堆最上面的一张纸，并在挡纸毛刷 3 的协助下，使吸起的纸张与纸堆上的纸分离，同时，压纸吹嘴 4 插入被吸纸张与纸堆之间，压住纸堆并进行吹风，使吸起的纸张与纸堆完全分离，此时前齐纸板6下摆让纸，接着递纸吸嘴5接过纸张并送出纸堆；在送纸辊7和压纸轮8的摩擦力作用下，纸张进入输纸板，经输送带9和压纸滚轮12的输送，移向前规10，并由侧规11定位。图5-5中13是检测纸张歪斜、折角和断张的探针。

（3）连续式输纸机的优势分析

如图5-6所示。如果两种输纸方式所用纸张幅面相同，纸张在输送过程中一个工作周期T可以分为两个阶段，即：$T=T_S+T_r$。前一个阶段是纸张走过输纸步距S所用的时间T_S，即纸张的输送时间；后一个阶段是纸张在前规和侧规处定位所用的时间T_r。

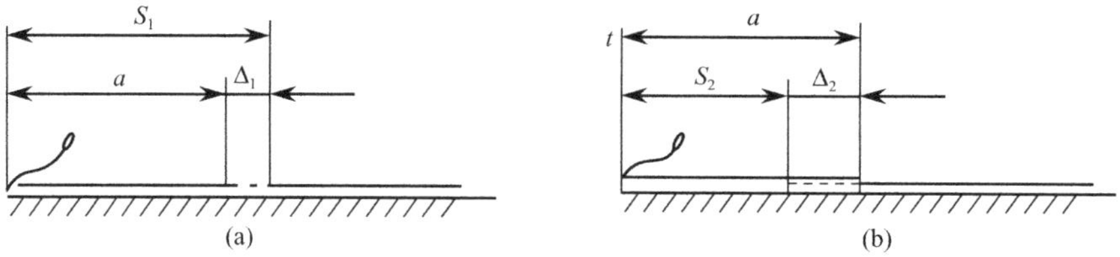

图5-6　间歇式输纸机与连续式输纸机的比较分析示意图

a表示纸张走纸方向的长度，在一个工作循环时间T内，纸张的移动距离，即纸张的输纸步距为S。则两种输纸方式的纸张移动距离和平均输纸速度分别为：

间歇式［见图5-6（a）］：

$$S_1=a+\Delta_1 \tag{5-1}$$

$$V_1=\frac{S_1}{T_{S1}} \tag{5-2}$$

连续式［见图5-6（b）］：

$$S_2=a-\Delta_2 \tag{5-3}$$

$$V_2=\frac{S_2}{T_{S2}} \tag{5-4}$$

式中　Δ_1、Δ_2——间歇式输纸和连续式输纸前张纸纸尾与后一张纸叼口之间的距离；

V_1、V_2——间歇式输纸和连续式输纸的平均输纸速度；

T_{s1}、T_{s2}——一个工作周期内间歇式输纸和连续式输纸的输纸时间。

显然　$S_1=S_2+\Delta_1+\Delta_2$

即

$$S_1>S_2 \tag{5-5}$$

由此可以推得间歇式输纸和连续式输纸的定位时间分别为：

$$T_{r1}=T_1-\frac{S_1}{V_1} \tag{5-6}$$

$$T_{r2}=T_2-\frac{S_2}{V_2} \tag{5-7}$$

式中　T_{r1}、T_{r2}——一个工作周期内间歇式输纸和连续式输纸的定位时间；

T_1、T_2——间歇式输纸和连续式输纸的一个工作周期。

由此进行比较，可以取得如下结论：

① 如果两种输纸方式的工作周期及定位时间相等，即$T_1=T_2$和$T_{r1}=T_{r2}$，则必有$V_1>V_2$。即，在印刷速度相同的情况下，间歇式输纸速度比连续式输纸速度大。输纸速度大，意味着纸张接触到前规时冲击大，易使纸张定位不准，影响印刷质量。

② 如果两种输纸方式的工作周期及输纸速度相等，即$T_1=T_2$和$V_1=V_2$，则必有

$T_{r1} < T_{r2}$。即，在保持输纸速度相同的情况下，间歇式输纸的定位时间比连续式输纸的定位时间短。定位时间短，造成定位不稳定，影响印刷质量。

③ 如果两种输纸方式的定位时间和输纸速度相等，即：$T_{r1} = T_{r2}$和 $V_1 = V_2$，则必有 $T_1 > T_2$。即在保证印刷质量条件下，间歇式输纸的工作周期比连续式输纸的工作周期长，这意味着前者生产率低。

综上分析，连续式输纸比间歇式输纸的工作性能要优越得多，易保证印刷质量，能适应高速印刷发展需求。现代的单张纸印刷机，尤其是高速、大幅面的单张纸印刷机，几乎都利用连续式输纸方式。同时为了延长定位时间，提高定位精度，在保持连续式输纸的优势外，有的机器还采用了一种变速的输纸机构。这种新型输纸机构使纸张在远离前规时快速输送，靠近前规时则慢速输纸，以减少输纸时间而满足纸张定位的稳定性要求。

第二节　分纸机构

分纸机构（飞达头）又称给纸头，其功能是周期性地将单张纸从纸堆上逐张分离出来并向前传递给送纸辊。分纸机构在工作过程中要求准确、无误，各机构工作要正确、协调，在分离纸张时既不能出现双张或多张，也不能有空张的出现。同时考虑印刷适性，还要求分纸机构能适应各种不同规格和品种的纸张，对于不同规格、不同厚度、不同定量的纸张，都能由纸堆准确地分离出来，并能平稳地输送至规矩处定位。

目前在国内生产使用的平版印刷机中，低速机（印刷速度低于8000r/h）采用SZ 201 型输纸机，而高速机（印速高于 10000r/h）采用 SZ 206 型输纸机。进口的海德堡、曼罗兰、小森、高宝、三菱等胶印机（印速均已达到 15000r/h）也都有相应的输纸机。这些输纸机尽管结构各有区别，但基本原理大致相同。

一、分纸机构的整体布局

图 5 - 7 所示为连续式输纸机分纸机构（飞达头）工作位置示意图。它主要由松纸吹嘴 1、分纸吸嘴 6、压纸吹嘴 2、递纸吸嘴 7 及后挡纸板 5、侧挡纸板 8、前齐纸板 9、挡纸毛刷 3、分纸平毛刷 4 和辅助机件等机构组成。其中分纸吸嘴、压纸吹嘴、递纸吸嘴及前齐纸板的运动均由给纸头凸轮和输纸机凸轮轴上的凸轮驱动，根据输纸要求相互协调地完成纸张的分离与传送。

SZ 206 型输纸机分纸头，改进了 SZ 201 型低速输纸机分纸头的结构，并吸取了海德堡对开输纸机的优点，将原来完成分纸头分离纸张的五杆凸轮机构改变为两凸轮和曲柄机构，使机构简化、运动更可靠，输纸速度超过 10000r/h。

二、分纸机构的工作原理

图 5 - 8 所示为 SZ206 型高速输纸机给纸头外形结构图。给纸头由支撑轴 1 支撑，支撑轴一端安装在固定轴 2 上的支架上，而另一端通过给纸头升降机构与固定轴 3 相连接。旋转

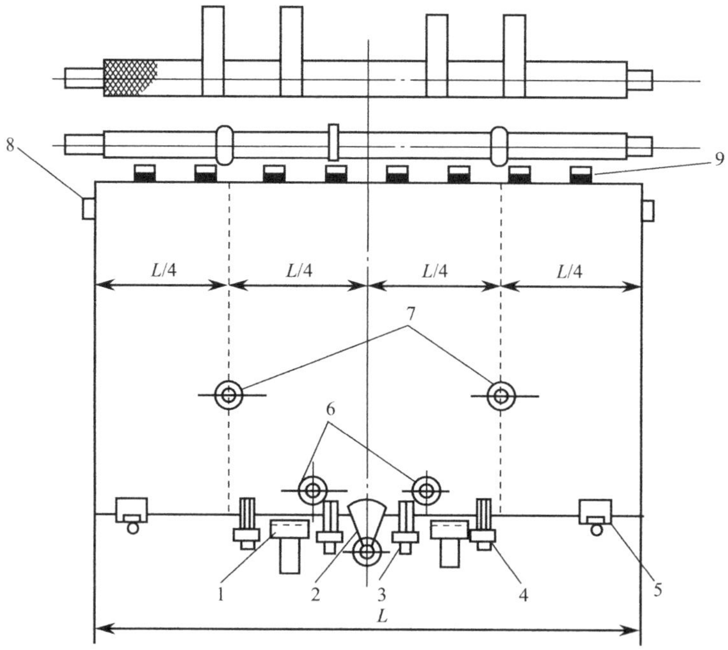

图 5－7　连续式输纸机分纸机构工作位置示意图

1－松纸吹嘴；2－压纸吹嘴；3－挡纸斜毛刷；4－分纸平毛刷；5－后挡纸板；
6－分纸吸嘴；7－递纸吸嘴；8－侧挡纸板；9－前齐纸板

调节螺钉 4，支撑轴 1 绕固定轴 2 转动，就可调节给纸头与纸堆面的相对距离。为适应不同幅面的纸张，支撑轴 1 侧面装有齿条，当松开偏心块，转动星形手轮 5 时，由于齿轮齿条的啮合关系，从而带动给纸头在支撑轴 1 上做前后移动。

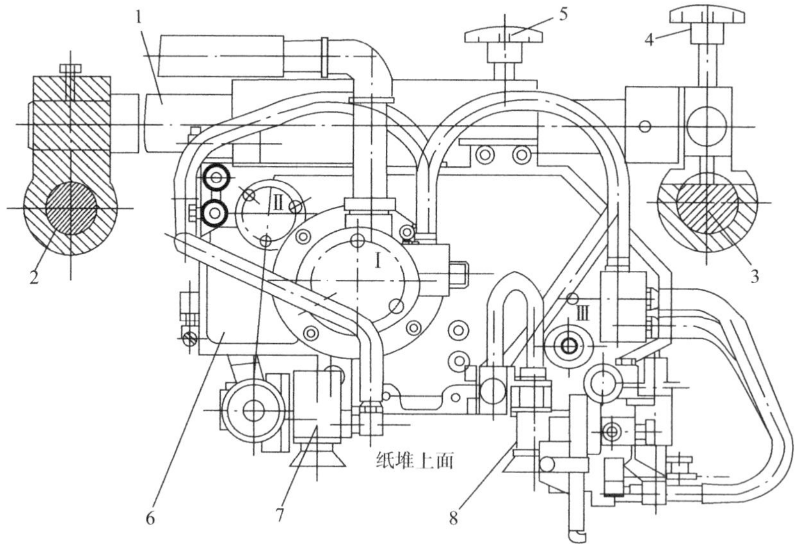

图 5－8　SZ206 型输纸机给纸头外形结构图

1－支撑轴；2、3－固定轴；4－调节螺钉；5－手轮；6－分离头墙板；7－递纸吸嘴；8－分纸吸嘴

该给纸头的机构简图和工作原理如图 5－9 所示。从图中可以看出，横跨给纸头墙板的轴有 3 根，分别为轴Ⅰ、轴Ⅱ和轴Ⅲ。轴Ⅰ是给纸气阀兼凸轮轴，与主机滚筒的速比为 1∶1。在轴Ⅰ上有 2 个凸轮，凸轮 2 是控制压纸吹嘴的运动，凸轮 3 是控制分纸吸嘴的升降运动。4 个气阀集中在给纸头墙板的操作面。递纸吸嘴在轴Ⅰ上由偏心轮 5 的偏心距（相当于曲柄）带动而做前后移动，在摆杆 9 上通过铰链与拉杆 1 连接，拉杆 1 上的滚子 12 在导轨 6 上做直线滚动，从而使递纸吸嘴 10 的前后移动基本上是直线运动。轴Ⅱ是递纸吸嘴摆杆 9 和分纸吸嘴摆杆公用的支撑轴。

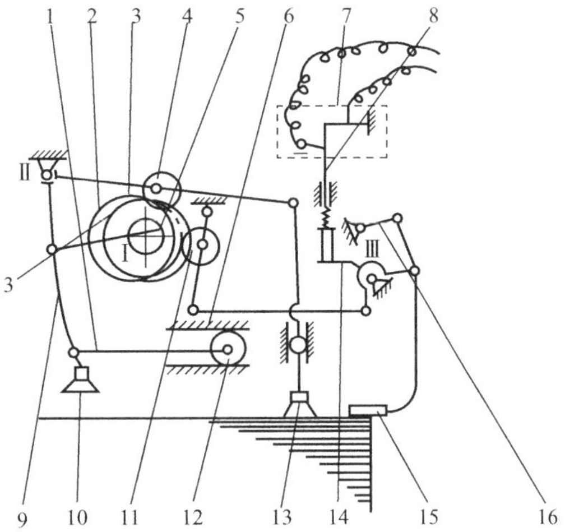

图 5－9　SZ206 型输纸机给纸头工作原理图

1－拉杆；2－压脚凸轮；3－分纸吸嘴凸轮；4、11、12－滚子；5－偏心轮；6－导轨；7－微动开关；8－触点；9、14、16－摆杆；10－递纸吸嘴；13－分纸吸嘴；15－压脚

三、分纸部件的主要机构

根据图 5－9 所示的输纸机给纸头工作原理图，为使纸张从纸堆上准确无误地分离传送给送纸辊，给纸头各分纸机件的运动需要有一个相互配合、协调的关系。具体的运动要求：首先由松纸吹嘴把纸堆上面的一部分纸吹松；分纸吸嘴下降到最低位置同时吸住纸堆最上面的一张纸上升，压纸吹嘴下落压住由分纸吸嘴吸起纸张下面的纸堆并吹风；递纸吸嘴吸住由分纸吸嘴分离出来的纸，完成纸张的交接过程后，把纸送给送纸辊。

各机构的结构和它们的工作原理分述如下。

1. 松纸吹嘴

松纸吹嘴设置在纸堆的后面，左右各一个。它们的作用是将纸堆上面几张到十几张纸吹松，使它们与挡纸毛刷相接触，便于纸张分离。

图 5－10 所示为松纸吹嘴结构示意图。吹嘴上有三排小孔，吹嘴吹出的气流以喇叭状进入纸张之间，这种喇叭状的气流能做到中间风力较大，而两旁风力较小。风力集中的区域对着纸堆，既可保证纸张被吹松，又能使最上面的纸不受过大的风力而飘起，造成双张。一般要求能将纸堆表层 5～10 张纸吹松为宜。为适应不同纸张的要求（厚纸和薄纸），松纸吹嘴的高低和前后位置可根据不同的要求来进行调节，松纸吹嘴距纸堆后边缘一般在 6～10mm。松纸吹嘴的风量调节是通过风量调节阀来进行，风量大小一般控制在纸堆最上面的 2～3 张纸刚能和毛刷相接触为宜。

2. 分纸吸嘴机构

分纸吸嘴是将纸堆最上面的一张纸吸起并交给递纸吸嘴。图 5－11 和图 5－12 所示分别为分纸吸嘴机构的结构及其机构运动简图。

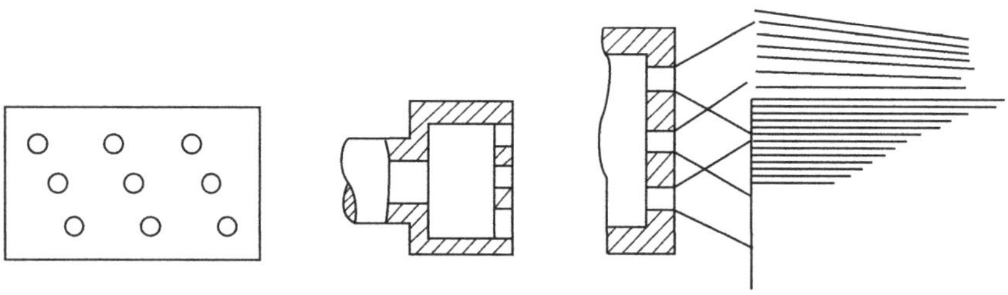

图 5－10　松纸吹嘴结构示意图

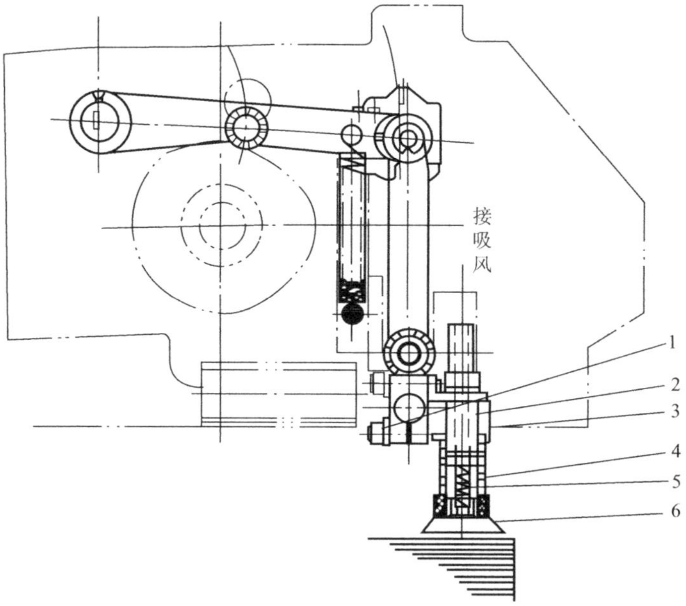

图 5－11　分纸吸嘴机构结构图

1－螺钉；2－吸嘴导柱；3－定位片；4－吸嘴套；5－压簧；6－橡皮圈

如图 5－12 所示，SZ206 型机分纸吸嘴主要由凸轮 1、摆杆 2、导杆 3、导轨 4 组成的凸轮－四杆机构和由活塞 5、缸体 6 的气动机构这两套机构组合而成。这里吸嘴仅做单一的上下运动，其运动的轨迹是两组机构运动的合成。

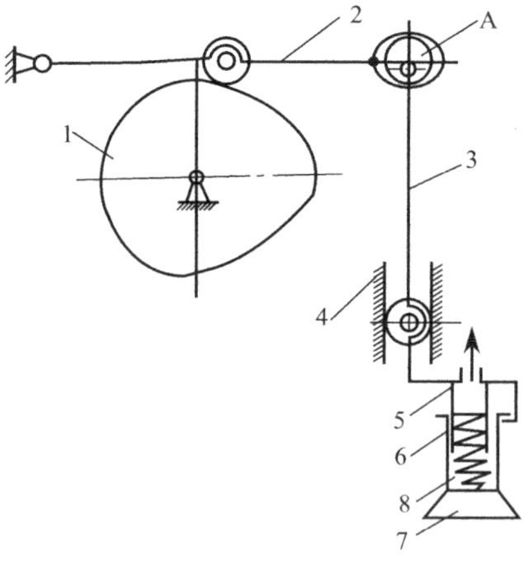

图 5－12　分纸吸嘴运动简图

1－凸轮；2－摆杆；3－导杆；4－导轨；5－活塞；6－缸体；7－吸嘴；8－弹簧

当凸轮 1 的最小半径与摆杆 2 上的滚子接触时，分纸吸嘴在最低位置，此时吸嘴与气路接通，吸嘴吸住已吹松的上面一张纸，这时吸嘴内形成负压（真空），在大气压的作用下，活塞 5 连同吸嘴 7 克服弹簧 8 的作用力迅速上升，随着凸轮 1 与摆杆 2 上的滚子接触由最小半径转到最大半径，导杆 3 带动整个气动机构上升约 24mm。当递纸吸嘴接过纸张后，分纸吸嘴立刻停止吸气，缸体 6 内真空消失。在弹簧 8 的作用下，活塞 5 连同吸嘴一起被弹下，恢复原位。当凸轮1、摆杆2上的滚子接触由最大半径处转向最小半径处，使导杆3带动气动机构下降，直到吸嘴降到吸纸位置准备下一次吸纸工作。图5－12中，A为偏心销轴，用来调节分纸吸嘴与纸堆面的相对距离。

分纸吸嘴在最低位置时，底面与纸堆面的距离，薄纸为6～8mm，厚纸为2～3mm。分纸吸嘴中心距纸堆面后边缘约23mm，如果纸堆后边缘向上翘起，或向下弯曲时，可将吸嘴支架夹紧螺钉1（见图5－11）松开。调节分纸吸嘴与纸面平行后，再将螺钉紧固。

在这种给纸头上共有两个分纸吸嘴，其高度相同，对称于机器中心线，并与送纸辊平行。印厚纸时，两吸嘴竖直向下，印普通纸时，两分纸吸嘴稍微向内倾斜，这样当纸张中间下垂或鼓起时，能把纸拉平，提高传送纸张的精度，同时还能防止压纸吹嘴撞击纸张的后边。

在高速状态下为了更好地分离纸张，有些印刷机给纸头上设置了四个分纸吸嘴。

3. 压纸吹嘴机构

压纸吹嘴机构的功能可归纳为以下三个。

①压纸。在分纸吸嘴吸起纸堆最上面的一张纸时，压纸吹嘴立即向下压住纸堆，以免递纸吸嘴将下面的纸张吸走。

②吹风。在压纸吹嘴压住纸堆后便吹风，使分纸吸嘴分离出来的纸张完全与纸堆分离以便输送。

③探测纸堆面高度。当纸堆面降低到一定高度使给纸头将要不能正常工作时，压纸吹嘴探测机构及时发出信号使输纸台自动上升。

图5－13所示为压纸吹嘴机构结构和机构工作原理简图。

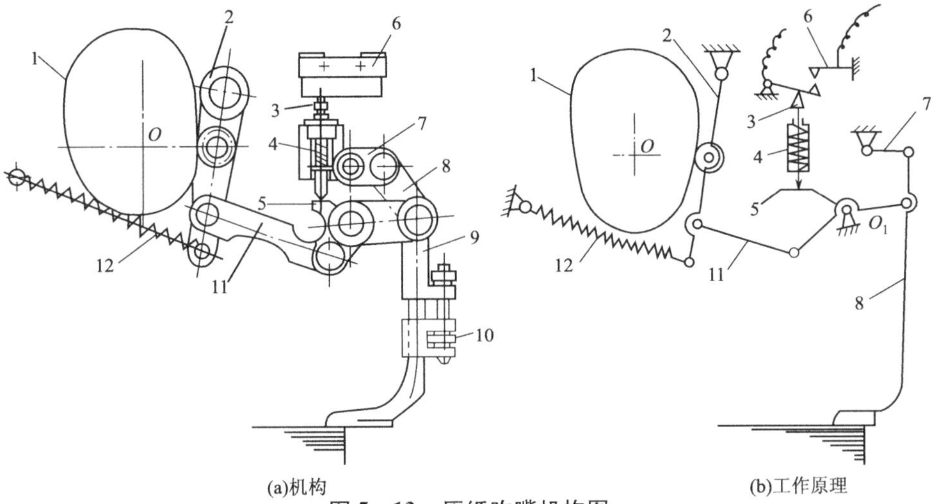

图5－13 压纸吹嘴机构图

1－凸轮；2、7－摆杆；3－限位螺栓；4－压簧；5－顶块；6－限位开关；8－压嘴连杆；9－压嘴调节套；10－调节螺母；11－连杆；12－拉簧

图5－13（b）中，由输纸机上凸轮轴O转动，凸轮小面与滚子接触时，在拉簧12的作用下，摆杆2带动连杆11左移，带动顶块绕轴O_1顺时针方向摆动，连杆8下降至最低位置，使压纸吹嘴压在纸堆上（此时分纸吸嘴刚好吸上第一张纸），然后压纸吹嘴再吹风，把分纸吸嘴吸住的第一张纸和纸堆上被压纸吹嘴压住的纸张完全分离开。凸轮1大面与滚子接

触时，通过摆杆 2 与连杆 11 的作用，使压纸吹嘴上升至最高点。当纸堆上的纸张被一张张地分离走后，纸堆高度下降，压纸吹嘴下压的高度降低。当下降到一定程度时，摆杆上的顶块 5 推动限位螺钉压缩弹簧上升，当限位螺栓 3 顶动行程开关与限位开关 6 接触时，限位开关 6 发出信号给输纸台上升电机，电机启动，纸台上升。当上升到一定高度时，压纸吹嘴压纸时，限位螺栓 3 与限位开关 6 离开，纸堆台停止上升。

在印刷中，对压嘴的检查要看是否完成上述三项任务。与分纸吸嘴动作是否协调，使纸堆上的纸张能够顺利地一张张输送出去。因此，当按照分纸吸嘴的最低位置调整好纸堆高度后，必须调整压纸吹嘴的高度，一般情况下调至距纸堆 15mm 左右。调节时，首先拧松锁紧螺母，再转动调节螺母［见图 5－13（a）］，调好后再锁紧调节螺母即可。如果在印刷中发现压纸吹嘴下落压纸时碰分纸吸嘴上的纸张，应将压纸吹嘴向下调整直至不碰纸为止。

图 5－13 所示为压纸吹嘴机构。同样需完成三项任务，即压纸、吹风、探纸高度。

4. 递纸吸嘴机构

递纸吸嘴是将分纸吸嘴分离出来的纸张吸住，并将纸传送给送纸辊。纸张的递送和接放由相应的机构进行机械往复运动和吸嘴的吸气、断气动作来配合完成。图 5－14 所示为递纸吸嘴机构结构图，图 5－15 所示为递纸吸嘴机构运动简图。

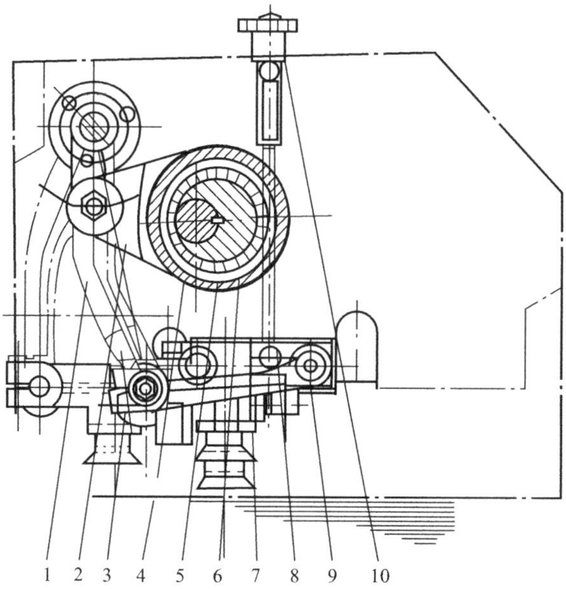

图 5－14　递纸吸嘴机构结构图

1－摆杆；2－曲柄；3－摆臂；4－凸轮轴；5－偏心轴；6－滚针轴承；
7－导轨；8、10－调节杆；9－滚珠轴承

如图 5－15 所示，递纸吸嘴机构主要由偏心轮 1、摆杆 2、连杆 3、递纸吸嘴 5 等组成。其运动是由分纸轴上的偏心轮 1 转动使摆杆 2 摆动，带动连杆 3 上的递纸吸嘴 5 工作。图 5－16所示为递纸吸嘴机构吸嘴的运动轨迹图。图中递纸吸嘴运动轨迹用虚线表示，递纸吸嘴在 a 点时为递纸结束，b 点为递纸吸嘴返回到起始点，递纸吸嘴向前递纸和返回准备吸纸，它们的运动路线是一样的，近似于一条直线运动（其实是一条较平滑的弧线）。递纸吸嘴在返回的过程中，为了不让吸嘴碰到下面的纸张，吸嘴应缩回到最高位置，只有当吸嘴返

回到 b 点时，吸嘴通气活塞下落，由 b 点下落到 c 点，当吸嘴橡皮圈一接触纸张，再由 c 点将纸吸起提升到 b 点，接着吸嘴吸住纸张从 b 点向前递送到 a 点。

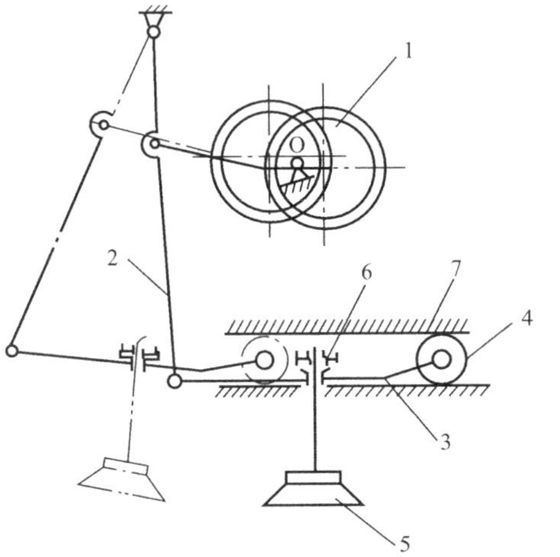

图 5－15　递纸吸嘴机构运动简图

1－偏心轮；2－摆杆；3－连杆；4－滚子；5－递纸吸嘴；6－调节螺钉；7－导轨

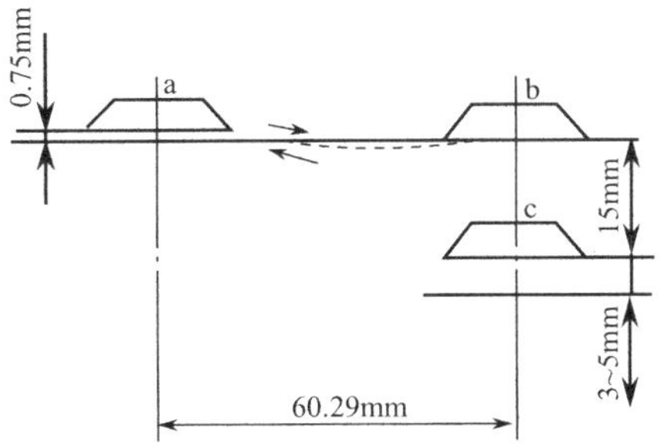

图 5－16　递纸吸嘴机构吸嘴运动轨迹图

图 5－17 所示为递纸吸嘴气动机构图。它是一种差动式气动机构，主要用于实现吸嘴的上下运动。气缸 4 内腔分为 A、B 两个气室，气室 B 直通吸嘴 l 底部，气室 A 通过通气孔 b 与气路相通，而阻尼孔 a 将 A、B 两气室连通。吸嘴不吸纸时，活塞 3 被弹簧 2 压向气缸 4 顶部；当吸气气路接通后，气室 A 气压迅速下降，由于阻尼孔 a 的截面积很小，故通过吸嘴 1 流入气室 B 的气量要比从 B 室经阻尼孔 a 流入 A 室的气量大得多，从而使活塞 3 克服弹簧 2 的压力下降吸纸。当吸嘴的橡皮圈吸住纸张后，气室 A 和气室 B 压力趋于平衡，这时在弹簧 2 的作用下活塞连同吸嘴 1 向上提升（提升距离为 15mm）。

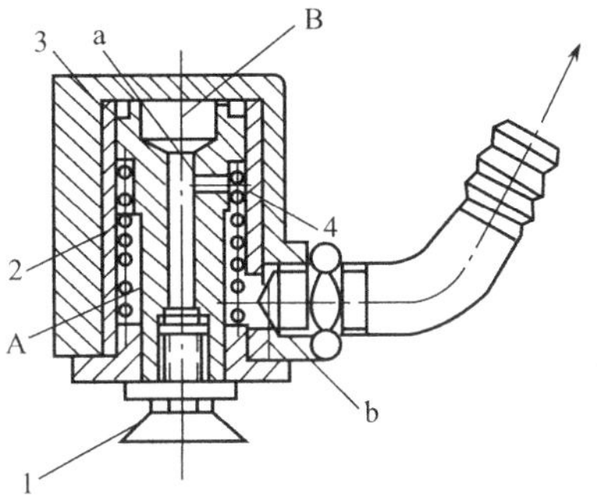

图 5－17　SZ206 型输纸机递纸吸嘴气动机构图

1－吸嘴；2－弹簧；3－活塞；4－气缸；A、B－气室；a－阻尼孔；b－通气孔

这种递纸吸嘴机构是通过偏心曲柄机构来完成递纸吸嘴的往复运动。递纸吸嘴前后摆动的运动规律是呈正弦运动规律变化，这样就提高了递纸吸嘴往复运动的稳定性，也使吸纸和送纸时交接平稳。另外，递纸吸嘴的滚子在两导轨中滑动时，导轨一边固定，另一边导轨是可调的，调节两导轨的平行度，可以调节纸张不走斜。

递纸吸嘴的位置如图 5－7 所示处在距纸两侧边各 L/4 的地方，在这个位置递纸吸嘴吸起纸张最有利，稳定性最好，分离和传递纸张的效果最佳。在高速状态下为了更好地分离纸张，有些单张纸平版印刷机在给纸头上递纸吸嘴增加到 4 个。

5. 分纸机构的其他辅助机件

高速印刷机输纸机的分纸机构除了凸轮轴、配气阀、松纸吹嘴、分纸吸嘴、压纸吹嘴、递纸吸嘴等几大主要工作部件外，为了适应各种厚薄纸张准确分离和传送动作更加平稳、准确，输纸机上还配有挡纸毛刷、挡纸板和压纸块等辅助机件。

（1）挡纸毛刷

挡纸毛刷有两种形式：一种是斜挡纸毛刷；另一种是平挡纸毛刷。如图 5－18 所示。

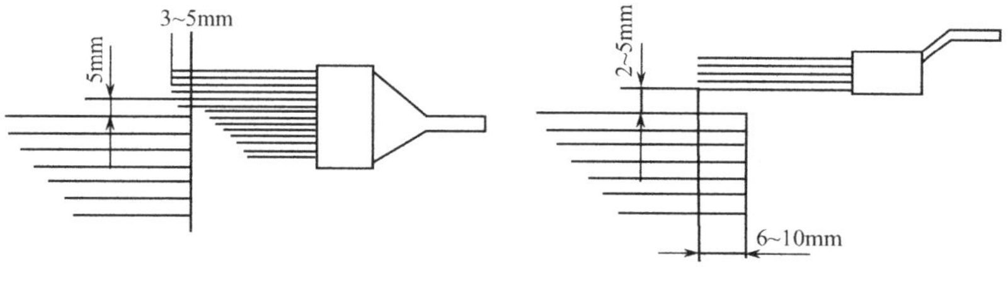

(a)斜挡纸毛刷　(b)平挡纸毛刷

图 5－18　挡纸毛刷示意图

斜挡纸毛刷是在松纸吹嘴吹风时，将被吹松的纸张由刷毛支撑，使之持续保持吹松状态，同时还能协助分纸吸嘴分离纸张。斜挡纸毛刷的位置以刷毛能挂住被吹松的纸为宜。

平挡纸毛刷是将被松纸吹嘴吹松的纸张控制在适当的高度，并刷掉被分纸吸嘴吸起的多余纸张，防止双张或多张现象发生。

一般情况下，毛刷底平面高出纸堆面 3～5mm，伸入纸堆边缘的距离，普通纸和厚纸为 3～5mm，薄纸为 7～9mm。也可参照图 5－18 所给出的数据。如果毛刷伸入过多，会使分纸吸嘴的分纸动作受阻而出现“空张”。反之，则容易引起“双张或多张”，所以在输纸过程中，应把它们调节到适当的位置。

（2）挡纸板

挡纸板有后挡纸板和侧挡纸板（见图 5－7 中的 5 和 8）之分。它们的功能是控制纸堆上面待印纸张的整齐。

① 后挡纸板和压纸块。

图 5－19 所示为后挡纸板和压纸块机构图。它们作为一个整体，分别对称压在纸堆两侧，以减少双张和多张等输纸故障。后挡纸板 2 具有两个功能：一是作为调节分纸机构与纸堆前后相对位置的基准，一般后挡纸板和纸堆后边缘保持约 1mm 的距离：二是保证纸堆整齐，防止被吹松的纸张在分纸过程中向后移动。压纸块的功能是保证分纸过程的准确、稳定。压纸块 1 的质量可以适当调节，因为压纸块上钻有四个圆孔，可放置四个钢球；钢球全部放入，压纸块质量最大，可协助分纸吸嘴及挡纸毛刷起减少双张故障的作用。当印刷薄纸时，压纸块不宜质量过大。

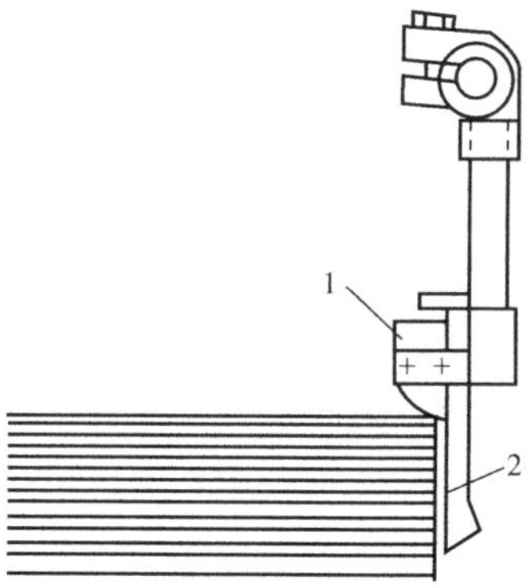

图 5－19　后挡纸板和压纸块机构图

1－压纸块；2－后挡纸板

② 侧挡纸板。

侧挡纸板 8（见图 5－7）的功能是使纸堆两侧保持整齐。它固定在纸堆架左右两侧，可根据纸张尺寸和纸堆位置进行调整。一般距纸堆侧面 2mm 为宜，过近过远都易发生侧规矩定位故障。

需要指出：侧规挡纸板只能对纸堆左右的微量不齐加以推正，而保证侧边输纸整齐的根本措施还是要把纸堆装整齐。

③ 侧松纸吹嘴。

侧松纸吹嘴一般配置在大幅面的印刷机上。主要是为了配合压纸吹嘴的工作，扩大被吸起的纸张与下面纸张全面分离的程度，使递纸吸嘴顺利地把纸送入送纸辊。

第三节　气动输纸机的辅助功能部件

纸张的自动分离效果及其相关功能运动的协调配合关系是输纸机的主要性能标尺。由于分纸运动，纸堆上面的纸张可能因吹风以及摩擦而发生错乱；伴随纸张的逐张分离和输送，纸堆的纸张会不断减少，高度会有所下降，影响分纸吸嘴的取纸；为保证机器连续工作需要不停机续纸，以及四大吹吸嘴正常工作需要源源不断的气源供给；等等。本节主要讨论纸张分离递送过程中涉及的纸堆高度自动补偿、纸台快速升降、自动理纸、不停机续纸，以及保证各个运动关系协调配合的运动传递和气源供给。

一、齐纸机构

齐纸机构又称为前齐纸机构，它位于纸堆前边缘。它的主要功能是保持纸堆前边缘的整齐。在松纸吹嘴吹松纸堆上面十几张纸时，齐纸机构中的齐纸板立起挡住被吹松的纸张，以免纸向前错动；而当递纸吸嘴吸住纸向前递纸时，齐纸板则向后摆动，以便让纸通过。图5－20所示为齐纸机构的结构图和机构运动简图。

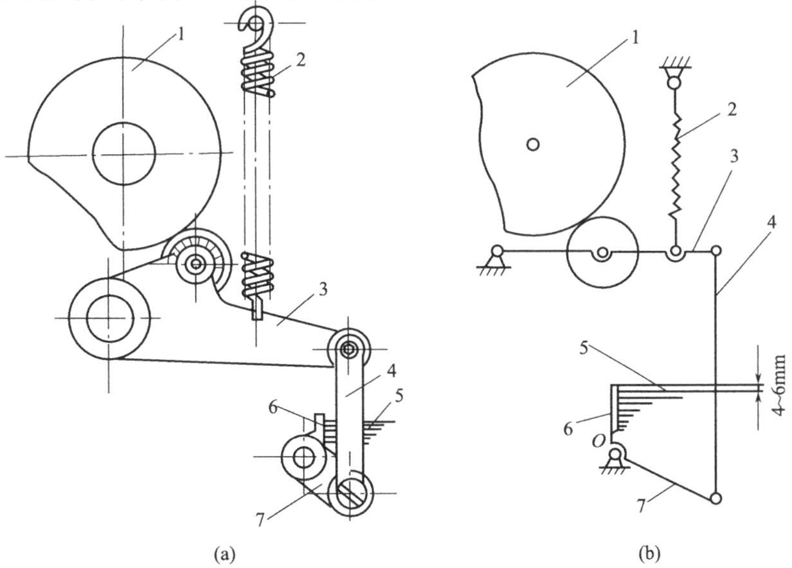

图5－20　输纸台前齐纸机构图

1－凸轮；2－拉簧；3、7－摆杆；4－连杆；5－纸堆；6－齐纸板

根据图示，齐纸机构主要是由输纸机凸轮轴上的凸轮1、拉簧2、摆杆3、连杆4、摆杆7和齐纸板6等构件组成。当递纸吸嘴开始递纸时，凸轮1的小面与滚子接触，在拉簧2的作用下，通过摆杆3、连杆4、摆杆7，使齐纸板6逆时针方向绕O摆动让纸通过。当凸轮1的大面与滚子接触时，摆杆3顺时针方向摆动，通过连杆4，使齐纸板6顺时针摆向纸堆，把松纸吹嘴吹松的纸张理齐，而后压纸吹嘴压到理齐的纸堆上。

工作位置的调节是通过调节凸轮在齐纸轴上的相对位置来达到的。调节要求是：当递纸吸嘴吸纸上升，前齐纸板开始自垂直位置向送纸辊方向摆动，当纸的叼口经过其顶部后，前齐纸板即可回摆。但要注意，在松纸吹嘴开始吹风前，前齐纸板就必须回到垂直位置，这样才能起到挡纸齐纸的作用。纸堆前沿一般应低于齐纸板4～6mm。

二、输纸台升降机构

在印刷过程中，纸张从输纸台上被一张张分离出去，随着纸张被不断地送走，纸堆高度逐渐降低，输纸台面随即下降。为了使给纸头能连续正常工作，必须不断地提升纸堆，补偿高度，使其纸堆表面与分纸吸嘴之间相对距离始终保持在一定范围内。为此，自动输纸机设置有纸堆自动上升机构。

此外，根据输纸装置的工作要求，纸堆能快速升降，以便装纸和调整时缩短辅助工作时间；纸堆能进行手动升降操作，以便必要时使用；纸堆的自动升降，需要加设自锁机构，以使其稳定地停在所需位置；同时，纸堆升降应有安全互锁装置，以保证纸堆自动上升、快速升降以及手动升降时不发生动作相互干涉。

目前输纸台自动上升装置基本上分为两类：一类为间歇自动上升机构（低速输纸机），另一类为由锥形转子电机控制自动上升和快速升降。

1. 间歇自动上升机构工作原理与调节

图5－21所示为SZ201输纸台间歇自动上升机构图。

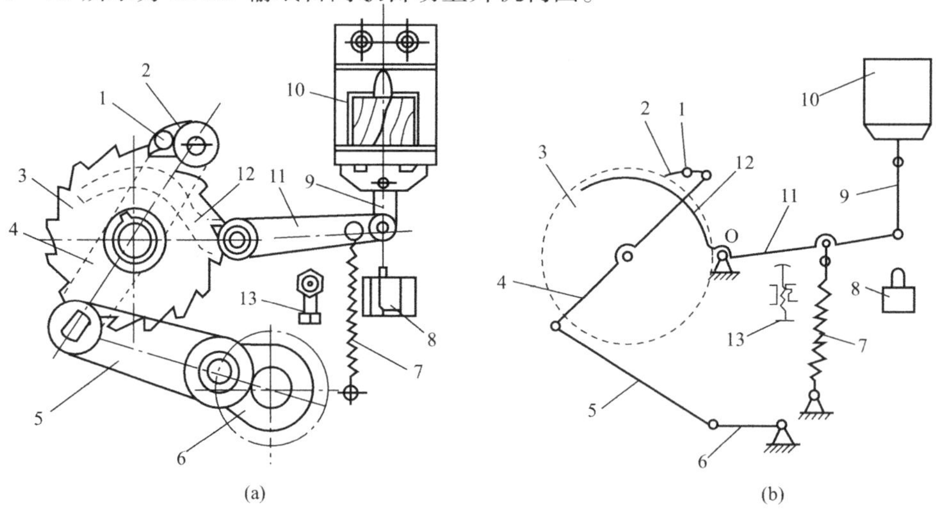

图5－21　输纸台间歇自动上升机构图

1－滚子；2－棘爪；3－棘轮；4、11－摆杆；5－连杆；6－曲柄；7－弹簧；8－限位开关；9－拉杆；10－电磁铁；12－控制板；13－限位螺钉摆杆4、曲柄6、连杆5组成曲柄摆杆机构，曲柄6为原动件。摆杆4上装有棘爪2，可以带动棘轮3周期性间歇转动。但是摆杆11上固连着挡板，控制着棘轮3与棘爪2的接触与分离。该机构就是利用电磁铁10通过控制摆杆11来进行自动上升及其控制的。

该机构的电磁铁的吸合和脱开是由压纸吹嘴上的探测机构发出信号的（参看图5－13）。当纸堆上的纸张被分离出十几张以后，压纸吹嘴下降，使探测块右移，使触头压在微动开关上。此时电磁铁吸合（见图5－21），在拉杆9的拉动下，控制板12绕O轴逆时针方向旋转，棘爪2上的滚子失去支撑，使棘爪落入棘轮3的齿中，摆杆4连同棘爪逆时针方向摆动时，带动棘轮3转动一个角度，再经过链传动使纸台上升一段距离。当纸台上升到一定高度时，压纸吹嘴中的微动开关将电磁铁的电路切断，控制板12靠弹簧7的拉力作用绕O轴顺时针方向摆回，掀起滚子，使棘爪2与棘轮3脱开。此时棘爪2的滚子随摆杆的摆动在控制板上滑动，而棘轮3不动，因此输纸机的纸堆台也不动。

在印刷前，调整好限位螺钉13的位置，使电磁铁在断电时，摆杆11不要压坏限位开关8。

2. 锥形转子电机控制的自动上升和快速升降

（1）纸堆自动上升和快速升降

图5－22所示为SZ206型高速输纸机上的锥形转子电机控制自动上升和快速升降机构图。锥形转子电动机1经过齿轮2、齿轮3、蜗杆4、蜗轮5、链轮6和链条的传动，来带动纸堆自动上升和快速升降。随着印刷的进行，输纸台上的纸堆面高度在不断地降低，当纸堆面高度下降到一定距离时，压纸吹嘴的行程加大，因而接通限位开关（图5－13中6），发出信号，通过控制电路使锥形转子电动机1瞬时转动，使纸堆自动上升。纸堆升高，压纸吹嘴压纸位置也提升，使限位开关脱开，纸堆停止上升。这样就完成一次纸堆的上升动作。每次纸堆自动上升的高度可根据纸张厚度来进行调节。而纸堆每次自动上升的距离，取决于电机的电路接通时间，通过调整输纸机传动面护罩前的时间继电旋钮，即可改变电机电路的接通时间。

纸堆的快速升降通过直接按动输纸机上的操作按钮来完成。

（2）限位安全装置

SZ206型输纸机纸堆快速上升高度限位是由气阀限位装置控制的。

如图5－23所示，气阀限位装置中安装有高度限位开关2（JWL－11），当纸堆快速升

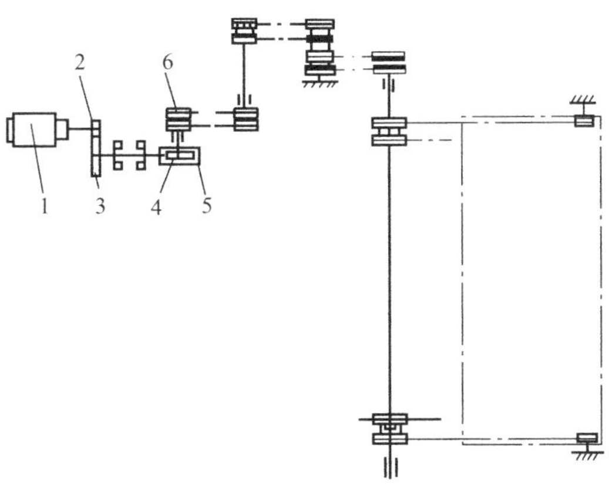

图5－22　主纸堆升降机构图

1－电动机；2、3－齿轮；4－蜗杆；5－蜗轮；6－链轮

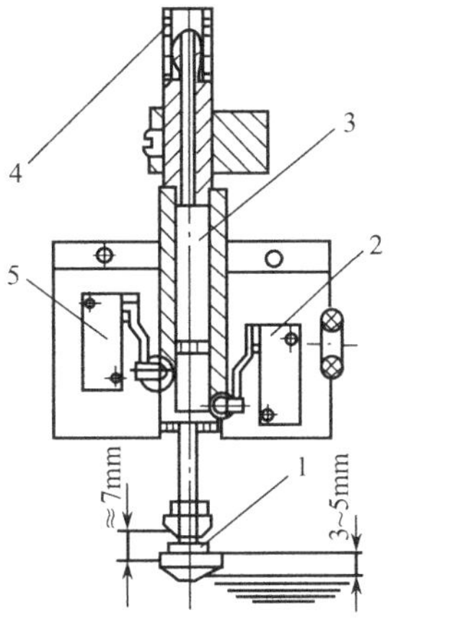

图5－23　气阀限位装置

1－限位触头；2－限位开关；3－气阀；4－吸气管；5－安全限位开关

至距正常输纸高度3～5mm时，纸堆使气阀限位装置中的限位触头1上升，触动限位开关2，快速上升停止，并转换成自动上升。待纸堆自动上升2～3次后达到正常输纸高度，打开气泵，气阀3上升并带动限位触头1上升约7mm，输纸机便可进行正常输纸工作。如果纸堆表面超过正常工作的极限高度时，纸堆将使安全限位开关5触动，电机停止转动，该装置又起到上升安全限位作用。纸堆下降高度限位，用限位开关（JWL－11）控制，它安装在传动面墙板的下端。当纸堆快速下降到最低位置时，纸堆台架上的限位触块碰到限位开关，使电机停止转动，下降停止。

（3）锥形转子电动机

在高速输纸机（如SZ206型）中，输纸台的自动上升和快速升降，多采用锥形转子电动机直接控制。锥形转子电动机结构与工作原理如图5－24所示。

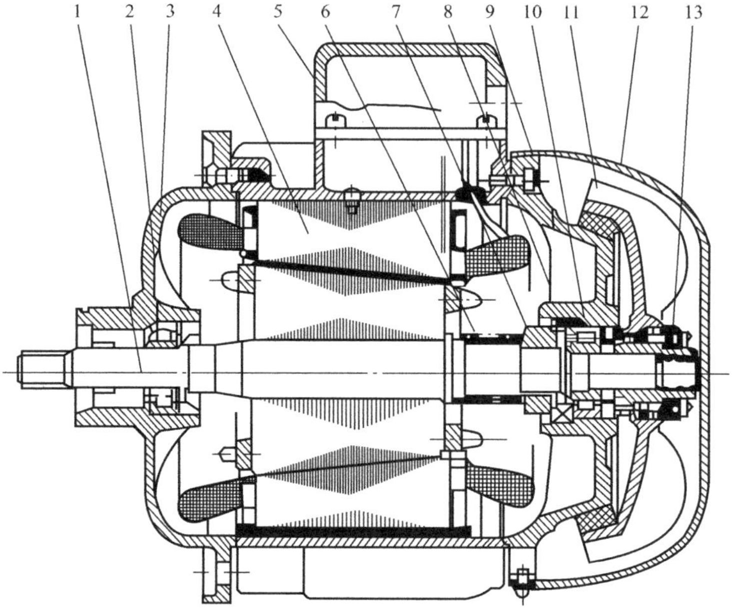

图5－24　锥形转子电动机结构图

1－转子；2、10－轴承；3－前端盖；4－定子；5－接线盒；6－压簧；7－支撑套；8－止推轴承；9－后端盖；11－制动轮；12－风罩；13－锁紧螺母

较之于普通电机，这种新型锥形转子电机的特点是给电马上脱离制动旋转，断电后立即制动。这也是输纸机纸台自动上升机构中的最优选择。

电机定子的内径和转子的外径是由锥形体构成的。转子1不仅能做周向旋转运动，还能做轴向串动。当电机停电时，电机后端的压簧6把转子1推向大端，依靠风扇制动轮11使转子1能瞬时停止。当压纸吹嘴发出信号给电机通电时，电机又立刻脱离制动而旋转。

工作过程原理为：当电机通电时，电机定子绕组产生的磁通量将转子磁化，对转子产生一垂直于转子表面的吸力，由于电机转子表面是锥形的，故此吸力有一个与转子1轴向平行的分力（此力永远由大头指向小头），即转子的轴向力。电机转子在此轴向电磁力作用下，克服压簧6的压力带动固定在转子轴上的风罩12、制动轮11由大端向小端移动，从而使风扇制动轮脱离制动轮毂，电机旋转，输纸台自动上升。当电机断电时，转子1轴向磁力消失，在压簧6的作用下，电机转子轴向大端移动，转子1带着风扇制动轮11紧紧压在制动轮毂上，依靠制动轮和制动轮鼓的摩擦力使电机制动。

该电机转子轴向移动量为1.5～3mm，制动力的大小可通过调节此距离得以实现。

三、不停机续纸机构

高速印刷机在印刷过程中，输纸台上的纸输送完就要更换新的纸堆，为了减少机器的停顿时间，缩短印刷机的辅助工作时间，提高机器的效率，在输纸机上设置有不停机续纸装置。

如图5－25所示为SZ206型输纸机副纸堆台。其副纸堆台用于临时代替主纸堆台工作，以便在不停机的情况下连续续纸。其工作过程如下：当主纸堆台上的纸堆高度剩余约290mm时，即纸台1的上平面上升到侧挡纸规的下位线，将插辊3插入主纸堆台1的木板槽内。接着按副纸堆“上升”按钮，使副纸堆的前台架7和后台架2托住全部插辊，副纸堆将自动停止，（因插辊3压在前台架转换开关8上），主纸堆自动上升停止，转换为副纸堆自动上升。而剩余的纸堆由插辊托着。然后再按主纸堆“下降”按钮，让空的主纸堆台1下降到最低位置，在碰到限位开关10后停止下降。待主纸堆台堆纸完成后，按动主纸堆“上升”按钮，使主纸堆快速上升，当主纸堆面与插辊接触时，主纸堆停止上升。按副纸堆“下降”按钮；使前台架7和后台架2脱离插辊，副纸堆自动上升停止，转换成主纸堆自动上升。这样纸堆的更换工作完成。接着拔出插辊3，使副纸堆剩余的纸落在主纸堆上继续连续输纸工作。插辊拔出后，挂在插辊架上，待下次使用。按动副纸堆“点动降”按钮，使其下降到最低位置，副纸堆后台架2也可取下接在插辊架上，待使用时再装在原位置上。

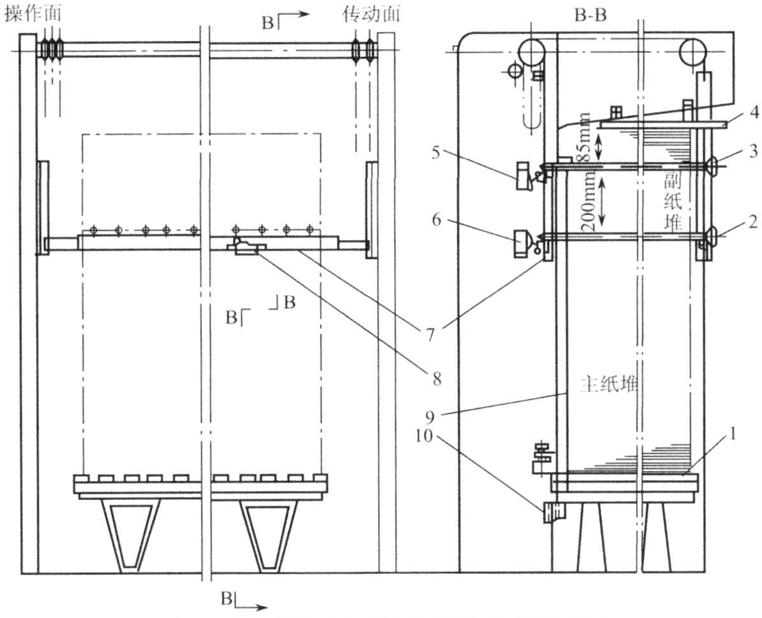

图5－25　SZ206型输纸机副纸堆台示意图

1－纸台；2－后台架；3－插辊；4－侧挡规；5、6、10－限位开关；
7－前台架；8－自动上升转换开关；9－侧挡纸规

在使用不停机续纸机构时，应注意限位开关 5、6 是限制台架 2、7 的最低和最高位置。台架只能在这个允许的范围内。

四、输纸机供气系统

气动式输纸机上纸张与纸堆的分离和传送是由气泵所产生的吹风及吸气工作，利用相应的吹嘴、吸嘴机构共同配合来完成的。有些印刷机的吸气带输送装置，其负压气体也由气泵提供。在印刷部分，传纸滚筒表面形成的气垫以及在收纸装置中，减速机构的吸气和喷粉装置的吹气也是由气泵提供气体。气泵供给的气体气流通过气路系统到达各个吹嘴和吸嘴。为使气嘴按一定顺序和时间吸气和吹气，在气路中应配备有吸气和吹气分配阀。

1. 气泵

气泵是产生气源的装置，在印刷机械中使用的气泵，可分为两大类，即活塞式气泵和旋转式叶片泵，现代轮转印刷机则以旋转式叶片泵为主。这里只对旋转式叶片泵做一介绍。高速轮转印刷机上广泛应用直叶片式气泵，图 5－26 所示为直叶片式气泵外形图，图 5－27 所示为直叶片式气泵工作原理。由图 5－26 所示，气泵 2 由电机 1 带动旋转，吸气口 6 接吸气管，吹气口 3 接吹气管，5 是补气所用的吸气口。旋钮 8 用来固定盖板。从图 5－27 可以看出，气泵主要机件由泵体 1、转子 2 和叶片 3 组成。转子 2 偏心配置在泵体内，转子上开有八个纵向槽，在槽中装有能沿转子径向滑动的叶片。由于转子的偏心配置，泵体内壁与转子表面之间围成月牙形的空间。当电机通过连轴器带动转子转动时，叶片在离心力的作用下沿滑槽甩出，紧贴于泵体内壁，将月牙形空间分成若干扇形气室。在转子旋转一周过程中，各个气室的容积依次由最小值逐渐变到最大值，然后再由最大值变到最小值，随着转子的连续旋转，气室的容积将按照上述规律周而复始地变化，形成进气和排气（即吸气和吹气）。

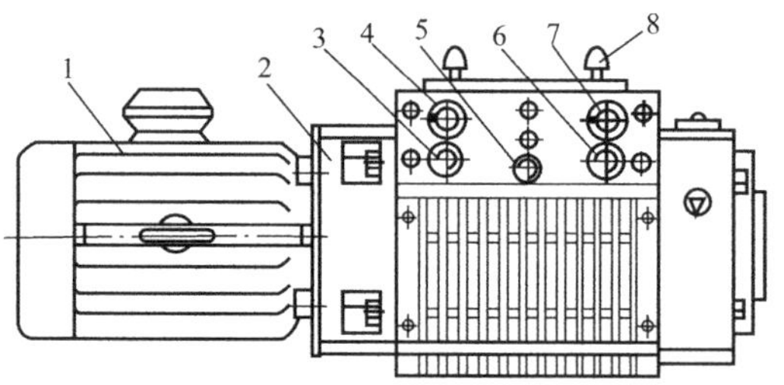

图 5－26　直叶片式气泵外形图

1－电机；2－气泵；3－吹气口；4－气量调节阀；
5－补气吸气口；6－吸气口；7－气量调节阀；8－旋钮

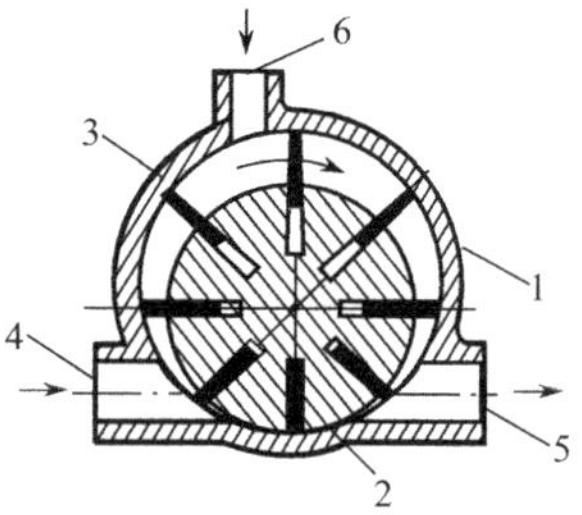

图 5－27　直叶片式气泵工作原理图

1－泵体；2－转子；3－叶片；
4－进气口；5－排气口；6－补气口

2. 气路系统

叶片式气泵气路系统，如图 5－28 所示。

气泵供给的气体经气路分配阀送到气嘴，气泵由电机带动。进气室 5 通过空气过滤器 3 与吸气管 4 相通。排气室 6 通过滤油器 7 与吹气管 8 相通。吸气管 4、8 分别与气体分配阀 10、11 相接。气体分配阀 10 又与分纸吸嘴 14 和递纸吸嘴 15 相连接；吹气分配阀 11 与松纸吹嘴 13 和压纸吹嘴 12 相连接。在吸嘴和吹嘴进行吸气和吹气时，它们各自的循环周期与时

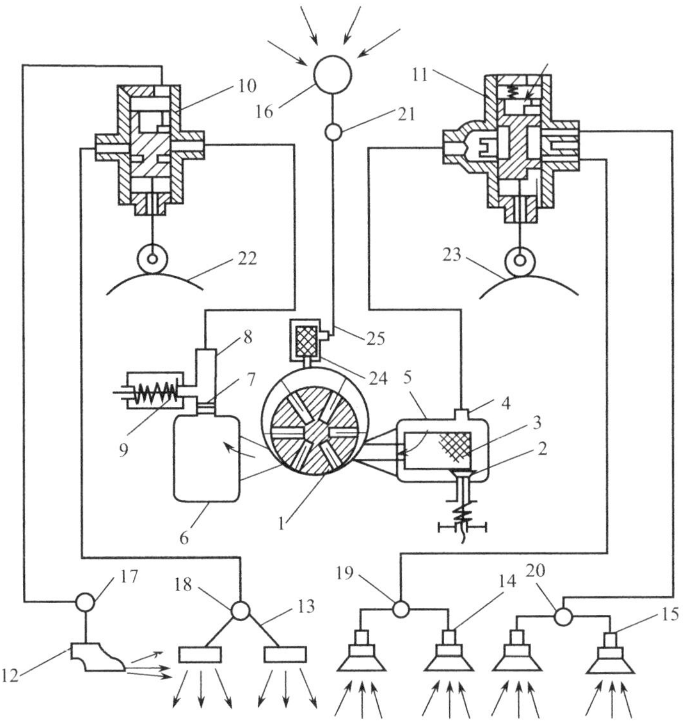

图 5－28 叶片式气泵气路系统图

1－泵体；2－吸气气压调节阀；3－空气过滤器；4－吸气管；5－进气室；6－排气室；7－滤油器；8－吹气管；9－吹气气压调节阀；10、11－气体分配阀；12－压纸吹嘴；13－松纸吹嘴；14－分纸吸嘴；15－递纸吸嘴；16－收纸减速装置；17～21－气量调节阀；22、23－凸轮；24－补气室；25－导管

间长短由吸气分配阀 10 和吹气分配阀 11 控制。补气室 24 通过空气过滤器与补气管相连接，补气管又与收纸减速装置 16 相接通。气量调节阀 17～21，用来调节各吹嘴、吸嘴的气量大小。

3. 气体分配阀

气体分配阀是根据需要把气泵所产生的吹气和吸气以一定的节奏和持续时间分别与吹气嘴和吸气嘴接通或断开。

目前常用的气体分配阀是旋转式气体分配阀，其结构和工作原理如图 5－29 所示。

在分纸器轴一端装有四个旋转式气路开关，每个气路开关控制一个吹嘴或吸嘴的气路接通和断开。导管 1 接通气泵进气口，导管 2 接通气泵排气口，导管 3 接分纸吸嘴，导管 4 接送纸吸嘴，导管 5 接压纸吹嘴，导管 6 接松纸吹嘴。各吹嘴、吸嘴都有单独的气量调节阀 11。每个气路开、关阀芯上都开有一定角度的缺口，当阀芯上的缺口转到与接气泵的导管和吹嘴或吸嘴的导管连通时，吹嘴或吸嘴的气路接通，否则，吹嘴或吸嘴的气路就关闭。吹嘴和吸嘴的气路接通时间长短取决于阀芯缺口角度的大小，而接通的先后顺序则取决于阀芯与分纸器轴的周向固定位置。在控制分纸吸嘴和送纸吸嘴的两个阀芯中［见图 5－29（b）中的A－A和 B－B 剖视图］，同时还开有补气路，当接通位置时，外界空气从补气小孔 c 进入

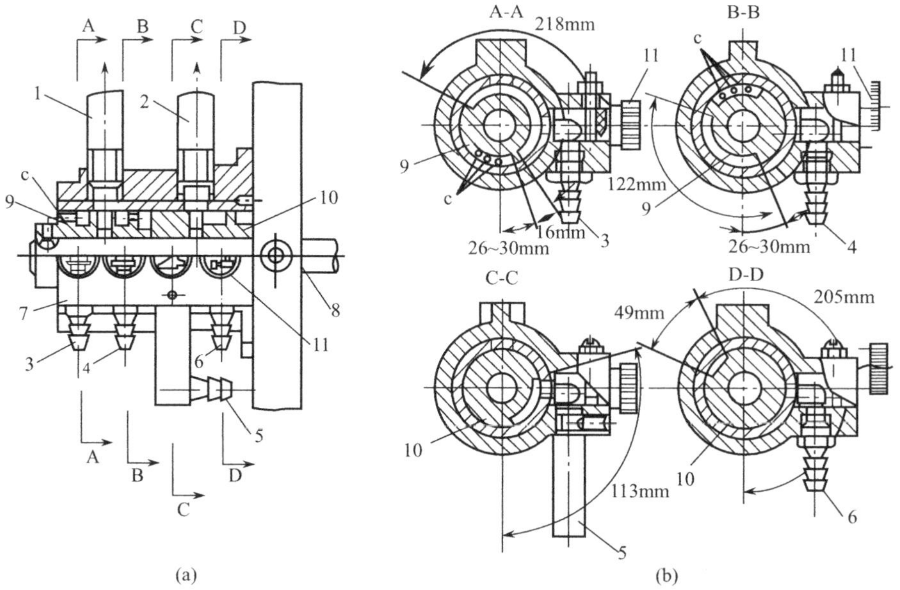

图 5－29　旋转式气体分配阀

1～6－导管；7－阀体；8－轴；9－吸气组合控制阀芯；10－吹气组合阀芯；11－气量调节阀

吸气气路，使气路的负压状态消失，吸嘴迅速放开纸张。图 5－29（b）中各阀芯所处的位置是 0 位时的阀芯标准装配位置。

第四节　走纸控制及安全装置

飞达头分离出的纸张需要经过接纸轮到达输纸板上，通过输纸线带输送至定位装置。输纸机在纸张输送的过程中，由于各种原因可能产生双张、多张、断张、斜张、折角、杂物进入输纸板及纸张早到或晚到前规处等故障。如果不能及时处理这些故障，就会出现废品，影响印刷质量，甚至可能造成机械设备事故。为此，印刷机上都设有自动检测控制机构，如果出现上述故障，输纸机都应立即停止输纸。同时印刷机相应的机构完成联动的工作（滚筒离压，前规和递纸机构停止传纸，传墨辊与出墨辊脱离接触，出水辊停止转动以及机器由高速运转降至低速运转）。印刷机在输纸机上设置的自动检测控制机构主要分为双张检测控制机构、空位检测控制装置和安全杠装置。

一、纸张的输送

1. 传送带式纸张输纸机构

传送带式纸张输纸机构由送纸压轮机构、输纸台装置、传送带传动机构等部分组成。

递纸吸嘴将纸张递送到送纸辊上（也称接纸辊，此处也是线带辊），压纸轮和压纸滚轮压下，靠摩擦力将纸张向前输送，把分纸头分离出来的纸张在输纸板上传送展平，使纸张平稳地进入规矩部件进行定位，为准确套印创造条件。然而在印刷过程中，纸张输送装置的调整使用会使走纸出现歪斜，影响印刷质量。因此必须了解输纸板上各机构的作用及调节，才能保证输纸板正常工作。

应该指出，在高速输纸机上，把送纸辊和主动线带辊合二为一，缩小了输纸步距，提高了输纸速度。线带辊上留有两段光滑表面（不滚花纹），就是为了与压纸轮接触，在纸张输送过程中，压纸轮的作用是保证纸张平稳和正确的走纸方向，向前递送。如果两轮使用不当，将会造成纸张歪斜、乱张甚至停机。因此，调整压纸轮机构是操作者必须掌握的工作。

（1）送纸压轮机构

图 5－30 所示为一摆动式送纸压轮机构。凸轮 1 安装在输纸机的凸轮轴上，随轴不断地旋转运动，当凸轮 1 的升程弧与滚子 2 接触时，推动摆杆 3，使螺钉 5 逆时针转动，螺钉 5 顶动摆杆 7 使压纸轮 11 上摆让纸，递纸吸嘴把纸张向前送到送纸辊 12 上。送纸辊 12 为一光滑轴，其上装有两个压纸轮 11。当凸轮 1 的回程弧与滚子 2 接触时，在拉簧 4 的作用下，摆杆 3、螺钉 5 顺时针摆动，通过弹簧 9，使压纸轮 11 下落压纸，此时递纸吸嘴放纸，纸张在压纸轮 11 和旋转的送纸辊 12 之间靠摩擦力的作用向前传送到传送带上。

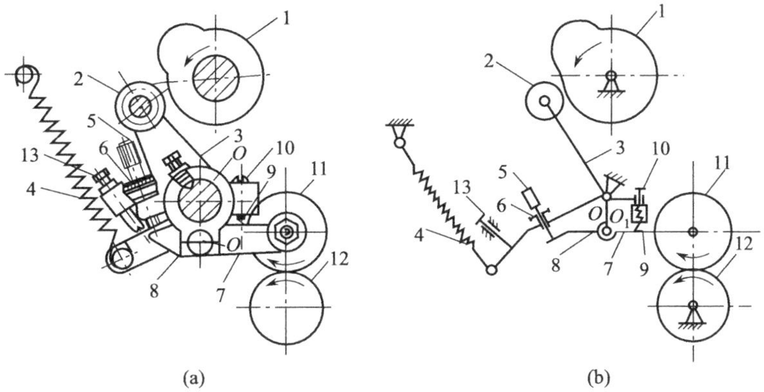

图 5－30 SZ2006 型输纸机输纸机构图

1－凸轮；2－滚子；3、7－摆杆；4－拉簧；5－螺钉；6－螺母；8－支撑座；
9－弹簧；10－调节螺钉；11－压纸轮；12－送纸辊；13－定位螺钉

调节螺钉 10，通过弹簧 9 的作用可以调节压纸轮 11 和送纸辊 12 之间的压力。螺钉 5 是用来微调单个压纸轮下落与送纸辊的接触时间。定位螺钉 13 用来确定轴 O 顺时针转动时的极限位置，以免压纸轮压力过大，并能使压纸轮压纸时脱离凸轮 1 的控制，保证传纸的稳定性。

（2）输纸台装置

如图 5－31 所示，输纸台装置主要由输纸板 5、送纸辊 1、压纸轮 2、压纸框架 4、吸气嘴 11、递纸牙台 9 及纸带传送机构等组成。在输纸板面上设有六条钢板，相对应配置六条传送带 13，以保证传送带在输纸板面上运动灵活，减少传送带和输纸板的摩擦。在输纸板前端设置的四个吸气嘴 11，主要是在输纸机输纸出现故障时起作用。当输纸机输纸出现故障（双张或其他故障），需取出乱张时，可掀起压纸框架 4（先要打开压纸框，锁住卡板 16），此时接通吸气回路，由吸嘴 11 吸住纸张，使前端纸保持原位置，防止移位。在故障排除后，将压纸框架放下，扳回卡板锁，此时气路断开，可正常输纸印刷。压纸框架 4 由压纸滚轮 6、压纸毛刷 3、压纸毛刷滚轮 7、压纸球 8 及压纸片 10、17、19 等组成。压纸滚轮、压纸毛刷、压纸毛刷滚轮是用来防止纸张到达前规时反弹和飘动。压纸滚轮与线带输纸台之间的压力以及压纸滚轮的导纸方向，对输纸的准确性有很大影响。因此，要求所有压纸滚轮的压力一致，轻重适宜。压纸滚轮的旋转方向应与传送带运动方向一致。有时为了展平纸张也可把两边的压纸滚轮略向外侧斜一些，但不宜过大。压纸球一般只在印刷比较厚的纸张时使用，用以增加压力，不用时可把球架抬起。侧规压纸片 17 用来压平纸角，保证纸张顺利进入侧规。压纸片 10 和前压纸片 19 的作用是防止纸边翘起影响前规定位和递纸牙叼纸。纸带传送机构主要由主动带辊、从动带辊、传送带和张紧轮等组成。它是保证纸张正常输送的装置。

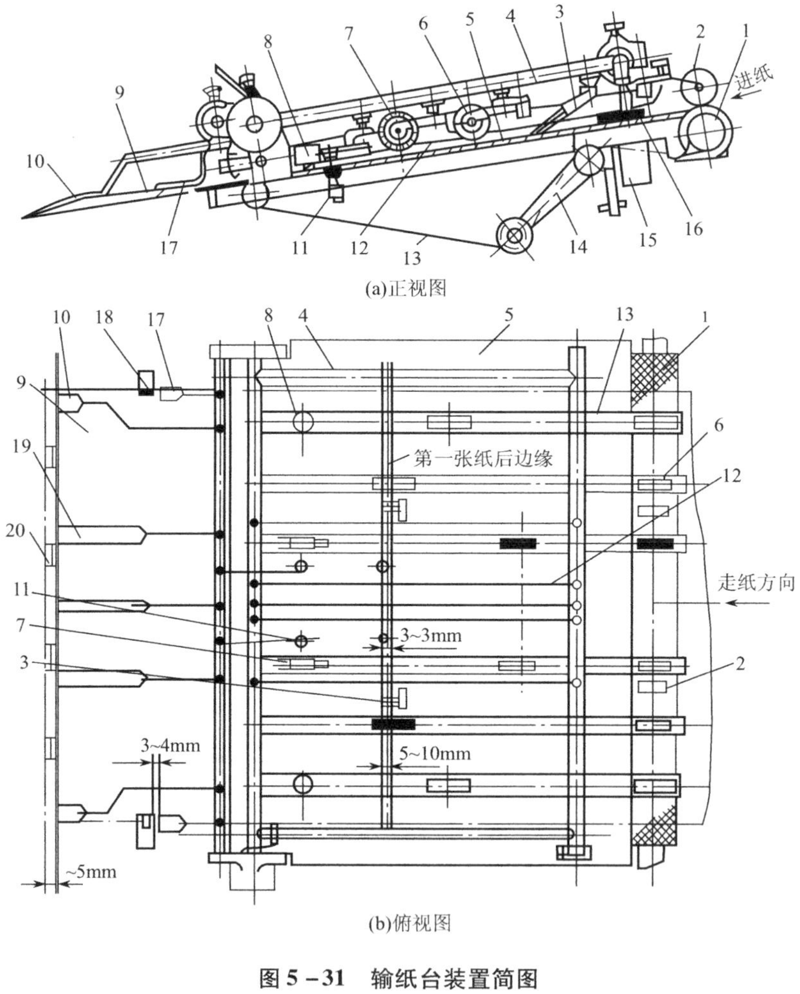

图 5－31　输纸台装置简图

1－送纸辊；2－压纸轮；3－压纸毛刷；4－压纸框架；5－输纸板；6－压纸滚轮；7－压纸毛刷滚轮；8－压纸球；9－递纸牙台；10－压纸片；11－吸气嘴；12－杆；13－传送带；14－张紧臂；15－阀体；16－卡板；17－侧规压纸片；18－侧规拉板；19－前压纸片；20－前规

2. 真空吸气带式纸张输纸机构

为适应印刷机高速发展的要求，现代单张纸平版印刷机采用了真空吸气带输纸机构，这种输纸机构在国外许多生产厂商生产的印刷机上已配置，图 5－32 所示为真空吸气带输纸机构原理。纸张通过吸嘴 2 传送给驱动辊 3 运送，最后输送带 10 把纸吸住由其直接输送到规矩部件，完成纸张在输纸板上的传送、定位。

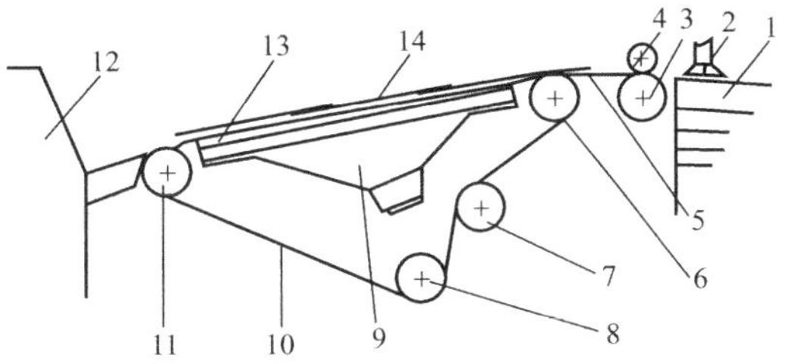

图 5－32 真空吸气带输纸机构原理图

1－纸堆；2－吸嘴；3－驱动辊；4－压纸轮；5－过桥板；
6－驱动辊；7、8－张紧轮；9－吸气室；10－输送带；
11－传送带辊；12－印刷色组；13－输纸台；14－纸张

图 5－33 所示为德国曼罗兰 700 型四色单张纸印刷机吸气带式输纸台平面示意图。它主要由驱动辊 1、输纸台 2、吸气带 3 和 8、传送带辊 4、侧规 6 及辅助吸气轮 7 等部件组成。图5－34为其纸张输送纵向传送简图。

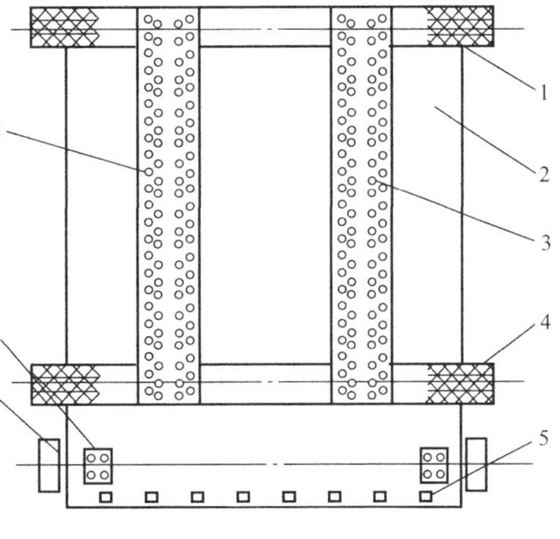

图 5－33 吸气带式输纸台平面示意图

1－驱动辊；2－输纸台；3、8－吸气带；4－传送带辊；5－吹气口；6－侧规；7－辅助吸气轮

如图 5－33 所示，在输纸台上安装有两条吸气带 3 和 8，当从纸堆上分离出来的纸张由驱动辊 2（见图 5－34）输送到输纸台上时，由吸气带吸住，并传送到前规处定位，接着由侧规拉纸完成纸张的侧边定位。这种输纸机构，去掉了传统输纸台上面的压纸框架，大大简化了输纸板机构，使操作与调节更为简单、方便，同时由于输纸台被做成鱼鳞式，故能防止纸张产生静电。当然这种输纸方式也使纸张的输送更加平稳、准确。而且裁切不整齐的纸张

也能送到输纸台前由规矩部件定位。图 5 – 33 中吹气口 5 的吹气作用使纸张前边缘（叼口）部分平稳的进入前规定位。而辅助吸气轮 7 则能使纸张以更平稳的方式进入前规处定位。图 5 – 34 中吸气室 4 的吸气量为恒定值，而吸气室 7 的吸气量大小则是可调的，主要是为了适应印刷不同厚薄纸张的要求。

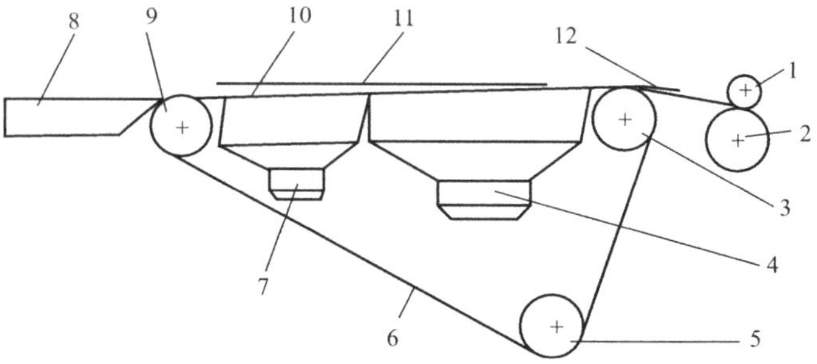

图 5 – 34　吸气带纸张输送纵向传送简图

1 – 压纸轮；2、3 – 驱动辊；4、7 – 吸气室；5 – 张紧轮；6 – 输送带；8 – 侧规板台；9 – 传送带辊；10 – 输纸台；11 – 纸张；12 – 过桥板

在这种装置中，为了避免纸张由于高速的运送，而使纸张前边缘（叼口）到达前规时，产生冲击和反弹卷曲等现象，影响前规的定位准确性。故吸气带的运行采用了变速的方式，即当纸张远离前规运行时加快速度，在靠近前规时速度变慢，使纸张缓慢与前规接触，以消除纸张对前规的冲击与反弹，同时利用一些辅助机件（毛刷、吹气口等），使纸张在前规处定位的准确性得以保证。

3. 变速输纸机构

由于高速单张纸印刷机上，高速运行的纸张到达前规定位时会产生很大的冲击力，从而造成纸边卷曲或纸张回弹等现象，影响定位的准确性。为解决这个问题，现代印刷机采用变速输送纸张的方法，即在保证工作循环周期不变的情况下，纸张在输纸的前段时间内高速运行，在靠近前规的一段距离内则做慢速输送，这样纸张就以较缓慢的速度靠近并与前规接触，既不影响印刷速度，也增加了定位的稳定性，保证了印刷质量。实现纸张变速输送的方法很多，这里仅以图 5 – 35 所示的齿轮 – 连杆变速机构为例讨论其变速机构传动原理。

该机构的特点是主动件做匀速运动，而从动件则做周期性地变速运动。利用这个特点，单张纸印刷机传送纸张的输送带驱动辊由齿轮—连杆机构的从动件带动，实现输送带驱动辊的周期性变速转动，最终实现传送带做周期性变速运动；该机构主要是由定传动比的齿轮机构和变传动比的连杆机构组成的。偏心齿轮 1 安装在轴 A 上，偏心距为 e。齿轮 3 与齿轮 1 啮合，它们的内孔分别与连杆 2 由两个铰链 B、C 活套。齿轮 3 又与齿轮 5 啮合，摆杆 4 与齿轮 5 是活套的。齿轮 5 是齿轮 – 连杆机构的从动件，它的轴上装有链轮 7，经过链条 8 带动输送带驱动辊 9 转动。

该机构的动力由轴 A 输入，它以等角速度绕轴 A 转动，也就是杆 AB 做等角速度旋转。由于齿轮 1 与杆 AB 是一个零件，所以，它以等角速度绕轴 A 做整周转动（即输入运动），通过齿轮 3 做平面复合运动而带动齿轮 5 绕轴 O 做变速回转（即输出运动），从而使输送带实现变速运动的要求。

需要特别注意的是：在具体应用中，应根据输送带做周期性变速的特性，并依据前面叙述过的输纸要求，相应地选择应用和确定结构尺寸，合理安排输纸台上输纸带的输纸速度。

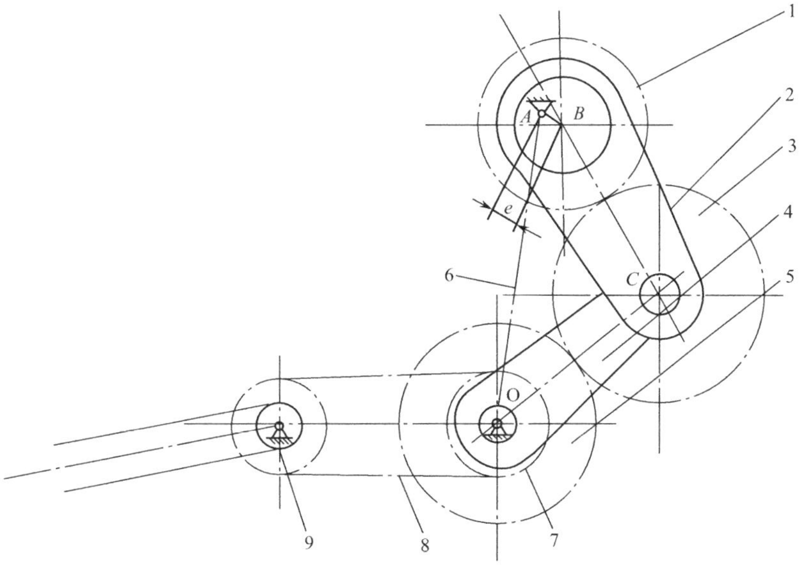

图 5－35　齿轮－连杆变速机构传动原理图

1－偏心齿轮；2－连杆；3、5－齿轮；4－摆杆；6－机架；7－链轮；8－链条；9－驱动辊

二、双张检测控制机构

输纸机在分离和输送纸张的过程中，有时会出现双张或多张纸到达前规。为防止误送双张或多张进入滚筒造成事故，在输纸机上相应地设置了发现上述故障的双张检测装置，在检查出双张或多张后，输纸机停止输纸，控制机构立即发出系列联动控制信号。

出现双张时，机器通常发出 8 项连锁动作：①三个滚筒离压，同时机器转速降至最低运转速度；②输纸机停止运转，同时计数器停止计数；③前规不抬起；④递纸牙摆到递纸牙台，叼纸牙不叼纸；⑤传墨辊不与墨斗辊接触，停止传墨；⑥着墨辊抬起，脱离印版；⑦传水辊停止摆动；⑧着水辊抬起，脱离印版。

双张检测控制机构可分为机械式、光电式、电容式及气动式等，各种类型的平版印刷机广泛使用机械式双张检测控制机构和光电式双张检测控制机构（有些国外印刷机，机械式和光电式两种双张控制机构同时随机配置，使用时需根据具体情况选择使用或同时使用），而电容式和气动式双张检测控制机构则较少在高速印刷机上采用。

1. 机械式双张检测控制机构

机械式双张检测控制机构可分为摆动式双张控制器、固定式双滚轮双张控制器。

机械式双张检测器的双张检测控制原理：通过检测从分离到输送过程中的纸张厚度，利用单张纸和双张纸厚度（其实是双张纸和三张纸厚度）的不同，根据纸张厚度变化量的大小发出控制信号，防止误送双张或多张。

（1）摆动式双张检测器

图 5－36 所示为 SZ201 型输纸机双张检测器，它安装在 J2203A 和 J2108A 型平版印刷机的输纸机上。由图 5－36（b）可知，当递纸吸嘴将纸张向送纸辊递送时，压纸轮（即检测轮）2 上抬让纸。此时，凸轮的大面与滚子接触，摆杆 12 通过滑座、螺钉 14 及支撑杆 3 使

压纸轮2上抬。当递纸吸嘴将纸张递送至送纸辊1上后，压纸轮压纸输送时，凸轮小面与滚子接触。按连续输纸方式，压纸轮下方是两张纸的情况，调节螺钉，使两触头之间距离留有一张纸厚的间隙。当压纸轮下方出现双张（或多张）纸时，压纸轮比正常印刷上抬一定高度（弹簧受压缩），使支撑杆3连同螺钉14逆时针方向摆动一个角度，螺钉14向左让开滑座13。在拉簧7的作用下，小摆杆6便围绕 O_1 点逆时针方向转动，使两触头接触，从而发出信号，使输纸机离合器脱开，输纸机停止运转。

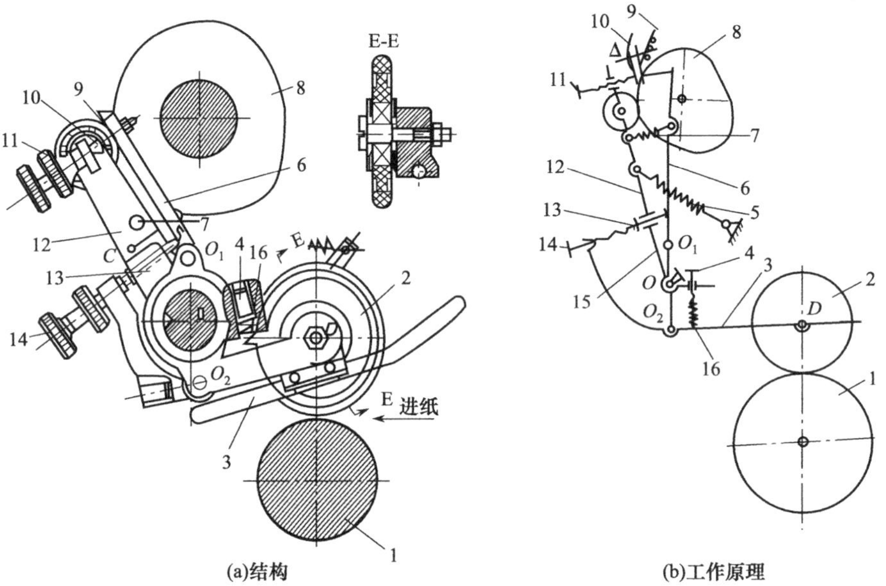

图5－36　SZ201型输纸机双张检测器

1－送纸辊；2－压纸轮；3、5－支撑杆；4－调节螺钉；6－小摆杆；7－小拉簧；8－凸轮；9、10－触头；11、14－螺钉；12、15－摆杆；13－滑座；16－弹簧

螺钉4用于调节压纸轮2和送纸辊1之间的压力。当印刷时，纸张厚度发生变化时，应及时调节螺钉14和11，调整两触头之间距离Δ值为所印纸张的厚度。这种检测器，理论上灵敏度较高，但由于结构比较复杂，调节也比较麻烦，制造和装配误差累积导致检测精度不易保证，所以，实际检测效果并不理想。另外，该检测器中压纸轮和送纸辊的径向跳动量影响较大，给调节与使用带来不便。因此，安装机器时，应限制压纸轮和送纸辊之间的径向跳动量不超过0.2mm为宜。

（2）双滚轮双张检测器

图5－37所示为双滚轮双张检测器的工作原理图和结构图。由图5－37（b）可知，在正常输纸时，纸张从送纸轮1和检测轮3之间通过。在检测轮上面装有滚轮5，通过螺钉10、摆杆9可以调节两轮之间的间隙Δ值，使其小于输送一张纸的厚度。

当出现双张（或多张）纸张通过检测轮时，检测轮抬起的高度超过Δ值与滚轮接触，由于摩擦作用带动滚轮逆时针方向转动，此时滚轮上的销轴6将板簧7抬起，板簧7拨动微动开关上的触头8，使电磁离合器脱开，输纸机停止运转。

间隙调节：当输纸板上无纸时，松开锁紧螺母，拧动螺钉10，使摆杆9绕支点上抬，

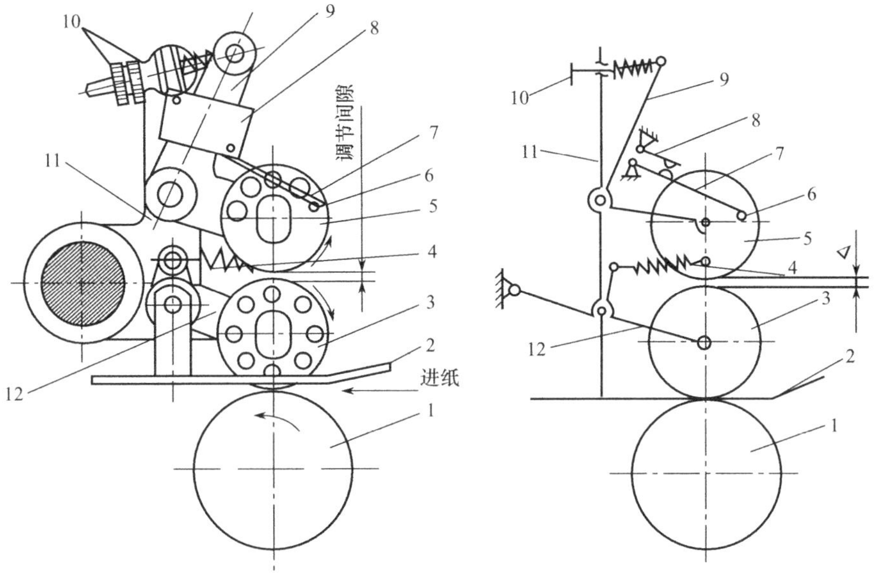

(a)结构　　(b)工作原理

图 5－37　双滚轮双张检测器

1－送纸轮（与线带轮为一体）；2－挡纸板；3－检测轮；4－弹簧；5－滚轮；6－销轴；7－板簧；8－触头；9、11、12－摆杆；10－螺钉

使滚轮 5 和检测轮 3 之间留有 2.5 张纸厚的间隙，正常输纸检测轮和线带辊之间通过两张纸（重叠输纸），当有三张纸通过时，检测轮 3 和滚轮 5 之间没有间隙，滚轮 5 转动。

调节方法：将被印刷的纸张放在检测轮下面两张纸，调节检测轮的压力，使纸张输送时，能使检测轮滚动。然后再调整滚轮 5 与检测轮 3 之间的距离小于一张纸厚（调节时靠调节螺钉 10 实现），若出现双张或多张时，检测轮上抬带动滚轮转动一个角度，再通过销轴 6 拨动板簧 7 使限位开关动作，输纸机停止运动。

这种固定式双滚轮双张控制器与前一种摆动式相比，灵敏、可靠、易调节，结构也较简单，故在现代高速印刷机上的使用得到了重视，如海德堡胶印机和国产的高速输纸机都采用这种双张控制器。机械式双张控制器工作可靠，制造成本低，但由于直接与纸面接触，故容易污损图文。

在印刷过程中，机械式双张检测器出现的故障多为调节不好或者更换纸张，纸厚发生变化时，却忘记调整双纸检测器所致。

2. 光电式双张检测控制机构

图 5－38 所示为光电式双张检测控制器示意图。它主要由光源 1、光电元件 3、电子线路 4 和电流继电器 5 组成。光源安装在纸张的上方，光电元件装在纸张的下方。它是通过纸张厚度变化而使光电元件 3

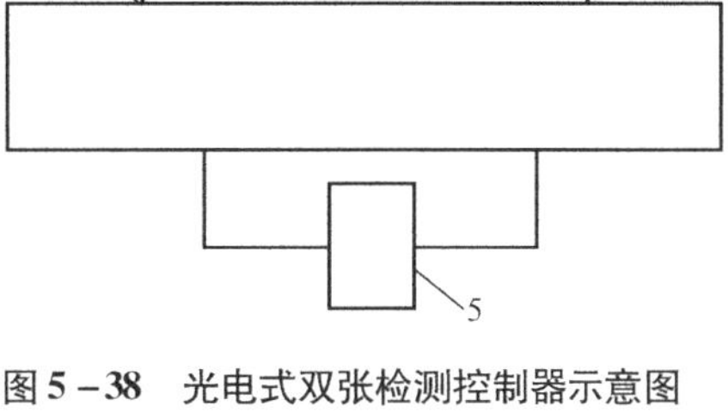

图 5－38　光电式双张检测控制器示意图

1－光源；2－纸张；3－光电元件；4－电子线路；5－电流继电器

接受的光强度不同而控制电路工作来检测双张。在输纸机工作前，根据输送纸张2的透光率确定电子线路中有关参数，正常输纸时，线路的输出端无电流通过，电流继电器5不工作。当有双张通过时，光电元件接受光线强度减弱、输入情况发生变化，电子线路的工作情况也随之变化，使输出端有电流产生，于是继电器5动作，发出双张信号，使输纸机停止工作。

这种双张控制器具有体积小、质量轻、使用方便、不污损图文等特点。但它对颜色的敏感性强，在彩色印刷中有时不易调节。另外，一旦环境亮度发生变化，光源和光电元件上沉积有灰尘、纸毛和墨点后，检测灵敏度便降低。

3. 电容式双张检测控制器

电容式双张检测控制器是利用平板电容器的电容量随通过极板间的纸张数量不同而变化的原理进行工作的。如图5－39所示，它主要由极板2、电子线路3和放大器4组成。

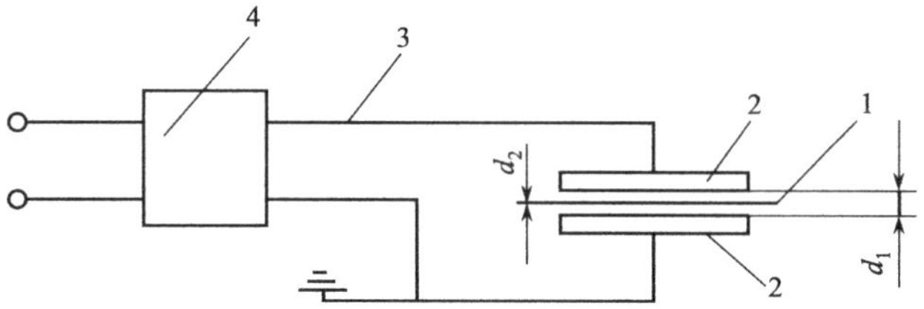

图5－39　电容式双张检测控制器

1－纸张；2－极板；3－电子线路；4－放大器

在正常输纸时，放大器4两端不发出信号，当误送两张纸时，极板间介质增加，电容量C变小，通过放大器将信号放大后输出，使输纸机停止输纸。

该检测控制器的特点是工作灵敏度高，不受纸张平整度的影响，但对纸张的色彩不敏感。

三、纸张空位检测控制装置

纸张经过输纸板输送到前规时，由检测装置检测纸张到达位置的准确性，判断是否符合印刷要求，需经过空位检测装置，如发现纸张早到、晚到、空张、歪斜、折角和破损等故障出现，该装置发出信号，使输纸机停止转动，并使全机发出8项连锁动作。

空位检测控制装置主要有电触片式、光电式和光栅式三种。

1. 电触片式空位检测器

图5－40为电触片式空位检测控制装置及其空位检测原理图。

电触片式空位检测器，俗称电牙，安装在前规1的下面。该装置是利用0.1mm的弹簧片是否与输纸板前端的触点接触而进行工作的。弹簧片2一端接地，输纸板上触点3（铜件）接控制线路（12V电源），若纸张正常输送到前规1处，被输送的纸张相当于一个绝缘体，将把弹簧片2与触点3隔开，纸张可以正常输送，机器即正常印刷。若纸张出现故障（空张、晚到、歪斜、破损），没有按节拍到达前规或空位，弹簧片2和触点3接触，形成通路，信号发至输纸机，电磁铁脱开，使输纸机停止工作。

在通常情况下，纸张到达前规之前，前规1已停在输纸板5上，弹簧片2和触点3已经

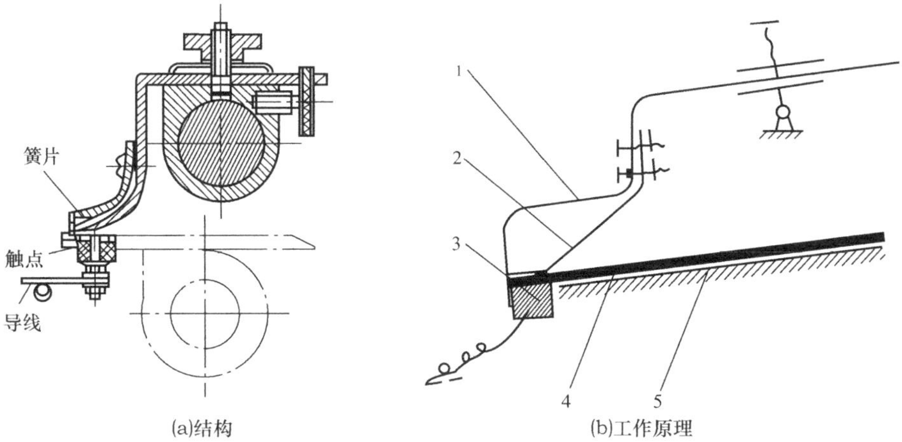

图 5－40　电触片式空位检测器

1－前规；2－弹簧片；3－触点；4－纸张；5－输纸板

接触了，为了解决触点的通电问题，必须要有时间控制，即纸张到达前规后，侧规开始拉纸前，安装有凸轮闭合行程开关或无触点开关接通电路进行控制。

这种检测控制装置结构简单，安装、调节方便，工作可靠，被国产印刷机广泛采用。

2. 光栅式空位检测器

光栅式空位检测器是运用砷化镓二极管作为发射器，又运用高频脉冲控制，信号不受外来光源的影响，人眼又感觉不到它的光学射线。该装置在海德堡各类型胶印机上广泛安装使用。如图 5－41 所示，检测器 4 安装在输纸板 1 的前端，上摆式前规 3 的下面，在检测器 4 的上面有控制纸张晚到和早到前规的反射光栅 5 和 6，其中反射光栅 5 用于检测纸张早到前规（即纸张前边缘超过前规线），反射光栅 6 用于检测纸张晚到、歪斜、破损和空张。

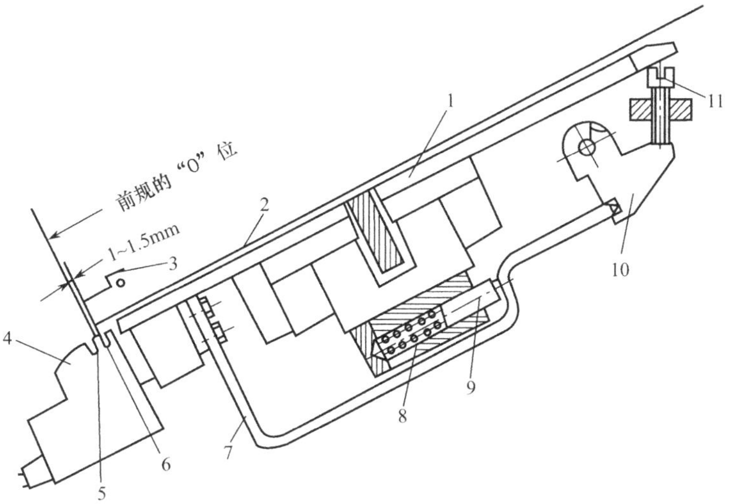

图 5－41　光栅式空位检测器

1－输纸板；2－纸张；3－前规；4－检测器；5、6－反射光栅；

7－推杆；8－弹簧；9－销轴；10－摆杆；11－螺钉

当输纸出现晚到或空张时，反射光栅6（两只）在给定瞬时脉冲信号扫描点发现纸边或未发现纸张时，它与晚到信号灯一起发亮。此时，输纸机停止运转，机器出现8项连锁动作。当出现纸张早到前规时（纸张超过前规线），反射光栅5将扫描检测出纸张，它与控制显示灯同时发亮，并使输纸机停止运转。

在印刷中，光栅式空位检测器经常出现的故障是误发信号或不发信号。因此，光栅式检测器的前后位置需要调整。它的调整是随前规调整进行的。光栅6距前规“0”位线15mm，只要前规位置变化，光栅式检测器随之而调整。同时要注意检测器一定要与前规线平行。

调整时，从输纸板上面拧动螺钉11，推动摆杆10，使销轴9压缩弹簧8，从而使推杆7带动光栅检测器4前后移动，以适应前规位置变化的需要。

3. 光电式空位检测控制器

图5-42所示为光电式空位检测器原理图。检测传感器由红外发光二极管和光电三极管组成。其基本工作原理是：检测器安装在递纸牙台下面，前规定位线的位置上，以纸张为反射物，如果纸张早到前规处，红外光线被纸张反射后由光电三极管接收并转化成电信号给输纸机发信号，输纸停止；若出现空张、晚到或歪斜，红外光线不能反射到光电三极管上，光电三极管没能接收到光，同样发出信号，使输纸机停止输纸。

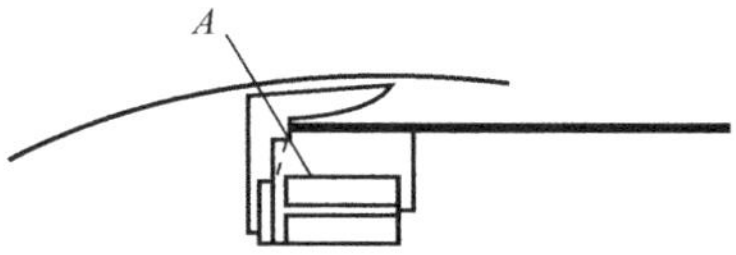

图5-42 光电式空位检测器原理图

光电检测头在递纸牙台上共有5个，4个用于检测空张、晚到和歪斜（大纸用外面两个，小纸用里面两个），中间的一个检测头用于检测纸张早到。

光电检测的准确性取决于反射点A与纸张前边缘的相对位置，在前规的前后位置变动时，检测头的位置应做相应调整。

四、安全杠装置

为了防止纸张夹带物、杂物和多张纸进入滚筒，造成机器损坏事故，在印刷机上装有安全杠（安全杆）装置，它设置在输纸板前部。

图5-43为一安全杠装置原理图，其结构如图5-44所示。安全杠3与输纸台的距离约为1～1.5mm，当纸张混乱或其他杂物撞击安全杠时，安全杠绕支点O旋转，使调节螺钉1顶动微动开关5，接通电路，发出电信号，通过控制电路切断主机电路，使全机迅速制动停下来。限位螺钉2可用来改变安全杠与输纸板4之间的间隙，调节螺钉1是调节顶动微动开关的距离。

有些输纸机的安全杠装置，没有微动开关，安全杠是固定不动的，当杂物或多张纸进入安全杠时，经过安全杠拦截，由前规处的空张信号使输纸机停止输纸。

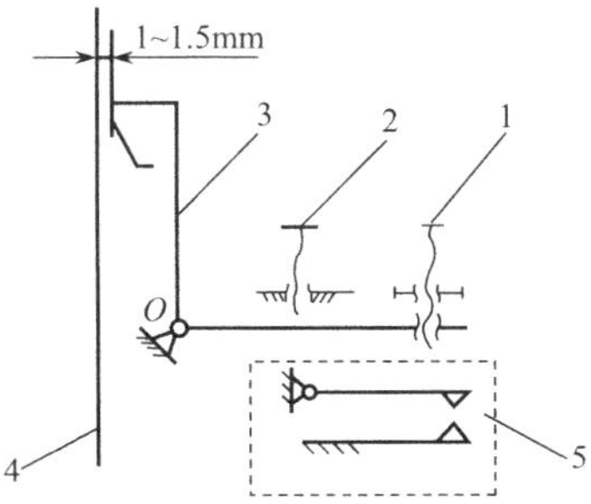

图 5-43　安全杠装置原理图
1-调节螺钉；2-限位螺钉；3-安全杠；
4-输纸板；5-微动开关

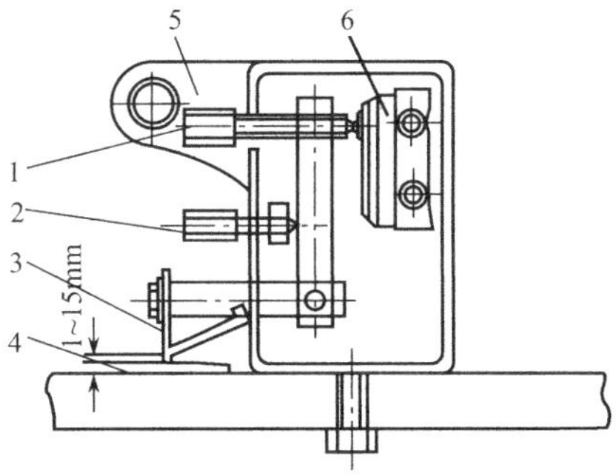

图 5-44　安全杠装置结构图
1-调节螺钉；2-限位螺钉；3-安全杠；
4-输纸板；5-微动开关；6-侧板

第五节　气动输纸机的传动

输纸机与主机连接后，将自动、准确、平稳、与主机同步有节奏地自纸堆上逐张分离纸张，并由输纸带将其输送到定位装置。输纸机工作的协调性主要靠传动系统来保证。

输纸机的传动系统一般由两部分组成。一部分为主传动，它的动力及运动来自主电机，然后经过联轴器传给输纸机的各个部件，如离合器装置、接纸辊装置、输送带装置、凸轮轴装置、分纸头装置、输纸台自动间歇上升装置等；另一部分为输纸台快速升降传动，上一节已经阐述过。这里主要讨论主传动及其同步性调节。

一、输纸机传动系统

为保证输纸机与主机同步，即印刷滚筒每转一周，给纸头输送一张纸，也就是主机中印刷滚筒转一周，输纸机中的所有凸轮分配轴以及离合器轴等也必须转一周，并且旋转方向一致。为了精确保证这一运动关系，上述各轴之间均应采用定传动比传动机构：齿轮传动、链条传动或同步齿形带传动。

输纸机中各机构的位置较分散，传动路线较长，一般采用链条传动。但链条传动振动大、噪声大，特别是在高速输纸机中更明显。因此，有些输纸机曾采用齿轮传动。但由于传动件数量多，不利于速度的提高。目前高速输纸机中普遍采用链条传动，不过链条的制造精度和材料性能较前大有提高。

1. SZ201 型给纸机的传动系统（见图 5-45）

SZ201 型给纸机的主要传动路线为：

① 离合器轴 Ⅱ 的转动。

主机→万向联轴节→轴 Ⅰ →锥齿轮 1→锥齿轮 2→离合器轴 Ⅱ 。

② 输送带主动轴 Ⅲ 的转动。

离合器轴Ⅱ（合上离合器）→齿轮5→齿轮6→齿轮7→输送带主动轴Ⅲ。

③ 接纸辊Ⅳ的转动。

齿轮6→齿轮8→接纸辊Ⅳ。

④ 凸轮分配轴Ⅴ的转动。

齿轮7→惰轮9→齿轮10→凸轮分配轴Ⅴ。

⑤ 分纸头凸轮轴Ⅶ的转动。

轴Ⅴ→锥齿轮11→锥齿轮12→锥齿轮23→锥齿轮24→万向联轴节→分纸头凸轮轴Ⅶ。

⑥ 润滑油泵。

齿轮5→齿轮3→油泵4。

⑦ 输纸台间歇上升。

凸轮分配轴Ⅴ→曲柄盘13→曲柄销14→摆杆15→摇杆18→棘爪20→棘轮19→锥齿轮16→锥齿轮17→蜗杆22→蜗轮21→链轮轴Ⅵ→链轮32→链条33。

⑧ 输纸台快速上升。

快速电机31→齿轮29→齿轮30→齿轮28→齿轮27→齿轮25→齿轮26→蜗杆22→蜗轮21→链轮轴Ⅵ→链轮32→链条33。

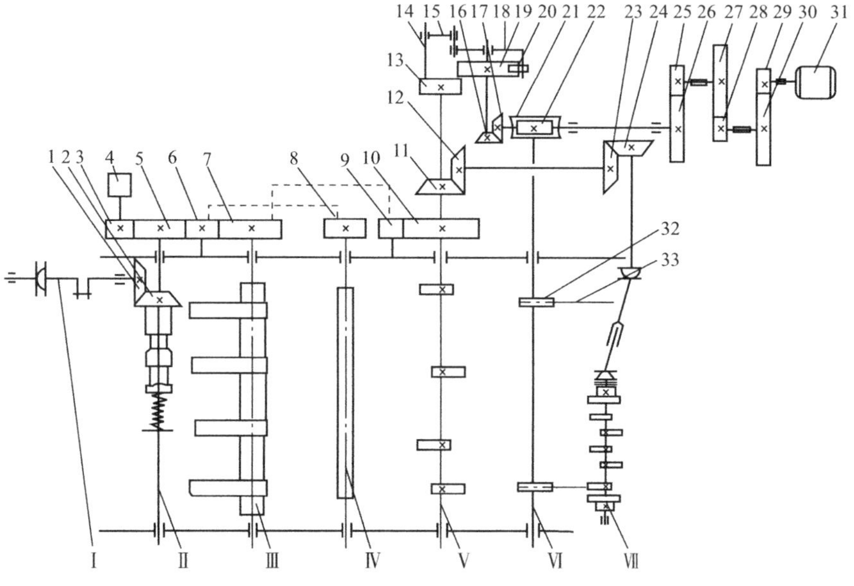

图5－45　SZ201型给纸机的传动系统图

1、2、11、12、16、17、23、24－锥齿轮；3、5、6、7、8、10、25～30－齿轮；4－油泵；9－惰轮；13－曲柄盘；14－曲柄销；15－摆杆；18－摇杆；19－棘轮；20－棘爪；21－蜗轮；22－蜗杆；31－快速电机；32－链轮；33－链条

2. SZ206型给纸机的传动系统

SZ206型给纸机的传动系统如图5－46所示，该机的主要传动路线为：

（1）离合轴C的转动

传动路线：动力由主机传动面墙板内侧收纸滚筒链轮传给链轮3，经定位牙嵌电磁离合器DLY2－5A使C轴旋转。

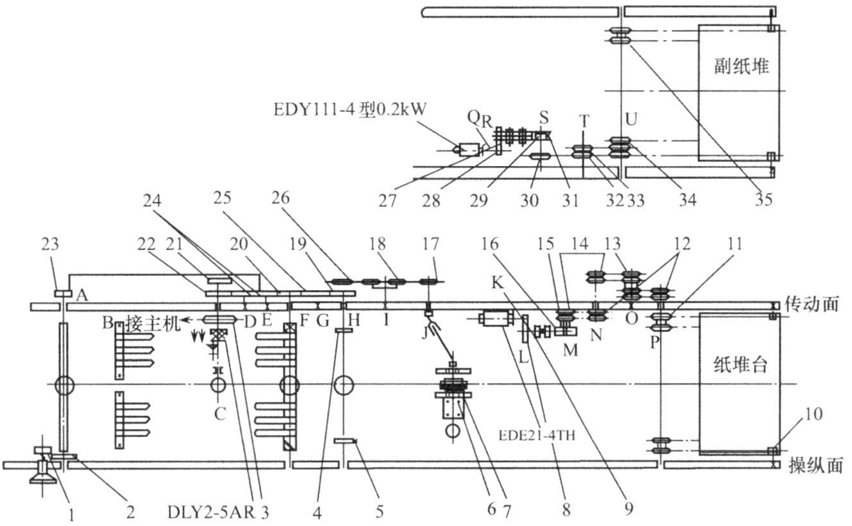

图5-46 SZ206型给纸机的传动系统图

1、2、8、9、19、20、22、23、24、25、26、27、28－齿轮；
3、11、12、13、14、17、18、26、30、32、33、34、35－链轮；
4、5、6、7、21－凸轮；15、29－蜗杆；16、31－蜗轮

滚筒转动1转，给纸机离合器C轴也转1转。

（2）布带辊轴E的转动

传动路线：离合器轴C（合上离合器）→齿轮22→齿轮24→齿轮20→布带轴E。凸轮21是油泵动力凸轮。

滚筒转1转，布带辊轴转1.111转。

（3）接纸辊轴A的转动

传动路线：离合器传动轴C（合上离合器）→齿轮22→齿轮24→齿轮23→接纸辊轴A。主机转1转时，接纸辊转1.667转。

（4）凸轮轴H与主机的同速转动

传动路线：带辊轴E→齿轮20→齿轮25→齿轮19→凸轮轴H

（5）分离头J与主机的同速转动

传动路线：凸轮轴H→链轮26→链轮18→链轮17→分离头轴J。

（6）纸堆链条轴P的转动

主纸堆的升降是由单独的锥形转子电动机带动的，主纸堆的升降与主机和给纸机传动无关。纸堆的快速升降和印刷时自动上升，合并成一条传动路线，由锥形转子电动机驱动。

传动路线：锥形转子电动机K轴（ZDE21－4TH，0.8kW，1380r/min）→齿轮9→齿轮8→蜗杆15→蜗轮16→链轮14→链轮12→链轮14→链轮13→链轮12→链轮11。

给纸堆快速升降速度和印刷时纸堆上升的速度为：$S_{快}=n_{p}\pi D_{zu}=1.668$（m/min）。为确保上升稳定性，现在生产的给纸机上升速度已减慢到1m/min左右。

给纸机的纸堆台从最低升到最高，或由最高降到最低所花费的时间与SZ201型给纸机基本相同。

（7）副纸堆链条轴 U 与纸堆链条轴 P 的同速转动

为了缩短上纸的辅助时间，该机设有副纸堆升降，用以替换纸垛，其动力传动系统与主纸堆升降无关。它的传动动力由一个单独的锥形转子电动机驱动。

传动路线：锥形转子电动机 Q 轴（ZDY111－4 型，0.2kW，1380r/min）→齿轮 28→齿轮 27→蜗杆 29→蜗轮 31→链轮 30→链轮 32→链轮 33→链轮 34→副收纸升降轴 U 旋转。

由于副纸堆链条轴的链轮 34 和主纸堆 P 轴链轮 11 的齿数相等，因此，副纸堆台升降速度与主纸堆是完全相同的。

二、输纸机与主机的离合控制

在操作或调整印刷机的过程中，需要使输纸机与主机的运动断开。例如，在印刷过程中出现某些故障时，应及时停止输纸以免出现废品，而此时主机虽进入离压状态但可不停止运转，待故障排除后，输纸机应能及时供纸。又如在印刷前进行匀墨、匀水，但不供纸。因此，输纸机与主机之间需用离合器相连，以便根据需要能随时接合或切断输纸机与主机的运动联系。

对离合器的性能要求是：

① 可随时接合或脱离，且接合后不会自行脱开，即能自锁。

② 在离合过程中，保证输纸机和印刷滚筒的相对位置关系不变。

③ 只能传递单向扭矩和运动。

为了满足离合器的性能要求，一般采用单向单齿离合器，其结构如图 5－47 所示。

离合器由两部分组成，主动离合器牙片 1 空套在离合器轴 I 上，并与主机带动的齿轮或链轮固接在一起。从动离合器片 2 由导键与轴 I 连接并能在轴 I 上相对滑动。当操纵机构使从动离合器牙片 2 右移与主动离合器牙片 1 接合时，由于主动离合器牙片 1 不停地转动，从而带动从动离合器牙片 2 转动，把运动传到输纸机各个执行机构。相反，从动离合器牙片 2 左移时与主动离合器牙片 1 脱开，从而使输纸机停止工作。

离合器齿形采用单牙螺旋面锯齿形，其齿根强度较高，并且只能传递单向扭矩，这就能保证主机和输纸机的相对运动关系（即相位）不变。

输纸机的离合器的操纵系统多采用机电结合的自动控制操纵机构。其原理如图 5－48 所示。离合器主动牙与链轮一起空套在轴上，其运动来源于主机，被动牙与轴为滑键配合，可沿其轴向滑动。

离合器的离合靠电磁铁自动控制，也可以手动控制。正常工作时，电磁铁不通电，在弹簧的作用下，被动牙与主动牙接通，将运动由主机传给给纸机（如图 5－48 示位置）；当出现双张、纸张歪斜、空张等故障时，通过双张控制器、自动离合机构接通电磁铁电源，电磁铁 1 吸合，连杆 2 向上移动，再通过拨叉拨动被动牙 5 克服弹簧 S_1 的压力使之向右移动，从而将主动牙与被动牙脱开，给纸机立即停止工作。手动控制时，将手轮 6 向左推，使被动牙 8 与主动牙 7 合上，即可转动手轮 6，给纸机则可转动；当工作结束时，在弹簧 S_2 的作用下则可将主动牙与被动牙脱开。

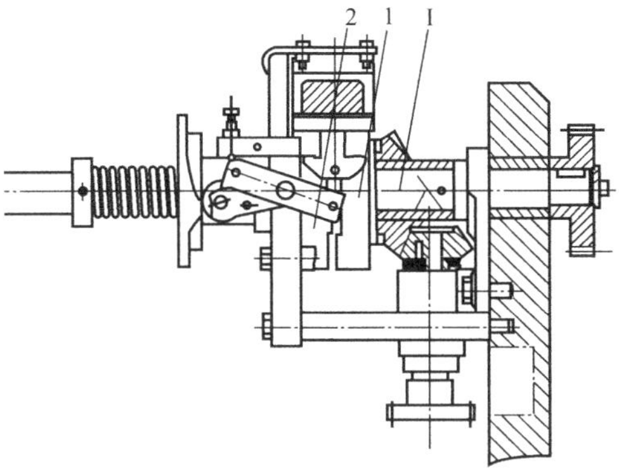

图 5－47　输纸机的离合器

1－主动离合器片；2－从动离合器片；I－离合器轴

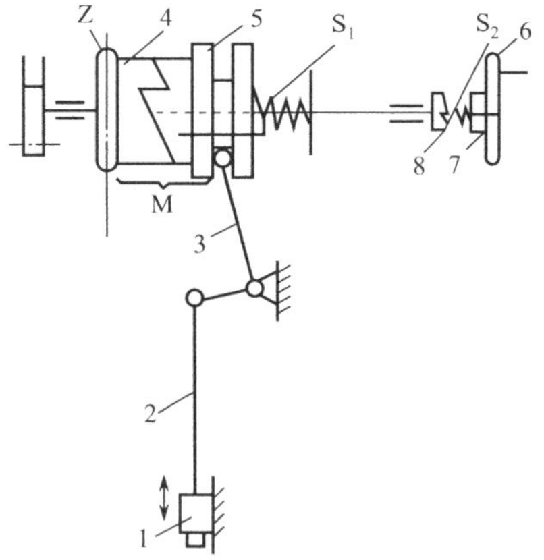

图 5－48　离合器控制原理图

1－电磁铁；2－连杆；3－拨叉；4、7－主动牙；5、8－被动牙；6－手轮；S_1、S_2－弹簧；M－离合器；Z－链轮

图 5－49 为 SZ201 型输纸机的离合器的操纵机构图，（a）为主视图，（b）为俯视图，（c）为离合器接合时位置。

图 5－49（a）、（b）所示为离合器脱开位置，如果电磁铁 3 激磁吸合，拉杆 4 上抬，摆杆 5 绕 O 轴逆时针转动，摆杆 5 端部的销子 7 压下，摆杆 8、支撑杆 9 克服弹簧 6 的拉力绕 O 轴逆时针转动而脱离从动离合器 2 的端面凸轮，当从动离合器失去 8、9 杆的支撑后，在弹簧 10 的作用下右移与主动离合器 1 接合［见图 5－49（c）位置］。

电磁铁 3 失激时，拉杆 4 便下移，摆杆 5 绕 O 轴顺时针转动，销子 7 脱离摆杆 8 和支撑杆 9，8 和 9 便在弹簧 6 的作用下，顺时针绕 O 轴转动。首先摆杆 8 的滚子与端面凸轮 A 面接触［见图 5－49（b）］，由于离合器是转动的，所以滚子随后就与凸轮的斜面 B 接触。这样，从动离合器 2 的凸轮斜面一方面推动滚子使杆 8 上摆，直至杆 8 靠住销子 7，另一方面摆杆 8 的滚子推动从动离合器克服弹簧 10 的压力左移，使从动离合器 2 与主动离合器 1 脱开，而支撑杆 9 在弹簧 6 的作用下也支撑到凸轮的端面上，起到定位作用。

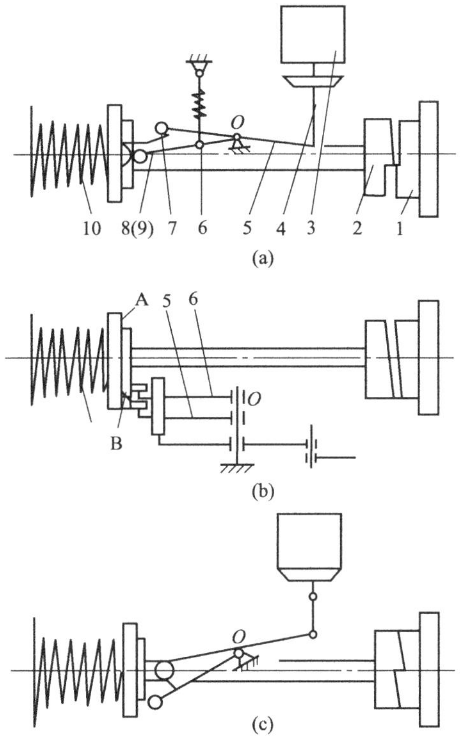

图 5－49　SZ201 型输纸机的离合器的操纵机构简图

1－主动离合器；2－从动离合器；3－电磁铁；4－拉杆；5、8－摆杆；6、10－弹簧；7－销子；9－支撑杆

三、主机与给纸机的相位调节

主机与给纸机之间必须有严格协调的相对工作位置和时间要求，以保证纸张准时传至规

矩处定位，严格保证与递纸牙的正确交接。当纸张过早或过晚传至规矩处时，应有相应措施，以调节主机与给纸机之间纸张的传送时间。

当纸张传送时间差距较大时，可采用粗调方式，一般可将链条从接主机的链轮上脱开（见图 5－50），使链条与链轮之间的相对啮合位置以工作转向顺借或倒借一至数个齿来达到。

当需要进行微调时，可采用以下方法进行调节。

（1）齿轮长孔式时间调节装置

这种调节装置是通过改变主机与给纸机之间相关的传动齿轮同其轴之间的周向位置来实现时间调节，如图 5－50 所示。

法兰盘与传动轴相固定，由主机部分传动。在传动齿轮上设有长孔，用螺钉与法兰盘根连接将运动传至给纸机。调节时，松开调节螺钉 2，改变传动齿轮 3 与法兰盘 1 的相对位置完成时间调节，而重新将调节螺钉 2 拧紧即可。

这种调节方法不太方便，特别是当调节量很小时不易控制调节量的大小。

（2）联轴节式时间调节装置

此装置装在主机与给纸机之间的传动轴上，如图 5－51 所示。

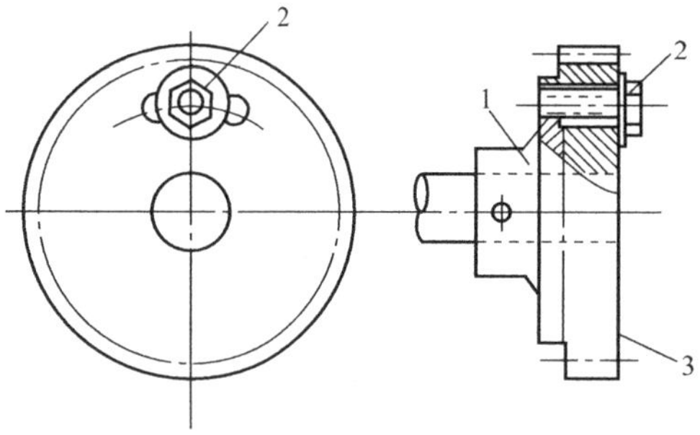

图 5－50　齿轮长孔式时间调节装置

1－法兰盘；2－调节螺钉；3－传动齿轮

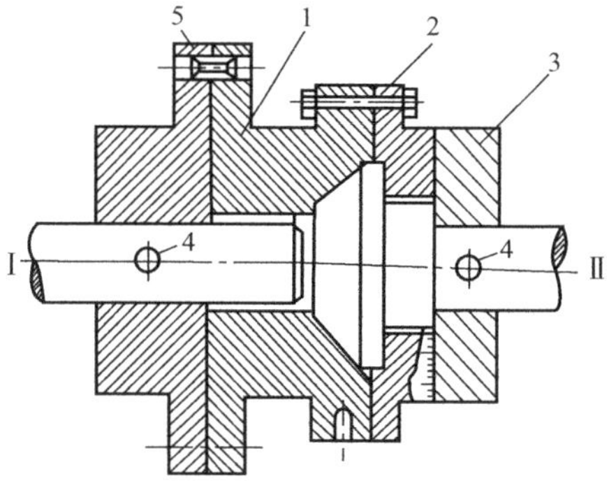

图 5－51　联轴节式时间调节装置

1、2－联轴节；3－轴环；4－定位销；5－安全销

图 5－51 中轴Ⅱ与主机相连接，用定位销 4 将轴环 3 固定在轴上，联轴节 2 套在轴Ⅱ上；轴Ⅰ带动给纸机，联轴节 1 通过安全销 5 和定位销 4 固定在轴Ⅰ上；联轴节 1、2 用三个螺栓固定在一起。当主机转动时，靠轴Ⅱ端部锥面摩擦力把运动从主机传给给纸机。需要进行时间调节时，首先松开三个螺栓，消除锥面摩擦力，从而切断主机与给纸机的运动联系，然后转动联轴节 1，轴Ⅰ随之转动，以带动给纸机转动，通过联轴节 2 上的刻度即可看出调节量的大小，达到改变主机与给纸机传动的相对位置的目的。待调节后，再把螺栓拧紧。

当给纸机发生过载故障时，安全销 5 将被折断，切断与主机的运动联系，以防止损坏机件。

（3）差动齿轮式相位调节装置

本装置的时间调节原理如图 5－52 所示。

在箱体内装有三个齿轮 Z_0、Z_1、Z_2，其中 Z_1 与 Z_2 同时与 Z_0 相啮合，Z_1 与 Z_2 的齿数不相等，一般相差一个齿（如 $Z_1=52$，$Z_2=53$）。轴Ⅰ与给纸机相连接，并通过定位销 4 和安全销 5 把轴Ⅰ与联轴节 1 和 Z_2 连在起；轴Ⅱ接主机部分，用定位销与齿轮 Z_1 连接在一起。为使箱体与齿轮 Z_1、Z_2 离合，特设有挡销 2。当正常工作时，将挡销 2 插入箱体内，与齿轮 Z_1 相连，使箱体与齿轮成为一体，这时，轴Ⅰ与轴Ⅱ等速旋转。当需要进行时间调节时，首先将挡销 2 拔出，切断箱体与齿轮 Z_1、Z_2 的联系，然后，转动箱体连同其上面的齿轮 Z_0 即可绕齿轮 Z_1、Z_2 公转一周。由于齿轮 Z_2 比 Z_1 多一个齿，所以，轴Ⅰ相对于轴Ⅱ正好多转动一个齿，以改变主机与给纸机传动的相对位置。

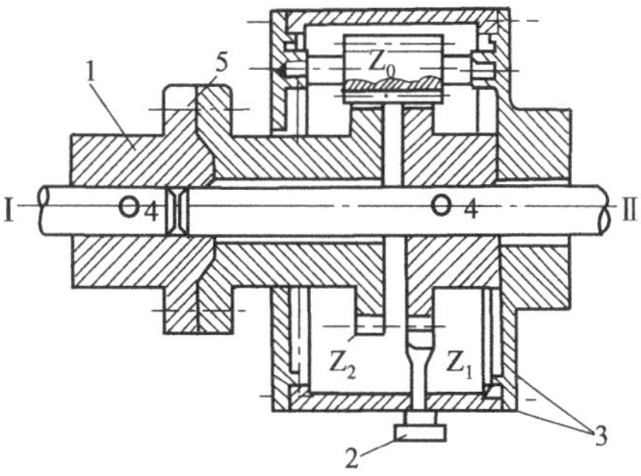

图 5－52 差动齿轮式时间调节装置

1－联轴节；2－挡销；3－箱体；
4－定位销；5－安全销

这种时间调节装置，使用比较方便，并能准确地实现微量调节。

四、无轴传动给纸机

将无轴传动技术应用于给纸机，按照功能，将给纸机分成几大块，分离头、输纸带和前规、纸台升降等都为单独驱动，分别采用各自的伺服电机带动，用计算机控制与印刷机组同步。这就形成了无轴飞达。目前，曼罗兰、海德堡和高宝等高档单张纸胶印机都开始采用无轴飞达。

1. 无轴飞达的基本结构

结构上讲，无轴飞达与有轴飞达并无太大区别，分纸输纸流程也完全相同，只是与主机不再有动力和运动传递，分别由 4 个伺服电机，通过 4 个相应的控制器，进行各自的运动驱动。分纸器电机（飞达运转电机）完成飞达头的分纸送纸驱动，输纸板电机（挡纸舌电机）实现输纸运动以及挡纸舌运动，主纸堆电机和副纸堆电机则分别用于纸堆自动升降、快速升降以及纸堆的不停机续纸功能实现。除了这 4 个电机外，有的印刷机（如高宝印刷机）采用的无轴飞达还增设了飞达高低运动电机、飞达前后运动电机，用于数字调节飞达头的工作位置，以适应不同规格的印刷纸张。

现代印刷机给纸机的无轴传动主要有以下几个电机控制，如图 5－53 所示。

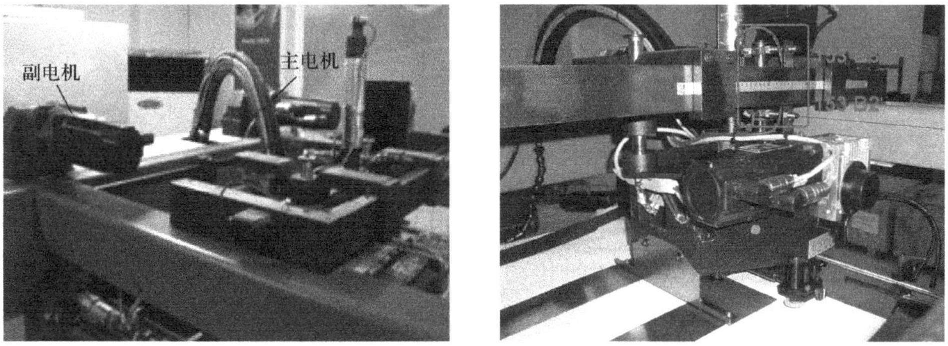

(a) (b)

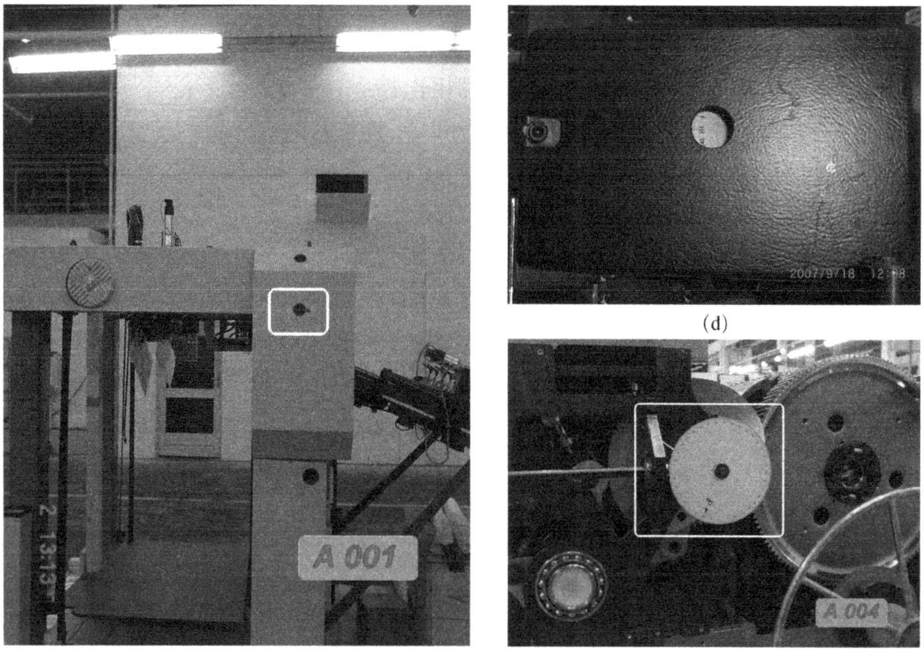

(c) (d) (e)

图 5－53　高宝利必达 105 无轴飞达

2．无轴飞达的同步控制与调节

无轴飞达上输纸机的主要运动就是飞达头四大吸嘴的运动及其协调关系，采用了专门电机驱动，必须保证主辅机的同步关系。两个电机的运转主要靠转角电位器和控制中心进行协调和同步。调节的核心就是电机转角的相位关系，也就是分纸器电机与主电机的转角关系。

电机同步（相位）关系的调节。在主电机上（或者第 1 色压印滚筒上）安装有一个角度盘，此角度盘是飞达调节的基准。无轴飞达上有两个角度盘：一个转角角度盘装在挡纸舌轴端，用以判断前规处的交接是否同步；另一个转角角度盘装在飞达轴端，作为分纸器电机的标示。通过这两个角度盘的角度读取即可判断纸张的交接是否同步。机器装配或大修时已经调好了同步关系，实际印刷中一般无须过多干预，凭借高精度的控制系统即可保证机器始终运行在允许的误差范围内。

两个飞达位置控制电机以及两个输纸台电机则完全是自动化的，根据需要在控制台上便可通过进行数字化调节控制。

3．无轴飞达的技术优势

相较于传统输纸机，无轴飞达具有如下优势。

①提高了输纸精度。

控制技术的飞速发展，已使得无轴传动在精度上和可靠性上超过了机械传动。因此，与数控机床等高精度应用实践相一致，无轴飞达减少了机械传动，避免了误差累积，输纸精度得以有效提高。

②提高了生产效率。

因为动力损耗减小了，摆脱了机械传动的惯性制约，印刷速度得到大幅度提高。辅助时间减少了，一旦出现拥纸或走纸故障，依靠输纸板电机的单独控制功能，通过电机反转即可快速清除故障，节省人力和时间。有了副纸堆电机及其控制系统，不停机续纸得以实现。

③降低了成本。

自动化程度的提升，效率的提高，过版纸浪费的减少，操作的便捷化，无须润滑等辅助工作，减少了人工及其工时费用，这些都会使成本有所下降。

④拓展了印刷适应性。

广泛的承印物适应性体现在：无轴传动给纸机的应用大大提高了分纸系统的精确性和稳定性，不用更换任何零部件即可分离从薄纸到厚卡纸以及瓦楞纸板、塑料片材等承印物。

⑤改良了工作环境。

简化了给纸机结构，方便了操作、调节与控制，减少了机械机构的震动和噪声。

第六章

单张纸胶印机纸张的定位与传递部件

单张纸胶印机将纸张输送到前规，经前规、侧规定位后，由专门的纸张传递机构将纸张叼住，逐渐加速到压印滚筒表面线速度，在相对静止（即同步）中将纸张交给压印滚筒叼牙，在色组之间，还要经过一系列的交接和传纸，以便进行逐色印刷。完成纸张输送和传递工作的部件分别称作递纸和传纸系统。由于递纸和传纸时，纸张尚处于待印状态（还没有印刷或者没有套印结束），因此，纸张必须在完全控制下传送。递纸和传纸系统的运动精度、速度特性及可靠性等对印刷机的工作性能影响很大，直接影响着印刷精度，尤其是套印精度，所以，无论设计、制造还是调节、维修，都需要受到足够重视。

第一节　定位部件概述

定位部件也称规矩部件，是单张纸印刷机实现图文位置调定以及套印控制的功能部件。分散传送的单张纸通过其定位，可以达到待印图文位置的相对固定。用于对纸张进行纵向定位的装置称前规矩机构，而对纸张进行横向定位的装置称侧规矩机构。多色印刷的套印控制，由于版组之间需要进行相对调节，一般通过专设的调版机构来实现。

纸张定位是保证张与张之间、（单机）色与色之间套印准确的重要影响因素。

一、纸张定位

一般空间物体在笛卡尔坐标系中有六个自由度，除输纸板外，纸张依靠互相垂直的两个方向三个定位点即能保证纸张获得准确的定位位置。为此，需要在机器上设置相应的三个定位约束点，如图6－1所示。

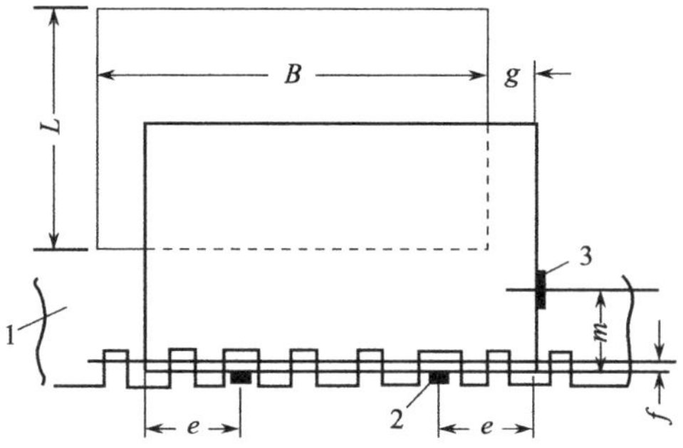

图6－1　纸张定位原理图

1－递纸牙台；2－前规定位板；3－侧规定位板

为准确地对幅面为B×L的纸张进行定位，也就是使它的位置唯一确定，首先必须让其贴合在输纸板上，失去三个自由度；然后使其前口贴紧在前规的两个定位规矩板2上，获得前进方向，即“上下”方向的准确位置；最后沿前规横向移动纸张，使其侧边靠上侧规板3，获得左右方向，即“来去”方向的正确位置。

纸张的定位过程是需要动力的。前规定位时，依靠输纸装置向前的输送力作用实现前口边与前规矩的贴合；侧边定位则凭借侧规矩本身的“推纸”或“拉纸”功能实现。

为了在印刷反面时纸张侧边的定位基准不变，在单张纸胶印机上两侧各有一个侧规。一般，印正面时使用操纵面侧规，印反面时使用传动面侧规。

为了获得良好定位效果，定位部件的几何参数如下：

侧规 3 至前规 2 的距离　　　　$m=(0.2\sim0.3)L$

定位后纸边至前规 2 的距离　　$e=(0.2\sim0.25)B$

侧规拉纸距离　　　　　　　　$g=5\sim12\text{mm}$

递纸牙叼纸宽度　　　　　　　$f=6\sim8\text{mm}$

二、规矩定位

规矩机构的作用是在纸张被递进印刷装置印刷前，对其进行纵向和横向两个方向的定位，使其相对于印版有固定的正确位置，印刷后在印张上得到固定位置的图文。无论是张与张之间，还是（单机）色与色之间，这个位置都是同一的。从而保证印张与印张、色与色之间在“上下”和“来去”两个方向位置相同，套印准确。“上下”方向的位置由前规来保证，“来去”方向的位置由侧规来保证。

为了便于在印刷时鉴别图文在印张上的相对位置，在制版过程中，根据成品尺寸和切口大小，在各色印版上都做有规矩线——角线和十字线，要求每页印张上规矩线都在同一个位置上，套色时根据各色规矩线进行套准调节。

根据印刷工艺要求以及发展需要，规矩部件应符合如下技术要求。

① 保证定位精度。套印准确是衡量胶印机和印品质量的关键精度指标，当然要能套印准确，除了定位准外，还必须保证纸张传递交接准、印刷机组调节准。但定位准是套印准确的前提，也是套印准确各因素中重要的一环。胶印机的主要功能是印刷高质量精细彩色印品，一般要用四个颜色（黄、品红、青、黑）进行套印，如果在单色胶印机上进行印刷，要印四次。各色套印精度的检验依据就是各色印版上的套印规矩线（十字线），它们在制版、拼版时预先准确地绘制好，使晒制出来的各色印版上都有尺寸精度严格一致的规矩线，它们便是检验套印精度的标记。一般胶印产品套印精度要求各色十字线重叠误差不得超过 0.05～0.1mm，相当于普通胶印网线印品相邻两网点距离的一半。

② 规矩机构的选型要合理。规矩机构的结构要先进，与相邻输纸装置和递纸牙机构动作配合要紧凑、准确，既要保证定位时间和定位效果，又要尽可能缩短输纸、定位和递纸的周期，以提高机器效率。规矩的结构形式不仅对定位的时间长短、定位的稳定性、精度、机器的速度有重要影响，而且还影响到印刷滚筒及相邻机构的几何尺寸和位置安排。单张纸胶印机的速度愈来愈高，一些原来的规矩机构已经不能适应工作要求。实践证明，为了确保输纸和定位的稳定性及精度，在无缓冲装置的条件下，输纸速度不得超过 0.5m/s，规矩机构的实际定位时间不得少于 0.1s。以 J2108 机为例，如果欲将其额定速度由 8000r/h 提高到 10000r/h，则意味着输纸板上的输纸速度将由 0.54m/s 增加到 0.68m/s，实际定位时间由 0.1s 减至 0.08s，显然这就难以保证输纸稳定和定位精确。因此，要想提高机器速度就必须

选用新的规矩机构。

③ 对纸张的适应性能好。即在使用各种不同幅面、厚度、质地品种的纸张时，依靠相应的调节装置，都能获得精确的定位效果。另外，在定位过程中，尤其是侧规在拉纸时不应损伤纸张，蹭脏印迹。

④ 调节适应性好。一般情况下，前规定位线应严格平行于压印滚筒母线，侧规板定位面与前规定位线相垂直，但有时为了适应裁切歪斜的纸张，侧规矩板通常需要做成可调角度的。

⑤ 规矩机构必须具有相应的定位基准装置，控制纸张厚薄、拉纸力大小、定位时间长短、早晚的调节装置，前规处还必须具有检测空张、歪张、折角、破口的装置（参见第五章），以及与之相关连的连锁保险装置。

⑥ 规矩机构的结构应简单，调整操作方便，工作稳定性好。规矩部件工作性能的好坏，不仅影响产品的质量，而且与胶印机的速度有十分密切的关系。往往由于制造精度、结构性能等不好，影响套印准确，限制机器生产速度的提高。

三、交接定位

除了早期的低速机外，定位后的纸张一般并不直接进入印刷部件，需要中间环节递送。在部件与部件之间、色组与色组之间总是存在很多纸张交接过程。定位好的纸张必须通过递纸、传纸机构准确地传入各色压印滚筒，否则，套印准确的要求同样得不到保证。

为保证交接准确，各运动部件的基准首先必须保持精确稳定，这就要求配合表面加工制造精确，运动副配合间隙小；其次应该使运动部件的相互运动关系精密恒定；最后还应该通过调整，在交接区间内，使交接部件之间满足严格的交接运动条件，即相互交接的两排交接牙的牙垫应该具有相同的运动状态：空间一致，速度相同，线加速度无差异。如果此条件遭到破坏或得不到保证，交接时就会使纸张失控，或者撕坏纸张，从而使套印精度得不到保证，或者根本无法正常印刷。因此，交接定位要求给印刷机的设计制造以及使用维修提出了严格的限制。

需要注意的是：关于交接运动条件，习惯上称为等速交接，即相对“零速”交接。其实这是不确切的，也是不全面的。尽管目前很少有变速（有加速度）交接的情况，但是即使速度相同，位置不同，交接也是难以实现的，至少是难以准确实现的。理论上讲交接发生在一瞬间，但是实际上交接是需要时间的。因此，一般需要设定一个交接区间。对于匀速定轴转动牙排之间的交接，在交接区间内，即使线速度相同（瞬时速度方向稍有差异），也会产生少许的位置偏差，只不过通常情况下该影响不太大而已。但如果机器调节不当，在印刷高精细印刷品时，该误差就不能忽略不计。

此外，规矩部件和传纸部件还有密切的协调关系，当发生纸张歪斜、空张、破页等故障时，机器的自动监测控制系统将对规矩部件和递纸部件进行控制，避免歪斜、破页纸张进入印刷装置，造成废品而浪费。

第二节　前　　规

前规矩装置是对纸张进行上下方向（前进方向）定位的，前规机构一般由规矩板（定位板、挡纸板）、压纸舌、传动装置等几部分组成。定位时，定位板和压纸舌需要首先运动到工作位置，凭借输纸板的输纸运动或者由专门的纸张加速装置（超越式续纸方式中）将纸张传送到前规定位板上；而定位完成后，定位板和压纸舌又需要适时让纸。因此，前规一般有两种运动：定位运动和让纸运动。

在设计前规以及印刷操作时应当对前规挡纸板前后位置的调节问题给予足够重视。单张纸印刷机应用三种方式调节前规。

① 各个前规单独地调节到定位位置。此法简单，但通常要停机调节。

② 从机器的一边进行调节。此法可在机器运转时进行调节。

③ 从主控制台进行集中调节控制。

一、前规的构成与分类

前规矩的作用主要是使纸张前缘得到良好的定位，使纸张叼口位置确定。它的定位板与每张纸前边缘接触定位，而压纸舌使纸张在定位板上定位时不飘起，控制纸张高度方向的位置。不过高度方向的控制不要求很高的精度，只要保证该平面与输纸板的间隙为 3 ~4 张纸的厚度即可。

为了很好地控制纸张，对其进行准确定位和检测（空张检测一般设置在前规处），保证工作稳定可靠，前规矩机构一般需要由相应部件完成如下功能。

① 定位。规矩板作为定位基准完成定位。

② 限位。压纸舌控制纸边平服，保证定位精度。

③ 调节。调节装置用于根据叼口大小调节规矩板前后位置，根据纸张厚薄调节压纸舌高低。

④ 运动。一般由凸轮连杆机构驱动规矩机构，实现定位运动和让纸运动。

⑤ 控制。出现走纸故障时，连锁控制装置工作，前规不抬。

单张纸胶印机的前规机构类型繁多，但前规上挡纸板与压纸舌的组合形式如图 6 -2 所示三种形式。通常根据机构布局位置、定位方式和结构特征，大体将前规分为以下几类。

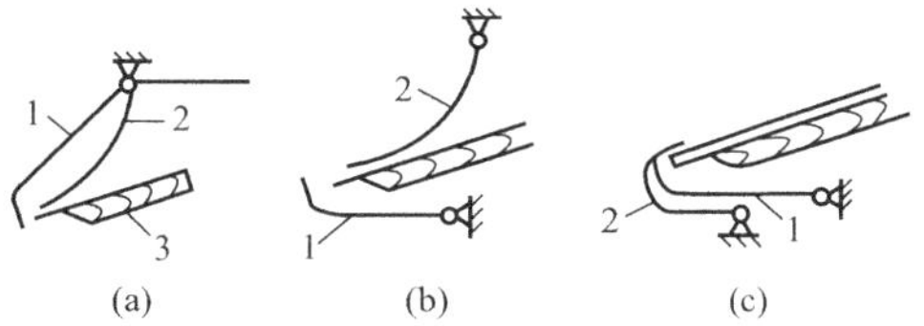

图 6 -2　前规机构的类型

1 - 定位板；2 - 压纸舌；3 - 输纸板

根据前规挡纸板与压纸舌的组合情况分为：组合式前规和复合式前规。组合式前规的规矩板和压纸舌组合为一体，而复合式前规的规矩板和压纸舌为分离构件，分别位于递纸台上下两侧。根据前规机构中压纸舌相对于输纸板安装位置分为：上摆式和下摆式。根据此两种不同分类方法的组合，于是便产生了组合上摆式、组合下摆式、复合上摆式和复合下摆式四类前规。

另外，根据纸张定位特性，前规又有停顿定位型和缓冲定位型之分。停顿定位型前规在定位时规矩板不动，纸张向其移动并紧贴其上进行定位；缓冲定位型前规规矩板先于定位装置接住纸张并逐渐减速引导至定位位置最终定位。

各类前规以其不同的纸张传递性能、效率等特征，适应于相应的输纸需求。通常各种类型的单张纸胶印机，根据纸张幅面、机器速度、印刷装置和递纸牙机构的结构、布局以及输纸方式等进行前规的具体选取。

二、组合式前规的结构与调节

1. 组合上摆式前规的结构与调节

（1）组合上摆式前规结构原理

组合上摆式前规结构原理如图 6－3 所示。前规的挡纸板和压纸舌为一体（或组装成一体），位于输纸板上方。国产对开单（双）色平版印刷机（如 J2108A、J2203A、J2205、J2114、J2111、JS2101 等）几乎全部采用这种前规。

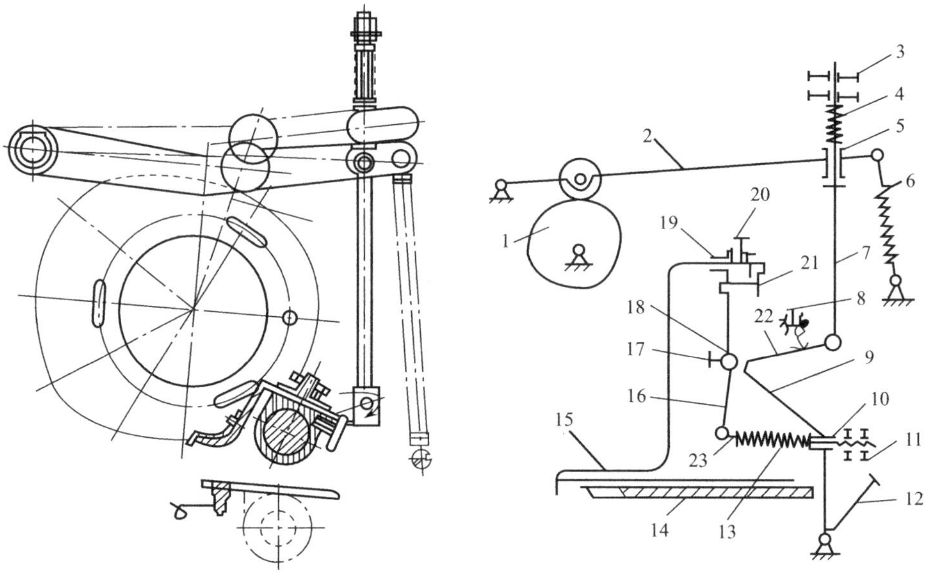

(a)前规结构外形

(b)前规机构简图

图 6－3　组合上摆式前规图

1－前规凸轮；2、9、16、22－摆杆；3、11－螺母；4、13－压簧；5－滑套；6－拉簧；7、23－连杆；8－靠山螺钉；10－活套；12－互锁机构摆杆；14－递纸牙台；15－前规定位板；17、20、21－螺钉；18－前规轴；19－螺钉座

图 6－3（a）为前规结构外形；图 6－3（b）为前规机构简图。由图可知，安装于操作面递纸牙轴上传动齿轮端面的凸轮 1 随机器连续匀速运转，它推动滚子使摆杆 2 往复上下摆动（拉簧 6 使滚子与凸轮 1 保持良好接触），通过滑座使连杆 7 上下运动，摆杆 9 和 22 是固连在一起并活套在前规轴上面的，摆杆 9 下端有一活套，可在连杆 23 上左右滑动，但在压簧和螺钉的作用下，不能自由活动，当凸轮高点与滚子接触时，摆杆 2 逆时针方向摆动，使连杆 7 上移，带动摆杆 22（9）逆时针绕前规轴转动，再通过连杆 23、摆杆 16 逆时针摆动。由于摆杆 16 用螺钉固定在前规轴上面，从而可使前规轴上四个前规定位板同时下摆，给纸张定位。图 6－3（b）所示位置是前规的定位位置，此时凸轮 1 高面和滚子接触。

当凸轮面由高点转向低点与滚子接触时，摆杆 2 下摆，通过连杆 7、摆杆 22（9）、连杆

23 摆动摆杆 16，顺时针方向绕前规轴转动，使前规挡纸舌抬起让纸通过，即递纸牙排叼纸递送。

图 6－3 中 12 为互锁机构的摆杆，由滚筒离合自动控制装置控制。在正常工作时，摆杆 12 在图示位置，前规可以自由摆动。当滚筒离合自动控制装置由于空张、纸张歪斜等发生作用时，使 12 逆时针摆动，顶于滑套支点 10 下面，摆杆 9 就不能摆动，前规就不能上抬让纸。当然在这种情况下，摆杆 2 上的滚子与凸轮 1 的凹面将脱离接触。互锁机构原理结构及其控制动作过程详见图 6－13 所示与叙述。

前规在定位时，前规定位板 15 下落至工作位置，摆杆 22 受靠山螺钉 8 的阻挡并紧靠其上，以保证前规定位板每次准确的定位位置。此时，压簧 4 受压，允许摆杆 2 在凸轮 1 作用下继续向上移动一段距离，既传递了运动、消除了运动干涉（克服了前规定位时凸轮继续使摆杆上抬而摆杆本身受靠山螺钉限制不能上抬之间的矛盾），还可起缓冲作用，减少冲击。

（2）组合上摆式前规的调节

前规的前后是可以调节的，调节范围为 ±（1～1.5）mm。这个功能对找规矩及套印是十分重要的。找规矩时，如果纸张上的规矩线与纸张叼口边不平行，但差别在前规调节范围之内，则可通过前规调整使纸张的规矩边与叼口边平行。当然也可用印版滚筒上的拉版螺钉来调整印版位置，使规矩线和纸张叼口边平行，不过这要比调规矩麻烦得多。由于单、双色机经常要套印产品，且第二次装版很难保证与第一次装版的位置完全一样，当两次印刷的规矩线差别较小时，通过前规调整可很方便地使规矩线重合。

除了套印和找规矩外，有时印张还需增大叼口（如印实地）或减小叼口（如印刷面积接近纸张幅面时），这也需要通过前规的前后调整来实现。纸张叼口大了，交接长度过大，纸张容易撕口；叼口小了，交接长度过短，有可能牙排叼不住纸。所以，前规的前后调节范围受到严格限制。改变叼口时应两个前规同时前后调整，否则，会造成一边叼口大，一边叼口小。

前规的前后调节是很方便的，松开前规面的小手柄，转动后面的调整螺母，即可调整前规的前后位置。调好后应紧定前规上面的小手柄。

前规的高低也是可调节的，其调节高度应根据纸张厚度来定。对于薄纸，可用 3～4 张纸（所印纸张）纸厚来定前规的高度。但对厚纸应用纸厚加上 0.2mm 的间隙来定前规的高度。通常的操作方法是：用两张 $100g/m^2$ 的铜版纸或两张 $80g/m^2$ 的胶版纸和所印刷的纸张一起放到前规帽下面，以此作为前规的高度。

前规的高低可通过前规帽上面的紧定螺丝来调整。松开前规帽上面的紧定螺丝，将所用厚度的纸按上面要求放到前规帽下面，让前规帽压在上面，然后紧定前规帽上面的紧定螺丝即可。当然也可用在前规座上面垫纸的方法来调整前规的高度，纸厚前规就高，纸薄前规就低。这种方法比前一种方法调整方便。

前规调得太高了，会造成纸张前边口弯曲，从而使定位精度下降，前规调得过低，纸张进不到前规下面，前规起不到定位作用。所以，前规的高低一定要调整合适。前规的高低调整还与套印精度要求有关。对于套印精度要求高的印品，应仔细校正前规的高度；对于套印精度要求低的纸可将前规调得稍微偏高一点儿，这样可使纸张顺利进入前规。理想的前规高度应刚好使所使用的纸顺利到位，而稍微厚一点儿的纸就进不去。除此之外，还应把前规轴上的平纸座调好，高度可按正常用纸的最大厚度来确定。平纸座调平后，可防止纸张边口翘起，以便纸张顺利定位和交接。纸张到达前规的位置是不一样的，有的纸往前一点儿，有的纸落后一点儿；有的纸左边快，右边慢；有的纸左边慢，右边快。只要这个差别在允许范围内，前规都能保证其准确定位。不过，超出这个范围，前规就无能为力了。为了保证纸张准确到达前规，要正确调整给纸机和主机之间的时间关系。一般都是以前规刚到规矩板上时，纸张前口距前规 5 ~ 8mm 为宜。过早了，前规本身还未稳定；过晚了，纸张有可能不能按时到达前规。给纸机和主机之间的时间调整参见给纸部分。除此之外，闯纸对纸张到位的准确性也影响较大。因此，应尽量把纸闯齐。

（3）组合上摆式前规的调整方法

① 整体前规（四个一起）调整。

松开螺母 11，调节前规轴相对摆杆 22（9）之前的角度，即调节整排前规的高低位置，调好后，再拧紧螺母 11。

② 单个前规的调整。

松开螺钉 17，使每个前规单独转动一个角度，即调节每个前规的高低位置，调好后，锁紧螺钉 17。

③ 前规定位板［图 6 - 3（b）中 15 的垂直部分］前后位置调节。

松开紧固螺钉 20，调节螺钉 21，可以调节每个前规的前后位置，然后拧紧螺钉 20，前规的前后位置调节除了调机时考虑前规与递纸牙的交接纸张外，有时印刷过程中出现了印版需要圆周方向做微量（一线两线之差）拉版调整时，由于调节量小，调版不方便时，可以通过微调前规前后位置来解决。

④ 前规压纸舌与递纸牙台之间的距离调节。

调节螺母 11，改变套有撑簧 13 的连杆 23 长度，通过前规轴 18，使整排前规 15 一起升高或降低。如果必须进行个别调节，可松开各个前规挡纸板与前规轴的固定螺钉 17，用三张纸厚的塞尺测量前规挡纸舌的高度，合适后拧紧螺钉 17 即可。

需要注意的是：前规轴上的四个前规，实用中仅用两个，根据两点一线原理，不能四只同时使用，否则会造成纸张定位不准。当印对开纸张时，用外侧的两个，当印四开纸张时，使用中间的两个。另外进行前规调节、特别是个别调节时，务必要使两个前规挡纸板所决定的直线基本平行滚筒叼牙叼纸直线，使叼纸距离两边相等（3 ~ 5mm）。

另外，在通过螺钉 17 调节挡纸板前后位置时，还必须注意它和纸张减速挡纸板的摆动密切配合。两者之间的位置配合关系机器调节参阅图 6 - 10 所示及其说明。

2. 组合下摆式前规

为适应机器特殊的结构和布局，保证机器在高速情况下能有较长的定位时间，获得稳定良好的定位效果，同时使纸张在传递过程中与机构的运动构件压纸舌间不发生干涉，一些机器采用了组合式下摆式前规机构。

（1）J2109 对开胶印机前规

J2109 对开胶印机、海德堡对开胶印机采用了如图 6 - 4 所示的组合下摆式前规。从

图 6－4（b）可以看出，该前规由两套凸轮连杆、摆杆机构共同控制，前规的压纸舌 24 和定位板 22 由螺钉 23 固连在一起，在输纸板下面绕 O 轴摆动。

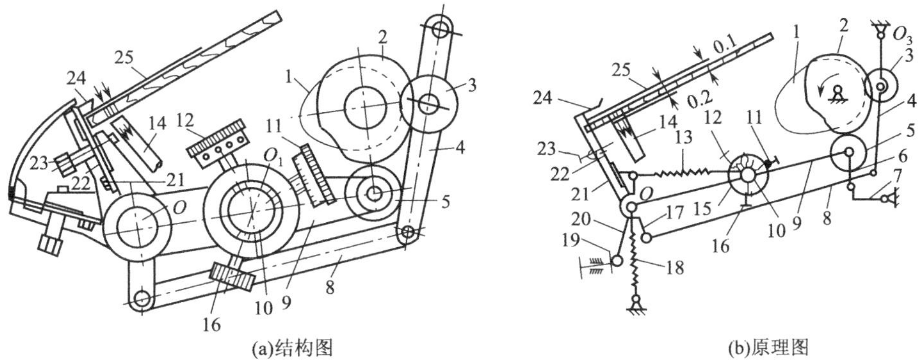

图 6－4　组合下摆式前规简图

1、2－凸轮；3、5－滚子；4、7、17－摆杆；6、8、9－连杆；10－轴；11、12、16－调节螺钉；13、18－拉簧；14－吸气管；15－轴承；19－靠刹螺钉；20－靠刹摆杆；21、23－螺钉；22－定位板；24－压纸舌；25－纸张

该前规一方面随前规轴上下移动（牵连运动），另一方面又相对前规轴做翻转摆动（相对运动），分别由两套凸轮、摆杆连杆机构控制实现。复合运动的结果便是：前规上摆接纸、上停稳纸、下摆让纸和下停等待纸张通过等周期动作。在前规轴上的凸轮 1 不停地旋转，它推动滚子 3，使摆杆 4 摆动，从而带动连杆 8，摆杆 17 和压纸舌及定位板绕 O 轴（此时 O 轴不动）摆动，完成压纸舌的前后摆动。实现定位板在输纸板前的定位运动。前规轴上的凸轮 2 的转动推动滚子 5 使连杆 9 绕 O_1 轴摆动，从而使 O 轴带动前规上下移动，完成压纸舌下降时，纸张在上面（即高度方向）的限位。

吸气管 14 距输纸板的间隙一般调节成 0.2mm。吸气装置的作用是：当在输纸板上的纸张出现故障时，吸气管吸住第一张定位好的纸张，配合控制指令，防止乱纸。

通过螺钉 11、12、16 可以调节 O 轴的空间位置，从而改变压纸舌与输纸板之间的间隙，以适应不同厚度的纸张。弹簧 13、18 为拉簧，是凸轮的封闭弹簧。19 为前规的定位靠刹（以凸轮 1 的局部失效为调节空间），与组合上摆式前规一样，以此保证前规每次定位位置的一致。螺钉 23 用来调节压纸舌和定位板的相对位置，确定定位板的定位位置。6、7 是滚子 5 的摆动座。

组合式下摆前规从定位位置到让纸位置必须摆动很大的角度，导致控制凸轮的升程和压力角较大，使传动不平稳，印刷速度受到限制。但由于调节螺钉 11、12、16 均装在轴 O_1 端部，直接在机器两侧调节，故操作方便。另外，由于前规调节螺钉处于输纸板下方，装配、修理、使用都不方便。下摆式前规有一个很大的优点，就是在纸张尾部没有完全离开输纸板之前，前规就可返回至定位位置，等待下一张纸的到来；而上摆式前规则必须在纸尾完全离开输纸板（纸后缘与输纸板边缘之间出现间隙）后，才能返回至定位位置，准备为下一张纸定位。这就是说，下摆式前规由于可提前返回至定位位置而增加了稳纸时间，使定位精度提高。这个优点在高速下尤为突出。

（2）PZ4880－01 型对开四色胶印机前规机构

PZ4880－01 型对开四色胶印机也采用组合下摆式前规，其前规机构原理如图 6－5 所示。选用下摆式前规的优势主要是由于滚筒直径所限，为不影响定位，利用下摆式前规机构在第一张纸还没有走完时就可以上来迎接第二张纸，使得稳纸时间加长。

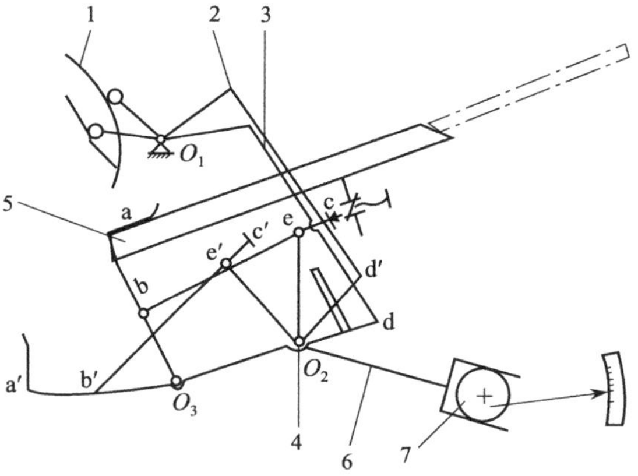

图 6－5　PZ4880－01 型胶印机前规机构图

1－凸轮；2－摆杆；3－连板；4－前规轴；5－调节螺钉；6－叉杆；7－偏心

前规凸轮 1 是前规的动力源，它安装在前传纸滚筒操作面外侧。凸轮 1 的转动驱动摆杆 2 绕 O_1 点摆动，摆杆 2 拉动连板 3 使前规轴 4 绕 O_2 摆动。支点 O_2、O_3 是四边形铰链支点，O_3 可看作一个死支点（仅在调节时可以绕支点 O_2 摆动），前规轴 4 的摆动通过四边形机构 beO_2O_3，带动前规定位板 ab 绕 O_3 支点上下摆动。滚筒转一转，前规也正好完成从 a 点摆到 a′，再由 a′点摆回 a 点这一循环。前规摆动一次铰链支点 b 点摆至 b′，e 点摆至 e′，d 点摆到 d′循环往复。c 点是前规在牙台稳纸时的靠刹。每个前规有一个靠刹，共有 6 个，靠刹可以单独调节前后，以保证 6 个前规在一条直线上。

每个前规离牙台 0.3mm 间隙，通过调节螺钉 5 可以单个调节其高低，当印刷纸厚度有变化时，6 个前规可以同时调节与牙台的间隙。调节偏心 7（有六个偏心，固连于同一轴上）的空间方位，通过叉杆 6，使 O_3 支点围绕支点 O_2 上下摆动一角度即可实现。印刷纸张的厚度值，由固定于偏心轴上的指针指示在标盘上。

（3）在线可调下摆式前规

图 6－6 所示的前规可在机器一侧墙板上微调。凸轮 1 通过滚子 9 驱动摆杆 2 绕固定在墙板上的轴 O 摆动，摆杆 2 又带动连杆 5 运动。连杆 5 的一端装着滚子 6，滚子 6 在导槽中运动。前规板 7 及压纸舌 8 都固定在连杆 5 上。当凸轮 1 由大面转向小面时，摆杆 2 在弹簧 10 的恢复力作用下，顺时针摆动，碰到挡块 4 时便不再摆动。旋动手轮 3，通过锥齿轮传动及丝杠的运动可改变挡块的位置，以实现对前规的微量调节。这种调节操作可在机器运转时进行，所以这种调节方式称为在线可调方式。图中 V_f 表示纸张运动方向和速度，图中纸张正处于定位位置。

把手轮 3 换成一台小电机，设计适当的控制电路就可实现对前规的集中控制。

为了保证下摆式前规返回时不碰坏纸张，有的印刷机上采用吹气机构将纸张吹起，如

图 6－7 所示，用以加速纸张从牙台上的脱离，使纸张尾部飘起，给前规上下避让一段距离。

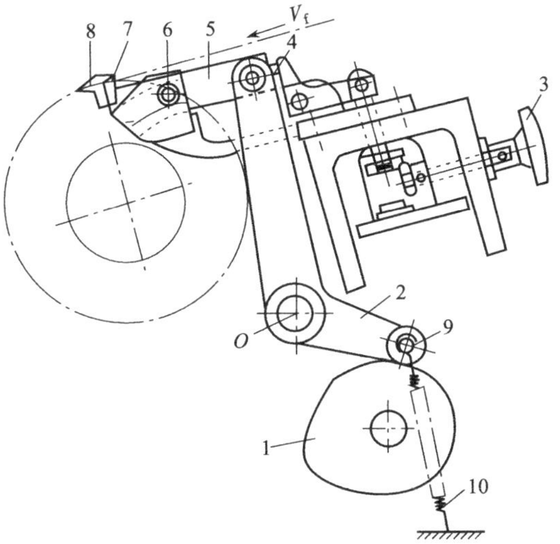

图 6－6　可在运转中调节的前规图

1－凸轮；2－摆杆；3－手轮；4－挡块；5－连杆；6、9－滚子；7－前规板；8－压纸舌；10－弹簧

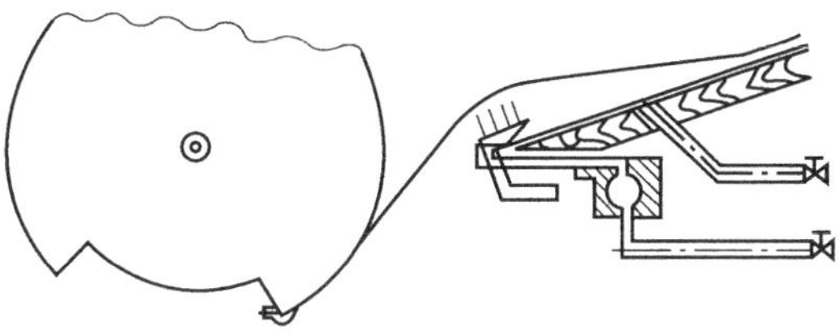

图 6－7　下摆式前规的附带吹纸尾机构图

三、复合式前规

1. 复合下摆式前规

为克服组合下摆式前规摆角大，凸轮曲线陡峭、传动不平稳等不足，出现了图 6－8 所示的复合下摆式前规。其定位板与压纸舌是分开的，其摆动轴均在输纸板下方，并分别由凸轮 1、17、18 驱动滚子 A、B、C 带其摆动完成前规对纸张的定位，如图 6－8（a）所示。

（1）压纸舌的工作原理

由图 6－8（b）所示，凸轮 1 转动，推动滚子 A 带动摆杆 10、连杆 6，摆杆 2 使前规压纸舌前后摆动，前摆时让纸，后摆时给纸定位。调节螺钉 8 改变连杆 6 的工作长度，即改变压纸舌摆动角度。压纸舌处于定位位置时，与限位螺钉 15 靠紧以获得准确的定位位置。压簧 7 允许摆杆 10 在凸轮作用下（在定位时）逆时针摆动一个角度。

调节压纸舌与递纸牙台面的间隙是通过拧动调节螺母 14，拉动螺杆 13 使摆杆 12 绕 O_1 轴摆动，带动连杆 11 上下移动。连杆 11 拉动摆杆 5 绕轴 O_1 摆动，经过连杆 4 使偏心套 3 转动，前规压纸舌与偏心套固连在一起，从而改变了压纸舌的上下位置。

（2）定位板的工作原理

由图 6－8（c）所示，定位板的运动为复合运动，它由两个凸轮 17、18 来驱动两个滚子 B、C 来实现。定位板的运动轨迹 D 是封闭曲线，当纸张到达定位板时，应在 D 点相接触，然后纸张随定位板缓慢向递纸牙台前端前进，以消除高速运行纸张的冲击，当定位板到达递纸牙台前端时，其速度已降至零，此时前规定位并等待递纸牙取纸。当递纸牙闭牙后，定位板急速下移至输纸板下面，让递纸牙带纸运行。同时定位板从台面下边开始返回运行，

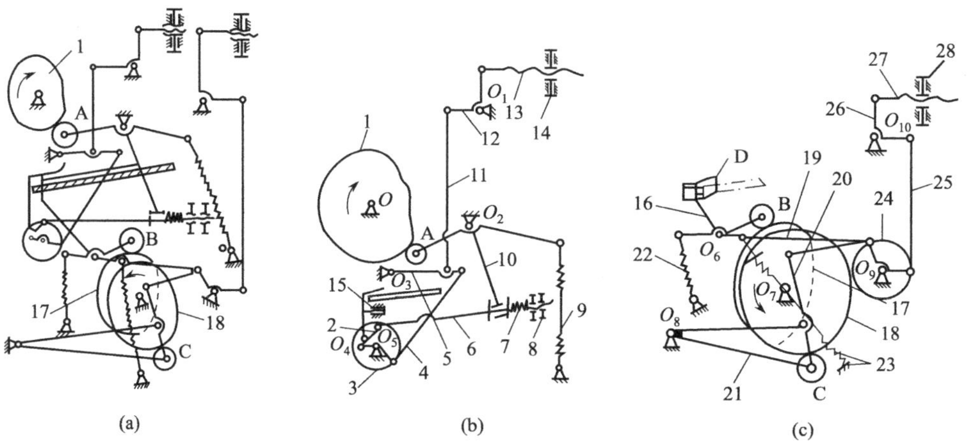

图 6－8　复合下摆式前规图

1、17、18－凸轮；2－摆杆（与压纸舌一起）；3－偏心套；5、10、12、21、24、26－摆杆；4、6、11、19、20、25－连杆；7－压簧；8－螺钉；9、22、23－拉簧；13、27－螺杆；14、28－调节螺母；15－限位螺钉；16－定位板

并上升至台面上，准备接第二张纸。

当凸轮 17 转动时，推动滚子 B 使定位板 16 绕 O_6 轴摆动，给纸张缓速及定位（起前挡规的作用）。拉簧 22 为封闭弹簧。

当凸轮 18 转动时，推动滚子 C 使摆杆 21 绕 O_8 轴摆动，带动连杆 20、19 上、下摆动，轴 O_6 与连杆 19 相固连，从而使定位板完成上、下运动。拉簧 23 为封闭弹簧。

调节定位板的前后位置是通过转动调节螺母 28，拉动螺杆 27 使摆杆 26 绕 O_{10} 轴摆动，从而带动连杆 25 上、下移动，连杆 25 与偏心套固连在一起，这样使偏心套绕 O_9 轴转动，改变连杆 19 左右位置，并带动 O_6 轴左右移动，达到调节定位板 16 在纸台上前后移动的目的。

这种前规结构复杂，但调整比较方便，它完成了给纸张定位和缓速两个作用。该机构安装在 J2204 型对开双色胶印机上。

2. 复合上摆式前规

图 6－9 为复合上摆式前规，即把用于定位纸张前缘的定位板 13 和用于控制纸张飘动的压纸舌 12 分成两个构件，且压纸舌的摆动中心在输纸板的上方，但定位板的摆动中心在输纸板的下方。该机构当滚子 2 处于凸轮最小半径时，起限位作用的螺钉 7 顶着摆杆 4，定位板 13 处于定位位置，通过摆杆 4、连杆 10、摆杆 11 的连接使压纸舌 12 与定位板 13 协调工作。拉簧 3 起封闭作用，保证滚子 2 与凸轮 1 的良好接触；

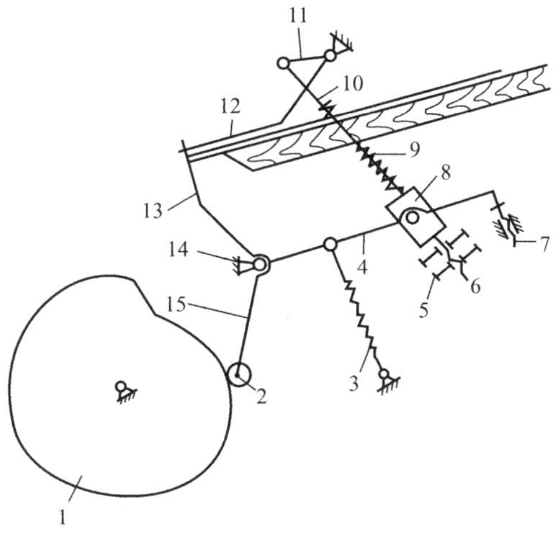

图 6－9　复合上摆式前规图

1－凸轮；2－滚子；3、9－拉簧；4、11、15－摆杆；5－螺母；6－丝杆；7－靠山螺钉；8－滑套；10－连杆；12－压纸舌；13－定位板；14－支座

丝杆 6 与连杆 10 固连成一体；滑套 8 可以在丝杆 6 上滑动，压簧 9 保证滑套 8 始终与调节螺母 5 接触，同时又为通过调节连杆 10 有效长度提供了调节空间。

调节螺母 5 可改变连杆 10 的长度，以获得压纸舌 12 与输纸台之间适当的间隙。当需要调节定位板 13 工作位置（即前后位置）时，调节靠山螺钉 7 即可。此时，凸轮低点部分失效，凸轮与滚子间形成一定间隙，前规摆动（包括压纸舌和定位板）的实际范围减小，这是该前规调整的必然结果。

这种前规结构简单，调整比较方便，但安装空间要大。

四、纸张的缓速及预定位

高速印刷机中，由于纸张运行速度较高，为了使纸张在定位时的冲击尽可能小，在纸张到达前规前，往往使它减速。纸张减速方法很多，这里介绍常见的缓速前挡规、缓速钩以及吸气孔减速预定位机构。

1. 缓速前挡规

缓速前挡规一般与组合式前规相配合，图 6－10 是组合式前规挡纸板和减速挡纸板的位置配合关系图。

图 6－10（a）所示为结构图，图 6－10（b）所示为机构原理图。减速挡纸板 11 对纸张起缓冲作用，防止纸张对前规撞击而造成弹跳或卷曲等现象。其动作是先同输纸板快速送来的纸张接触，以慢速向前规靠近，当前规挡纸板 2 下落至定位位置时，减速挡纸板也回至和定位挡纸板同一条直线上，把纸张交给定位挡纸板定位。因此，在对前规挡纸板 2 进行总的调节前后位置时，必须同时调节减速挡纸板 11 的前后位置。图中，松开固定螺丝 3，拧动调节螺母 4，使调节杆 5 的长度改变，前规偏心轴座 6 随之带动前规轴 1 绕 O_1 转动（必须注意 O_1 和轴 1 的相对位置，应使 1 的运动方向恰好同定位挡纸板要求移动方向——前后方向一致），使定位挡纸板 2 随着轴 1 一同改变前后位置。减速挡纸板偏心轴座 8 和前规轴座 6 之间有一连杆 7，减速挡纸板 11 的轴 10 绕 O_2 转动，保证定位挡纸板 2 和减速挡纸板 11 始终在正常的交接位置上。

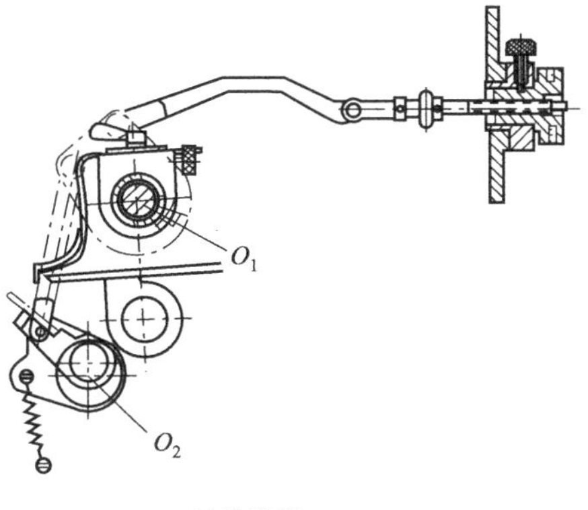

(a)结构图

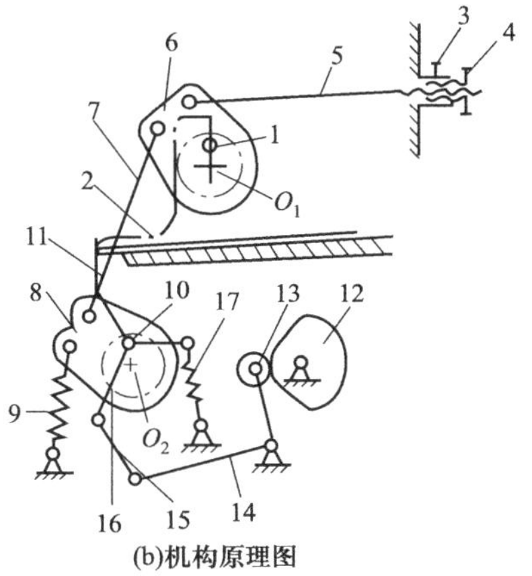

(b)机构原理图

图 6－10　前规和减速挡纸板的配合

1－前规轴；2－挡纸板；3－固定螺丝；4－调节螺母；5－调节杆；
6、8－偏心轴座；7、15－连杆；9、17－拉簧；10－轴；
11－减速挡纸板；12－凸轮；13－滚子；14、16－摆杆

减速挡纸板 11 的工作运动是由凸轮 12 经滚子 13、摆杆 14、连杆 15、摆杆 16 和轴 10，使它前后摆动。拉簧 17 使滚子 13 和凸轮 12 保持有接触压力。拉簧 17 是消除间隙，不至由于间隙存在影响挡纸板的工作稳定性。

前规和侧规也有一定的配合关系。首先，应根据递纸叼牙的叼纸距离，调节前规的两个定位挡纸板的位置，并使侧规的定位挡纸板垂直前规定位挡纸板所在直线；其次，纸张先在前规挡纸板处有一定稳定时间，侧规拉纸球下落进行拉纸；当前规开始让纸时，拉纸球应完全离开纸张（J2108 型胶印机这段时间为滚筒转过 8°）。

2. 缓速钩纸张减速机构

图 6－11 为缓速挡纸钩机构的工作过程图。为了适应较大幅面的纸张，机器上还同时设置有向上的吸嘴，以保证足够的前规定位时间。图 6－11（a）所示为当前一张纸传送到压印滚筒时，后一张纸被吸嘴吸住；图 6－11（b）所示为纸张被引导至减速钩，并由减速钩预定位；图 6－11（c）所示为纸张随缓速钩减速移向前规，此时吸嘴释放纸张并返回；图 6－11（d）所示为纸张已移动到前规处（速度已为零），并且在前规处定位。

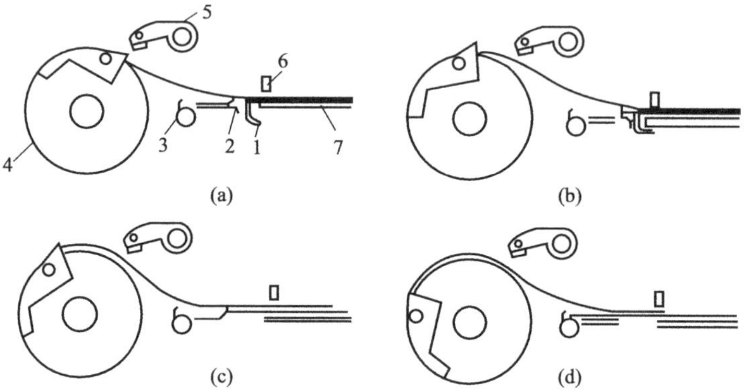

图 6－11　缓速挡纸钩机构的工作过程图

1－吸嘴；2－减速钩；3－前规；4－压印滚筒；5－递纸牙；6－侧规；7－输纸板

缓速挡纸钩装置可使纸张在向前规运动过程中，速度逐渐由高速降至零。

3. 吸气孔减速预定位机构

纸张的减速和预定位还可以采用静止不动的吸气孔来实现，图 6－12 所示为其简图。图中箭头所示为吸气气流方向，旋动调节螺丝 1 就可使下面的吸气管 2 改变有效横截面积，因此也就改变了上面吸气孔 3 对纸张的吸力，从而适应不同速度下、不同质量纸张减速所需吸力大小的调节。

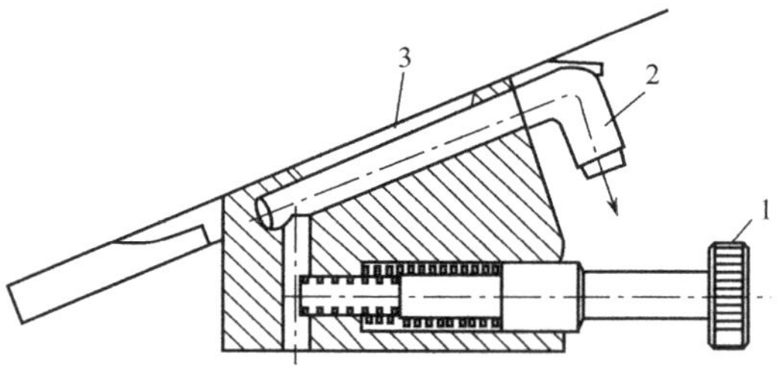

图 6－12　吸气孔减速预定位机构简图

1－调节螺钉；2－吸气管；3－吸气孔

五、前规的互锁机构

当纸张出现故障时，全机产生连锁动作，其中一项是前规不抬起，该功能动作控制过程由前规互锁机构实现。

1. 组合上摆式前规互锁机构

如图 6－13 是前规互锁机构。图中的位置是互锁机构不工作的情况。当印刷过程中发生故障（双张、歪斜、空张、晚到等），产生自动控制电信号使互锁机构的推力电磁铁吸合，摆杆 2 推动摆杆 3 绕支点 11 顺时针上摆，此时顶杆 4 的头部就顶着缓冲座 10，前规轴 7 不再上下摆动，前规就不摆动。此时前规驱动凸轮的高点与滚子接触，而低点与滚子脱离接触。在正常工作时，顶杆 4 依靠其上的扭簧作用摆回（逆时针），摆杆 3 向下摆，铁芯 1 下移，顶杆 4 不能顶着缓冲座 10，前规不受约束，可以自由摆动，同时递纸牙的开闭牙不受影响。

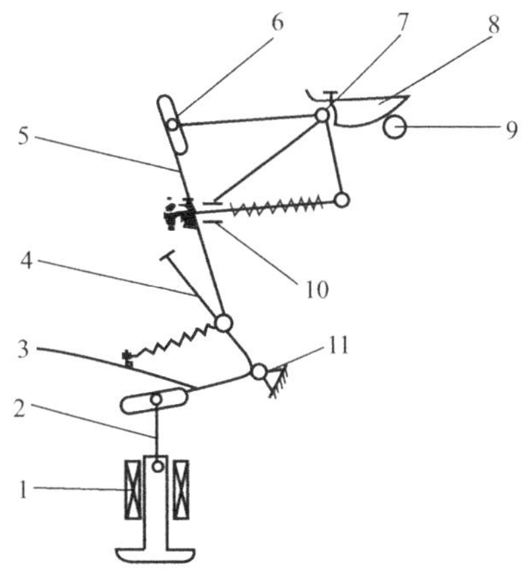

图 6－13　前规互锁机构

1－电磁铁铁芯；2、3－摆杆；4－顶杆；5－连杆；6－销钉；7－前规轴；8－曲线块；9－开牙滚子；10－缓冲座；11－支点

当摆杆 3 顺时针上摆时，同时推动连杆 5 也上摆，连杆 5 推动销钉 6，递纸牙辅助开牙，曲线块 8 活套在前规轴 7 上。因此，曲线块 8 绕前规轴 7 顺时针下摆，下摆时曲线块 8 就压迫摆动器开牙滚子 9，使摆动器牙不能闭合，摆动器牙在牙台上就不能叼纸。

所以，当互锁机构推力电磁铁通电时，同时互锁两套机构停止工作，一是上摆式前规不摆动，二是摆动器叼牙不叼纸。

2. J2204 机互锁机构

当纸张出现故障时，电器系统能够自动停止给纸机和印刷部分的动作，同时产生前规的联锁运动，即使递纸叼牙在牙台不闭牙，也就是不取纸，并使前规压纸舌不摆动。此时前规芯不做前后摆动也不做上下摆动。

上述三项前规连锁动作是这样实现的（见图 6－14）：当发出纸张故障电信号时，推力电磁铁 9 吸合，推动连杆 8 绕轴 O_1 上摆，推动拉杆 7，使摆杆 5 绕轴 O_2 转动，经连杆 4 推动连杆 3 绕 O_3 转动，使连板 2 推动开牙曲线板，则递纸叼牙不开牙。

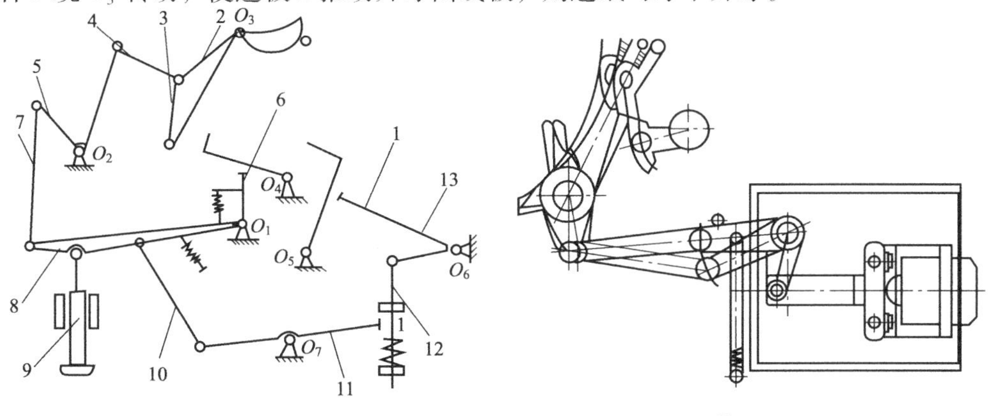

图 6－14　J2204 型胶印机前规互锁机构图

1－顶杆；2、10－连板；3、4、8、11、13－连杆；5－摆杆；6－挡块；7、12－拉杆；9－电磁铁

当电磁铁 9 吸合时，连杆 8 绕轴 O_1 上摆，拉动连板 10，连板 10 拉动连杆绕轴 O_7 经拉杆 12 拉动连杆 13 绕轴 O_6 下摆。也就是拉动顶杆 1 顶住 O_5 轴的前规压纸舌，使其不再继续摆动。当推力电磁铁 9 吸合使连杆 8 绕轴 O_1 上摆时，挡块 6 如顶着轴 O_4 的前规芯摆杆，前规芯即不绕 O_4 轴摆动，其支点也不上下移动。如果挡块 6 在连杆 8 上抬的一瞬间没有顶着轴 O_4 的前规芯摆杆，则挡块 6 将压迫顶销，压缩压簧，起安全、保护作用。

第三节　侧　　规

一、侧规的作用与工艺要求

在印刷中，纸张先送到前规处稳定、定位，完成纵向定位后再由侧规对其进行横向（来、去方向）定位。由于侧规对纸张的定位方向与纸张运行方向垂直，故侧规结构除了有作为定位基准的定位板和控制纸张平服、保证定位精度的压纸舌外，还要有使纸张产生横向移动，使其紧贴定位板的拉纸（推纸）装置。同时为了使下一张纸顺利到达前规，侧规定位后还必须使定位板、压纸舌和拉纸装置上抬一定高度让纸。因此，侧规要按一定周期做上下摆动运动。

侧规形式多样，但都必须满足下述工艺要求。

① 拉（推）纸可靠，定位准确。能根据不同的纸张，调节拉纸力和压纸舌的高低，拉纸时不损伤纸面，并能根据需要调节定位时间。

② 配合协调。其拉（推）纸、定位时间应按一定规律进行，与前规、递纸机构动作协调，配合紧凑。

③ 印刷适性强。能按印刷幅面、版面进行横向大距离调节和精确的套印微量调节。

④ 适应单机正反面套印。为了正反面印刷不改变纸张定位基准边，每台机器需要在两侧对称设有两套侧规矩，结构相同，工作方向相反。

⑤ 操作维护简单，调节方便。

二、侧规的分类

侧规的类型较多，根据移动纸张的方式及拉纸装置的结构特性，一般可分为推规和拉规两种类型。

1. 推规

推规一般采用两个做往复运动的推纸爪，从纸张的一边将其推向另一侧的规矩板进行定位。虽然结构简单，但推纸运动需要纸张有坚挺的材质，大幅面和较软的纸张在推移和纸边贴近规矩板时易弯曲；另外，即便用于硬纸，印刷速度也不能太高，因为硬纸易回弹，这都影响定位精度和可靠性。因此，目前推规仅用于幅面较小、质地较挺的纸张和较低的印刷速度，而在高速胶印机上已不再使用。

2. 拉规

拉规有往复移动钳式拉板式、扇形板间歇传动式、摆动压纸轮式、连续旋转滚轮摆动压纸轮式、往复移动拉板及气动拉纸式等多种形式。拉规在定位时，在定位边一侧用相应的拉纸装置将纸张拉到规矩板处定位。拉纸装置直接接触并带动纸张，一般由两部分组成：在纸张下做往复运动或连续转动的拉纸主动部件；在纸张上做周期性上下摆动的压纸部件。压纸部件为压板或压纸滚轮，它将纸张压到拉纸主动件上，使纸张在摩擦力作用下，随主动件一起移动。

无论哪种形式侧规其拉纸要可靠，都应根据不同的纸张，调节拉纸力和压纸舌的高低，拉纸时不得损伤纸面；侧规拉纸、定位时间应按一定规律与前规、递纸牙机构动作配合协调，并能根据需要调节。

每台机器在两侧对称装有两套侧规，结构相同，工作方向相反，用于同一台机器上实现正反面套印。印刷时仅使用一个，另一个锁紧停止动作。

三、侧规的结构与调节

调节侧规是单张纸印刷机印刷作业中经常性操作工序之一，不同的侧规结构尽管调节项目大体相同，但调节内容各有差异。

1. 扇形板摆动式侧拉规

扇形板摆动式侧拉规安装在 J2201 型胶印机上。它靠往复摆动的扇形板和上下摆动的压纸滚轮相互配合实现定位任务。如图 6－15 所示。

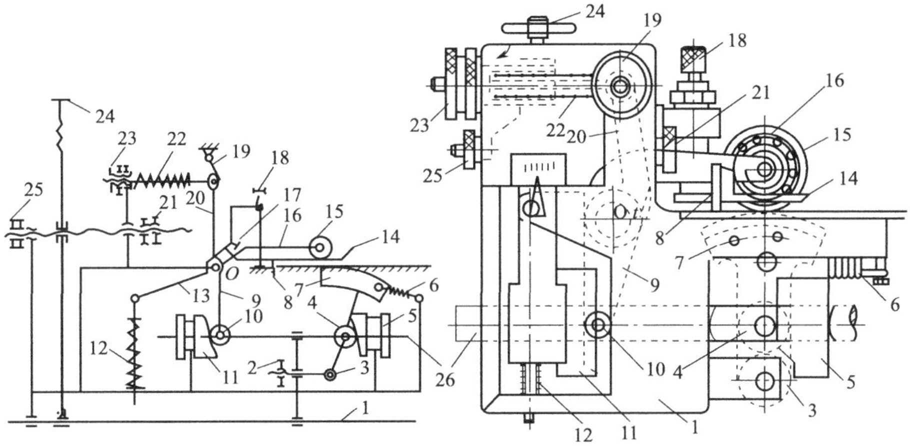

图 6－15　扇形板摆动式侧拉规图

1－侧规固定轴；2－调节螺钉；3－偏心轴；4、10－滚子；5、11－凸轮；6－拉簧；7－扇形板；8－定位板；9、13、16－摆杆；12、22－压簧；14－压纸舌；15－压纸轮；17－支座；18、23－调节螺钉；19－限位螺钉；20－限位摆杆 21、25－锁紧螺母；24－手轮；26－侧规轴

（1）侧规结构与工作原理

在侧规轴上装有控制扇形板摆动的凸轮 5 和控制压纸轮的凸轮 11，扇形板 7 在拉簧的作用下使摆杆上的滚子 4 始终靠在凸轮 5 上，当凸轮 5 随侧规轴转动时，扇形板 7 绕偏心轴 3 来回摆动，偏心轴 3 是偏心销轴，用以调节扇形板圆弧面的高低，调节螺钉 2 用来微调扇形板 7 和压纸轮 15 相配合的工作位置。

当凸轮 11 由曲面低点转向高点时，推动滚子 10 使摆杆 9、16 和限位摆杆 20 绕 O 点逆时针方向转动，压缩弹簧 22，压纸轮 15 上抬，当摆杆 16 上抬与支座相接触时，摆杆 13 压缩弹簧 12 也逆时针方向转动，从而带动定位板 8、压纸舌 14 上抬，此时让纸张通过。当凸轮 11 由曲面高点向低点转动时，弹簧 12 和 22 复位，使压纸轮 15、定位板 8、压纸舌 14 下落至调节螺钉 18 落至输纸台面上时，摆杆 13 停止摆动，此时定位板、压纸舌停在工作位置上。但摆杆 16 在弹簧 22 的作用下继续顺时针方向摆动，使支座 17 和摆杆 16 脱开，并且使压纸轮 15 与扇形板接触拉纸定位。此时，滚子 10 与凸轮 11 低点之间的间隙应有 0.1 ~ 0.4mm，此值决定于拉纸时间和距离的大小。安装凸轮 11 和 5 时必须要考虑扇形板和压纸轮的动作协调配合，即当扇形板开始摆向左方（机器外侧）时，压纸轮摆下压住纸张，进行拉纸定位，然后压纸轮先抬起，扇形板摆到极限位置，当扇形板返回摆动到极限位置前，压纸轮是不能下摆的，否则，会破坏纸张在前规的定位位置。

停止工作时，转动手轮 24，使其端面上的凸台卡在座架上的槽中，使限位摆杆 20 摆动并压缩弹簧 22，压纸轮 15、压纸舌 14、定位板 8 均被抬起，使滚子 10 与凸轮 11 脱开，侧规即停止工作。

（2）侧规矩机构的调节

① 拉纸距离、拉纸时间长短和拉纸时间错前推后调节。

扇形板摆动的最大距离是由凸轮 5 的升程、扇形板 7 和滚子 4 到支点 3 的长度比（即放大比率）决定的。而纸张实际拉动距离是由压纸轮 15 压到扇形板上的时间，亦即滚子 10 脱开凸轮 11 的时间来决定的。转动滚子 10 的偏心销轴，改变滚子与凸轮的间隙，也就改变了侧拉规的拉纸时间和距离。假如改变凸轮 11 相对侧规传动轴的相位，则可提前或错后拉纸，但不影响拉纸时间长短。

拧动调节螺钉 2，改变扇形板摆动支点位置，实质改变了滚子 4 对凸轮 5 的相位，从而调节了扇形板的摆动时间先后。

压纸滚和扇形板拉纸动作应调节得协调，恰到好处，滚子即将抬起时，扇形板应将摆到头，速度接近零，使纸张能准确到位，而对侧规矩板无冲击。

通过拉纸时间和距离调节可以实现如下四种不同的要求。

a. 压纸轮早下晚抬：延长拉纸时间，增大拉纸距离。

b. 压纸轮晚下早抬：缩短拉纸时间和距离。

c. 压纸轮早下早抬：缩短了前规稳纸时间，侧拉规拉纸时间长短不变，拉纸距离不变。

d. 压纸轮晚下晚抬：延长前规稳纸时间，侧拉规拉纸时间长短不变，拉纸距离不变。

② 拉纸力的调节。

根据纸张的幅面、厚度及质地要进行纸张拉力调节。拉纸力较大变化的调节可更换压纸轮撑簧。一般机器上备有四组撑簧，视情况选用。拉纸力较小范围调节可靠拧动调节螺钉 23，改变压簧的压缩量来实现。还可以更换扇形板，一般纸张和薄纸用光面扇形板，厚纸、纸板用滚花扇形板。

③ 压纸舌高低的调节。

拧动调节螺钉 18 可改变压纸舌与递纸台面的间隙，间隙一般为所印纸张厚度的 3 倍。

具体操作方法与前规压纸舌高度调节相同。

④ 轴向位置调节。

较大幅度地调节挡纸板位置时，可松开手轮 24，整个横向移动侧规到所需位置再锁住；微量套印调节可通过锁紧螺母 21 和 25 配合调整。

拉纸扇形板侧规矩的优点是拉纸速度由凸轮控制，扇形板摆动是变速的，可以调节扇形板在减速时带动纸张移向定位板，纸张接近侧规矩板时速度变慢，冲击力小，有利于定位；缺点是扇形板做往复摆动，惯性较大，容易产生振动，使拉纸不稳。

2. 滚轮旋转式侧拉规

国产胶印机（如 J2108A、J2205、JS2102、JS2103A 型胶印机等）采用的侧规矩机构均为连续旋转滚轮式拉纸机构，即由做周期性摆动运动的压纸滚将纸压到连续旋转的滚轮上，依靠摩擦力将纸张拉到侧规定位板处进行定位。由于滚轮做匀速旋转运动，消除了扇形板往复摆动的惯性冲击，故工作平稳，适用于高速胶印机。

（1）连续旋转滚轮式侧规矩机构结构与工作原理

图 6－16 为滚轮旋转式侧拉规。在侧规传动轴上用滑键连接有端面圆柱凸轮 5 和圆柱齿轮 8，其位置由侧规座控制，并可使侧规整体移动或固定在相应位置不动。圆柱齿轮 8 与 9 相啮合，经锥齿轮 10、11 带动拉纸滚轮 12 做连续匀速旋转运动。

端面圆柱凸轮 5 驱动滚子 7 带动摆杆 22 绕支轴 O 做往复摆动，从而使装在摆杆上部的侧规压纸滚轮 15 带其压纸舌和定位板一起上下摆动。定位时，压纸滚轮 15 下摆，将纸张紧压在连续旋转的滚轮 12 上，依靠摩擦力将纸张向外侧拉至规矩定位板处定位。拉纸时滚子 7 相对于端面凸轮最低位置，压纸滚轮对纸张的压力是由压簧产生的，此时滚子 7 应与凸轮脱开。

（2）连续旋转滚轮式侧规矩机构结构的调节

印刷前，对侧规工作性能要进行调节，可从以下几个方面入手。

① 对侧规拉纸时间长短（拉纸距离的大小）的调节。

调整偏心销轴 6、14，使其当压纸滚轮 15 压到纸张时，滚子与端面圆柱凸轮脱开间隙，脱开距离越大，拉纸滚轮拉纸时间越长。拉纸时间长，拉纸距离大，否则，拉纸距离就小。这需根据需要来调节拉纸时间，以满足印刷要求为准。

② 侧规拉纸时间早晚的调节。

侧规传动轴是由机器传动面轴上齿轮带动而运转的，在传动齿轮上开有长孔，只要松开锁紧螺钉（共 3 个）就可以改变齿轮的圆周位置，从而改变端面圆柱凸轮的圆周位置，改变了端面圆柱凸轮驱动滚子的早晚时间，可使侧规早拉纸或晚拉纸，但并不改变拉纸时间的长短。调节后立即拧紧螺钉，然后再核实一下拉纸时间早晚是否合适，否则需要重新调整，直至满意为止。

③ 压纸挡板高低和定位板与前规位置的调节。

侧规压纸舌和定位板为一体活装在压纸舌板螺杆 19 的下部，压纸舌板螺杆装在有外螺丝的螺纹管 16 中，螺纹管又活装在摆杆外套筒内，用锁紧螺母 17 将螺丝套筒锁住，螺丝套筒下部有一个定位插销，插在侧规挡纸板的销孔中，可使侧规挡纸板保持固定的位置。如果需要调节侧规定位板与前规定位板垂直位置时，或在纸张裁切不正，需要适当调整侧规定位

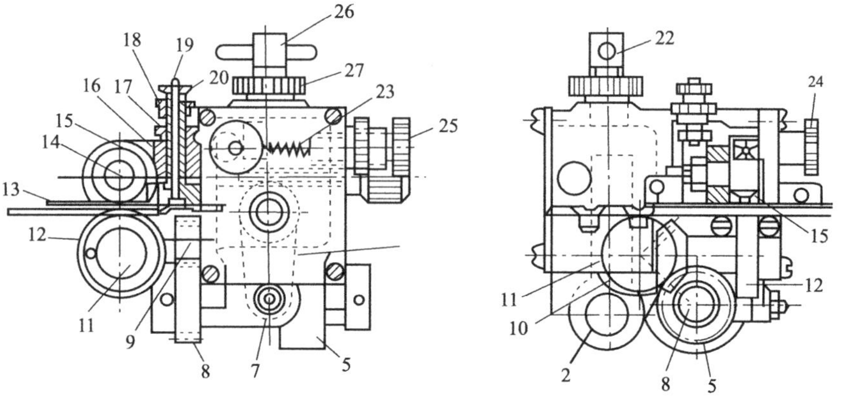

(a)结构图

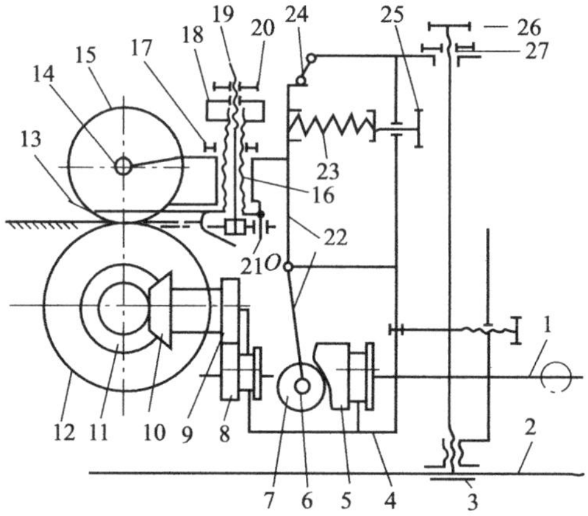

(b)原理图

图 6－16　滚轮旋转式侧拉规图

1－侧规传动轴；2－侧规安装轴；3－滑套；4－拔叉架；5－端面圆柱凸轮；6、14、24－偏心销轴；7－滚子；8、9－圆柱齿轮；10、11－锥齿轮；12－滚轮；13－压纸舌；15－压纸滚轮；16－螺纹管；17、20、27－锁紧螺母；18－调节螺母；19－压纸舌螺杆；21－插销；22－摆杆；23－压簧；25－调节螺丝；26－侧规固定螺丝

板与前规定位板相应角度时，就要将锁紧螺母 17 松开，把侧规定位板调整到合适的位置后，再锁紧螺母 17 即可。

至于压纸舌的高低位置调节，应先松开锁紧螺母 20，拧动调节螺母，使螺杆在外螺纹管中上下移动，以改变压纸舌与递纸台面之间的间隙，只要满足三张纸厚就可以了。然后拧紧调节螺母和锁紧螺母 20 即可。

④ 侧规拉纸力的调节。

侧规拉纸力的大小关系到拉纸定位的稳定性，拉纸不足会使纸张拉不到位造成套印不准，因此，印刷前需要考虑拉纸力的调节。侧规拉力来自压簧，只要松开锁紧螺母，拧动调节螺丝，使拉纸滚轮对纸张压力合适即可。需要指出，国产胶印机配有两种压簧，印刷薄纸时选用压力小的，印刷厚纸时应选用压力大的。

⑤ 侧规工作位置的调节。

在胶印机上随着印刷纸张的规格（尺寸大小）的变化，侧规为了适应纸张的不同，要改变工作位置。调整时，松开锁紧螺母 27，拧动侧规固定螺丝，使侧规座滑套在支撑轴上轴向移动，可将侧规移到所需要的位置，然后紧固锁紧螺母 27。如果还要微量调节套准线时，只要转动来去微调螺丝，使侧规座体相对侧规安装轴做微小移动，满足套印准确即可。

同样，机器上安装的两个侧规，印刷时只用一个，另外一个要推到印刷纸张幅面以外，固定住螺母 27 即可。如果想使正在应用的侧规停止工作，可转动偏心销轴 24，使其将侧规压纸滚轮和挡纸板抬起，不能下摆而停止工作，当再工作时，只需转回偏心销轴 24 即可。

3. 拉板移动式侧拉规

拉板移动式侧规安装在海德堡胶印机上，属于高速胶印机所备用的侧规矩装置。国产 J2109 胶印机侧规矩机构与此类同。其结构由凸轮驱动往返摆动的拉板和上下摆动的拉纸滚轮相互配合完成拉纸定位。

（1）拉板的结构与工作原理

图 6－17 为拉板移动式侧规结构原理图，在机器前规凸轮轴上安装有左右两个（图中只画出了右边一个）圆柱槽凸轮，随前规凸轮轴连续旋转，驱动滚子使摆杆 2 绕轴 O_4 摆动，在摆杆 2 的上端装有滚子 3，并嵌在托板的滑槽中，故托板随滚子的摆动而左右移动。在托板上面用紧固螺钉与拉板固定在一起。因此，使拉板也左右移动。此时压纸滚轮下落与拉板之间产生摩擦力，当纸张在前规处定位后，压纸滚轮压下拉纸定位。

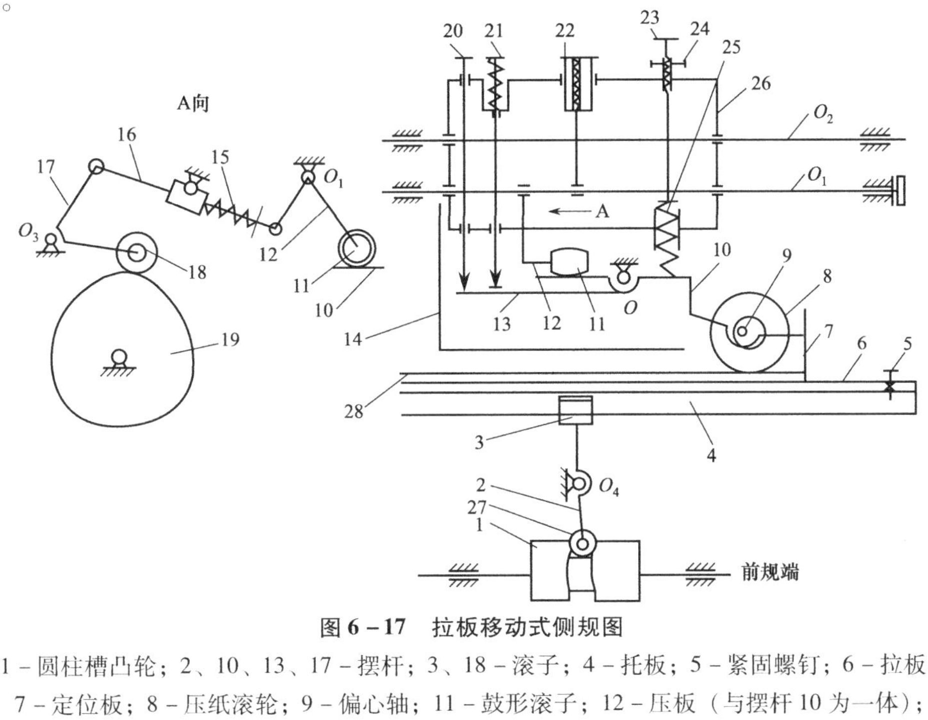

图 6－17　拉板移动式侧规图

1－圆柱槽凸轮；2、10、13、17－摆杆；3、18－滚子；4－托板；5－紧固螺钉；6－拉板；7－定位板；8－压纸滚轮；9－偏心轴；11－鼓形滚子；12－压板（与摆杆 10 为一体）；14－压纸舌；15、25－压簧；16－连杆；19－凸轮；20－螺栓；21－锁紧螺钉；22－锁紧手轮；23－调节螺钉；24－锁紧螺母；26－侧规体；27－圆轮；28－纸张

（2）压纸滚轮的结构与工作原理

侧规座滑装在两根支轴 O_1 和 O_2 上。O_1 轴为驱动轴，O_2 为调节支撑两用轴（机器左侧，图中未画出）。根据纸张套印要求，将侧规移动到所需要的位置时，只要顺时针方向拧动锁紧手轮 22，使侧规在侧规轴 O_1 和支撑轴 O_2 上移动，然后锁紧手轮即可。

如图 6－17 所示，压纸滚轮上下摆动（压纸和让纸）是由 O_1 轴上的压板 12 和鼓形滚子 11（见 A 向视图）实现的。凸轮的动力来自前传纸滚筒轴上齿轮传动，当凸轮曲线大面与滚子 18 接触时，使摆杆 17 绕轴 O_3 逆时针方向摆动，带动连杆压缩压簧 15 使摆杆 10 绕轴 O_1 顺时针方向摆动，鼓形滚子下摆时压在摆杆 10 的尾端，迫使压纸滚轮绕轴 O 逆时针方向摆动，使压纸滚轮上摆让纸，此时拉板向左移动（回程）。当凸轮曲线小面与滚子 18 接触时，通过摆杆 17、连杆、压板使鼓形滚子上摆，摆杆 10 在压簧 25 的作用下绕轴 O 顺时针方向摆动，使压纸滚轮下摆压纸，此时拉板右移，在压纸滚轮和拉板的作用下，将纸拉至定位板，给纸张定位。

（3）侧规的调节

① 拉纸时间早晚的调节。

侧规拉纸时间即是侧规定位时间，它必须在纸张在前规定位后才能拉已经定位好的纸张，然后等递纸牙叼住纸后，压纸滚轮才上摆让纸。

侧规拉纸时间是由凸轮设计时已经定好的，而拉纸时间的早晚是可以调节的。在压纸滚轮上的轴 9 为偏心轴，转动偏心轴可调节压纸滚轮与拉板的早晚，即压纸时间的早晚。调整时，先松开固定偏心轴的顶丝，再转动偏心轴，使压纸滚轮满足拉纸时间的要求，压纸滚轮上调，则拉纸时间晚，拉纸时间短；压纸滚轮下调，则拉纸时间早，拉纸时间长。

② 拉纸力大小的调节。

先松开锁紧螺母 24，调节滚花螺钉 23，改变压簧 25 的压缩程度，可以调节压纸滚轮对纸张的压力，使其把每张纸可靠地拉到侧规定位板定位，在机器配件中有两组弹簧，当印刷厚纸和卡纸时，可更换更强的一组弹簧，同样该机还配有两根光面、两根细纹面的拉板，故还可通过改变表面光滑程度不同的拉板来适应不同拉力要求的纸张。大部分纸张可用细纹拉板，如遇有纸张表面强度低的承印材料，则可改用光面拉板。更换拉板时，只要拧出内六角螺钉 5 即可更换拉板。

③ 压纸舌高低的调节。

海德堡胶印机的压纸舌 14 是固定在侧规体上的。调节时用随机带来的专用改锥（以适应其长度）从两侧规轴下方伸至调节螺丝处，拧动螺丝即可调节压纸舌与递纸台面板之间的间隙，只要在压纸舌下方塞入 0.1mm 厚度的纸条，拉动时略带有阻力即可。

应注意的是，调整时，以机器中间向外完成约一半拉纸距离调侧规，此时调节的压纸舌高度为最佳值。

④ 侧规轴向位置和套印精度的调节。

根据印刷纸张幅面的大小，留有距纸边 5～8mm 的拉纸距离为侧规定位板定位位置。粗调时，拧松侧规锁紧手轮 22，可将侧规推至所需位置，然后拧紧锁紧手轮。然后印刷，若再发现套印不准，可微调侧规轴 O_1（操作面）调节螺母，用拨辊转动调节螺母（拨一个孔为0.3mm，调节范围为±2.5mm），直到套印准确为止。

⑤ 侧规定位稳定性的调节。

侧规对于每张纸的拉纸压力均应一致，才能保证侧规拉纸定位的稳定性。因此，侧规工作时必须要保证压纸力的平稳不变。当调整好拉纸压力后，用调整螺栓定位，调节时拧动螺栓20，使其顶住摆杆10的尾端，以保证压纸滚轮下压时的最低位置即可。

⑥ 停止侧规工作。

为了保证不同的侧规不必要的磨损，可将不用的侧规置于纸张幅面之外较远的距离。拧动锁紧螺钉，使其压缩弹簧并转动90°，使其卡在侧规体上不再抬起即可。

铁条式拉规的纸张与铁条的接触比较牢靠，而且容易实现不停机调节。因此，在高速印刷机上被采用。

4. 气动式侧规的结构与调节

气动式侧规是德国曼罗兰公司的专利产品。该公司近年来生产的单张纸胶印机均装有这种侧规。气动式侧规由气动和机械两部分组成。

（1）气动式侧规的工作原理

如图6－18所示，吸气板3装在吸气托板2上，吸气托板2是封闭的，并与气管9相通。吸气板上钻有六排44个气孔，用于吸纸。当侧规凸轮轴Ⅱ旋转时，在其上的圆柱槽凸轮1连续转动，圆柱槽凸轮1经滚子摆杆推动吸气托板左右移动。当纸张在前规处定位后，吸气板3上的吸孔吸气，将纸张吸在吸气板上，然后吸气托板在圆柱槽凸轮1作用下，带动吸气板使纸张在定位板4处定位，此时递纸牙叼住纸后，吸气孔开始吹气，使纸张漂浮起来，便于输送纸张，同时也会将纸毛与尘埃吹出侧规体，以便侧规给下一张纸定位。

曼罗兰气动侧拉规的拉纸范围由凸轮决定，有10mm和14mm两种型式。

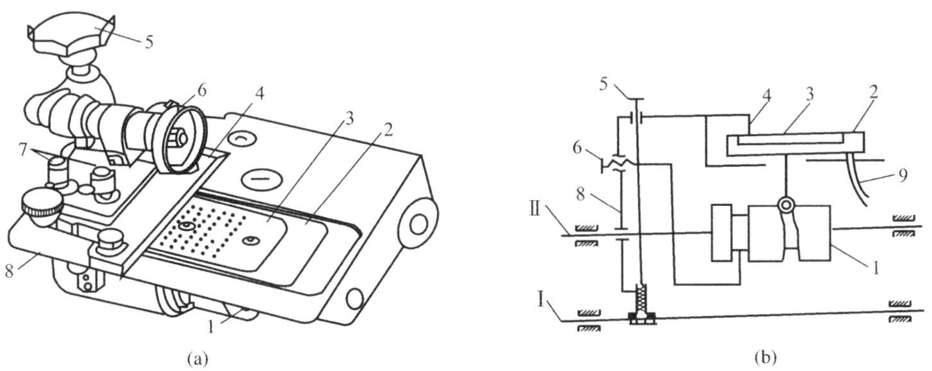

图6－18　气动式侧规图

1－圆柱槽凸轮；2－吸气托板；3－吸气板；4－定位板；5－紧固手轮；6－调节手轮；7－调节旋钮；8－侧规体；9－气管

（2）气动式侧规的调节

① 侧规气量大小的调节。

气动式侧规气量大小直接影响纸张的定位精度。因此，可根据印刷纸张的品种不同（纸张的薄厚）来调节吸气量的大小，侧规体上的两个旋钮7就是用来调节吸气量大小的。

② 侧规定位位置的调节。

侧规托板 2 左移带纸到定位板 4 处定位。如果纸张早到定位板，纸张被撞坏，侧规定位不准，纸张未到定位板时，吸气停止，侧规拉纸不到位。这两种情况均会使印品套印不准。因此，必须要调整吸气板上吸住的纸张被吸气托板带着移动到定位板处，纸张边缘刚好与定位板接触，完成准确定位，调整时，转动调节手轮 6，直到满足要求即可。

③ 侧规停止工作的调整。

胶印机上有两个侧规，一般只能使用一个，另一个要撤离印刷纸张幅面以外即可，为此松开紧固手轮，用手动即可将侧规推到停止工作的位置上去。

（3）气动侧拉规主要特点

气动侧拉规较之于其他类型侧规的优点比较明显，包括：

① 对各种承印材料适应性强，不仅对普通纸，对特别薄和特别厚的纸定位稳定性都很好，而且对于表面性能特殊的承印材料，如塑料薄膜、金属箔等仍能精确定位。

② 若采用下摆前规，周期重叠系数可更大，用于前规稳纸、侧规拉纸的时间更长，侧规拉纸已不受前张纸尾的影响。

③ 减少了对纸张的损伤或蹭脏，保养费用少。

气动侧拉规的主要缺点是对掉毛、掉粉多的纸张，需经常清洗吸气孔及气路，否则，易堵塞，影响使用效果。

值得一提的是：将图像处理技术和系统应用于纸张侧向定位，已经走向实际应用。在 2005 年北京国际印刷技术展览会上，在平压平模切机上出现了基于图像定位的气动式侧规。工作过程为，首先对承印物上某特征点进行检测，然后根据位置误差处理结果控制拉纸距离，最后由数控系统实施拉纸。这种侧规，摒弃了纸张侧边定位的方式，不需要侧规定位板，可消除或减少误差累积，定位精度大大提高。但是这种侧规一般只能应用于承印物上本身已有图像的情况。

四、无侧规定位技术（无侧拉规输纸系统）

随着机器速度的提高，无侧拉规输纸技术（进纸系统）需求日益迫切并成功应用。

所谓无侧拉规输纸技术其实就是无挡纸板侧拉规，依靠视觉系统和伺服控制系统实现纸张的侧向拉纸定位。

我们知道，采用传统的定位、传纸系统，每个工作循环至少需要完成前规稳纸、侧规拉纸过程以及通过摆动叼牙装置把定位好的纸张稳定并叼住等一系列动作。这样，当印刷速度达到 12000 ~ 15000p/h 时，机械动作的可靠性就威胁着传统侧规系统的精度。如果印刷速度高达 18000p/h，每秒钟必须把 5 张纸保持规矩准确地输入印刷机中，这就意味着留给定位叼纸过程的工艺时间只有 0.2s，这显然是无法保证定位精度的。于是，在 2004 年，高宝（KBA）公司成功地推出了速度为 18000 p/h 的 Rapida（利必达）105 对开胶印机，首次在单张纸印刷机中使用了无侧拉规输纸技术（进纸系统）。

这种新型无侧拉规进纸技术系统如图 6 - 19 所示。

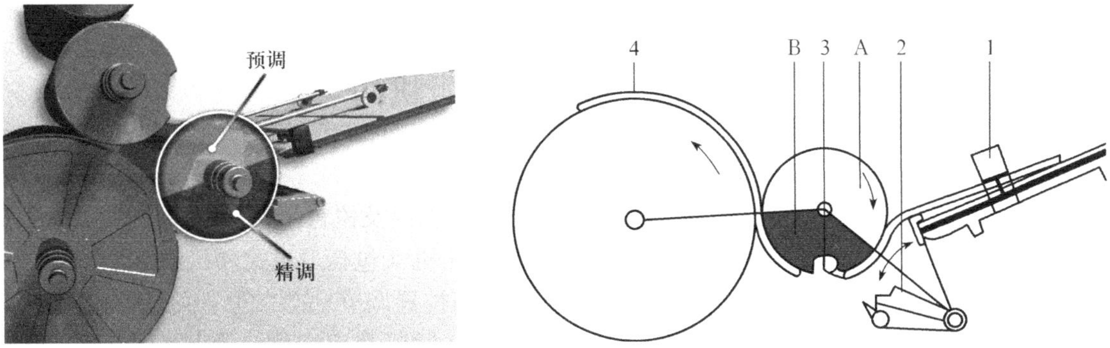

图 6－19　KBA 无侧拉规输纸系统功能图

1－传感器；2－摆动叼牙；3－传（进）纸滚筒；4－压印滚筒；

A－叼纸牙排侧向预定位阶段；B－印张的精确侧定位阶段

这种系统看上去与传统下摆式递纸系统没有多少差异，但是，在传统侧规位置已经没有了拉纸机构，只有一个电子装置，即传感器（电眼）1，用于测量纸张侧向位置。在传纸滚筒的牙排上，装有一个直线伺服电机，用以驱动牙排的轴向移动（拉纸）。纸张边沿的连续预测量（前规定位前，纸张运动）和静态（前规定位时，纸张停止运动）精确测量、传纸滚筒上牙排的两次轴向移动距离，以及整个动作过程的时序全部置于专门的控制系统。其工作原理与动作过程如下：

首先，在纸张到达前规前（尚未定位），电眼 1 连续扫描（避免纸张纤维的影响造成误检）下一张纸侧边缘，进行印张侧向位置的预测量，并将纸张边缘的位置信息反馈到控制系统，控制系统通过分析运算获得位置信息；然后，控制系统根据得到的纸张位置的数据信息，通过直线伺服电机对传纸滚筒 3 上的牙排位置进行粗略的侧向移动调节定位。与此同时，前规对纸张稳纸、定位，电眼 1 继续进行测量，在递纸牙邻近接收印张之前，获得纸张边沿的准确位置信息（实际位置），并及时反馈到控制系统；接着，经过初步定位的传纸滚筒牙排接过纸张后，控制系统再根据纸张的精确位置数据信息控制伺服电机，在行进中完成叼纸牙排的精确侧向移动，进行最终拉纸；最后，由传纸滚筒将获得准确定位的纸张交接给压印滚筒。这一过程中，下一循环的预检测也已经完成。

在控制台上通过自动选择印张尺寸，传感器的位置可自动与印刷尺寸相匹配。

这一技术摒弃了目前所有传统胶印机上所使用的机械式或气动式拉规技术，在传纸过程中完成纸张侧向定位。这不仅使印刷机内的输纸过程可靠，而且消除了在侧规拉纸过程中纸张的机械损坏，有利于小克重易受损承印纸张的印刷。由于完全依靠精确的电脑控制进行定位，减少了人工调节不当而产生的问题，保证了纸张在印刷中的准确套印。同时，由于节省了人工干预过程，缩短了印前准备时间，省却了传统侧规定位所单独占用的工艺时间，为前规稳纸和定位争取了更多的时间，减少了输纸故障。实践表明：不但容易翘曲的薄纸，就连在高速传输时会被前规弹回的刚性纸板都很少出现故障。此外，因为在更换不同厚度的纸张时不用花费时间去调节侧拉规，所以，无侧拉规的输纸系统简化了印刷工的劳作，当然也就降低了劳动强度。

第四节　调版与调版机构

彩色印刷中，影响印品质量的因素除墨层厚度、色相以及覆盖率外，很重要的一个因素就是套印精度。对于一次性输纸的双色（或多色）胶印机（包括卫星式和机组式），由于二色（或以后各色）印版滚筒的位置需根据一色印版滚筒位置调节，故二色（或以后各色）印版滚筒的结构应保证既能周向调节又能轴向调节，以保证套印精度，而且操作应当方便可靠。

拉版、顶版、借滚筒和专用拉版机构都是用来进行套印调节的。

一、印版的装版调节

印版滚筒的夹版装置有用螺钉固定的夹版装置和用偏心轴装夹的快速装版装置。在高速胶印机上，多数采用快速并有定位销的装夹装置。印版滚筒的空档部分安装有两副版夹，印版被夹在版夹中，并用螺钉对印版的位置进行调节和紧固。

调节印版在圆周上的位置，习惯上称作拉版。拉版时，往哪一方向拉，就应将相反方向的螺钉松开，根据标尺确定拉版的量，然后紧相应位置的拉版螺钉。拉完版后应将所有松开的螺钉紧上。在拉版时，左右顶版螺钉不能顶死。同样左右顶版也一样，当需要调节印版在滚筒轴向的位置时，往哪面顶版就把哪面的顶版螺钉松开，然后紧相反方向的顶版螺钉。当然此时拉版螺钉应该稍微松开一点儿。

印版位置的周向和轴向调节量可分别从“前后”刻度和“左右”刻度盘上读出。

为了缩短校版时间，提高印版定位精度，许多单张纸胶印机上设有印版定位装置。事先按规定尺寸用打孔机在印版上打出两个定位孔，作为晒版和装版时的定位基准。装版时先将滚筒叼口边版夹的中线调到印版滚筒中线位置，周向位置调到版夹侧面与定位垫片相接触，然后将印版插入版夹，并使定位销插入印版与版夹的定位孔中，印版即能准确定位，夹紧印版后把定位销拔出。

对于印版的歪斜，只能通过印版的调整来解决。因一块版既可向前拉也可向后拉，这就要看往哪边拉最方便。除了用拉版办法外，也可用顶版的办法来校正印版。实际操作时要看用哪一种方法最为方便。

拉版和顶版时有以下几点要注意：一是判定调整方向。二是确定调整量。以拉版为例，需要向前拉多少就要将相反方向的螺钉松多少。三是要注意拉版螺钉和顶版螺钉相互之间的影响。顶版螺钉顶得过紧，有可能造成拉版拉不动，还可能因摩擦力太大破坏印版。因为拉版时，版既做前后运动又做左右扭转运动。四是对于超出调节范围的，应把版重装或重新晒版。

二、印版滚筒周向位置的粗调

印版滚筒周向位置还可以通过错滚筒（俗称借滚筒）的办法来调节。借滚筒指的是调整印版滚筒体及其上面的印版相对于其传动齿轮在圆周方向上的装配位置，也就是调整印版滚筒相对于橡皮滚筒、压印滚筒的周向位置，实现图文上下方向的等量调节。这种调节方法实践中很少采用，它只适合于以下两种情况，且主要用于单色机上。

①由于制版误差，造成图文在印版上位置上、下偏移过大，或者印版装夹偏小或偏下，其偏斜量（即叼口边过大或过小）较大，用拉版方法已无法调节。

②虽然印张两边规矩线的上下位置已经一致，但还需要改变印版图文与纸张的相对位置，即需要平行调节图文在印张上的位置且图文移动距离较大。

J2108 型胶印机印版滚筒周向位置调节机构如图 6－20 所示。印版滚筒齿轮 5 通过四个螺钉 1 和轮毂 2 相固定。轮毂 2 又和滚筒固定在一起，所以，印版滚筒齿轮 5 和滚筒也是相互固定的。松开印版滚筒齿轮 5 的长孔中的螺钉 1，用拨辊拨动滚筒体或用手工盘动机器可使滚筒转一角度，而齿轮不动。这样就改变了印版滚筒齿轮与印版滚筒在周向的相对位置，调节到所需尺寸后，再将螺钉紧固。调节量由固定在齿轮上的刻度盘 4 读出。由于印版滚筒和橡皮滚筒的齿轮啮合关系没有改变，所以刻度值的变化实际上反映了印版滚筒和橡皮滚筒在圆周方向相对位置的变化。

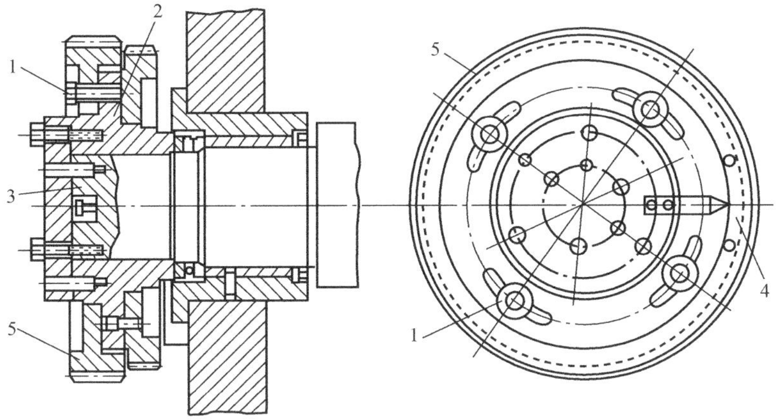

图 6－20　J2108 型胶印机印版滚筒周向调节机构图

1－螺钉；2－轮毂；3－印版滚筒轴头；4－刻度盘；5－印版滚筒齿轮

在调节印版滚筒的周向位置之前，必须弄清叼口尺寸大小与印版滚筒错动方向的关系。如果要使叼口尺寸增大，则松开印版滚筒齿轮固定螺钉 1，齿轮 5 不动，反向（与印刷转向相反）转动印版滚筒；也可让印版滚筒不动，正向（顺着印刷时的转向）转动印版滚筒齿轮 5，橡皮滚筒在啮合齿轮（印版齿轮）的带动下相对于印版滚筒向前移动了一段距离，印版相对于橡皮滚筒向后移动相应距离，同理，纸上的图文印迹也向后移动了同样距离。反之，如果使齿轮逆印刷转向移动一段距离，纸上的图文必然向叼口方向移动，使叼口尺寸减小。

当规矩线前后等距离分开时，用借滚筒方法调整很方便。借滚筒既可微量借也可大范围整周借，这主要根据要求而定。但除特殊情况外，建议一般不使用借滚筒方法，可以用其他方法来代替。

三、印版滚筒轴向及周向位置的微调

拉版机构的作用是使印版滚筒相对橡皮滚筒左右（横向）或前后（周后或纵向）做微量移动。这种移动对套准调节是非常方便的。在多色机上如果没有拉版机构，那么实现套印调节将是非常麻烦的。因此，双色及多色胶印机的二色及其以后各个印版滚筒上均设有周向和轴向位置微调机构。校版时，如果发现第一色规矩线与第二色规矩线在前后方向或左右方向套印不准，且印张两边规矩线的误差一致，这个误差又在该机印版滚筒微调机构允许范围内，则可通过微调机构分别调节印版滚筒的周向和轴向位置，保证各色准确套印。

对拉版机构的要求是既要使印版滚筒能够前后及左右运动，又不能影响滚筒的转动。为此拉版机构上都使用了推力轴承。轴向拉版和周向拉版的原理是完全一样的。轴向拉版机构拉的是滚筒的轴，而周向拉版机构拉的是滚筒上的传动齿轮，利用斜齿轮的错位来实现滚筒的周向运动。J2203、J2203A 二色调版机构集中在传动侧；J2205 机的拉版机构和 PZ4880－01A 四色胶印机的拉版机构分别设在机器两侧，二者只有一个差别，就是前者是手动调节，后者是电机自动调节。

1. 同侧分别调节

J2203、J2203A 型机二色调版（圆周和轴向）机构集中在传动侧，如图 6－21 所示。

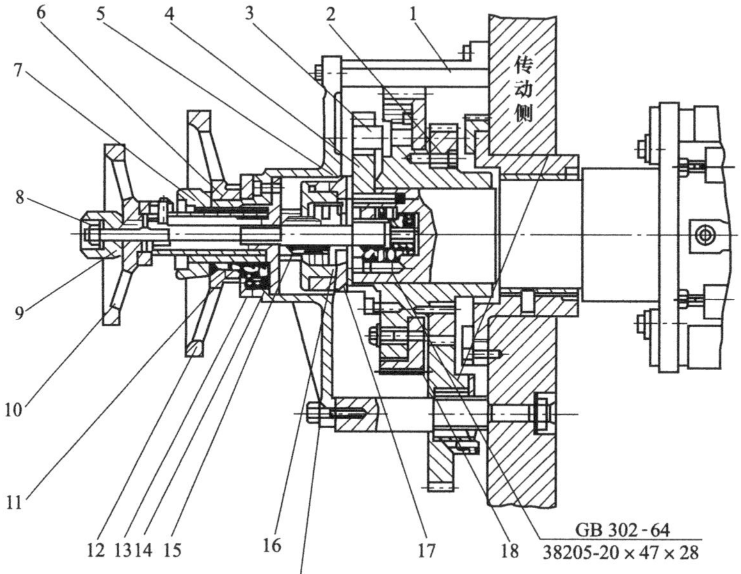

图 6－21　J2203、J2203A 型胶印机二色调版机构图

1－支架；2－轮毂；3－小轴；4－连接板；5、15－支撑架；6、16－套；
7、9、11－螺母；8－轴；10－小手轮；12－大手轮；
13－法兰盘；14－拨板；17－轴承座；18－齿轮

周向调版通过大手轮 12 实现，大手轮上装有一个螺母 11，螺母 11 被法兰盘 13 固定住，只能转动，锁紧螺母 7 松开后，转动手轮可使螺母 11 转动，但螺母 11 不能轴向移动，因此螺母 11 就迫使套 6 轴向移动，套 6 再拉动螺母 11，螺母 11 既和套 6 连接又通过套 16 将轴承锁紧。轴承转动，连接轴承座 17 拉动轮毂 2 和齿轮 18 轴向移动，由于印版滚筒齿轮 18 是斜齿轮，其轴向移动时，使印版滚筒相对橡皮滚筒相对位置变化，实现圆周调版。

轴向调版通过推拉小手轮 10 实现。小手轮 10 用键与轴 8 紧定在一起，松开螺母 9 使小手轮 10 转动，轴 8 随之转动。轴 8 中部有螺纹，它与拨板 14 螺纹相配合。拨板 14 紧固在支撑架 5 上，支撑架通过支架 1 紧固在墙板上，也就是说拨板 14 是不动的。通过转动小手轮 10，因拨板 14 上有螺纹。因此，轴 8 就拉动滚筒轴向移动。轴 8 的末端被支撑在印版滚筒轴头内，轴 8 在印版滚筒轴头内的最右端有一单列向心轴承，起定心作用，否则轴 8 的手轮易晃动，而这样就多增加了一个支点。轴 8 右端轴承被螺母锁住，以消除轴向间隙。下印版滚筒通过轴承转动，轴 8 不随滚筒旋转，它转动时，使滚筒做轴向移动。小手轮 10 上刻度盘每转动 1 格，滚筒轴向移动 0.05mm。它的移动量大小完全由轴 8 中部的螺距大小来决定。

这种调版机构设计在同一侧，调节操作方便。但连接环节太多，丝杆螺母间隙不能精确地控制印版滚筒做轴向移动。

2. 两侧分别调节

图 6 – 22 所示为 J2204A、J2205 型胶印机第二色组印版滚筒的周向和轴向位置的微调机构。该机构分别安装在机器的两侧，分开在两侧操作。圆周方向的调版机构设计在传动侧，轴向调版机构设计在操作侧，两侧端面装有调节表。

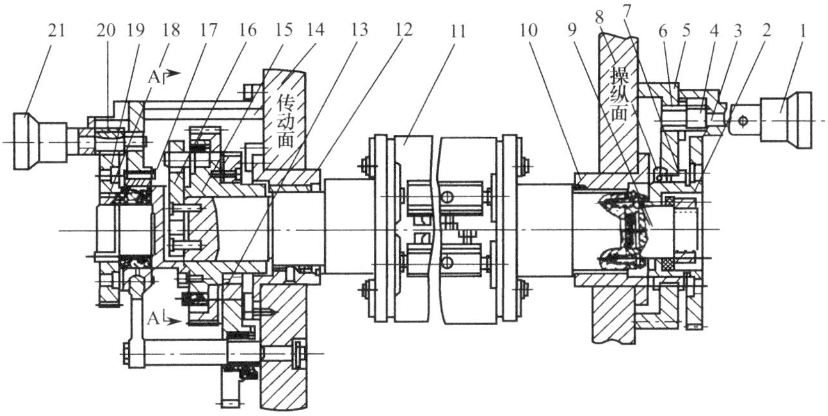

图 6 – 22　J2204A、J2205 型胶印机二色调版机构图

1、21 – 调节表；2、18 – 锁紧螺母；3、4、13、19、20 – 齿轮；5、14、15 – 支撑架；6、10、12 – 偏心套；7、8 – 螺母；9、17 – 接轴；11 – 印版滚筒；13 – 连板；16 – 拨板

（1）轴向调版机构

轴向调版是靠调节表 1 操纵。调节表 1 与齿轮 4 固定在一起，齿轮 4 与大齿轮 3 啮合，啮合间隙可通过偏心套 6 调节。大齿轮 3 左端有螺纹。大铜螺母 8 紧固在支撑架 5 上，支撑架 5 紧固在墙板上。大铜螺母 7 是同样紧固在支撑架 5 上，其端面上有长孔，可以调节齿轮 3 的螺纹间隙。齿轮 3 内孔有一凸起，用以支撑两个止推轴承。滚筒的接轴 9 托着止推轴承，止推轴承的间隙大小依靠锁紧螺母 2 来锁紧。

当调节表 1 转动时，齿轮 4 转动，齿轮 3 随之转动。螺母 7 和 8 是固定的，齿轮 3 就带着下印版滚筒做轴向移动，从而得以推拉借版。

（2）周向微调机构

周向调版的原理与 J2203 型一样，所不同的是轴 17 托着止推轴承，用齿轮 19 和丝扣来拉动齿轮 13 和轮毂做轴向移动。利用斜齿轮螺旋角，印版滚筒齿轮轴向平移的同时，印版滚筒齿轮和滚筒体在圆周方向相对于橡皮滚筒必然要转动一段弧长。因为调节时橡皮滚筒齿轮不动，由于螺旋角的作用，轴向的相对运动必定使印版滚筒齿轮转过一角度，从而带动印版滚筒转过一角度，实现了印版、橡皮两滚筒的微量相对转动，即周向微量调节。

根据啮合原理，其展开关系如图 6－23 所示，印版滚筒周向转动量（即齿轮节圆弧长）Y_p 与齿轮轴向移动量 X_p 的关系为：

$$Y_p = X_p \mathrm{tg}\beta$$

式中 Y_p——下印版滚筒圆周方向的借动量；

X_p——下印版滚筒齿轮轴向的移动量；

β——滚筒齿轮的螺旋角。

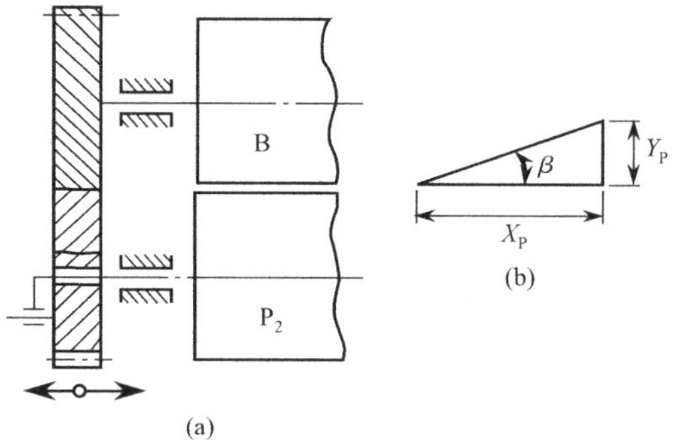

图 6－23　周向微调原理图

因此，只要给出齿轮的轴向移动量，应用周向与轴向关系的公式，就可以计算出印版滚筒的周向转动量。反过来，如果知道了需要周向调版的具体量，考虑螺纹螺距，就可以确定齿轮的轴向移动量。这个关系一般在机器上可通过刻度盘直接指示出来，操作时无须计算，直接按刻度盘转动调节表 21（图 6－22）即可。

3. 电机自动调节

图 6－24 所示为 PZ4880－01 型胶印机印版滚筒周向和轴向位置的微调机构。这种机型各色组除一色外都有一套调节机构，用以对印版进行周向和轴向的微量调节。其调节原理与 J2205 型胶印机下印版滚筒的调节原理相同，只是由手动调节改为电气控制调节，由直流电机驱动调节机构，调节量大小用数字显示。这种调节方法更方便、快捷。

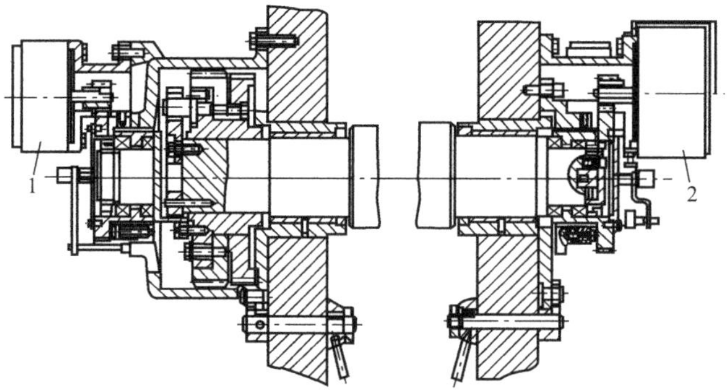

图 6－24　PZ4880－01 型四色胶印机印版滚筒周向和轴向位置的微调机构图

1、2－直流电机

四、对角线调版及其技术实现

上好版套印试车时，除了可能产生轴向、周向套印误差外，还有可能因为制版打孔精度不高或者夹版机构有误差而出现对角线方向套印误差，显然仅利用现有的周向和轴向套准机构是不能对其进行调节的，同时若忽略此误差，印刷品的质量将大大降低，难以满足日益提高的生产要求。

产生套印角度误差时，传统的方法就是依靠操作工重新安装印版加以减小和控制。这样处理既耗时又耗力，而且精度随操作工的经验不同而差别很大。于是，就出现了对角线调版（也叫斜向拉版）的方法，而且不少现代印刷机上都设计了专用的机构对此误差进行处理。

要实现多色套印（包括轴向、周向和斜向）调节，通常有两类不同的方式或原理：一是改变图文位置；二是改变纸张位置。

下面结合具体的机型，简要介绍对角线调版技术和机构。

1. 改变印版与印版滚筒的相对位置

有些印刷机采用直接拉动印版的方法实现对角线方向的套准调节，即通过改变印版与印版滚筒相对位置来实现对角线套准，如秋山 Jprint 4p 440 型机就属这种类型。

由图 6－25（a）可以看到，印版 1 经印版自动装卸驱动装置进入版夹 2 中，这样印版与版夹是一体的，传动面版夹可由驱动装置上下移动，遥控调至套准位置，其精确性由数字式电位器控制。遥控夹紧及拉平使印版能准确定位。由图 6－25（b）看到，在印版滚筒上安装有定位销 3，在印版上开有定位销槽 4，印版上在制版时制作有十字线，装版时把印版上的销槽装在销轴上，保证印版安装的准确性。套准调节的范围在 ±2mm 之内，印刷机的操作和调整都很简单。

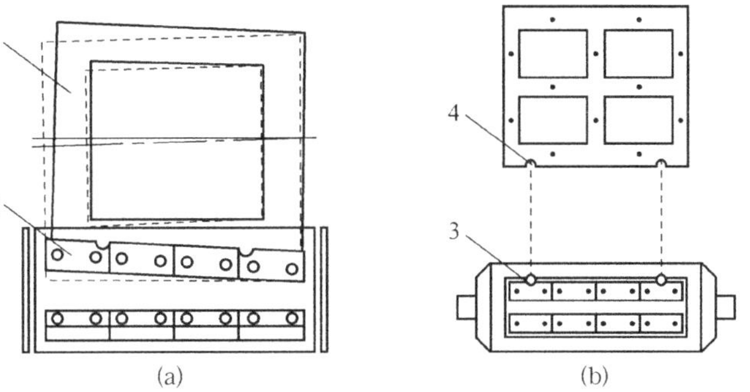

图 6－25 遥控印版对角线校正和印版定位装置

1－印版；2－版夹；3－定位销；4－定位销槽

从理论上讲，这种方法最理想，不但调节距离较大（可以达到 ±2mm），而且不破坏印刷机功能部件的相互位置关系和正确的传动关系，但这种方法对机器的技术要求较高。因为印版滚筒空档很狭小，需要安装电机与机械执行机构，还考虑电源信号与控制信号的输入和传输等，操作上非常困难。如果努力地加以实现，也会使机器的造价大幅度增加，所以这种方法目前使用并不普及。

2. 改变印版滚筒中心线与橡皮布滚筒中心线的相对位置

参照周向和轴向调版方法，采用调节印版滚筒的方法也可以实现对角线调版。

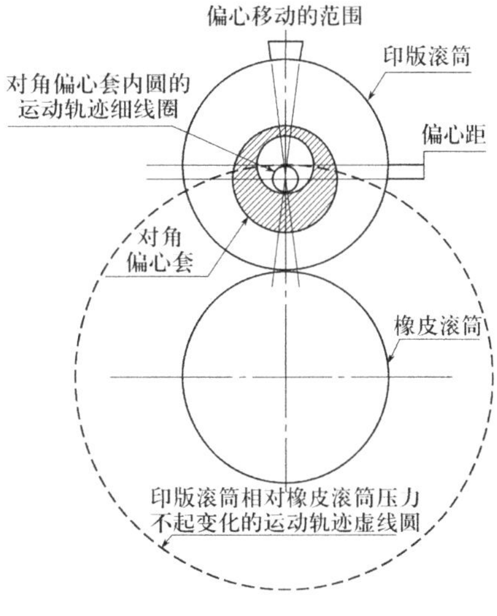

图 6－26 印版滚筒对角线调版及其影响分析图解

印版滚筒的对角调节一般也是利用偏心轴承来实现的，海德堡机型就是这种方式，如图 6－26 所示。在印版滚筒的一端（多为操作面）

设置一个专用的偏心轴承（套），当偏心轴承旋转一个角度时，印版滚筒一端产生一个近似的横向位移，另一端却不动（因为无此偏心轴承），这就实现了对角线调整。

图6－27所示为对角线套准的实现机构，与螺纹调压器很相似。偏心套3的转动主要靠具有伸缩功能的螺纹副（螺杆7和螺母6）实现。当伺服电机1通过轮系减速带动齿轮2转动时，使螺杆7（只能转动，不能移动）转动，因为螺母6只能移动及摆动，不能随螺杆转动，于是固定于偏心套3上的摆销5产生移动，使偏心套转动，此时印版滚筒4操作面一端就会出现微量移动，从而达到对角调节的目的。

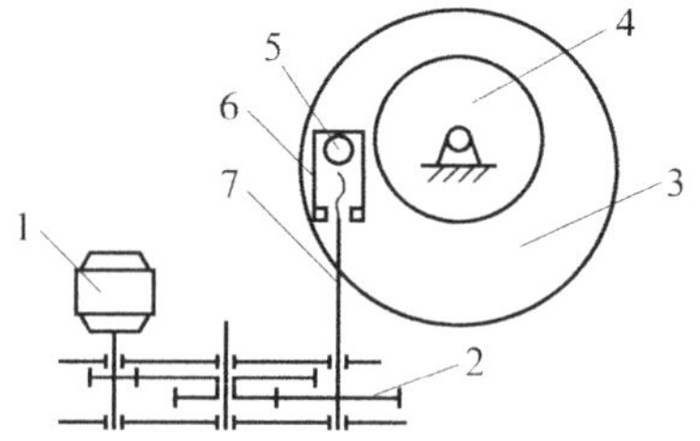

图6－27 对角线套准的实现机构（操作面）

1－伺服电机；2－齿轮；3－偏心套；4－印版滚筒；5－螺母摆销；6－螺母；7－螺杆

如上所述，印版滚筒中心线与橡皮滚筒的中心线由平行转变为空间交叉，从而使印版与橡皮布轴向上各点在周向的相对位移不等，并由此实现对角线方向的套准。但是，这种方法的调整范围也极为有限，一般只能达到±0.2mm，如果误差太大就难以实现自动套准调节。更重要的是，印版滚筒和橡皮滚筒不平行对印版滚筒轴承极为不利，加剧了其磨损速度，还会改变印版滚筒与着墨辊的压力，重新调节压力会增加过版纸用量，如果设置随动调压机构，又会使机构复杂化而增加成本。

另外，需要注意的是，对角调节机构与轴向调版机构都设在印版滚筒的操作面外侧，尽管它们相互不影响，各自完成自己的功能，但是给机构安装和控制带来不便。

3. 改变传纸滚筒中心线与压印滚筒中心线的相对位置

在德国高宝的KBA74、Rapida（利必达）105以及曼罗兰系列机型上，利用机组之间的传纸滚筒偏心轴承，通过调整传纸滚筒的位置来改变纸张的叼纸量和套印关系，从而实现对角线调节。BEIREN300型机也采用了这种结构。

如图6－28所示，传纸滚筒传动侧的轴头用定心轴承支撑，操作侧的轴头用偏心轴承支撑。通过调节操作侧的偏心轴承来改变传纸滚筒操作侧的高低，调节其轴线与水平面的夹角，从而改变传纸滚筒操作侧的叼纸量，达到改变纸张位置进行套印调节的目的。假设，只有第二色套印不准，且在操作侧的图文位置偏向叼口，套印误差为1个单位。当逆时针转动偏心轴承使得其轴头上移（此时，传动侧的轴头不动），这样，传纸滚筒在接纸时，在操作侧就会多叼一些（套印误差的1/2），传纸滚筒上传动侧的纸张就比调前超前套印误差的1/2，当传纸滚筒将纸张递给第二色组的压印滚筒时，由于传纸滚筒操作侧的轴线高于调节前，其递纸牙又会超前套印误差的1/2，这样纸张经过两次交接，到达第二色组时，它的超前量正好等于套印误差。由于传动侧的轴头并无变化，因此并不影响其套印，当印第二色时就会实现套准。但是，由于我们调节第二色时，改变了纸张的叼口的位置（即改变了纸张相对于印版图文的位置）会影响到以后色组的套印。为了解决这一问题，必须使纸张到达第三色组以前恢复原位，从而不改变第三及以后色组的图文与纸张的相对位置。通过改变二、三色组间的传纸滚筒的叼纸量即可实现，其过程与上述大致相同，只不过偏心轴承的转动方向应相反而已。

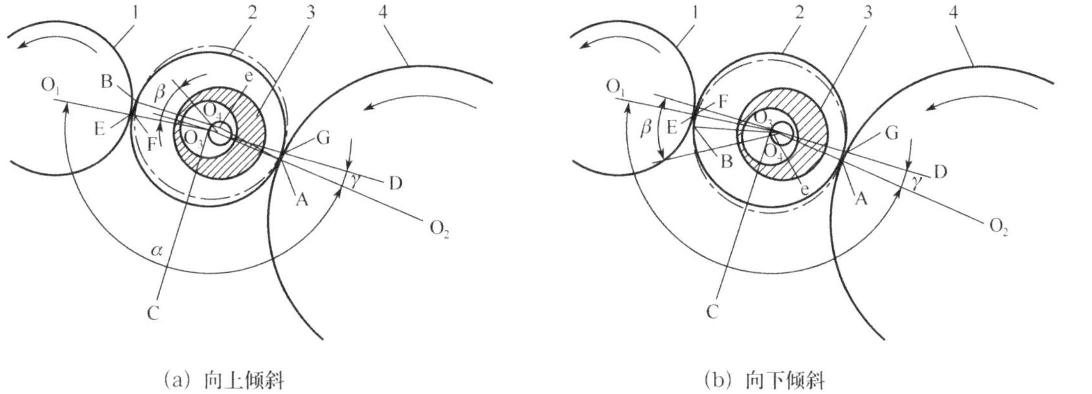

图 6－28　传纸滚筒斜向调整原理简图

1－压印滚筒；2－传纸滚筒；3－偏心套；4－倍径传纸滚筒

利用倍径传纸滚筒进行斜向调整，可以在相同偏心量下获得更大的调整范围（最大已达 0.25mm），其过程如图 6－29 所示。在 A 段，承印物由正常状态被传送到倾斜的传纸滚筒上；在 B 段，承印物位置从正常状态渐渐变成倾斜的位置；在 C 段，倾斜状态下的承印物进入压印传递过程；在 D 段，倾斜状态下的承印物被传递到下一个有反向补偿的传纸滚筒。

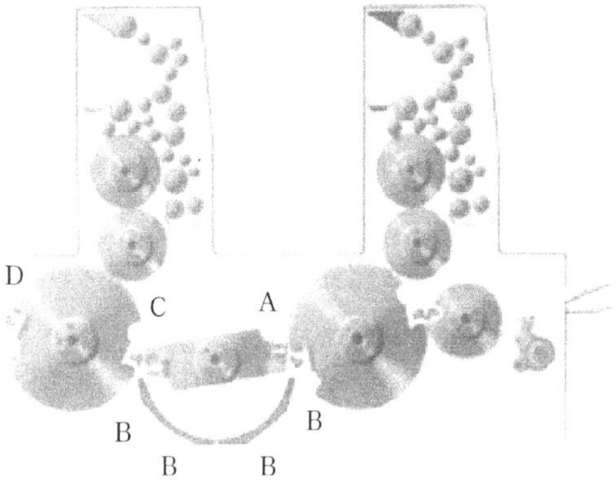

图 6－29　倍径传纸滚筒斜向调整过程简图

如上所述，反向改变有套印误差的色组两侧的传纸滚筒的叼纸量（大小相等），则可以调整该色组的套印误差，而不影响其他色组的套印。如果斜向套印误差不在操作侧而在传动侧，可以通过周向套准机构实现传动侧的套准，即转动印版滚筒，把误差转移到操作侧，然后通过传纸滚筒的上述动作实现斜向拉纸，达到套印准确。

利用传纸滚筒的偏心套自动调节完成对角线套准，无须使印版滚筒单边偏斜移位，克服了由于印版滚筒的偏心调节对橡皮布滚筒及着墨辊所产生的平行度偏差。保证了印刷机印刷滚筒的运转精度，减少了过版纸的浪费。但是，因为需要调节和补偿，机构复杂，控制要求高，而且这种方式对递纸牙有较高的要求，增加了设计难度和安装困难。

4. 改变牙排相对于滚筒的相对位置

通过改变牙排相对于滚筒（一般是传纸滚筒）的相对位置，也可以实现对角调整。

类似于无侧规技术，设计一个具有动态拉纸功能的牙排，在从前一环节接过纸张传纸过程中，随着传纸滚筒的旋转，牙排在专门的驱动装置控制下，相对滚筒进行单边拉纸，将正常状态的纸张调整为倾斜状态，然后将倾斜状态的纸张传给下一色压印滚筒进行套印。

显然，这种实现机构也需要成对设计，因为除第一色对角调节（可通过规矩实现调整）和最后一色对角调节（收纸前无须补偿调整）外，都需要在随后的传纸过程中进行补偿调整。另外，这种实现机构，由于采用动态拉纸，需要设置专用驱动控制装置，使机构复杂化，增加了维护和运行成本。

以上各种对角套准方式，各有优缺点，都不能有效地解决产生对角线误差的各种问题，如何选择，需要通盘考虑。

第五节　递纸部件

定位好的纸张位于牙台（输纸板前端），完成从牙台到第一色压印滚筒的纸张传递机构为递纸部件，也称递纸牙机构（有些机器上递纸牙作往复摆动。因此，又俗称摆动器）。该机构是单张纸胶印机的关键性机构，其结构及运动、动力性能，对于准确、平稳地传递纸张，保证套印精度和提高机器速度，都起着极为重要的作用。

作为纸张传递机构，胶印机的递纸牙机构必须严格满足以下工艺和运动动力性能要求。

① 为了保证准确地叼住已定好位的纸张，递纸牙必须在静止状态下叼纸。

② 为了防止纸张在传递过程中发生移动，保证传纸精度，使机构具有良好的动力性能，递纸牙自牙台向压印滚筒加速传纸的过程应平稳、无冲击，即平稳地、逐渐地将纸张由速度为零加速到压印滚筒表面线速度。

③ 为了准确地将纸张交给压印滚筒叼牙，在交接点上递纸牙和压印滚筒叼牙的速度应大小相等，方向相同。

④ 在纸张传递、交接过程中必须始终有机件可靠地控制着纸张，即取纸或递纸都必须有一段交接时间，在输纸板上叼住纸张后要静止一段时间才开始加速，而在把纸张交给压印滚筒时，应使递纸牙与压印滚筒叼纸牙有一段时间在相对静止中共同叼住纸张。

⑤ 机构结构简单，操作调节方便。

一、递纸方式

纸张从牙台进入压印滚筒的过程有三种基本方式：直接叼纸、间接递纸和超越续纸。而对应不同的递纸方式，具体的实现机构又有很多类型，见下文及图 6 - 30 所示。

- 递纸机构
  - 直接叼纸
  - 间接递纸
    - 定心摆动式
      - 上摆式
        - 定心上摆式（图 6 - 30a）
        - 摆臂可伸缩定心上摆式（图 6 - 30b）
      - 下摆式　定心下摆加传纸滚筒式（图 6 - 30c）
    - 偏心摆动式
      - 偏心转动摆动式（图 6 - 30d）
      - 偏心摆动摆动式（图 6 - 30e）
    - 旋转式
      - 连续旋转式（图 6 - 30f）
      - 间歇旋转式（图 6 - 30g）
  - 超越续纸
    - 吸气轮式（图 6 - 30h）
    - 摩擦压滚式（图 6 - 30i）
    - 真空皮带式（图 6 - 30j）
    - 真空辊轮式（图 6 - 30k）

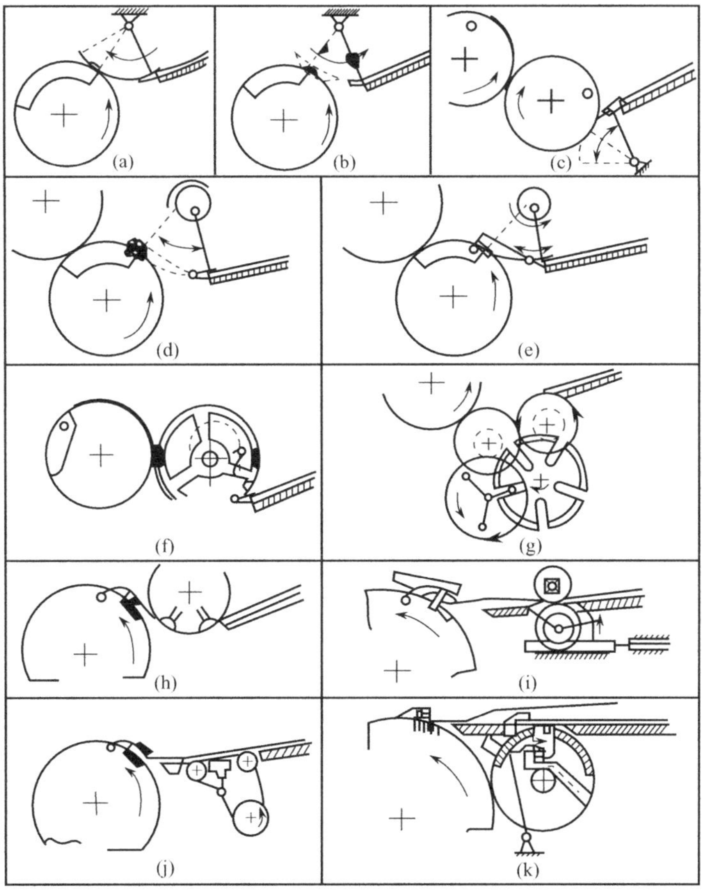

图 6－30 递纸牙的分类图

1. 直接叼（递）纸

直接叼纸（直接递纸）方式其实无须递纸机构，而是纸张在牙台上直接由压印滚筒上的叼纸牙排叼走，如图 6－31 所示。

采用这种形式递纸时，压印滚筒一般安置在输纸板前端下方，故必须采用上摆式前规，而且前规、侧规对纸张的定位在压印滚筒空档相应转角内进行。只有当滚筒空档开始出现于输纸板前端时，前规才能摆至定位位置对纸张进行定位。图 6－31（a）为前规定位时间，即当压印滚筒的空档处转到输纸板时，前规才能摆下对纸张进行定位。如图 6－31（b）所示，当压印滚筒牙排转到输纸板前端闭牙叼住纸张时，前规必须充分地抬起（此时滚筒空档的末端到达输纸板的前端）让纸，否则，前规将与压印滚筒干涉相碰。因此，定位时间长短直接影响滚筒空档以及滚筒直径的大小。

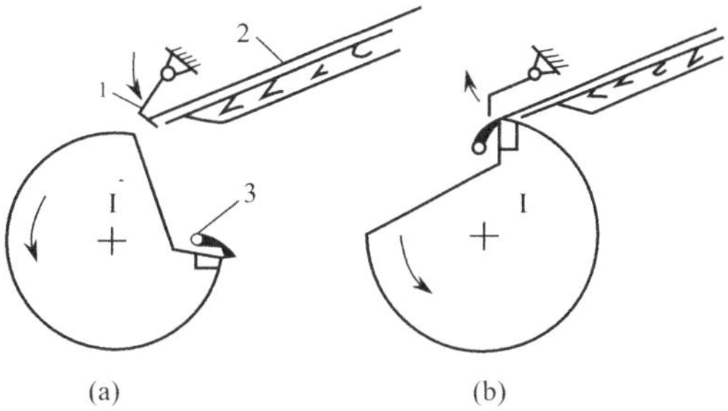

图 6－31 直接叼纸传纸示意图

1－前规；2－纸张；3－压印滚筒叼纸牙

直接叼纸是滚筒叼牙在运动中直接将递纸台上静止的纸张叼走。纸张速度需要在瞬间由零升至印刷滚筒表面速度，易在叼牙中滑移，引起传递误差，严重时甚至能使纸边叼口撕裂。另外，为了从递纸台上直接叼住纸张，滚筒叼牙必须张大至120°左右，闭牙叼纸时间极短，一般采用“撞闩”装置，冲击大、影响纸张定位稳定性，也易损坏机件。因此，这种方式不适合高速印刷机，印刷速度仅限于3000～4000张/时。

采取直接叼纸方式，受滚筒直径限制，前规对纸张的定位时间较短。前规的定位时间即压印滚筒空档转过的时间，如果想增加前规的定位时间，就要增大空档，或者增大滚筒直径，使压印滚筒表面的利用率降低。

所以这种递纸形式只在老式、低速胶印机（如早期的J2101型胶印机）上采用，现在已趋于淘汰。

2. 间接递纸

纸张在递纸台上定好位后由专门的递纸机构将其叼走，然后由递纸牙排交给压印滚筒（或经过中间传纸滚筒递给压印滚筒）叼纸牙排的方式称为间接递纸。递纸牙在静止的短暂时间内叼住静止的纸张，然后逐渐使纸张加速至压印滚筒表面线速度，在同步中交给滚筒叼牙。也就是说无论在输纸板上取纸，还是把纸交给压印滚筒，交纸与接纸的两个机件都是在相对静止的条件下进行交接。

间接递纸时，纸张在前规定位时间长短与滚筒空档无关，滚筒空档是根据递纸牙摆动部件与滚筒交接纸张的需要来确定的。同时，递纸牙和滚筒叼纸牙张开角在20°～30°即可。

由于递纸过程中无速度突变，且均在静止或相对静止中实现交接，传纸、叼纸平稳可靠，保证了递纸精度。另外采用适当的结构可延长规矩定位时间，保证套印精度，而且可以缩小滚筒直径。这些都有利于提高纸张定位和传递精度，有利于提高单张纸胶印机的印刷速度。因此，目前国内外的单张纸胶印机大多数采用递纸牙机构间接递纸。

单张纸胶印机间接递纸的递纸机构多数做机械往复运动，速度越高，惯性越大。另外，纸张速度由输纸速度到零，由零再加速至压印滚筒表面线速度，纸张定位花费时间长，这些都影响到胶印机速度的进一步提高。为此可采用新的超越式递纸，这种递纸形式克服了直接叼纸和间接递纸的缺点，有利于提高胶印机的递纸和印刷速度。

3. 超越续纸

超越式递纸就是在前规对纸张进行了短暂的停顿定位（初定位）之后，利用加速机构将纸张加速，并超过滚筒表面线速度，依靠速度差使纸张在设置于压印滚筒上的规矩板上定位（二次定位），然后由滚筒叼牙叼住进行印刷。为了使纸张牢靠地推到压印滚筒上的前规定位，并不致纸张打折弯曲，影响定位效果，速度差一般不能太大。

二、定心摆动式递纸机构

递纸牙围绕一个固定的轴心做往复摆动，工作行程和返回行程的运动轨迹都是同一段圆弧，只是运动方向相反。

1. 定心上摆式

定心上摆式递纸机构的原理如图6－32所示。当递纸牙摆至输纸板前端时叼纸，然后定心摆动。当摆到 A 点与压印滚筒叼纸牙相遇时完成纸张的交接。

图6－33 所示为典型的定心上摆式递纸牙（也常称作摆动式递纸机构）机构的结构和原理图。摆动轴心固定于输纸板上方，递纸牙摆臂定长。安装于压印滚筒轴端的凸轮 1 驱动摆杆 2，连杆 3 带动递纸牙排 4 绕 O_g 轴往复摆动。

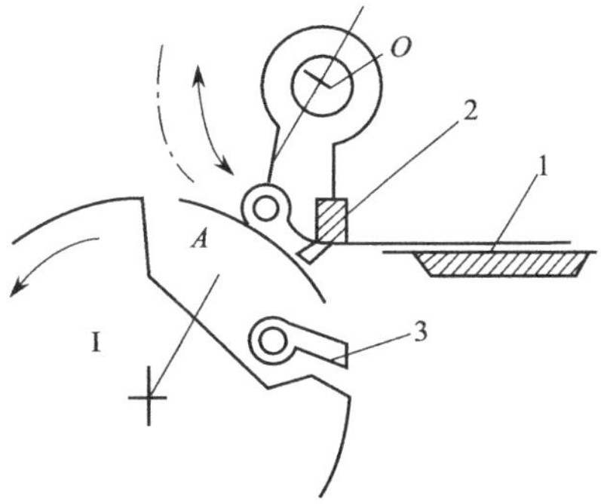

图6－32　定心上摆式递纸牙原理示意图

1－纸张；2－递纸牙；3－压印滚筒叼纸牙

定心上摆式递纸机构，由于递纸牙回程仍要走原轨迹，交接完成后无法提前返回，只能等滚筒工作表面全部通过交接线后利用滚筒空档返回，否则，递纸牙将与滚筒表面相碰。因此，采用定心上摆式递纸机构时压印滚筒空档相对较大，其大小必须与递纸牙自交接位置摆回递纸台、停靠叼纸，然后再加速传递到与压印滚筒交接位置这三部分工作的时间相适应。

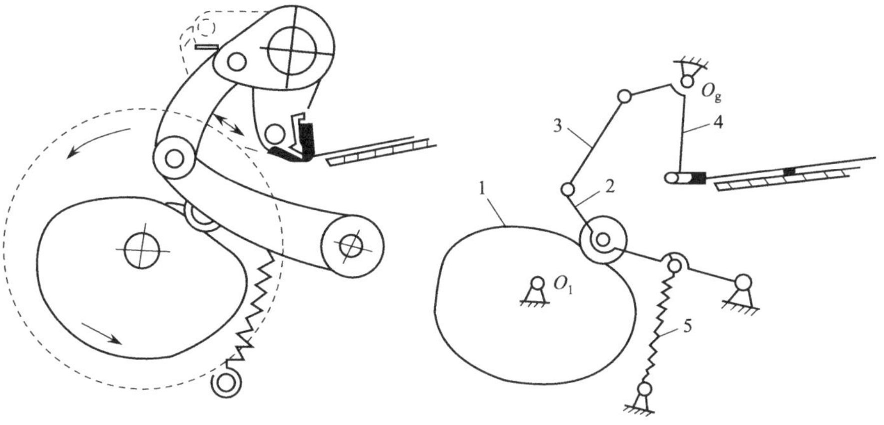

(a)　　(b)

图6－33　定心上摆式递纸牙

1－凸轮；2－摆杆；3－连杆；4－递纸牙排；5－弹簧

这类递纸机构结构简单，设计、制造、调整都比较容易。因此，除在老式低速胶印机上有应用外，新型胶印也有采用的，如日本小森 L－237C 型（滚筒直径为 317mm，最大纸张幅面 635mm）、瑞士 Color metal（滚筒直径为 358mm，最大纸张幅面 720mm）、美国国际联合公司所生产的胶印机（滚筒直径为 356mm，最大纸张幅面 720mm）等。国内这种递纸机构也已开始应用于小幅面台式机上。

图6－30（b）所示也是一种定心上摆式递纸机构，只不过其摆臂可伸缩而已。由于摆臂可伸缩，为递纸牙与压印滚筒交接后提前返回而又不碰滚筒表面提供了条件。在与压印滚筒交接时，摆臂最长，交接后递纸牙摆臂回缩。因此，可以不必等到滚筒空档而走另一条轨迹返回。这种机构的优势在于递纸牙无须等待，滚筒空档可以缩小，滚筒表面利用率加大，机器体积小。但是伸缩摆臂驱动困难，结构复杂，制造精度难保证，现已很少采用。

2. 定心下摆式

图6－30（c）为定心下摆式递纸机构。采用定心下摆式递纸牙时由于受到走纸方向制约而必须增设一个中间传递滚筒（习惯上也称前传纸滚筒）。利用传纸滚筒旋转中心的偏置安装，这种机构很好地解决了递纸牙返回时二者相互干涉碰撞的问题（如日本三菱DAY－Ⅲ型胶印机传纸滚筒的偏心距为4mm）。传纸滚筒叼纸牙牙垫至滚筒旋转中心距离为大半径，其值等于压印滚筒半径。因此，能准确地完成与递纸牙的纸张交接以及与压印滚筒叼牙的等速（两者依靠齿轮等速转动）纸张传递。而当下摆式递纸牙摆臂向递纸牙台摆动时，正好从传纸滚筒低面通过，不会碰到传纸滚筒表面，这样递纸牙可以提前返回，返回运动比较平稳，在递纸牙台停靠稳定性好，还可提前接纸，可以在很大程度上提高机器效率。

定心下摆式递纸牙最大特点是结构简单、传动平稳、适合高速，是比较理想的一种结构类型。在当今单张纸胶印机上广泛采用。PZ4880－01型对开四色胶印机就采用这种递纸机构，如图6－34所示，其中图6－34（a）为原理图，图6－34（b）为结构图。

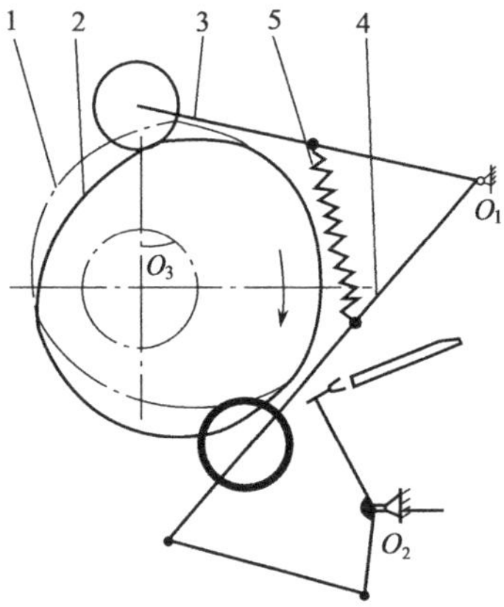

(a)原理图

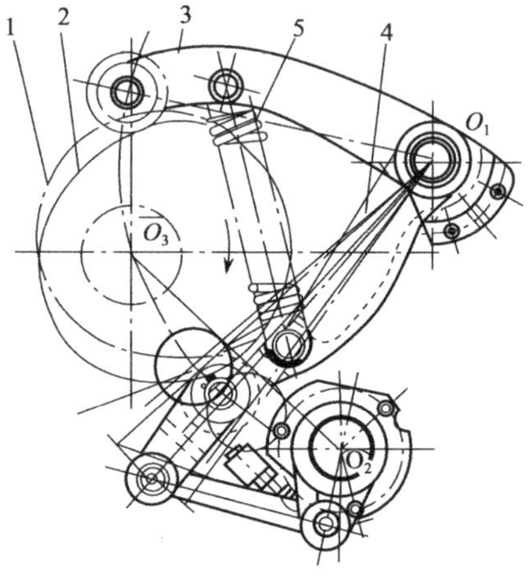

(b) 结构图

图6－34　PZ4880－01型胶印机递纸机构图

1－递纸凸轮；2－复位凸轮；3－复位摆臂；4－递纸摆臂；5－弹簧

该机构采用凸轮驱动铰链四杆机构实现定心下摆递纸。凸轮2为复位凸轮。递纸凸轮1使递纸摆臂在牙台叼着纸交给前传纸滚筒（中心为O_3）叼牙，叼牙张开继续等减速下摆。当摆臂速度为零时，摆臂返回。摆臂返回程的动力靠等距离共轭复位凸轮，复位摆臂3和递纸摆臂4靠拉力弹簧5连接成一体。由于共轭凸轮曲线的原因，拉力弹簧理论上是不伸长也不缩短的。递纸摆臂沿O_2中心固定摆动，叼牙运动轨迹为一定中心弧线，摆臂运动轨迹简单，精度更易保证。同理摆臂在牙台取纸（闭牙）时，要求有一段时间速度为零。闭牙后开始向前传纸滚筒摆去，摆臂速度为等加速规律，直到摆臂与前传纸滚筒叼牙交接前后，摆臂与前传纸滚筒的旋转速度应相等，在等速区两牙同时叼纸，否则套印不准。叼牙交接后，摆臂由于惯性继续下摆直至零速，由于摆臂向回摆在前传纸滚筒连心线上时，前传纸滚筒正好在筒身面上。由于前传纸滚筒是偏心的，摆臂叼牙碰不到滚筒表面。

定心下摆式递纸牙，克服了定心上摆式递纸滚筒空档大、速度低等不足，避免了偏心上摆式机构复杂、制造维护调节困难等问题，还有利于采用上摆式前规。因此，这种递纸方式应用有扩大趋势。但是，这种递纸方式增加了运动空间，也增加了纸张交接次数。

三、偏心摆动式递纸机构

偏心摆动递纸机构的轴心为动轴心，属于上摆式递纸牙排。递纸牙在工作过程中也做往复摆动运动，递纸牙的摆动轴装在偏心套内，偏心套由与压印滚筒齿轮啮合的传动齿轮带动做匀速转动，或由凸轮机构带动偏心套做变速往复摆动。前者如图 6－30（d）所示，称作偏心转动摆动式递纸牙，简称偏心转动递纸牙；后者如图 6－30（e）所示，称作偏心摆动摆动式递纸牙，简称偏心摆动递纸牙。

这两种偏心摆动递纸机构在叼纸并加速传给压印滚筒的过程中，在偏心套的控制下摆动中心处于较低的位置；而当递纸牙完成交纸并开始返回时，偏心套转动（或摆动）到较高位置，使递纸牙摆动中心提升，这样递纸牙可不必等滚筒空档来到而提前返回，递纸牙走“雨滴”形轨迹，不会碰滚筒工作表面，滚筒的空档和直径均可缩小，所以偏心摆动递纸机构与上摆式定心摆动递纸机构相比具有明显的优越性，机器结构紧凑，机器速度快，运转也较平稳，应用于很多机型。

1. 偏心转动式

（1）递纸牙的工作原理

J2108、J2201 型胶印机采用的是偏心转动上摆式递纸牙，如图 6－35 所示。递纸牙的摆动轴活装在两侧墙板孔内的偏心套里，偏心套的偏心距为 20mm，偏心套由压印滚筒轴端传动齿轮带动与之等速而方向相反地转动。递纸牙又由装在压印滚筒轴头的凸轮 1，通过滚子、摆杆、连杆带动，驱动递纸牙（与传动摆臂固结在一起）完成与压印滚筒等周期取纸和递纸的摆动运动。

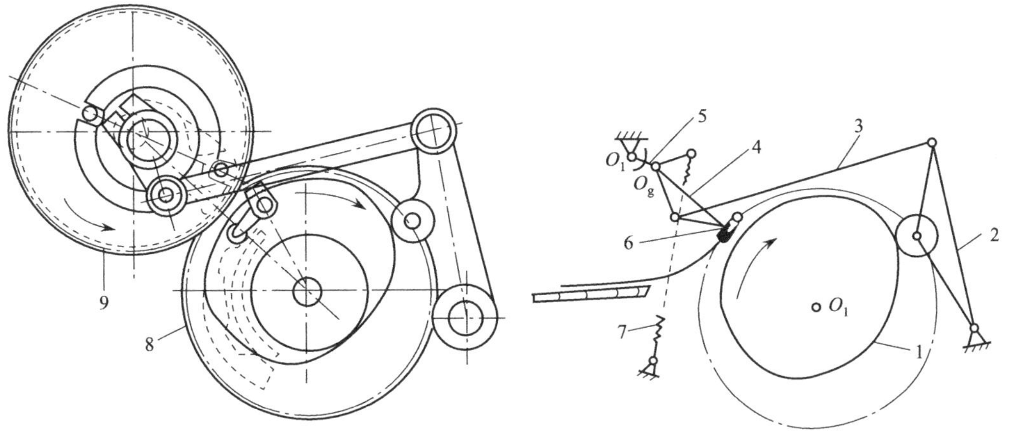

(a)　　(b)

图 6－35　（J2108、J2201）偏心转动式递纸机构图

1－凸轮；2－摆杆；3、4－连杆；5－偏心套；6－递纸牙；7－拉簧；8、9－齿轮

递纸牙的运动是其摆动中心（递纸牙轴）绕偏心套外圆中心所做的匀速旋转运动（牵连运动）和由凸轮连杆机构驱动的相对于递纸牙摆动中心的摆动运动（相对运动）的合成运动。由于采用了旋转偏心，使递纸牙在回程时摆动中心提高，运动轨迹为“水滴”状封闭曲线（见图6－36），返回时碰不到滚筒工作表面，这样可不必等滚筒空档而提前返回，既可以缩小滚筒空档和滚筒直径，又可提高递纸牙运动的平稳性及递纸精度。

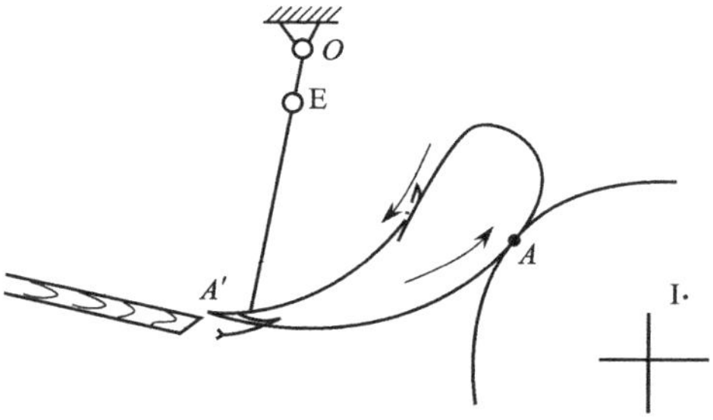

图6－36 递纸牙运动轨迹图

递纸牙的运动过程如下。

① 在纸台上取纸时，递纸牙静止。偏心轴旋转中心 O、递纸牙臂摆动中心 E 和叼纸点 A' 应成一直线。一般的，这条直线应垂直于输纸板。

② 在输纸板上取纸后，摆臂加速摆动，至交接点 A 时，递纸牙应与滚筒表面速度大小相等而方向相同。由于摆动臂做平面复合运动，因此，这时递纸牙围绕 E 点摆动速度与 E 点围绕 O 点转动速度的向量和应等于滚筒表面 A 点速度。

③ 过 A 点后，摆臂应减速摆动直至在极限位置停止，此时偏心轴继续转动。

④ 递纸牙返回时，偏心位置与工作行程不同，以便使递纸牙躲开滚筒。

该机构属于两个输入动力件的一个五杆机构，除了凸轮驱动外，还增加了偏心的旋转运动，递纸牙运动复杂，加大了机构设计、制造、调整的难度。有时冲击和振动较大，不适宜高速印刷。

（2）递纸机构的调节

胶印机的递纸牙机构是完成取纸（在前规处）和交纸（交给压印滚筒叼牙排）的前后连接任务。它要把已定位好的纸张交给压印滚筒叼牙排，不能破坏纸张的定位，才能保证印品套印准确。由于递纸机构运动复杂，加之老化及环境因素，使用中可能出现纸张或被叼破，或传不到压印滚筒等输纸故障，所以，经常需要进行仔细和严格的调整。

① 递纸牙与前规交接位置的调节。

图6－37所示为递纸牙与前规交接位置关系图。

递纸牙在前规处叼纸位置的调节，必须在纸张经过前规和侧规定位稳定后进行。此时缓慢转动机器使递纸牙摆至前规处停止，然后转动靠刹螺钉4，使其靠住递纸牙排轴上的定位块3，使摆动凸轮的曲面低点与滚子1相对应，要求二者之间应有0.03～0.10mm的间隙，使递纸牙停靠在递纸牙台时，闭牙叼纸、消除振动，同时要使机器两边的靠刹螺钉和定位块顶住的时间和受力大小保持一致，然后根据递纸牙的叼纸位置调节前规定位板，使其与递纸牙叼纸线平行，并保证递纸牙叼纸距离在5～6mm范围内即可。

② 递纸牙与压印滚筒叼牙交接位置的调节。

递纸牙与压印滚筒的交接是以滚筒叼牙为基准，在机器为“0”位时，应使递纸牙片顶端比压印滚筒前边口平面超前距离为0.5～1.5mm。如图6－38所示。

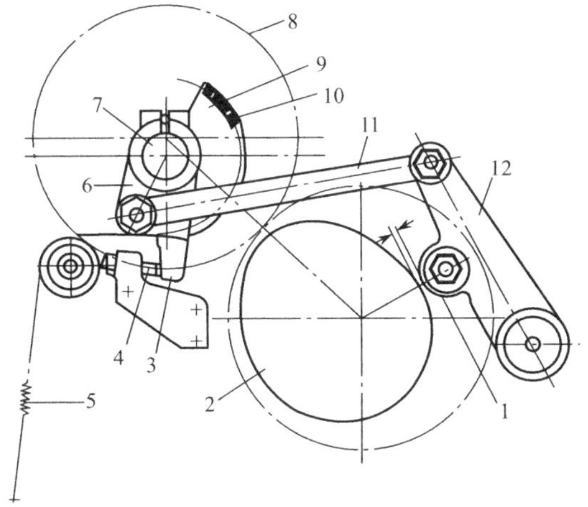

图 6－37　递纸牙与前规交接位置关系图

1－摆杆滚子；2－递纸凸轮；3－定位块；4－靠刹螺钉；5－封闭弹簧；6、12－摆杆；7－偏心套；8－齿轮；9－定位摆杆；10－链条；11－连杆

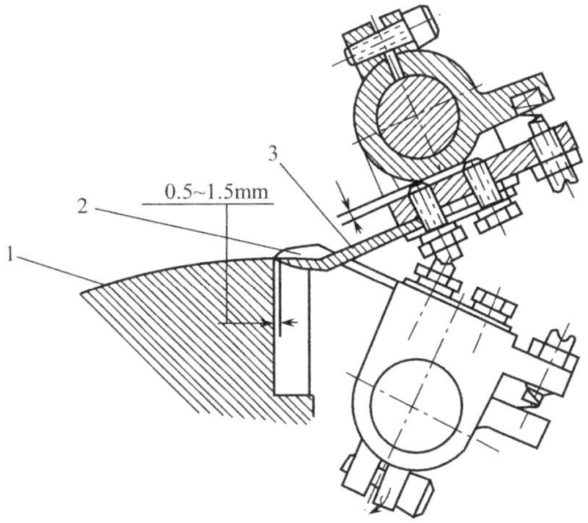

图 6－38　递纸牙与压印滚筒位置关系图

1－压印滚筒；2－压印滚筒叼牙；3－递纸牙

此时，递纸凸轮的“0”刻线与滚子相切（参看图 6－35），这个交接位置在机器出厂时已调好，操作中一般不再调节。但是当机器使用时间较长时，由于凸轮、摆杆、连杆、偏心套、轴承等磨损后，会出现递纸牙顶端磕碰压印滚筒边口，造成套印不准。这时如果通过螺钉调整不过来，则需要对机器进行维修，更换零件，然后进行调节。

具体做法如下：使递纸牙排摆动轴的偏心套及压印滚筒均处于“0”位，如图 6－39 所示。然后取下递纸牙排摆动轴与摆动架之间的定位销子，并拧松固定螺钉，可调节递纸牙排位置，使递纸牙顶端与压印滚筒的边口间距符合 0.5～1.5mm 的要求，将摆杆滚子靠紧凸轮（见图 6－37）的“0”点，再拧紧固定螺钉，并配钻定位销子以后，调节完成。

③ 递纸牙垫高度的调节。

调节时以压印滚筒牙垫高度为基准，当机器在“0”位置时，使递纸牙垫与压印滚筒牙垫的间距以印刷纸张厚度加 0.2mm 为宜。可用 0.2mm 厚度的钢片平放在滚筒叼牙垫上，再调整递纸牙垫，使它轻靠钢片，既无间隙又不使钢片弯曲变形即可。递纸牙垫调得过高或过低，可使纸边起皱或破裂。

调整递纸牙垫高度时，先松开牙垫轴和摆动架的螺钉 6（见图 6－39），转动滚花螺母，两边同时转动螺杆，改变牙垫轴的高度（由刻度显示），当两边调节一致时，锁紧螺钉 6 即可。

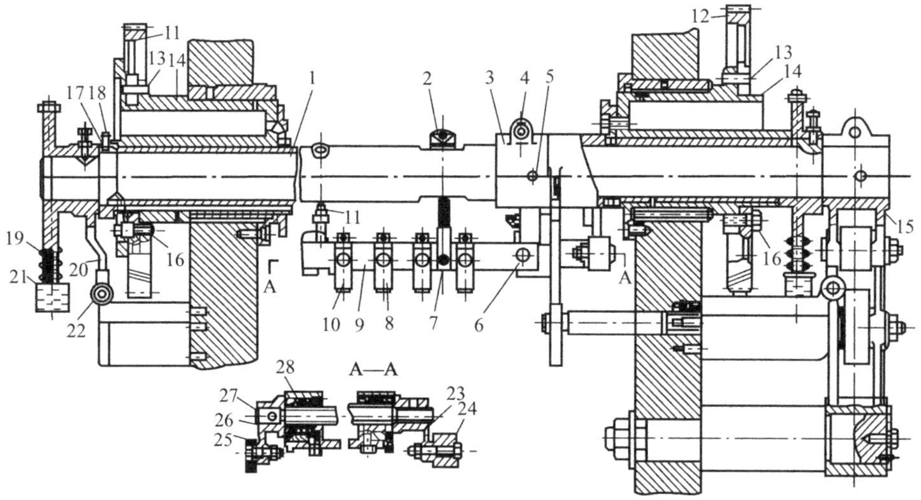

图 6 -39　递纸牙排结构图

1 - 递纸牙排轴；2 - 递纸牙轴调节螺母；3、10 - 递纸牙架；4 - 固定螺钉；5、13 - 销子；
6、16、22 - 螺钉；7 - 调节杆；8 - 递纸牙；9 - 牙垫轴；11、12 - 斜齿轴；
14 - 偏心套；15 - 连杆；17 - 圆螺母；18 - 顶丝；19 - 链条；20 - 支架；
21 - 弹簧；23、26 - 摆臂；24、25 - 滚子；27 - 轴；28 - 轴承

④ 递纸牙垫与递纸牙台间隙的调节。

递纸牙在前规处取纸时，应处于最低位置，此时递纸牙垫表面与递纸台的间隙可以调整。方法是通过调节递纸牙台反面支撑板上的调节螺钉来实现。调节时以递纸牙台的高度为基准，改变递纸牙垫的高度，使牙垫和递纸牙台之间的间隙，在印刷薄纸时为 3 倍印刷纸张的厚度，在印刷厚纸时，以印刷纸厚加 0. 2mm 为宜。调好后，将调节螺钉锁紧。

⑤ 递纸牙交接时间的调节。

图 6 -40 所示为递纸牙开闭凸块图。

递纸牙与前规的交接是在静止状态进行的。在递纸牙还未摆到接纸位置时，凸块使递纸牙张开，到达取纸位置时，有一段稳定时间，待纸张定位后，递纸牙闭合叼住纸张。由机器的机动时间关系表可知，递纸牙叼住纸张的时间为 77°，前规开始上抬让纸时间为 74°，其交接时间为 3°。调整时，以递纸牙开始叼纸为起点，使滚筒转过大约 8mm 左右，前规开始摆前，如果此交接时间不符合要求，可以通过改变凸块的周向位置来解决。调整时，先松开紧固螺钉，调好后紧好螺钉。

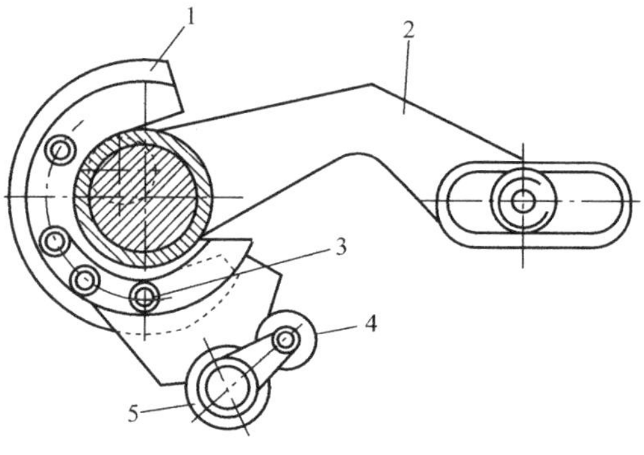

图 6 -40　递纸牙开闭凸块图

1 - 凸块；2 - 连接架；3 - 螺钉；
4 - 滚子；5 - 递纸牙轴

递纸牙与压印滚筒叼牙的交接是处于相对静止状态下进行的。在交接时间内两叼牙速度相同，转向也相同。按照机器时间关系表，交接时为 1° ~1. 5°，即压印滚筒叼牙从 0°开始叼住纸，递纸牙在 358. 5° ~359°时间内放纸，如

果交接时间过长，则容易撕破纸边，反之时间过短，则容易引起交接不稳，造成套印不准。调节时，以压印滚筒叼牙开始叼纸为起点（即叼牙轴上摆杆滚子与凸块刚开始脱开，滚子被转动但还有轻微接触阻力），使滚筒转过 3 ~ 4mm。此时，递纸牙开闭凸块与递纸牙轴上的摆杆滚子刚接触（滚子刚与凸块有接触力，尚能转动）。可先拧松凸块与连接架的固定螺钉，移动凸块进行调节，调好后紧固螺钉即可。

⑥ 递纸牙叼纸力的调节。

图 6－41 所示为递纸牙叼纸力的调节关系图。叼牙片与牙垫之间的压力就是叼纸力。其大小是由递纸牙轴的牙箍压缩弹簧使叼牙片紧靠牙垫而获得的。递纸牙的闭牙由递纸牙轴转动时，牙箍的支臂压撑簧再经调节螺钉 4 使牙片压在牙垫上，此时调节螺钉 2 使其与牙箍平面间的间隙为 0. 2mm。递纸牙的叼纸力大小可以转动调节螺钉 4 以改变压簧的压缩量来实现。如果叼纸力明显不足，可将紧固螺钉 10 松开，改变递纸牙轴和牙箍的相对位置，增大撑簧的压缩量，使递纸牙获得所需要的叼纸力，然后将螺钉 10 紧固即可。

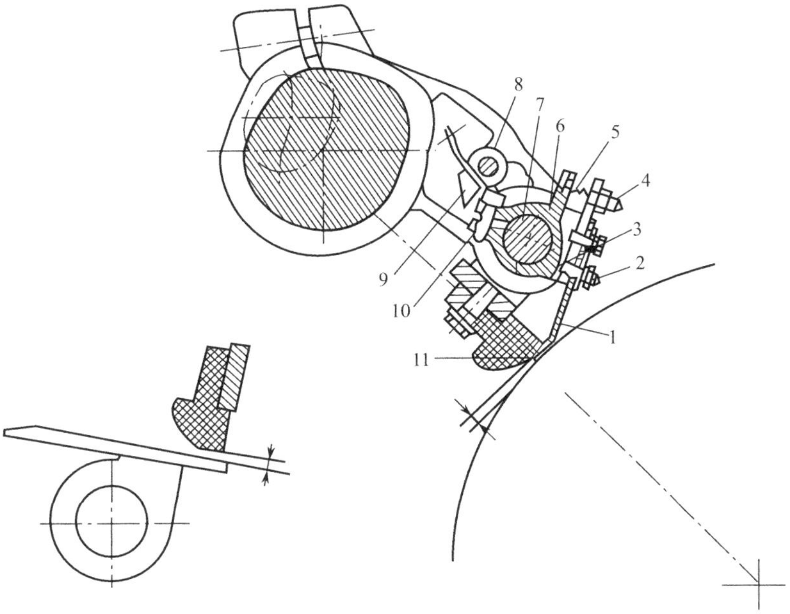

图 6－41　递纸牙叼纸力调节关系图

1－叼牙片；2、4－调节螺钉；3－螺钉；5－压簧；6－牙箍；7－递纸牙轴；
8－定位螺钉；9－定位块；10－紧固螺钉；11－牙垫

递纸牙叼纸力的调节，必须在每个递纸牙垫高度一致的基础上完成，调节方法为：

a. 盘车至递纸牙叼纸位置，在递纸牙轴和定位螺钉之间，垫入 0. 25mm 厚的纸片。

b. 将全部叼牙的紧固螺钉松开，手动每个叼牙靠住牙垫，并有一定压力，然后拧紧紧固螺钉，用 0. 1mm 厚的牛皮纸夹入每个叼牙和牙垫之间，拉动纸片，稍微用力能拉动即可。此时从中间向两侧用调节螺钉 4 逐个调节叼牙，使所有牙叼住牛皮纸的拉力基本相同，并注意每个递纸牙上调节螺钉 2 与定位平面保持 0. 2mm，保持递纸牙张开时间一致。

c. 撤去定位块和定位螺钉之间的纸片，并由大拉簧的作用使两者靠紧。

⑦ 递纸牙轴向串动的调节。

递纸牙轴的轴向串动影响递纸精度，会造成套印不准。因此，在递纸机构中不允许递纸牙摆动时产生轴向串动，故在递纸牙机构中安装有轴向串动量大小的调节机构。在图 6 – 39 中，在递纸牙摆动轴偏心轴承外安装有轴向限位螺母，它与偏心轴承端面控制在 0.03mm。此间隙过小，会阻碍递纸牙摆动的灵活性，使递纸牙轴与偏心套之间发生磨损。间隙过大，起不到限位作用，使递纸牙轴摆动时产生轴向串动，造成套印不准。此间隙调整时，先松开紧固螺钉，然后转动圆螺母，以满足要求为止，然后再锁紧紧固螺钉即可。

2. 偏心摆动式

国产四开胶印机上有的采用如图 6 – 42 所示的偏心摆动式递纸机构，该机构与偏心转动式递纸机构不同之处在于偏心轴的运动为间歇摆动。

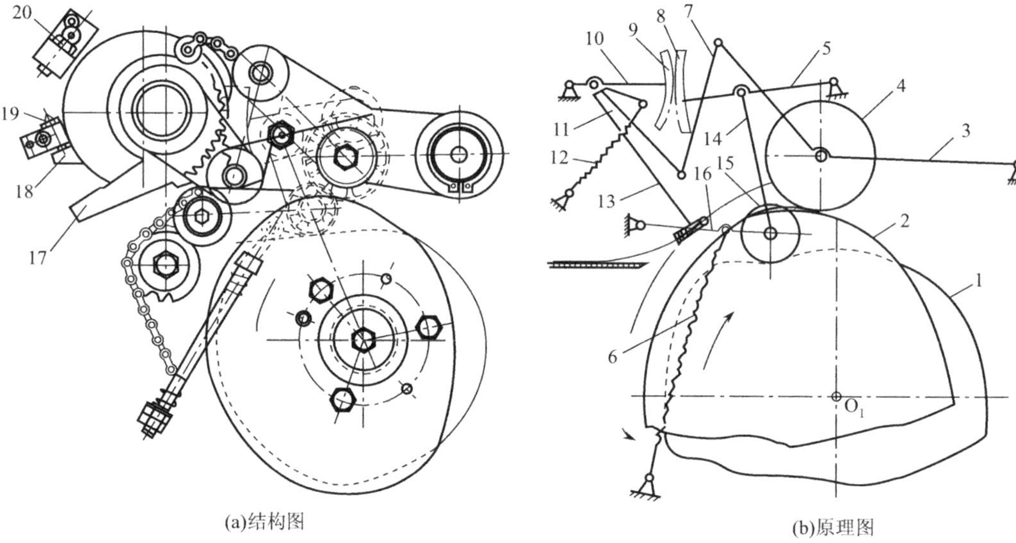

图 6 – 42　偏心摆动式递纸机构图

1、2 – 凸轮；3、5、10、16 – 摆杆；4、15 – 滚子；6、12 – 拉簧；7、11、14 – 连杆；8、9 – 扇形齿轮；13 – 递纸牙摆杆；17、18 – 定位摆块；19、20 – 靠刹螺钉

（1）偏心摆动式递纸机构的工作原理

该偏心摆动递纸牙机构的偏心轴在工作行程中（递纸行程）不摆动（即停歇），当递纸牙空行程返回时，为了使递纸牙让开滚筒（不碰撞滚筒），其向上摆动，以达到提高递纸牙返回轨迹的目的。偏心轴摆动的次数与压印滚筒转动次数相同。

由图 6 – 42（b）所示，安装在压印滚筒轴端的凸轮 2，随压印滚筒不断地旋转，驱动滚子 4，使摆杆 3 上下往复摆动，从而带动连杆 7 和 11，使递纸牙摆杆完成从输纸板前取纸和向压印滚筒递纸，完成递纸后，由凸轮 1 大面驱动滚子 15 使连杆 14 推动摆杆 5 使扇形齿轮 8 带动与之相啮合的扇形齿轮 9 逆时针方向转动一个角度，从而使与偏心轴相连的摆杆 10 带动递纸牙向上提高，使递纸牙返回时，离开压印滚筒表面，等待下一张递纸。

（2）递纸机构的调节

① 递纸牙取纸时间的调节。

慢慢转动胶印机使递纸牙排摆至递纸牙台的最低位置，使递纸牙垫与牙台面垂直，调节靠刹螺钉 19，使其靠紧定位摆块 18，凸轮 2 与滚子 4 之间留有 0.03 ~ 0.1mm 的间隙，此时间为递纸牙在牙台上取纸时间。调好后锁紧螺钉以防回松。

② 递纸牙摆至最高位置限位调节。

当递纸牙将纸交给压印滚筒叼牙排后，由凸轮 1 驱动摆杆，经扇形齿轮使其上抬至最高点，靠刹螺钉顶住定位摆块 17，以防递纸牙排由于惯性上摆而损坏零件。

③ 递纸牙叼纸力的调节。

该递纸牙基本结构与偏心旋转式递纸牙相同，故叼纸力的调节原理相同，在此不再赘述。

四、旋转式递纸机构

由于摆动式递纸装置的主运动是往复摆动运动，加之实现其运动的是连杆机构，其惯性与冲击均比较大，容易产生振动，尤其是偏心递纸机构在机器高速运动时更为明显，冲击振动造成纸张传递不平稳，影响套印精度。因此，随着印刷速度的不断提高，旋转式递纸机构应运而生。因为旋转式递纸装置冲击振动较小，对于高速印刷机较为有利。

1. 连续旋转式递纸机构

这种递纸机构特点是递纸机构随递纸滚筒旋转，递纸牙的摆臂减小，降低了惯性力的冲击与振动，递纸平稳。德国海德堡胶印机、光华四开型胶印机均采用此形式的递纸机构。

（1）连续旋转式递纸机构的工作原理

连续旋转式递纸机构安装在递纸滚筒上，并随递纸滚筒做连续匀速转动（与压印滚筒同速）而递纸牙排又在旋转滚筒上做自身的摆动运动，如图 6－43 所示。递纸滚筒 4 转速与压印滚筒 6 的转速大小相等，方向相反。递纸牙排的摆臂 2 由凸轮 3 控制可绕递纸滚筒上的 O_S 轴摆动。

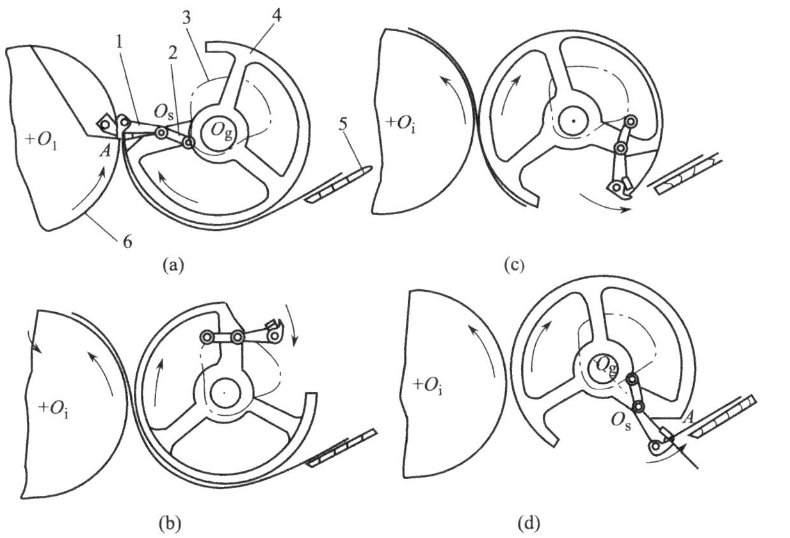

图 6－43　连续旋转式递纸机构工作位置图

1－递纸牙；2－递纸牙排摆臂；3－凸轮；4－递纸滚筒；5－递纸牙台；6－压印滚筒

图 6－43（a）所示为递纸牙与压印滚筒处于交接纸张的时刻。此时递纸牙排摆臂的滚子与固定在墙板上的凸轮的等半径的圆弧接触，停止摆动。递纸牙的线速度等于递纸滚筒的

表面速度，与压印滚筒的表面速度相同。因此，递纸牙与压印滚筒在相对静止中交接纸张。

图6－43（b）中，交接纸张后，在递纸滚筒旋转的同时，带动递纸牙排摆臂上的滚子向固定在墙上的凸轮3大面运动，使递纸牙排绕 O_s 轴顺着递纸滚筒旋转方向摆动。此时递纸牙的速度是递纸滚筒的速度加上摆臂的摆动速度。

图6－43（c）所示，递纸牙排在固定在墙上的凸轮大面的作用下，已超过在输纸板前取纸的位置，摆至输纸板的极限位置后，递纸牙排逆滚筒旋转方向摆动，摆向输纸板前准备取纸，此时递纸牙的速度为递纸滚筒的转速减去递纸牙排的摆动速度。

图6－43（d）所示，递纸牙排摆臂上的滚子从固定在墙上的凸轮的大面向小面运动，而递纸牙排摆臂摆动的速度达到最大值时，在输纸板前规处取纸，此时递纸牙的速度恰好为零，而 O_g、O_s、A 处于三点共线位置，递纸牙在静止状态下叼住纸张。随后，递纸牙摆动速度逐渐减小至停止摆动，并跟随递纸滚筒旋转到与压印滚筒的交接位置，进行纸张的交接。

（2）递纸机构的调节

① 递纸牙交接位置的调节。

递纸牙的交接位置调节得好坏直接影响纸张传递的准确性。首先调整递纸牙与压印滚筒叼牙的交接时间，转动机器，使递纸牙旋转至与压印滚筒叼牙的交接点 A，此时递纸牙还未开牙，压印滚筒已经叼住纸张，递纸牙小摆臂静止不动，槽凸轮小面与摆臂滚子接触即可。然后再调节递纸牙取纸时间，转动机器将递纸牙摆至递纸牙台取纸位置，此时是递纸滚筒中心 O_g、递纸牙摆臂摆动中心 O_s 与递纸牙的牙垫 A 点处在一条直线上，与递纸牙台垂直叼住纸张。这时递纸牙摆臂滚子处于凸轮的小面上，摆臂不摆动，最后固定好槽凸轮。

② 递纸牙牙垫的调节。

在印刷中，当纸张厚度变化较大时，要调节牙垫的高度。只要松开牙垫板上两端的紧定螺钉，转动牙垫下面的调整螺丝，再根据纸张厚度变化量用随机带的塞规测量牙垫应退回的位置调整，调好后再固紧螺钉。

除了纸张厚度变化需要调整递纸牙垫外，有时印刷中印品出现甩角情况时，为了弥补纸张的甩角，可调整牙垫中间旋钮，它带有标尺的调整螺钉，可知调整量的大小。注意当不需要弥补纸张的甩角时，应把调整螺钉调回零位，以防牙垫轴弹性变形而失效。

2. 间歇旋转式递纸机构

间歇式变速旋转递纸机构的主要特征是递纸牙由槽轮间歇机构控制做间歇转动。目前市面上可以看到两种具体的实现形式。

一种形式如图6－44所示，压印滚筒1有两排牙，与传纸滚筒2的直径比为2∶1，传纸滚筒2与拨轮3传动比1∶3，拨轮有3个拨柱，槽轮4有5个槽，槽轮与递纸滚筒5传动比为5∶2。因此，压印滚筒1转一圈，传纸滚筒2转两圈。当传纸滚筒转一圈时，拨轮转1/3圈，槽轮转1/5圈，滚筒5转1/2圈。滚筒5上也有两排牙，当滚筒5转1/2圈时（即180°），传纸滚筒2转一圈。滚筒从牙台上取走静止的纸张，然后加速，当与压印滚筒相切并且速度等于压印滚筒表面速度时进行交接。

显然，槽轮的槽数不同，递纸牙运动与停歇的时间比就不同。

该机构在德国高宝的对开双色和四色胶印机上采用，实际印刷速度可达15000张/时，是世界上用机械间接递纸方式达到的最高印刷速度的递纸机构。

另一种形式如图 6－45 所示，这是一个槽轮机构与不完全齿轮机构的组合机构。传纸滚筒 4 的轴端固连着滚筒齿轮 2 和递纸凸轮 1，在递纸凸轮 1 上安装着两个滚子 3（也就是槽轮机构的拨叉），它们位于传纸滚筒齿轮的分度圆上；递纸滚筒 9 的轴端固连着不完全齿轮 10 和部分槽轮 11；槽轮上安装着两个滚子 5，它们位于递纸滚筒齿轮的分度圆上。齿轮 2 和 10 按标准中心距安装。

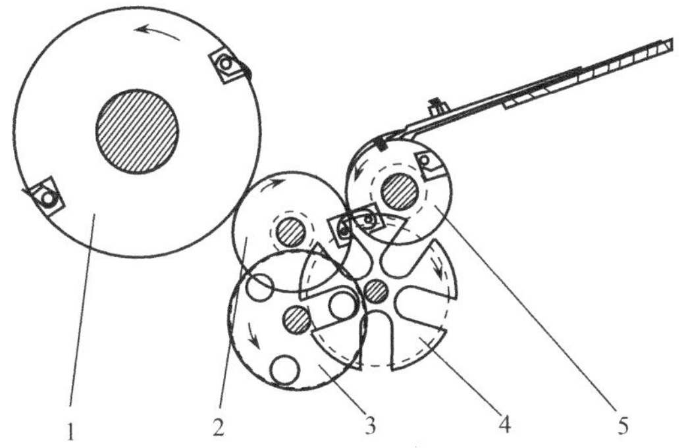

图 6－44　间歇旋转式递纸机构图（一）

1－压印滚筒；2－传纸滚筒；3－拨轮；4－槽轮；5－滚筒

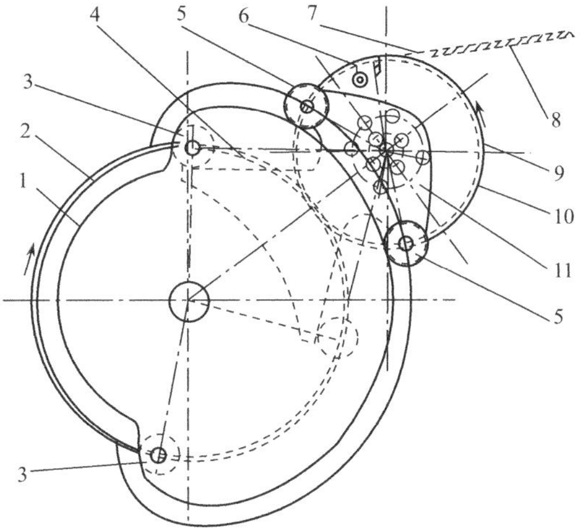

图 6－45　间歇旋转式递纸机构图（二）

1－递纸凸轮；2－齿轮；3、5－滚子；4－传纸滚筒；6－递纸牙；7－纸张；8－递纸牙台；9－递纸滚筒；10－不完全齿轮；11－部分槽轮

传纸滚筒 4 匀速转动（与压印滚筒可以方便地交接），依靠凸轮高面实现递纸滚筒牙排从牙台上的零速取纸；依靠槽轮机构实现递纸牙的加速递纸；依靠齿轮传动实现递纸滚筒牙排与传纸滚筒牙排的等速交接。其工作过程如下。

当传纸滚筒 4 减速转至两个滚子 5 同时与递纸凸轮的高点接触时，正值递纸滚筒上停台时，递纸滚筒 9 停止转动，递纸牙 6 从递纸牙台 8 上取纸 7，此刻递纸滚筒与传纸滚筒连心线位于不完全齿轮缺口部位中心，两个滚子 5 与递纸凸轮高点的同时接触，形成几何封闭，确保了递纸滚筒停台稳定。

递纸滚筒的递纸牙叼住纸张并停顿片刻后，递纸凸轮上的滚子 3 进入槽轮槽中，槽轮开始转动并逐步加速，递纸牙带着纸张加速前进；同时，槽轮上的滚子 5 在凸轮表面滚动。当第一个滚子 3 中心到达齿轮 2 和 10 的节点时（此时槽轮机构传动比最大），不完全齿轮进入有齿段，两齿轮开始啮合，递纸滚筒与传纸滚筒等速旋转，递纸牙顺利同叼纸牙等速交接。之后，继续等速运动一段时间，当第二个滚子 3 到达节点位置后，不完全齿轮进入无齿段，递纸凸轮开始进入工作段，第一个滚子 5 从低点向高点过渡，递纸滚筒开始减速，直至滚子 3 退出槽轮槽、滚子 5 到达递纸凸轮的高点，递纸牙亦到达递纸牙台前停止，等待取下一张纸。至此，完成了一个工作循环。

这种形式的递纸牙应用在国产对开单色双面胶印机上。

五、超越式续纸机构

间接递纸虽有传纸平稳的特点，能满足相当高印速的要求。但是近年来印刷机的速度不断提高，单张纸轮转机已达到12000张/时或更高的印速，间接递纸还是表现出了固有的不足。因为这种传纸方式仍然是使纸张定位在输纸板上的规矩上，要想真正套准，就必须保证这个定位的精度一直维持到开始印刷的瞬间，也就是在递纸牙的整个传纸过程中不允许破坏原有的定位精度。但是当印刷速度高到一定程度后，由于制造精度的限制以及振动等原因，把输纸板规矩上定位好了的纸张经过两次交接传送至压印滚筒总不免会产生误差。为了克服这个缺点，适应不断提高的印刷机速度要求，在一些高速印刷机上，已将最终的套准点放在压印滚筒上，即最终的套准规矩设置在压印滚筒上而不是在输纸板末端。这样，就不会产生中间传纸过程中破坏纸张定位精度的问题。

1. 摩擦式超越续纸机构

摩擦式是超越式递纸的一种形式。如图6－46所示，摩擦辊式超越机构主要由上滚轮1、下滚轮2、导纸板5等组成。

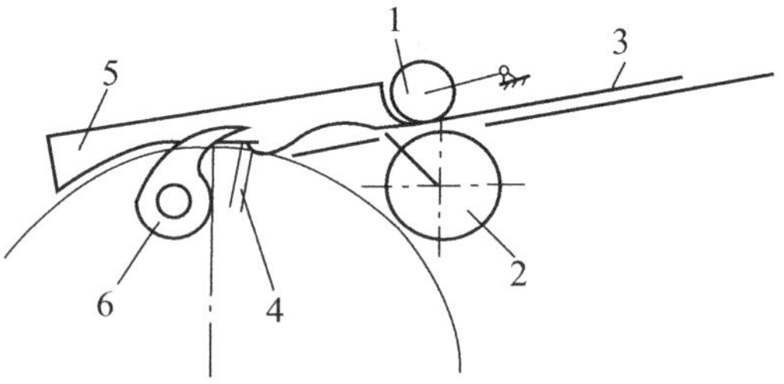

图6－46　摩擦压辊式超越续纸机构原理图

1－上滚轮；2－下滚轮；3－纸张；4－规矩板；5－导纸板；6－压印滚筒叼牙

在这种摩擦辊式超越续纸机构中，纸张3首先在输纸台板上通过前规和侧规（图中未示出）进行第一次定位（预定位）后，上滚轮1经凸轮控制绕摆动中心下摆压向下滚轮2，与其在一定压力下对滚（下滚轮做间歇转动）。纸张向前超速移动的动力来自下滚轮2和上滚轮1接触的摩擦力。下滚轮2的表面线速度大约要比压印滚筒表面线速度快25%，因此，称为超越式摩擦辊式递纸。当纸张经过滚轮1和2在导纸板5的引导下送给压印滚筒时，纸的速度在这一瞬间快于压印滚筒表面线速度，使纸张前端靠到滚筒上的定位规矩板4上进行二次定位。在递送中，纸张沿着导纸板5拱起，这样可利用速差得到正确定位。当纸张在定位规矩板4上定位后，凸块使压印滚筒叼牙轴转动而闭牙，使压印滚筒叼住纸张进行印刷。此时，上滚轮1和导纸板5上抬让纸。

图6－47所示为德国米勒对开胶印机上的摩擦辊式超越续纸机构。纸张在输纸台板上经过前规（图中未示出）及侧规4定位后，上递纸滚轮5绕 O_1 点下摆压纸。上递纸滚轮5在下递纸滚轮3的带动下转动，两滚轮对辊靠摩擦力将纸张快速送入压印滚筒的前规板9进行第二次定位。定位完成后，摆杆10在凸轮作用下摆动，带动叼纸牙轴及叼纸牙摆动，叼住纸张进行印刷。在叼纸牙叼住纸张的同时，上挡板8在凸轮1、滚子11的作用下绕其摆动轴摆动，远离让开纸张。此时，上递纸滚轮5也上摆离开纸张。

调节螺钉7的作用是调节搓纸时上、下递纸滚轮之间的压力。

图6－48所示为英国基士德耶胶印机的扇形齿轮摩擦辊式超越续纸机构。

在该机构中，上递纸滚轮的上下摆动由凸轮1经滚子17、摆杆5带动上递纸滚轮绕轴7向下摆动压纸。该机构下递纸滚轮（图中未示出）的间歇转动是通过凸轮、摆杆、扇形齿轮传动获得的。凸轮2使摆杆16绕轴18摆动，从而借动扇形齿轮12绕轴18摆动。扇形齿轮12与齿轮11啮合，使齿轮11转动一角度。下递纸滚轮与齿轮11同轴固接，所以，下递纸滚轮会绕齿轮11的轴线转一角度。上、下递纸滚轮对滚，将纸张输送给压印滚筒上的前规板，进行第 2 次定位。

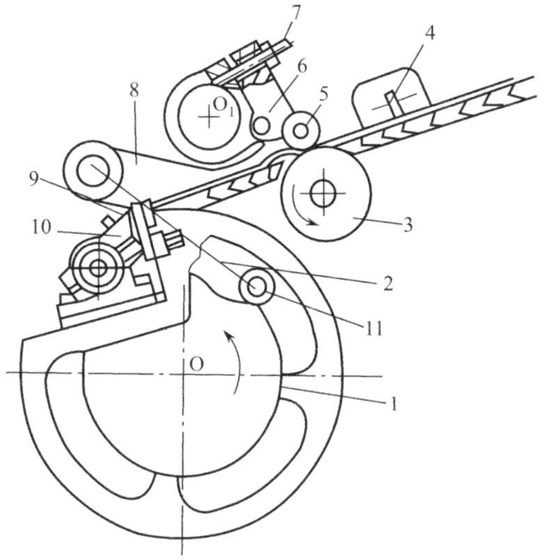

图 6－47　米勒摩擦辊式超越续纸机构图

1－凸轮；2、6、10－摆杆；3－下递纸滚轮；4－侧规；5－上递纸滚轮；7－调节螺钉；8－上挡板；9－前规板；11－滚子

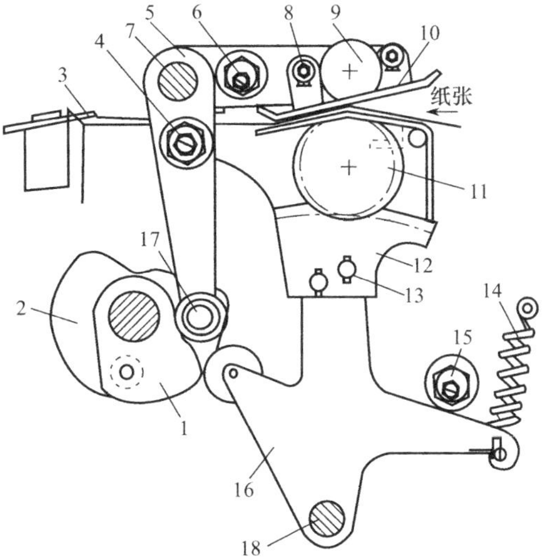

图 6－48　基士德耶摩擦辊式超越续纸机构图

1、2－凸轮；3－前规；4、6、15－偏心螺钉；5、16－摆杆；7、18－轴；8、13－螺钉；9－上递纸滚轮；10－导向板；11－齿轮；12－扇形齿轮；14－弹簧；17－滚子

图 6－48 中偏心螺钉 4 用于调节上递纸滚轮的压纸时间。偏心螺钉 6 用于调节上、下递纸滚轮间压纸力的大小。

摩擦辊式超越续纸机构结构简单，适宜高速印刷。由于没有往复运动而减少了惯性，也没有摆动牙交递的问题。因此，可以得到较高的印刷速度。但是，当单、双色机套印印刷时，没有完全干燥的图文经过两个摩擦压辊的搓碾，有蹭脏现象。除非是四色胶印机，一般不再套印，不存在此问题。另外摩擦辊式超越递纸机构的调节环节较多，如上递纸滚轮的压力、下递纸滚轮的转动弧长、导纸板与输纸台板的间隙等，都需要根据情况进行调整。因此，其调整成为日常重要工作内容。

2. 真空皮带式递纸机构

真空皮带式是超越递纸的另一种形式，图 6－49 所示为其原理图。进纸原理和超速叼纸过程与摩擦辊式超越递纸完全相同。进纸过程为：采用真空皮带 1，用负压把纸 3 吸住，叼牙 6 叼住纸张后，真空皮带 1 真空释放，大气通入真空带中，松开纸张。

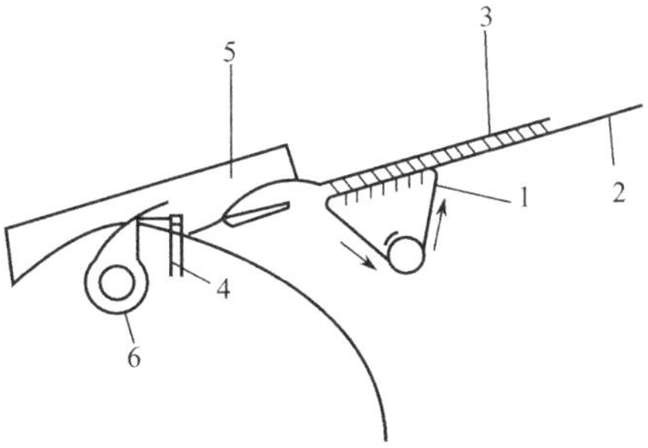

图 6－49　真空皮带式递纸机构图

1－真空皮带；2－牙台；3－纸张；4－定位规矩板；5－导纸板；6－压印滚筒叼牙

图 6－50（a）、（b）、（c）、（d）所示为另一种形式真空皮带式递纸机构工作原理和过程。

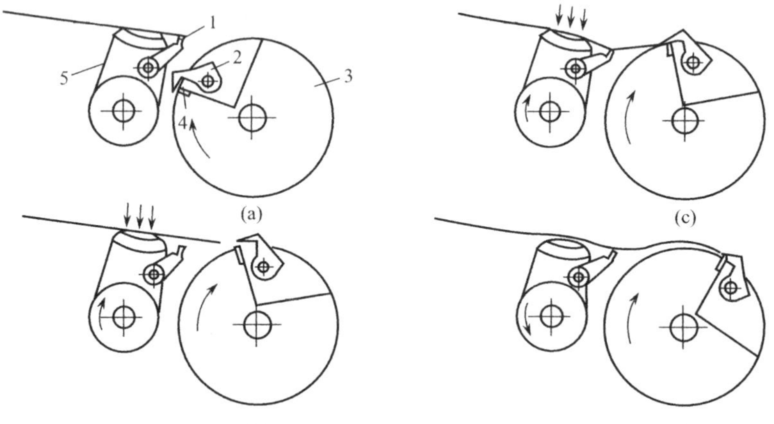

图 6 – 50　真空皮带式递纸机构递纸过程图

1 – 预定位前挡规；2 – 压印滚筒叼牙；3 – 压印滚筒；4 – 定位规矩板；5 – 真空皮带

图 6 – 50（a）所示为纸张在输纸板上运动并在前挡规 1 上进行预定位。图 6 – 50（b）为经侧规定位后，真空皮带 5 抽尽空气并旋转，继续向前续纸。图 6 – 50（c）为真空皮带 5 继续旋转以加速纸张，超越续送至压印滚筒 3 上的规矩 4 上良好定位。图 6 – 50（d）为纸张由压印滚筒叼纸牙 2 夹住，真空释放，大气通入真空带中。

用真空皮带吸住纸的方法，主要优点就是可以有效防止图文蹭脏。真空皮带式超越递纸是美国海利斯的专利。意大利奥姆萨最新的单张纸胶印机（Allrelia 700）采用的也是此结构，印刷速度为 11000 张/时。

3. 真空滚轮式递纸机构

真空滚轮式也是一种超越式递纸形式，如图 6 – 51 所示。工作原理与真空皮带式递纸机构相似，不同的只是使纸达到超速的方法不同。真空滚轮有半圈通真空，半圈不通真空。真空滚轮的表面线速度比压印滚筒的表面线速度约高出 25% 左右。

无论采用哪种超越续纸方式，超越量都应当是能够调节的，以适应各种纸张。如对较硬的纸应较快速送进，而对较薄的纸则较缓慢地送进。为了保证运动中定位，使纸张牢靠地贴紧压印滚筒上的前规，必须使纸张的速度略大于压印滚筒的表面速度，在滚筒前产生一个曲拱。这种现象可作为操作者调节超越量的根据。

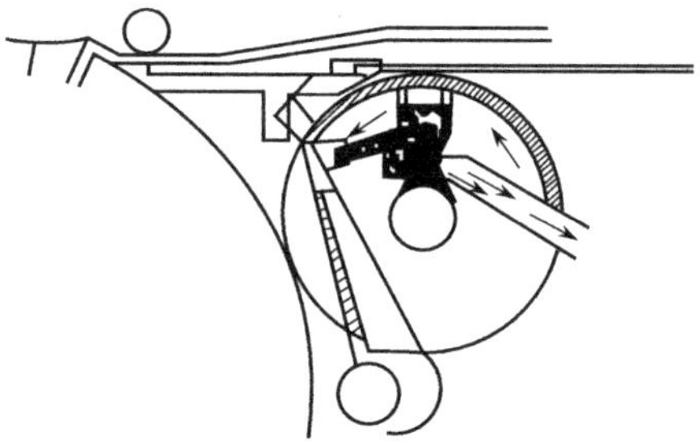

图 6 – 51　真空滚轮式递纸机构图

六、恒力机构

在凸轮驱动的摆动式递纸机构中，拉簧用来克服和平衡递纸牙摆动过程的惯性，使连杆机构的滚子始终紧贴递纸牙凸轮，以保持力封闭和严格的运动关系，防止出现瞬间脱离而产生冲击。但是在 J2201 型胶印机上按照传统的方法，弹簧一端固定，一端受凸轮驱动而产生位移，导致弹簧频繁变形，很快疲劳破坏。为改善这种情况，不使弹簧频繁变形，超出疲劳强度而过早断裂，在 J2108、J2203 型胶印机递纸牙上便专门设计了一套跟踪凸轮和摆杆机构，称为恒力机构。

1. 恒力机构的原理

恒力机构的基本原理是使拉簧在整个工作过程中保持一定拉伸长度。要达到这一目的，弹簧两端的两个挂簧销在运动过程中位移必须始终一致。如果一端做定轴摆动，那么另一端也应该定轴摆动；如果一端做平面运动，那么另一端也应该做平面运动。由于平面运动的跟踪机构实现复杂，通常采用链条机构将递纸牙摆臂的平面运动转化为弹簧上端挂销的直线运动，而下端挂销做定轴摆动，这样可以简单地基本上满足恒力要求。

2. 恒力机构

图 6－52 所示为 J2108、J2203 型胶印机递纸牙恒力机构图，图 6－52（a）为原理图，图 6－52（b）为结构图。其他形式的恒力机构原理与此相似。

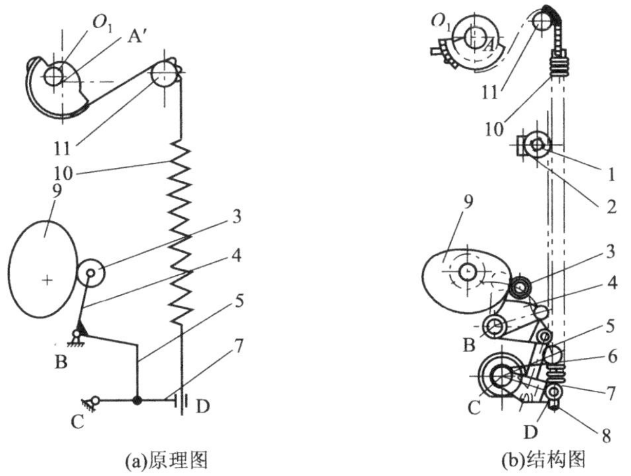

图 6－52　J2108、J2203 型胶印机恒力机构图

1－导轮；2－支架；3－滚子；4、7－摆杆；5－连杆；6－恒力轴；
8－调节螺母；9－凸轮；10－弹簧；11－链轮

该恒力机构由凸轮 9、滚子 3、摆杆 4、连杆 5、摆杆 7 等组成。上挂簧销 A 通过链条已将平面运动转化为近似直线运动，下挂簧销做定轴摆动（近似直线运动）。由于凸轮 9 是一个等距离共轭跟踪凸轮，它是根据等长原理（弹簧长度不变）设计出来的。所以，递纸过程中，无论升程和返程，基本上可以保持弹簧不变形，实现恒力。

恒力机构的设立旨在通过保持弹簧变形量不变而达到弹簧拉力恒定，而弹簧拉力的大小却是可以按照需要进行改变的，只要调节长螺母 8 即可以实现。

恒力机构设计使用中应该注意的是，恒力跟踪凸轮 9 与主（递纸）凸轮应该保持相位上的一致性，即零点与零点相对应。否则，恒力则无从谈起。另外，恒力只是相对的。

七、叼牙结构

1. 叼牙结构

递纸牙与压印滚筒叼纸牙以及收纸链条叼纸牙都是用来叼住纸张的，即在纸张输送过程中起夹紧纸张的作用，下面讨论这几种叼纸牙的特点。

设计叼纸牙的主要要求是：叼纸可靠，不允许纸张在叼纸牙中有滑动现象，叼纸力可调，同一排叼纸牙的动作应一致，所以每个叼纸牙的叼纸时间（早晚）也应是可调的；叼纸牙与牙垫应耐磨，而且在磨损后易于更换；所有调节螺钉应当可靠防松，绝不允许在机器运转过程中发生振松现象。

叼纸牙的结构形式比较多，根据叼纸力的来源可分为通过弹簧加压产生叼纸力和由凸轮闭合产生叼纸力两种类型。

图6－53所示为叼纸牙结构。以图6－53（a）所示机构为例，牙体2用螺钉3夹紧在心轴1上。因此，牙体2和心轴1在开牙凸轮控制下进行开牙闭牙动作（摆动）。牙片6滑套在心轴1上（有时通过一个过渡套筒），它依靠弹簧4和螺钉7与牙体2接触。在闭牙时（心轴如图中箭头所示方向旋转）牙体2通过弹簧4使牙片6压在牙垫5上，在开牙时（心轴逆箭头方向转动），牙体2通过螺钉7使牙片离开牙垫。

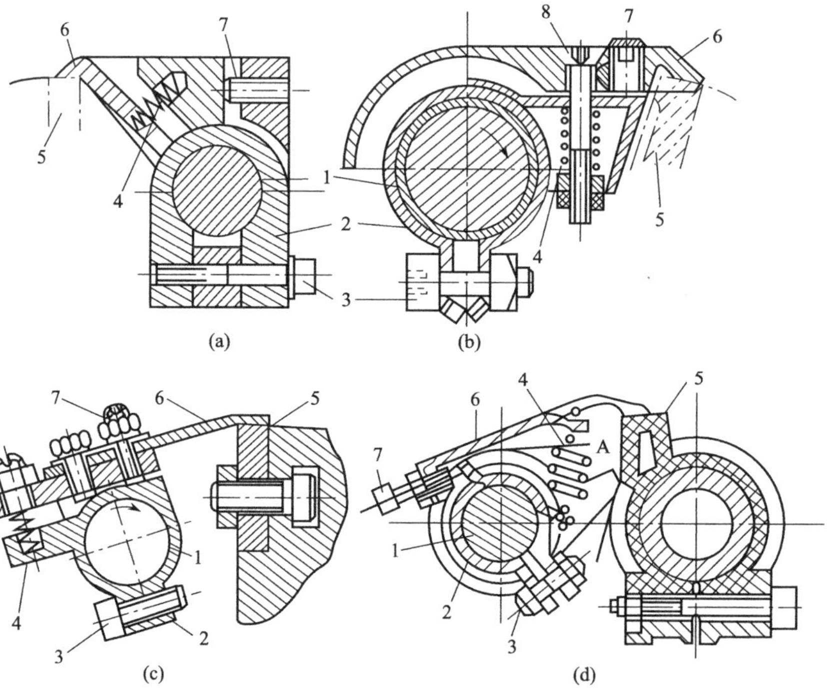

图6－53　由弹簧产生叼纸力的叼纸牙结构图

1－轴；2－牙体；3、7、8－螺钉；4－弹簧；5－牙垫；6－牙片

牙片叼纸力的调节是通过改变弹簧4的工作长度来实现的。把螺钉3松开，转动牙体2，改变它相对于心轴的位置，调整弹簧4的工作长度，即可改变叼纸力。图6－53（b）和（c）所示结构中具有微调叼纸力的螺钉8，可微量改变弹簧4的工作长度。

螺钉7用来调节叼纸时间的早晚，以便同一排的叼纸牙动作一致。旋进螺钉7，使牙片按开牙方向转动微小角度，叼纸时间就推迟一些，反之，旋出螺钉7则将提前叼纸。

图6－53（b）的调节螺钉中铸入塑料防松，并且轴与牙片间增加了过渡套，这样在频繁的张牙闭牙动作下，牙片在过渡套上转动，而心轴不受磨损。图6－53（c）的调节螺钉都带有防松螺母，不易松动。图6－53（d）的结构轻巧，调节方便，但叼纸力小，调节螺

钉靠弹簧防松，不太可靠，适用于收纸链条上。因为收纸链条叼纸牙的张闭不如递纸牙或滚筒叼纸牙频繁，而且收纸链排叼纸牙也不要求有很大的叼纸力。

为了使叼纸牙叼纸可靠，近年来一些印刷机的压印滚筒叼纸牙采用了凸轮高点闭牙产生叼纸力的结构形式。图6－54所示为由凸轮产生叼纸力的叼纸牙。图6－54（a）所示为当凸轮大面与从动滚子接触时，叼纸牙片叼住纸张，图6－54（b）所示为凸轮小面与滚子接触时，由于弹簧伸长而实现开牙。这种类型的叼纸牙，由于牙片有一定弹性，所以可适应不同厚度的纸张。由前述可知，由弹簧产生叼纸力的叼纸牙几乎对不同厚度纸张的叼纸力相同，而由凸轮产生叼纸力的叼纸牙对于较薄纸张叼力小，而对于较厚纸张叼力大。

为保证叼纸牢靠，叼纸牙垫的工作表面通常加工成锯齿形或直纹滚花形。为了提高耐磨性，牙垫表面可镀碳化钨等，也有采用金刚石粉末渗透于表面覆层的。

2．收纸叼牙的调整

收纸叼牙要把没有最后完成印刷过程的纸张叼住，从橡皮滚筒剥离下来，因此收纸叼牙的叼纸力应设计得足够大，且应有足够的调节范围。调整时，首先在靠刹定位块（见图6－55）与轴之间插入0.2mm厚的纸，接着让每个收纸叼牙都夹上0.08～0.1mm）厚的纸片。调节图6－53（d）中的螺钉7，使这些纸条在一定拉力下才能抽出。注意收纸叼牙调节完毕后，需将在靠刹上垫的0.2mm的纸张取出。

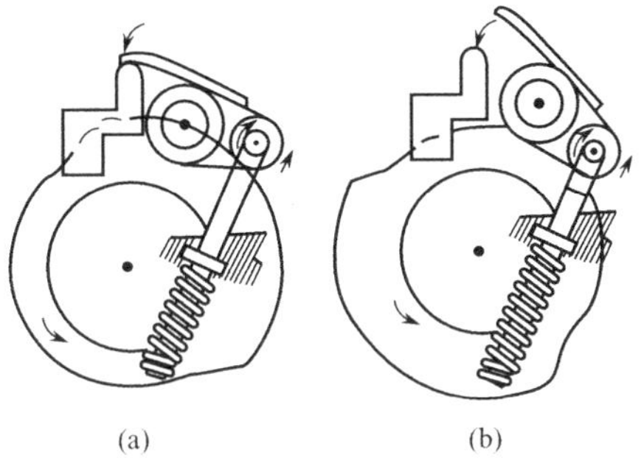

图6－54　凸轮产生叼纸力的叼纸牙示意图

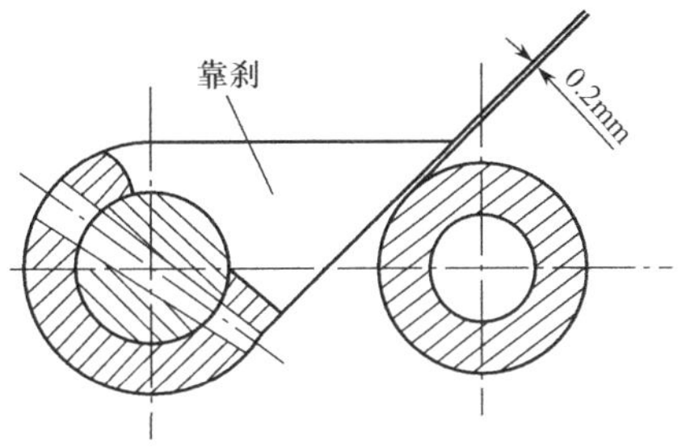

图6－55　链排靠刹调节叼纸力

对收纸链排的要求是：牙垫的高度、牙片的压力、牙片的长短和厚度、开闭牙时间均要一致，有一处不一致都会影响纸张的顺利交接。由于收纸牙排的数量比较多，要保证上述这些要求是很困难的，因而对安装和调试要求是非常严格的。

第七章

单张纸印刷机收纸理纸系统

单张纸胶印机的收纸系统是将印刷完毕的印张从最后一色压印滚筒的叼纸牙排上接过来，并完好地收到纸台上理好码齐，以便运走进行后续加工。胶印机收纸装置的整体性能是印刷高效自动化的重要制约因素，单张纸胶印机收纸系统一般应该满足的基本技术要求包括：

①收纸时，正面向上，以便于操作者观察印品质量，延长干燥时间，防止图文蹭脏。

②收纸堆应堆放整齐，堆叠成垛，以便于后工序检验、运输、裁切、折页等。

③收纸时应保证印张纸边不撕口、画面不蹭脏。

④便于在高速印刷工况下取样。

⑤收纸装置要有较强的适应性，适于各种不同规格、厚度的纸张收齐。

⑥应设置不停机更换收纸堆的装置，支持不停机操作，节省时间。

第一节　收纸方式与收纸系统的构成

一、收纸方式

单张纸胶印机收纸装置有低台收纸和高台收纸两种形式。这两种形式的收纸堆容量、链排运行轨迹、纸张传送路线、几何位置设计各不相同。

1. 低台收纸

如图 2－1 所示，收纸台设置在压印滚筒下方，低于压印滚筒，其收纸堆高度一般不超过 600mm。低台收纸系统的占地面积小，机器结构简单，重量轻、省材料，造价低，但停机换纸台次数多，取样观看印品质量需蹲下操作，操作性差。

2. 高台收纸

如图 3－8 所示，高台收纸系统中，收纸堆高度较高，一般可达 900mm 以上，操作方便，印刷精细产品时便于安放晾纸架，看样取样方便，但质量较大，占地面积大，成本高。

以上两种收纸形式各有其优缺点。全张胶印机由于印刷纸张尺寸大，如果采用低收纸形式，机器整体高度要相对较高，装版、装橡皮布和擦洗橡皮滚筒、擦版、调墨等都极不方便，另外取样、看样等也不好操作，因此大规格的胶印机很少采用低台收纸，对于四开机来说，由于承印纸张较小，采用低台收纸机器也不会很高，操作也相对较容易，因此采用低台收纸较为适合。对于对开系列规格的印刷机，二者均可采用。

收纸形式还受到滚筒排列的限制，五滚筒型排列的双色胶印机，如 J2203A 型胶印机，由于机组内滚筒本身是卫星式分布，压印滚筒斜下方被第二色组占用，故只能采用高台收纸形式。同样，对于三滚筒机组式双色胶印机，第二色组一般低于第一色组时，第二色组下方空间已很有限，一般也不采用低台收纸形式；只有机组间三滚筒等高型排列时，从技术上讲，才适合采用低台收纸形式。

目前，多数印刷机采用高台收纸方式，下面的讨论主要以高台收纸为分析对象。

二、收纸系统的构成

印刷完的单张印张由收纸系统输送收集，其间要进行减速、防污、理纸等处理，最后整齐地堆积在收纸台上。因此，单张纸胶印机的收纸系统一般由收纸滚筒、收纸传送装置、理纸装置、收纸台和纸台升降装置以及减速防污装置等几部分组成。收纸系统的基本构成以及各部分相互关系如图 7 - 1 所示，具体的机构组成包括以下几部分。

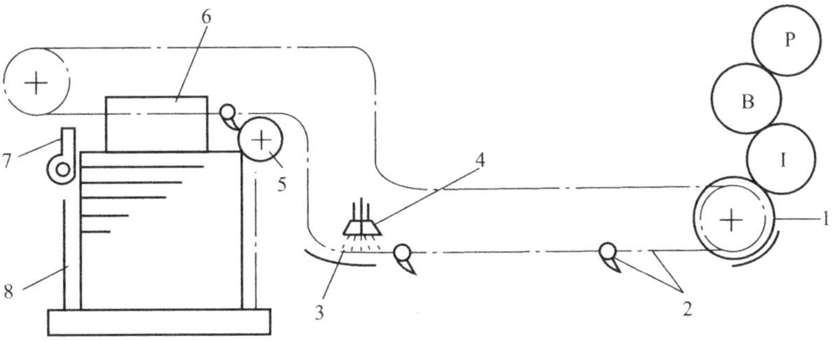

图 7 - 1 收纸系统的基本构成示意图

1 - 收纸滚筒；2 - 收纸链条及牙排；3 - 链条导轨；4 - 喷粉装置；
5 - 制动辊；6 - 齐纸板；7 - 挡纸板；8 - 纸台升降机构

①收纸滚筒。在印刷过程中，收纸滚筒起交接、传递、输出印张的作用。

②收纸链条及其叼纸牙排。在收纸滚筒上，通过两条收纸链条上的叼纸牙排接取印张，然后由收纸链条输送纸张到收纸台。

③链条导轨。对收纸链条起导向作用。

④喷粉装置。在印刷机收纸过程中，为防止印张背面蹭脏和粘页，向印刷表面喷撒防粘粉剂的装置。

⑤制动辊。也叫吸纸辊，当印张即将到达收纸堆上面时，由吸纸辊吸气使印张减速，控制印张平整地落在收纸台上。

⑥齐纸板。设在吸纸堆上部侧面，当收纸叼纸牙开牙放纸后，由齐纸板控制印张，以保证印张横向堆放整齐。

⑦挡纸块。设在收纸堆前侧上方，以控制印张的纵向位置。

⑧收纸堆自动升降机构。随着收纸链条不断将纸收向纸堆，纸堆上表面的位置不断提高。收纸堆自动升降机构与输纸机联动，使收纸堆自动间歇下降，以保证收纸堆纸面的合适高度。

第二节　机组间纸张的传送装置

在机组式多色印刷机上，色组之间需要通过传纸装置的交接进行纸张传递。传纸装置的基本功能就是保证纸张从一排叼纸牙向另一排叼纸牙的传送可靠和准确，以便套印准确。色组间的传纸方式很多，究竟采用何种方式传纸通常要考虑诸如印刷色数、压印滚筒直径、各滚筒尺寸关系、单双面印刷等因素。

一、机组式印刷机的色组间传纸

从印刷机结构特征上看，彩色原稿的印刷复制一般可以通过两种方式完成，即所谓卫星式印刷和机组式印刷。卫星式印刷就是采用公共压印滚筒的方式，即在同一压印滚筒上连续依次印刷两色或多色，如图 7－2 所示。J2201 型、J2203 型、J2205 型胶印机及德国海德堡 QMDI46－4 型四色机即属此类型。

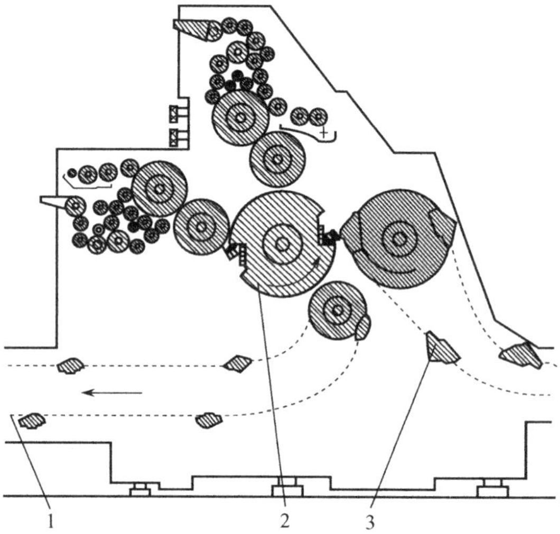

图 7－2　公共压印滚筒传纸方式

1－链条；2－双倍径压印滚筒；3－叼纸牙排

由于两个色组的印刷都在公共压印滚筒的叼纸牙一次叼纸的情况下进行，不存在交接误差。因此，易保证套印准确，并且结构也紧凑。但由于第一色压印与第二色压印相隔时间很短，油墨不易干燥，易发生串色现象。因此，这种方式对油墨及其干燥要求较高，环境污染大，且不宜色数太多。为适应高精细的多色印刷，市场上更多的是采用机组式印刷方式。

机组间传纸有滚筒传纸和链条传纸，链条传纸应用较少，市面上绝大多数机器采用滚筒式传纸。目前，在实际应用中滚筒传纸有单面印刷传纸与可变双面印刷传纸两种形式，如图 7－3 所示。

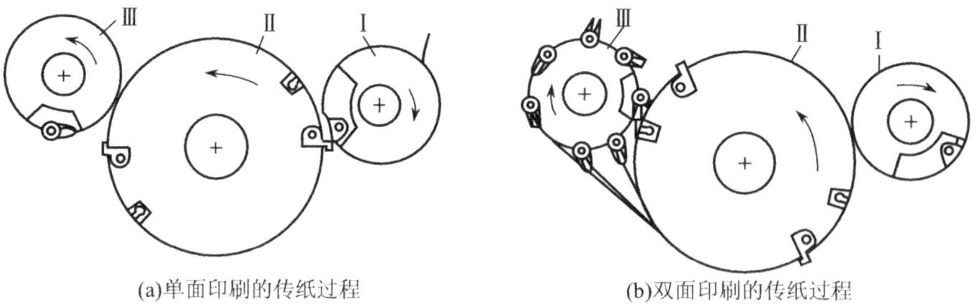

图 7－3　滚筒传纸示意图（钳形叼纸牙）

二、单面印刷的机组间传纸

对于每组印一色或每一压印滚筒印一色的印刷机来说，机组间的传纸常用链条传纸和滚筒传纸两种方式。无论采取何种传纸方式和结构，在理想情况下，总是希望色组之间的传纸应当在全部图文印完之后才开始传递纸张。也就是说传送叼纸牙的位置应当保证接收纸张前全部图文已印完。实际情况是，现在大多数印刷机在全部图文印完前就进行传纸，其效果一般情况下是相当令人满意的，但这个环节也常常影响印品质量。

1. 滚筒传纸

滚筒传纸就是通过传纸滚筒依次将纸张从上一色压印滚筒传递给下一色压印滚筒。显然由于走纸方向的制约，压印滚筒之间必须设置奇数个传纸滚筒，否则，若为偶数个，则纸张传到下一色印刷时就翻转了一面。图 7 －4 为滚筒传纸的原理，图 7 －4（a）、7 －4（b）、7 －4（c）分别展现交接前、交接瞬间及交接后三个交接时段交接牙排的相对位置、运动关系。由于采用齿轮传动，保证了交接运动条件，故传纸精度较高。滚筒传纸的缺点是，传动齿轮需要同压印滚筒齿轮（本身精度较高）相啮合。因此，其加工精度要求高。

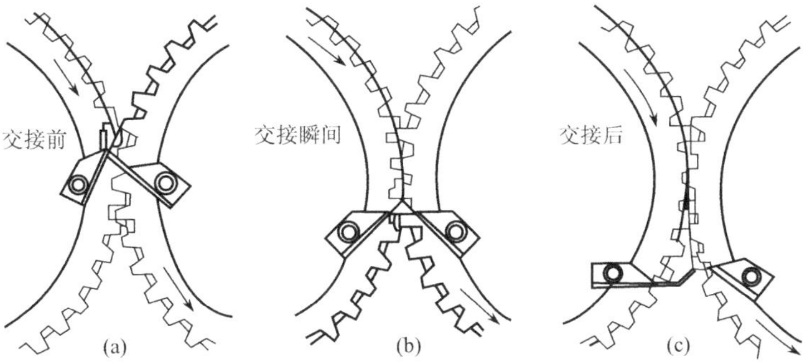

图 7 －4　滚筒传纸示意图

（1）等径单滚筒传纸

等径单滚筒传纸是最简单的滚筒传纸形式，如图 7 －5 所示，它是把一个与（前后两色组）压印滚筒直径相同的传纸滚筒 T 置于两个印刷机组之间。这种准机组式机型（前后机组的机器零部件不可全部调换）的传纸机构，结构设计紧凑，走纸路线短，交接误差小，传纸精度高，但调整、维修时不易接近，非常不便。而且二色印刷后过早交接对印刷质量有影响。

采用大传纸滚筒或者三个等径传纸滚筒，都可以使两个色组中压印滚筒之间的距离加大，从而解决可接近性问题。

（2）等径三滚筒传纸

如图 7 －6 所示，用三个等径滚筒传纸，可接近性较好，维修调节方便，并使机组间油墨干燥时间延长，呈色效果改善。而且，整个机器完全机组化，扩大了零部件通用性。但采用这种方式叼纸交接次数增加，影响套印精度，另外也使得机器占地面积加大。

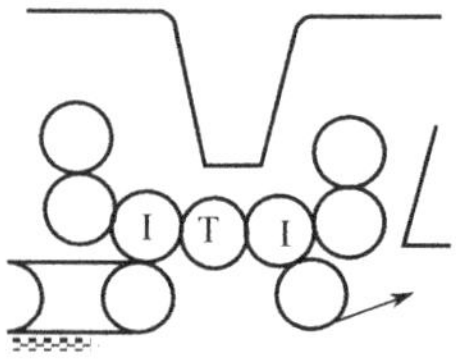

图 7-5　等径单滚筒传纸

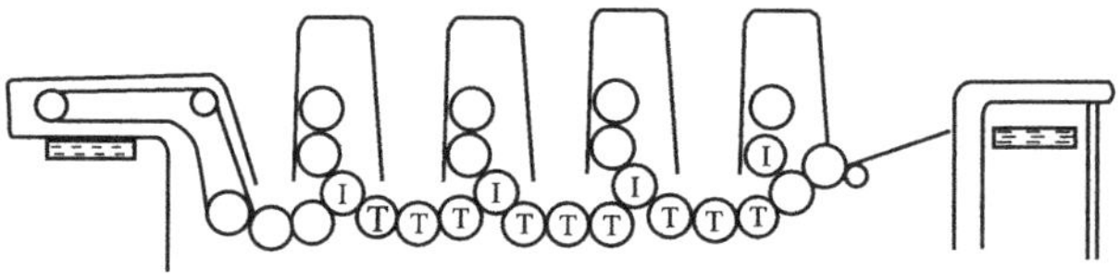

图 7-6　等径三滚筒传纸

（3）大径单滚筒传纸

大径单滚筒传纸的一种形式就是在图 7-5 所示机构的基础上，将传纸滚筒直径变大即可，显然这样可以增大机组距离。但这种方式优势并不太大，还会产生系统误差。更加实用的是如图 7-7 所示的传纸机构。这种方式传纸滚筒与压印滚筒等径，而与印版滚筒、橡皮滚筒异径，除了具有滚筒总数少、交接次数少、机组距离大等特征外，由于滚筒曲率小，有利于减小纸张的弯曲变形，适应于印刷较厚纸张。因此，广泛用在包装印刷中。然而这种方式同样存在制造调节要求严、容易造成系统误差的不足，不利于高精细产品印刷。

（4）大径三滚筒传纸

图 7-8 所示为大直径（双倍直径）三滚筒传纸机构，这种方式实际上是在没有增加等径三滚筒传纸机构交接次数乃至交接误差的基础上，进一步扩大了与压印滚筒之间的距离。改善了传纸机构的可接近性、可维护性。但是，由于传纸滚筒直径是压印滚筒直径的 2 倍或 3 倍（甚至更多倍），传纸滚筒上就需要设置 2 或者 3 排叼牙，这样牙排的等距性（即圆周均布性）就需要在制造调节中保证，否则，可能会给印刷套印造成系统误差，严重者可能会产生撕纸现象。

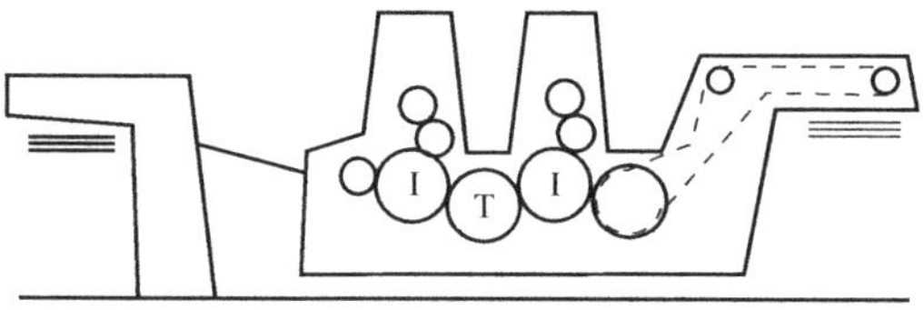

图 7-7　大压印滚筒与大传纸滚筒

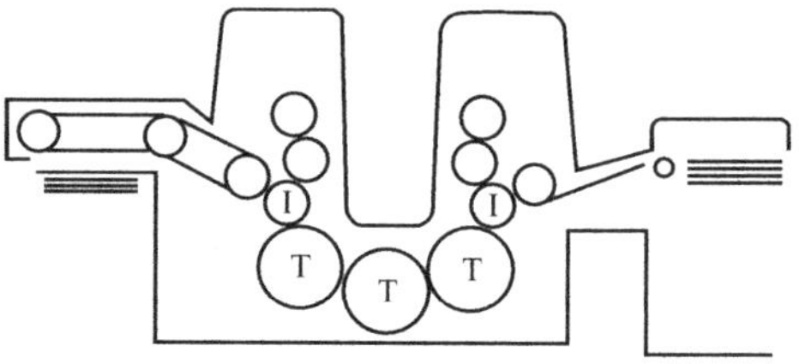

图 7-8　双倍直径的三传纸滚筒

（5）大小径混合三滚筒传纸

采用如图 7-9 所示的大小径混合三滚筒传纸机构，也可以增大两色组之间压印滚筒的距离，从而有利于传纸机构的维修和保养，并且理论上并不增加三滚筒传纸机构交接次数。因此，交接误差也没有增大。但是，如前所述，由于需要在大径传纸滚筒上设置 2、3 排叼牙，因此，牙排的等距性问题仍然存在，需要在设计制造过程中严格保证，同时使用维护阶段也需要精心调节，以避免因系统误差而导致套印不准以及交接撕纸现象。

采用大压印滚筒和传纸滚筒，可以在印刷速度不变条件下，降低滚筒转速，有利于纸张的平稳传递。因此，倍径传纸滚筒适合于高速印刷。海德堡速霸机组型多色胶印机和三菱 DAIYA3F-4 型四色胶印机均采用这种传纸方式。

2. 链条传纸

链条传纸适合于色组间距离大的场合，如图 7-10 所示。这种传纸的缺点是链条磨损后会伸长，很难保持传纸精度，不利于控制套印误差。

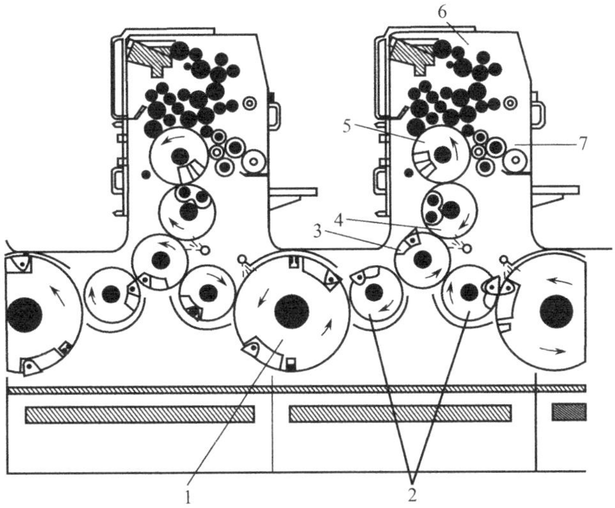

图 7－9　海德堡 Speedmaster 机组式多色胶印机三滚筒传纸系统

1－双倍径传纸滚筒；2－单倍径传纸滚筒；3－压印滚筒；4－橡皮滚筒；5－印版滚筒；6－输墨系统；7－润湿系统

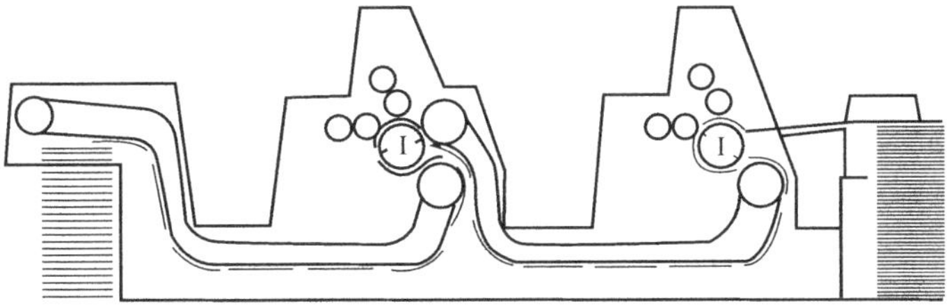

图 7－10　双倍直径的公共压印滚筒和链条传纸

为保证精度，在链条牙排交接纸张处设置了定位装置，保证每个牙排处于相同位置交接纸张，因而可以弥补其不足，实现套印准确。

图 7－11 所示为一种用锁紧钩装置保证链条传纸套印准确的原理。叼纸牙 2 安装在随链条移动的框架 1 上，框架上还装有套准辊 3。在传送纸张时（链条叼纸牙接收纸张或交出纸张），锁紧钩 5 钩住套准辊使框架与链轮固定在一起（实际上是套准辊被锁紧钩卡在梯形块 4 中，梯形块与链轮是一体的），从而消除了链条传送误差，保证了套印准确。

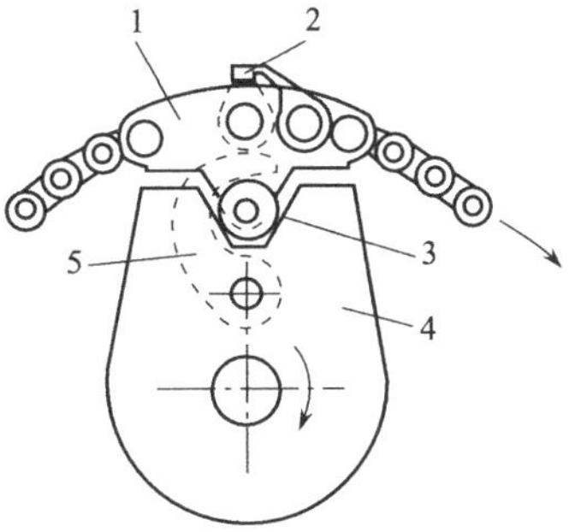

图 7－11　锁紧钩装置

1－框架；2－叼纸牙；3－套准辊；4－梯形块；5－锁紧钩

三、纸张翻转机构

纸张翻转机构可使原来只能单面印刷的多色机进行复杂的单、双面各种组合印刷。纸张翻转机构的作用是当纸张印刷第一面后，把它翻转过来以便在下一印刷机组印刷另一面，从而使印刷机具有双面印刷的功能，如图 7－12 和图 7－13 所示。

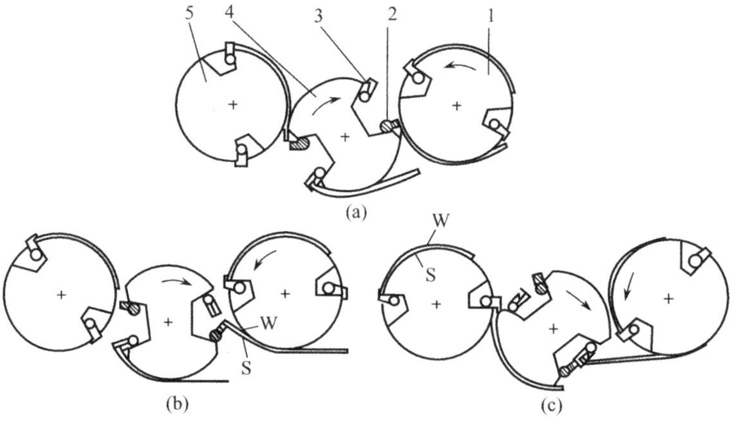

图 7－12　双面印胶印机的传纸滚筒翻转机构及其工作过程

1、5－压印滚筒；2－吸嘴；3－叼纸牙；4－翻转滚筒

翻转机构的技术要求包括：保证在机器工作速度下，反面与正面能够套准；机构既可工作于单面印刷又可工作于双面印刷，而且从一种工作状态转换到另一种工作状态应当很方便；不允许在翻转过程中弄脏已印表面或使印张皱折等。

1. 钳形叼纸牙翻纸机构

海德堡 Speedmaster 系列胶印机采用钳形叼纸牙翻转机构，图 7－13 所示为用钳形叼纸牙翻转机构工作原理。

在进行单面印刷的时候，如图 7－13（a）所示，传送滚筒 1 的叼纸牙从第一印刷组的压印滚筒 I_1 上接过印刷过的纸张，在 A 点交给存纸滚筒 2（亦称双倍直径滚筒），然后滚筒 2 的叼纸牙 5 在 B 点把纸张交给钳形叼纸牙，钳形叼纸牙又在 I_2 点位置把纸张交给第二印刷组压印滚筒 I_2 进行第二色印刷。这个传纸过程即是前述的机组间三滚筒传纸。

当转换成双面印刷时，如图 7－13（b）所示，传送滚筒 1 从第一印刷组压印滚筒 I_1 上接过印好一面的纸张，在 A 点把纸张交给存纸滚筒 2。滚筒 2 的叼纸牙 5 叼住纸张的前边缘。上述过程与单面印刷时相同。当滚筒旋转到印张拖梢处于 B 点位置时，翻转滚筒 3 的钳形叼纸牙叼住印张的拖梢，而滚筒 2 的叼纸牙松开，印张就交给了翻转滚筒 3。滚筒 3 的钳形叼纸牙轴逐渐转过 180°角，从而使印张翻转（图中虚线所示为钳形叼纸牙在转动过程中的几个位置）。翻转了的印张在 C 点再交给下一印刷机组印刷另一面。

单、双面印刷时传纸不同点仅在于：单面印刷时所有滚筒叼纸牙都叼在印张的叼口边；而变成双面印刷时，纸张翻转之前叼在叼口边，但从翻转印张的传纸滚筒 3 开始，各叼纸牙均叼在印张的拖梢边。可见，这个过程中纸张的叼口要发生转变。为了使翻转滚筒的钳形叼纸牙能叼准纸张，保证正反面套印准确，必须使印张在交接前处于绷紧状态，平整地附在滚筒表面，在纸张翻转过程中保证前边缘与滚筒表面的相对位置始终不变。因此，在双倍直径滚筒上设有一套能转动的用于铺平纸张的两排吸嘴 4，且分成两部分朝不同方向转动。当滚筒 2 上的叼纸牙 5 叼住纸张前边缘后，一排偏心吸嘴吸住纸张的拖梢，并且分成左右两部分向不同方向转动，以便在周向和轴向展平纸张，其结构原理如图 7－14 所示。

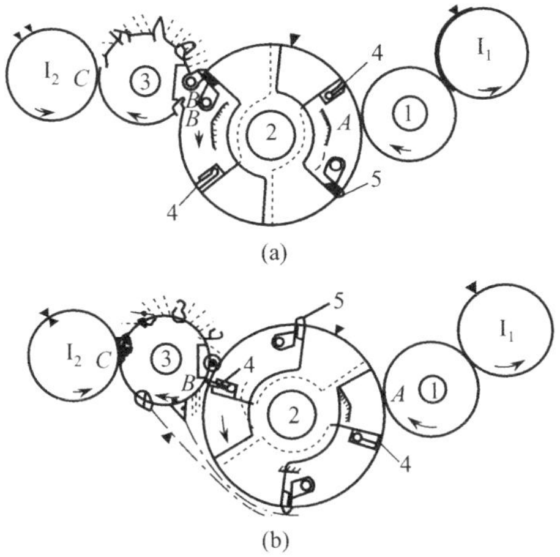

图 7 - 13　钳形叼纸牙翻转机构工作原理图

1 - 传送滚筒；2 - 存纸滚筒；3 - 翻转滚筒；
4 - 吸嘴；5 - 叼纸牙

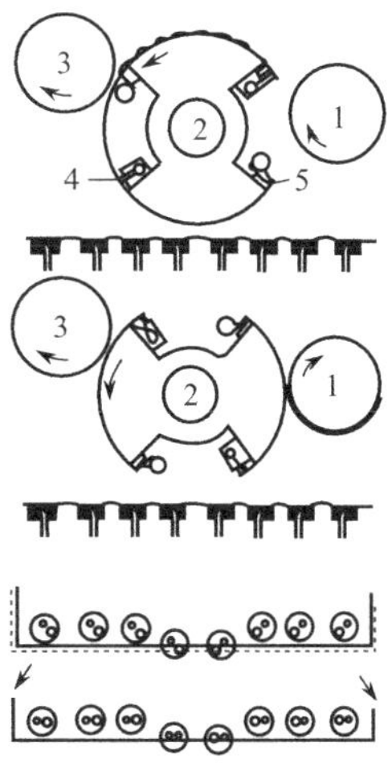

图 7 - 14　铺平纸张的吸嘴

1 - 传送滚筒；2 - 存纸滚筒；3 - 翻转滚筒；
4 - 吸嘴；5 - 叼纸牙

翻转滚筒 3 上的钳形叼纸牙是翻转纸张的机构，它在翻转过程中应使印张与滚筒 2 平稳地分离，并且纸张既不拱曲又不撕破。这就要求钳形叼纸牙尖部位的速度和加速度应与印张拖梢边的速度和加速度相对应，缓慢而连续地变化。由于翻转过程中钳形牙尖的运动是翻转滚筒 3 的转动（公转）与钳形牙翻转（自转）两方面合成的一种比较复杂的运动。因此，控制钳形牙尖相对运动的机构需要精心设计制作。另外钳形牙除了公转和自转以外，还应有一定规律的开牙和闭牙动作。即上下牙片既要按一定规律相向开、闭，又要一起转动。为实现这两个运动，钳形牙的上牙片与下牙片分别由各自的凸轮控制，而且通过扇形齿轮和小齿轮传递运动，钳形叼纸牙结构及其控制叼纸牙张闭和翻转运动的机构如图 7 - 15 所示。

每个钳形叼纸牙由下牙片 1 和上牙片 2 两部分组成，如图 7 - 15（a）所示。下牙片用螺钉 3 固定在轴 4 上，上牙片 2 固定在牙体 5 上，牙体活套于空心轴 6，而牙座 7 与空心轴相固定。牙体 5 与牙座 7 之间装有弹簧 8，使上下方产生必要的叼纸力，当牙片夹住纸张时，螺钉 9 与牙体之间应有一定的间隙，调节这个间隙可使每个叼纸牙开牙闭牙时间一致。

下牙片轴 4 和空心轴 6 的转动，分别由两套结构类似的凸轮齿轮机构传动，见图7 - 15（b）。凸轮 11 通过滚子 15 使扇形齿板 13 产生摆动，传动固定在下牙片轴上的齿轮 14，控制叼纸牙的翻转动作。凸轮 10 通过滚子 12 使扇形齿板 17 摆动（13、17 与 14、16 在图上重合），传动固定在空心轴上的齿轮 16，控制钳形叼纸牙的张闭。安装在翻纸滚筒上的轴 18 是扇形齿板的摆动中心，而撑簧 19、20 的作用是使滚子与凸轮始终保持接触状态。

正确设计凸轮 10 和 11 的曲线形状，是正确实现钳形牙叼纸、翻纸、放纸动作的基础。

为了使套印准确，钳形牙叼住纸尾后，双倍直径滚筒上的叼纸牙并不立即松开纸张前缘，而是转过 a 弧长后才松开纸张。在这期间钳形牙尖走过了弧长 a_1（$a_1 < a$），此时钳形牙的夹纸力比较小（为递纸完成后正常夹紧力的 1/5）。这样，在这段交接过程中纸张就在上、下牙片间滑出了一段距离（$a_1 - a$），使纸张在绷紧状态下进行交接，并且纸张前部对于滚筒表面的位置始终不变，从而保证了正反面套印准确。上述动作的配合完全靠钳形牙开牙凸轮 10 和 11 与双倍直径滚筒叼纸牙开牙凸轮恰当的曲线形状和位置来实现。

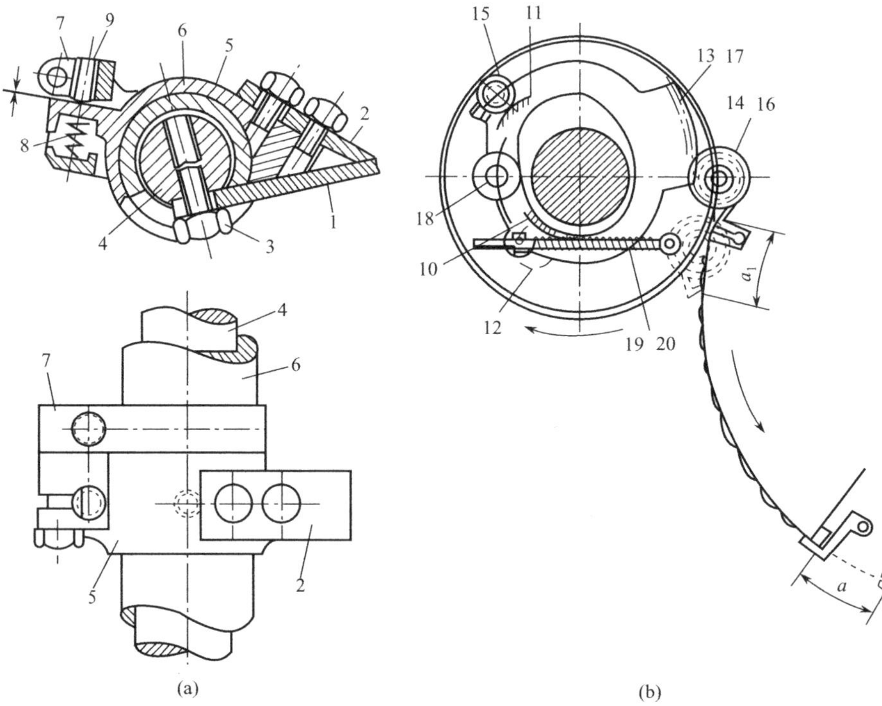

图 7－15 钳形叼纸牙结构及其控制机构图

1－下牙片；2－上牙片；3、9－螺钉；4、18－轴；5－牙体；6－空心轴；7－牙座；8－弹簧；10、11－凸轮；12、15－滚子；13、17－扇形齿板；14、16－齿轮；19、20－撑簧

如前所述，在双面印刷时，双倍直径滚筒上的吸嘴用来铺平纸张，而且要吸住纸张尾部，所以，当纸张幅面大小不同时，双倍直径滚筒上的吸嘴相对于叼纸牙的位置也该相应改变。为此，双倍直径滚筒做成两组扇形板的组合体，两组扇形板可以在圆周方向相互错动以改变吸嘴与叼纸牙之间距离，适应不同幅面的纸张。

应当注意，无论纸张幅面多大，钳形牙和吸嘴都应在一个固定不变的空间位置进行交接（即图 7－13 中的 *B* 点）。这就要求纸张幅面不同时，双倍直径滚筒的叼纸牙应在不同的位置开牙。也就是双倍直径滚筒的开牙凸轮的位置不应当固定不变而应能根据纸张幅面进行调整，这就要求该开牙凸轮设计成可错动的，如图 7－16 所示。

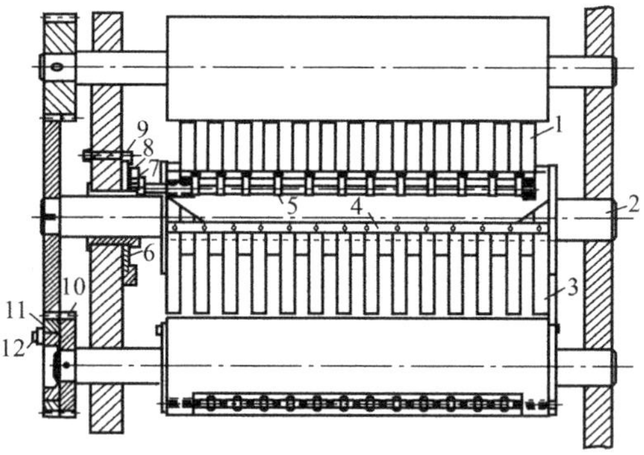

图 7－16 双倍直径滚筒与翻纸滚筒图

1、3－扇形板；2－滚筒轴；4－吸嘴；5－叼纸牙；6－大圆盘；7－开牙滚子；8－开牙凸轮；9－螺钉；10、11－双联驱动齿轮；12－压紧螺钉

双倍直径滚筒开牙凸轮 8 固定在大圆盘 6 上，松开钩头螺钉 9 就可使大圆盘绕双倍直径滚筒轴线转过适当角度，从而错动了凸轮 8 在圆周方向的位置，保证叼纸牙 5 适时打开。

由图 7－16 可明显看出，在单面印刷和双面印刷两种情况下，双倍直径滚筒与翻纸滚筒在圆周方向的相对位置是不同的，两种情况下它们的相对周向位置相差一张纸长度的弧长。这意味着由单面印刷变换成双面印刷（或相反）时，应当改变双倍直径滚筒齿轮与翻纸滚筒齿轮的周向相互位置，这依靠翻纸滚筒的双联驱动齿轮来实现。

图 7－16 中的 10 和 11 为可相互错位的两个齿轮——双联驱动齿轮。松开端面压紧螺钉 12 就可改变 10 和 11 的相互周向位置，因而使双倍直径滚筒与翻纸滚筒在圆周方向错动一定位置（一张纸长度的弧长）。

2. 双叼纸牙翻纸机构

当翻转滚筒上的钳形叼纸牙叼住纸张尾部后必须进行翻转才能完成双面印刷的传纸。另一种设计是不用钳形叼纸牙来翻转纸张，而是在翻转滚筒上设置两套叼纸牙，其中一套先从双倍直径滚筒接过纸尾，接着又在翻转滚筒内部把纸尾交给第二套叼纸牙，最后由第二套叼纸牙把纸张交给下一组的压印滚筒。

米勒 TP94 型胶印机和曼罗兰四色胶印机的翻转机构均采用双叼纸牙结构，罗兰四色胶印机的翻转机构除采用双叼纸牙外，还带有吸气滚筒。

图 7－17 所示为米勒 TP94 型胶印机的双叼纸牙翻转机构原理，它与钳形叼纸牙翻转机构的不同点是在传纸滚筒Ⅲ上装有一对可以转动的叼牙 1 和 2。单面印刷时，只有前排叼牙（前后按滚筒转向区分）工作，叼住印张的叼口边进行传送，没有自转动作；双面印刷时，一对叼牙配合动作完成纸张翻转。具体过程为：两倍径传纸滚筒Ⅱ的叼纸牙叼住印张转到纸的拖梢边位于滚筒Ⅱ和Ⅲ的中心连线上时，滚筒Ⅲ上的前排叼牙 1 叼住印张的拖梢边［见图 7－17（a）］，随着滚筒的转动，凸轮推动摆杆 3 和 4，使一对叼纸牙作相向向里转动，同时叼住纸的拖梢边［见图 7－17（b）］；接着前排叼牙松开，由后排叼牙 2 控制纸张，前后两

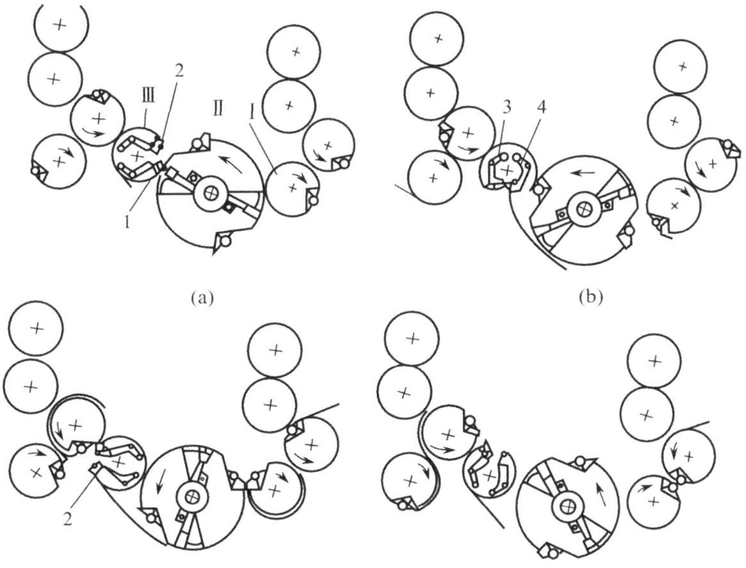

图 7－17　双叼纸牙翻转滚筒的工作原理

1、2－叼纸牙排；3、4－摆杆

排叼牙开始相向向外转动，直到牙垫表面处于滚筒的圆周表面上［见图7－17（c）］，完成翻转动作，这时印张的速度等于滚筒表面的线速度，在后排叼牙到达两个滚筒的中心连线时，把印张交给下一色组的压印滚筒叼纸牙，滚筒Ⅲ继续旋转，两排叼牙的位置如图7－17（d）所示，为下一印张做准备。两排叼牙的开闭也是由凸轮控制的。

第三节　链条传送装置

收纸传送装置的作用是接过最后一色压印滚筒上已经印完的印张，并传送至收纸台上，完成这一功能有两种结构形式：带式传送和链条传送。带式传送虽然结构简单，但易使印张歪斜，易弄脏印迹，不能保证印张运动的精度，故已基本淘汰，只用于低速机中，现代单张纸印刷机收纸传送装置大多采用链条传送形式。

现代单张纸胶印机的收纸传送装置如图7－18所示，收纸滚筒上装有收纸传动链轮（在滚筒两端），带着收纸传动链条运动，传动链条上安装有收纸牙排。收纸滚筒与压印滚筒通过齿轮对滚同步运动，收纸滚筒带着链条上的叼牙排接过压印滚筒叼牙排叼住已经印刷完毕的印张，经链条传送至收纸台上开牙放纸，完成纸张传送。

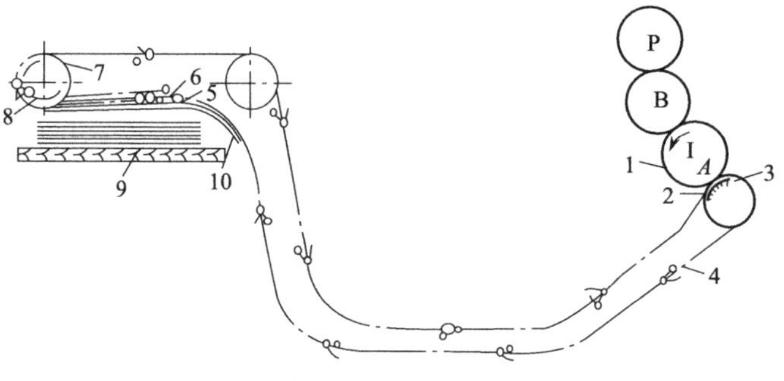

(a) J2203型、J2205型胶印机收纸传送装置

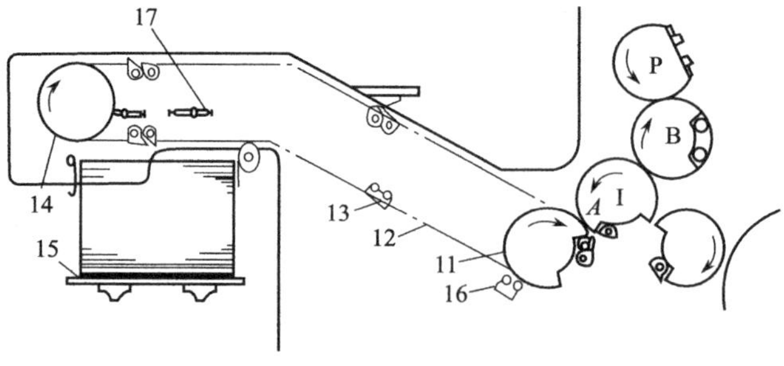

(b) 海德堡速霸102系列胶印机收纸传送装置

图7－18　收纸传送装置图

1－压印滚筒；2－开闭牙凸轮块；3、11－主动收纸链轮；4、13－收纸叼牙排；5－套筒滚子链；6－托架；7、14－从动收纸链轮；8－开牙曲线块；9、15－收纸台；10－导纸板；12－收纸链条；16－平整器；17－电风扇

图7－18（a）所示为国产对开单张纸胶印机的收纸传动装置。它由两条（机器左右各一条）套筒滚子链组成（链条节距一般为 t＝25.4mm）。主动收纸链轮轴由压印滚筒轴端齿轮带动（单色机上，主动收纸链轮轴由电机直接带动），从动收纸链轮由链条带动，有12排叼纸牙排装于托架上，当每排牙的牙垫转至与压印滚筒表面相切时（在 A 点），在开闭牙凸轮块的作用下叼牙张开叼住纸张并带其运行，当它运行到从动收纸链轮7时，叼牙轴上的滚子受到开牙曲线块8的作用打开叼牙，将纸张放置在收纸台9上。每排牙都是在 A 点叼取印张，在开闭牙凸轮块处开牙放纸，整个链条的运动路线上下都有导轨控制（图7－18中只画出了一段）。通常为了安装与调整的需要，把从动收纸链轮7的轴设计成为可移动的，特别是当链条磨损后伸长时，必须能进行调节，拉紧链条，以便防止纸张交接不稳定。

图7－18（b）所示为海德堡速霸102系列胶印机的收纸传送装置。收纸叼牙排从压印滚筒接过纸张，经套筒滚了链带动收纸叼牙排13到从动收纸链轮14开牙后，将印张放在收纸台15上，整个链条只有5排牙，链条上下也有导轨板控制。

收纸链条的长短取决于印刷机的整体布局，收纸链条短则机器结构紧凑，而较长的收纸链条使油墨有足够的时间凝固，并可为设置干燥、防粘喷粉及印张平整机构等提供足够的空间。

一、传送链条与收纸牙排

1. 收纸链条

收纸叼牙排的两端铰接在两根套筒滚子链上，分别由固定于收纸滚筒轴上两个链轮传动。收纸链条的长度

$$L = kzt$$

式中 k—— 叼牙排的数量；

z—— 收纸链轮的齿数；

t—— 链图条的节距。

叼牙排的数量由收纸装置结构所决定。收纸线路长，采用叼牙排收纸的数量就多。J2108型机的叼牙排有11组。收纸链轮的齿数与滚筒直径以及链条的节距有关。J2108型机的收纸滚筒直径为300mm，链轮齿数为30齿。链条的节距决定于负载大小，印刷机（如J2108型机）常用链条的节距为25.4mm。每组叼牙排间的链条长度 zt 必须大于最大纸张长度约50～100mm，以保证纸张在收纸台上堆积时，不发生碰撞和依次顺利地完成堆积。如J2108型机承印的最大纸张长为650mm，$zt = 30 \times 25.4 = 762$mm。

2. 收纸链排结构

图7－19所示为J2108型机收纸链排结构。收纸链排由两根轴支撑着，收纸叼牙轴1上面装有12个收纸叼牙，该轴在曲柄、滚子、凸轮控制下往复运动，从而使叼牙张开和闭合，牙排固定轴2是空心管子，用销钉分别固定在传动侧和操作侧轴座上。图7－19的E向视图所示，两端轴座是用销钉4和两边的链条连接的，每一个轴座上只有一个销钉。另一节链条上装有滑块5，滑块的结构如图7－19中所示，滑块是浮放在轴座槽内的，在链轮上换向时使滑块在轴座槽内有微量的滑动。

在图7－19所示C－C断面示图中，收纸叼牙轴1是靠两根压力弹簧6撑着，收纸牙轴

力量大小取决于压簧的变形量。

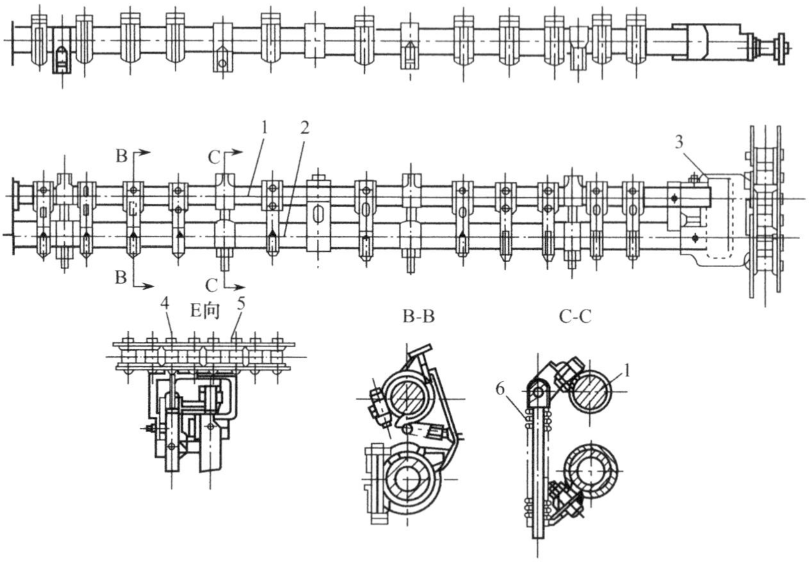

图 7－19　J2108 型机收纸链排结构图

1－收纸叼牙轴；2－牙排固定轴；3－轴座；4－销钉；5－滑块；6－弹簧

图 7－20 所示为 PZ4880－01 型印刷机的收纸链排结构。与 J2108 型机的收纸链排相区别的特点是：链条两边的轴座改变了形状，质量也减轻了；拉簧改为扭簧，简化了结构，增加了可靠性；牙排轴 4 是用空心钢管制成的，减轻了质量；收纸牙排叼牙牙垫 6 是耐磨塑料制成的，牙垫轴 7 是钢板冲压焊接而成的，其他部分与 J2108 型机相同。

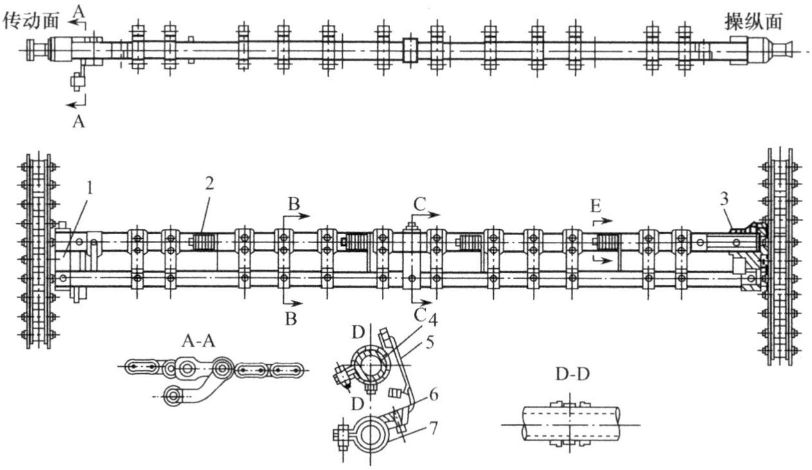

图 7－20　PZ4880－01 型机收纸链排结构图

1、3－轴座；2－扭簧；4－牙排轴；5－收纸叼牙；6－牙垫；7－牙垫轴

收纸牙排叼牙与链条间通过托座连接，如图 7－21 所示。套筒滚子链 1 的一个加长销轴 2 与托座 9 相固定。另一销轴 3 上装有滑块 4，在托座的导槽 5 内滑动。当链条在直线导轨部分运动时，销轴 2、3 的距离为链条节距的两倍（$2t$）。当链条在弧形导轨或随链轮运动

时，两销轴的距离小于 $2t$。滑块、导槽结构可适用于销轴距离变化的要求，牙垫轴与托座 9 相固定，叼牙轴 8 装在托座的轴承孔内，通过张闭滚子传动叼牙轴，使叼牙张闭。这种结构使叼牙排的质量和张牙的作用力都由链条承受，因此链条磨损较快。

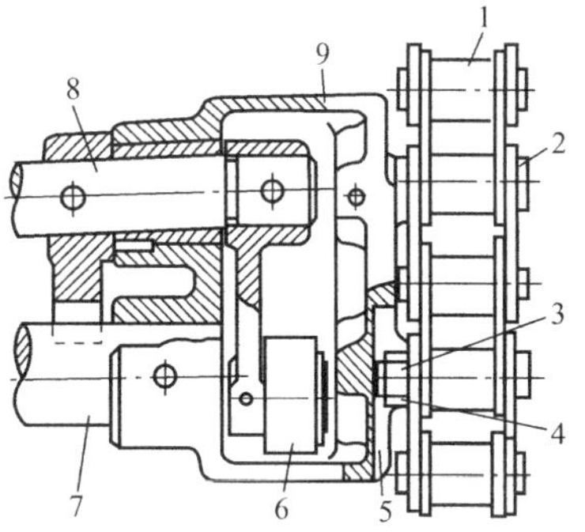

图 7 – 21　链条与收纸牙排的连接示意图

1 – 套筒滚子链；2、3 – 销轴；4 – 滑块；5 – 导槽；6、7 – 轴；8 – 牙轴；9 – 托座

如图 7 – 22（a）所示有些单张纸印刷机的收纸牙排轴直接装在链环上，但为了减轻链条磨损，采用双导轨结构，即每根叼纸牙排轴两端各增加一个滚子及滚子导轨。链条导轨 1 与附加滚子导轨 2 等距布置，如图 7 – 22（b）所示。叼牙排托座装在链条上，链条导轨 1 对其运动进行导向；附加滚子导轨 2 的断面尺寸较大，主要由它承受叼纸牙排重量及开牙力，并承受一小部分叼纸牙排重量。叼牙排的托座，通过两个附加滚子 3 被限制在一个封闭的导轨内运动，链条则在另一导轨内运动，经连杆带动托座和叼牙排一起运动。叼牙排的作用力经托座传给封闭导轨，而链条只承受传动力，不易磨损。从链轴 4 处可接装叼纸牙排的轴。

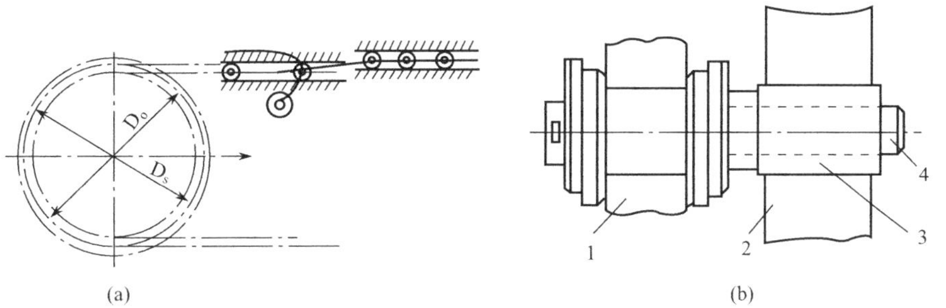

图 7 – 22　收纸装置的双导轨结构图

1 – 链条导轨；2 – 附加导轨；3 – 附加滚子；4 – 链轴

这两根导轨的形状和大小，可以相同，也可以不同。对于收纸滚筒来说，牙垫的回转半径（轨迹为圆），必须等于收纸滚筒传动齿轮的分度圆直径 Do，采用双导轨结构后，链轮的分度圆直径 Ds 尺寸可以不受牙垫高度的限制，但这种结构若安装不准确就会增加链条运动阻力，同时由于结构复杂而增加了安装及维修的困难。

3. 链条松紧的调节

在机器进行装配调试或者因为链条及链轮的磨损使得链条张紧力不足时，需要调节链条的松紧程度。收纸台上方的从动链轮 7（见图 7 – 18）的轴心位置是可调节的，其结构如图 7 – 23 所示。链轮 5 与轴 4 之间，有滚动轴承。轴 4 装在机架 3 的长槽 2 内，通过固定螺母 1 轴与机架相固定。拉杆 6 的右端和轴 4 固定，左端通过螺纹与调节螺母 7 相连。松开固定螺母 1，转动调节螺母 7、移动轴 4 的位置，转向链轮也随之移动，使链条的松紧得到调节，然后拧紧固定螺母 1，将轴 4 固定在机架上。两侧的转向链轮各有独立的链条松紧调节机构。调节时应注意尽量将两根链条的松紧程度调整一致。

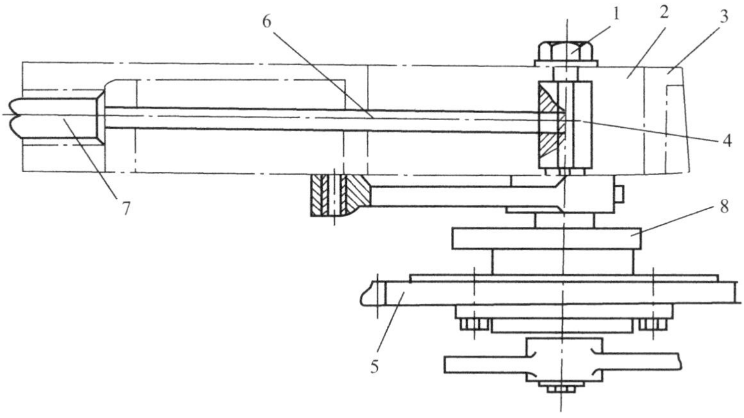

图 7－23　链条松紧的调节示意图

1－固定螺母；2－长槽；3－机架；4－轴；5－链轮；6－拉杆；7－调节螺母；8－凸轮

4. 链条叼牙与压印滚筒叼牙的交接关系

链条叼牙与压印滚筒叼牙的交接关系主要取决于收纸滚筒位置的设计安排。如图 7－24 所示，收纸滚筒相对于最后一色压印滚筒位置决定了链条传送器的收纸时刻，从而影响着印品质量。

如图 7－24（a）所示的设计安排，压印滚筒向收纸链条叼纸牙传送印张、交接过程进行时，印张尚没有完全印完。因为纸尾的图文是在纸张可能发生错动的条件下转印的，因此纸尾图文就可能发生位置波动。目前大多数单张纸印刷机上，当纸张尾部尚在印刷时，压印滚筒叼纸牙已经把纸张交给了收纸链条叼纸牙。

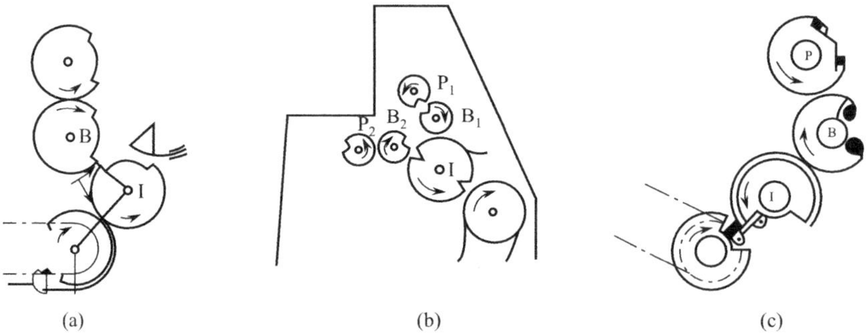

图 7－24　收纸时刻不同的设计示意图

图 7－24（b）所示为一种五滚筒双色机的滚筒排列，该设计安排解决了上述问题。由于采用双倍直径压印滚筒和把收纸滚筒安置在适当位置，使收纸链条叼纸牙在叼取印张时，印张已经完全离开压印区。一些新型印刷机都设计成在压印过程完全完成后才传送印张。

图 7－24（c）所示为一种等直径三滚筒胶印机的排列形式，避免了因交接产生的纸尾印刷质量问题。由图可知，当压印滚筒将纸张交给收纸链条叼纸牙时，大约只剩下三分之一的纸张未印刷，而且当收纸链条叼纸牙进行直线运动之前纸张可全部印完。

收纸叼牙和滚筒叼牙的最佳交接位置，应是收纸叼牙运动轨迹和压印滚筒叼牙的运动轨迹的相切处，但是严格的位置关系需要通过调节收纸滚筒及收纸开牙板来实现。

二、收纸牙排的开、闭牙机构

链排叼牙结构中有一个压力弹簧，使叼牙总是处于闭牙状态，只有当牙座上的滚子碰到凸轮或凸块被顶起时叼牙才会张开。在纸张印刷完进行收纸的过程中，收纸链条叼纸牙要进行两次交接，需要两次开牙和闭牙动作，因此需要两套开闭牙机构。

在第一次交接（由压印滚筒到收纸滚筒）过程中，收纸链排在收纸滚筒处碰到凸块开闭牙一次，收纸滚筒上的链排叼牙开牙接纸，收纸牙排与压印滚筒共同叼纸前进 3 ~ 6mm 后，然后压印滚筒开牙放纸，完成交接过程。当纸张被收纸链排叼着传送到收纸台时，在收纸台处碰到开牙凸块又开牙一次，将纸张放在收纸台上，完成第二次交接。

在收纸滚筒旁的支架上，设置有一凸块，用于开闭叼牙。收纸台上方的机架上有一收纸链排开牙板，链排支座上的开牙滚子碰到开牙板则开牙放纸，两者的作用和工作原理完全相同。但是，人们习惯上称收纸滚筒上的开闭牙凸块为收纸链排开牙板，而把收纸台上的开闭牙凸块称作收纸开牙板。

1. 收纸链排开牙板

如图 7 – 25 所示，收纸链排闭牙板 3 被支撑在收纸滚筒的支架 2 上，支架 2 又被收纸滚筒上的滚珠轴承所支撑。当收纸滚筒轴 l 旋转时，支架 2 相对静止不动。

收纸链排开牙板上有一长孔，可通过此长孔调节闭牙时间的早晚。其开闭牙过程如下。

在压印滚筒即将与收纸链排叼牙（此时链排叼牙处在收纸滚筒上）进行交接时，链排轴座上的滚子与凸块接触，滚子由凸块低面升至高面，在滚子的作用下，叼牙开牙，此时压印滚筒叼纸牙将纸张前口边送入链排叼牙中，随即滚子沿凸块的大面转向小面，链排叼牙闭牙，叼住纸张，此时压印滚筒叼纸牙仍叼着纸张。它们共同控制着纸张走过 3 ~ 6mm 距离后，压印滚筒叼纸牙开牙放纸，链排叼牙叼住纸张传往收纸台。

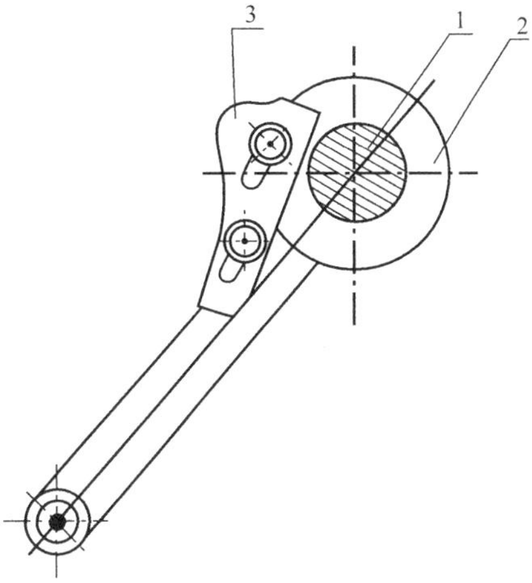

图 7 – 25　收纸链排开牙板示意图
1 – 收纸滚筒轴；2 – 支架；3 – 闭牙板

收纸链排开牙板安装于收纸滚筒端部，其调节基本上在收纸滚筒上进行，所以本书将其调节部分放在收纸滚筒一节。

2. 收纸开牙板

图 7 – 26 所示为 J2203A 型、J2108 型和 J2205 型胶印机的收纸开牙板原理图，图 7 – 27 所示为其结构图。收纸开牙板的作用是当收纸链排叼纸牙叼着刚印完的印张前往收纸台时，牙排座上的滚子碰到收纸开牙板，使叼纸牙开牙，放开印张，印张落入收纸台板，并由理纸机构将印品收齐。

在图 7 – 27 中，8 为收纸开牙板，此板的下表面为开牙板工作面。收纸时，收纸链排从此工作面下边经过时，滚子碰到开牙板的突出面时，叼牙即被打开。

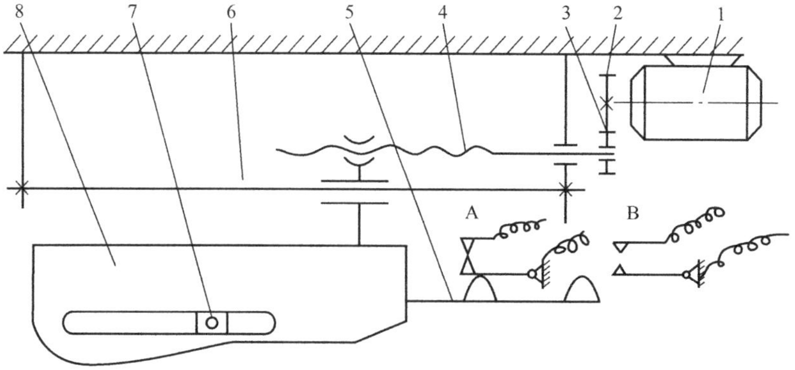

图 7-26　收纸开牙板原理图

1-电机；2、3-齿轮；4-螺杆；5-撞块；6-花链轴；7-导向块；8-开牙板

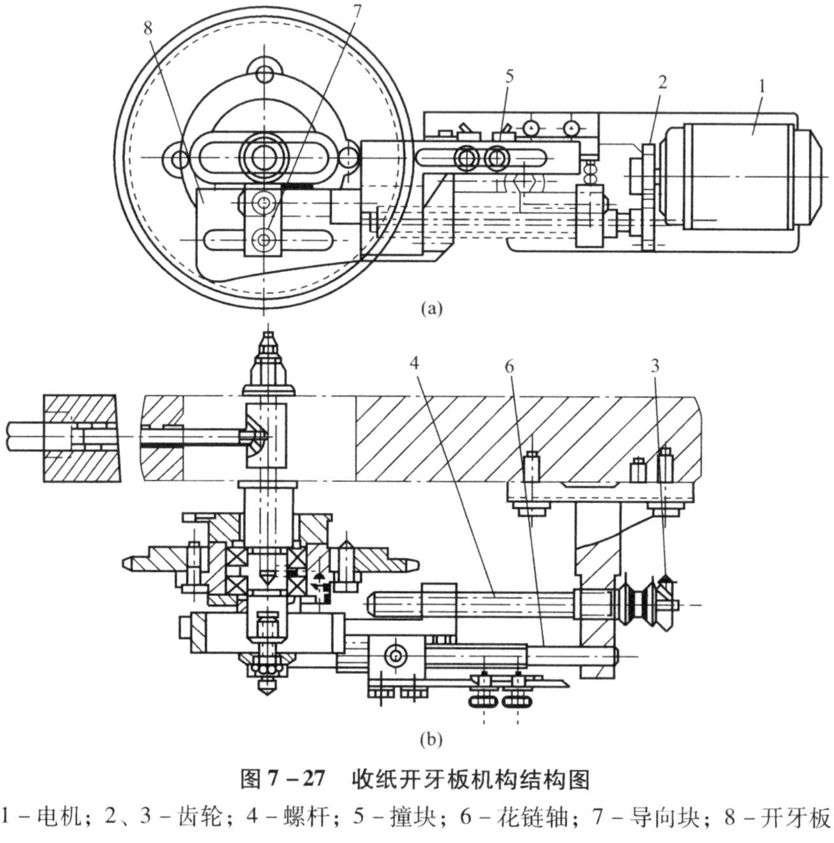

图 7-27　收纸开牙板机构结构图

1-电机；2、3-齿轮；4-螺杆；5-撞块；6-花链轴；7-导向块；8-开牙板

收纸链排叼纸牙开牙时间应当是可以调节的。为了将纸堆收齐且不蹭脏印品，当印刷机的工作速度变化时，要求开牙的时刻也相应变化。印刷机低速工作时，如速度为 3000r/h，则开牙板需要晚一点开牙，易将印张收齐且不蹭脏；高速工作时，速度为 8000r/h 以上时，放纸后纸张因惯性作用，向前的冲力较大，易撞击前齐纸块，也会造成收纸不齐。所以此时需要收纸链排叼纸牙早开牙放纸。鉴于以上实际情况，胶印机上（如 J2203A 型、J2108 型和 J2205 型胶印机）都设计有收纸开牙板调节机构，也称开牙板跟踪机构。所谓跟踪，指的

是当机器处于某种工作状态时（低速或高速），按动开关按钮，该开牙板调节机构自动启动，通过电路、开关控制使开牙板处于与机器工作速度对应的位置。

跟踪机构由单独电机（一般电机功率为60W，速度为1400r/min）带动，其工作原理和跟踪过程如下。

当三相异步电机1旋转时，通过电机轴上的齿轮2传动齿轮3，带动螺杆4旋转。螺杆4只做旋转运动，没有轴向移动。螺杆4与收纸开牙板8构成螺旋运动副，当螺杆4转动时，收纸开牙板8则与螺杆做相对旋合运动，在导向块7作用下产生水平的左右移动。当机器低速工作时，开牙板8右端的小半圆块移动到*A*位置即触动微动开关，使三相异步电机1断电，*A*为开牙板8低速工作位置。同理当机器高速工作时，开牙板右端的小半圆块移动到*B*位置时即碰动微动开关，使三相异步电机1断电，*B*为开牙板高速工作位置。见图7－26。

为使收纸开牙板准确、平稳移动，在跟踪机构中设计有导向块7，该导向块与收纸开牙板的长槽构成间隙配合，以保证导向精度。

对开双面胶印机和全张双面胶印机收纸开牙板调节结构与此不同。由于双面印以印刷文字为主，墨量小，蹭脏问题不严重，因此没有收纸开牙板跟踪机构。

对开单色双面胶印机开牙板调节原理及过程如下：

如图7－28所示，开牙板1工作时固定不动。开牙板1左端通过螺钉5紧固在支架6上。支架6和轴9固连，并通过螺母固定在墙板上。调节链轮轴线位置时（通过旋动调节杆4），松开螺钉5，支架6随轴线左右移动，但不影响开牙板的位置，开牙板仍然不动。当轴线位置调节合适后，拧紧螺钉5即可将开牙板固定。

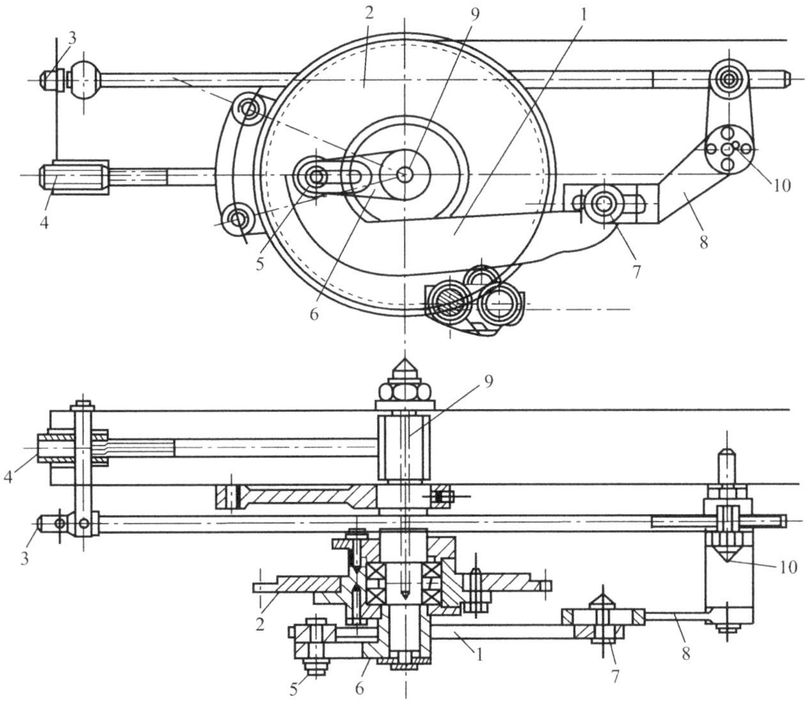

图7－28　对开单色双面胶印机收纸开牙板结构图

1－开牙板；2－链轮；3、4－调节杆；5、7－螺钉；6－支架；8－摆杆；9、10－轴

开牙板的调节过程如下：若开牙板 1 的位置需要调节，松开螺钉 5，旋动调节杆 3，通过调节杆 3 带动摆杆 8 绕轴 10 转动。开牙板 1 与摆杆 8 通过螺钉 7 固接，因而开牙板在摆杆 8 的带动下左右移动，上下也有一微小位移。当开牙板位置调好后，将螺钉 5 拧紧即可。若此时调整量还不能满足要求，可根据情况，将螺钉 7 松开，通过摆杆 8 上的长孔还可对开牙板 1 进行左右调节。

J2204A 型胶印机和 PZ4880 – 01 型四色胶印机上开牙板调节机构与此结构相类似。

第四节　收纸滚筒

收纸滚筒一般安装在压印滚筒斜下方，与压印滚筒转速相同，旋转方向相反。在收纸滚筒的轴端固定有收纸链轮，由链轮驱动收纸链条。随着收纸滚筒的不断旋转，通过链轮带动收纸链排向前传送，传至纸堆上方，链排叼牙碰到开牙凸块开牙放纸，然后由理纸机构将纸张收齐在纸堆上。收纸滚筒为圆筒形带筋铝制结构，并设有空档，在空档处交接印张。作为收纸系统的动力部件和纸张完成印刷后的运动速度降低部件，收纸滚筒还需要设置防蹭脏机构和纸张减速机构。

一、收纸滚筒的基本结构

图 7 – 29 所示为国产单双色胶印机的收纸滚筒结构图。

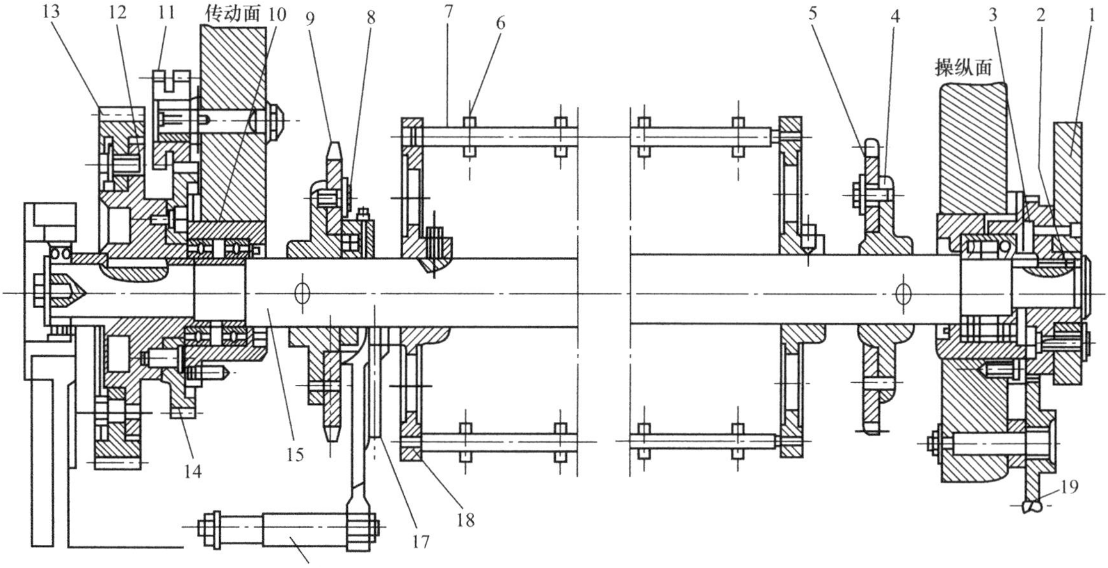

图 7 – 29　收纸滚筒结构图

1 – 恒力凸轮；2 – 键；3、19 – 传油泵齿轮；4 – 链轮座；5、9 – 收纸链轮；6 – 防蹭脏轮；7 – 导杆；8 – 支架；10 – 轴承；11 – 双联齿轮；12 – 齿轮座；13 – 传动收纸滚筒齿轮；14 – 轴端齿轮；15 – 收纸滚筒轴；16 – 支承轴；17 – 开闭牙凸轮板；18 – 收纸滚筒侧边

如图7－29所示，传动收纸滚筒齿轮是由电机经皮带轮、皮带驱动的齿轮轴齿轮（轴上齿轮齿数 $Z=21$）相啮合，使收纸滚筒得到动力，传动收纸滚筒齿轮的齿数 $Z=88$，法向模数 $Mn=3.25$，螺旋角 $\beta=17°34'23''$，齿形角 $\alpha=15°$。该齿轮的旋向与橡皮滚筒传动齿轮相同。传动收纸滚筒齿轮用四个螺钉与齿轮座相固连，齿轮座又用平键与收纸滚筒轴连接，因而传动收纸滚筒齿轮转动带动收纸滚筒旋转。收纸滚筒轴两端用两个单列向心球轴承通过轴套装在墙板孔中。单列向心球轴承主要承受径向负荷，同时也承受由斜齿轮传动所产生的轴向力。

轴端齿轮将动力传给带动油泵齿轮的双连齿轮，同时又是向侧拉规轴和输纸机传递动力的齿轮。传油泵齿轮3与19啮合传动操纵面的油泵供给润滑油。

收纸链轮9与5用螺钉与链轮座和支架固连在一起，链轮座和支架用销子与收纸滚筒轴固定成一体。因此，传动收纸滚筒齿轮转动时收纸链轮9和5使收纸链条运动，带着收纸叼牙排叼着印张送到收纸台上。

收纸滚筒上的导杆和防蹭脏轮可根据印刷品上图文布局情况进行调整，以躲开画面密集的地方，以不蹭脏印品为原则。防蹭脏轮注意不要粘上油，否则使用时间长了，橡胶轮孔会膨胀，使防蹭脏轮在导杆上自由移动，反而会蹭脏印品，在每根杆上安装有9个防蹭脏轮。

在收纸滚筒操纵面轴端安装有恒力凸轮，它是偏心旋转摆动递纸牙恒力机构中的驱动凸轮。

二、纸张交接与减速

压印滚筒叼着纸张印刷完成后，叼牙已转到压印滚筒的下方，与收纸链排上的一排叼牙相遇，在等速下完成纸张交接，将印张转交给收纸链排叼纸牙，如图7－17所示。此时链排叼纸牙处在收纸滚筒的最大半径处。

1. 交接基本条件

纸张交接是收纸中的一个重要环节，纸张能否顺利交接与许多因素有关。

收纸滚筒牙排与压印滚筒叼纸牙在交接时的基本条件是如下。

①收纸牙排与压印滚筒叼纸牙的表面线速度必须相等，如果不相等易撕破纸张。

②印刷完后，纸张从压印滚筒叼纸牙交给收纸牙排叼纸牙时，两滚筒必须在切点位置交接，否则易撕破纸张。如图7－30所示，为保证相对零速交接，两滚筒叼牙交接时，其交接点应在两滚筒的连心线上。当收纸滚筒链排叼纸牙闭合后，压印滚筒与收纸滚筒两套叼牙共同控制纸张前进3～6mm后，压印滚筒叼纸牙才开牙放纸。各型胶印机收纸滚筒与压印滚筒纸张交接点如下：J2203A型、J2108A型、J2204A型和J2205型均为270°；JS2102型对开双面胶印机为55°13′33″；PD11230－01型全张双面印胶印机为58°18′。

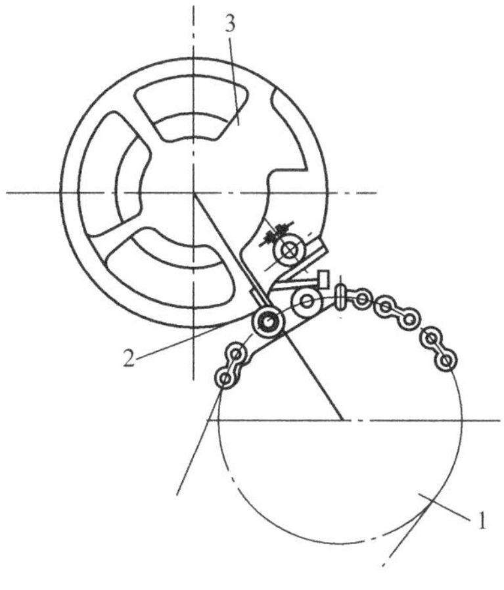

图7－30 收纸滚筒和压印滚筒的交接示意图

1－收纸滚筒；2－叼纸牙；3－压印滚筒

③收纸滚筒与压印滚筒两套叼纸牙在交接

时印刷品应在最后色组已完成印刷，脱离印刷的滚筒（即橡皮滚筒）。如果交接时纸张尚没有印刷完，那么纸尾就处于压印状态。此时开始收纸交接就意味着收纸滚筒上链排叼纸牙叼着印刷品，将其从橡皮滚筒上剥离下来。由于胶印油墨黏度较大，印刷品很难剥离，因此需要收纸滚筒链排叼纸牙很大的叼力。如果收纸叼纸牙叼力不够时，不足以从橡皮滚筒上把印刷品剥离下来，则收纸链排叼不住纸，印刷品就缠裹在橡皮滚筒上，产生印刷工人俗称“上楼”的故障。压印滚筒叼不住印刷品或者收纸滚筒链排叼不住纸，都可能引起这种现象。等径滚筒排列的胶印机，无论是三滚筒还是五滚筒排列的，都比较容易出现上述情况。采用如图 7－31、图 7－32 所示的倍径压印滚筒设计，收纸滚筒的位置则使印刷品在交接时已经完全离开了压印点。

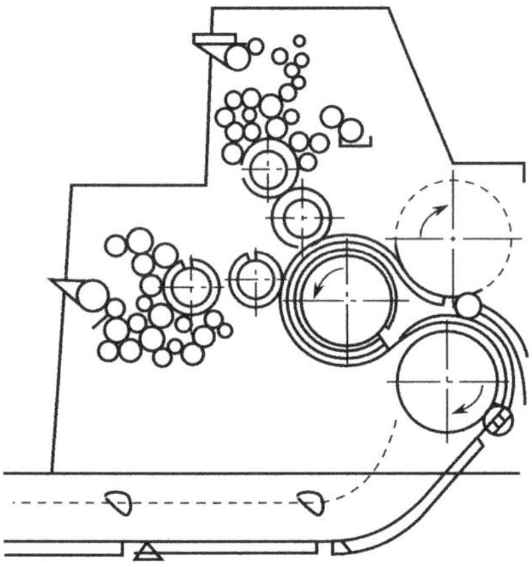

图 7－31　高宝胶印机倍径收纸滚筒

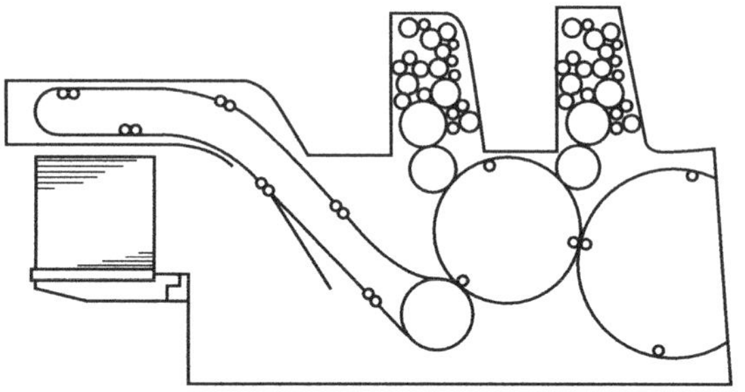

图 7－32　日本秋山胶印机倍径收纸滚筒

2. 纸张的第一次收纸减速

与递纸机构相反，收纸系统需要将高速运动的印张逐渐减速直至为零。不过递纸加速要求高，而收纸减速是一个相对不严格和缓慢的过程，其误差影响不大。链条减速是收纸减速的第一个过程。

收纸滚筒的作用是使收纸链排能顺利地将纸张从压印滚筒上取下来。收纸滚筒本身只起辅助作用，取纸主要靠收纸链排和链排运行的滑道。圆形滑道使链排由平移变为转动，由于链排牙垫的表面比链条表面高一些，如图 7－30 所示，因而在圆形滑道上牙垫表面的线速度要比链条的速度高，此时牙垫表面的速度刚好和压印滚筒上牙垫的线速度一致，从而可实现两套牙排之间纸张的顺利交接。同样，当链排由转动变为平移时，牙垫表面的线速度又和链条的速度一样。这样，收纸链排取纸后，由转动到平移的过程起到了降速的作用。不同机器上链排降速比的大小不一样，一般链条降速比应在 20% 左右。

三、防蹭脏装置

在印刷过程中，印张从压印滚筒开始压印到收纸滚筒开始收纸的时间很短，通常为 0.1～0.2s。在这样短的时间内，油墨不能彻底干燥。当压印滚筒把印张交给收纸滚筒牙排时，刚印刷的图文基本上是缠裹在收纸滚筒上的，印刷面与收纸滚筒表面接触，尚未干燥的图文容易被蹭脏。

因此，在收纸滚筒上，通常采取了各种防蹭脏的装置。

1. 装有滑轮杆的收纸滚筒

如图7－29所示为J2203A型、J2108A型胶印机的防蹭脏装置。J2205型、JS2101型和J2111型胶印机也采用这种方式。收纸滚筒上安装有9根防蹭脏滑轮杆，在每根杆上装有橡胶托纸轮9个，该滑轮可根据印刷画面空白部分调节轴向位置。防蹭脏滑轮杆还可以在收纸滚筒上调换位置，收纸滚筒两端的盘有28个孔，这9根杆可以有28个位置选择。

这种防蹭脏装置在印刷满版图文时，由于防蹭脏橡胶托轮无法置于空白位置而无法使用。另外，防蹭脏橡胶托轮使用一段时间后会胀大，橡胶托轮在滑杆轴向来回跑动，不能固定，因此防蹭脏效果不太理想。

2. 装有星形轮的收纸滚筒

如图7～33所示为J2204型胶印机星形轮式收纸滚筒防蹭脏装置。图7－33（a）为星形轮式收纸滚筒总体结构示意图，每根防蹭脏滑轮杆装有9个星形防蹭脏轮；图7－33（b）为单个星形轮的剖面结构。防蹭脏轮1是金属制成的，轮的外圆上有22个尖点，托着印刷品，防蹭脏轮1与尼龙套2、3被粘固在一起。防蹭脏轮1不但随收纸滚筒公转，且可以自转，滑轮可以在滑杆上横向移动。使用时可根据图文的具体分布和墨层厚薄的分布，进行星形轮的位置调节。

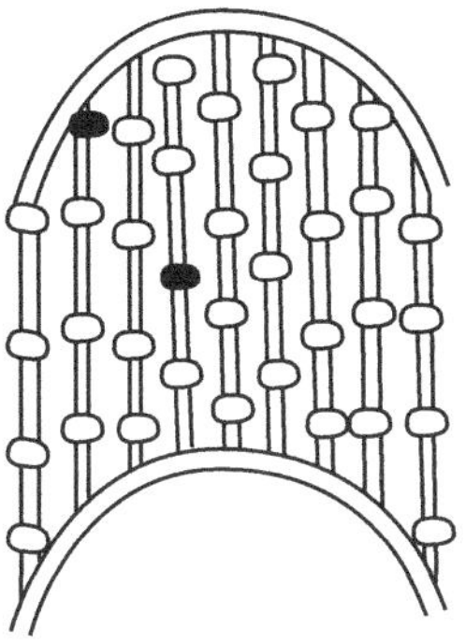
(a)

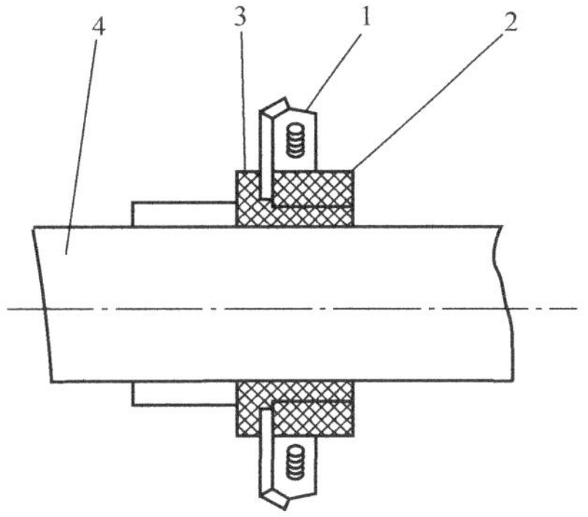

(b)

图7－33　J2204型胶印机防蹭脏装置图

1－防蹭脏轮；2－尼龙小套；3－尼龙套；4－导杆

星形轮式防蹭脏装置的性能比J2203A型、J2108A型胶印机防蹭脏装置的性能好，但仍存在着一些不足：金属制成的防蹭脏轮，棱边易划破印品，而且噪声较大。

3. 贴有玻璃球布或玻璃球砂纸的收纸滚筒

给收纸滚筒表面贴上一张玻璃球布或玻璃球砂纸，依靠玻璃球面尖点托着印刷品的表面，起到防蹭脏作用，PZ4880－01型四色胶印机采用这一种防蹭脏措施。如图7－34所示为放大后的玻璃球布表面。这些球体排列是不规则的，用肉眼是看不见的，只有用10～20倍

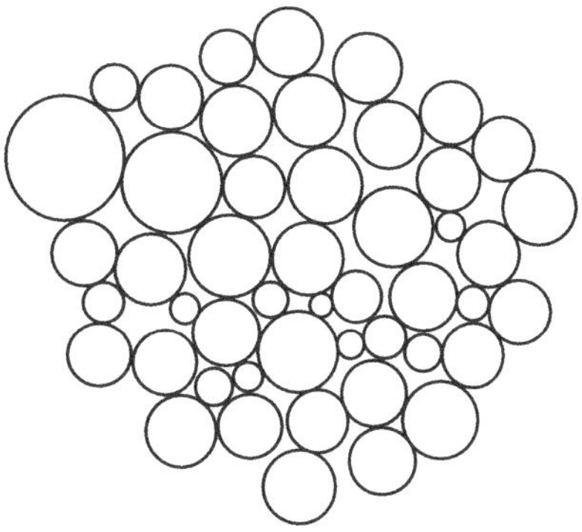

图7－34　玻璃球布局部放大图

的放大镜才能看到。玻璃球布长时间使用后，油墨渐渐把球体与球体之间的缝隙填满，需用汽油刷洗或报废更换。一般来说，一张玻璃球布可以经历 500 万～800 万印张。

在具有翻转滚筒的印刷机中，翻转滚筒表面一般覆有玻璃球布，以防压印时蹭脏。

4. 骨架式收纸滚筒

如图 7－35 所示为德国海德堡胶印机的骨架式收纸滚筒，由套在收纸滚筒轴上的几个支承（支撑）轮组成。支承轮表面由许多小凸块组成，这些凸块表面光滑并可根据需要揿下去。所以又称为按键式支撑轮。按键式支撑轮的结构如图 7－36 所示。

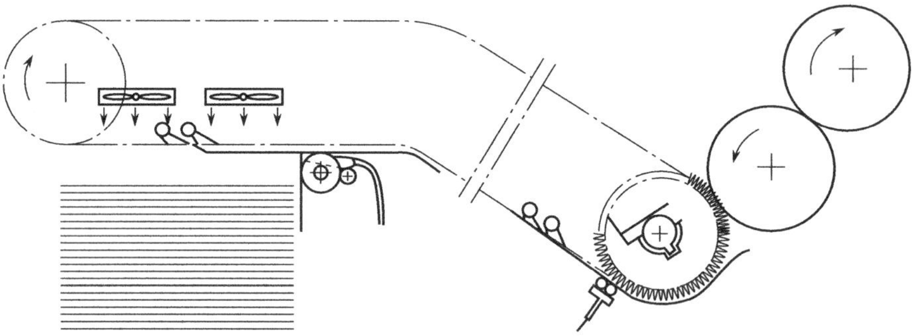

图 7－35　德国海德堡胶印机的骨架式收纸滚筒示意图

凸块 1 受到弹簧 2 向上的撑力，在伸出时受到支撑轮体 3 的外轮圈的限制。当揿下凸块时，凸块与支撑轮体上的斜面间产生相对滑动，弹簧受压缩，凸块下移至其上的小凸起被支撑轮体上另一凸起轮圈所限制为止，4 为具有弹性的塑料薄片，它能向外退让。如需使揿下的凸块伸出，可将凸块向塑料片一方扳动，凸块的凸起便离开支撑轮的凸起轮圈，因此它在弹簧的作用下就会伸出至正常位置。这种收纸滚筒既可以移动支撑轮在轴上的位置，以便支撑轮的表面与印张上没有图文或图文很少的某一窄长区接触，还可按下某些凸块，因此使印张这一区域上某些地方可以不接触到支撑轮的表面。支撑轮靠一根弹簧片绷紧在轴上，移动或取下都很方便。

海德堡胶印机随机带有轮盘式防蹭脏装置、支撑轮揿键式防蹭脏装置、星形轮式防蹭脏装置三种形式，实际生产中，印刷工人可根据需求，随意更换选择使用。

5. 曼罗兰气垫式收纸滚筒

曼罗兰胶印机的收纸滚筒为气垫滚筒式结构如图 7－37 所示。当收纸叼牙叼着纸，把印刷品从橡皮滚筒上剥离下来时，需要有很大的剥离力，如果在气垫滚筒上要托起印好的印品，其托力必须要大于把印品从橡皮滚筒上剥离下的力。气垫滚筒的托起力约为 10kN 左右。筒体外包裹着一层可以透气的外套。空气经吹送通过透气罩形成气垫，支持着由叼纸牙系统传送的刚完成的印品，可以避免蹭脏而离开收纸滚筒。

这种气垫滚筒防蹭脏装置特别适合于印刷墨层厚、大幅面印刷品的印刷，如包装纸品、商标以及海报等。若采用前述滑轮杆及托纸轮的防蹭脏装置，难以达到防蹭脏的目的，而采用气垫收纸滚筒，可以达到较好的效果。

这种气垫滚筒由优质的铝合金制成，并具有较好的刚度。筒体外是一层可以透气的外套。吹气时通过透气罩形成气垫，刚完成印刷还未干燥的印品在气垫的支撑下向前传递。由于气垫的作用，印张不会与传纸滚筒表面接触，从而达到防蹭脏的目的。

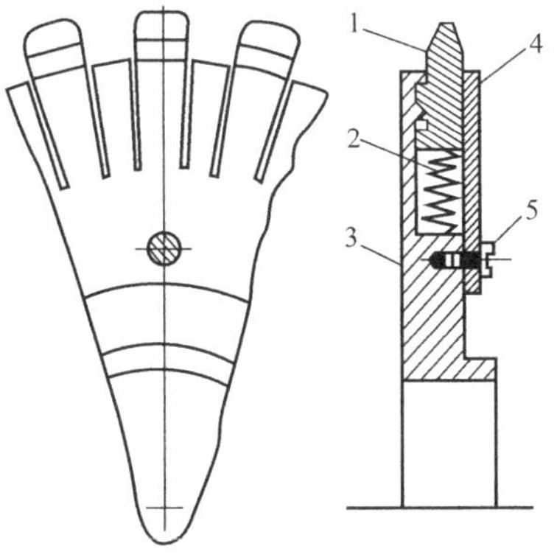

图 7 – 36　按键式支撑轮的结构图

1 – 凸块；2 – 弹簧；3 – 支撑轮体；
4 – 塑料薄片；5 – 紧固螺钉

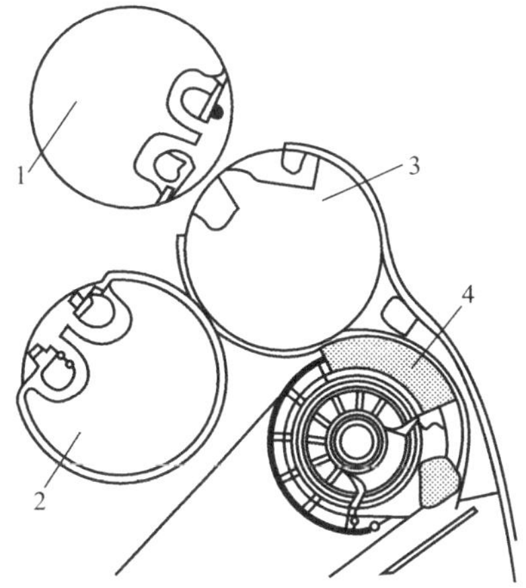

图 7 – 37　曼罗兰胶印机收纸滚筒

1、2 – 橡皮滚筒；3 – 压印滚筒；
4 – 气垫收纸滚筒

6. 收纸滚筒的吸气导板

如图 7 – 38 所示为高宝胶印机收纸滚筒的吸气导板。该吸气导板的防蹭脏原理与曼罗兰气垫滚筒相反，它不是把印刷品吹起来，而是把印刷品吸向导板，气泵的吸力较小。高宝胶印机在滚筒的排列角上做了改进，使得在压印滚筒叼牙叼着纸张印刷完成后，才将纸张传递给收纸叼牙。这样，收纸叼牙就不需要克服印品从橡皮滚筒上剥离的力，所以，所需吸力较小。在高宝五滚筒双色机上收纸滚筒的吸气导板与倍径压印滚筒相结合，如图 7 – 31 所示，可以达到很好的防蹭脏效果。

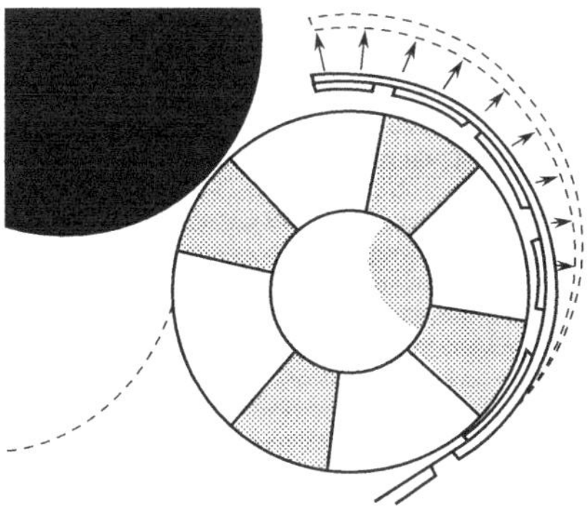

图 7 – 38　高宝胶印机收纸滚筒的吸气导板

四、收纸滚筒的调节

收纸滚筒的调整以压印滚筒为基准来改变收纸叼牙排的位置。

1. 收纸牙排与压印滚筒叼牙排的平行调节

调节收纸牙排与压印滚筒叼牙排平行时，通过改变收纸链轮相对于链轮座的周向位置来解决。调平行只需要调节一边链轮即可。松开链轮座上的四个紧固螺钉，转动收纸链轮（收纸链轮上开有长孔），校正收纸叼牙排与压印滚筒叼牙排平行，调好后紧固螺钉。一般情况下新机器出厂前均已调好。

2. 收纸叼牙与压印滚筒前边口距离的调节

交接时要求收纸叼牙叼纸线平行于滚筒叼牙叼纸线，且使收纸叼牙比滚筒叼牙滞后叼纸 1mm，即收纸叼牙距离滚筒边口约 1mm，其目的是保证收纸叼牙不与滚筒边口相碰。

调整收纸叼牙与压印滚筒边口距离时，要通过改变收纸滚筒相对于传动齿轮的周向位置。调节时，松开齿轮座上的紧固螺钉，转动收纸滚筒，使收纸叼牙线距压印滚筒边口

1mm 的距离，然后紧固螺钉。

收纸牙垫距压印滚筒叼牙垫应为纸张厚度加上 0.2mm，以压印滚筒牙垫为基准，调整收纸叼牙垫高度来达到。

值得注意的是：有的人认为，由于收纸牙排叼纸力量比较小，所以为了保证其顺利取纸，应该使收纸牙排的叼纸量比压印滚筒牙排的叼纸量略大一些（一般为 1～2mm），但不能太大，太大有可能造成纸张撕口。虽然理论分析正确，但实际上，叼纸量的大小主要与收纸滚筒和压印滚筒的相对位置有关。一般的印刷机上，由于交接空间限制，只能是收纸叼牙比滚筒叼牙叼口尺寸小。

3. 交接时间调节

收纸叼牙与压印滚筒叼牙的交接时间应为 2°时间（开闭牙凸轮板设计时给定的）。在交接位置前 1°收纸叼牙排叼住纸张，在交接位置后 1°，即两排叼牙共同叼住纸张 2°时间（约 3～6mm）压印滚筒叼牙放纸，否则会撕破纸张叼口部位。

如图 7－25 所示，交接时间调节由移动开闭牙凸轮板 3 来实现。

如果收纸叼牙排的叼牙闭牙时间过早，就是没有到交接时间先闭牙，将出现叼破纸张叼口部位，这时要调整开闭牙凸轮板，松开螺钉（两个），使开闭牙凸轮板向上移动。若闭牙时间过晚，则与上述相反进行调节。调好后，紧固螺钉即可。

4. 防蹭脏调节

防蹭脏调节主要针对具体的印刷活件，调节防蹭脏装置中某些构件，如防蹭脏轮的轴向、周向位置，以避开图文重要部位或者墨色较重的区域，实现更满意的防蹭脏效果；或者在具有可选性机器上，选择更换防蹭脏方法和装置。这项调节的经验性要求更强一些。

第五节　理纸机构

理纸机构的作用是从收纸链排上接过纸张，并使纸张减速，放于收纸台上，将纸理齐。理纸机构包括纸张制动辊、风扇、齐纸机构、平纸器和取样接纸器五大部分。

一、纸张减速制动装置

1. 纸张制动辊

现代高速单张纸胶印机收纸链排传递纸张的速度已达到 1.5～3.4m/s（15000 张/时），如果纸张以这样高速度冲向前齐纸，纸张前边缘很易受冲击而皱褶，另一方面也很难使纸张堆放整齐，因此收纸链排将纸递送到前齐纸以前，纸张必须减速，现代高速胶印机多数采用气动式制动辊来减缓纸张运行速度。纸张制动辊的速度低于纸张链排上纸张速度的 40%～50%，由于负压作用和速度减低，对纸张产生一个向后的拖力，使纸张尾端不致在转弯处飘起，当链排放开纸张后，将纸张收齐。

（1）制动辊基本结构

如图 7 – 39 所示，传动链轮 1 带动收纸链条，然后由收纸链条带动齿轮 2（与链轮 1 同轴）、介轮 3、齿轮 4 使轴 5 转动，制动辊 6 安装在轴 5 上，因此制动辊不断转动，制动辊 6 的表面线速度就是纸张减速后的速度。从图 7 – 39 的 A – A 剖面图可看出，气门 7 可用来调节吸气量。由于制动辊 6 转动而吸气嘴 8 是不动的，为防止磨损，吸气嘴通常采用夹布胶木，而制动辊用黄铜制成。整个减速装置可以移动，以适应不同幅面的纸张。旋动手轮 9，则齿轮 11 在齿条 10 上滚动，使整个减速装置移动，从而带着整个制动辊机构作前后移动，使其移动至合适的工作位置。

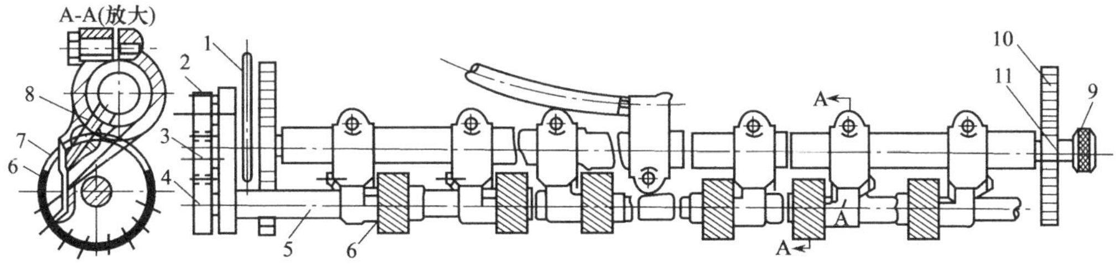

图 7 – 39　制动辊（吸气轮）减速机构图

1 – 链轮；2、4、11 – 齿轮；3 – 介轮；5 – 轴；6 – 制动辊；7 – 气门；8 – 吸气嘴；9 – 手轮；10 – 齿条

（2）J2203A、J2108A 和 J2205 型胶印机吸气式纸张制动辊

图 7 – 40 所示为 J2203A 型、J2108A 型和 J2205 型胶印机吸气式纸张制动辊制动原理。

因制动辊能使纸张减速，所以制动辊也称减速辊。收纸链条 1 带动链轮 6 旋转，经过齿轮带动制动辊轴旋转。制动辊的旋转的外缘切线的速度比收纸链条的线速度低 40% ~50% 。在纸张通过处，制动辊的边缘切线速度方向与纸张运动方向一致。

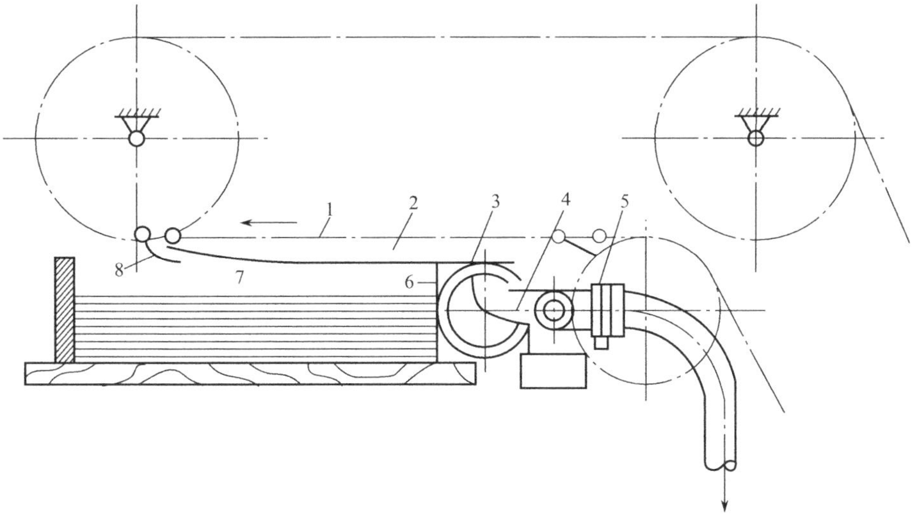

图 7 – 40　J2203A 型、J2108A 型和 J2205 型胶印机吸气式纸张制动辊制动原理图

1 – 收纸链条；2 – 纸张；3 – 制动辊；4 – 吸气座；5 – 吸气管接头；6 – 链轮；7 – 纸堆；8 – 链排叼牙

收纸链排叼牙 8 张牙后，由于纸张的尾部被制动辊 3 吸着，制动辊又以低于收纸链排线速度旋转着，为纸张继续前进设置了阻力，从而实现了纸张的减速。制动辊外圆

上有多个透气通孔，内圆装有塑料制成的弧形板，中间有通气孔。橡胶管连接气泵吸气，通过连接空管和气量调节阀对制动辊 3 抽气。通常每根轴上装有 6 个制动辊，最外边两个设有调节阀，是为印刷小尺寸纸张准备的。当印刷最小纸张时，两边制动辊的吸风可以关闭。

根据印张幅面大小，制动辊需进行调节。整套制动辊可在两边的齿条上移动。

（3）高速机的减速吸气辊

在高速印刷的条件下，为了加大吸气辊对印张的吸力，有些机器上吸气辊上部做成一个小平面，吸气孔则做成一个狭长条，吸气辊的转动带动两条弹性橡皮条运动，如图 7 – 22 所示。这样不但对印张吸力大，而且减速的距离加长了，即直到纸尾将到后挡纸板时，减速作用才消失。

2. 链条减速机构

图 7 – 41 所示为德国普拉内塔胶印机减速机构。该机构采用双导轨链条传动收纸叼牙排，不仅可以减少链条导轨磨损，还可用两根导轨形状的不同来降低传纸速度。该机构已在一些高速印刷机上应用。主动链轮 1 带动链条 4 在导轨 3 中运动，链条 4 又通过连杆 6 带动收纸叼纸牙在导轨 2 中运动。收纸叼纸牙 5 从压印滚筒上接收纸张后的一段运动过程中，导轨 2 与导轨 3 的轨迹是相同的，从图上看两条导轨是重合的。在这一过程中，收纸叼纸牙 5 的速度等于链条 4 的速度。当收纸叼纸牙接近前挡纸板将放开纸张时，两条导轨就分开了。这样虽然链条 4 的速度是恒定不变的，但收纸叼纸牙的速度却降低了。

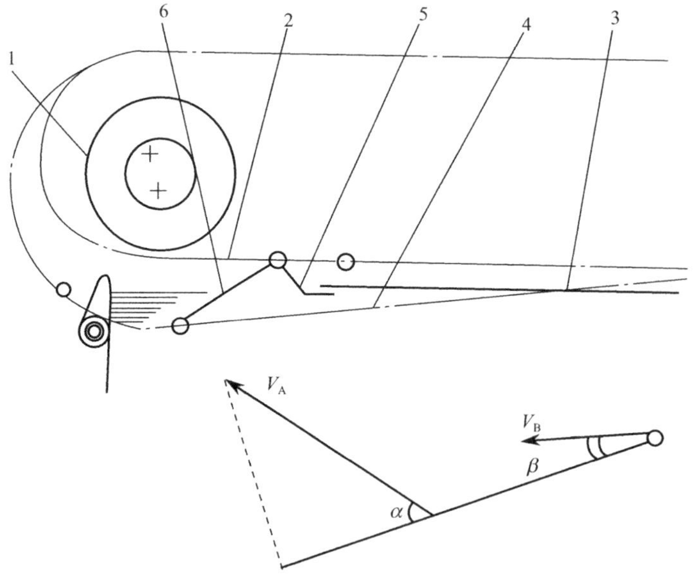

图 7 – 41　德国普拉内塔胶印机减速机构图

1 – 链轮；2、3 – 导轨；4 – 链条；5 – 叼纸牙；6 – 连杆

3. 风扇

高速胶印机（10000 张/时以上）要收齐纸张，单靠制动辊吸风是不够的，特别是薄纸印刷时，纸张应快速飘落入收纸台，否则第一张纸还未下落，第二张纸的头将碰着第一张纸

的尾，因此必须在收纸上方增加电风扇或增加吹风管，加压风量迫使纸张快速下降。J2204A、PZ4880－01 型胶印机就增加了 8 个电风扇，辅助吸气制动辊收齐纸张。另外风扇还可促进印刷品通风快速干燥。如图 7－42 所示，在收纸控制台上，还增加了 4 个调节风压旋钮，每个旋钮调节两个风扇的风量大小。

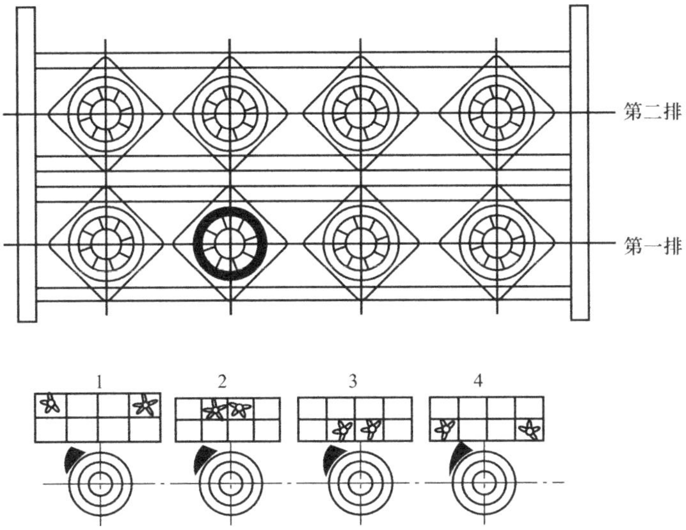

图 7－42　风扇及控制面示意图

1、2、3、4－风量调节旋钮

收纸上方增加电风扇后，可以使印刷品很平稳地、精确地落到预定的收纸台上，使纸堆的边缘整齐。图 7－43 为曼罗兰单张纸胶印机在收纸上方所采用的气杆压风装置。在收纸台上方平行于纸张运行的方向上装有 5 根气杆，每根气杆有 6 个吹风嘴。图示为纸张在气杆吹风时的情况。纸张被吹成波浪形，平稳地落到收纸台上。这种轻微的抖落可以增加纸张的稳定性，收纸效果很好。

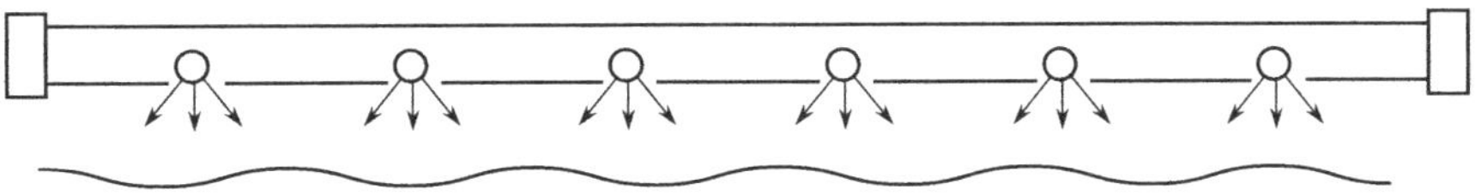

图 7－43　曼罗兰单张纸胶印机气杆压风装置图

二、齐纸机构

印刷品通过收纸链条经过制动辊减速后，纸张前缘到达前齐纸位置。此时两边的侧齐纸机构向机器中心推进把落在纸台上的印张闯齐。单张纸胶印机均设有齐纸机构，作为最后一道工序，把纸张整理收齐。

图 7－44 所示为 J2203A 型、J2108A 型胶印机齐纸挡板示意图。这种齐纸机构的两个侧齐纸挡板都做往复运动，后齐纸挡板固定不动，前齐纸挡板做小幅度的前后摆动。国产胶印机大多采用这类侧齐纸挡板结构。

如图 7－44 所示，凸轮 1 在收纸链条、链轮的带动下转动，其转速和滚筒转速相等，滚筒转一周，印刷一张印品，齐纸挡板运动一个周期。摆杆 3 上固定有销子 4 和斜面块 5。摆杆 3 在凸轮 1 的作用下做定轴摆动。当凸轮 1 大面作用于滚子时，销子 4 和挡杆 6 相接触，推动挡杆 6 摆动，从而使轴 15 摆动。因轴 15 与挡杆 6 及前齐纸挡板均为紧固连接，所以前齐纸挡板也随之摆动，向纸堆外倾倒。当凸轮小面作用于滚子时，在压缩弹簧 9 的作用下，前齐纸挡板返回齐纸。实现前齐纸挡板的往复摆动。

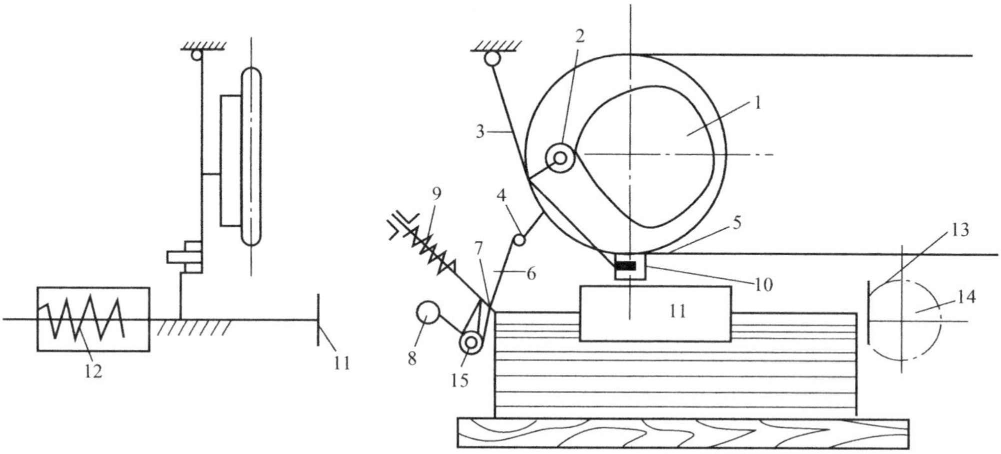

图 7－44　齐纸挡板示意图

1－凸轮；2、10－滚子；3－摆杆；4－销子；5－斜面块；6－挡杆；
7－前齐纸挡板；8－手柄；9、12－弹簧；11－侧齐纸挡板；
13－后齐纸挡板；14－吸气轮；15－轴

机构中手柄 8 的作用是：当需要从收纸堆中取出部分印张进行随机性检查时，可将其下压，使前齐纸挡板 7 远离纸堆。取纸结束后，再使手柄 8 复位。

侧齐纸挡板的往复运动过程是：当凸轮 1 大面作用于滚子 2 时，摆杆 3 上的斜面块 5 推动滚子 10，使侧齐纸挡板 11 克服撑簧 12 的作用力离开纸堆，弹簧 12 被压缩。当凸轮 1 小面作用于滚子 2 时，在撑簧 12 的作用下，侧齐纸挡板 11 被推动靠向纸堆。这就是侧齐纸挡板的工作过程。侧齐纸挡板的工作位置可以根据纸张规格尺寸进行调节。

后齐纸挡板 13 和吸气轮 14 轴向固定，因此没有轴线方向的运动。根据纸张宽度，其前后位置可以调节。该距离应调节适当，在挡板 11 处于挡纸位置时，其距离应正好与纸张长度相近，距离过大，理纸不齐，距离过小则纸张常被推动，光滑的印张背面可能被蹭脏。侧齐纸挡板的运动与收纸叼纸牙的开牙时间应该相互配合，当叼纸牙抵达收纸台上方并开牙放纸时，挡板应处于让纸位置。

三、平纸器

出于节省造纸原料和印品运输费用的考虑，国外在印刷中大量采用薄型纸张。如果原用 120g/m^2 的纸，现改用 60g/m^2 的纸来印刷，印刷品的重量可以节约一半，但轻型薄纸的印刷给印刷机高速运行带来很多困难。特别是承印具有大画面大墨量的轻型纸张，或使用高黏度的油墨时，压印滚筒叼牙把印刷品从橡皮滚筒上剥离下来时，印刷品易出现卷曲，在高速状态下很难实现高速收纸。由于收不齐纸张，不得不降低机器印刷速度，从而影响了机器生产率。另外，易出现印品蹭脏现象。

平纸器可以有效地防止上述问题的发生，改善理纸机构的工作条件，因而无须再采用其他传统的补救办法，例如降低油墨的黏度，降低机器速度，或者顺着纸张纤维方向将其输入印刷滚筒印刷等方法。收纸部分采用平纸器机构可以适应各种复杂的印刷收纸条件。所以，当代高速单张纸胶印机在收纸部分均配有平纸器。

平纸器的作用是矫正印刷过程中纸张的卷曲，使其恢复原来的平直状态，便于顺利收齐纸张。图 7－45 所示为平纸器原理图。其实质是通过气压作用使纸张产生适量反向形变，矫正弯曲变形。该装置有两根固定的金属辊，并连接吸气管，通过强大的吸气，迫使纸张在运动过程中朝卷曲反方向翘起，使纸张“复原”，基本恢复应有的平直形状，消除了纸张卷曲造成的收不齐纸的缺陷，达到了收齐纸张的目的，从而提高了印刷机的生产效率。

由于平纸器需要的吸气量较大，因此一般平纸器单独配一个 $60m^3/h$ 排量的气泵，吸气量大小可以调节。平纸器安装的位置一般在收纸通道上，有的机器把平纸器安装在收纸斜面的上方，有的在下方（参看图 7－45）。经过平纸器矫形的印张经减速辊减速，落入纸堆，然后由齐纸机构理齐，顺利完成印刷过程。

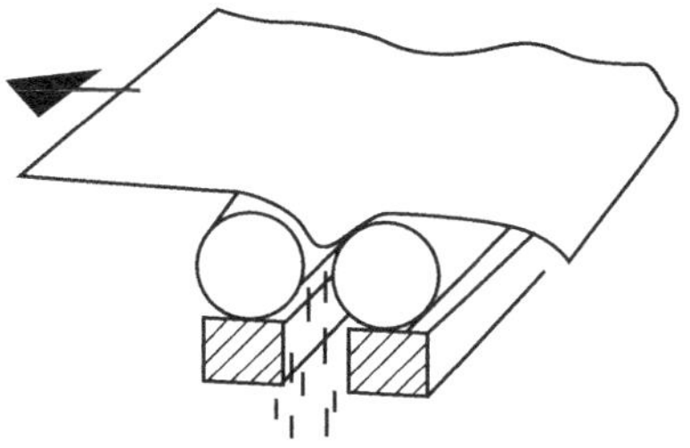

图 7－45　印张平整器工作原理图

四、链条传送过程中的气垫装置

印张在传送过程中，如果使它在气垫上运动，就可以既避免印张波动又可防止背面蹭脏，特别对于双面印刷机意义更大。如图 7－46 所示为一种形成气垫的方法：沿着链条路径在印张下方设置四排吹嘴，吹嘴的狭窄出气口吹出高速气流，气流方向与印张运动方向相反，吹嘴出口处连接着翼形板，从而形成气垫层，印张就由气垫托起运行平稳。

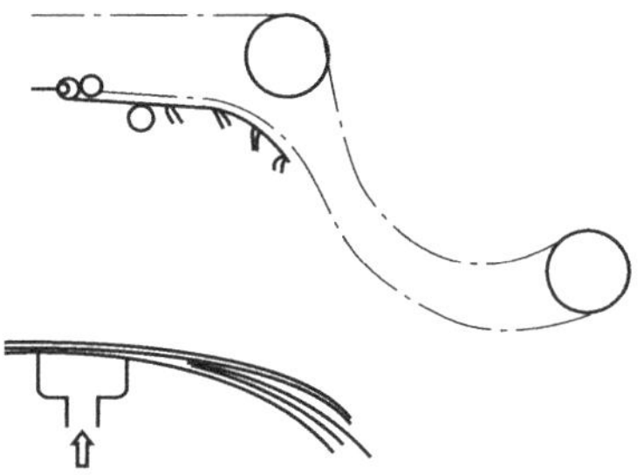

图 7－46　链条传送过程中气垫装置

五、取样接纸

在印刷过程中，需经常对印品进行随机抽样，以检查印品质量。在现代高速印刷机上都设有取样接纸机构。取样接纸机构的原理如图 7－47 所示，扳动手柄（图中未示出）使拉杆 1 下移，拉杆 1 带动摆杆 2 绕轴 4 逆时针摆动。取样臂 3 安装在轴 4 上，所以取样臂 3 随轴 4 逆时针下摆至收纸堆上方进行接纸。为避免取样臂下摆时碰到前齐纸挡板 6，在取样臂下摆的同时，有一连锁机构使前齐纸挡板 6 逆时针方向躺倒，以使取样臂顺利下摆接纸。

在 J2203A 型、J2108A 型、J2205 型胶印机上使用的就是这种取样接纸装置。

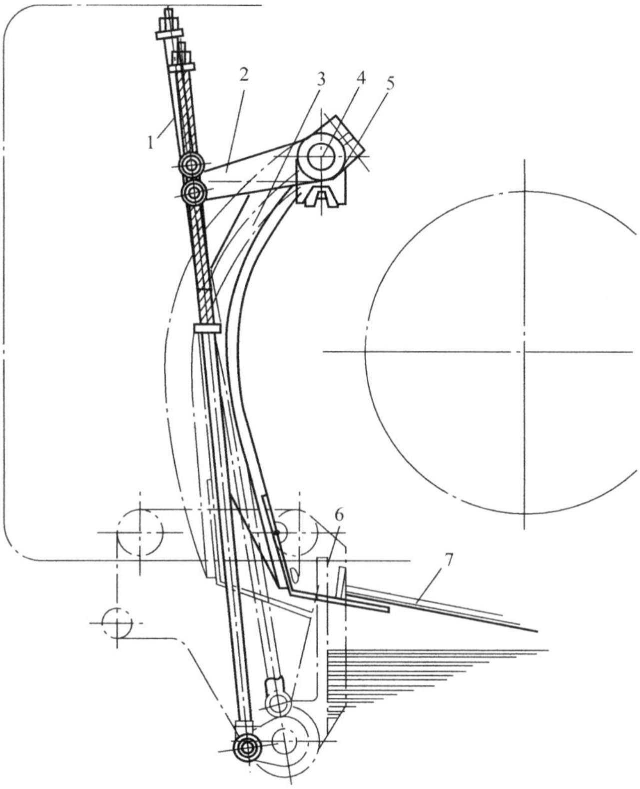

图 7 – 47　取样接纸机构的原理图

1 – 拉杆；2 – 摆杆；3 – 取样臂；4 – 轴；5 – 定位销；6 – 前齐纸挡板；7 – 印张

第六节　收纸台升降机构

大多数现代单张纸胶印机上都设有收纸台自动升降机构，采用微动开关或电容式传感器，在印刷进程中不断探测纸堆高度，并随时根据印张堆积高度控制收纸台下降，自动调整适应纸面高度。

收纸台升降机构有链条式和钢丝绳式两种。钢丝绳式升降机构，末端的接头处理上不易完善，且有断裂现象，主要应用在一些旧式机器上，现已很少使用。目前，胶印机上多采用链条传动的悬挂式升降机构。另外，国外机型的收纸台传动机构，普遍采用锥形电机传动，大大简化了传动系统。由于国内锥形电机价格很高，因此考虑经济性，目前国产胶印机上较少采用锥形电机传动收纸台升降机构。

一、升降机构

图 7 – 48 所示为 J2203A、J2205、J2108A 型胶印机收纸台升降机构，其原理如图 7 – 49 所示。

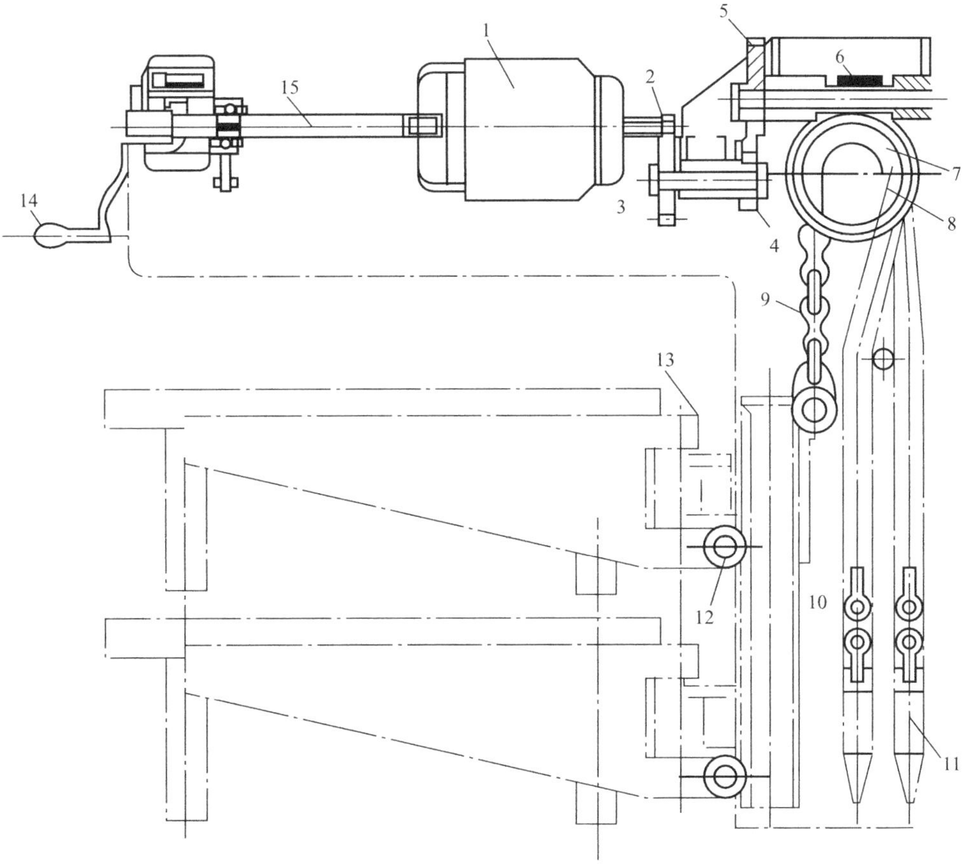

图 7－48　J2203A、J2205、J2108A 型胶印机收纸台升降机构结构图

1－电机；2、3、4、5－齿轮；6－蜗杆；7－蜗轮；8－链轮；9－链条；10－导轨；11－配重；12－滚珠轴承；13－收纸台；14－手柄；15－传动轴

1. 收纸台升降运动及控制

收纸台升降机构通常可实现收纸台自动下降、连续升降和手动升降三种功能。

（1）收纸台自动下降

收纸台的自动下降由侧齐纸板上的微动开关控制。收纸堆达到一定高度后，收纸堆最上面部分的纸张触到侧理纸挡板上的微动开关，接通继电器，使收纸台升降电机启动，使纸堆下降，下降一段距离后，离开微动开关后，开关复位，电机 1 停止转动。电机 1 转动时带动齿轮 2～5，继而使蜗杆 6 旋转，蜗杆 6 带动蜗轮 7，因升降链轮与蜗轮同轴，通过链轮 8 使收纸升降链条 9 带动收纸升降悬臂即收纸台 13 下降。一般每次下降 15～20mm。收纸台升降速度为 1.822m/min。

为了保证收纸台升降时的自锁能力，在收纸台升降机构传动系统中设计有一对单头蜗杆蜗轮机构。这样，无论收纸台上有多少纸，收纸台也不会自动下降。

（2）收纸台连续升降

收纸台收满纸堆后应更换纸台，需将收纸台连续升到所需高度或连续降到地面。在收纸操纵机构上设计了点动升或点动降按钮。该机构工作时，收纸台就会产生连续升或连续降动作。点动和侧齐纸的微动开关线路相串联，通过二者的任一开关，均可使电机转动。收纸台连续升降速度仍为1.822mm/min。

J2203A型、J2108A型胶印机的最大收纸堆高度为910mm，收纸台从地面升到收纸台最上端所需时间约为30s。

（3）收纸台手动升降

如图7－49所示，在电机1的左端设有手柄14，通过摇动手柄14可使传动轴15旋转，通过电机轴实现收纸台手动升降。为安全起见，在此机构中仍设计有机动、手动互锁机构。当手柄14插入孔中时，压动微动开关，切断了收纸升降电机的电源，机动动作被限制；取下手柄时电路又接通。通过微动开关使机动、手动实现了互锁。

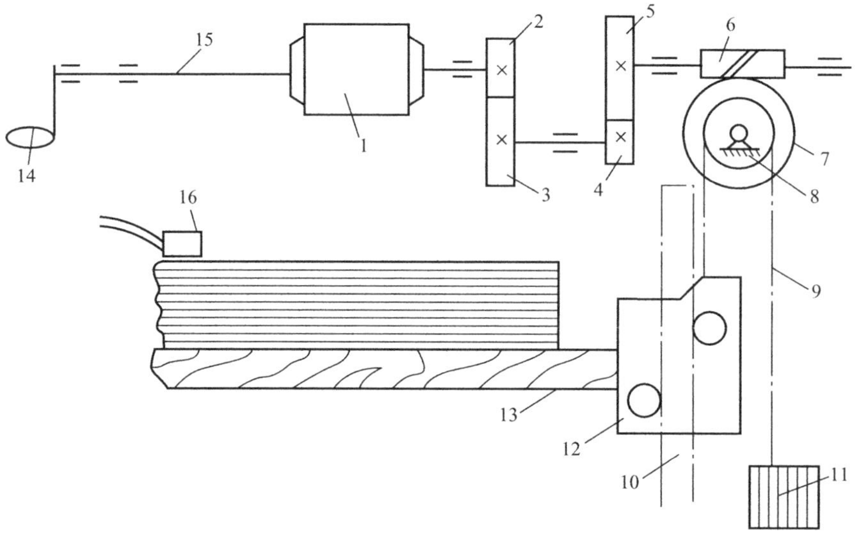

图7－49　J2203A、J2205、J2108A型胶印机收纸台升降机构原理

1－电机；2、3、4、5－齿轮；6－蜗杆；7－蜗轮；8－链轮；9－链条；10－导轨；
11－配重；12－滚珠轴承；13－收纸台；14－手柄；15－传动轴；16－压脚

2．收纸台臂结构

J2203A、J2205、J2108A型胶印机的收纸台臂采用悬臂式结构，如图7－50所示。这种结构出纸灵活，操作方便。收纸台臂1可以旋转，以便三面出纸，即正面和左、右两侧均可出纸。在印刷厂的场地受到限制时，可以从侧面进出纸车。另外，两个支撑滚轮4的支轴是偏心的，偏心量为2mm，依靠支轴的周向相对转动，可以实现收纸台臂的水平度调节。

二、副收纸装置

收纸装置分主收纸台和副收纸板。副收纸装置为当代高速胶印机不可缺少的重要附属装置，有两种情况下需要使用副收纸。第一种情况是当主收纸台收满后，通常要更换收纸台。为了不停机需要副收纸板接纸，完成换纸台工作，就需要将收纸链条输出的印张由副收纸板临时接住。第二种情况是印刷精细产品时，特别是用铜版纸印刷时，油墨印迹不易渗透干燥，纸堆增高后，底部的纸张在压力作用下，纸背面易被油墨粘脏，因此应加放晾纸架。主收纸堆加放晾纸架时为了不停机、不减速，也需要副收纸板临时接纸。

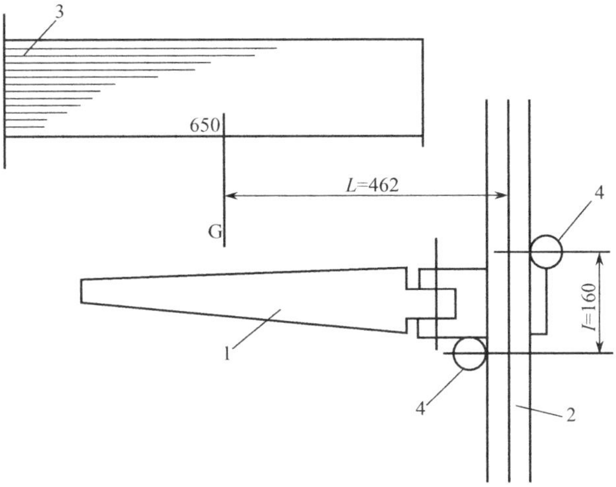

图 7－50　J2203A、J2205、J2108A 型胶印机的收纸台臂结构简图

1－收纸台臂；2－导轨；3－纸堆；4－支撑滚轮

副收纸板由 15 块长 130mm、宽 448mm 的胶木板组成。每块木板固定在两侧的传送链条上。链条在曲线形的上、下导轨中。所以一节节的副收纸小板也随链条储存在曲线轨道中。

1. J2203A 型、J2205 型和 J2108A 型胶印机副收纸装置

图 7－51 为 J2203A 型、J2205 型和 J2108A 型胶印机副收纸装置结构图。更换纸堆时，副收纸板需伸出接纸。副收纸装置由一单独电机带动。具体动作过程为：0.55kW 电机启动，经带轮 2、4 的带传动，带动齿轮 5 转动。齿轮 5 经齿轮 6、齿轮 8 带动升降轴 9 转动，

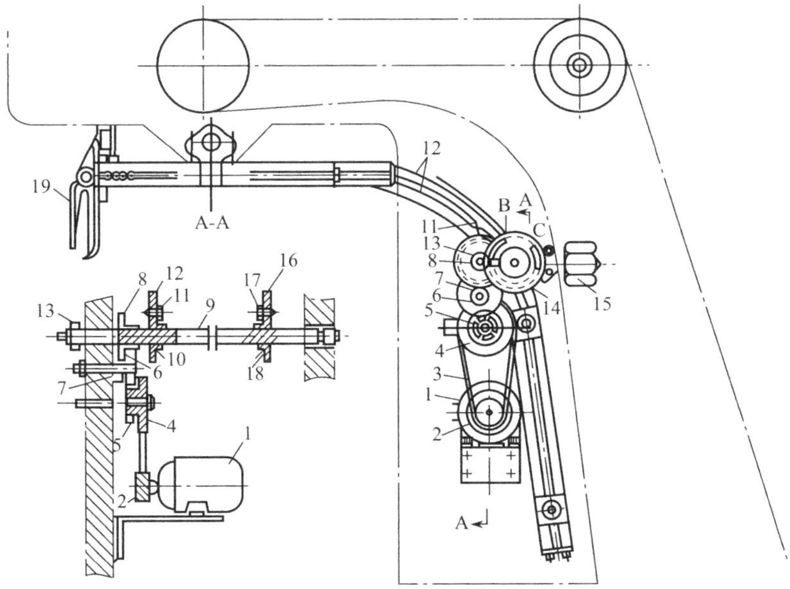

图 7－51　J2203A、J2205、J2108A 型胶印机副收纸装置结构图

1－电机；2、4－带轮；3－皮带；5、6、7、8、13、14－齿轮；9－升降轴；

10、18－链轮；11、17－链条；12、16－导轨；15－行程开关；19－前齐纸板

从而带动升降轴 9 上的链轮 10 和 18。链轮带动链条 11 和 17 在链条的曲线导轨中向外随链条伸出，支撑在导轨架上，15 块小木板并排排开，形成平面，即副收纸板，进行接纸工作。

当纸堆更换完成，主收纸台上升。当主收纸台上升至台板上面碰到支杆 1（见图 7－52）时，支杆 1 的上端碰顶微动开关 2，通过继电器接通副收纸电机，并使其反转，副收纸板又在链条带动下退回到曲线导轨中。此时主收纸台继续上升一段距离，又触及另一支杆，接通微动开关，使主收纸台升降电机停，主收纸台又开始正常收纸。

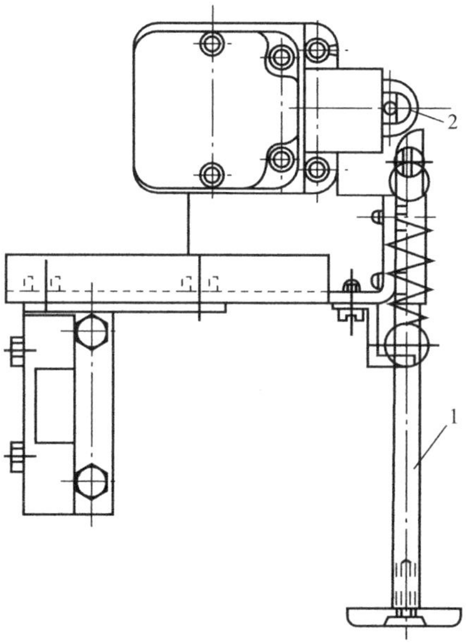

图 7－52　J2203、J2205、J2108 型胶印机副收纸限位杆结构图

1－支杆；2－微动开关

J2203、J2205、J2108 型胶印机的最大速度为 8000 张/时，此时，收纸链条的线速度为 1.69m/s，副收纸板的线速度是收纸链条线速度的 1/2。若胶印机印刷速度为 6000 张/时，收纸链条的线速度为 1.27m/s，副收纸板进出的线速度约为收纸链条线速度的 1/4。副收纸板进出的速度比收纸链条运转的线速度慢，保证副收纸板在伸出时不会顶住纸尾。

副收纸板进出时间的调节。在副收纸板进出的线速度慢于收纸链条线速度的前提下，若副收纸板伸出的时间与收纸链条叼纸牙排不协调，副收纸板伸出时会撞乱纸张。机器用过一段时间后，副收纸两侧的导轨有磨损，副收纸板机构也可能不能正常使用，要么副收纸板出来到达前齐纸时，碰撞力过大；要么副收纸板还未到前齐纸就停下来，每次要用手向前拉一下才到位。因此，副收纸板伸出的时间早晚应能进行调节。在图 7－51 中，副收纸板伸出的时间早晚是通过改变凸块 B 的位置实现的。调节凸块 B 的位置，可以改变副收纸板进出时电机的断电时间，从而控制副收纸板进出的时间和位置。

2. PZA880－01 型胶印机副收纸装置

该胶印机副收纸采用插辊式，主要优点是结构简单，易操作，工作稳定可靠。曼罗兰胶印机和海德堡胶印机的副收纸装置均采用过这种结构，该结构的不足之处是劳动强度比 J2203 型、J2108 型胶印机大。新结构在插辊插入过程中采用滚珠导轨，插入时阻力较小。

用完后不必取下，可搭放在收纸台下方。

3. J2204A 型胶印机副收纸装置

图 7－53 所示为 J2204A 型胶印机副收纸结构示意图，在收纸堆上方有两导轨托槽，扳动两边手柄 A、B［见图 7－53（b）］，通过四连杆机构可使导轨托槽移到虚线位置［见图 7－53（a）］，此时，副收纸板可以插入接纸，当换好主收纸台或加放晾纸板后，扳动 A、B 手柄又回到实线位置，主收纸台继续工作，副收纸台缩回到机器两边。这种副收纸结构简单，操作方便。该结构比其他木晾纸架节省堆放空间。图 7－54 所示为 J2204A 型胶印机所使用副收纸晾纸架结构以及使用情况，图 7－54（a）所示为收纸堆加放晾纸架后的情况。图 7－54（b）所示为收纸堆俯视图。支撑副收纸板的是一个木质或塑料制作的直角支撑。图 7－54（c）所示为直角支撑的立体图，它的高度决定了每次晾纸的高度。图 7－54（d）所示为晾纸板的俯视图，晾纸板用七合板或十合板制成。

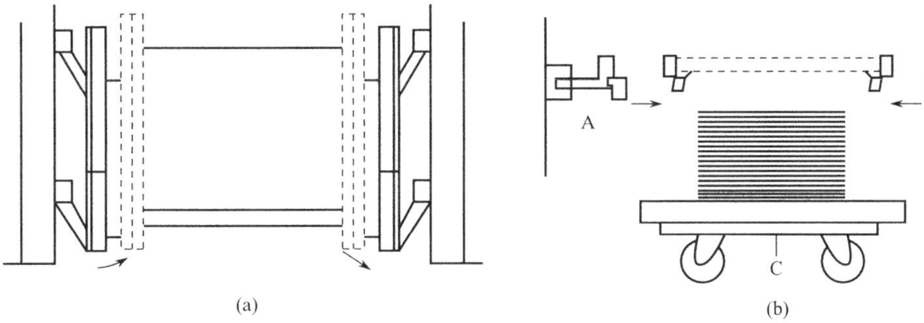

图 7－53　J2204A 型胶印机副收纸结构示意图

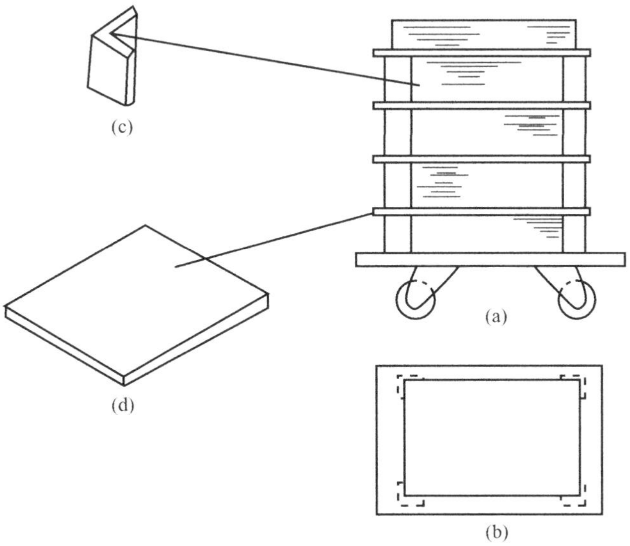

图 7－54　J2204A 型胶印机副收纸晾纸架结构图

总之，这种副收纸晾纸板结构先进，操作简单，使用方便。

第八章 8

印刷机控制系统

随着各种自动监测控制技术和系统的不断引入，现代印刷机的自动化程度不断提高，人工干预的层次也在逐步提升和改变。现代印刷机的发展趋势之一，就是普遍引入印品质量检测控制系统以及印刷数字化调节控制系统。这不但为改善印品质量、提高自动化水平、减少废品率提供了技术保证，也给机器控制系统的维护保养增添了新的内容。

第一节　印品质量检测控制

传统的胶印，由于印前准备、墨色预调以及在印刷过程中调节墨量都需要较长时间，造成了油墨与纸张的大量浪费，印品质量不高且不稳定。现代胶印机采用了输墨、套准装置的预调、集中控制和遥控系统、故障诊断和自动监测显示装置以及快速上版定位装置，不仅自动化程度高，大大缩短了印前准备及调节时间，而且保证了良好的印品质量。

一、印品质量的监测控制系统及其应用

自 1972 年德国曼罗兰公司的多色胶印机遥控装置问世以后，该公司几年后又成功地研制出了印品质量计算机控制系统。同时，德国海德堡公司也成功地研制出 CPC。目前国际印刷设备市场中，90% 以上的多色胶印机都配有印品质量控制系统。控制系统的形式及名称虽然不同，但基本控制原理及功能大致相同。如德国曼罗兰公司的 RCI 和 CCI 以及 PECOM 系统、海德堡公司的 CPC 和 CP Tronic 系统、米勒公司的 Unimatic 系统、科尼希·鲍尔（高宝）公司的 Colortronic - scantronic 系统、日本三菱公司的 APISII 系统、小森公司的 PAI 系统、秋山公司的 ACC 系统、意大利欧姆萨公司的 ACS 系统以及瑞典索尔纳公司的 SCC 系统等。

采用自动控制系统后，通常可以获得以下技术优势：

①缩短更换印件的准备时间 20% ~30%。

②减少印刷纸张的浪费，缩短调校时间。

③减轻印刷工人的劳动强度，不必在机器上跑上跑下，改善劳动条件。

④印件如果再次印刷时，能保持印刷质量的一致性。

⑤对印刷工人的技术要求降低，不需要高级印刷工人，因为控制墨色是通过仪器来自动

控制的，能准确、方便、迅速地进行套准和控制墨量。

二、印品质量的监测控制原理

不同形式和名称的印品质量监测控制系统都是综合考虑诸多印刷条件，通过控制印刷特性而控制色彩复制的稳定性，其基本控制原理大致可归为两类：基于密度测量的控制系统和基于色度测量的控制系统。

1. 基于密度检测的控制系统

在印刷过程中，输墨控制是影响画面质量的重要因素，因此印品质量检测控制系统一般都是以输墨控制为基础的。人们期望印刷品有稳定一致的色相，而色相是通过网点叠印产生的，大多数是并列网点，实地密度的变化将引起网点覆盖率的改变。当网点覆盖率变化时，最明显的结果是色相改变。

墨量多少与印品反射率之间存在定量关系。在印刷机上配置 IGT 密度计，全数连续检测印品的密度值，并进行多张均值运算，通过平滑滤波消除偶然误差。IGT 机上密度计有效地测定印刷区域特定面（许多系统测量色彩控制条上的各色块密度）上的红、绿、蓝紫光的反射率，然后采用 A/D 转换器件转化为相应的密度数据。经过处理运算后，这些密度值转化为各色墨层厚度的变化数据，并加以显示或打印。控制模块（或操作者）将据此进行自动（或人工）调节控制，补偿印刷条件的改变，通过调节墨量，将使该测量面重新回到红、绿、蓝紫色彩的平衡，保持或重建印刷品跟标准样张的匹配关系。

（1）联机密度检测控制系统

图 8 -1 为一个有四个测量头的控制操作单元的示意图。光通过各测量头连续射到印张上，印张再把光反射回来，每只测量头中的光电管发出一个细微电流给前置放大器 2。从前置放大器中输出放大的电压信号被送到取样保持放大器 3，直到发出“保持”指示。于是，放大器把瞬间信号保持一段时间。当测量信号条正好运动到测量头下就发出“保持”信号。在保持指令期间，所有取样保持输出通过一只模拟开关 7 以极迅速的顺序连接到对数变换器 11 上。对数变换器把电流强度变换成密度信号，通过阻抗变换器 12 把这些密度信号 13 送到计算机的 A/D 变换器中。光电脉冲发生器 4 受压印滚筒轴控制，给取样保持放大器确定测量信号条与测量头的对应位置关系。压印滚筒表面（纸张）每移动 1mm（弧长），就发生一个脉冲。这些脉冲由电子计数器 6 计数并同确定标准值 5 比较。当脉冲数达到与确定的值一致时，计数器 6 就发出一个信号，告诉整个系统，测量信号条现在正位于通过的区域（粗同步）。测量杆中的同步头开始活跃并密切注视同

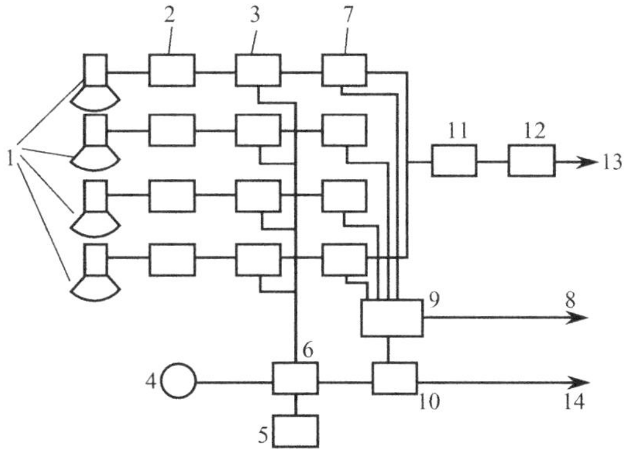

图 8 -1　四测量头联机密度检测控制操作单元示意图

1 - 测量头；2 - 前置放大器；3 - 保持放大器；4 - 脉冲发生器；5 - 标准值；6 - 计数器；7 - 模拟开关；8、13、14 - 信号；9 - 调制器；10 - 控制器；11 - 对数变换器；12 - 阻抗变换器

步表面的通过，同步表面被记录在测量杆中。一旦这些表面处于同步头下面，同步头就发出保持指令（细同步）。

除距离脉冲外，脉冲发生器 4 通过多路调制器 9 也产生一个与纸张边缘相应的起始脉冲 8。这既是计数器的起始信号，也是计算机的起始信号。

通过多路调制的控制器 10，把表示各密度信号顺序的另一个信号 14 送给计算机。取样保持放大器平行地（同时）进行测量，把它们的信号系列地（一个接一个）送给计算机。

当起始脉冲 8 通知计算机，在一定数目的脉冲信号 14 之后一系列新的密度值信号 13 将到达时，计算机就起动 A/D 变换器，并读出相应的测出值，这样就能依次读取一张信号条上的所有密度值。

接下来控制系统的处理流程是：根据测量值（已转换）进行处理，分析对比，指出调控数据，或直接进行机器的自动调控。

（2）联机图像缺陷检测装置

联机图像缺陷检测装置也是根据密度检测原理进行工作的。在印刷品印刷结束后，用在线方式自动、全数且全面地进行印刷品质量检查。其检查性能不低于用肉眼在 50～60cm 距离进行检查的效果。它可以检查出从油污、背面蹭脏那样大的印刷缺陷到空白点那样微小的印刷缺陷以及套准偏移等质量缺陷。

印刷质量检查装置查出缺陷的原理可用图 8－2 所示原理图予以说明。

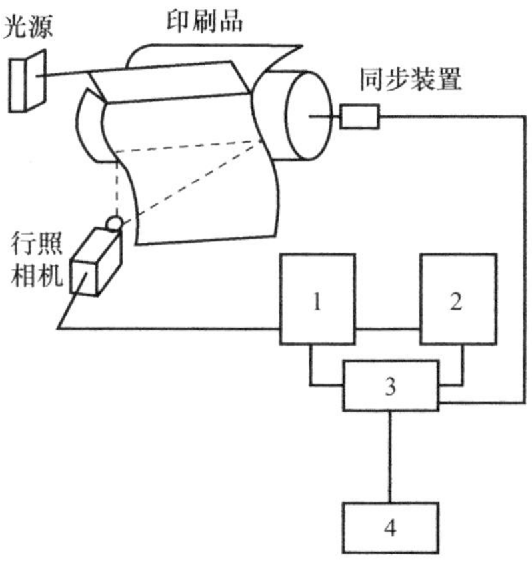

图 8－2　印刷质量检查装置示意图

1－当前值存储器；2－基准值存储器；
3－比较电路；4－缺陷显示器

①在光源（氙灯）的照射下，安装于印刷机内的行照相机，摄入印刷品的图像信息后，把它变换为与浓淡程度相应的电信号。行照相机的受光零件采用 CCD 元件（Charge Coupled Device）。如果行照相机使用 512 万个像素的 CCD 元件，一台照相机可摄取印刷品上宽度约为 2mm 的图样。行照相机的 CCD 元件可用最高 20MHz 的时钟脉冲，故印刷品的移动速度可至 10mm/s 以上。

②把 1 行份的浓淡信号分割为约 500 段进行分段处理，并依次记忆于当前值存储器。印刷品每移动一定距离就摄入 1 行份的图像信息，从而把整个印刷品分割为方眼状的检查单位，记忆于当前值存储器 1。

③当开始印刷正品时，则把当前值存储器内容，全部移至基准值存储器 2。

④其后由比较判定电路 3 依次比较当前值存储器和基准值存储器的同一地址（印刷物图样的同一位置）的内容。如产生缺陷，则缺陷位置的当前值数据与基准值数据就会不同。计算两者之间的差值即可判别有无缺陷。

⑤缺陷一旦被判定，灯泡、蜂鸣器、CRT 显示器 4 就做报警显示，同时使油墨喷射标志器工作，并使自动排出缺陷印刷品的排出机构工作。

2. 基于色度测量的印刷机输墨控制系统

实践证明，单单根据密度测量结果控制输墨往往是不够的。人们无法用密度测量语言明确、有效地跟顾客交换色彩信息。但是，这样的信息交换在目前变得越来越重要了。印刷图像复制重要的是色彩匹配，而不是油墨量匹配，而色相匹配又比色彩饱和度匹配更重要。这就是由密度测控向色度测控过渡的实际需求。

（1）色度测量控制原理

只有色彩测量才能表达眼睛看到的是什么色彩和什么样的色差是容许的，基于色度测量的方法已被用在海德堡 CPC 色彩控制系统中，使印刷图像中难以处理的重点部位的色彩跟打样稿保持一致。如果测试条上包含了实地块、中性灰块、各原色印刷油墨、专色油墨、承印材料（白纸）、三色灰平衡块，以及检测重影和变形的测试块等全部必要的图像样本信息，那么，该系统也能把因调值增加、材料差异和工艺影响造成的色差补偿到可以接受的程度。色彩测量本身既可以在控制条上进行，也可以在画面中任选的位置进行。色度测控的主要优势包括：第一，足以使被复制色跟样本色达到客观的匹配，跟照明条件的变化和人对色彩的主观感受无关；第二，这些系统在工业上的任何配色工艺中都是适用的，没有任何限制；第三，它们是印刷工人确保印刷质量的有力工具。

首先确定调试范围（范围由实验测定）内的光谱漫反射率，然后根据光谱漫反射率或据此推导出来的一些色度特征参数实现输墨控制。测色系统由测量头、光导纤维、分光光度计、计算机和专门的软件组成。扫描头扫描印在纸上的控制条，反射的光线经光导纤维直接进入分光光度计，分光光度计上的一行光电二极管接受射来的光波（波长间隔 10nm），计算机据此计算被测色在 CIELAB 空间的位置，然后跟参考值比较，再把出现的色差转换成恢复色彩平衡的校正值，计算的结果用图形表达并对印刷机进行直接控制。

具体应用时，首先根据印版扫描器的测量值对印刷机进行粗调；接着是调整阶段，包括色彩匹配、套准调节，在这个阶段，要根据打样细调输墨系统直到得到令人满意的印刷品；最后进行正式印刷。印刷过程中的调节集中于尽量保持调机时达到的结果不变，通常人们不再把打样作为参考，而是把认为“好”的印张作为参考，根据“好”印张的色密度测量值进行调节。在这样的密度调节阶段，把光谱反射率换算成滤光色密度（与密度测量相对应），然后把换算得到的结果跟由“好印张”算出的结果进行比较，色密度的差值就直接转化成控制数据，对输墨进行调节控制。对于分区控制输墨的印刷机来说，可以按区分别监控。

（2）基于色度的油墨量测控系统

图 8－3 是基于色度测量的印刷机输墨控制系统简图。由带有输墨遥控系统的印刷机 30 产生的印刷品 40 用光谱测量与处理装置 10 进行光电测量，由此得到的测量数据被换算成控

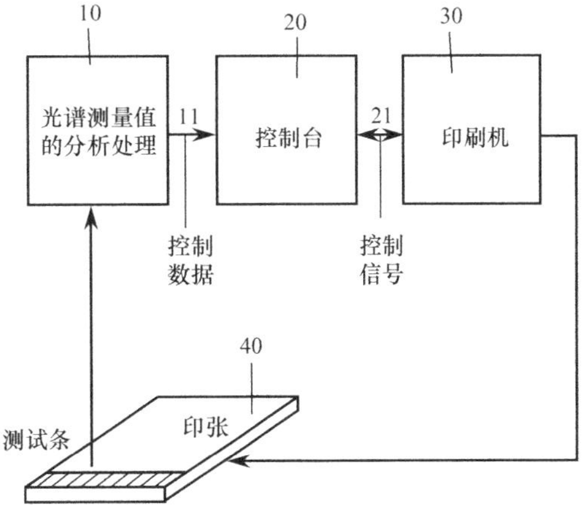

图 8－3　基于色度测量的印刷机输墨控制系统简图

10－处理装置；11－控制数据；20－控制台；21－控制信号；30－印刷机；40－印张

制数据 11。这些控制数据是跟各个墨区中参加印刷的油墨和印刷材料造成的色差相对应的，并作为输入数据供给控制台 20。控制台 20 根据控制数据 11 产生控制信号 21，控制信号按色差最小的原则调节印刷机 30 的输墨元件，使偏差等于零或在许可的误差范围内。

图 8－4 是光谱测量与处理装置 10（见图8－3）的结构原理图。图 8－4 中的测量头 101 借助于步进电机 102 相对于被测样张运动，还有一个附加的手持测量头 103，它可以用手放在印张上希望测量的地方定位。这两个检测头都包括测量装置，它按通常以标准 45°角照明要测量的区域，接受 0°返回的光线并把它耦合在一个光导纤维中，再通过光导纤维供给分光光度计 105，在分光光度计中反射的光被分色和测量，由此得到的测量值被传到计算机 106，由计算机算出控制台所需要的控制数据，计算机还操纵和控制步进电机 102 的驱动器 107、测量头 101 和 103 中光源的电源、一个显示器 108、打印机 109 和键盘 110。这个光谱测量值处理装置的特点是：对测量区进行光谱色度分析；在输墨控制方面应用光电测量数据。

图 8－5 是分光光度计结构原理图。来自测量头 101（见图 8－4）和 103（见图 8－4）的光经光导纤维和缝隙（光圈）落在全息光栅 151 上。在此，入射光被调整成在空间按波长次序排列的光谱。这些按光谱被色散的光落在行阵光电二极管 152 上，每个光电二极管只是接受一个波长范围相对很窄的光能，由 35 个光电二极管产生的测量信号跟被测量光在 35 个离散点上的光谱强度分布相对应，接口 153 把测量信号放大并数据化成为计算机可以理解的形式，接口当然也可以按空间形式布置在计算机中。

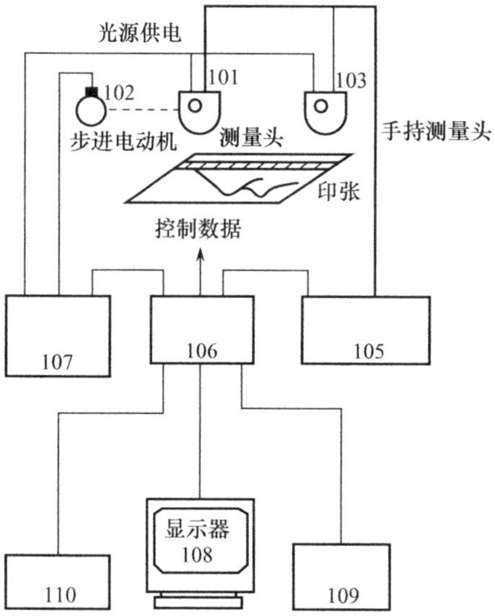

图 8－4　色度测量与输纸处理系统原理图

101－测量头；102－步进电机；103－手持测量头；105－分光光度计；106－计算机；107－驱动器；108－显示器；109－打印机；110－键盘

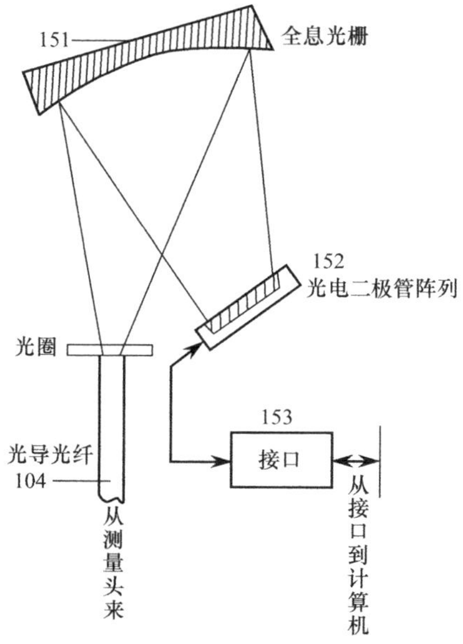

图 8－5　分光光度计结构图

104－传输光纤；151－全息光纤；152－光电二极管；153－接口

第二节 现代印品质量控制系统

虽然影响印刷质量的因素众多，但从印刷适性的角度分析，印刷系统各要素，尤其是印刷材料适性在一定范围内可以相互弥补校正。传统的离线印刷质量直接检验和人工控制调节，由于随机误差干扰使得校正不可靠，变化的误差因素通过人为操作控制也有较大难度，另外测控周期长和印刷高速化导致废品率上升，因此，从实用性考虑，建立在线的全流程的闭环质量检测控制系统来纠正、校正和补偿前期误差和动态误差是一种理想的解决途径。

目前，数字化、半自动化、自动化印前设备、印刷设备、印后设备不断涌现，技术含量、自动化程度在不断提高。图像处理技术、图像检测技术和计算机控制技术的发展应用，联机测控系统的应用成为发展潮流。下面介绍几种国外现代胶印机的计算机控制系统及其部分控制装置。

一、海德堡胶印机的 CPC 和 CP Tronic 系统

海德堡的 CPC（Computer Print Control）是一种可扩展式系统，由给墨量和套准遥控装置 CPC1、印刷质量控制装置 CPC2、印版图像测读装置 CPC3、套准控制装置 CPC4 和 CP Tronic（CP 窗）自动监测和控制系统组成，其中 CPC1 和 CP Tronic 构成了印刷机的控制中心，如图 8 - 6 所示。

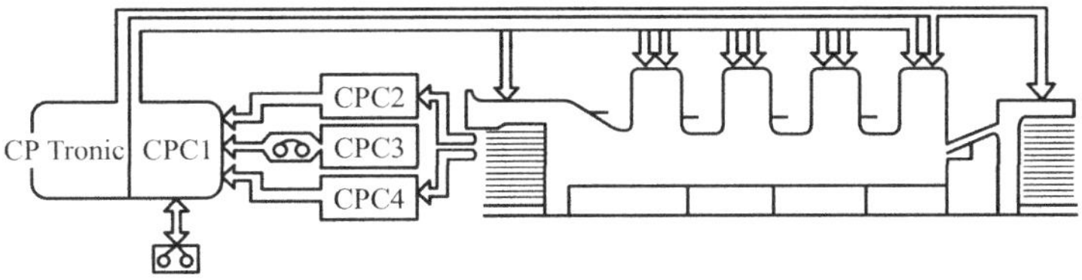

图 8 - 6 CPC 系统组成

1. 给墨量和套准遥控装置 CPC1

CPC1 是 CPC 的基础和核心，其关键部分是墨量控制系统，CPC1 又包括基本控制装置 CPC1 - 01、控制装置 CPC1 - 02 和随动控制装置 CPC1 - 03 三部分。

（1）基本控制装置 CPC1 - 01

它通过按钮遥控给墨和预调套准，包括区域墨量、墨斗辊墨条宽度遥控装置及轴向、周向套准装置。该供墨装置沿墨斗辊轴向安装了 32 个计量墨辊，把给墨区域分成 32 个小区域，每个计量墨辊的宽度为 32.5mm，计量墨辊中间大部分做成偏心柱状。通过微电机转动计量墨辊，以改变计量墨辊和墨斗辊的间隙，便可调节该区域的出墨量。

墨斗剖面及偏心柱简图如图 4 - 38 所示。

如图 8 - 7 所示，控制台上设有控制微电机的 32 个间隙调节按键 7（上排“ + ”为增加

间隙按键、下排“－”为减少间隙按键），按键上方设有 32 套显示装置 8，每套显示器由 16 个发光二极管组成，用于显示墨斗辊与计量辊之间的间隙，其间隙的调节范围在 0 ~ 0.52mm 范围内，每小格表示 0.1mm 间隙。

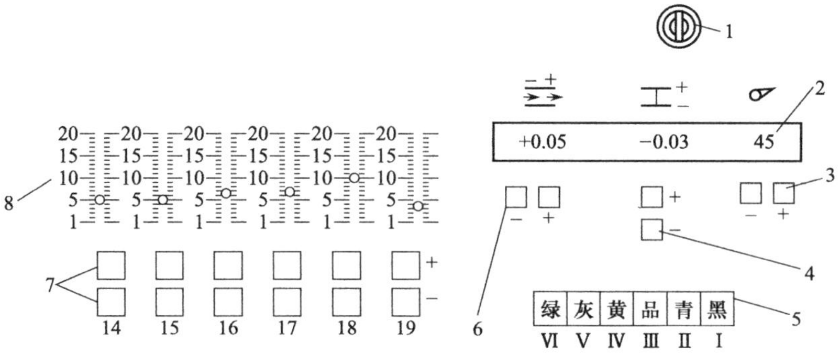

图 8－7　CPC－01 控制台

1－总开关；2、8－显示器；3、4、5、6、7－按键

整个墨斗出墨量的粗调是通过按键 3 改变墨斗辊间歇回转角的大小来实现的。墨斗辊回转角的大小通过微电机控制，同时由轴端电位计将调整信号用数字在显示器 2 上显示出来。所显示的数值为最大回转角的百分数，调节精度为最大回转角的 1%。图中按键 4、6 是遥控印版滚筒轴向和周向套准，并通过控制印版滚筒轴端的电机来实现。调节精度为 0.01mm，调节范围为 ±2mm。操作时，首先打开机器总开关 1，然后再按下机组按键，方能进行上述控制工作。

（2）CPC1－02 控制装置

该控制装置采用光笔和按钮进行墨量的整体快速和局部遥控调节，有储存记忆功能。与 CPC1－01 相比，增加了存储器、处理机、盒式磁带和光笔。使用光笔可向存储器中输入相应区域的墨层厚度和墨条宽度，以备调用；盒式磁带还可以存储 CPC3 印版阅读装置所提供的预调数据。CPC1－02 控制台功能键及显示屏如图 8－8 所示。

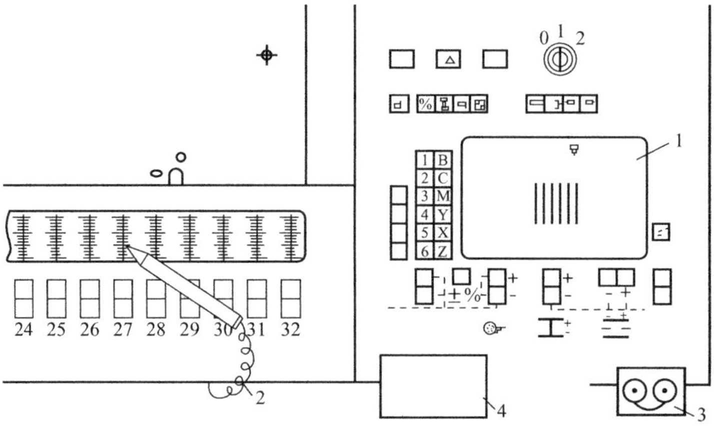

图 8－8　CPC1－02 控制台

1－显示器；2－光笔；3－盒式磁带；4－墨量存储器

（3）CPC1－03 控制装置

CPC1－03 控制装置与 CPC1－02 相比，增加了随动控制和随动自动控制装置。常与 CPC2 印刷质量控制装置结合使用，连用时将 CPC2 装置测定的每个区域的墨层厚度换算成给墨量调整值，并显示在控制台的随动显示器上，再根据偏差值进行校正，从而快速、准确地达到合格印刷品所需要的标准数值。

2. 印刷质量控制装置 CPC2

该装置是利用质量控制条来确定印刷品质量标准的一种测量装置，与 CPC1－03 控制台连用，不仅可以缩短更换印刷品所需要的时间、减少调机的废品，而且在印刷中可通过计算机把实际的光密度值转换为控制给墨量的输入数据，以保证高度稳定的印刷质量。

CPC2 装置的同步测量头可在几秒钟之内对质量控制条的全部色阶进行扫描，可以分析和测量六种颜色，然后确定诸如色密度、容限偏差、网点增大、相对印刷反差、模糊和重影、油墨叠印牢度、色调偏差和灰色度等特性参数值，并将所测试数据与预定的基准值比较，结果显示在 CPC2 质量控制装置的荧光屏上，包括给定颜色的实测值或相对规定值的偏差值，同时将偏差值数据送入 CPC1 控制台。根据校正颜色计量墨辊的调定值和实测的光密度偏差计算和显示出建议的校正值，并加以校正。其校正方法可以通过手动方式、随动控制系统（如 CPC1－03 装置）或随动自动系统进行各色墨斗调整，得到的正确值可以打印或储存起来，以便再用。

CPC2 装置不仅能测试印张上的各种质量控制差，而且能同时对印刷不同印件的数台印刷机进行质量控制。通过 CPC2 终端设备以交互方式将印件的特定信息存入软盘，正式印刷时，只需 8s 便可将最大尺寸印张的测试结果显示在屏幕终端。

CPC2－S 质量控制装置是用色度测量代替原 CPC2 的密度测量。它不仅能进行光谱测量和分光光度鉴定，而且能根据 CPC 测量条的灰色、实地、网点和重叠区计算出 CPC1 装置的油墨控制值；印刷前可测量样张或原稿的测量条，在印刷过程中可测量印品的质量控制条，并可将从原稿所测量的 6 种颜色直接转为专色；与 CPC1 结合使用能最佳地满足根据测量结果控制给墨量的要求。

应用分光光度测定法对颜色进行真实的测定，才能测定人眼感觉到的颜色。因此这种新的 CPC2－S 质量控制装置能够最佳地满足根据测量结果控制给墨的要求。

3. 印版图像测读装置 CPC3

该装置利用计算机控制的光电测量头测定印版各墨区的油墨覆盖面积，并将所测量的结果存储在盒式磁带上或打印输出。印刷前，CPC1 控制台调用盒式磁带所存储的印版测定值和其他数据，并通过 CPC1－02（或 CPC1－03）把这些数据转换成计量墨辊和墨斗辊间隙的调节值，实现了墨量的自动调节，并缩短了预调时间。

CPC3 测读装置如图 8－9 所示，通常放置在制版室内，对曝光和涂胶后的印版进行测读（扫描），操作时输入印版尺寸，可逐个感测印版上亲墨层所占面积的百分率，如图 8－9（a）。测量条的感测孔 13 宽度为 32.5mm，相当于计量墨辊有效宽度或海德堡印刷机墨斗上墨斗螺丝之间的距离，如图 8－9（b）。

在阅读过程中，传感器 9 均采用与阅读印版 4 相类似的校准条进行校正。在非图像部分校准至 0，在实地部分校准至 100%。为了排除校准条和印版之间在颜色方面的差别，采用附加的校准传感器来测量一个校准区，此校准区也可在印版上曝光，以自动校正颜色上存在的任何偏差。

该装置通过操作台 6 操作，其数据输出可以采用盒式磁带 8 或打印记录 7 的形式。当采用打印输出时，有两种不同类型的打印件。一种是有各种颜色和各种墨区的百分率数值；另一种是以图表的方式表示单一颜色的区域百分率。图 8－9 中 1 为测量条，2 为标准条，3 为校准区，5 为图像区，10 为电子装置，11 为光源，12 为扩散的荧光屏，14 为吸气槽。

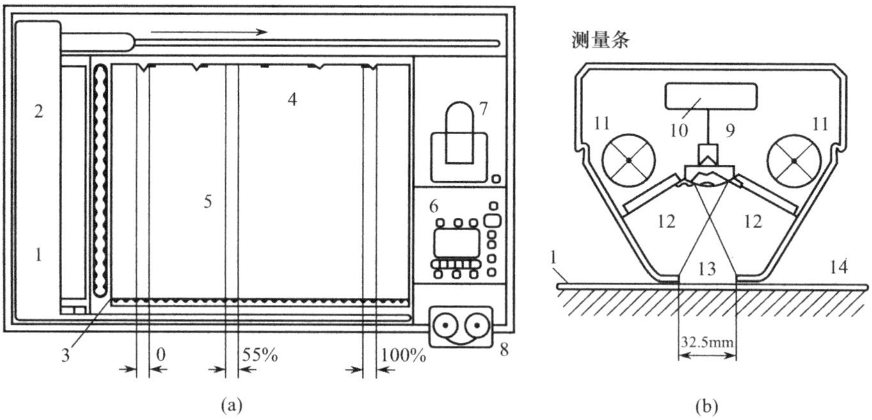

图 8－9　CPC 印版图文（图像）测读装置示意图

1－测量条；2－标准条；3－校准区；4－印版；5－图像区；6－操作台；
7－打印记录；8－盒式磁带；9－传感器；10－电子装置；11－光源；
12－扩散的荧光屏；13－测量限制器（感测孔）；14－吸气槽

该装置总共可相继测量和存储六个印版的颜色数据（颜色），印版颜色的顺序是黑色、青色、品红、黄色以及第五和第六种颜色，它们与阅读印版的次序无关。在进行印刷前，只要将印版和 CPC3 记录的盒式磁带给操作人员，把磁带数据读入 CPC1 的存储器中，按一下控制台上的按钮，就可把数据输给印刷机，并通过 CPC1 中的处理机把百分率数据换算成个别给墨区的调定值，就可以开机进行印刷。

采用 CPC3 阅读印版，可以更快、更准确地预调墨层厚度分布，降低换版调机时的纸张浪费和时间的浪费。

4. 套准控制装置 CPC4

CPC4 套准控制装置是无线的阅读装置，该装置从 CPC1 控制台上精确和可靠地测量印张周边和横向套准偏差，自动进行套准调节，并且可以显示、存储和打印输出测定结果。

如图 8－10 所示，图（a）为测量装置，图（b）为套准标记。测量时，把 CPC4 装置放存印品上，可测出十字线套准误差并进行记录，然后把 CPC4 装置放在位于 CPC1 控制台的控制板上方时，操作按钮，通过红外线将存储的数据传给 CPC1，而通过 CPC1 遥控装置驱动步进电机，把所有的印版滚筒调到计算的位置。CPC4 装置不需电缆和插入式连接器，操作简单、使用方便。

5. 自动监测和控制系统 CP Tronic

CP Tronic 是海德堡公司继 CPC 系统之后推出的一个模块化的集中控制、监测和诊断系统。这种首创的全数字化控制系统不仅使印刷机具有更高的生产率、更多的方便性和更大的可靠性，而且也为印刷机的进一步发展创造了条件。

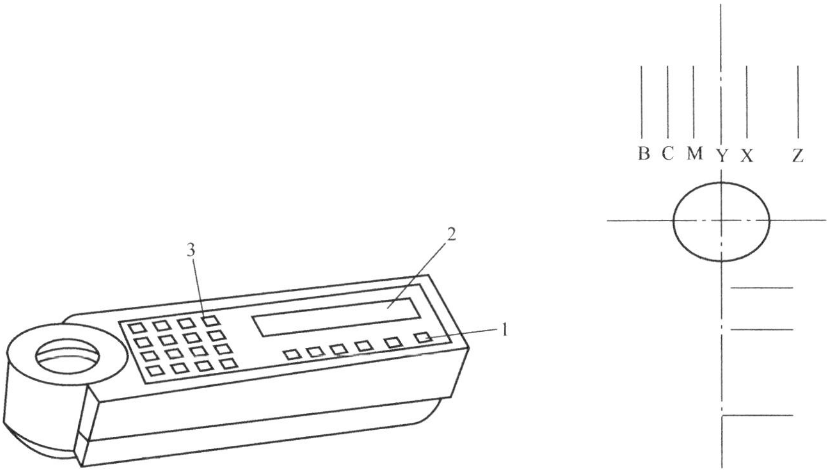

(a) CPC套准检测装置　　(b) 套准标记

图 8－10　CPC 套准检测装置及标记

1－色组键；2－误差显示；3－操作按钮

CP Tronic 的核心是一组高效能微计算机。密集的传感器和制动器网络提供信息并执行控制指令，中央控制台上的等离子显示器显示出所有工作过程。CP Tronic 不仅能代替传统的机电式控制系统，而且能处理和存储印刷机的操作及生产数据。CP Tronic 数字化控制系统，采用 16 位模块化处理器，与印刷机中密集的传感器、制动器和电动机网络交互作用，提供信息和传递指令。CP Tronic 控制台如图 8－11 所示。

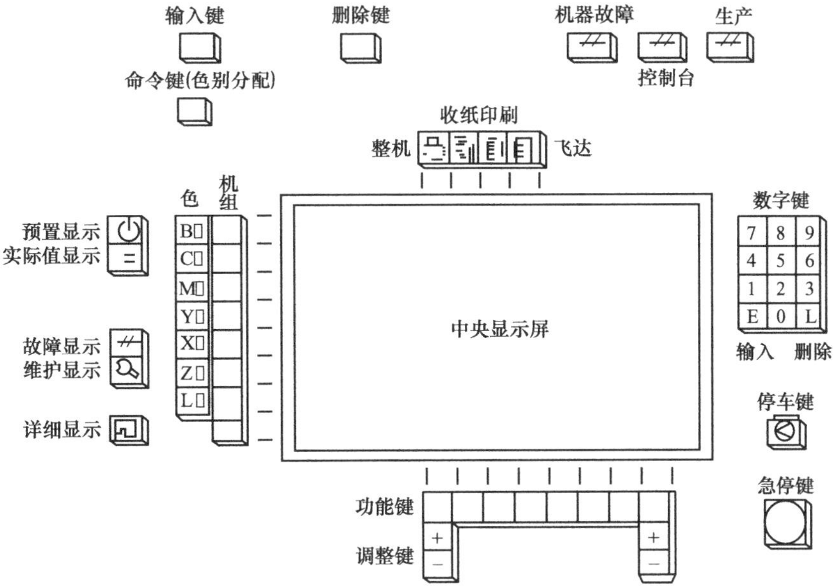

图 8－11　CP Tronic 控制台

CP Tronic 有四大功能：预选择功能、实际值功能、诊断功能和维修功能，通过 CP 控制台选择、显示和控制。

①参数预选择功能。

控制台上有四个监控层面，可根据所需要的功能进行选择，并可输入与作业有关的调定值，包括胶印机的速度、预定的印数、润湿液量和清洗时间等，通过参数的预选定可以对印刷机进行主动控制。

②运行状态（实际值）显示功能。

实际值的监测显示为操作者提供信息反馈，使操作工人及时并清楚了解印刷生产过程中的实际运行状况以及印刷作业进度，必要时也可在印刷过程中直接进行人工调节，此时预选择功能不会受影响，在操作程序中会自动实现有关的调定值。

③故障诊断功能。

通过出错信息对印刷机进行故障诊断，以监测和控制印刷机的各个部件，包括输纸、收纸、输墨、润湿装置和印刷以及其他辅助设备。当发生调定错误或意外故障时，如防护板打开、纸张定位不准等，CP Tronic 的监控系统会立即向控制台发出信号，并在显示器上准确指出故障类型和有关部位以及故障发生的原因。

④维修信息指示功能。

根据显示器上的检测项目、代码及各部件的状态，如纸张的定位、传递，吸气辊的速度，牙排叼纸牙的张开点，润湿液及墨量的控制和调节，润版过程的控制和监测等，并显示和查询有关数据和信息，准确无误地确定维修部位和维修方式，对操作者做出维修部位提示，以便迅速进行维修，从而进一步提高印刷机的生产率和安全性。

另外，CP 窗还能控制自动更换印版装置，自动调节纸张输纸、收纸及定位部件，自动运送和更换纸堆。这些功能部件包括：

① Preset 预设输纸器（飞达）装置。在 CP 窗控制台输入纸张尺寸和厚度后，可完成全自动调节印张尺寸规格的预调操作。在输纸器上，预调装置会使吸气头、横向导纸板、压纸滚轮和侧规自动移向正确的位置。未对齐的纸张以及主给纸堆和备用纸堆的横向位置会自动进行校正；印刷压力和前规盖板的高度可自动调节，以配合新的纸张厚度。在收纸台，横向齐纸板、幅面尺寸限位器和吸气辊、喷粉器等辅助装置也会重新调整。

② Autoplate 自动装版装置。依靠压缩空气打开版夹，装好版后用强力弹簧关闭，把印版紧紧地固定就位。换版时，先以按钮指令使印版滚筒转到适当位置，然后把印版前缘装入印版滚筒的定位系统中，按下按钮使前叼口的版夹紧密闭合，印刷机使印版在受压状态下向前转动，直到把印版后缘压入滚筒后缘的版夹内。整个操作是自动进行，不需要使用工具，也不需要重新拉紧。印版的变形可借助于对开式尾缘版夹加以补偿。

③ Multiplate 复式换版装置。采用 CP 窗的按钮指令，可在 4min 内全自动更换六色速霸胶印机的所有印版。

④ Nonstop 不停机纸堆自动更换装置。

⑤ Autopile 全自动纸张输送装置。

6. CPC 和 CP Tronic 的连接

海德堡胶印机 CP Tronic 和 CPC 系统连接后，可实现印刷过程的全自动控制。

① 印刷作业准备。

油墨预调、预选择、程控油墨量输入、给墨量与套准遥控、润湿液量输入、自动套准控制、印刷纸张尺寸和纸张厚度的输入、输纸与收纸机预调、印张传送控制等。

② 正式印刷过程控制。

纸张输送及定位控制、自动套准控制、光谱彩色测定与灰平衡、中心控制与诊断、整机监控等。

③ 更换作业控制。

墨辊自动清洗、橡皮滚筒自动洗涤、滚筒压力遥控调节、输纸机与收纸机自动调节、定位部件自动调节、自动装版，以校样的测量条为基准值控制印品质量等。

④ 功能与维修诊断。

故障诊断、自动集中润滑、预防性维修、可互换印刷电路板、电话维修服务等。

总之，海德堡胶印机实现全自动化印刷，保证了印刷过程的稳定性，提高了印品质量，降低了废品率，从而提高了印刷机的生产效率。

二、曼罗兰胶印机 RCI、CCI 和 PECOM 系统

1. 遥控调墨装置 RCI

遥控调墨装置 RCI 是曼罗兰系列胶印机的标准配件，主要由油墨计量装置和输墨遥控装置组成，可完成上墨区域的中心设定和墨辊的串动量及旋转速度的设定。RCI 装置可通过中央控制台进行控制，油墨预调值是通过曼罗兰电子制版扫描仪 EPS 在制版扫描后，将印版上的图像层次和信息存入盒式磁带，然后输入 RCI 装置，再由控制台的电位计准确控制尼龙墨刀滑片位置，并通过发光二极管显示墨量值的大小。

2. 计算机控制的墨色系统 CCI

计算机控制墨色系统 CCI（Compute Control Inking）是由一个墨量控制设备 RCI 及一个微程序控制器相连的彩色密度测量设备和一个总控制台控制，形成一个闭合回路。使用 CCI 进行控制时，根据测量的彩色密度数值，把测量值和给定的理想值进行对比和校准，计算出所需的控制数据，把它作为调节指令来控制微电机的转连，从而控制墨斗辊出墨量的大小。

CCI 控制台是由油墨密度测量装置、键盘、彩色显示器、轴向和周向套准装置组合的遥控自动调节装置。操作者可通过功能键和显示器上的菜单选择完成操作和检测。CCI 系统有良好的文件管理功能和用户界面，通过分析运行过程中的测量结果调整记录，可有效地评价印品的印刷质量。再次印刷，可从数据库中迅速调用原设定数值，减少了工作准备时间。

CCI 墨色控制系统采用的墨斗机构如图 4 -41 所示。

CCI 系统可以与 PECOM 系统相连，在数据网络中，生产管理的 TPP 工作站可以为中央控制做准备，而不需用磁带来传输和存储油墨的设定值。

3. 印刷控制中心 PECOM

印刷控制中心 PECOM 由 PEC 电子控制处理器、PEO 电子归纳处理器和 PEM 电子管理功能系统处理器组成。

PECOM 系统的大量工作由主控中心集中操作完成并用数字予以显示，实现了印刷过程的全自动控制，通过光导纤维快速准确地传输数据信息，保证了印刷质量的稳定性，保持了

较高的生产率。

（1）电子控制处理器 PEC

电子控制处理器 PEC 是 PECOM 结构的基础，它包括印刷机组、压印、控制和调整功能。例如 PECOM 印刷控制中心对计算机控制的墨色系统（RCI/CCI）、定位装置的控制及调节系统、输纸过程监视、输纸尺寸的预设和附件设备的控制等。控制系统集中于每个机组单元机身墙板中，每个控制单元机组均有自己的 CPU，数据信息在机组之间以及机组与主控中心之间转换，并自动显示机器故障的原因及排除方法。该电子控制系统具有如下控制功能。

① 自动定位装置 ASD。该装置控制输纸和收纸装置，印刷前将印刷纸张的尺寸输入控制中心，此时横向引导纸堆定位和吸嘴位置自动调整。侧规装置和收纸装置的调节自动跟踪输纸机进行。纸堆两侧有标准监测仪器，必要时会自动调节纸堆所处的位置，这样就保证了在输纸过程中气动拉规可以获得相同的拉纸距离，横向位移同样可以用输纸台上的手动按钮直接操作。自动中心位置控制能保证每次纸架重新安放时自动回到原中心位置。纸堆高度的选择依靠后面的压脚进行监视，当纸堆前面没有按要求靠前挡板时，会产生中断信号。

纸张输送随时受监测器监视，由计算机跟踪并显示位移情况，当纸张发生倾斜、输纸过早或过晚时，都被记录并显示在第一色组的显示屏上，提醒操作者输纸装置运行异常情况，以便及时准确处理，保证可靠走纸。

② 压力自动调节装置 APD。

在印刷前，将纸张厚度输入到印刷控制中心，橡皮滚筒便自动移到与压印滚筒之间恰当的距离上，每个独立的机组均可由控制中心控制完成。在印刷过程中，橡皮滚筒与印版滚筒之间的压力调整可以通过印刷控制中心在运行中完成，并能分别对各色组进行不同的调整。

③ 滚筒自动定位装置 ACD 和自动换版系统 PPL。

当需要换版时，按动键盘按钮，由滚筒自动定位装置将印版滚筒自动旋至换版的最佳位置，然后操作者将印版放入版夹中，再启动 PPL 自动换版系统，通过印版引导装置，把印版准确地紧固在印版滚筒的版夹中。

当印刷不同的纸张时，可通过 PPI 自动换版装置或 APL 全自动换版装置对印版的边缘进行轴向和周向调节，以适应纸张的尺寸变化。

④ 印版定位及质量放大器 RQM。

印版套准控制是通过印品套准定位线或印品局部放大显示在控制中心的显示屏上进行版位校正的。操作者可根据具体情况决定手动调版或是通过键盘启动 RQM 进行调版。如果用 RQM 调版，可选择画面细微部分放大作为参考或显示在监视器上，并自动输入其他机组，其偏差根据参考值自动计算，再启动定位键即可自动完成印版的纵向和横向校正工作。应用 RQM 调版可减少版位调整次数。

⑤ 橡皮滚筒自动清洗装置 ABD。

该装置用气动控制的反向运行的带有特殊涂层的辊子清洗橡皮滚筒，可针对每个独立的色组选择和改变溶剂量和水量，以清洗不同机组橡皮布上的纸毛和印过专色的橡皮布。ABD 装置由印刷控制中心控制快速清洗工作，存入 ABD 中的多种清洗程序均可调用。

⑥ 墨辊自动清洗装置 ARD。

该装置由印刷控制中心控制，清洗程序可预设和调用。洗涤水和溶液分离放置，以适应不同清洗要求。清洗时墨辊和润版辊可同时清洗。与橡皮滚筒清洗配合，可以确定和使用多种清洗程序。

（2）电子归纳处理器 PEO

电子归纳处理器 PEO 负责归纳印刷机工作时的各部分工作，例如印版扫描 EPS 装置、监视器和印刷功能检查以及印刷技术指令准备（TPP）状态等。

（3）电子管理功能系统处理器 PEM

电子管理功能系统处理器 PEM 连接于 TPP 技术工作准备站，并进一步连接到 PED 和 PEC 平面上。通过 PEM 使生产部门与印刷产品之间利用软件在印刷厂收集所有的印刷过程进行处理，并且成为一个信息系统。该系统的主控中心数据库可储存 5000 条指令，测量数据和各种参数可集中存储于数据库中进行管理，重复做可以从预设中调出所需各种实际资料和数据。

TPP 印刷技术准备工作站是连接印刷车间和印刷厂管理层之间的纽带，在远离车间的生产管理办公室内可以进行胶印机的所有技术命令准备和命令准备程序控制。既包括中心数据的存储和参数准备，如纸张幅面尺寸、油墨调节参数、印刷压力、套色顺序、印刷数量以及最高印刷速度的设定，又包括辅助设备的准备如喷粉器、润湿液控制装置和清洗系统等的准备工作。印刷前将有关数据直接传给印刷机，在印刷的同时，运行数据传回到 TPP 工作站，随时可以检查实际生产过程的情况。

4. 全自动纸堆传输系统 AUPASYS

全自动纸堆传输系统 AUPASYS 将组织整个材料供应流程，提供完整的纸堆传输，将印刷和印后加工部分与原材料仓库和中间存储纸堆单元连接起来，为输纸装置和收纸装置提供全自动不停机换纸台功能。纸堆更换可在高速印刷过程中进行控制，减轻了印刷工人的劳动强度，提高了生产效率，在包装印刷厂尤为明显。

三、小森胶印机 PAI 系统

小森公司研制的 PAI 印刷自动化集成系统是将自动作业准备系统 AMR 和印刷质量控制系统 PQC 用于 New Lithrone 40 型胶印机，组成 PAI 印刷自动化集成系统。

（1）自动化作业准备系统 AMR

该系统具有自动套准、配色控制、自动更换印版、自动清洗墨辊和橡皮滚筒、自动调整输纸和收纸装置等功能。通过计算机自动套准系统 CARS 控制印版周边和横向自动套准以及印版滚筒的借动，并能自动预置测规和前规的定位；通过印版扫描系统 PSS 自动控制给墨量和给水量、实现自动配色；通过自动连续输纸装置、输纸台横向控制、输纸/收纸台纸张尺寸预置装置和备用堆纸台，实现输纸/收纸装置的自动调节。

（2）印刷质量控制系统 PQC

该系统由计算机自动套准系统 CARS、印版扫描系统 PSS、印刷质量管理 PQC、印刷密度控制 PDC 以及印刷评估系统 PAS 等辅助装置构成。该系统能自动控制印刷质量和印刷密度，并用印刷评估系统 PAS 对印品质量进行自动检验。PQC 系统配有墨斗辊、供墨量、润湿液和印版位置校正自动控制（调节）装置。

印版扫描系统 PSS 是 PQC 系统中的一个独立装置，它能扫描印版、测读并存储版面图像的供墨量和供水量等工作参数，以便进行预定，并通过 PQC 系统实现供墨量和供水量的自动控制。为了确保工作输出信息准确，应先将印刷方式、印刷机型号、纸张品种、控制印刷机的台数、印版图谱、印版色谱、实地密度等印刷信息输入 PSS 装置。

四、米勒胶印机 UNIMATIC 系统

米勒公司研制的 UNIMATIC 墨色自动控制系统由墨量控制装置 C3、墨色测量控制装置 C4 和 C5 组成，其墨斗结构如图 4－37 所示。

①墨量控制装置 UNIMATIC－C3，用于遥控调节墨斗的出墨量和纵、横向套准。用磁带可存储印刷过程中墨斗和供墨区域的调节数据，以备重新印刷时，取得一致的印刷效果。

②测量控制装置 UNIMATIC－C4，用一精确的密度计测量印刷过程中的色彩密度，并与理想值比较，用计算机自动校准。同时还能控制和显示网点增大量和反差值。

③测量控制装置 UNIMATIC－C5，用于测量印刷过程中印张的实地、网点密度，通过比较测量值和理想值，自动调节供墨装置。并能存储有关印刷数据、监视印刷过程。

第九章

卷筒纸平版印刷机

卷筒纸胶印机与单张纸胶印机采用同样的印刷原理，其印刷部件、输水输墨部件结构也很相似，主要区别表现在走纸及其控制系统上。卷筒纸胶印机以纸带的形式由纸卷连续供纸，完成印刷后，与折页、裁切、收卷等工艺过程一起完成。

卷筒纸胶印机的印刷效率很高，它适用于多种属性的带状承印材料；与印后加工的集成连接使得其印品具有较高的性价比。但是卷筒纸胶印机的印刷质量目前还不如单张纸胶印机，而且废品率也较高，特别是印刷多色印品时。随着控制技术的不断进步，其印刷质量正在日益提高，废品率问题也在逐步得到缓解。

第一节　卷筒纸印刷机的整体结构

卷筒纸胶印机通常由给纸装置、印刷装置、干燥冷却装置、折页装置（或收卷装置）、控制装置和传动系统等几大部分组成。

一、分类与特点

卷筒纸胶印机一般按用途进行分类，大致可以分为三种类型。

1. 新闻印刷用卷筒纸胶印机

新闻印刷用的卷筒纸胶印机的主要用途是印刷报纸，又称为报业印刷用的卷筒纸胶印机。因为大部分机器使用非热固型油墨，不需要加热使油墨干燥，并采用新闻纸，吸墨性好，故无烘干装置。机器的主要特点是大型、高速、高效，但印品质量要求不高。

现代卷筒纸胶印机速度已达到 50000 ~ 70000r/h，而单张纸胶印机的速度在 10000 ~ 15000r/h 左右。卷筒纸胶印机可采用多纸卷、多纸路、塔式结构，使得卷筒纸胶印机的效率大大增加。

2. 商业印刷用卷筒纸胶印机

商业印刷用的卷筒纸胶印机的主要用途是印刷精美的画报、商业广告、装潢印刷品、挂历等彩色印品。这种机器大部分使用热固型油墨，并采用胶版纸，故在印刷完后要经过烘干和冷却，使油墨干燥。机器的主要特点是结构复杂，配套装置多，机器精度高，印品质量要求非常严格。

现代卷筒纸胶印机广泛采用自动控制技术控制纸带张力，引入自动套印、水墨自动控制系统，使彩色印品质量不断接近单张纸胶印机的产品质量。

3. 书刊印刷用卷筒纸胶印机

这类机器一般用于书刊印刷，也称为半商业印刷用卷筒纸胶印机。对印品质量的要求比新闻印刷机高，而比商业印刷机要求低，速度也介于两种机器之间。

卷筒纸胶印机对印刷材料、印刷批量以及后续加工有着广泛的适应性。不但可以印刷各种纸张，如新闻纸、胶版纸等，还可以对其他带状的承印物进行印刷；适于大批量印刷，随着控制技术的提高，也可以进行小批量印品加工，一般超过 5000 份的印件，就可以使用卷筒纸胶印机印刷；可以采用复卷机构将印品复卷，还可以采用裁单张纸机构联机得到单张纸印品，进而在折页后面与收页机、堆积机、捆扎机、订书机等进行联动加工。

卷筒纸胶印机的纸带规格包括：标准单幅（在我国即为 787mm 或 880mm），标准双幅（即 1575mm 或 1760mm）和标准半幅（394mm 或 440mm）三种规格。单幅多用于小型卷筒纸新闻印刷机、卷筒纸书刊印刷机和卷筒纸商业印刷机；双幅大都是卷筒纸新闻用印刷机，少数为书刊用印刷机；而卷筒纸商业印刷机多为半幅规格。

二、机器整体的结构与组成

卷筒纸胶印机的整机机构可以分为层叠式排列和水平式排列两类。商业印刷用的卷筒纸胶印机多为水平式的排列，如曼罗兰 POLYMAN 型商业印刷用的卷筒纸胶印机（见图 9 – 1）；报业印刷用的卷筒纸胶印机多为层叠式排列，如高斯主流 80 印刷机（见图 9 – 2）。

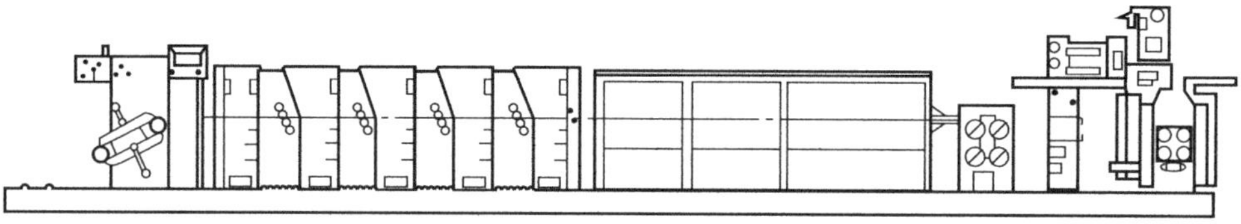

图 9 – 1　商业印刷用的卷筒纸胶印机

根据用途的不同，各种机型在配置上也有所区分。一般而言，不论哪一种卷筒纸胶印机，其机器组成基本一致，主要由以下几部分组成。

1. 给纸机

卷筒纸胶印机的给纸机有零速自动接纸和高速自动接纸两种形式。一般的商业印刷用卷筒纸胶印机采用零速自动接纸的给纸机，而新闻印刷用卷筒纸胶印机中大部分采用高速自动接纸的给纸机。高速自动接纸的给纸机，大都为两个纸卷架或三个纸卷架旋转换纸，适合于高速的报业印刷。

2. 送纸机构

送纸机构常称为二级张力控制机构。这部分是商业印刷用卷筒纸胶印机特有的一部分，它与零速自动接纸的给纸机相配合，控制纸带张力，为套印准确打下了基础。

3. 印刷机组

卷筒纸胶印机的印刷机组结构形式有机组式和卫星式。滚筒的排列有三滚筒型、四滚筒型（又称 B – B 型）、五滚筒型、六滚筒型、七滚筒型等。B – B 型印刷单元是最常用的一种机型，其中 B－B 型又分为立式 B－B 型和水平 B－B 型，可根据需要可以增减印刷机组数目，组成各种形式的卷筒纸胶印机。

印刷部分的结构形式极多，可采用多种组合。图 9－1 为机组式水平 B－B 型印刷单元，图9－2为塔式结构的立式 B－B 型印刷单元。近年来，后者应用较多。

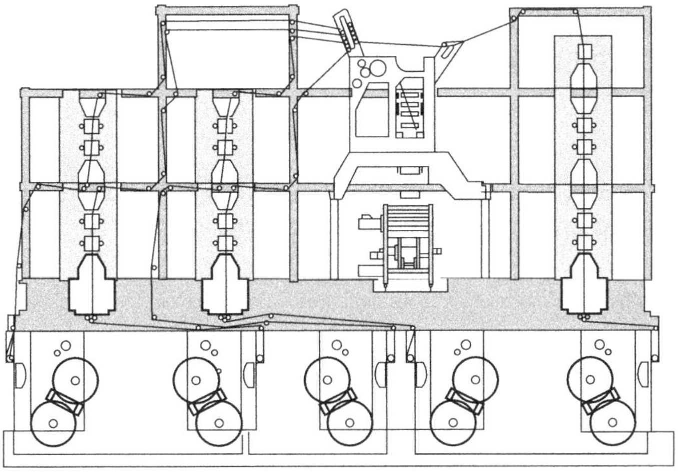

图 9－2　报业印刷用的卷筒纸胶印机

4. 传动装置

卷筒纸胶印机由于运行速度变化范围很大，一般均采用直流电机，其传动方式也很多，对于水平 B－B 型卷筒纸胶印机来说，一般有低传动和中间传动。立式 B－B 型及卫星型卷筒纸胶印机采用低传动，商业印刷用卷筒纸胶印机均采用中间传动（也称高传动）。

随着新技术的使用，现在的卷筒纸胶印机采用无轴传动技术，就是用电子长轴来代替机械长轴。这种传动方式的传动精度可以满足印刷传动需求，而且容易控制和操作。

5. 烘干箱

一般商业印刷用卷筒纸胶印机均采用烘干箱。当采用热固性油墨进行多色印刷时，要加以烘干，以保证高速印刷时油墨快速干燥。烘干箱大部分为热风式烘干箱。

6. 冷却机构

在烘干箱的后面设有冷却机构。因为纸带在烘干箱内加温，虽然油墨干燥了，但纸带温度升高而导致脆性上升，必须通过冷却机构，使油墨进一步固化干燥，同时使高温纸带温度降低，否则将会在进行折页或裁切成单张纸时带来许多弊病。冷却机构大都分为三个或四个冷却辊，在冷却辊内通冷水使纸带降温，冷却辊的另一个作用是控制纸带张力。

7. 上光装置

在一些高级的商业印刷用卷筒纸胶印机上还设有上光装置。因为油墨经过烘干以后，光泽不如自然干燥好。为了提高、改善印刷品光泽度，在印刷一些要求质量很高的印刷品时要设有上光装置。

8. 折页机

折页机是卷筒纸胶印机的重要组成部分。印好的纸带根据要求在折页部分先进行裁切，然后折叠成所需要的各种尺寸的开本。常用的折页机的结构形式有冲击式折页机和夹板式折页机两大类。

9. 裁单张纸机

有的卷筒纸胶印机上设有裁单张纸机组。由于卷筒纸胶印机裁切尺寸和折页开本固定而使用途受到限制。因此，除需要研制可改变裁切尺寸的折裁机组外，裁单张纸装置的配置也很重要。需要裁单张纸时，将纸带越过折页机而直接进入裁单张纸装置，纸带可裁成单张纸并且收齐，与单张纸胶印机的收纸部分一样，整堆的收齐运出，再根据需要在其他机器上折页或直接使用。

10. 收页机

折页机折好的折帖用收页机收齐，一堆一堆地推出或打好捆送出。报业卷筒纸胶印机的收页机组还包括报纸的堆积机、捆扎机、制签放签机等。

三、机器的传动

卷筒纸胶印机的结构形式很多，传动系统也千差万别。除机械传动外，无轴传动的应用也在不断推广和深入。

1. 传动形式

在水平 B－B 型卷筒纸胶印机中，主电机传给全机主传动轴的位置有高有低，习惯上分别称为高传动和低传动。

在高传动形成中，全机主传动水平轴位置较高，一般在上、下橡皮滚筒之间。在印刷部分，全机主传动水平轴直接通过圆锥齿轮带动下橡皮滚筒齿轮，下橡皮滚筒齿轮再分别带动下印版滚筒和上橡皮滚筒齿轮，上橡皮滚筒齿轮再带动上印版滚筒齿轮，但也有的机器采用主电机带动一个低的水平传动轴，再经过一个立轴，通过圆锥齿轮带动上、下橡皮滚筒之间的水平主传动轴。

高传动的特点是印刷部分传动链较短，减少了传动环节，提高了传动精度，但全机主传动水平轴高，挡住了各机组之间通道，操作不方便。目前较高级的水平 B－B 型机的发展趋势大都倾向于高传动，这主要是对提高印刷质量有好处，特别是商业印刷用卷筒纸胶印机大都采用这种机构。

在低传动中，主电机动力传给全机主传动水平轴的位置比较低。在印刷部分，全机主传动水平轴经主轴传动给下印版滚筒，再由下印版滚筒传给其他印刷滚筒。在立式 B－B 型卷筒纸胶印机中，传动大都由主电机通过皮带轮带动一个水平主传动轴，其主传动轴的位置和水平 B－B 型机的低传动大致相同。

低传动的特点与高传动正好相反，传动链长，传动精度低，但是低传动不会占用太多工作空间。低传动大都用于中、低档的卷筒纸胶印机。

2. 传动特点

机器工作时，纸带依次经过给纸、印刷、折页等主要装置，各运动部件需要保持稳定的速比关系，而且要求机器高速运转平稳。因此在传动系统中，大量采用斜齿轮和螺旋圆锥齿轮传动。为保证纸带张力恒定，满足套印和折页精度，对机械传动部分要求严格，而且各传动环节要有无级调速机构。由于正常运转状态下机器速度很高，而在穿纸、擦洗橡皮布和更换印版等情况下其运转速度很低，最低速和最高速往往相差几十倍。为适应这种大变速范围要求，可控硅直流电动机无级调速技术和系统已被淘汰，现在卷筒纸胶印机的主电机多采用变频电机进行无级调速。无级变速装置速度调节范围大，调速性能良好，结构简单，操作方便。另外，有的卷筒纸胶印机上设有单独的低速电机。正常印刷时使用主电机，低速工作时使用低速电机。

印刷过程中发生故障是不可避免的，在出现故障而过载时，需要紧急停车。这就要求机器设有有效的保险装置和制动机构，确保人身和机器安全。

离合机构在卷筒纸胶印机上更为重要，不但需要在印刷与调机之间实施控制，还经常需要对不同的印刷需求进行切换。如四色机要印刷双色印品时，则有两个印刷机组停机，离合机构就要脱离；而下次印刷四色时，离合机构又要接合，而且离合机构的离合时间和位置要准确无误。

主电机将运动传给给纸部件、印刷部件、输水输墨部件、折页部件等各个运动部件，对于多色机常采用长轴将运动传给各个机组。无轴传动则取消了机械长轴，由控制系统负责协调各机组电机的同步运动。

3. 单色机传动系统

图 9－3 为水平 B－B 型卷筒纸单色胶印机的主传动系统。

主传动系统由主电机 1 和低速电机 5 组成，两者不能同时工作，这是通过电气控制来保证，由电磁离合器 4 实现互锁。机器正常工作时，主电机 1 通过皮带轮 2、3 带动皮带轴 I 转动，此时电磁离合器 4 不起作用，低速电机 5 也不工作。当低速电机 5 带动机器低速运转时，电磁离合器 4 工作，低速电机 5 通过电磁离台器 4 带动皮带轮 2、3，使轴 I 转动。

轴 I 经过联轴节带动轴 Ⅱ、Ⅲ 转动。在轴 Ⅱ 上，经过螺旋圆锥齿轮 6、7 将动力向上传动，通过离合器 8，螺旋圆锥齿轮 9、10 带动一个水平传动轴，使折页部分工作。同时，螺旋圆锥齿轮 7 将动力继续向上传，通过轴 11、圆锥齿轮 12、13 和齿轮 14、15、16，使三角板上的驱动辊转动。

在 Ⅲ 轴上，经螺旋圆锥齿轮 26、27、28、29、联轴节 23 和螺旋圆锥齿轮 32、33，将动力传到印刷部件。经万向联轴节 31、两个螺旋圆锥齿轮 39、齿轮 37 传至下橡皮滚筒齿轮 40、下印版滚筒齿轮 41，同时，传至上橡皮滚筒齿轮 36 和上印版滚筒齿轮 35，使每个印刷滚筒转动。

给纸机传动系统在印刷部件之后，通过螺旋圆锥齿轮 33、两个万向联轴节、螺旋圆锥齿轮 48、49、齿轮 50、47、46、45、44、43、42，使齿轮 43 和 42 上的两个送纸辊转动，其中齿轮 45 和 44 分别为无级变速器输入轴和输出轴齿轮。测速电机 54 的工作动力是经过螺旋圆锥齿轮 48、齿轮 52、53 传递的。

在动力传到印刷部件的过程中，经齿轮 30、25、22 和收纸辊齿轮 19、20、17 使三个收纸辊转动。其中，齿轮 25 和 22 分别为无级变速器输入轴和输出轴齿轮。

如果有紧急情况需要立即停机时，按下操纵台上的急停按钮，它与电磁离合器 18、51 相连，这两个电磁离合器同时工作，使机器立即停车。

4. 多色机传动系统

在多色机的机械传动系统中，每个机组内的传动形式与单色机相同，而各个机组之间则靠一根机械长轴进行动力传递和运动分配。这种传动方式机构复杂，机械精度和机器寿命受

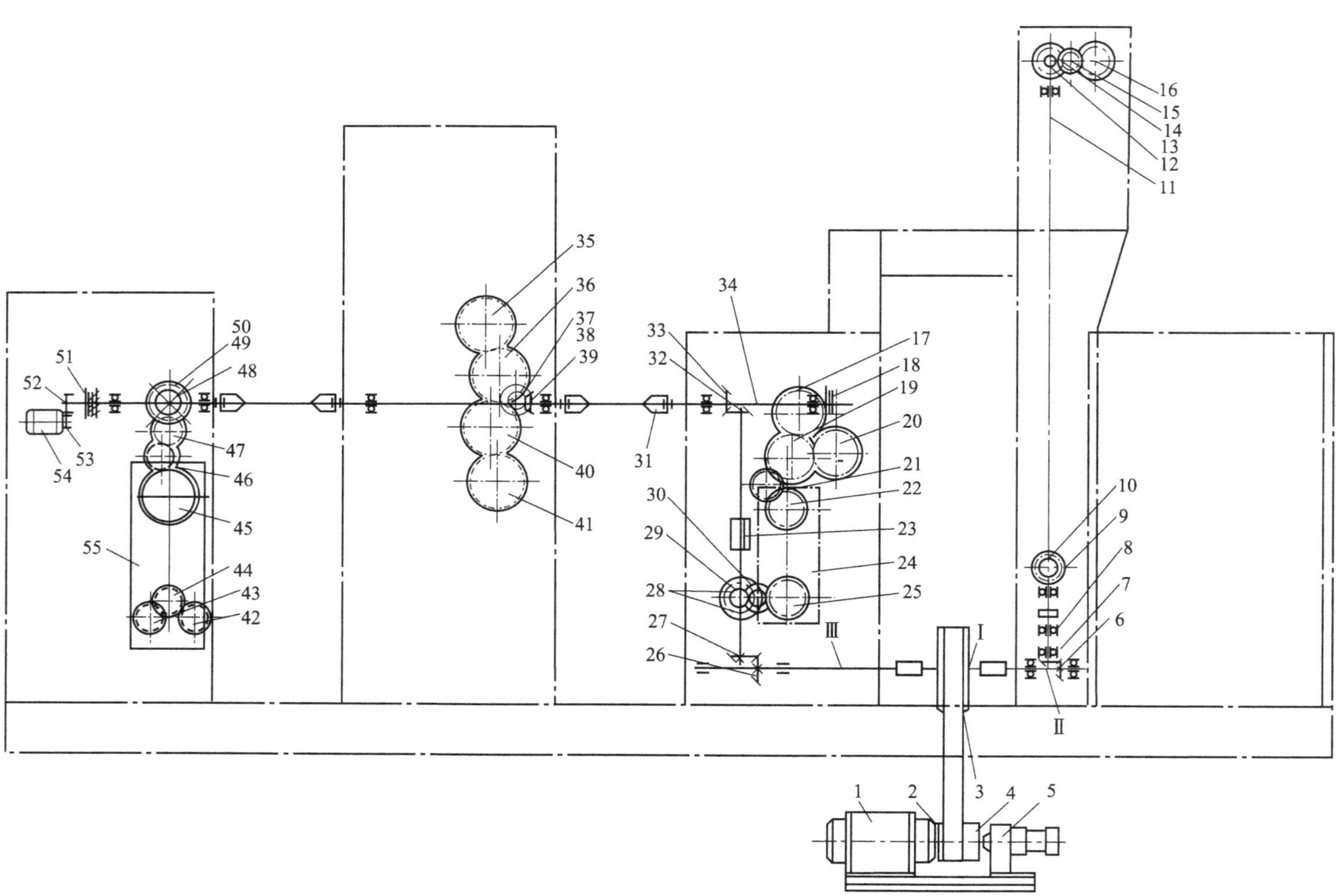

图9-3 水平B-B型卷筒纸单色胶印机的主传动系统图

1-主电机；2、3-皮带轮；4、8、18、51-离合器；5-低速电机；6、7、9、10、12、13、26、27、28、29、32、33、38、39、48、49-圆锥齿轮；11、34-轴；14、15、16、17、19、20、21、22、25、30、35、36、37、40、41、42、43、44、45、46、47、50、52、53-齿轮；23、31-联轴节；24、55-架板；54-测速电机

设计制造水平、安装维修及润滑的影响很大，机器噪声大，环境污染严重。最新的卷筒纸胶印机采用无轴传动技术，各个机组使用单独的电机驱动，用微机和微电子技术控制各机组之间的同步。较之于机械长轴传动，无轴传动技术克服了机械传动的缺点，减小了机械传动的误差累积，使控制方便而准确；同时降低了能耗，提高了机器的生产灵活性，使机器结构简单。

目前，无轴传动主要应用于卷筒纸胶印机，其各机组电机的安装形式一般有三种形式，如图 9－4 所示。图中 M 表示电机，图 9－4（a）中，每一个印刷机组由一个电机驱动，滚筒之间仍靠齿轮传动；图 9－4（b）中，每一个印刷机组由两个电机驱动，分别驱动印刷两个面的滚筒，其余滚筒之间为靠齿轮传动；图 9－4（c）中，每一个印刷机组由多个电机驱动，分别驱动各个滚筒，其中第三种形式是一个电机驱动一个滚筒轴，使得每个滚筒都能独立工作，便于调节和控制，提高生产的灵活性，减少能量消耗，但机器的成本提高，控制系统复杂。

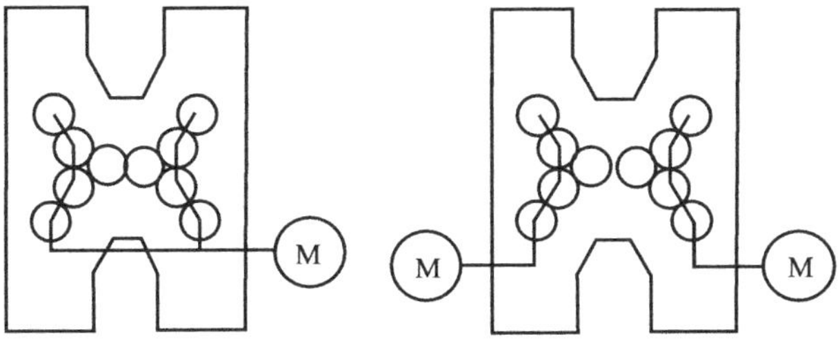

图 9－4　电机驱动形式

第二节　卷筒纸印刷机的印刷装置与使用调节

卷筒纸印刷机多数情况下进行双面印刷，其印刷部件以四滚筒的 B－B 型居多，少数也有采用三滚筒，即印版滚筒、橡皮滚筒和压印滚筒组成的印刷部件实现图文转移，但两者均配有离合压和调压机构，只是前者需要联动，后者需要顺序控制。

一、印刷部件的整体布局

商标装潢印刷大多采用三滚筒机型，而卫星型结构主要用于新闻报纸及一些特种印刷。商业印刷的卷筒纸胶印机多采用水平 B－B 型，新闻印刷的卷筒纸胶印机多采用立式 B－B 型。

除上述三种基本型式外，卷筒纸胶印机印刷部件的整体布局还有如下几种形式。

1. 多滚筒型

一般 B－B 型卷筒纸胶印机在印刷多色印件时，用多机组的机器印刷。在印刷一面单色另一面为双色的印件时，也有采用五滚筒、六滚筒及七滚筒一个印刷机组的形式，如图 9－5、图 9－6 及图 9－7 所示。这些都是 B－B 型的变型或是 B－B 型和三滚筒型机的组合。

如图 9－5 所示的五滚筒型机，单面只有两个色组，只能套印红之类的印刷品。图 9－6 所示为六滚筒型机。可以看成是水平 B－B 机和立式 B－B 机的组合。这种机器可以两种颜色重叠套印，当然也可以套红。图 9－7 所示为七滚筒型机。实际上是一个三滚筒型机和一个四滚筒型立式 B－B 机的组合。它既可以套红，也可以两种颜色重叠套印。不同的穿纸路线，可以印不同的印刷品。一般只用立式 B－B 机印双面单色印件，三滚筒型机和立式 B－B 机一起用可印一面单色、一面双色的印件。

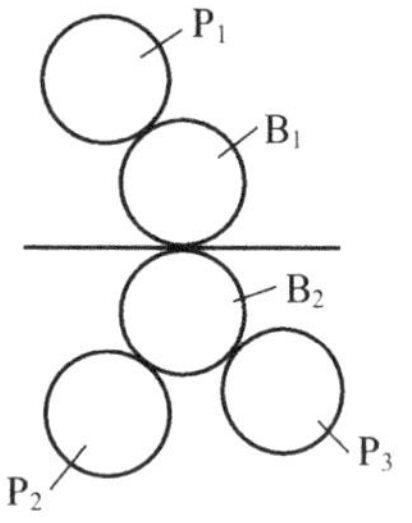

图 9－5　五滚筒型

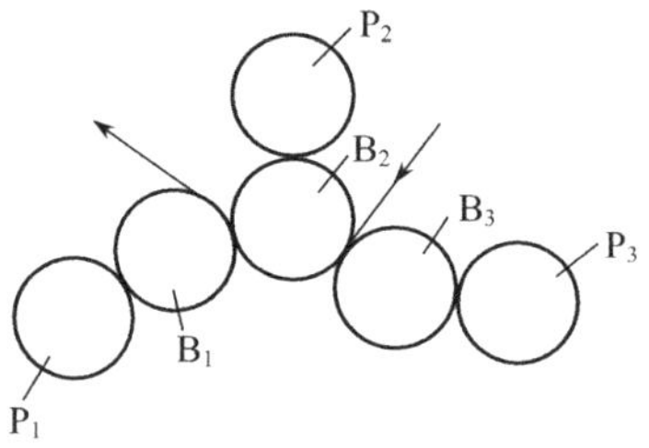

图 9－6　六滚筒型

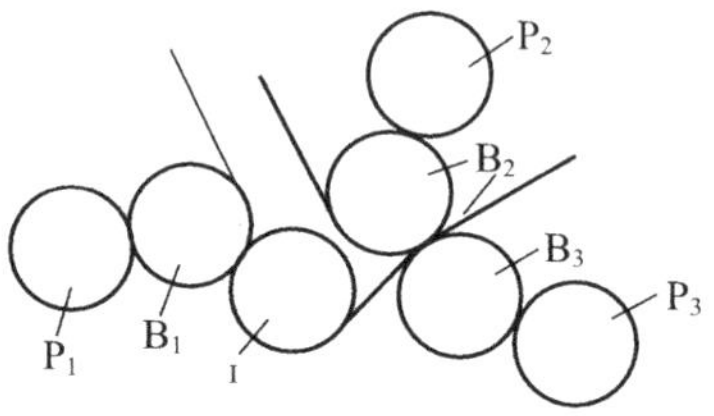

图 9－7　七滚筒型

2. 半卫星型

这种型式的卷筒纸胶印机大多只有两个印刷色组或三个印刷色组，即有两组或三组印版滚筒和橡皮滚筒共用一个压印滚筒，也有的没有压印滚筒。

如图 9－8 所示，如果各滚筒都处于实线位置，即为一个有三个印刷色组一个压印滚筒的半卫星型机。穿纸路线不同可印出不同的印刷品。如果纸围着压印滚筒转一圈，即可印单面三色印件。如果纸从底下垂直进纸，从压印滚筒的上边倾斜出纸，即可印单面双色印件。如果纸从底下垂直进纸，从压印滚筒下边水平出纸，则只能印单面单色印件。

现代卷筒纸胶印机中，往往把半卫星型机的橡皮滚筒设计成可移动位置的形式，和压印滚筒靠上时即为半卫星型机（如图 9－8 实线位置）；橡皮滚筒离开压印滚筒时（如图 9－8 虚线位置），即变成一个立式 B－B 型机和一个三滚筒型机。按不同的穿纸路线即可印刷双面单色及一面双色一面单色的印刷品。

由以上分析可以看出，半卫星机型在有压印滚筒时，实际上是一个三滚筒机型和一个橡皮滚筒不接触的立式 B－B 机型组成的有三个印刷副的机型（如图 9－8 实线位置）。如果有压印滚筒，而只有两个印刷副实际上相当于在 B－B 机型的两个橡皮滚筒之间加一个压印滚筒，为 B－B 型的变型，也可看作是三滚筒机型的变型，即在三滚筒机型上加一个橡皮滚筒和一个印版滚筒。在有三个印刷副无压印滚筒时，半卫星型机实际上是一个立式 B－B 型和一个水平 B－B 型的组合或两个水平 B－B 型机的组合。这种双色机组通常又叫“Y”型机组。

3. B－B 卫星组合型

这种机型多用于新闻纸印刷中。如图 9－9 所示，即用一个四色的卫星机组在纸的一面印刷四色，而利用 B－B 型机组纸的两面印刷文字。为了扩大用途，往往是 B－B 部分和卫星部分单独传动，可以单独使用。B－B 部分印刷双面单色印刷品。单独使用卫星部分印刷单面四色印刷品。

4. 机组式和塔式

印刷部件的局部排列型式上面已叙述，对于多色印刷机而言，整体结构一般是各种基本形式的纵向或横向组合，即水平机组式和塔式结构，如图 9-10、图 9-11 所示。

在商业印刷的卷筒纸胶印机多采用水平 B-B 型的机组型排列方式，一次走纸可印刷双面四色。也可根据不同的纸路安排，印刷不同的印品。如图 9-10 所示。

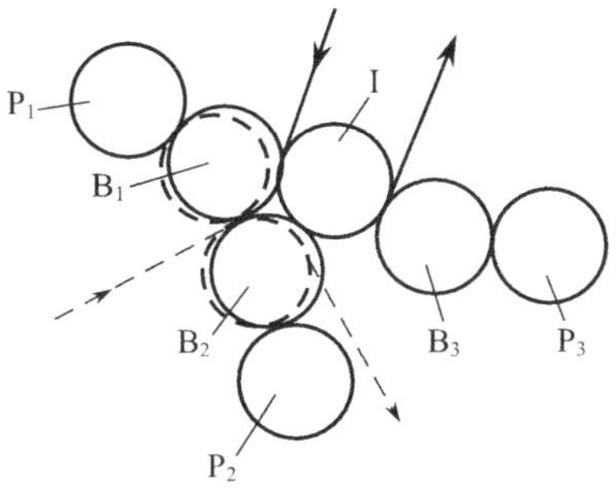

图 9-8 半卫星型

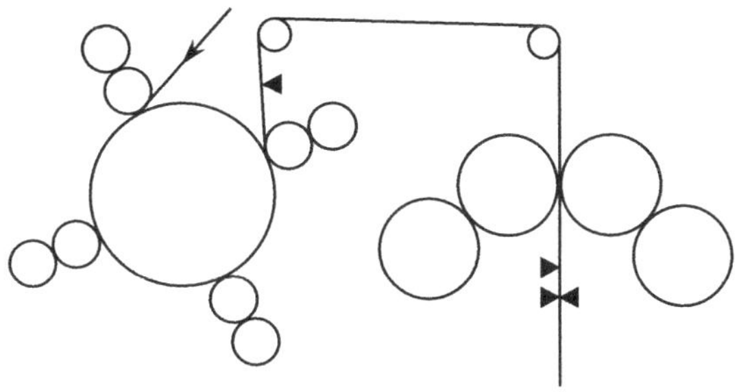

图 9-9 卫星、B-B 组合型

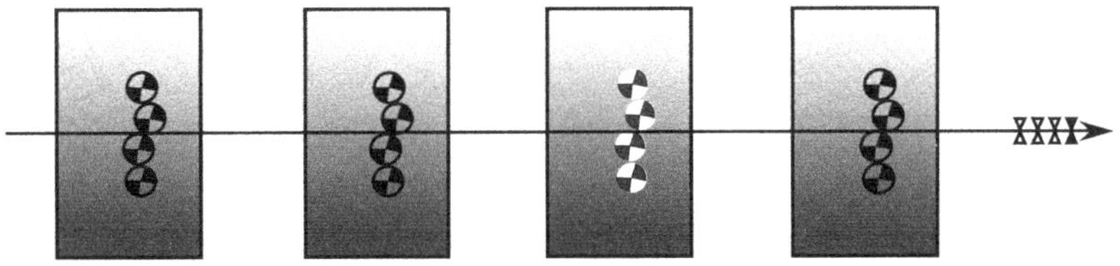

图 9-10 机组型排列

在现代的报纸印刷用卷筒纸胶印机中，多采用不同的滚筒形式，构成 H 型塔状结构。海德堡、曼罗兰、高宝、高斯等公司的报纸卷筒纸胶印机均采用这类结构，其基本形式如图 9-11 所示。这种结构工作灵活，适应面广。可根据需要，改变穿纸路线、变换工作单元，得到多种不同的印品形式。

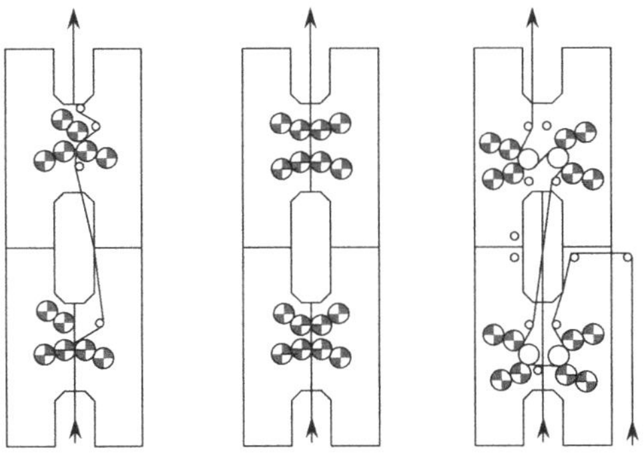

图 9-11 H 型塔状结构图

二、印刷部件的结构与调节

卷筒纸胶印机的印刷部件跟单张纸胶印机区别不大，只是结构简单一些。因为不需要叼纸牙结构，滚筒的空档很小，印版和橡皮的安装比较方便。下面主要介绍 B-B 型卷筒纸胶印机的印刷部件。

1. 印版滚筒的结构与调节

卷筒纸胶印机的印版滚筒可以设计成安装一块印版的结构，也有设计成安装两块印版的结构。装一块印版的卷筒纸印刷机多用于商业印刷，而装两块印版的卷筒纸胶印机多用于新闻印刷。

图 9 – 12 所示为 JJ201、JJ204 型卷筒纸胶印机印版滚筒结构图。

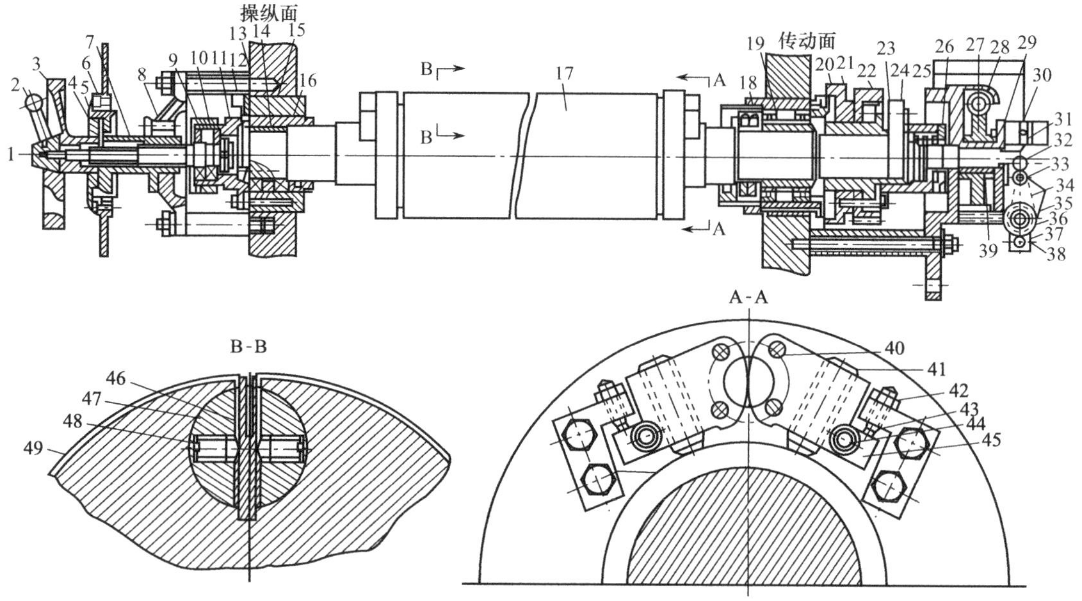

图 9 – 12　JJ 201、JJ 204 型卷筒纸胶印机印版滚筒结构图

1、10、16、18 – 锁紧螺母；2 – 手柄；3 – 手轮；4 – 刻度表；5、21、22、35、36、37 – 齿轮；6 – 内齿轮；7 – 支座；8 – 丝杆轴；9 – 止推轴承；11、25 – 支架；12、26 – 压盖；13 – 轴承；14 – 隔套；15、19 – 轴套；17 – 滚筒体；20 – 轮毂；23 – 小轴；24 – 拨块；27 – 蜗轮；28 – 蜗杆；29 – 轴；30 – 微动开关；31 – 限位板；32 – 滚轮；33 – 销轴；34 – 扇形齿轮；38 – 绕线电阻器；39、42 – 螺母；40 – 骑缝钉；41、48 – 紧定螺钉；43 – 定位螺钉；44 – 螺栓；45 – 半轴固定架；46 – 弹性版夹；47 – 半轴；49 – 印版

印版滚筒轴两端用滚动轴承装于墙板孔中，轴上齿轮 22 与橡皮滚筒齿轮啮合得到动力，再由齿轮 21 将动力传至输墨装置，并具有轴向和周向的调整机构。

（1）印版滚筒轴向调节

如图 9 – 12 所示，扳动手柄，松开锁紧螺母 1，转动手轮，通过链条使丝杠轴转动，由于与丝杠轴相配合的螺母套架固定在机架上，故丝杠轴转动过程中，同时做轴向移动。丝杠轴通过止推轴承、锁紧螺母 10 带动支架 11 沿轴向移动。支架 11 和轴套 15 相连，通过锁紧螺母 16、轴承 13、隔套 14、压盖 12 带动滚筒体轴向移动，从而实现印版的轴向调整。调整时刻度盘每转一格时，表示印版轴向移动 0.1mm，每一小格表示移动 0.05mm。当手轮顺时针方向转动时，滚筒向传动面移动，逆时针方向转动手轮时，滚筒向操作面移动。

（2）印版滚筒圆周方向调节

当需要较大范围调整印版滚筒时，可松开滚筒传动齿轮 22 的螺钉，然后转动滚筒体，利用齿轮长孔进行调节，当需要微调时，该机采用电动方式，即在操纵台上扳动调整手把，接通电动路，电机直接带动蜗杆、蜗轮。蜗轮通过螺母 39 带动轴轴向移动，轴通过止推轴承及压盖带动支架 25 沿轴向移动，支架 25 与齿轮 22 相连，故齿轮 22 也产生轴向位移。因齿轮 22 为斜齿轮，当它产生轴向位移的同时，也会产生圆周方向的转动。为此，齿轮 22 通过小轴、拨块使印版滚筒体做圆周方向移动。达到了印版周向调节的目的。

圆周方向最大调节量为 ±1.5mm。如图 9－12 所示，在弹簧作用下，滚轮永远靠在轴的端面上，当轴产生轴向位移时，滚轮带动销轴摆动，销轴带动扇形齿轮摆动，通过齿轮 35、36、37 减速，使绕线变阻器转动一个角度，以改变电位大小。通过电气系统在总操纵台上的电表上表示出来。

（3）装版时定位螺钉位置的确定

定位螺钉的位置决定了印版的夹紧程度，位置太高，半轴压向弹性版夹的压力过大，虽然可以夹紧印版，但容易使弹性版夹失去弹性而报废。反之，当定位螺钉位置太低时，则印版卡不紧。为保证把印版卡紧，又不影响弹性版夹的弹性，规定在没有印版时，半轴和弹性版夹的最小间隙为 0.2mm。此时，调整定位螺钉的位置为：松开螺母 42，拧动定位螺钉使位置升高，然后拧动紧定螺钉使其半轴固定架上升，待半轴和弹性版夹之间的间隙为 0.2mm 时，再将紧定螺钉向下拧，使其与半轴固定架接触，调节完毕。为防止定位螺钉移动，再拧紧螺母 42 即可。

2. 橡皮滚筒的结构与调节

橡皮滚筒的作用是将印版滚筒上的图文转印到橡皮布上，再转印到纸张上。另外，橡皮滚筒还是滚筒离合压与调压的工作部件。橡皮滚筒具有橡皮布的装夹机构，橡皮布必须平整均匀地包在橡皮滚筒上，使用中不允许有松动现象。新橡皮布使用一段时间后一般要伸长，故要求装夹橡皮布机构能重新拉紧橡皮布。不同的机器上橡皮布的装夹机构也不相同，根据机器使用的装夹机构分类，橡皮滚筒可分为压板式橡皮滚筒、卷轴式橡皮滚筒、窄缝式橡皮滚筒及套筒式橡皮滚筒等。

（1）压板式橡皮滚筒结构

如图 9－13 所示为国产 JJ201 型机和 JJ204 型机口采用的压板式橡皮滚筒结构。

橡皮滚筒轴头上的滚动轴承装在偏心套和轴头之间，滚筒轴承依靠偏心套压盖和锁紧螺母将轴承压紧，为防止锁紧螺母松动，加有固定板。在锁紧螺母调好间隙后，将固定板的凸出部分插入锁紧螺母的槽中再用螺钉 13 固定。

扇形齿轮是在上、下橡皮滚筒离合时，由下橡皮滚筒带动而使上橡皮滚筒离合，它与橡皮滚筒的偏心套用螺钉 8 相连。转动偏心套，通过扇形齿轮带动上橡皮滚筒扇形齿轮，从而带动上橡皮滚筒偏心套使下橡皮滚筒同时离合压。标尺通过偏心套上的指针指示出偏心套的转动量，即表示滚筒间的压力变化值，指针向“＋”的方向移动，表示压力增加，向“－”的方向移动则表示减压。

橡皮布的夹紧机构如图 9－13 所示，将已装好并固定好夹板的橡皮布的一端送入橡皮滚筒槽内，再用垫圈和螺钉 13 将橡皮布夹紧，使其紧紧地贴在该筒体上，此种橡皮布装夹机构结构紧凑，但装夹费时，多用于小滚筒单色胶印机上。

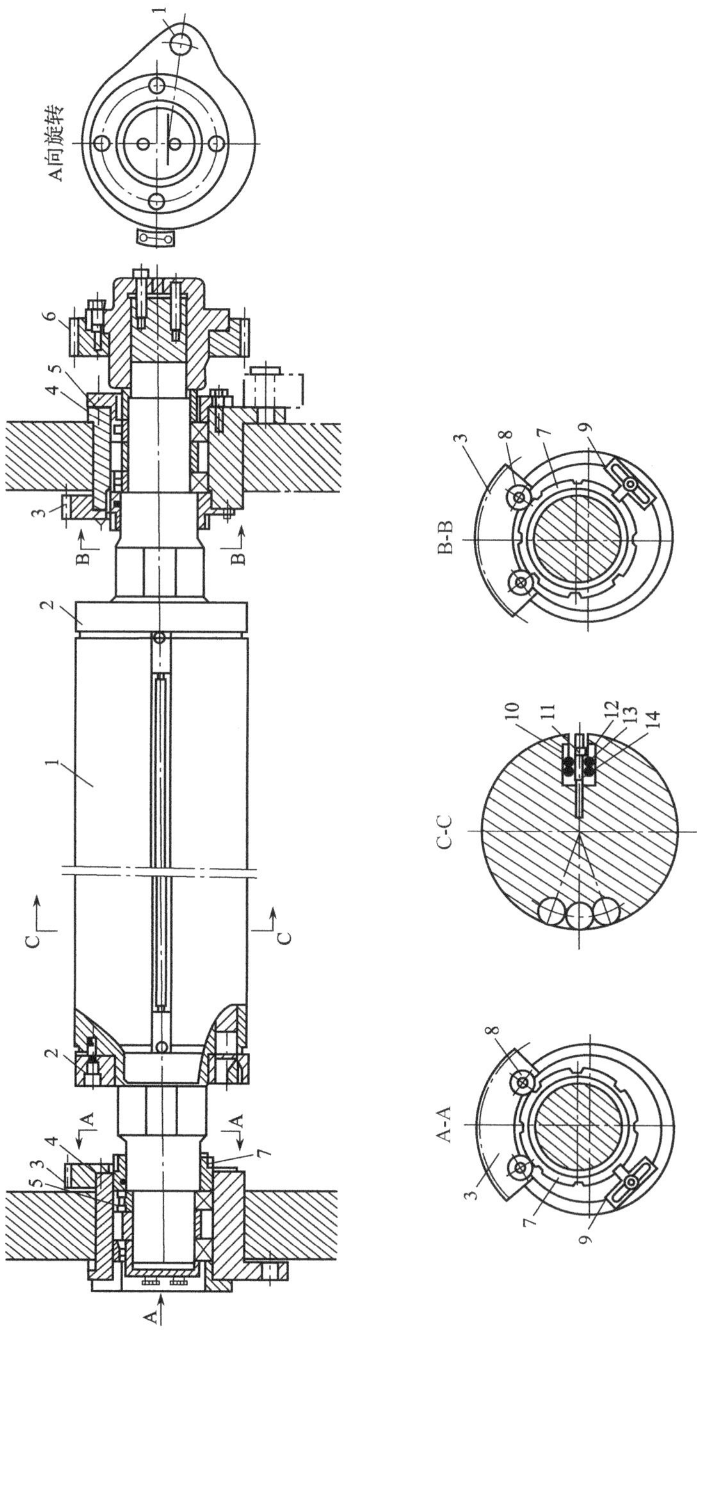

图9-13 压板式橡皮滚筒结构图

1-滚筒体；2-滚枕；3-扇形齿轮；4-偏心轴套；5-轴承；6-齿轮；7-锁紧螺母；8、13-螺钉；9-挡块；10、14-橡皮夹板；11-螺栓；12-夹板；

（2）双卷轴式橡皮滚筒结构

双卷轴式橡皮滚筒结构应用在国产 JJ102 型、JLS 203 型、JLB 2402 型卷筒纸胶印机上，其结构如图9－14所示。

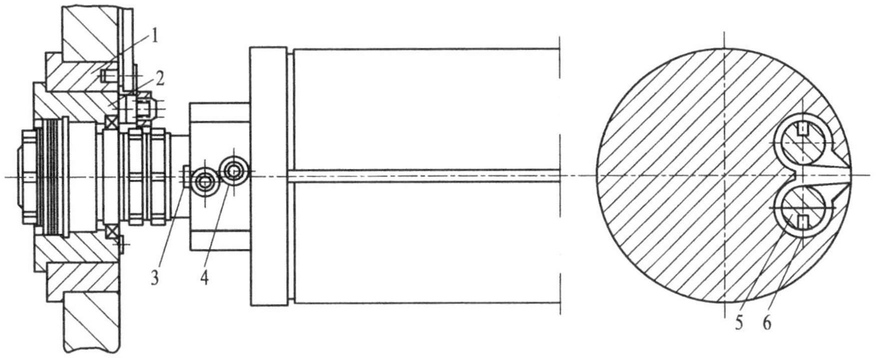

图 9－14　双卷轴式橡皮滚筒结构图

1－橡皮布；2－卷轴；3－蜗杆；4－顶丝；5－内偏心套；6－外偏心套

橡皮滚筒两轴端用滚动轴承支承，墙板内侧有锁紧螺母用以调整轴承间隙，已经装好橡皮布的夹板装入卷轴的槽内，在卷轴轴头上装有一个与蜗杆相啮合的蜗轮，转动蜗杆卷轴随之转动。卷轴即可把橡皮布拉紧。这种结构占用空间大，小直径滚筒的机器无法安装。

（3）单卷轴式橡皮装夹结构

如图 9－15 所示为单卷轴式橡皮装卡结构图。

将已装好夹板的橡皮布一端放入橡皮滚筒的空档槽内，然后转动橡皮滚筒使橡皮布包在滚筒上，将橡皮布的尾端放入卷轴槽内。如图 9－15（a）所示，最后转动蜗杆带动蜗轮转动，将橡皮布拉紧即可；这种结构用于小直径滚筒的胶印机上。

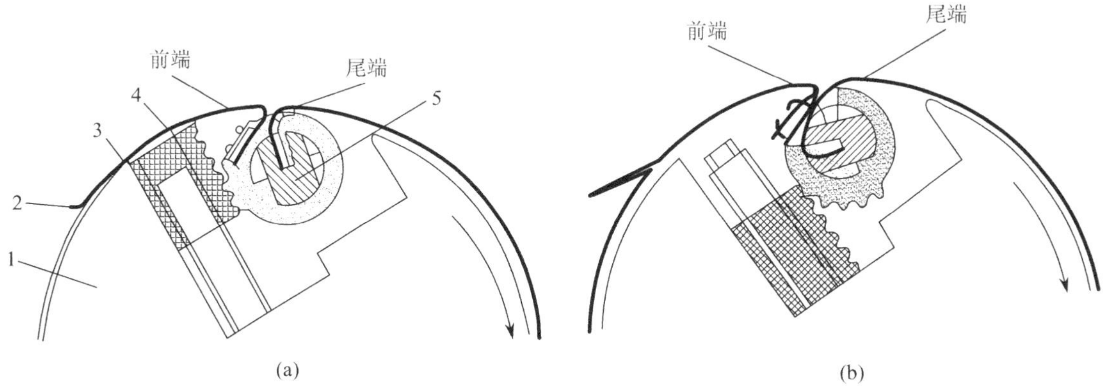

图 9－15　单卷轴式橡皮装夹结构图

1－橡皮滚筒；2－衬层；3－橡皮布；4－蜗杆；5－蜗轮

（4）窄缝装夹橡皮布的装夹结构

窄缝印版与橡皮滚筒结构是现代国内外卷筒纸胶印机所采用的先进结构。传统的卷筒纸胶印机滚筒空档需要 7mm，纸张非印刷部分为 12mm，而窄缝卷筒纸胶印机滚筒空档宽度只需 1mm，纸张非印刷部分可缩小到 6mm。因此，当印版滚筒与橡皮滚筒相遇时，因冲击而产生的振动可以被消除，印品上不会因为滚筒空档相遇时的冲击振动而出现墨杠的现象，提高了印刷机的工作效率和印品质量。

窄缝橡皮布装夹结构如图 9 – 16 所示。

将严格按尺寸裁好的橡皮布两端装好夹板，然后将橡皮布的前端装入橡皮滚筒的窄槽内。再将橡皮布的另一端插入卷轴的槽内，最后转动卷轴，把橡皮布拉紧为止。

3. 压印滚筒部件的结构

卷筒纸胶印机的压印滚筒要比单张纸胶印机的压印滚筒简单的多，没有叼纸牙，也没有空档，滚筒是一个圆柱体。而且压印滚筒只有在三滚筒型机或卫星型机上才有。

压印滚筒部件主要由齿轮、滚筒体、轴承及自动穿纸主动轮机构组成。

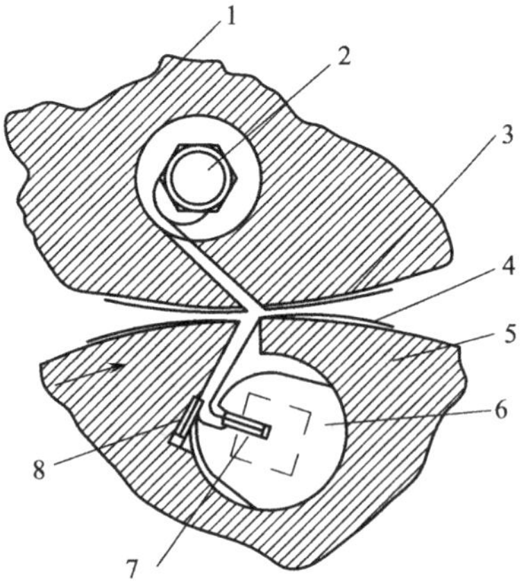

图 9 – 16　窄缝橡皮布装卡结构图

1 – 印版滚筒；2 – 紧版机构；3 – 印版；4 – 橡皮布；5 – 橡皮滚筒；6 – 卡橡皮布轴；7、8 – 橡皮布夹

三、离合压与调压机构

卷筒纸胶印机的离合压机构大多采用气动式，如图 9 – 17 所示为比较典型的国产 JJ 204 型胶印机的离合压机构，下面以该机构为例进行分析。

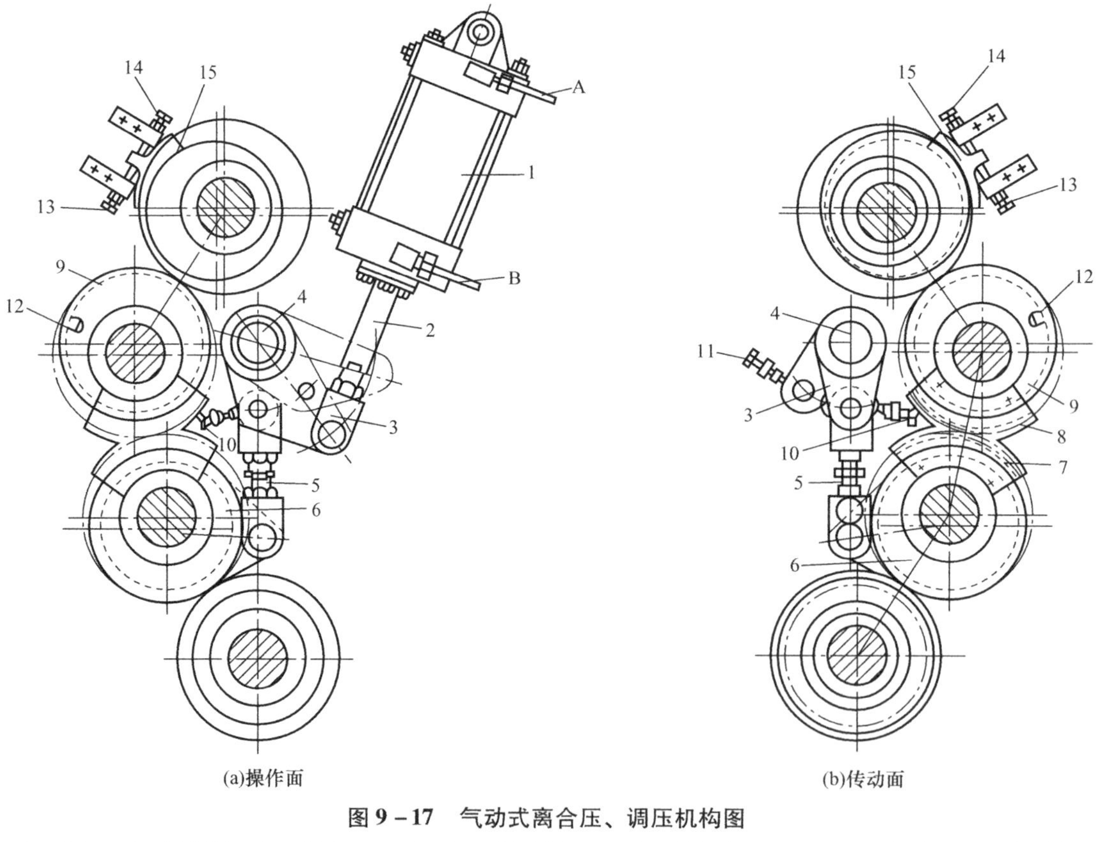

(a)操作面　　(b)传动面

图 9 – 17　气动式离合压、调压机构图

1 – 气缸；2 – 活塞杆；3 – 摆杆；4 – 轴；5 – 双头螺栓；6、9 – 偏心套；7、8 – 扇形齿块；10 – 合压定位螺钉；11 – 离压定位螺钉；12 – 调压孔；13、14 – 调压螺钉；15 – 调压拨块；A、B – 气管

1. 压力调节顺序和方法

由图 9 - 17 可知，该机四个滚筒中，只有下印版滚筒没有安装偏心轴承，因此该滚筒为调压的基准。上印版滚筒的偏心套用于调整上印版滚筒与上橡皮滚筒之间的压力，上橡皮滚筒的偏心套用于上印版滚筒与上橡皮滚筒的离合压，下橡皮滚筒的偏心套用于下橡皮滚筒与下印版滚筒的离合压，并兼顾下橡皮滚筒与下印版滚筒的调压。其压力调节方法和顺序如下。

①下印版滚筒与下橡皮滚筒之间的压力调整。

打开操作面护罩盖板，其调压机构如图 9 - 17 所示。首先打开连杆上的双头螺栓 5 上两端的锁紧螺母，转动双头螺栓，下橡皮滚筒上的偏心套 6 即可转动，从而改变下橡皮滚筒与下印版滚筒之间的中心距，达到调节压力的目的。当压力调整合适后，再紧固双头螺栓两端的螺母，防止回松。

②上、下橡皮滚筒之间的压力调整。

在上橡皮滚筒偏心套上开有长孔，扇形齿块 8 用螺钉与其紧固。调节时，在墙板内侧松开螺钉，使上、下齿块脱离啮合状态，用拨棍插入上橡皮滚筒偏心套上的调压孔 12 中，拨动上橡皮滚筒偏心套，即可改变滚筒中心距。注意在调节橡皮滚筒偏心套时，应两端同时进行拨动调节，并保持调节量一致，以免产生滚筒不平行。当压力调整合适后，再将扇形齿块上的螺钉紧固。

③上橡皮滚筒与上印版滚筒之间的压力调整。

在墙板里侧松开上印版滚筒的调压螺钉 13、14 的螺母，调整调压螺钉，改变拨块 15 的位置，使上印版滚筒偏心套发生转动，就可以改变上印版滚筒与上橡皮滚筒之间的压力，压力调好后，紧固调压螺钉上的螺母即可。

调节压力大小应按机器说明书中规定的数值，在调整偏心套时，应该注意调整方向，向“ + ”方向转动为中心距减小，压力增加；反之，向“ - ”方向转动为中心距加大，压力减小。

2. 离合压原理

B - B 机型的离合压动作要求上、下橡皮滚筒同时进行，才能保证正常印刷作业。如图 9 - 17所示，气缸安装在墙板外侧，通过气管 A、B 通入或排出压缩空气，推动活塞杆进出，带动离合摆臂通过离合轴使连杆上下移动，使下橡皮滚筒偏心套转动，完成下橡皮滚筒离合压；同时依靠上下扇形齿块啮合，带动上橡皮滚筒偏心套转动，所以上橡皮滚筒也同时离合压。

离合压的手动操作，分别在操作台上按动“合压”按钮和“离压”按钮即可实现，离合压的自动控制原理和控制过程与单张纸胶印机一致。

第三节　输墨装置和润湿装置

卷筒纸胶印机与单张纸胶印机一样，必须有良好的输墨和润湿系统。两者的输墨和润湿系统的组成、性能和要求是相同的，在结构上有些不同之处，下面介绍一些卷筒纸胶印机特有的机构。

一、供墨装置

由于卷筒纸胶印机的速度很高，它的供墨装置不采用单张纸的间歇供墨方式，而是连续供墨。为了防止墨斗中油墨表层起皮，卷筒纸胶印机一般都设有自动油墨搅拌装置及自动加墨装置。

1. 连续供墨装置

（1）传墨辊连续转动供墨

如图 9－18 所示，传墨辊 2 是一个摩擦辊，靠墨斗辊 1 和第一匀墨辊 3 的旋转带动而连续转动，其作用是消除墨斗辊与匀墨辊之间的速度差。这种装置可根据印刷速度将油墨连续、均匀地传给匀墨部分乃至印版滚筒。

（2）波形传墨辊供墨

如图 9－19 所示为国产 JJ102 型机的波形传墨辊供墨装置。传墨辊上有多个可单独转动的小偏心胶轮，两个相邻胶轮在波形辊轴上相差 60°，错开形成波形，称为波形传墨辊。

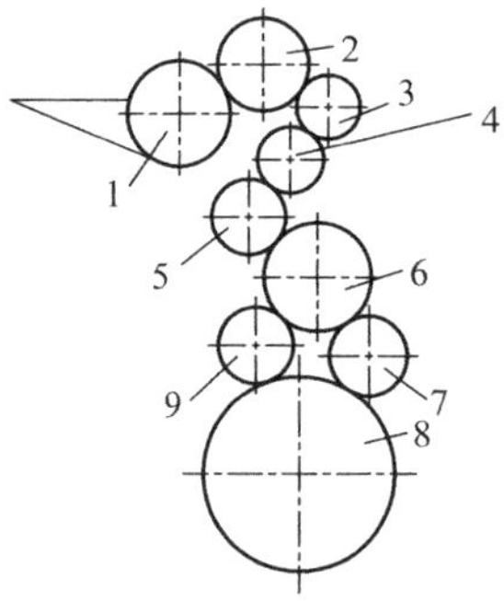

图 9－18　传墨辊连续转动供墨

1－墨斗辊；2－传墨辊；3、5－匀墨辊；4、6－串墨辊；7－着墨辊；8－印版滚筒

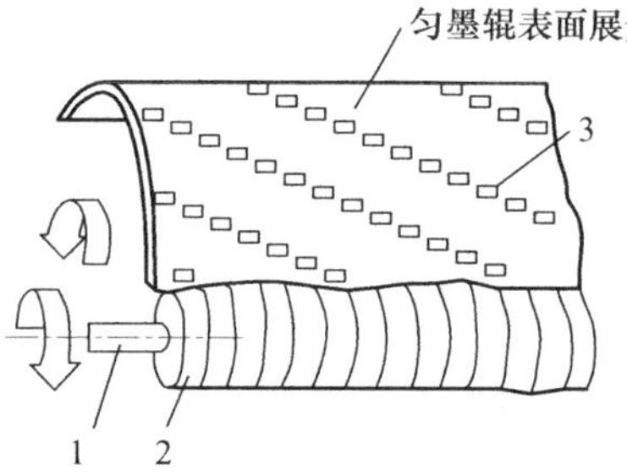

图 9－19　波形传墨辊供墨

1－传墨辊；2－偏心胶轮；3－矩形墨层块

输墨时，波形传墨辊 1 上的小偏心胶轮 2 与墨斗辊接触，取墨之后又与匀墨辊接触传墨，因而在匀墨辊表面上就可以得到波浪形的一个个矩形墨层块 3（见匀墨辊表面展开示意图）。这样在匀墨辊表面得到的是分布均匀的散开的墨层，经匀墨系统各墨辊周向转动和轴向串动，便能迅速打匀油墨，适应了高速印刷的要求。波形辊由无级调速电机驱动，通过控制转速实现供墨量的调节。

但是这种结构比较复杂，加工工艺性差，使用时压力调节不方便，在长时间停机和换墨时清洗胶轮麻烦，所以目前的机型很少采用。

（3）螺旋槽传墨辊供墨装置

这种装置的传墨辊上加工有螺旋槽。如图 9－20 所

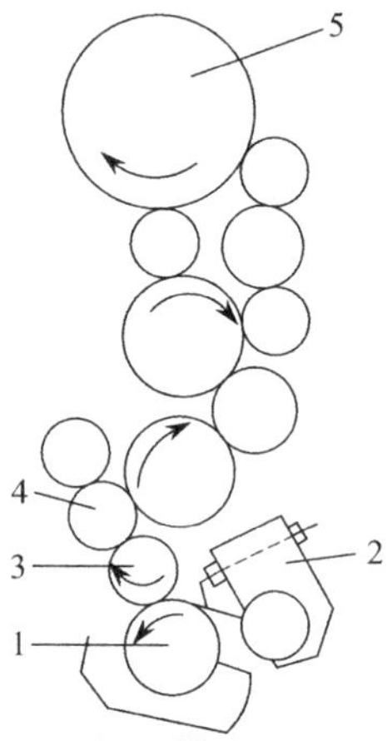

图 9－20　螺旋槽传墨辊供墨装置

1－墨斗辊；2－刮墨刀；3－供墨辊；4－匀墨辊；5－印版滚筒

示为瑞士 Wifag 螺旋槽传墨辊连续供墨装置。当带有螺旋槽的供墨辊 3 与墨斗辊 1 及第一匀墨辊 4 接触，辊子表面的螺旋沟槽将油墨螺旋式地传给匀墨辊 4。墨斗辊 1 的转速可无级调节，可根据机器转速控制油墨量大小。同时在墨斗辊 1 出墨侧加有刮墨刀 2，以调节供螺旋槽传墨辊的墨层厚度。

（4）网纹辊供墨装置

网纹辊供墨装置吸收了柔性版印刷机和凹版印刷机输墨装置的优点。

如图 9－21 所示为德国 Albert－Frankenthal 公司研制的一种新型供墨装置。网纹辊 1 浸在墨斗 5 中，将油墨通过着墨滚筒 3 传给印版滚筒 4。刮刀 2 用来调节墨层厚度，以保证上印版滚筒 4 的墨层厚度均匀。这种装置省去了大量的墨辊，结构简单，调节方便，但对着墨滚筒的要求很高。

（5）喷墨输墨装置

如图 9－22 所示为美国高斯公司的喷墨输墨装置。墨泵 1 把油墨从槽 2 中抽出，经喷嘴 3 喷到匀墨辊 4 上，喷射墨量的大小可通过调节墨泵的排量来实现。为防止喷射的油墨飞溅，设有挡板 5，通过螺钉 6 可调节控制挡板与匀墨辊之间的间隙。

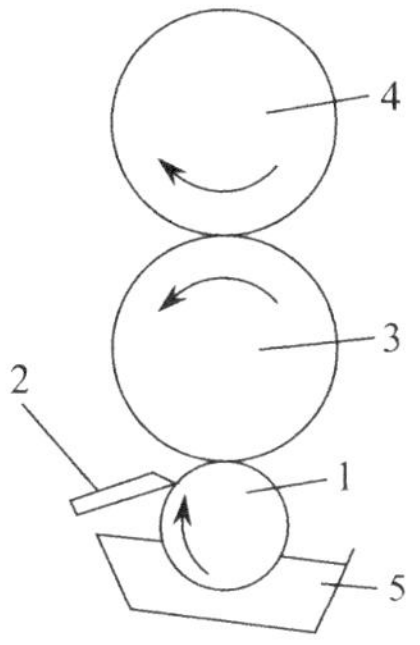

图 9－21 网纹辊供墨装置

1－网纹辊；2－刮墨刀；3－着墨滚筒；4－印版滚筒；5－墨斗

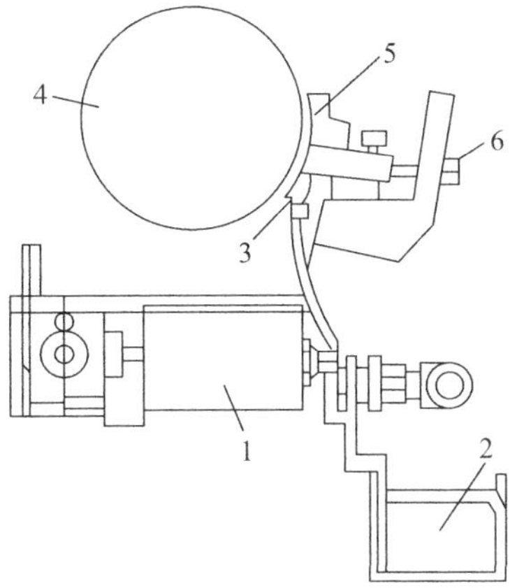

图 9－22 喷墨输墨装置

1－墨泵；2－墨槽；3－喷嘴；4－匀墨辊；5－挡板；6－螺钉

2. 自动搅拌油墨装置

为了防止墨斗油墨表层起皮，卷筒纸胶印机一般都设有自动搅拌装置。如图 9－23 所示，自动搅拌装置由搅墨棒 1 和减速机构组成，搅墨棒 1 在墨斗里往复运动，不断搅拌油墨，使油墨在墨斗里运动。另外，由于搅墨棒在墨斗里往复运动和旋转，使油墨里产生动压力，使墨斗辊与墨斗刀片之间的间隙加大，因而增加墨斗辊的出墨量。

3. 自动加墨装置

为满足卷筒纸胶印机的印刷速度快的要求，先进的卷筒纸胶印机有自动加墨装置，图 9－24所示为曼罗兰公司研制的自动加墨装置。油墨通过活塞式油泵 3 从油墨槽 1 中抽出，经墨管 5 输送到墨斗上方的油墨分布管 6 里，经分布管 6 的多个出口流入墨斗中，墨斗中的油墨的高度将由墨斗内的水平调节器 7 的探头控制。同时探头还可以搅拌油墨，防止油墨起皮。当油墨高度低于探头时，发出信号启动油泵给墨斗加墨。图 9－24 中 2 为墨槽盖板，9 为排气管，4 为支撑泵体的横杆。

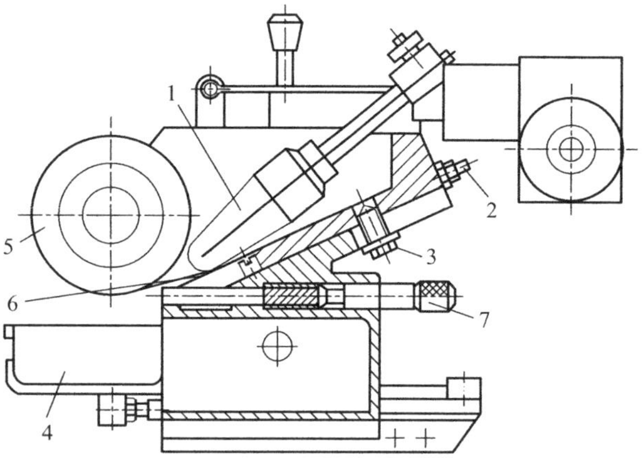

图 9－23　自动搅拌油墨装置

1－搅墨棒；2、3－调节螺钉；4－接墨槽；
5－墨斗辊；6－墨斗刀片；7－调节手柄

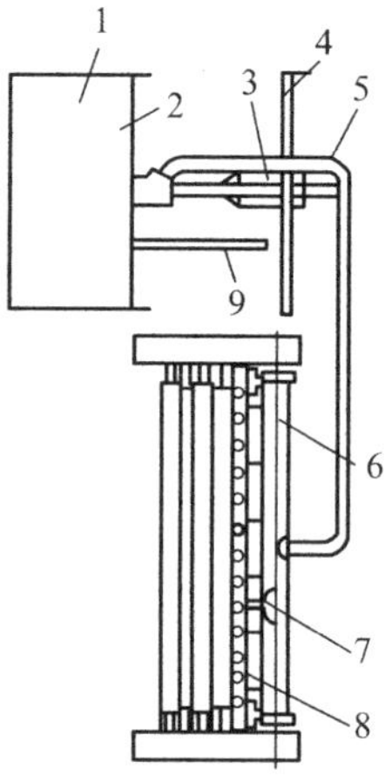

图 9－24　自动加墨装置

1－油墨槽；2－墨槽盖；3－油泵；4－横杆；
5－墨管；6－油墨分布管；7－调节器；
8－调节螺钉；9－排气管

二、传墨、匀墨和着墨装置

卷筒纸胶印机的传墨装置、匀墨装置工作原理和结构与单张纸胶印机基本相同，也包括传墨辊、串墨辊、匀墨辊、重辊等，但是其墨辊数量比起单张纸胶印机要少。着墨装置一般由 2～3 根着墨辊、压力调节机构和着墨辊起落机构组成，用于新闻和书刊印刷的胶印机多采用两根着墨辊，用于商业印刷的多采用三根着墨辊。

1. 输墨装置的墨辊排列与调节

各种印刷机都有自己独特的墨辊排列形式，其压力调节的原理也有所不同。

（1）JJ204 型胶印机墨辊排列与调节

如图 9－25 所示为 JJ204 型胶印机墨辊布局图，该机采用两根着墨辊，着墨率各为 50%，该墨路给印版供墨时，匀墨效果不太理想。经验表明，在调节两根着墨辊与印版滚筒之间的压力时，应为前重后轻为好，即第一根着墨辊压痕宽 6mm，第二根着墨辊压痕宽度为 5mm，这样可以改善匀墨效果。

（2）高斯 M－600 型胶印机墨辊排列与调节

高斯 M－600 型胶印机采用三根着墨辊，用于商业印刷，如图 9－26 所示。

图 9－26（a）所示第一根着墨辊着墨率为 100%，第二根和第三根着墨辊的着墨率为 0，它们的主要作用是匀墨。调节着墨辊与印版滚筒之间的压力时，第一根着墨辊与印版滚筒之间的压痕宽度为 6mm，第二根、第三根着墨辊与印版之间的压痕宽度分别为 5mm 和 4mm。由图 9－26（b）可以看出，调节辊可以移动与匀墨辊相接触，此时墨路就发生了变化，最终影响着墨率的变化：第一根着墨辊的着墨率为 80%，第二根和第三根着墨辊的着墨率各为 10%。另外，该机采用四根冷却串墨辊和一根冷却墨斗辊，保证在高速印刷过程

中，油墨不会因摩擦发热而影响油墨性质，保证了印刷产品质量。

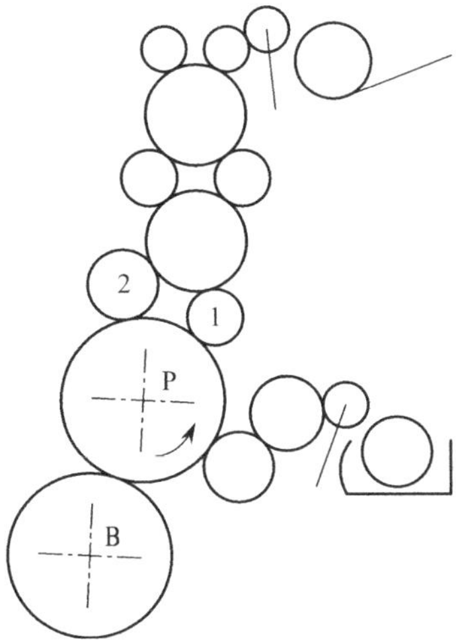

图 9－25　JJ204 型胶印机墨辊布局

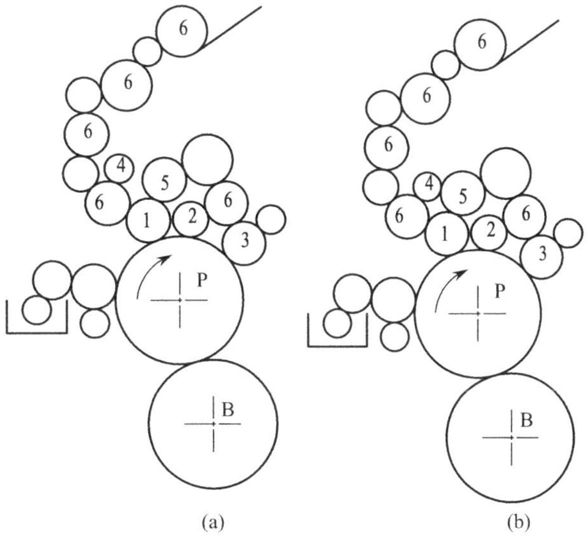

图 9－26　高斯 M－600 型胶印机墨辊排列图

1－第一根着墨辊；2－第二根着墨辊；3－第三根着墨辊；4－调节辊；5－匀墨辊；6－冷却辊

2. 压力调节机构

如图 9－27 所示为国产 JJ204 型胶印机的着墨辊压力调节机构，在串墨辊 1 的两端墙板内的轴头上套有两个偏心套 2、3，摆臂 4、5 套在两个偏心套的外面，并用两个螺钉 8 把摆臂和偏心套固定，摆臂 4、5 的一端为着墨辊 6 和 7 的轴承座，另一端与连杆 9、10 相连。

（1）着墨辊 6 与串墨辊 1 之间的压力调节

松开紧固螺钉 8，用拨辊插入偏心套 2 的拨孔内，转动偏心套 2 改变着墨辊 6 与串墨辊 1 的中心距，即可调节两者之间的接触压力。压力调好后，应拧紧螺钉 8，使偏心套 2 和摆臂 5 没有相对转动。同理，通过调节偏心套 3 可实现着墨辊 7 与串墨辊 1 之间的压力。

（2）着墨辊 6 与印版滚筒之间的压力调节

松开夹紧螺钉 11，转动调节套 12 改变连杆 9 的长度，带动摆臂 5 改变着墨辊 6 与印版滚筒之间的中心距，即可调节二者之间的接触压力。如果转动调节套 13，则通过连杆 10 可以改变着墨辊 7 与印版滚筒之间的压力。

3. 着墨辊起落机构

如图 9－28 所示为 JJ204 胶印机着墨辊起落机构，着墨辊与印版滚筒的脱开或接触由气动机构完成。气缸 1 的活塞杆 2 顶出时，推动摆杆 3 逆时针摆动，带动轴 4 上的两个偏心轮 5 和 6 也逆时针转动，使连杆 7 下降，连杆 8 上升，经摆杆 9、10 分别使着墨辊 11 和 12 脱开印版。活塞杆 2 右移时，动作相反，着墨辊 11 和 12 与印版接触。

三、润湿装置及压力调节

卷筒纸胶印机的润湿装置可以分为接触式和非接触式两大类，以接触式应用较为普遍。所谓接触式润湿方法，就是润湿液由水斗经过水辊相互接触传递给印版，如间歇式、连续式

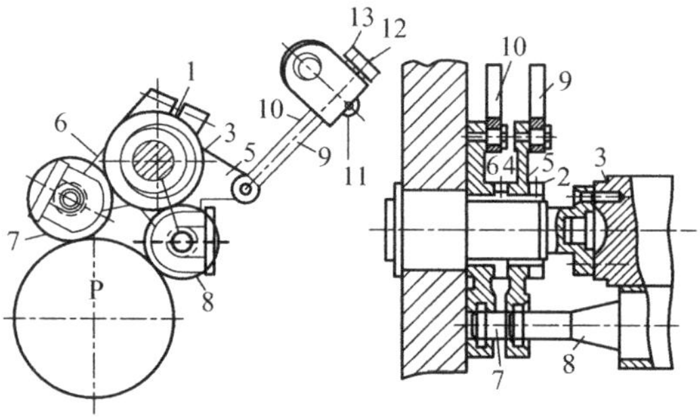

图 9－27　着墨辊压力调节机构图

1－串墨辊；2、3－偏心套；4、5－摆臂；
6、7－着墨辊；8、11－螺钉；
9、10－连杆；12、13－调节套

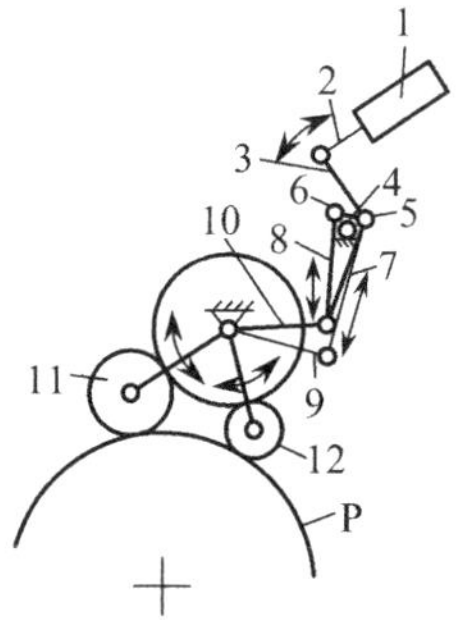

图 9－28　着墨辊起落机构图

1－气缸；2－活塞杆；3、9、10－摆杆；
4－轴；5、6－偏心轮；7、8－连杆；
11、12－着墨辊

和酒精润湿等装置。非接触式则不同，水斗辊的润湿液不经过辊子相互接触将润湿液传递给印版，而是采用喷洒方式传水，如刷辊式、喷雾式等润湿装置。

1. 典型润湿装置

大多数的卷筒纸胶印机的润湿装置只有一个着水辊，其工作原理和基本结构与单张纸胶印机的润湿装置基本相同。这里主要介绍连续给水润湿装置，其他形式的润湿装置参阅第四章有关内容。

连续给水的湿润装置是靠水辊之间的水膜进行传水，如图 9－29 所示。水斗辊 2 把润版液从水斗 1 中带出，依次通过匀（传）水辊 3、串水辊 4、着水辊 5，把润版液传给印版滚筒 6。国产 JJ102 型机即采用这种结构。为保证水辊之间的水膜厚度，匀（传）水辊 3 与水斗辊 2 以及匀（传）水辊 3 和串水辊 4 之间设有压力调节机构。

2. 润湿装置压力调节

压力调节机构的工作原理如图 9－30 所示。传水辊 2 通过连杆 7 与串水辊 3 相连，在串水辊上有一个偏心轴 8，通过转动偏心套的位置，可以调整传水辊 2 与串水辊 3 的压力。压力调好后将偏心套的位置锁死。转动螺母 5，使拉杆 6 上下移动，调整传水辊 2 与水斗辊 1 的压力。固定轴 4 是一个可以在墙板上转动的轴。

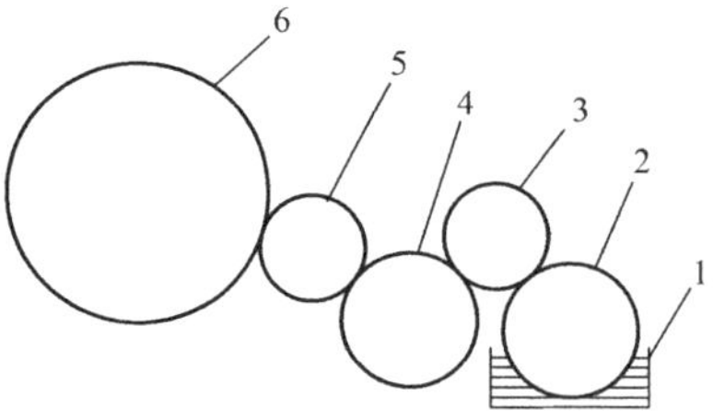

图 9－29　连续给水润湿装置

1－水斗；2－水斗辊；3－匀水辊；
4－串水辊；5－着水辊；6－印版滚筒

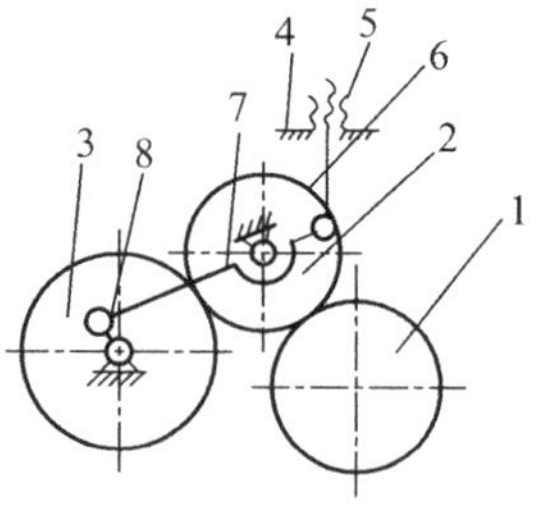

图 9－30　压力调节机构图

1－水斗辊；2－传水辊；3－串水辊；4－固定轴；
5－螺母；6－拉杆；7－连杆；8－偏心轴

该装置中，匀水辊和着水辊为橡胶辊，水斗辊和串水辊为金属辊。输水质量取决于水辊精度的高低及压力调节。现代胶印机多采用这种输水方式。

整个版面的出水量可以通过水斗辊转速、传水辊和水斗辊及串水辊的压力调整来控制。

四、水墨的冷却系统

匀墨过程中由于碾压、分散以及摩擦作用，会使油墨发热，特别是在高速的卷筒纸机上，这个问题就更显著。由于发热温升势必影响到油墨的性质，从而影响着墨性能，破坏水墨平衡，影响印刷质量，而且如果采用热固油墨，墨辊温度太高，油墨就可能在墨辊上干燥结皮。为了保持油墨温度不变，现代卷筒纸胶印机在输墨装置中增加了油墨的冷却系统。

冷却系统的工作原理如图 9－31 所示。水泵 2 将冷却水箱中的冷却水通过进水管 4 打入匀墨系统的墨辊中。冷却水通过墨辊，使墨辊降温，然后再通过回水管 3 回到水箱 1 中。为降低回水温度，水泵 5 将回水管流回来的水打入热交换器 6 中，使水冷却后再回到水箱中循环使用。

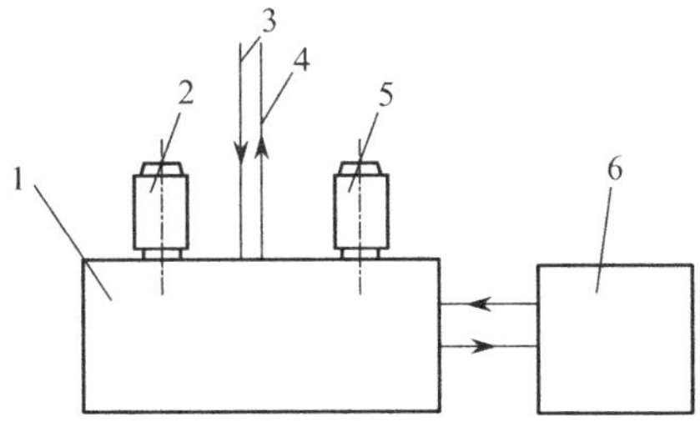

图 9－31　冷却系统的工作原理

1－水箱；2、5－水泵；3－回水管；4－进水管；6－热交换器

第四节　输纸系统

卷筒纸印刷机输纸系统的功能是以恒定的轴向位置，适当的走纸张力，平稳而准确地将纸带源源不断地输送给印刷装置，而后又经收卷或裁切、折页等工序完成印品的加工。

输纸系统由上纸机构、磁粉制动器、传感器机构、浮动辊机构、导纸辊、调整辊机构、送纸辊机构以及自动接纸机构等组成，如图 9－32 所示。

纸卷支架可同时安装三个纸卷，每个纸卷安装轴上都可由一个磁粉制动器制动。纸带从纸卷上打开后，经过导纸辊进入送纸辊 6，使纸带张力稳定后，进入 B－B 型印刷装置 7 进行双面单色印刷。双面印刷后的纸带再经过较长的走纸路线，由导纸辊引导到卫星式印刷装置 8 进行单面四色印刷，印完后的纸带又由导纸辊引导进入烘干室进行烘干，最后由送纸辊 10 送入裁切和折页装置 11 去完成裁切和折页。纸卷支架可以自动更换纸卷。新纸卷靠小车运送到纸卷支架下方，并由锥头进行夹紧。

一、上纸装置

上纸机构（纸卷的安装机构或称支架）由气缸、摆臂、摆杆、纸卷轴和纸卷组成，如图 9－33 所示，能迅速安装和更换纸卷，并可以进行准确灵活的轴向位置调整。当需要上纸时，将纸卷推上纸盘，调整好方向，装入摆杆上，使气缸活塞杆回退，经摆臂拉动摆杆逆时针方向摆动，将纸卷轴架在机器支架上，并将纸卷定好位。

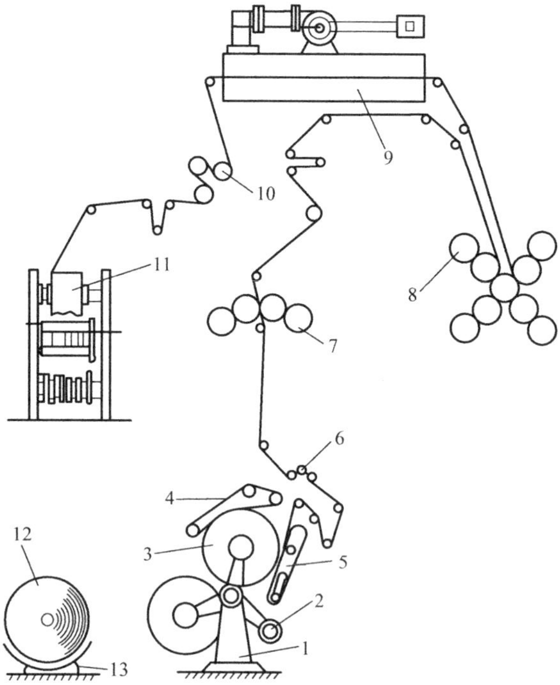

图 9 –32　卷筒纸胶印机输纸系统图

1 – 支架；2 – 磁粉制动器；3 – 纸卷；4 – 加速皮带；5 – 自动粘贴装置；6、10 – 送纸辊；7 – B – B 型印刷机组；8 – 卫星式印刷机组；9 – 烘干装置；11 – 裁切与折页装置；12 – 新纸卷；13 – 小车

1. 纸卷的卡紧形式

（1）穿轴式

如图 9 – 34 所示，穿轴式又称有芯轴安装。纸卷 1 中间穿一根光滑的芯轴 2，其上有两个夹紧纸卷用的锥头 3，锥头用锁紧套 7 紧固在芯轴上，并用手轮 6 使其轴向移动而卡紧纸卷。纸卷夹紧后，连同芯轴一起安装到纸卷架的轴承 4 上。纸卷的轴向移动用手轮 5 完成。

芯轴的安装和纸卷的更换需要较长时间，工作效率低，因此现代高速卷筒纸轮转机上已不采用芯轴安装的方式。

（2）梅花顶尖式

梅花顶尖式又称无芯轴安装，如图 9 – 35 所示。纸卷两端用梅花顶尖卡紧，大多数给纸机采用这种结构。

纸卷 1 装在位于杠杆 4 上的锥头 2 上，沿轴移动支架可改变两锥头间的距离，用手轮 7 可微量调节纸卷的轴向位置。扳动手柄 3 可使锥头大幅伸缩，锥头伸出后应能自锁，手轮 6 用以顶紧纸卷。

锥头安装在两个重载滚动轴承上，如图 9 – 35（b）所示。为了保证纸带正常运行，两个锥头中心线偏差要适当加以限制。

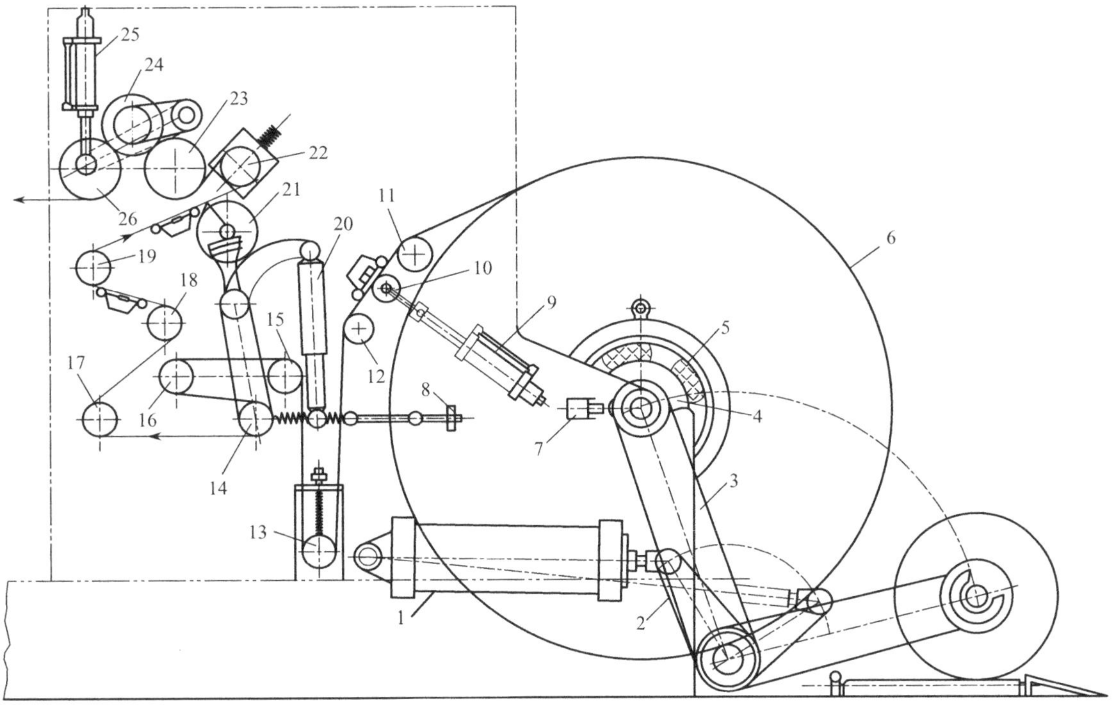

图 9－33　卷筒纸印刷机的上纸机构图

1、9、25－气缸；2－摆臂；3－摆杆；4－纸卷轴；5－磁粉制动器；6－纸卷；7－限位开关；8－螺母；10－毛刷支承辊；11、12、15～19－导纸辊；13－浮动辊；14－阻尼辊；20－阻尼器；21－传感器；22－调整辊；23、26－送纸钢辊；24－送纸胶辊

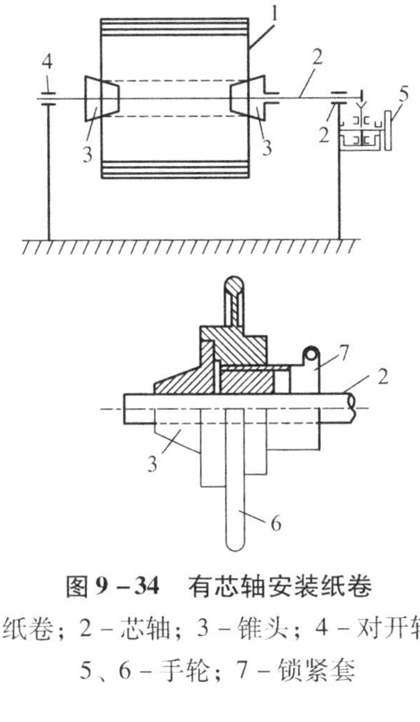

图 9－34　有芯轴安装纸卷

1－纸卷；2－芯轴；3－锥头；4－对开轴承；5、6－手轮；7－锁紧套

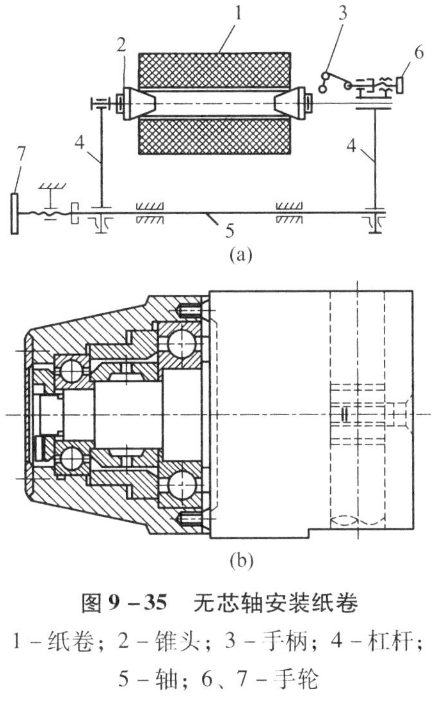

图 9－35　无芯轴安装纸卷

1－纸卷；2－锥头；3－手柄；4－杠杆；5－轴；6、7－手轮

2. 给纸机的续纸

根据安装纸卷的数量，给纸机可分为以下几种。

（1）单纸卷给纸机

如图 9 – 36 所示，一个给纸机只能上一个纸卷，纸卷用完以后，需要停机后上第二个纸卷，上好纸卷以后再开机印刷，因而一般用在速度不太高的机器上。

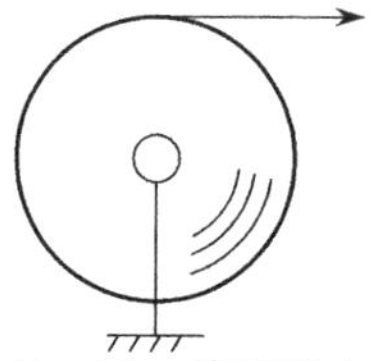

图 9 – 36　单纸卷支架

（2）双纸卷给纸机

一个支架上同时可以上两个纸卷，如图 9 – 37 所示。这种给纸机可以采用旋转换纸方式，如图 9 – 37（a）所示，即上面一个纸卷用完以后，待新纸卷接好以后，转到工作位置使用，原纸卷架转到待用位置。图 9 – 37（b）为一个固定架上上两个纸卷的给纸机，这种给纸机的用法和图 9 – 37（a）一样，只是用完一个纸卷在换新纸卷时不用旋转支架，用起吊设备把纸吊起装好。图 9 – 37（c）所示的两个纸卷同时使用，等两纸卷用完后，停机再同时上两个纸卷。若用在单纸路卷筒纸胶印机上，一个纸卷使用，另一纸卷可上好备用，以减少停机上纸时间，提高机器利用率。

这种给纸机有的采用停机人工接纸，有的采用不停机自动接纸。

（3）三纸卷给纸机

这种给纸机如图 9 – 38 所示，多用于高速的新闻印刷卷筒纸胶印机上，而且大多为自动接纸。当一个纸卷快要用完时，纸架便转动一个角度，使第二个纸卷进入自动接纸位置，完成自动接纸，接纸后再转动一角度，转到使用位置，这时卸下用完的纸卷的纸芯，再在上面装好一个纸卷备用，这种结构也有采用人工接纸的。

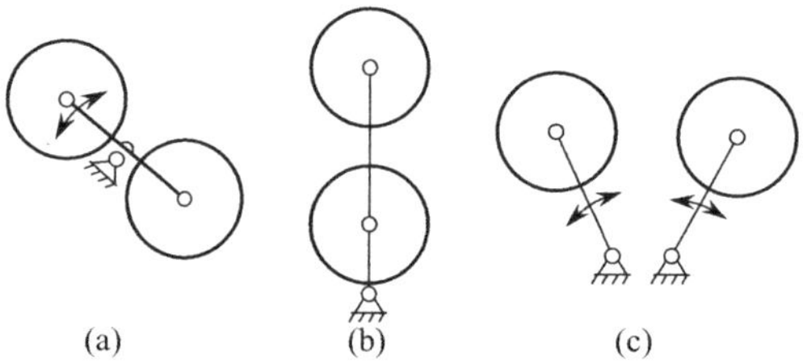

图 9 – 37　双纸卷支架

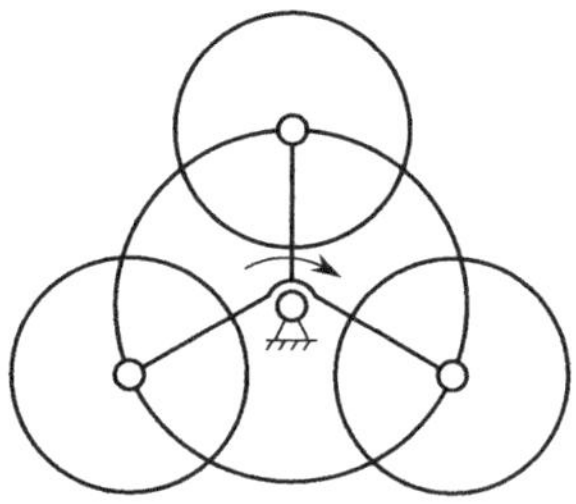

图 9 – 38　三纸卷支架

在现代高速卷筒纸轮转机上，三纸卷回转支架用得最多。图 9 – 39 所示为一种类型的三臂纸卷回转支架传动原理。三个纸卷分别安装在三对顶尖 4 上（一个纸卷工作，另两个备用）。支架 5 安装在轴 3 上。轴 3 上装有齿条 7，小齿轮 6 与齿条 7 相啮合。用摇把转动小齿轮，支架便可沿轴 3 移动，以使顶尖间距离适应纸卷宽度。电机 11 通过齿轮系 i 与轴 3 相连，带动支架回转。纸卷的轴向移动依靠电机 12 通过蜗杆 10、蜗轮 8、丝杠 9 及蜗轮的螺孔来实现。1 和 2 是控制电机 12 的限位开关。

二、纸卷的制动

印刷时，纸带必须具有一定的张力，这是因为只有把纸带拉紧才可以保证印刷质量。为了使印刷过程稳定，从纸卷到印刷装置的运动过程中纸带要产生和保持必需的张力，这就要

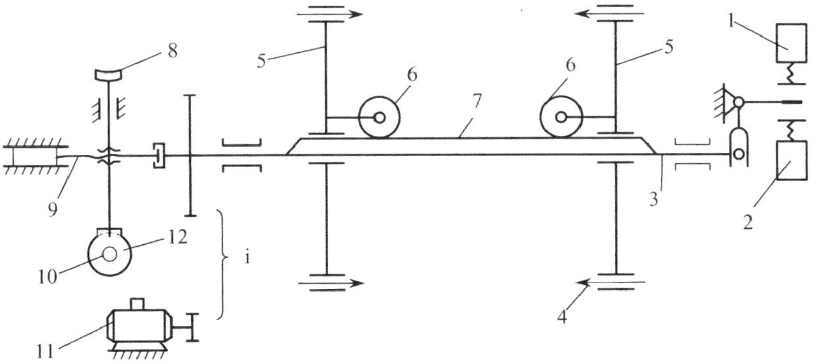

图 9-39 三臂纸卷回转支架传动图

1、2-限位开关；3-轴；4-顶尖；5-支架；6-小齿轮；7-齿条；
8-蜗轮；9-丝杠；10-蜗杆；11、12-电机

依靠纸卷驱动和纸卷制动相协调作用来达到。在机器起动、升速、降速、停机以及容易发生断纸的情况下，制动机构可及时调整制动力，保证纸带不会断纸，也不会使纸带松卷产生拥纸。

制动装置的作用是保证纸带打开的张力恒定，即当纸带速度快时，制动装置产生瞬时制动，使纸卷打开得慢点儿；反之，当纸带速度慢时，制动器制动力减小，使纸卷打开得快点儿。因此，纸带打开过程中张力变化一般由制动器加以调节，保证纸带张力不变。

按照施加制动力的方法，纸卷制动可分为圆周制动和轴制动两大类。

1. 圆周制动

制动力作用在纸卷的外圆表面称为圆周制动，是靠摩擦产生制动力矩，如图 9-40 所示。实现圆周制动可以是固定不动的制动带，如图 9-40（a）、图 9-40（c）所示，也可以是运动的制动带，如图 9-40（b）所示。

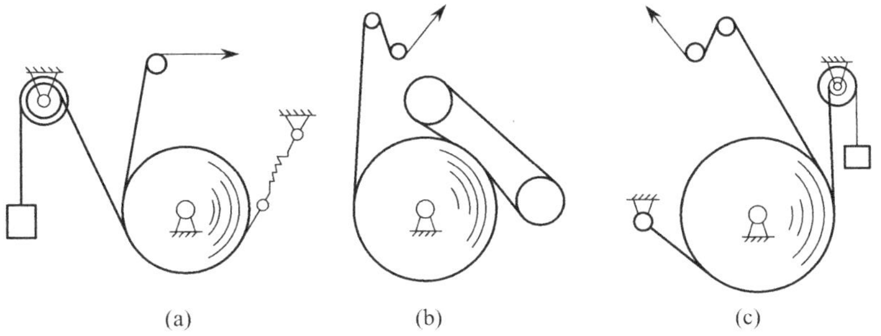

图 9-40 圆周制动

固定制动带圆周制动最简单，但由于制动带与纸卷外圆直接摩擦，往往会弄脏弄损纸面，还会使纸带产生静电。图 9-40（a）采用带弹簧悬挂固定端的结构形式，由于增加了弹簧，从而更好地稳定偏心纸卷展开时的张力波动。

运动制动带的制动原理是依靠纸卷的表面速度与制动带的速度之差，通过摩擦来产生制动力，通常制动带的速度应当比纸带速度慢 2% ~5%。由于速差比较小，通常不像固定带

那样易弄脏纸面和产生静电。运动带制动有很多优点，改变支架压力或制动带与纸卷的包角都可以调整制动力的大小；改变制动带的速度也可改变制动力；改变制动带的运动方向可使其处于不同的工作状态：制动或驱动。因此这种制动方式目前用得相当广泛，特别适用于有自动接纸机构的输纸系统中。

2. 轴制动

轴制动的优点是制动零件不与纸面接触，但它不能有效地控制偏心纸卷产生的离心力，特别在使用大纸卷（初始纸卷）时尤其明显。这类系统的机械结构较紧凑。

轴制动也称芯部制动（参见图 9－32、图 9－33），制动力施加在与纸卷部相固连的轴（或制动环）上，在卷筒纸的转轴上产生制动力矩。最简单的轴制动就是在纸卷芯部轴端设置闸瓦（马蹄形制动块），如图 9－41 所示，也可采用工作于制动状态的电机及磁粉制动器，如图 9－42 所示。

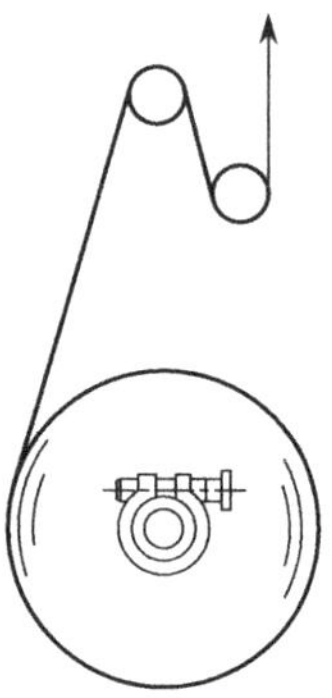

图 9－41　轴制动

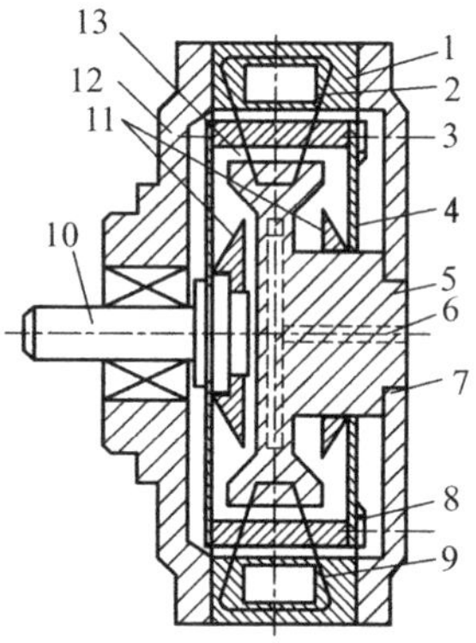

图 9－42　磁粉制动器

1－磁轭（外定子）；2－线圈；3－转子；4－密封环；5－极靴（内定子）；6－冷却水路；7－后端盖；8－风扇；9－磁力线；10－转子轴；11－迷宫环；12－前端盖；13－磁粉

磁粉制动器是利用电磁感应原理的一种制动机构。主要由磁轭（外定子）、线圈、极靴（内定子）、转子及磁导率高且耐热性好的磁粉等部分组成。磁粉填充在转子和极靴之间，在极靴内通有冷却水，在转子上有风扇叶片进行风冷却。只要调节激磁电流的大小，即可改变制动力矩的大小，制动力矩与激磁电流基本上成正比。

应当指出，机器使用一段时间后，磁粉制动器中的磁粉易集合结块，磁力效应会发生变化，制动效果下降，应重新更换磁粉。

三、纸卷的张力控制

卷筒纸胶印机依靠纸带的张力带着纸前进，完成各个环节的工作。因此纸带张力控制便成为卷筒纸胶印机中最重要的控制对象。

张力太小会导致皱褶、套印不准等弊病，张力过大又会增加机器的负荷和增大纸带应力。如果纸带应力超过其强度极限就会断裂，张力不稳定的纸带会发生跳动，以致出现套印不准、重影等问题。

使纸带进入印刷装置的拉力一般由印刷滚筒产生，有些机器也采用专门的送纸辊装置来产生拉力。不管用什么方式拉着纸带进入印刷装置都不能让纸卷自由打开，必须进行制动。

1. 印刷机部件间的纸带张力控制

印刷部件间的纸带的张力主要受印刷副拉力的影响。因此，各印刷部件间纸带的张力控制要依靠在滚筒上采取措施来实现。例如，为了减轻印版滚筒与橡皮滚筒空档相遇时所产生的跳动对纸带张力的影响，常采用肩铁接触的方式。又如，在机组式的多色卷筒纸胶印机中，为了补偿因纸带伸长而松弛的现象，可以采用逐级增加滚筒包衬的方法。

但是仅仅采取上述措施往往还不能有效地控制印刷装置间的纸带张力，而且上述措施对于进入第一色印刷装置前的纸带张力基本上起不到控制作用。比如，由于一些偶然因素或在自动更换纸卷时，纸卷制动器不能迅速地、及时地调整制动力，以致进入印刷装置的纸带的张力波动过大。为了精确地控制进入印刷装置的纸带张力，往往在纸带路径中安装送纸辊。

送纸辊（即图 9－32 中的 6 和 10）又称为纸带驱动辊或续纸辊，控制纸带速度并将纸带平稳送出，通常安装在印刷装置的前面和印刷装置与折页装置之间。这样从纸卷上展开的一段纸带张力的波动和进入折页装置前的一段纸带张力的波动就不会影响进入印刷装置的纸带张力。因此，送纸辊又起到了稳定印刷和折页装置的纸带张力的作用。

如图 9－43 中所示为 B－B 型卷筒纸胶印机上布置送纸辊的情况。第Ⅰ组送纸辊安装在第一色印刷装置之前，这样从纸卷到第一色印刷装置纸带被分成两段来控制：第一段为纸卷至第Ⅰ组送纸辊，第二段为第Ⅰ组送纸辊至第一色印刷装置。第Ⅱ组送纸辊设置在第二色印刷装置与折页装置之间，用于抑制折页装置产生的对纸带猛拉、冲击作用对第二色印刷装置产生的影响。调节驱动第Ⅱ组送纸辊的无级变速器，就可以得到第二色印刷装置与第Ⅱ组送纸辊间所需要的纸带张力。

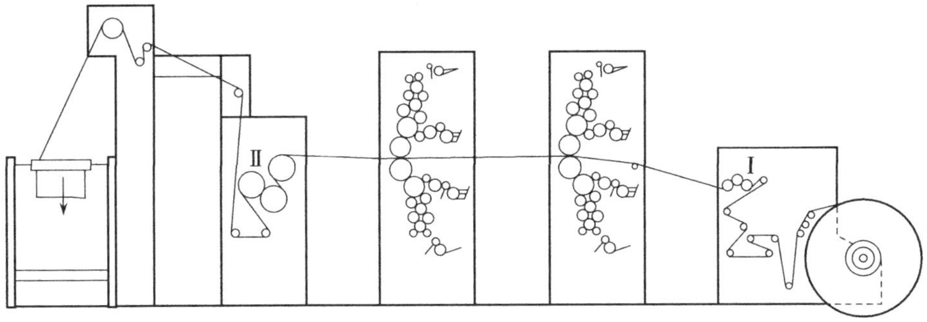

图 9－43　送纸辊的位置图

送纸辊机构通常由三个辊子组成，其结构如图 9－44 所示。两个主动的硬质送纸钢辊 1、6 与一个被动的软质送纸胶辊 3 组成了送纸辊组。由空转的送纸胶辊把纸带压在一个主动送纸钢辊 1 上，由送纸钢辊 1 带其旋转。送纸钢辊 1、6 的转动通过一个无级变速箱和主传动系统相连接，且表面速度可以进行无级调节。也有把送纸钢辊 1、6 设计成由单独的调速电机驱动，以便调节其转速。送纸钢辊 1 和送纸胶辊 3 之间的接触压力可以通过靠刹螺钉 7 来调节，靠刹螺钉 7 在送纸胶辊的两端各有一个，以便使辊的两端压力一致。为了便于穿纸，软质胶辊 3 可以脱开抬起，其动作是由一个气缸 2 推动实现。

装配时为了使送纸胶辊 3 的轴线与送纸钢辊 1、6 的轴线平行支撑软质辊 3，左、右轴承的摆杆 9 空套在摆杆轴 5 上，卡套 8 与摆杆轴 5 相连，卡套上有两个调节螺钉从上、下两

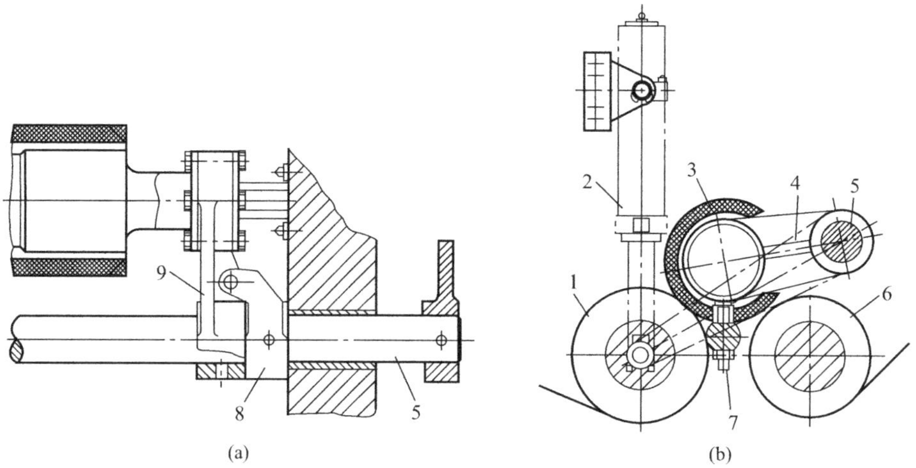

图 9－44　送纸辊结构图

1、6－送纸钢辊；2－气缸；3－送纸胶辊；4－摆臂；5－杆轴；7－靠刹螺钉；8－卡套；9－轴承摆杆

面顶住摆杆的筋，调节两螺钉可使送纸胶辊 3 与送纸钢辊 1、6 的轴线平行，如图 9－44（b）所示。

2. 张力控制系统

在印刷过程中，受纸带物理特性、纸带速度以及打滑等因素的影响，纸带张力会产生波动。为了使纸带张力恒定，必须使纸卷制动力能够根据纸带张力波动的情况自动地进行调整，因此现代卷筒纸胶印机都有张力自动控制系统。

纸带张力的调整、控制一般依靠纸卷制动机构和控制纸卷制动力矩的传感机构配合实现，其作用有三：第一，除了自动接纸期间外，保证在打开纸卷的整个时间内，纸卷张力稳定；第二，在机器起动、升速、降速、停机以及容易发生断纸的情况下，制动机构及时调整制动力，保证纸带不会断纸，也不会使纸带松卷产生拥纸；第三，在纸卷打开过程中能自动进行张力调整。

纸带张力的影响因素较多，利用传感机构进行张力信号反馈，进而实施闭环控制是解决张力问题的根本。根据产生控制信号的原理，纸带张力控制系统有多种类型。

（1）位移反馈（浮动辊）张力控制系统

浮动辊张力控制系统是用浮动辊的位移产生控制信号的控制系统，如图 9－45 所示。浮动辊 3 和 2 在纸带张力正常时处于纸带张力与挂重 G_1 和 G_2 相互平衡的状态中。当张力有变化时，浮动辊就向上或向下运动，因而使电位器 R_1 和 R_2 的电阻值发生变化。通过电路 C_1 和 C_2 调节电机 M_1 和 M_2 的速度从而使制动带 4 和浮动辊 3 的速度发生变化，达到张力恢复正常的目的。

浮动辊轴端结构如图 9－46 所示。

浮动辊由滚动轴承支承，能自由转动，轴承座由压簧支撑，弹簧的压力可通过调节螺母预先调节好。当纸带张力改变时，浮动导纸辊和活动轴承座上下移动，从而减缓振动。

浮动辊的作用是使由纸卷形状不规则引起的纸带张力变化得到缓冲，同时也不至于因强行控制张力变化而断纸。另一方面，浮动辊可以调节纸卷两端缠卷松紧不一致而引起的走纸松边严重飘动，从而稳定走纸张力。该结构曾用于国产 PJ787－01 型卷筒纸印刷机上。

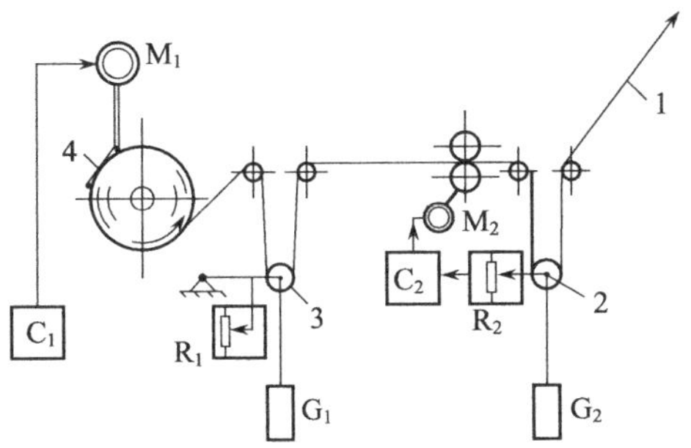

图 9－45　浮动辊张力控制系统

1－纸带；2、3－浮动辊；4－制动带

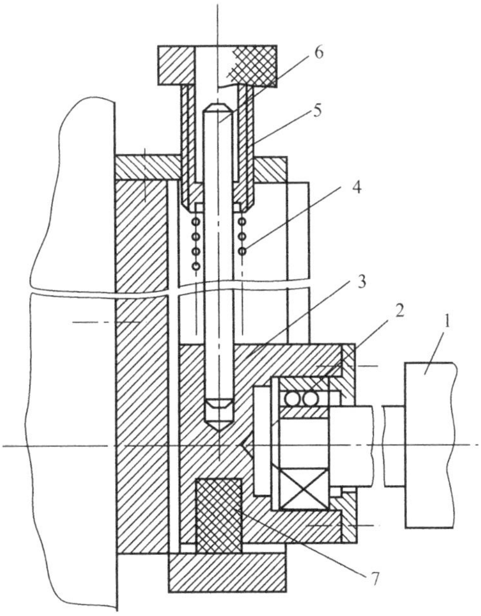

图 9－46　浮动辊轴端结构

1－浮动辊；2－轴承；3－轴承座；4－弹簧；
5－调节螺母；6－导杆；7－橡胶垫

浮动轴两端结构相同，在开机前一定要调节两端调节螺母，使浮动辊的支承力一致。

该系统比较简单，但是浮动辊在探测张力变化过程中运动的路径较长，因此反应较慢，灵敏度较低，特别在张力波动较大时（如换纸卷时）不能有效地使张力稳定下来。

（2）力反馈张力控制系统

为了提高系统的反应能力，将系统中的浮动辊换成直接测量张力的传感器。传感器装在过纸辊的支架上，直接探测过纸辊上的压力变化，并把这种变化转换成电信号，这种压力传感器一般是压电敏感元件，如图 9－47 所示。

（3）磁粉制动器张力控制系统

磁粉制动器张力控制系统原理如图 9－48 所示。磁粉制动器 2 作为纸卷 1 的轴制动器，其转子与纸卷芯部相联。虚线方框所表示的控制线路对磁粉制动器输入的激磁电流 I 进行运算。当纸带张力稳定不变时，张力感应辊 4 的弹簧 5 所产生的拉力 P 与纸带张力 F_1 平衡，这时磁粉制动器的制动力矩为给定值。由于某种原因引起张力改变时，张力辊就会绕其支点摆动一个角度，传感器 6 就发出相应的信号，送至控制电路。例如，传感器为一线绕滑动电阻，当张力感应辊摆动时滑动触点的电压就变化，这个电压变化信号输入控制电路。进入控制电路的信号经放大变换后，调节输入磁粉制动器的激磁电流，使制动力矩相应地变化，纸带张力恢复到给定值，张力辊也回到原来的平衡位置。图 9－48 中 3 为阻尼器，用于减缓系统振动。

（4）气动式张力控制系统

如图 9－49 所示为气动式张力控制系统。纸卷 1 依靠运动的带子 2 制动。改变运动带对

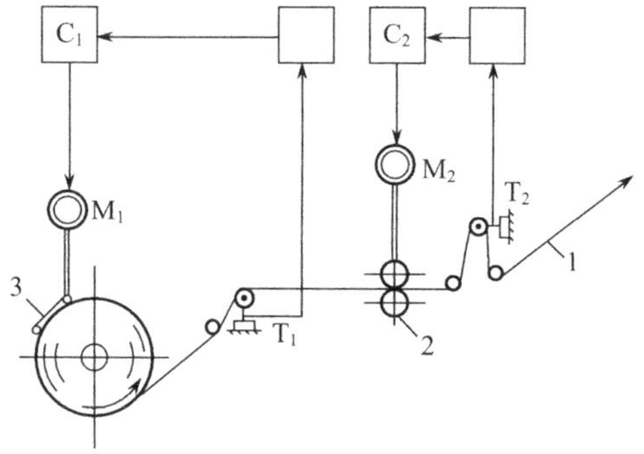

图 9－47 力反馈张力控制系统

1－纸带；2－辊；3－皮带

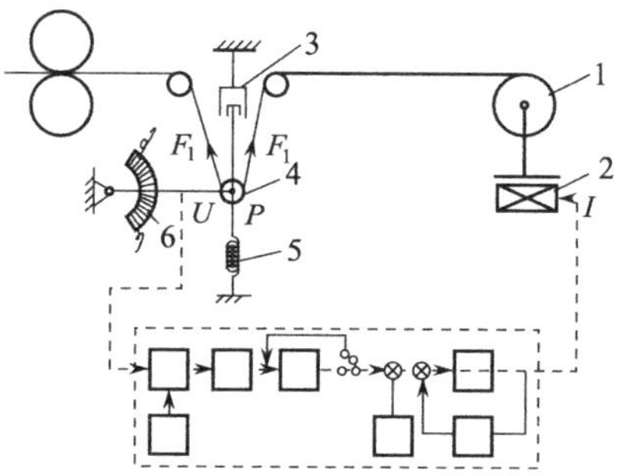

图 9－48 磁粉制动器张力控制系统

1－纸卷；2－制动器；3－阻尼器；4－感应辊；5－弹簧；6－传感器

纸卷的压力就改变了制动力，而运动带对纸卷的压力由气缸 3 产生。压印滚筒的转动经过齿轮传动带动齿轮 4 转动而使带子运动。

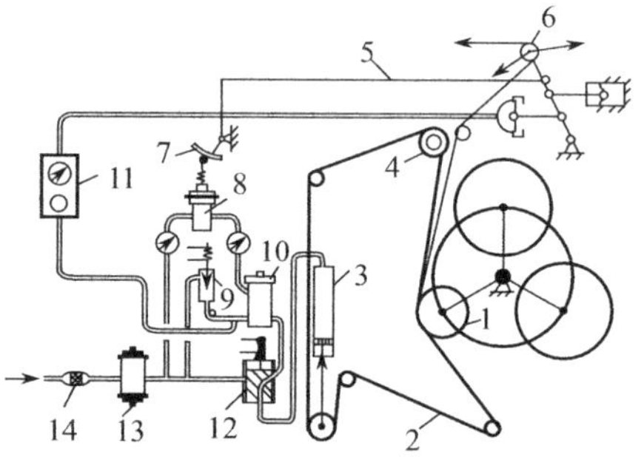

图 9－49 气动式张力控制系统

1－纸卷；2－制动带；3－气缸；4－齿轮；5－拉杆；6－张力感应辊；7－凸轮板；8－调节阀；9、12－电磁阀；10－减压阀；11－操纵盒；13－卸荷阀；14－过滤器

正常运转期间，压缩空气经过过滤器 14、卸荷阀 13、调节阀 8、减压阀 10 和电磁阀 12 通入气缸 3 而使带子对纸卷施加压力。张力感应辊 6 可绕一固定轴摆动，其摆动杆在纸带张力和膜片所受气体压力作用下平衡。在操纵盒 11 上调节膜片上的气压就可给定一个所需的张力。当纸带张力减小时，张力感应辊 6 就顺时针摆动，通过拉杆 5 使凸轮板 7 绕其摆动中心顺时针摆动，从而带动调节阀 8 使进入气缸 3 的气压增大，制动力增大，纸带张力就增大到给定值。当纸带张力大于给定值时，控制过程相反。在需急速刹住纸卷（如断纸）时，电磁阀 12 的阀芯受到控制而上升，盖住来自减压阀 10 的压缩空气入口而接通来自卸荷阀 13 的空气入口；气缸 3 就直接与卸荷阀 13 接通，获得较高的气压，因而纸卷制动力剧增，纸卷被迅速刹住。此时，电磁阀 9 也关闭，膜片不承受气压。

这个系统张力控制效果较好，但气路比较复杂。

四、纸带的减振装置

在印刷过程中，当打开形状不规则的纸卷时，纸带拉力波动而产生的振动的频率较高，不可能被制动器完全消除。另外在印刷装置中，由于滚筒空档相遇也会使纸带产生强迫振动。为了减缓及消除纸带振动，在卷筒纸印刷机的给纸系统中一般都采用减振装置。

通常卷筒纸胶印机上的减振器就是用弹簧支撑轴承的导纸辊，图 9 – 50 为最常见的一种减振器的结构。导纸辊 1 在轴承 5 的支撑下转动，轴承座 4 由拉簧 2 和压簧 3 支撑。纸带张力改变时，导纸辊 1 和活动轴承座 4 上下移动，从而减缓振动。

为了工作平稳及抵抗冲击，减振器常常带阻尼缓冲装置，如图 9 – 51 所示。1 为阻尼气缸，螺母 2 用以调节弹簧撑力，手轮 3 用来调节整个减振器的位置。

通常对于一卷纸只安装一个减振装置。有些机器也采用两个减振器，但由于辊子的惯性和两辊移动不同步，并不能很好地消除纸带振动，相反，这种结构容易使纸带在某瞬间受过大负荷而断裂。

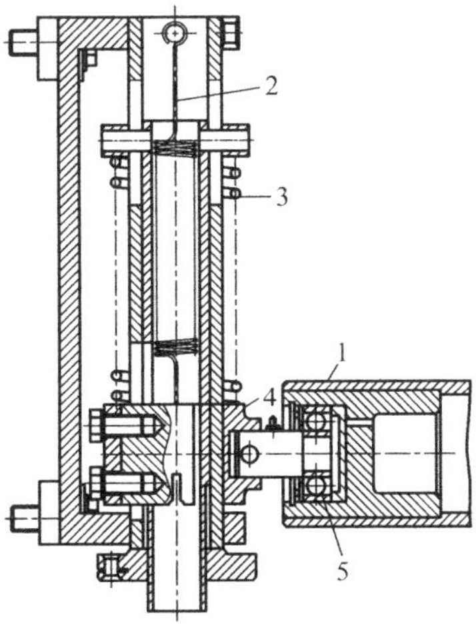

图 9 – 50　纸带减振装置

1 – 导纸辊；2 – 拉簧；3 – 压簧；4 – 轴承座；5 – 轴承

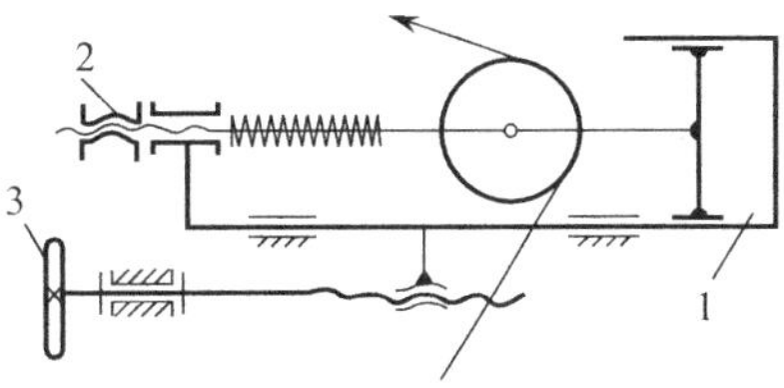

图 9 – 51　带阻尼的减振装置

1 – 阻尼气缸；2 – 螺母；3 – 手轮

有时减振装置还起着检测张力的作用，通过测量辊子的位移或转角，来检测张力的变化。

五、自动接纸机构（自动换卷装置）

手工接纸虽然无须专用机构，但每个旧纸卷用完以后必须停机，用人工办法将新纸带接在正在印刷的纸带上，卸下用完的纸卷的芯轴，然后重新开机继续印刷。这种方法效率低，准备工作时间长，而且在降速停机和开车升速时，印刷质量不能保证，使废品率增加。

因此为了减少接纸辅助时间，提高机器利用率，减少废品，目前在高速卷筒纸胶印机上，大都设置了自动接纸机构，在不停机的情况下，自动接纸装置将新纸卷的纸带粘接到正在印刷的纸带上，同时切断即将用完的旧纸卷的纸带，转换两个纸卷的工作位置。当然，自动接纸对纸张也有较高的要求，质量好、抗拉力好、接头少的纸张有利于自动接纸。

自动接纸有两种形式：高速自动接纸和零速自动接纸。

1. 高速自动接纸

高速自动接纸就是新旧纸卷接纸过程中纸带不停，在高速运转下完成自动接纸。比较理想的高速接纸方式是在机器印刷速度不变的情况下自动接纸，但也有一些卷筒纸给纸机的自动接纸采用降速后自动接纸，接好纸后再升速。这样升降速过程中对印刷质量有影响，只能用于印刷要求质量不太高的印刷机。绝大多数的自动换卷装置都应用纸卷回转支架，图 9－52 为它的工作过程。

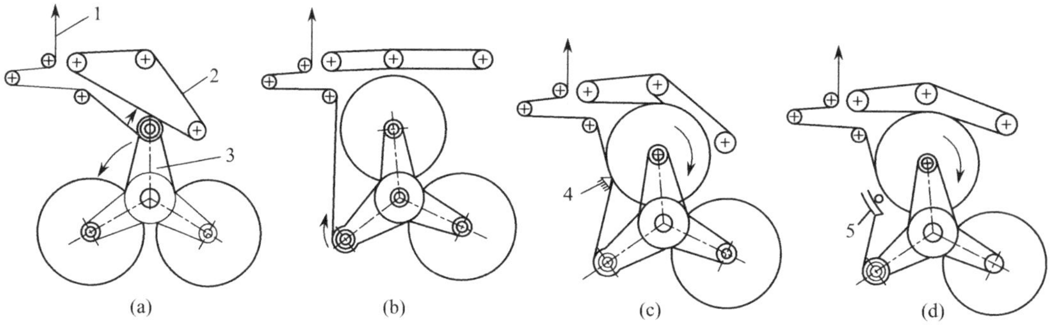

图 9－52　自动换卷原理

1－纸带；2－驱动皮带；3－支架；4－施力装置；5－切断刀

当处于印刷的纸卷小到规定的直径限度时，纸卷回转支架 3 就开始回转［图 9－52（a）］；当回转后到新纸卷与纸带达到适当距离［图 9－52（b）］的位置时，支架 3 停止回转，并加速新纸卷；当其圆周速度赶上纸带速度时便进行黏接［图 9－52（c）］；黏接完成后切断旧纸带［图 9－52（d）］，从而完成纸卷的更换。

2. 零速自动接纸

零速自动接纸是指纸卷在接纸的瞬间纸带的速度为零。这种接纸方法比较可靠，但是这种接纸方式需要有储纸机构，以便在零速接纸时印刷部分可以不降速继续印刷。零速自动接纸装置种类很多，其工作过程大致相同。

图 9－53 所示为一种零速自动接纸机，其工作过程如下（图中 9－53 浮动辊为涂黑的辊，固定辊为未涂黑的辊）。

图 9－53（a）为穿纸。所有浮动辊下降，与工作辊形成两排，纸带穿过各辊，形成反“S”形。

图 9－53（b）为储纸。浮动辊在压缩空气的作用下向上运动，储纸架开始储纸。纸带的线速度比印刷机过纸速度高。因为除了供给印刷机正常印刷所用纸外，还有一部分纸被储存在储存架上。储纸量的大小决定于浮动辊的数量和浮动辊移动的距离。

图 9－53（c）为正常供纸。浮动辊已经达到最高位置。储纸量已经达到最大值。在浮动辊即将到达最高位置时，精密的纸卷制动控制机构自动地在纸卷轴上施加一个制动力，使纸卷转速降低，最后使纸卷供出纸带的线速度和印刷机印刷速度相同，浮动辊也正好达到最高点。此后纸卷正常向印刷机组供纸。纸带张力达到印刷要求的张力。当旧纸卷用到规定的直径时，光电管便发出信号，上边已经准备好的纸卷，开始准备接纸。

图 9－53（d）为接纸。上边的纸卷已经做好接纸准备，当纸卷变小到应该接纸的直径时，光电管便发出第二个信号。下边的纸卷制动器给纸卷轴施加制动力，使纸卷平稳地停止运动，并且立刻与新纸卷在零速下接纸。在接纸期间浮动辊下降，正常印刷用纸由储纸架供给。印刷速度不变。当储纸架上纸即将耗尽时，自动接纸已经完成，新纸卷开始供纸。

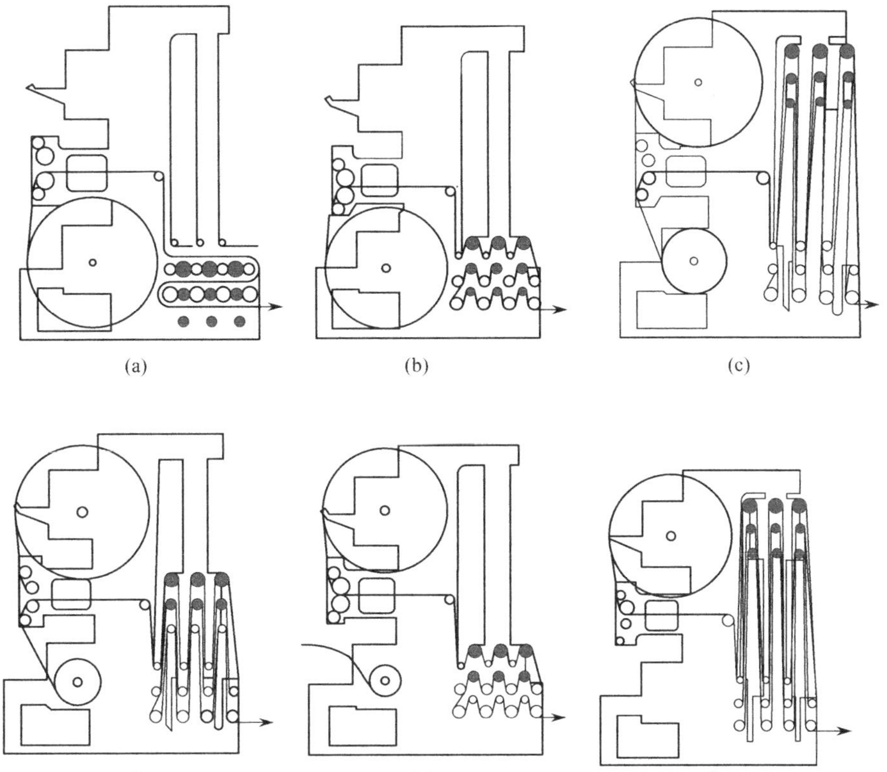

(a)　(b)　(c)　(d)　(e)　(f)

图 9－53　零速接纸工作过程

图9－53（e）为再储纸。自动接纸完成后，旧纸卷纸带被切断。新纸卷很快被加速到其纸带的线速度比印刷线速度高的状态。一方面供印刷用纸，另一方面供储纸架浮动辊上升储纸。

图9－53（f）为正常供纸。自动接纸完成以后，浮动辊又返回到最高位置，旧纸卷完全被新纸卷取代。旧纸卷纸芯被取下，并且准备上一个新纸卷。接纸循环完成。

第五节　导纸系统

导纸系统也就是纸带的引导系统，它根据印刷和折页等操作的要求，来引导纸带的运动路线和方向，从而控制纸带的运动。导纸系统的作用有如下几个方面。

①控制纸带运动的路线。

②改变纸带的运动方向，使纸带转向、平移、翻转。

③调节纸带的横向或纵向位移，保证套印准确。

一、纸带引导装置

纸带运动的路线取决于机器的总体布局和工艺系统，也就是说与机器的印刷与折页工艺的安排、滚筒排列及给纸、折页装置的布局等有关，如商业印刷用卷筒纸胶印机设有干燥系统来使印品的油墨干燥，纸带路线则比较长。

在纸带运行路线中，在印刷装置折页装置之间布置多根导纸辊（又称为空转辊、过纸辊、方向辊），其作用是控制或改变纸带路线并支承纸带，在印刷机组间的导纸辊布局还决定了印刷机组间的纸带长度，同时也影响着纸带的张力。

导纸辊本身是空转的，靠辊子与纸带的摩擦而转动。当纸带对辊子包角很大时（如大于120°），为了减少摩擦有时也可以采用强制驱动的导纸辊。导纸辊两端轴头固定在墙板上，一般要进行动平衡，一般直径在40mm以上的导纸辊做成空心，以减少重量。如图9－54所示。纸带速度很快，使导纸辊的转速很高，因此导纸辊一般安装在滚动轴承上。轴承又安装在偏心轴套上，这样，通过装配时可以调整偏心套的圆周位置，以避免辊子的歪斜，使纸带拉力在宽度方向上分布均匀。

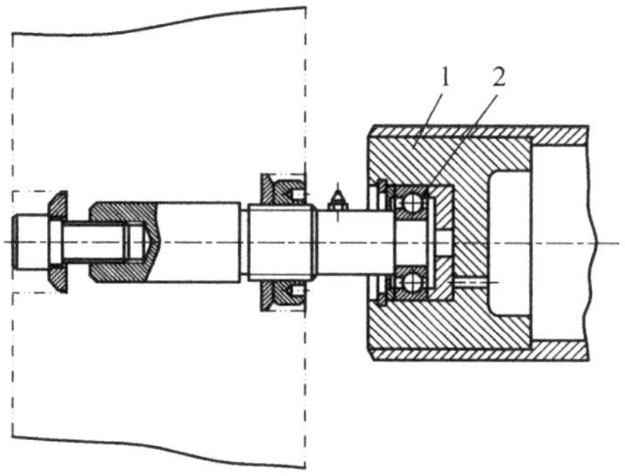

图9－54　导纸辊结构

1－导纸辊；2－滚动轴承

当机器使用时间较长时，应检查导纸辊转动是否灵活，因导纸辊两端轴承缺油或被纸毛、灰尘堵塞，引起导纸辊转动不灵活或不转动时，造成导纸辊一端摩擦力过大，严重时会使纸路长度发生变化，产生断纸等故障。

二、纸带转向装置

为改变纸带运动方向，一般设有纸带转向装置，实现如下功能。

①改变纸带的方向。

②使纸带平移，进行纸带横向调整，也可实现纸带重叠。如把被纵切开的一半纸带铺到另一半的上面，以满足折页工序的需要。

③翻转纸带，以实现双面印刷。纸带的转向是靠转向棒实现的。通过一根或几根转向棒来完成不同的要求，如图9－55所示。

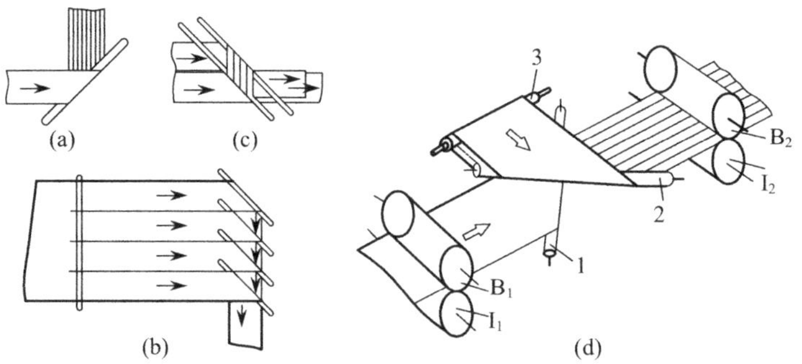

图9－55　转向棒装置

1、2、3－转向棒

图 9－55（a）是用一根转向棒使纸带改变运动方向，图中纸带运动方向发生改变 。图 9－55（b）为纸带纵切后，由一组（四根）转向棒使切开的条状纸幅彼此对齐并叠在一起而进入折页装置。图 9－55（c）通过两根转向棒来重叠纸带。图 9－55（d）用三根转向棒使纸带翻转，从第一印刷装置出来的纸带经过转向棒 1、2、3 将纸带翻转进入第二印刷装置，进行双面印刷。

转向棒通常做成圆柱形，大部分转向棒固定在机器上，其本身不转动，也有做成空转的辊子。转向棒表面应经淬火、磨光和镀铬等处理，以增加耐磨性能，减小摩擦力。

为了避免纸带蹭脏，可将转向棒做成空心的，在棒上钻小孔并通入压缩空气，以便在纸与棒间形成气垫利于纸带移动。

实现纸带转向的要求不同，转向棒的布置也不同，这与转向棒在空间的几何位置、转向棒之间的距离等有关，需要进行设计计算。

三、纸带调节装置

纸带的调节包括纸带平整、纠偏和纸带两边张力调节等内容。

1. 纸带的平整

在印刷过程中，纸带伸长变形会使纸带张力产生波动，会造成纸带的折皱、松边现象，从而影响套印的准确性。因此，必须考虑纸带宽度方向的齐整，使纸带在宽度方向张力分布更为均匀。为此，常采用一些特殊结构的导纸辊以达到纸带的平整的目的，如图 9－56 所示。

把导纸辊做成每半段上有相向螺旋槽的圆柱辊，如图 9－56（a）所示，当纸带经过时，使纸带从中心向外两个方向把纸带铺平，防止纸带向中间起皱；图 9－56（b）为曲线辊，由装在辊上的包有橡胶外层 2 的滚珠轴承 1 组成，以抵消纸带的纵向拉伸；应用时，曲线辊 3 后面安装普通的导向辊 4，如图 9－56（c）所示；有时，在纸带上放置向外歪斜的小滚轮 5、6，用于拉平纸带，如图 9－56（d）所示。

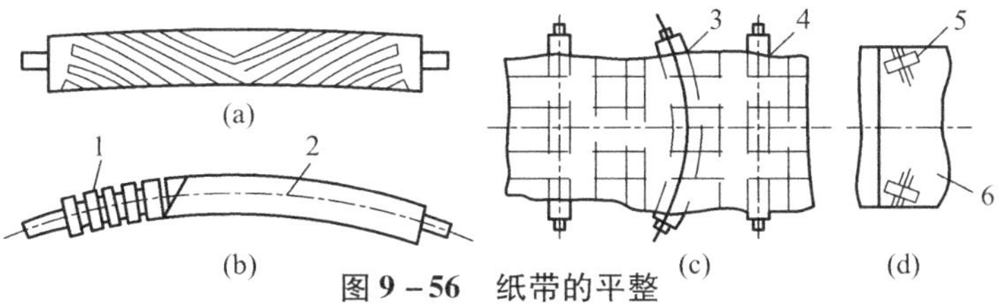

图 9－56　纸带的平整

1－轴承；2－橡胶外层；3－曲线辊；4－导向辊；5、6－小滚轮

2. 纸带的调节

纸带从纸卷送出，到印刷、折页等部件不可避免会出现偏斜、伸长的现象，为了保证印品质量，纸带在每个工作环节都要严格同步，为此需要对纸带进行横向和纵向的位置调节。

（1）横向调节

纸带在印刷过程中，由于纸卷内部的应力、张力的波动、安装误差等原因，常常导致纸带发生偏斜，俗称跑偏，从而影响横向套印的准确性。通常在必要的工序前设置纸带横向位置调整装置，又称纠偏装置，以保证纸带始终处于居中位置，以获得较好的印品质量。

横向调节的方法有两种：一种方法是移动纸架，另一种方法是调节纸带，其目的是改变纸带在运行中的横向位置。

移动纸架的方法是改变纸卷的横向位置，可通过气缸、液压缸或电机的动作使纸架产生位移。图9－39中纸卷的轴向移动是依靠电机12，通过蜗杆10、蜗轮8、丝杠9及蜗轮的螺孔来实现。这种方法结构简单、成本低、但是调节误差较大，由于距印刷装置较远，反映较慢，故调节效果较差。

调节纸带的方法有手动和自动两种。在高速卷筒纸胶印机中采用自动调节装置，通过一个扫描器检测纸带的横向位置，将检测结果送入控制器进行分析，如有偏差，则发出调节信号，使纸带或纸架产生一个定量的位移，从而使纸带的偏斜得到调整。

如图9－57所示为手动调节纸带装置。该装置是在纸带运行的路径中，由两根转向棒1、2组成，运用转向棒平移的原理，其中转向棒2为可移动的，当转动手轮3时，通过丝杠和螺母使转向棒2平行移动，改变它与转向棒1的间距就可以使纸带在横向位置变动。

如图9－58所示为自动调节纸带装置，称为四辊纸带横向调整装置。该装置调节的原理是靠一套导纸辊的相互位置变化实现纸带横向位置调整。该机构设置在纸带运行路线中，由四根导纸辊进行横向位置调整，又称为平行四边形调整装置。纸带1穿过四根导纸辊2、3、5、9，其中导纸辊5、9是可移动的调整辊，辊子平行安装在纠偏架8上，纠偏架8用支承轴10与机架7连接，并可绕支承轴10旋转，纠偏架8又与液压缸或气压缸6的活塞杆铰接在一起。当纸带边缘发生偏移时，引起了安装在纸边的气动（或液动）定位传感器4的气压（液压）的变化，通过气路使气缸6的活塞移动，推动纠偏架8绕支承轴10转一个角度，直至纸带位置准确。这种方法需要的控制系统成本较高，调节效果好，应用较广泛。

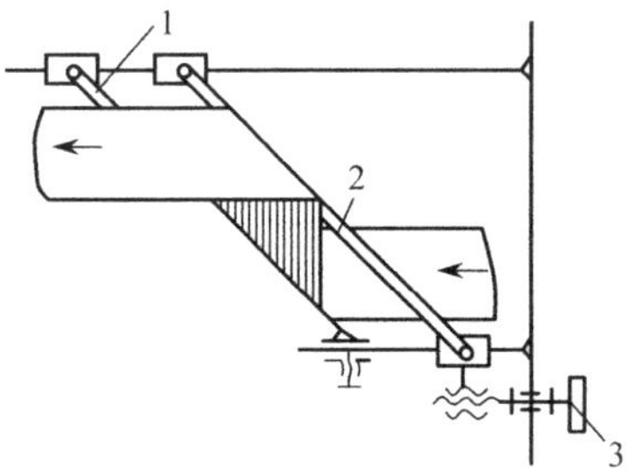

图9－57 手动横向调节装置

1、2－转向棒；3－手轮

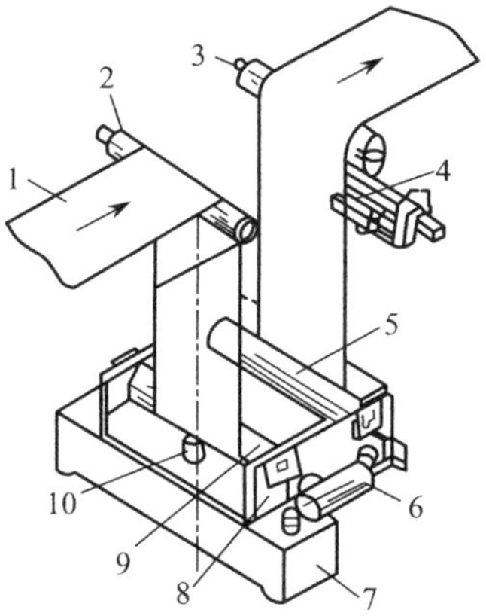

图9－58 四辊纸带横向调整机构

1－纸带；2、3、5、9－导纸辊；4－定位传感器；
6－气缸；7－机架；8－纠偏架；10－支承轴

纸带纠偏装置的检测还可以根据光电头输出电量的变化来进行，而且光电头的纠偏装置的控制精度较高，灵敏度高，反应快，但成本也高，适用于幅面宽的纸带。

（2）纵向调节

纸带在运动过程中由于各种原因会产生纵向位移而影响套准质量，如导纸系统的不同部位纸带拉力不一致，纸卷跳动，导纸辊不平衡，送纸辊压力不稳定，纸带本身湿度与温度变化，机器传动存在冲击载荷等都会影响到质量。

纵向调节机构用于调节纸带以正确的纵向位置进入印刷装置或折切装置，保证套印准确和折页裁切准确。

导纸系统中纸带总长越长则纸带伸长量越大，传送误差也越大。

为了补偿纸带的伸长，在多色胶印机中，采用累进包衬的办法。即使第一色橡皮滚筒的包衬稍稍小于理论值，而印版滚筒包衬稍稍大于理论值，后面的色组则逐级增大橡皮滚筒包衬而逐级减小印版滚筒包衬。减小印版滚筒包衬意味着印版对应的包角增大而纸上获得的图文网点增长，加大橡皮滚筒包衬则可保证不丧失正常的印刷压力及纸带张力。

虽然合理地设计滚筒和采用包衬可以部分地补偿纸带伸长，在实际生产中，纸带的输送过程中超前与滞后现象都是随机产生的，特别是现代卷筒纸胶印机，生产速度越来越高，因此对于无规律的纸带伸长，必须加以消除，才能保证产品质量。纵向调节的方法有两种：一种是改变印版滚筒在印刷环节中的相对位置，即对滚筒进行圆周方向调节；另一种方法是改变纸带在两印刷装置间路径的长度。

改变印版滚筒在印刷环节中的相对位置，就是对滚筒进行圆周方向的调节，使滚筒相对纸带转一定的角度。转动滚筒的方法一般是通过电机和齿轮传动来实现，这与单张纸印刷机的滚筒周向调节方法相同。

改变纸带在两印刷装置间路径的长度，一般通过图 9－59 所示的调节辊调节机构来实现。该机构可以手动调节也可以自动调节。开始印刷时，转动手轮 1，通过蜗杆 2 带动扇形蜗轮 3 转动，使调节辊 5 的转轴绕导纸辊 4 的转轴摆动，从而改变导纸辊 4 与 6 之间的纸带路径的长度。当机器在印刷过程中出现套印误差时，由光电检测装置检测到并发出信号给伺服电机 11，使其转动。并经齿轮 7、8 和蜗杆 9 蜗轮 10 转动，经蜗杆 2 带动扇形蜗轮 3 转动一定角度，从而使调节辊 5 摆动一定角度（如图 9－59 中标示虚线位置），使纸带在导纸辊 6 和调节辊 5 之间的路线变长，以达到纵向套印准确的要求。

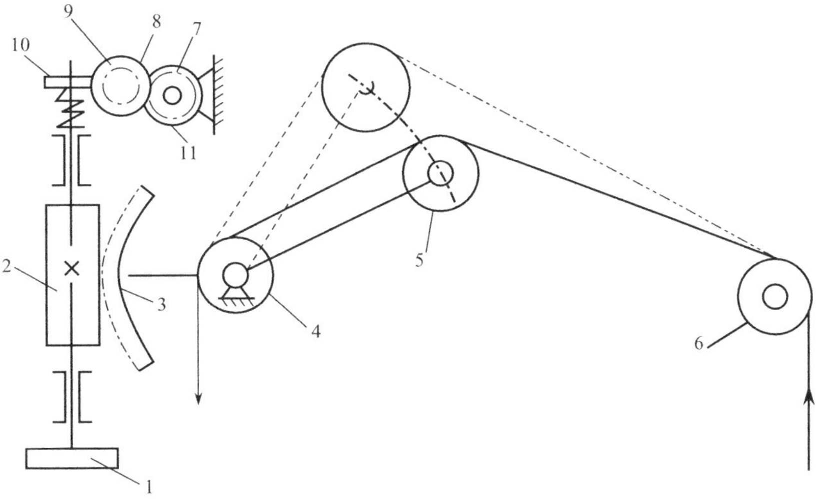

图 9－59　纸带路径调整机构

1－手轮；2、9－蜗杆；3－扇形蜗轮；4、6－导纸辊；5－调节辊；7、8－齿轮；10－蜗轮；11－伺服电机

（3）调整辊

调整辊用于调节纸带由于松紧边造成的张力变化及纸带跑偏的问题，如图 9－60 所示。调整辊一边由弹簧轴承座支承，当纸带因松紧边对辊的压力不等时，可调整该轴中心线倾斜，以达到纸带有松紧边时保持张力一致。

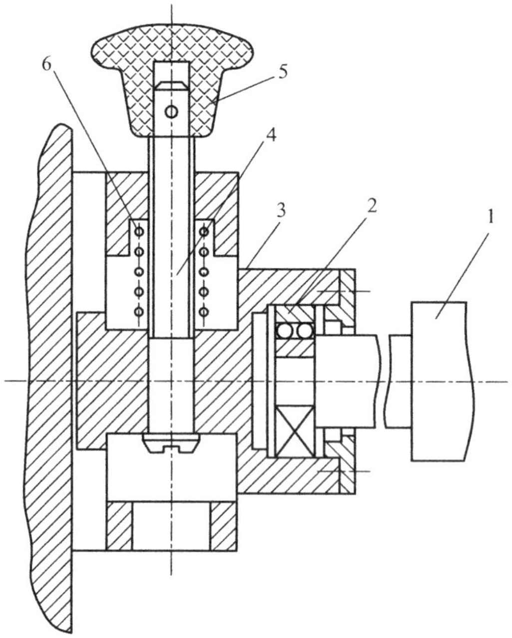

图 9－60　调整辊结构

1－调整辊；2－轴承；3－轴套；4－螺杆；5－手轮；6－压簧

由图 9－60 可以看出，调整辊轴端的滚动轴承安装在轴套中，轴套装在墙板支架的长孔中，在轴套上安装有螺杆，当纸带出现一边松一边紧的现象时，转动手轮，通过螺杆即可调节轴的上下位置。该辊的另一端轴承与墙板是固定的，这样就可以调节纸边松紧一致。图 9－60中 6 为压簧，用来保证调整后位置不发生变化。

四、自动套准系统

自动套准系统是由调节纸带的机构来实现的。目前卷筒纸胶印机的自动套准系统大多采用光电系统，图 9－61 所示为一种自动套准系统的工作原理图。这种套准系统主要由扫描头、控制箱和套准调节机构组成。

扫描头主要由光源和光电管组成。每个扫描头能发射两束光，并有两个接收光电管。扫描头所监视的是印在纸带上的套印标记。每印一色就印出一个标记。当然，标记应当印在最后要切去的纸带边上或将来的书脊位置上。制版时要保证在各色套印准确的情况下每相邻两色标记的间距很准确，标记的长度及粗细也应均匀一致。

假定四色印刷色序为黄、品红、青、黑。第一个扫描头 1 安装在第二色（品红色）印完之后，它扫视黄、品红两色标记。第二个扫描头 2 则安装在第三色（青色）印完以后，它扫视品红、青两色标记。第三个扫描头 3 安装在第四色（黑色）印完之后，它扫视青、黑两色标记。

当标记经过扫描头时，光源照射其上又反射到光电管中，光电管把两个光信号转化为两

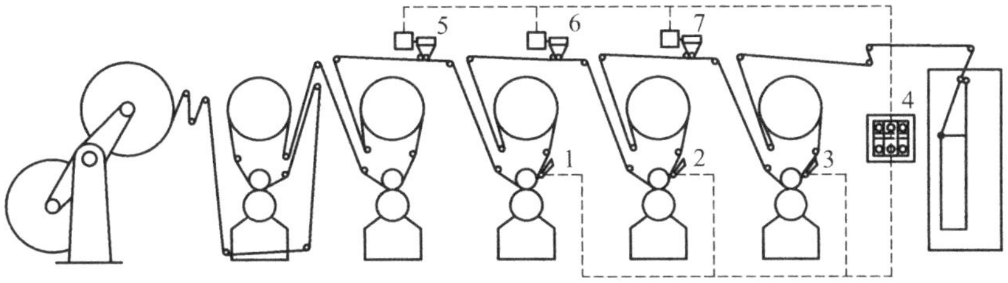

图 9－61 自动套准系统图

1、2、3－扫描头；4－控制面板；5、6、7－伺服电机

个脉冲信号，被送入控制台进行放大，扫描标记并非为叠印，不能如此计算由控制中心算出相邻两色套印误差。

控制台可以把套印误差放大显示，而且发出校正信号给调节机构的伺服电机 5、6、7。伺服电机驱动调整辊摆动改变两印刷装置间纸带的长度，以达到纵向套准。校正信号也可送至驱动印版滚筒的差动齿轮，并使该滚筒相对于其他印版滚筒转动一个角度来达到套准，调节在控制面板 4 上操作。

这种自动套准系统的灵敏度很高，一般可达 0.05mm，最高精度达到 0.013mm。利用这个系统也可对纸带边缘进行扫描，控制卷筒纸支架的轴向移动，调整纸带的横向位置。

五、自动穿纸装置

在卷筒纸胶印机中，纸带所经过的路线很长，在印刷开始之前或印刷过程中出现断纸现象时，穿纸工作对于操作人员来说是一项繁重的劳动，并且有很大的危险性。为了使这项工作达到既省力又迅速和安全的目的，现代化的卷筒纸胶印机中都设有自动穿纸装置。

自动穿纸装置的型式有带式和链条式两种。

1. 带式自动穿纸装置

该装置从纸卷输入开始，沿着纸带走纸路线，一直到折页部分的三角板上的纸带驱动辊，在这一段距离内装有传送带，传送带由单独电机驱动；或者从机器上的驱动辊开始，通过电磁离合器，借助于数个走纸滑轮驱动。传送带上隔一段有一个缺口槽，由缺口槽夹住纸带前端，起引导纸带的作用。如图 9－62 所示为带式自动穿纸装置。

当穿纸时，启动电机 4，将纸带端头裁成 30°，再贴上加固胶带后夹在缺口槽 5 中，按照传送带的路线穿至三角板处，即完成了穿纸工作。

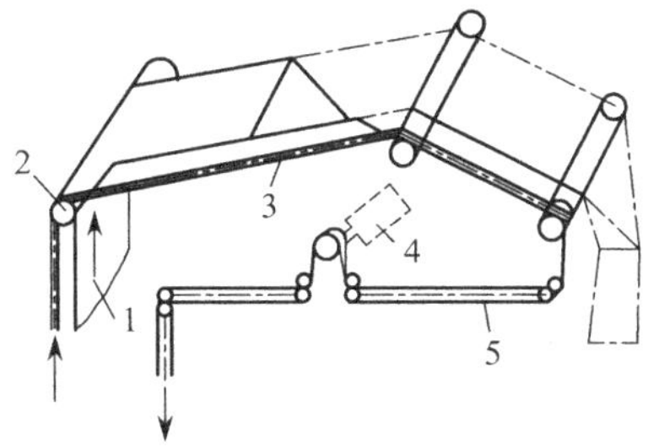

图 9－62 带式自动穿纸装置

1－纸带；2－走纸滑轮；3－传送带；4－电机；5－缺口槽

2. 链条式自动穿纸装置

如图9－63 所示，该装置由带有牵引钩4 的链条5、塑料链条导轨6 和链轮7 组成。链轮7 和电机 3 相连。在整个纸带运行路线中，每相隔一定的距离就安装一台气动电机 3 和链轮 7，该距离略短于链条长度，链条 5 由链轮 7 依次带动前进。在每个链轮旁边有一个喷嘴（图 9－63 中没示出），喷嘴中有气流通过，当链条 5 的第一个链节通过喷嘴时，使气路中的压力发生变化，使气动电机转动，从而由链轮 7 带动链条 5 向前运动，直到它的前端到达下一个电机。

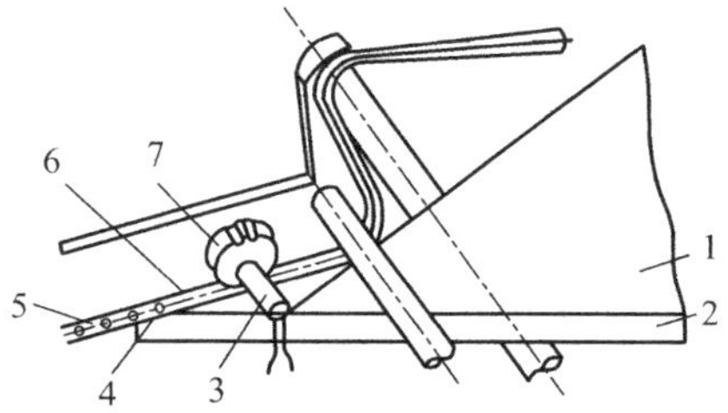

图 9－63　链条式自动穿纸装置

1－纸带；2－胶带；3－电机；4－牵引钩；5－链条；6－链条导轨；7－链轮

将纸带 1 端头裁成 30°，在纸边缘粘贴上胶带 2，然后挂在链条的牵引钩 4 上，由链条 5 从纸卷支架依次送至折页三角板上，当穿纸动作完成后，链轮 7 倒转，链条 5 沿原路返回至纸卷支架处。

当纸带太宽时单边穿纸比较困难，应当在机器两边墙板上各有一套穿纸装置，两边同时进行穿纸。

六、断纸自动停机装置

在印刷过程中不可避免会发生断纸现象，为了防止断裂的纸带卷入滚筒，损坏包衬或印版，应该在断纸的瞬间自动停机。断纸自动停机装置安装在印刷机构和折页机构之间，断纸时，由探测器进行检测，发出信号，使机器停止，以确保机器安全。

探测器根据检测形式可分为控制杆式、空气式、光电管式断纸探测器。

1. 控制杆式断纸探测器

如图 9－64 所示，在正常印刷时，探测杆 2 托在运行的纸带 1 上面，由摆臂 4 上的销轴 9 顶动微动开关摆杆 8，使微动开关 7 的触点闭合。

当纸带突然断裂时，探测杆失去纸带支承靠自重下落，带动摆臂 4 绕轴 3 顺时针方向摆动，销轴 9 脱开摆杆 8 在弹簧 6 的作用下，摆杆 8 逆时针方向转动，使微动开关 7 断电，则机器停止转动。图中 5 为锁紧手把，10 为限位螺钉。

2. 光电式断纸探测器

图 9－65 所示为光电式断纸自动探测器。光电头 4 安装在运行纸带 1 的上面，光电头上有光源 3 和光电接收器 2，导线 5 与光电控制箱相连（图 9－65 中没示出）。

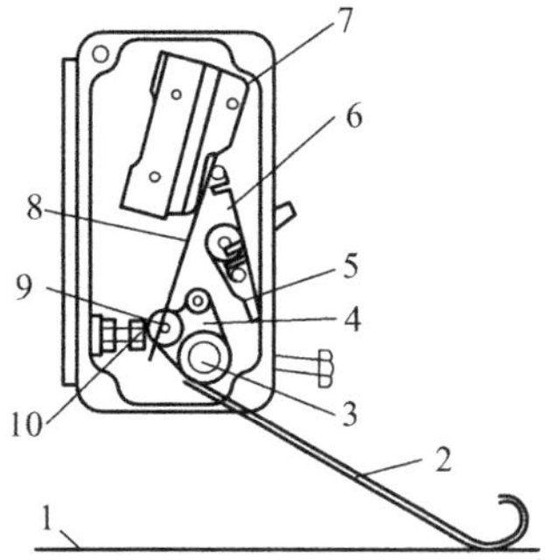

图 9－64　控制杆式断纸探测器

1－纸带；2－探测杆；3－轴；4－摆臂；
5－锁紧手把；6－弹簧；7－微动开关；
8－摆杆；9－销轴；10－限位螺钉

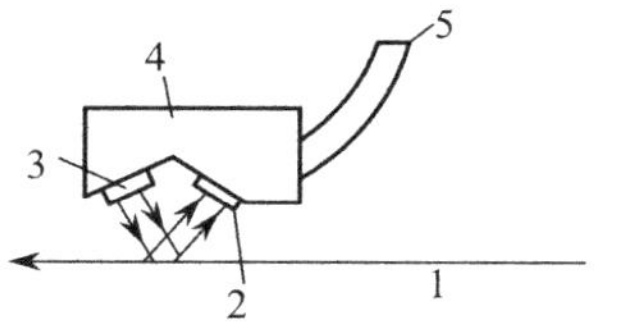

图 9－65　光电式断纸自动探测器

1－纸带；2－接收器；3－光源；
4－光电头；5－导线

当纸带1正常运行时，光源3发出的光被纸带反射到光电接收器2上，控制系统不发生信号。当纸带断裂时，光源3的光不能反射到接收器2上，则控制系统发生停机信号，使机器停止转动。

现代高速卷筒纸胶印机上多采用光电式检测器。

3. 空气式断纸探测器

图9-66所示为空气式断纸自动探测器。供气管1用托架2安装在运行纸带4的上面，在纸带下面的托架7上安装有微动开关6，气管的喷气口3对准纸带下面微动开关的控制板5。当纸带正常印刷时，喷气口3喷出的气体被纸带4挡住，微动开关6的触点闭合。一旦纸带4断裂，气流就喷在控制板5上面，此时压动微动开关6断电，使机器停止转动。

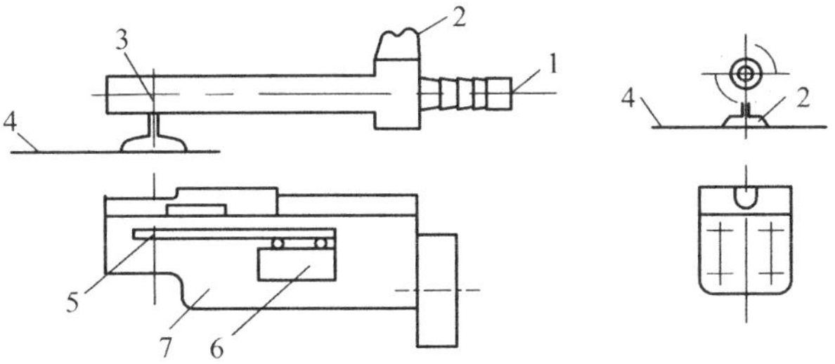

图9-66　空气式断纸探测器

1-供气管；2、7-托架；3-喷气口；4-纸带；5控制板；6-微动开关

第六节　复卷、干燥和冷却装置

为满足不同产品的印刷流程，在一些卷筒纸印刷机上设置了复卷、干燥和冷却装置。

一、复卷装置

卷筒纸胶印机印刷之后，有的印品需要裁切折页成单张输出，以进行后续加工，而有些产品，如壁纸、包装纸、塑料薄膜等，则需要将印好的纸带或带料，重新复卷成卷。这个功能装置称为复卷装置，也可称为接收装置。

复卷时，应保证卷料的边缘整齐、松紧程度均匀，以便于纸卷的后续加工。复卷装置的基本要求是：

① 复卷装置与整机同步。即复卷速度与印刷速度协调一致，并且略高于印刷速度，以便保持纸带张力的恒定。

② 复卷过程张力恒定。复卷时纸卷的直径逐渐增大，要使料卷缠绕的松紧一致，张力应能自动调节。

复卷装置的结构与纸卷展开装置相类似，印好的纸带（或料带）卷到硬质空心轴上，卷成给定尺寸的纸卷（或料卷）。硬质空心轴的安装方式与安装纸卷的结构相同，分为无芯轴和有芯轴两种安装方式。

二、干燥装置

卷筒纸胶印机常用的油墨大致可分为两大类，即快干油墨和热固油墨。快干油墨大都用于书刊和报纸印刷，这种油墨不需要加热即可干燥，而杂志和商业印刷中常采用热固油墨，需要加热干燥和冷却，将油墨中易挥发的溶剂在烘干箱经加热挥发，同时油墨内的树脂被加热软化，固体的颜料颗粒渗入半流动状态的树脂中，最后经过冷却辊将树脂冷却固化，颜料颗粒被固定在纸带表面，使油墨干燥。

烘干装置的基本要求是：

①干燥过程不应改变油墨和纸张的颜色，使纸张变形，影响图文复制的精度。

②不污染环境，影响操作者健康。

③在停机和调机时能自动断开，并能随机器工作速度无级调整干燥参数。

④烘干装置启动效率高。开机和停机时能很快进入状态。

⑤体积小，能耗低。

烘干的方式很多，有煤气（或天然气、液化气）火焰干燥装置、热风烘干装置、煤气火焰和热风混合式烘干装置、电热烘干装置，蒸气加热滚筒烘干装置，以及随着紫外线干燥油墨的出现而出现的紫外线烘干装置、微波烘干装置等，目前实际应用较多的是前三种。

烘干装置多为一个四面封闭的烘干箱，箱的两端各有一个纸带的进出口。

烘干箱的烘干温度应可以调整，在停机或降速时，为防止纸带烧断或烧焦，应切断热源，并将烘干箱打开。使纸带完全暴露在空气中。为了防止油墨里挥发物质污染环境，干燥箱要有排气装置，并保持烘干箱的气压低于车间气压。

采用煤气（或天然气、液化气）的火焰干燥装置，火焰直接烘干而影响油墨光泽，用于报纸印刷或要求不高的印件。

对精美的彩色印件大都采用高速度热风烘干装置，如图 9－67 所示。热干燥过程快对油墨光泽影响不大，纸带在烘干箱中，每隔一定的距离配置上、下气嘴，形成气垫，使纸带在烘干箱内呈波状，这样纸带可平稳地通过烘干箱，不出皱褶。

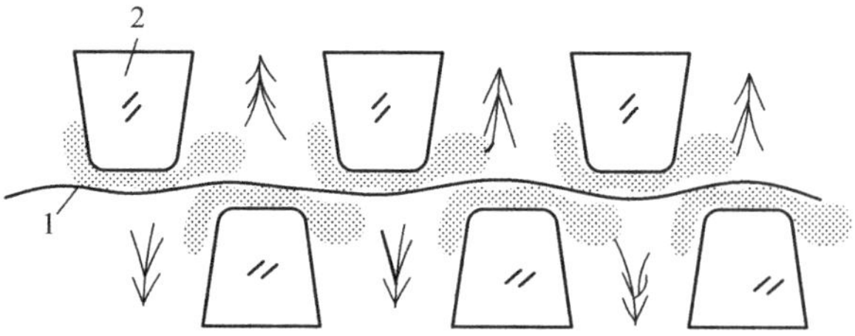

图 9－67　烘干箱中的纸带运动示意图

烘干箱温度通常在 200℃左右。烘干箱出口处的温度为 135～165℃。烘干箱温度的选用主要取决于印刷速度、油墨、纸张、烘干箱的长度。印刷速度和烘干箱长度决定了纸带在烘干箱内的烘干时间，这个时间长，当然所需的温度就要低些，反之会高些。不同类型的油墨成分不同，溶剂蒸发点也不同，因此不同油墨就要选用不同的烘干温度。纸张情况，主要取决于纸张厚度以及纸的种类，是涂料纸还是非涂料纸。涂料纸要求较高的烘干温度，因为这种纸的吸收性差，但是温度太高又有可能产生气泡。烘干温度除了根据上述因素选定外，还与烘干箱的结构及烘干效率有关。

三、冷却装置

采用烘干装置加速油墨干燥，必须要有冷却装置。因为采用热固油墨时，在烘干箱内将油墨溶剂挥发时将油墨的树脂软化，必须在冷却辊处冷却，使树脂硬化，把颜料颗粒固定在纸带上。

冷却装置由冷却辊组成，将冷却水通入冷却辊中对纸带进行降温。

冷却装置在烘干装置之后，经过冷却辊后使纸带温度降到30°C，使油墨固化。

冷却辊的速度一般是可调的，以保证纸带张力。为了防止纸带打滑，可在冷却辊上加压纸轮。冷却辊为收纸辊，起展平纸带的作用。

每套冷却辊一般为3～4根。为了提高冷却效果，应尽量使纸带和冷却辊的接触面加大。冷却辊的排列如图9－68所示，图9－68（a）为四根冷却辊排列，图9－68（b）为三根冷却辊排列。

冷却辊的内部结构不同，冷却效果也不同。如图9－69所示为套筒式冷却辊。这种结构强迫冷却水紧贴冷却辊内表面流动，冷却效果好，还可以减少冷却水的需要量，而且纸带宽度方向冷却均匀，是较理想的冷却装置。为了使冷却水能较快地流出冷却辊，可将里边的管套设计成螺旋形状。此外，冷却辊的排列不同，冷却效果也各异。

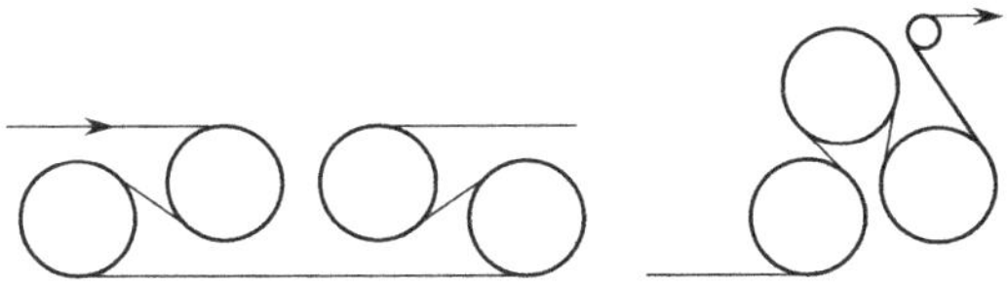

图9－68　冷却辊排列图

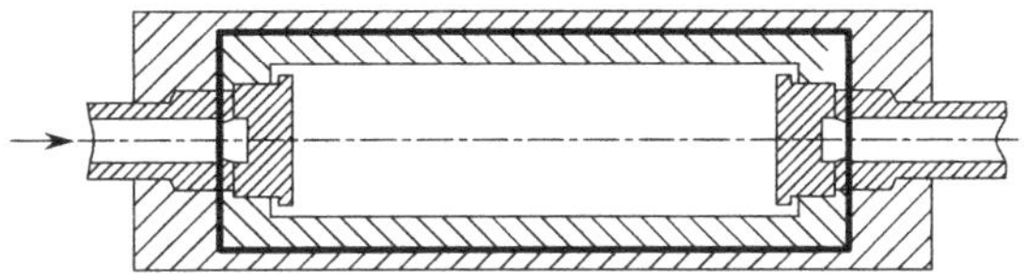

图9－69　冷却辊结构

第七节　卷筒纸胶印机的折页、裁切装置

在卷筒纸轮转机中，纸带经印刷后，通常要由机器的最后一个单元即折页装置完成裁切和折页操作。折页装置主要由纵切和纵折机构、横切和横折机构、纸帖输出机构等组成。它们的任务是完成纸带纵切纸幅、纵折纸幅、横切纸幅成为单张，横折和纵折切下的单张及收集折好的成品（书帖、报刊等）。由于不同产品的工艺要求不同，上述各项操作对一种产品不一定每项都要进行。

卷筒纸胶印机所配置的折页装置按其用途不同可分为冲击式折页装置（专为报纸印刷使用）、滚折式折页装置（书籍印刷使用）和刀式折页装置（杂志印刷使用）。

一、滚折式折页装置和刀式折页装置

1. 折页装置的组成与工作原理

滚折式折页装置多应用于书刊印刷机，目前国内外卷筒纸胶印机多采用五滚筒折页装置，也有三滚筒折页装置。

如图9－70所示为德国科罗塞特胶印机的折页机上采用的三滚筒折页装置。

卷筒纸胶印机印刷过的纸带要经过纵切与纵折、横切与横折工作并将产品输出。

（1）纵切与纵折机构

纸带印刷后由导向辊引导进入折页机驱动辊、压纸辊，再进入三角板进行第一纵折，如

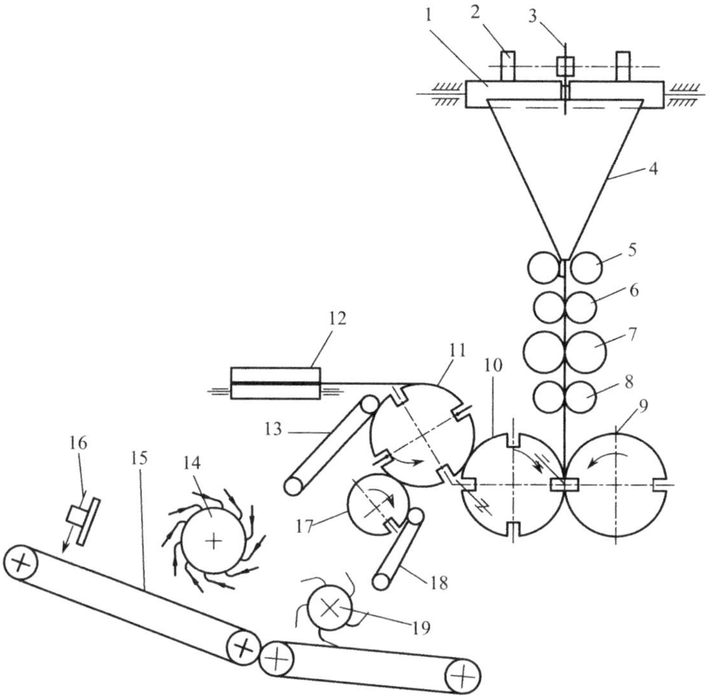

图 9－70　三滚筒折页原理图

1－驱动辊；2－压纸辊；3－圆盘刀；4－三角板；5－导纸辊；6、8－拉纸辊；7－横向打孔滚筒；9－裁切滚筒；10－传页滚筒；11－第一横折滚筒；12－刀式折页机构；13、18－输送带；14、19－叶轮；15－收页输送带；16－标记器；17－平行折页滚筒（第二横折）

果是双幅纸带宽，应放下圆盘刀完成纵切，如果是单幅纸带，将圆盘刀抬起，使其不参加工作。纵折后的纸带由拉纸辊 6、8 拉紧并向下输送，假如纸带需要打孔时，可在拉纸辊 6 上安装纵向打孔刀，进行打孔，如需要横向打孔只要将横向打孔滚筒启动即可。

（2）横切与横折

① 八开报纸折页。

纵折后的纸带经导纸辊 5、拉纸辊 6、8 拉着进入横折机构（第二折页机构），纸带由传页滚筒上的钢针挑住，当传页滚筒上的折刀与第一横折滚筒上的夹板相遇时，折刀将纸带塞进夹板中，再随着滚筒的旋转，折刀从夹板中抽出，由第一横折滚筒完成了第一横折。此时，得到的折帖为八开报纸折帖，折帖可由输送带送至叶轮的叶片中，并经推出器将报纸以鳞片状放在收页输送带上，再经标记器将报纸分成 50 帖一组输出。

② 十六开书刊折页。

将第一横折后的折帖经输送带送入十六开刀式折页机构 12 中，折刀与两折辊配合完成第二纵折（即第三折页过程），折好后的折帖经叶轮放在收帖皮带上，并经标记器分成 50 份一段，进行十六开书刊收帖。

③ 三十二开双联书帖收帖。

由第一横折（即第二折页过程）的纸帖经折页滚筒 11 的夹板带着旋转，当第一横折滚筒的折刀与平行折页滚筒（第二横折）的夹板相遇时，第一横折滚筒上的折刀将纸帖塞入平行折页滚筒的夹板中，完成第二横折，然后书帖经过输送带落入叶轮的叶片中，并由标记器分成50份一段，完成三十二开双联书帖的折页。

五滚筒折页与三滚筒折页相比，增加了一个配页滚筒，但结构比较复杂。

2. 折页装置主要机构及其调节

（1）三角板装置

卷筒纸胶印机的三角板自身平面内两侧边的夹角称为三角板的张角，一般用β表示。三角板平面与水平面，即与导向辊或拉纸辊轴线的夹角称为仰角，一般以γ表示。由实践证明，纸带上任一点从纸带驱动辊到导向辊所走过的路程应相等，这样就可以保证纵折过程中纸带不发生皱褶及折缝不齐等现象（见图9－71）。

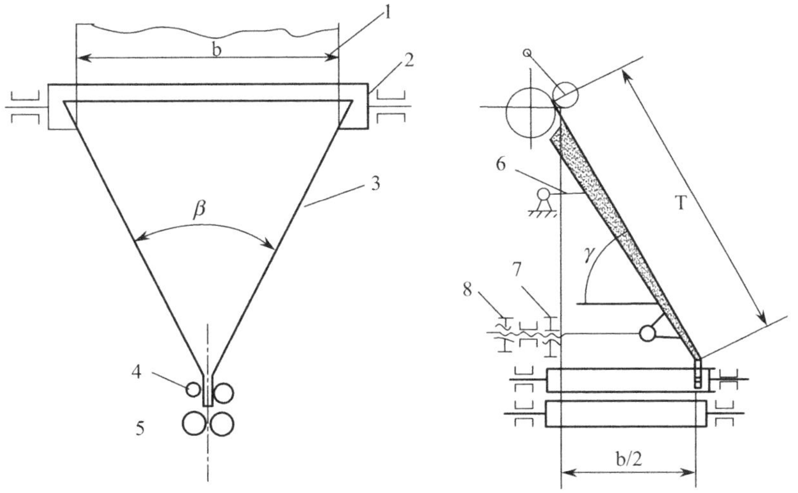

图9－71 三角板安装调节

1－纸带；2－驱动辊；3－三角板；4－导向辊；5－拉纸辊；
6－支架；7－调节螺母；8－锁紧螺母

为此，三角板安装时应满足$\cos\gamma = \tan\beta/2$，但是由于加工、安装等误差，则无法完全保证上式的相等关系，尤其是安装不当会造成折缝不正或褶皱等故障。

（2）圆盘刀安装与调节

如图9－72所示为圆盘刀安装结构。

圆盘刀安装在切纸刀夹之间，用螺钉紧固在一起。在圆盘刀的两侧切纸刀架上安装有弹性橡皮环（或称为压轮）。为了使橡皮环转动灵活，在两刀切纸夹的孔内装有两个滚动轴承，滚动轴承装在刀轴上，刀轴则安装在摆臂上，通过改变摆臂的角度来调节圆盘刀与压纸辊之间的压力。

圆盘刀分为两种：用于纵向切开纸带的称为圆片刀，用于顺着纸带纵向折线上打出一排长孔，以利于纵折排出空气的称为花轮刀片。花轮刀片在圆周方向上开有等距离的45°角的缺口，使用花轮刀片是为了提高折页的准确和平整度。

纵切圆盘刀的调节机构如图9－73所示。轴1在空间的位置固定不动，而且在裁切时也不转动。支架2与轴1相固定，其上有与丝杆3配合的螺母。双臂杆5空套在轴1上，弹簧

4 使圆盘刀 6 上的橡皮环压在驱动辊 7 上。通过调节手轮转动使丝杆 3 产生相对移动，从而改变支架 2 与杆 5 的夹角，橡皮环与驱动辊之间的压力随之改变，这样圆盘刀 6 落入驱动辊凹槽内的距离得到调节。当不需要裁切或者进行穿纸时，控制机构（图 9 – 73 中未示出）使轴 1 连同支架 2、杆 5 和切刀 6 一起逆时针转动一定角度，便可抬起切刀。

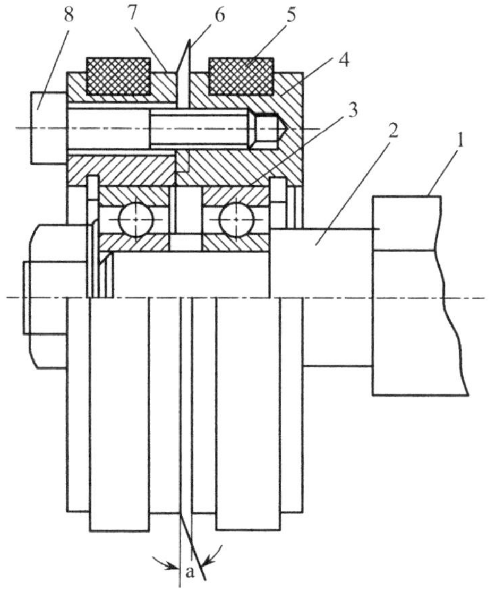

图 9 – 72　圆盘刀安装结构图

1 – 摆臂；2 – 刀轴；3 – 滚动轴承；4、7 – 切纸刀夹；5 – 橡皮环；6 – 圆盘刀；8 – 螺钉

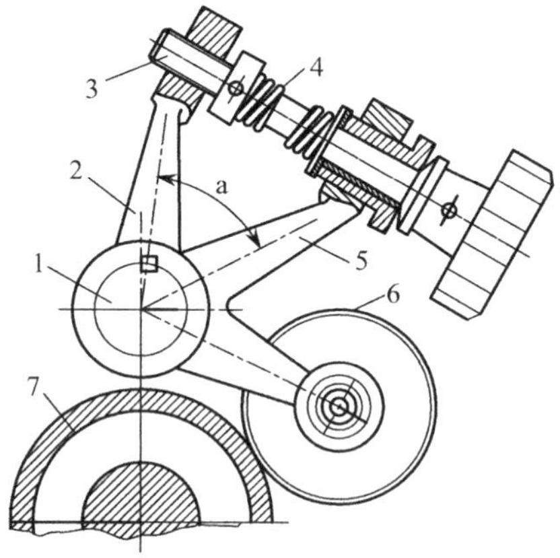

图 9 – 73　圆盘刀调节机构图

1 – 支承轴；2 – 支架；3 – 丝杆；4 – 弹簧；5 – 双臂杆；6 – 圆盘刀；7 – 驱动辊

图中的圆盘刀在工作时不能沿轴向移动，这种安装方法当刀片磨损和振动时，不能保证刀片对辊子凹槽侧面的压力稳定，而影响裁切质量。图 9 – 74 所示的圆盘刀为弹性安装，刀可以沿轴向移动。

圆盘刀可以是自由转动也可以是强制驱动。自由转动的圆盘刀依靠刀尖与纸带间所产生的摩擦力而获得转动，结构简单，在纵切薄纸带时采用。在纵切厚的纸带特别是许多层重叠的纸带时，则采用强制驱动的圆盘刀，以保证裁切质量，刀轴通过齿轮进行传动。

无论那种类型的圆盘刀，为了得到干净利落的切口和减轻纸张皱褶，圆盘刀的刀尖角应尽量小些，但刀尖角不宜过小，否则会加快分开磨损，通常刀尖角在 12° ~ 20°之间。

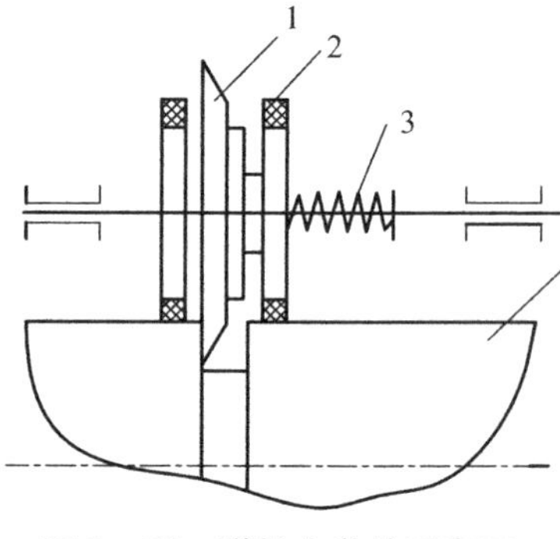

图 9 – 74　弹性安装的圆盘刀

1 – 纵切圆盘刀；2 – 压环；3 – 弹簧；4 – 纸带驱动辊

（3）裁切滚筒结构与调节

如图 9 – 75 所示为裁切滚筒结构图。

卷筒纸胶印机的三滚筒折页装置中的裁切滚筒由裁纸刀机构、钢针机构和折刀机构三部分组成。它们的作用是钢针挑住纸张，裁纸刀横切纸张，折刀进行横折纸张。

① 裁切纸机构。

它由刀座4、弹簧5、裁刀夹和裁刀组成。裁纸刀夹在刀座的中间，用螺钉紧固，裁刀应高出裁切滚筒3.5mm，并可用螺钉调节裁刀的高低位置，裁刀夹用夹布胶木做成，将裁刀夹在中间，既保护裁刀，又能与一折滚筒刀垫相对，便于裁纸。在裁刀夹 的下面垫有弹簧5，平时弹簧5把裁刀夹顶出滚筒表面2mm，在裁切时，由一折滚筒的刀垫把裁刀夹压回，并将纸带压在刀垫上，裁刀将纸带切断。

② 钢针机构。

在纸带被裁切的同时，扎住纸带并带其运行。钢针机构由钢针、钢针杆、导向套、摆杆、连杆、滚子、弹簧17、弹簧杆和凸轮组成。

在正常情况下，工作状态时钢针应高出裁切滚筒外圆7mm。非工作状态时（即缩回时）应略低于裁刀夹外表面，以便保护钢针。钢针的伸出或缩回由凸轮的内曲线控制。由图9－75（c）可知，裁切滚筒时转动，滚子在凸轮的内表面曲线上移动，压缩弹簧17，连杆带动摆杆顺时针方向转动，使钢针杆带着钢针缩回，若此时钢针还高出裁刀夹表面时，需要进行调整。调整时，松开螺钉，转动摆杆，使钢针略低于裁刀夹的表面即可。

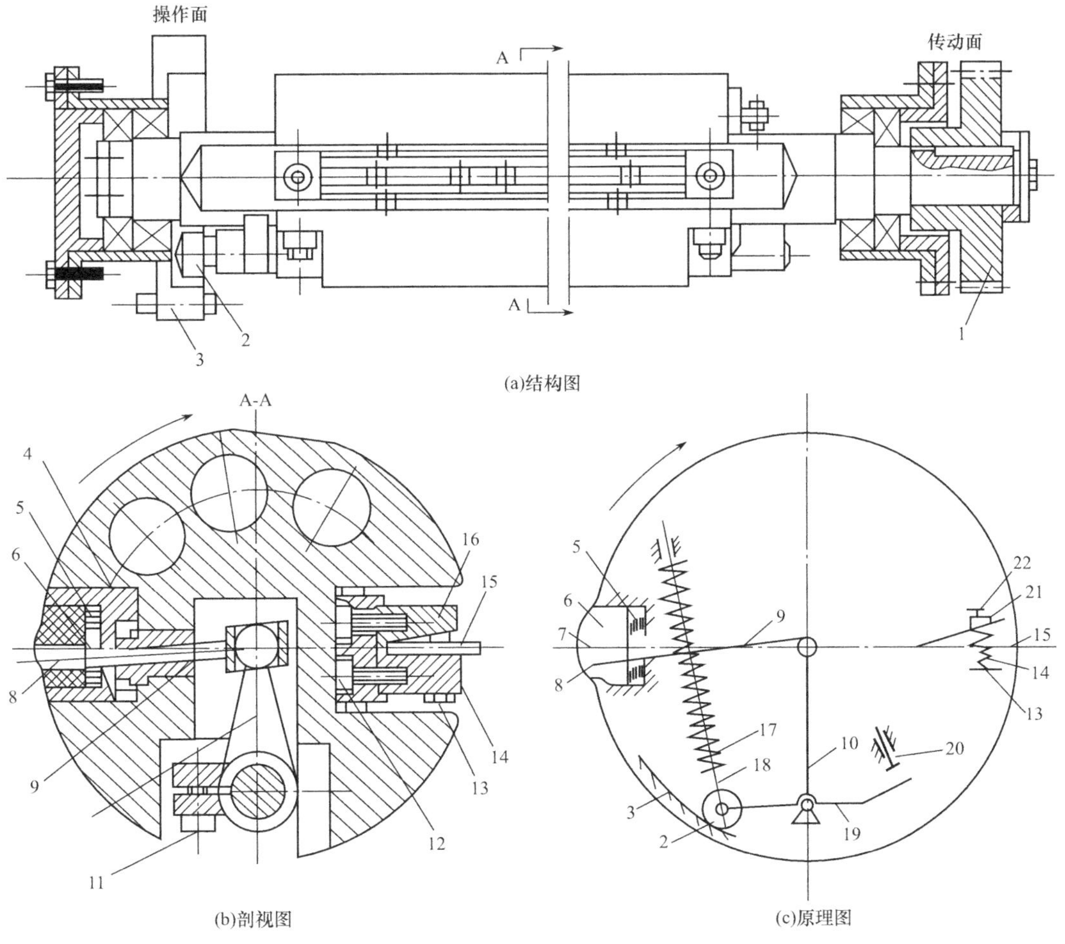

图9－75　裁切滚筒结构图

1－齿轮；2－滚轮；3－凸轮；4－刀座；5、17、21－弹簧；6－裁切夹；7－裁刀；8－钢针；9－钢针杆；10－摆杆；11、22－螺钉；12－调节螺栓；13－螺母；14、16－折页夹；15－折刀；18－弹簧杆；19－连杆；20－定位螺钉

当滚子离开凸轮的内表面曲线时，在弹簧 17 的推动下，滚子带动连杆和摆杆逆时针方向摆动，钢针即可伸出，直至连杆与定位螺钉靠住时，钢针停止伸出。检查钢针是否高出裁切滚筒外圆表面 7mm（高出裁刀夹 5mm），否则需要调整。调整时，拧动定位螺钉，直至钢针高出裁切滚筒表面 7mm 为止，然后将定位螺钉的位置固定。

钢针缩回的时间必须保证，否则会影响折页精度。钢针缩回时间可以通过松开凸轮的固定螺钉，转动凸轮的位置来实现。调整完成后，要紧固好螺钉。

③ 折刀机构。

配合一折滚筒完成八开折页。折刀机构由调节螺栓、折页夹 14 和 16、弹簧 21 及折刀组成。在正常情况下，折刀高出裁切滚筒外圆表面 1mm，折刀和一折滚筒的夹板配合完成折页时，有一个进入和退出一折滚筒夹板的过程。在进入夹板时，折刀应距固定夹板 2mm。在折页过程中，折刀将变形。为了保证变形又要保证折刀位置不变，在折页夹 14 和 16 之间装有弹簧 21，螺钉 22 穿过折刀拧在折页夹 14 上。为防止螺钉松动，又加上紧固螺母用来固定，折页完成后，在弹簧 21 的作用下，折刀又回到原位。

（4）十六开附加刀式折页机构的结构与调节

商业和书刊卷筒纸胶印机的折页机中，均有附加十六开刀式折页机构，以便完成十六开杂志的折页任务。如图 9－76 所示为十六开附加刀式折页机构图。

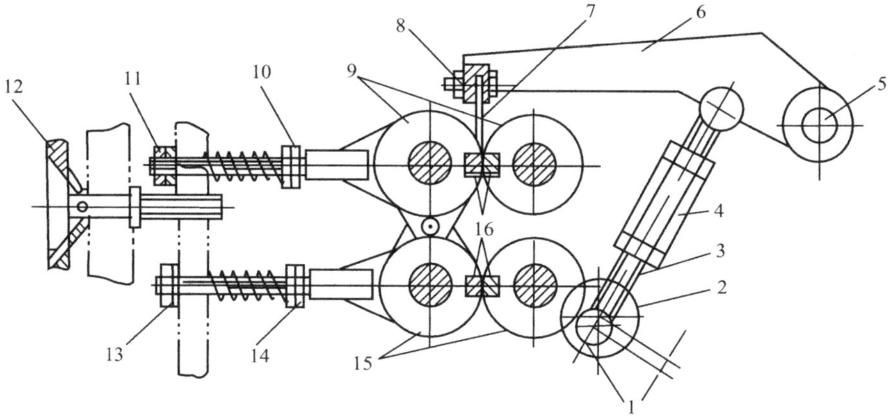

图 9－76　十六开附加刀式折页机构图

1－曲柄轴；2－齿轮；3－连杆；4－双向调节螺母；5－轴；6－摆杆；7－折刀；8－螺钉；9、15－折页辊；10、11、13、14－螺母；12－手轮；16－压条；e－曲柄（偏心距）

从图 9－76 可知，折刀的上下运动是由固定在齿轮上的曲柄轴经连杆推动固定在轴上的摆杆上下摆动而实现的。折刀用螺钉固定在摆杆的端部，连杆的长短可以通过转动双向调节螺母来调节，以改变折刀上下运动的距离，即调节折刀与压条配合时的高低位置，转动双向调节螺母时，必须先松开两端的紧固螺母。调节完成后，需再紧固。

当折刀由曲柄摆（或摇）杆机构驱动向下运动到最低位置时，折刀刀刃将已定位好的八开书帖从中缝推入压条中，随着折页辊 9 的转动，折成十六开书帖，接着送入折页辊 15 中，再经压条对书帖折缝进行第二次滚压，然后将书帖经输出机构输出。

折页辊 9 和 15 的结构是由辊体和辊肩组成，辊体直径小于辊肩和压条。辊肩表面车有网纹，并且轴向位置可调，以适应不同尺寸的书帖。辊肩压在书帖的左右两端，传送书帖，而压条起到将书帖的折缝压平、压实的作用。当折刀处于最低位置时，两压条应相遇在水平位置上，而折刀尖距水平中心线约 5.5mm。如果书帖较厚时，可以调节折刀的高低位置（先松开连杆 3 上下两头的紧固螺母，再转动双向调节螺母即可），同时通过调节螺母 11 和 13 改变折页辊 9 和 15 之间的间隙，转动螺母 10 和 14 使弹簧压力发生变化，以便改变折页辊辊肩与压条之间的压力，手轮用于调整折缝的对中线。

（5）导纸辊和拉纸辊

导纸辊的作用主要是辅助三角板进行纵折，为纸带导向。导纸辊一般用钢制成，为两根空转的辊子，它们之间的距离可调。导纸辊的长度一般比纵折后纸带宽 40mm。

拉纸辊的作用是将纸带压折成型，并产生必要的拉力。为了消除横切时对纸带所产生的冲击，多数折页装置中，都采用两对拉纸辊。图 9-77 所示为一对拉纸辊的结构。每一对拉纸辊由一根钢制辊 1 和一根具有两个拉纸胶轮 2 的辊子组成。钢辊上与橡皮轮相接触的一段圆周制出网纹，以增大对纸带的摩擦力。两个橡皮轮固定在同一根轴上。橡皮轮的轴与钢辊之间用齿轮啮合保证其间的强制传动，齿轮的传动比应保证橡皮轮与钢辊表面速度相等。橡皮轮轴的两个轴承都安装在偏心套 3 中。转动偏心套 3，即可调节橡皮轮对钢辊的压力。

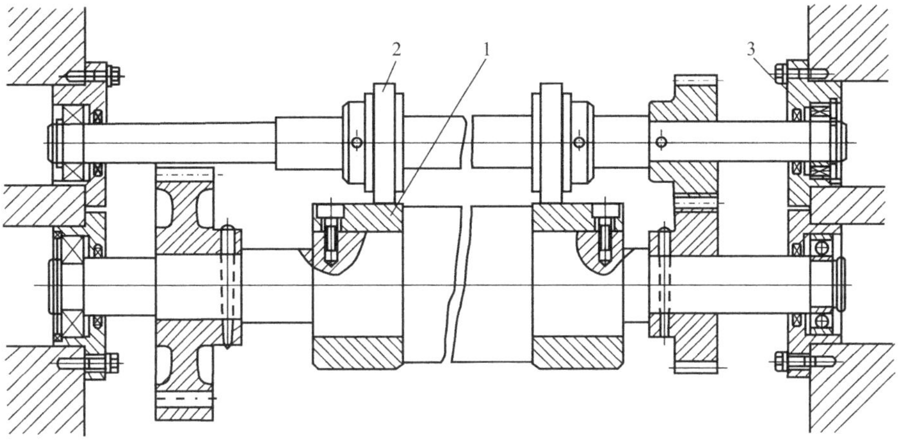

图 9-77　拉纸辊的结构图

1-拉纸钢辊；2-拉纸胶轮；3-偏心套

二、冲击式折页装置

冲击式折页装置是报纸印刷机的专用设备，它具有结构简单、调整方便、适用于高速印刷等优点。报纸折页装置可分为单三角板折页和双三角板折页两种型式。

1. 冲击式折页装置的工作原理

图 9-78（a）所示为单三角板报纸印刷机折页的原理图。

该装置包括纵切和纵折机构、裁切滚筒、折页滚筒、折页辊、输纸翼轮和输送带。

纵切和纵折机构由压纸轮、纵切圆盘刀、纸带驱动辊、三角板、导向辊及拉纸辊组成。

折页滚筒装有两排针筒，并装有两排钢针，用来挑住纸张。同时，在折页滚筒上还装有两把做行星运动的折刀。

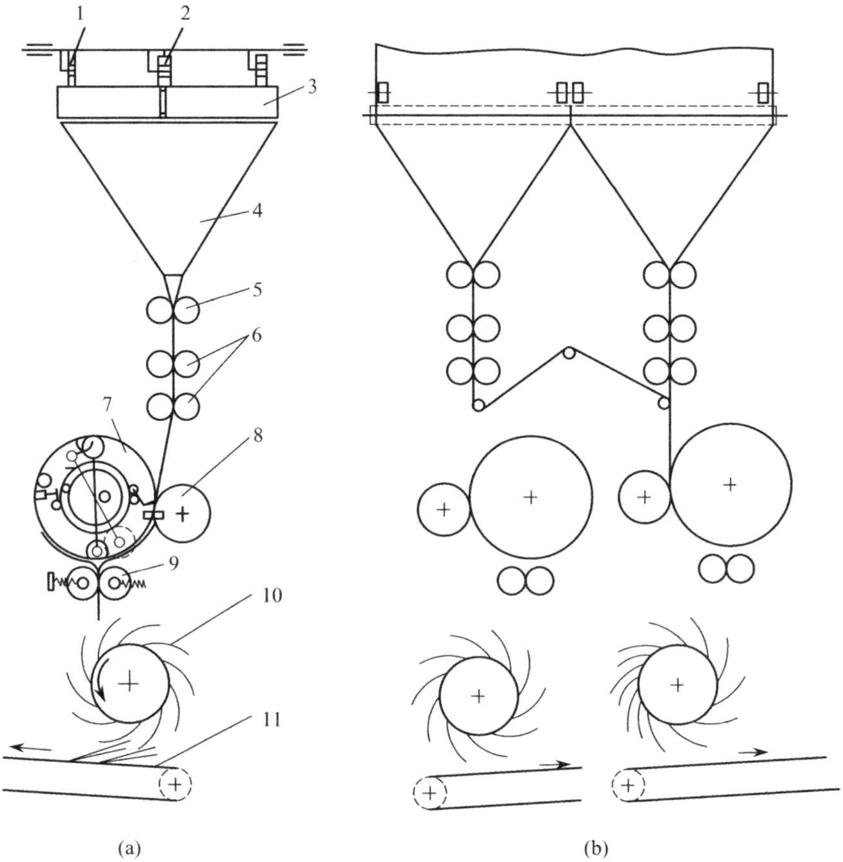

图 9－78　报纸印刷机折页原理图

1－压纸轮；2－纵切圆盘刀；3－纸带驱动器；4－三角板；5－导向辊；6－拉纸辊；
7－折页滚筒；8－裁切滚筒；9－折页夹辊；10－翼轮；11－输送带

裁切滚筒上开有一个凹槽，并在槽中装有刀框，在刀框中安装有锯齿形裁切刀，用来裁切纸带。

折页辊是一对带网纹的辊子，安装在折页滚筒下方对着行星折刀下落的方向。折页辊两端轴承由弹簧支撑，以保证对所折报纸的压力，并起到减振的作用。

输帖翼轮上装有 10～12 个叶片，高速折报装置的叶片可以减少至 5～6 片。

折报装置的工作原理：双面均已印好的纸带进入纸带驱动辊，如果是两版宽的报纸（即正、反两面 4 版），纵切圆盘刀就抬起，不进行纵切；如果是 4 版宽纸带，纵切圆盘刀放下，并沿着纵向把纸带切成两部（均为两版宽）。经过三角板进行纵折成一版宽报纸的纸带，再进入导向辊，并由拉纸辊拉紧纸带，然后送入折页滚筒，并被其上的钢针挑住，当纸带经过折页滚筒和裁切滚筒时，由锯齿形切刀按照规定尺寸把纸带横切成单张，即为一张报纸的长度（550mm）。此时，再由折页滚筒上的行星折刀与一对折页辊相配合完成报纸的横折，折好的报纸由翼轮送到输送带上。

目前，随着大型卷筒纸印刷机的发展，相应地双三角板折页装置应用也较广泛。

该装置由两套平行的单三角板折页装置组成，如图 9－78（b）所示。每套折页装置的组成和工作原理与单三角板折页装置相同。如果纸卷宽度为 1575mm，则纸带在印刷后由纵切圆盘刀切成两条单宽度为787.5mm的纸带。每条纸带分别送入各自的三角板，在进行横切和横折后同各自的输送带输出，那么两条输送带同时各输出一张报纸（四版报）。如果需要得到两张报（八版报），需把在左边的一个三角板上纵折后的纸带用导纸辊引导到另一三角板之下，与右边纵折后的纸带重叠在一起，由拉纸辊带动向时进入右边的横切和横折机构进行裁切与横折，这时输出的就是八版的（两张）报纸。

2. 冲击式折页机构的结构与调整

印好的报纸经过三角板纵折后，通过导向辊和拉纸辊被折页滚筒上的挑针钩住，在折页滚筒齿轮裁切刀垫与裁切滚筒的切刀之间通过时，被裁刀切成单张，再由行星折刀将其插入一对折页夹辊之间，完成横折（报纸），然后落入翼轮并被送至输送带输出。现以高斯卷筒纸印刷机为例，介绍冲击式折页滚筒的结构与调整方法。

（1）折页滚筒与裁切滚筒位置调整

所谓折页滚筒与裁切滚筒位置调整即调节折页滚筒的裁切刀垫与裁切滚筒上的锯齿形裁切刀相对准。折页滚筒与裁切滚筒由相互啮合的齿轮传动，裁切滚筒用键与齿轮连接，折页滚筒则用长孔螺钉固定，当需要调整折页滚筒上的刀垫与裁切滚筒的裁刀对准时，拧松紧固螺钉，改变长孔与螺钉的连接位置，即可达到调整折页滚筒与传动齿轮的相对位置，从而调整折页滚筒与裁切滚筒的相对圆周方向位置的目的，以满足裁刀与刀垫对正的要求。

（2）钢针伸出折页滚筒的长度及伸缩时间的调整

折页滚筒上的钢针的伸缩动作由传动侧的槽凸轮控制，其伸缩行程是由凸轮廓线设计决定的，如图9－79所示。

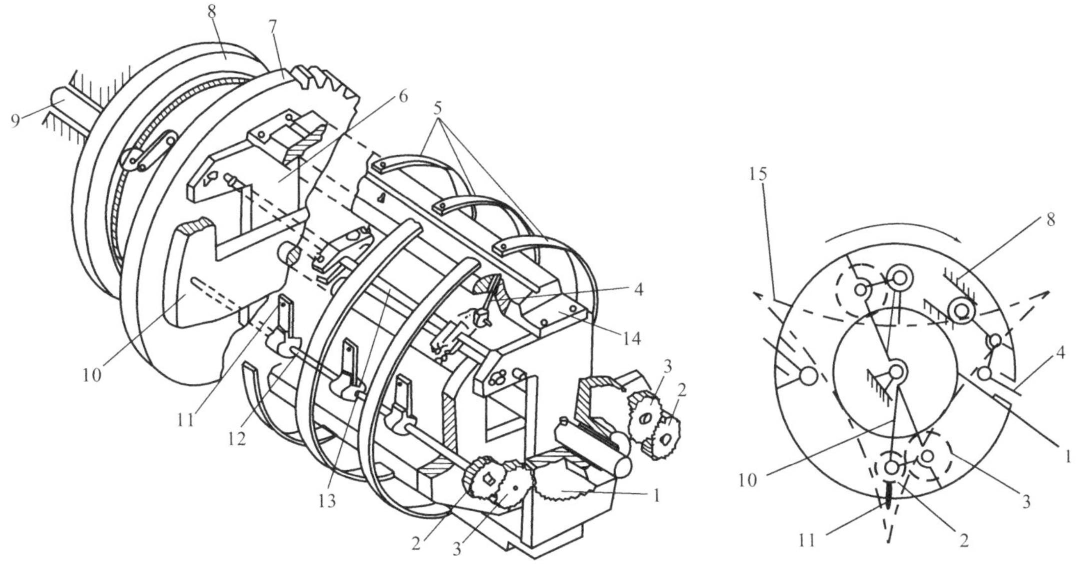

(a)结构图　　(b)原理图

图9－79　报纸冲击式折页滚筒装置安装及原理

1－大齿轮；2－小齿轮；3－介轮；4－钢针；5－弧形钢板；6、10－轮毂；7－传动齿轮；8－槽凸轮；9－折页滚筒轴；11－折刀；12－折刀轴；13－轴；14－横梁；15－三角星形曲线

钢针伸出折页滚筒的最大高度一般调整到6mm为宜，按不同厚度的折帖要求可以微调钢针的伸出高度，而且还可以单独调节每个钢针。在折页过程中，伸出的钢针随着折页滚筒的转动扎入纸带，故钢针伸出时间要提前，当折刀将报纸插入折页辊时，钢针必须及时缩回，缩进太晚，会因折刀伸出而撕破纸张，而缩进太早，又会使纸带没有被折刀送入折页辊而失去控制，影响折页精度，故应使钢针与行星折刀动作相互协调。

调整时，松开传动侧的驱功槽凸轮的紧固螺钉，假若是缩进时间太早，则将槽凸轮朝折页滚筒的转动方向移动；反之，若缩进时间太晚，则应将槽凸轮朝折页滚筒的反转方向移动。

（3）折刀长度的调整

折刀刀尖的运动轨迹为三角星形，折刀的运动由固定不动的大齿轮经介轮和小齿轮的驱动做行星运动。当折页滚筒转动时（由裁切滚筒轴上齿轮与折页滚筒传动齿轮啮合传动），折刀轴带着折刀转动，同时折刀轴又由大齿轮、介轮、小齿轮转动而自转。大齿轮的齿数是小齿轮齿数的3倍，因此折页滚筒旋转一周，折刀伸出三次，每次伸出相隔120°，只有朝下的一次把纸带插入折页辊中（见图9－79），完成报纸的折页。在设计该机构时，折刀的长度必须等于折刀转轴中心至折页滚筒轴心距离的一半时，折刀刀刃在靠近折页辊处的运动轨迹才能形成三角星形曲线［图9－79（b）中的曲线15］，此时报纸折页位置才能准确。如果折刀长度过长，则折刀刀刃在折页夹辊处的运动轨迹是一段小圆圈，刀刃会碰到折页夹辊；如果折刀长度过短，则折刀刀刃在折页夹辊处的运动轨迹是一段小圆弧，将影响报纸插入折页夹辊，因此需要调整折刀的长度，调整方法是通过调节折刀转轴传动齿轮上的长孔螺丝，改变长孔与螺丝的连接位置，即可改变折刀的相位和伸出长度，从而满足折刀与折页夹辊之间的关系，保证报纸横折时折缝位置的准确。

（4）折刀与折页夹辊位置的调节

折页夹辊是一对带网纹的辊子，两端轴承由弹簧支撑，以保证对所折报纸的压力，并起到减振作用（见图9－79），两折页辊之间的距离由正反螺丝来调节，拧松螺丝，则两辊间隙增大，反之拧紧螺丝时，两辊间隙减小。调整两辊间隙时，在折刀的刀刃部位上涂上油墨，两折页夹辊之间留有0.2mm的间隙，转动折页夹辊，使折刀下降，折刀两侧的折页夹辊不粘油墨即可。因一张新闻纸的厚度约为0.06mm，一张报纸被折成四层，其厚度为0.24mm，间隙为0.2mm时则容易将报纸压实。

（5）折缝位置的调整

调整折刀在报纸上产生折缝的位置，实际上就是调整折刀线与钢针孔之间的距离，即调整折刀在折页滚筒上的位置。

两把在折页滚筒上对称位置的折刀，由一个支架固定在折页滚筒上，其中一把折刀在折页滚筒两端有定位调整顶丝。调整时，把定位调整螺丝和固定螺丝松开，然后拧动顶丝，使两把折刀以相等距离向所需调整的位置移动，调好后，将固定螺丝拧紧即可。

正常印刷时，报纸折缝上下对齐即满足要求。当改变印刷时，折缝位置也随之改变。当出现钢针挑纸距离太小时，应调整折刀轴支架朝折页滚筒反转方向移动，增加折刀到钢针的距离。反之，当钢针孔一侧纸面太长时，则应调节折刀支架朝折页滚筒正转方向移动，以减少折刀到钢针的距离。调节时要注意对准零标记，两端移动量应相等，否则会造成折刀轴与折页滚筒轴线不平行，引起折刀碰撞折页辊故障。

第十章 10

凸版印刷机

凸版印刷是最古老的印刷形式。凸版印刷机的发展演变体现了印刷机，特别是印刷部件的发展历程。凸版印刷可用于线条版印刷以及单色和多色产品的网线版印刷，它真实地反映彩色原稿的层次和色彩。凸版印刷墨色鲜艳、墨层厚实、光泽感较强，因此印刷质量较好，但凸版印刷机的印刷压力较大，一般为平版胶印机的6倍左右。

凸版印刷长期采用直接印刷方式，在近代也出现了间接凸印工艺和设备。

第一节　平压平型印刷机

平压平型凸版印刷机是最早的一种机型，其基本工作原理第一章已讲述（参见图1－7），核心部件为版台和压印板。经多次改进后，依据版台和压印板的印刷相对运动，平压平型凸版印刷机形成三种不同结构形式：活动铰链式、压印板摆动式和平行压印式。目前在商标、装潢以及表格印刷中，平压平型凸印机得到较为广泛的应用。

一、平压平型印刷机的结构形式

1. 活动铰链式

活动铰链式的版台1和压印板2都绕固定轴心摆动，其结构和运动形式如图10－1所示。当二者摆动处于倾斜位置时，进行印版着墨和印张取放；而摆动到垂直位置时，二者互相接触完成压印。这种形式的印刷机，印刷时版台与压印板同时运动，结构比较简单，印刷质量也不高，属于较旧的机型，目前已很少使用。

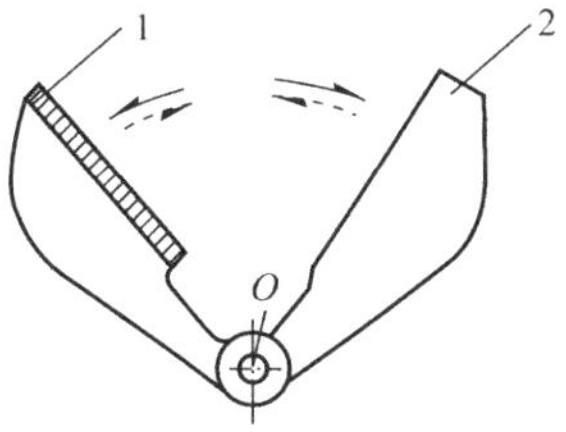

图10－1　活动铰链式
1－版台；2－压印板

2. 压印板摆动式

压印板摆动式的结构与运动形式如图10－2（a）所示，版台1垂直固定，压印板4绕铰链5摆动，当压印板摆到垂直位置时与印版3接触进行压印。待压印板4打开至倾斜位置时，换取印张，墨辊2上下运动，给版台1上的印版3着墨。

图10－2（b）所示为海德堡机型，是压印板摆动式印刷机的典型机型。版台6固定，

压印板7由曲柄连杆机构带动而绕固定支点摆动，通过增力机构8完成压印。当压印板张开脱离印版时，机器自动地进行给纸、收纸和印版着墨。该机压印板7的开闭结构简单，印刷压力大，机器的制造精度较好，应用也较广。

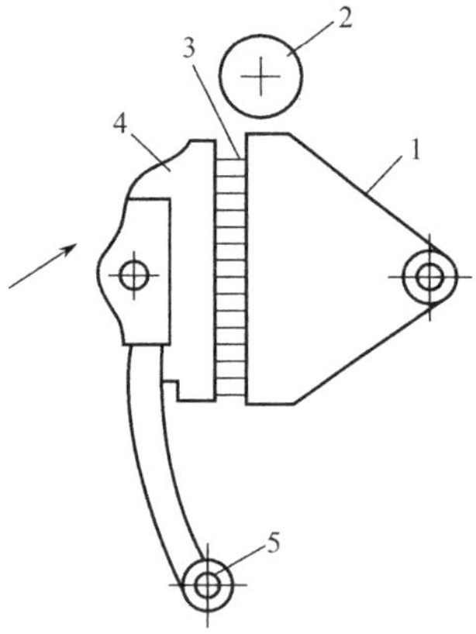

（a）压印板摆动式的结构与运动形式

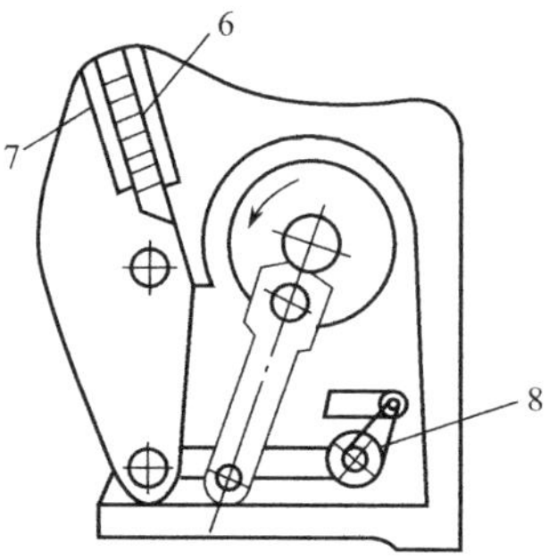

（b）海德堡平压平型凸版印刷机

图10－2　压印板摆动式平压平型印刷机原理与机型

1－版台；2－墨辊；3－印版；4、7－压印板；5－铰链；6－版台；8－增力机构

值得注意的是：在上述两种平压平型印刷机中，压印板绕固定点摆动，因此在压印板开始接触印版进行压印以及印刷完成后压印板开始脱离印版的一瞬间，压印板工作面与印版之间产生一倾斜角，这个角度虽然很小，却导致印版上、下部分压印时间产生差异。压印时，印版下半部与压印板接触较早而上半部较迟；压印板开始打开时，印版上半部与压印板离开较早，而下半部较迟。

墨色均匀的印刷品需要以整个版面获得相同的印刷压力和压印时间为前提，但是压印板摆动式机构与活动铰链式机构，通过印版往复摆动完成油墨转移，版面上图文部分的压印时间不相同，油墨的转移量不相等，故影响印刷质量。所以，这种印刷机一般只适用于印刷文字版、简单的插图、表格及各类零散印刷品。目前，这种机型在我国中小型印刷厂中还有应用。

3. 平行压印式

图10－3为平行压印式印刷机印刷部件运动原理图。

版台5固定在垂直位置，压印板2的运动分为两个阶段：首先依靠弧形滑板3在平面导轨4上滚动，当压印板面滚动到垂直位置时，开始平行移动压向印版，达到终点位置时完成压印。当压印板2返回时运动过程相反，先垂直平移离开印版，接着进行平面运动（即倾斜摆动加移动）直到终点。打开时即可取出印张并随即放入待印的纸张，同时印版进行着墨。

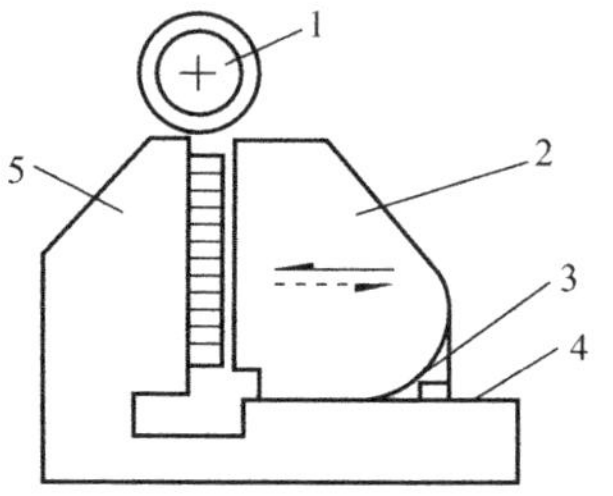

图10－3　平行压印式原理图

1－墨辊；2－压印板；3－圆弧滑板；4－导轨；5－版台

图10－4为平行压印式平压平型印刷机的工作过程简图，曲柄连杆机构通过压印板轴8带动，使弧形板4在平面导轨5上滚动，实现压印板打开与合拢。开始时，压印板2压印面呈倾斜状态［图10－4（a）］，当压印板的压印面摆到

垂直位置后，依靠分别夹在平面导轨的上下平面上的滑块3、6、7限位作用，保持压印面处于垂直状态，然后继续由曲柄连杆机构带动压印板在导轨面上平行移动压向印版［图10－4（b）］。

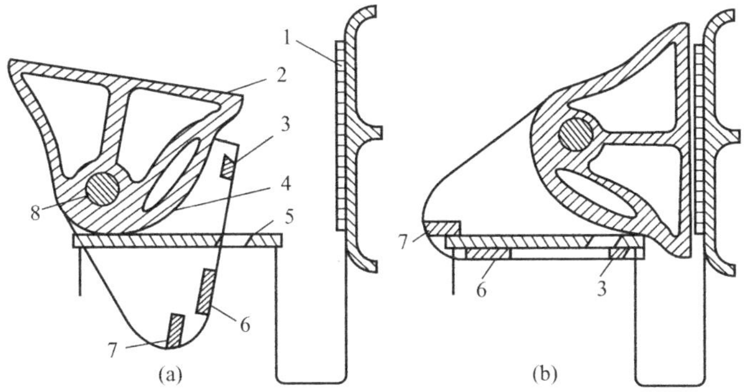

图10－4 平行压印式平压平型印刷机的工作过程图

1－版台；2－压印板；3、6、7－限位滑块；

4－圆弧滑板；5－导轨；8－压印板轴

显然，这种运动形式能保证压印过程中整个印版同时与纸张接触与分离，而且压印机构刚性好，因此压印时间均衡，印刷压力匀实，可以得到墨色很好的印品。此外，压印板翻转角度大，利于续纸。这种机器适于印制精致的彩色画片、商标、封面等印品。

二、平压平型印刷机的给纸与收纸

平压平型印刷机的给纸和收纸多为人工手动的。增设自动给纸和收纸装置后，就发展成为自动平压平型印刷机。图10－5为德国海德堡铰链式自动平压平型印刷机的自动给纸、收纸装置原理图。摆动式压印板（图中未示出）位于给纸台2与收纸台4的中间，自动给纸、收纸装置装在压印板的上部，随压印板摆动，同时通过传动装置使其绕轴心 O 做间歇旋转，由上面的叼纸牙1和3进行给纸和收纸。

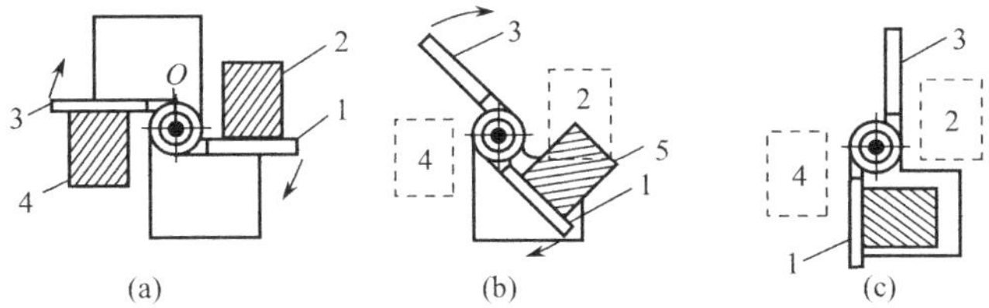

图10－5 铰链式自动给纸、收纸装置原理

1、3－叼纸牙；2－给纸台；4 －收纸台；5－纸张

压印板打开［图10－5（a）］时，叼纸牙1把给纸台2上的纸张5叼住，叼纸牙3把印完的印张放在收纸台4上；接着旋转叼纸牙按图示箭头方向旋转图［10－5（b）］；当压印板向印版摆动将要到达垂直位置时，旋转叼纸牙旋转90°，叼纸牙1把纸张放在压印板上的规矩处定位后进行压印，如图10－5（c）所示，而叼纸牙3停止工作。压印完成后，压印板开始打开时，旋转叼纸牙再继续旋转90°回到图10－5（a）的位置，完成一个工作循环。

卷筒纸平压平型印刷机，采用卷筒纸间歇给纸形式，当压印板下降进行印刷时停止给纸，当压印板上升时进行着墨和输送纸张。另外，卷筒纸平压平型印刷机往往还设有压型、打孔、裁切等连续加工装置，提高了生产率，适于印制大批量的小型印品，如统计表格、记录坐标纸及商标等。

第二节　圆压平型印刷机

圆压平型印刷机是平压平型印刷机的一种发展，具有悠久的使用历史。其工作原理参见图1－10。从1812年德国制成第一台圆压平型印刷机开始，相继出现了转停式（停回转）印刷机、二回转印刷机、一回转印刷机和反复回转印刷机等机型。这类机器在我国使用不多。

一、圆压平型印刷机的基本类型

压印时，由于是圆柱面与平面接触，所以，比平压平型印刷机的印刷压力大。根据压印滚筒的运动形式不同，圆压平型印刷机又分为以下几种类型。

① 二回转印刷机。

二回转印刷机工作原理如图10－6所示。压印滚筒向同方向连续旋转两周，版台往复运动一次，完成一个工作循环。当压印滚筒旋转第一周时，压印滚筒下降与印版接触进行印刷；当压印滚筒旋转第二周时，压印滚筒上升离开印版，此时版台进行返回行程。

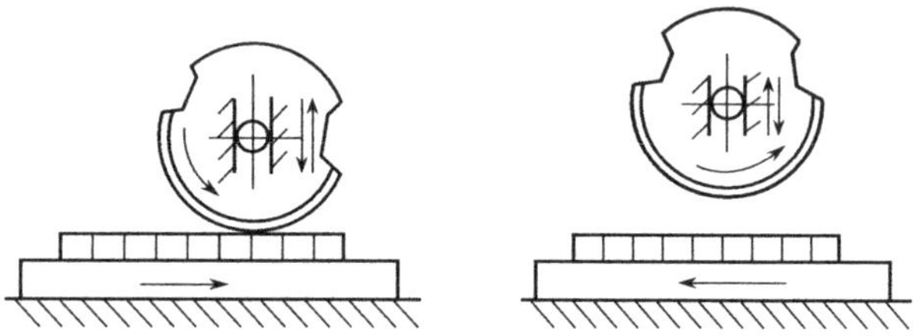

图10－6　二回转印刷机工作原理

② 一回转印刷机。

一回转印刷机工作原理如图10－7所示。压印滚筒每旋转一周，版台则往复运动一次，完成一个工作循环。这样，必须采用大直径的压印滚筒，滚筒表面的一部分进行压印，半径也较大；另一部分半径较小，以利版台在返回行程时不与印版接触。

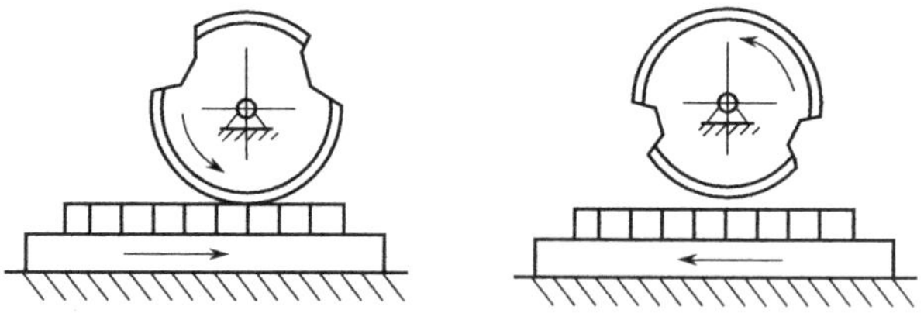

图10－7　一回转印刷机工作原理

③ 转停式印刷机。

转停式印刷机又称停回转式印刷机，工作原理如图10－8所示。

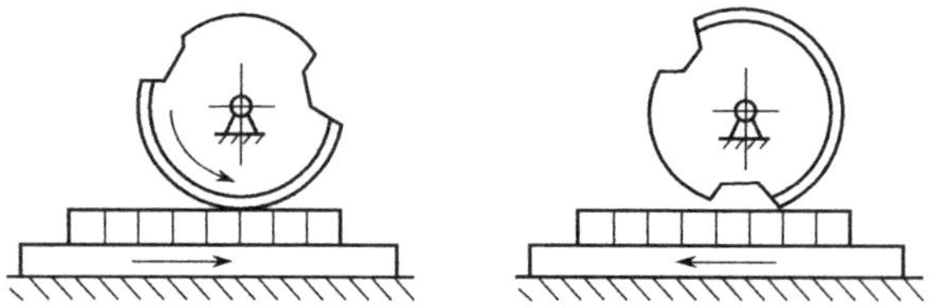

图10－8　转停式印刷机工作原理

压印滚筒旋转与印版接触时进行印刷，接着压印滚筒停止旋转，版台做返回行程，印版从滚筒缺口下面通过，二者不接触。

④ 反复转动式印刷机。

反复转动式印刷机工作原理如图10－9所示。版台在工作行程时，压印滚筒向逆时针方向回转并下降与印版接触完成印刷；版台做返回行程时，压印滚筒向顺时针方向回转并上升离开印版。

这种机型中，版台的运动与前述三种机型相同，但压印滚筒不但要频繁离合，而且还要往复回转，增加了运动控制难度。因此，速度较低，印刷质量也不高，现已很少使用。

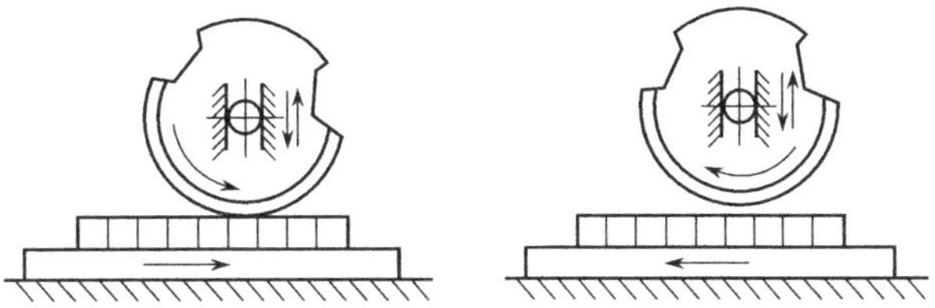

图 10－9　反复转动式印刷机工作原理

二、圆压平型印刷机的基本结构

圆压平型印刷机在压印时，圆柱面与平面接触变形较大，所以在相同的外力作用下，压印区可以获得比平压平型印刷机更大的印刷压力。圆压平型印刷机又有转停式、二回转、一回转和反复回转等不同的实现结构。

1. 转停式印刷机

（1）转停式印刷机的结构原理

如图 10－10 所示，在印刷行程时，压印滚筒 5 转动，与版台 1 上已着墨的印版 2 进行压印，返回行程时压印滚筒停转（图示位置），压印滚筒的空档处于下部位置，版台从滚筒下通过，印版 2 在墨台 6 上着墨。纸张从输纸板 3 给纸，经收纸滚筒 4 到达收纸台 7。

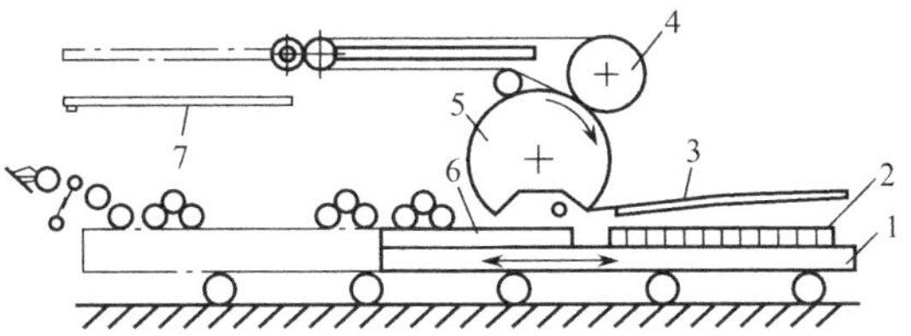

图 10－10　停回转印刷机结构原理

1－版台；2－印版；3－输纸板；4－收纸滚筒；5－压印滚筒；6－墨台；7－收纸台

（2）版台的往复运动

版台的往复运动是圆压平印刷机的主要印刷运动，多数通过曲柄滑块机构（见图 10－11）实现。齿条 3 固定不动，版台 1 下面装有齿条 4，曲柄通过连杆带动齿轮 2 的轴心在齿条 3 上往复运动（平动），因此，版台 1 随齿条 4 做变速往复运动。

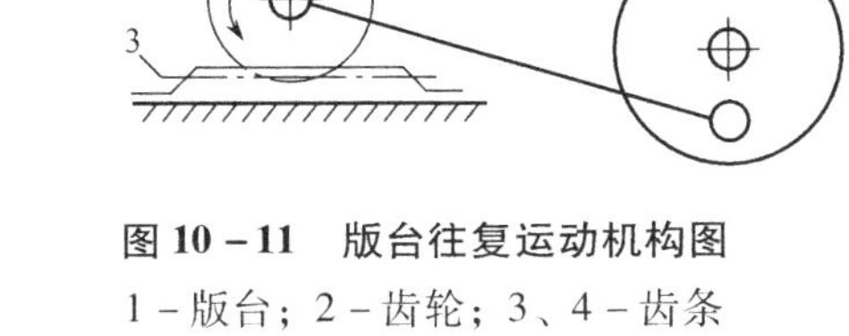

图 10－11　版台往复运动机构图

1－版台；2－齿轮；3、4－齿条

有的机型采用如图 10－12 所示曲柄摇杆机构实现版台的往复运动。曲柄 2 通过连杆 3 带动摆杆 6 摆动。摆杆上端用铰链 A 与版台 4（印版 5 装于其上）铰接，摆杆下端用小摆杆

7 与机架相铰接于 O，依靠短杆保证版台能沿水平方向移动。当传动齿轮 1 带动曲柄 2 按图 10－12 示箭头方向旋转时，通过杆系传动版台做往复运动。

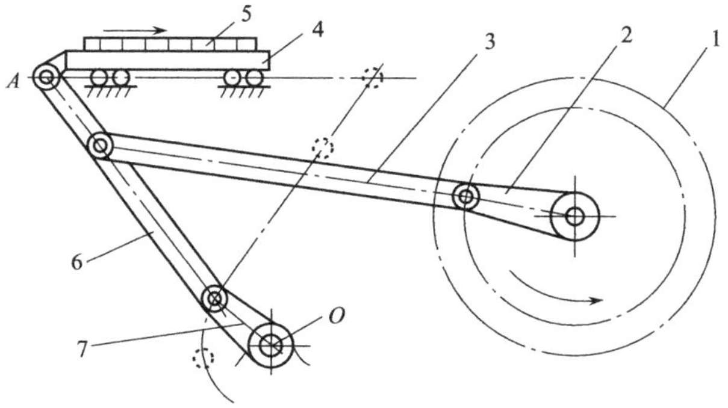

图 10－12　曲柄摇杆机构传动原理图

1－齿轮；2－曲柄；3－连杆；4－版台；5－印版；6－摆杆；7－小摆杆

转停式印刷机的印版装于版台上做往复平移运动，版台在印刷行程时，压印滚筒旋转，纸张与印版接触加压完成印刷；当版台做返回行程时，压印滚筒停止旋转，此时进行收纸、续纸和着墨。这类印刷机在三种圆压平型印刷机中，其结构最为简单、轻巧，操作简便，但版台的往复摆动和压印滚筒的间歇转动均为变速运动，限制了机器速度。另外，滚筒压印机构的刚性和强度较差，其印刷压力小于二回转、一回转印刷机。因此这种机型速度较低，也不宜印刷精美印品。一般只适于 25 线/厘米以下网线铜版印刷及一般套色印刷，适合于中、小型印刷厂印刷书刊、表格及收据等印刷品，其规格一般也不会大于对开印刷机。

2. 二回转印刷机

（1）二回转印刷机结构原理

二回转印刷机与转停式印刷机的主要区别是：版台做返回行程时压印滚筒也连续旋转，版台完成一个往复行程（即一次工作循环）压印滚筒连续旋转两周。其工作原理如图 10－13 所示。版台 1 往复运动进行着墨和印刷，纸张从输纸台 3 经压印滚筒 5 到达收纸台 4。

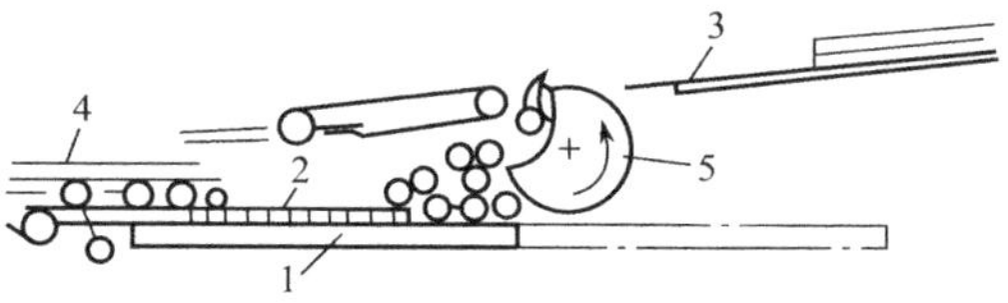

图 10－13　二回转印刷机结构原理图

1－版台；2－墨台；3－输纸台；4－收纸台；5－压印滚筒

这种结构的特点是：版台的往复运动通过驱动齿轮分别与上、下齿条的啮合来实现。上、下齿条均与版台固联，驱动齿轮定轴等速单向转动，压印滚筒也恒速转动，但其轴心受控制机构作用而上下移动。印刷行程时，驱动齿轮与版台上的上齿条啮合，版台匀速前进，压印滚筒合压进行压印；而当压印完成后，压印滚筒上升离压，驱动齿轮与版台上的下齿条啮合，版台等速返回。显然，这种运动方式换向控制较为困难，因此控制机构较为复杂。

（2）二回转印刷机基本结构

图 10－14 为 TE102 圆压平型印刷机的结构简图。

整机由传动装置、版台、压印滚筒、给墨装置、给纸、收纸装置等部分组成。

纸张由给纸机传出经输纸板用规矩 2 定位后，再由压印滚筒 1 的叼纸牙将纸叼住进入印刷装置。

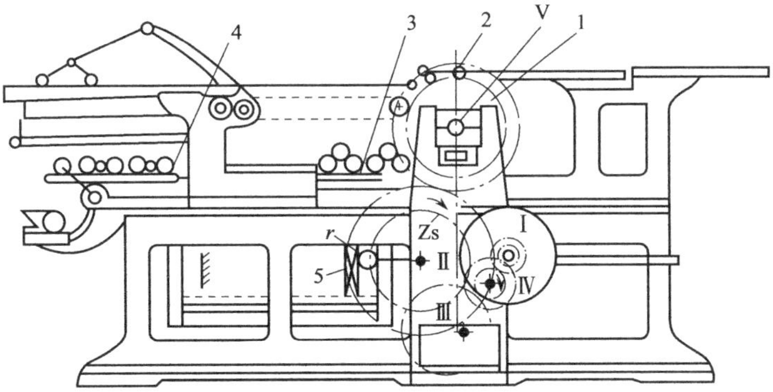

图 10－14 TE102 圆压平型印刷机结构简图

1－压印滚筒；2－规矩；3－版台；4－墨台；5－活门

印刷装置主要由压印滚筒 1 和版台 3 组成。压印滚筒的旋转运动由主电机经皮带传动和齿轮传动来实现（经轴 Ⅰ—Ⅱ—Ⅴ）。在滑键轴Ⅱ上装有带动版台往复运动的齿轮 Zs（版台往复齿轮），它除了本身的旋转运动以外，还依靠槽凸轮导轨及拨叉机构在轴上滑动，依次与版台上、下齿条相啮合，以实现版台印刷行程和返回行程主运动。在两端依靠曲柄滚柱 r 及活门 5 组成的换向机构，实现版台的换向运动。当版台处于工作行程时，压印滚筒下降与印版接触进行印刷，然后滚筒上升；版台返回时，印好的印张由纸张输出装置送到收纸台上。

3. 一回转印刷机

（1）一回转印刷机的基本结构

图 10－15 所示为初期的一回转印刷机的结构原理。这种机型压印滚筒的有效面积只有全周长的 1/4 左右，其余部分半径小于压印滚筒有效部分的半径，因此当版台返回行程时滚筒不用提升其表面也不会与版台接触，所以压印滚筒每完成一次压印，持续回转中版台即可以返回。显然，一回转机压印滚筒直径较大，版台往复运动机构与二回转机的相同。

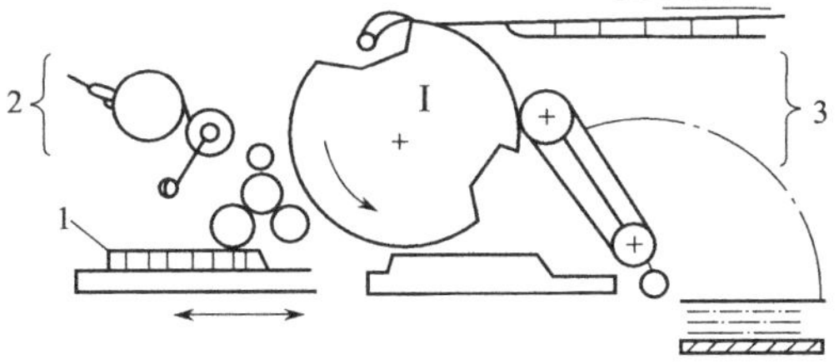

图 10－15 初期的一回转印刷机结构原理图

1－印版；2－给墨装置；3－给纸、收纸装置

（2）一回转印刷机的改进结构

包装印刷的广泛需求有力推动了世界范围内圆压平型印刷机的发展应用。第二次世界大战后，为适应这种需要，海德堡公司在初级一回转机的基础上经重大改进研制成如图 10－16 所示的新型一回转印刷机，其主要特点是：采用双曲柄机构和等速化机构，从而得到较为理想的版台运动特性，使版台既能等速与压印滚筒对滚，还可以高速返回（急回），另外也避免了复杂的控制机构。这样不但提高了印刷质量，而且使压印滚筒直径大为减小，速度提高，从而改善了其工作性能。这种机型尤其适用于大、中、小印刷厂印刷对开幅面的彩色美术图片、书刊插图以及商标装潢等精美印刷品，现在仍普遍应用。

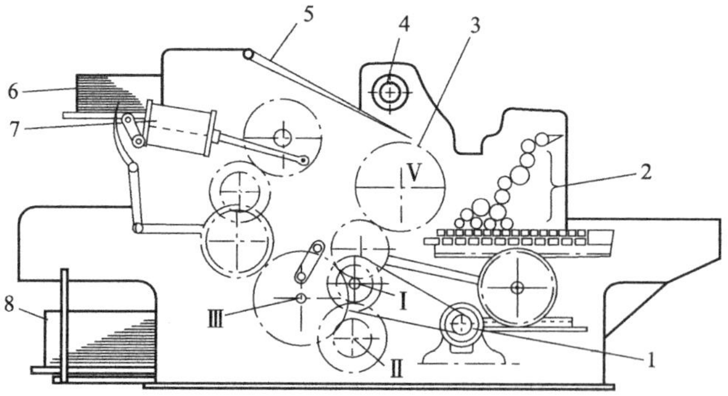

图 10－16　TY201 型对开一回转平台印刷机的结构简图

1－电机；2－供墨匀墨部件；3－压印滚筒；4－递纸机构；
5－纸张；6－输纸台；7－分纸机构；8－收纸台

其版台的运动原理如图 10－17 所示。版台的急回运动是通过双曲柄机构和曲柄连杆机构来实现的，其往复运动一次的时间比为 63∶37。如图所示，轴 O_1 等速回转，通过双曲柄使轴 O_2 得到变速，再由曲柄连杆机构驱动齿轮 Z_3 往复运动，最后由齿轮 Z_3 与上、下齿条（Z_1、Z_2）相啮合，使版台实现往复运动。曲柄连杆机构的急回特性与双曲柄机构的变速特性相结合，实现了双重的急回运动特性。

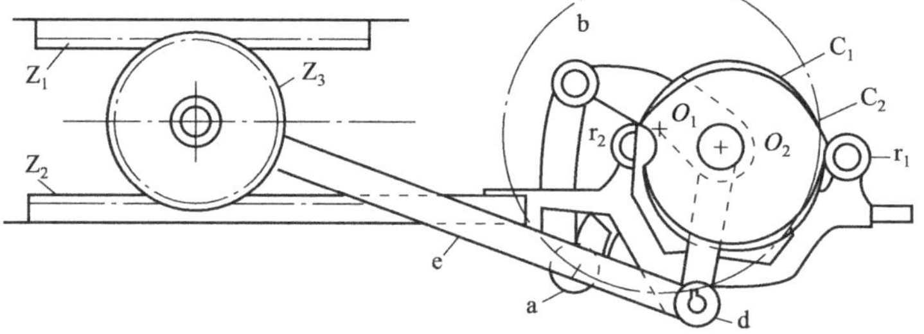

图 10－17　一回转印刷机版台运动原理

版台等速运动的实现是依靠固定于轴 O_2 上的共轭凸轮（C_1、C_2）机构来完成的。工作行程时，版台的速度必须与压印滚筒的表面线速度相一致，但是如果下齿条固定不动，滚筒等速旋转时，版台工作行程的速度与压印滚筒表面线速度则不一致，为改善这种状况，采用共轭凸轮（C_1、C_2）机构使下齿条得到补偿运动。版台的速度特性如图 10－18 所示。

圆压平印刷机与卷筒纸相结合，可以实现复杂的印刷工艺流程，图 10－19 所示的卷筒纸双面圆压平印刷机就是其中典型一例。

三、圆压平型印刷机的给墨装置

给墨装置一般由墨斗、传墨装置、匀墨装置和着墨装置组成。油墨从墨斗辊传出，通过传墨辊传到串墨辊上，再经一系列的匀墨辊进行传递打匀，形成薄油墨层，由着墨辊给印版着墨。

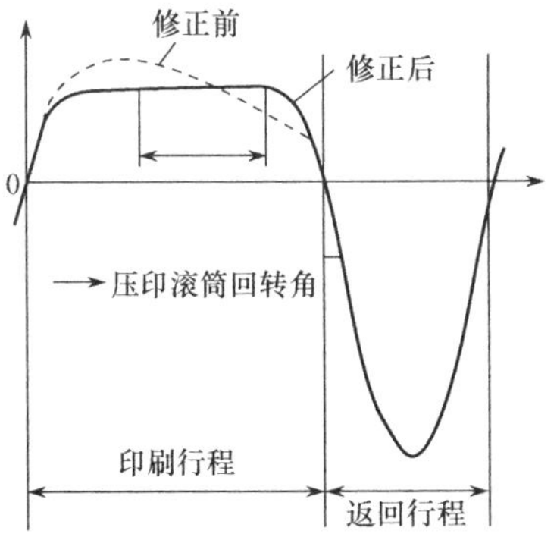

图 10－18　版台速度特性及其改善曲线

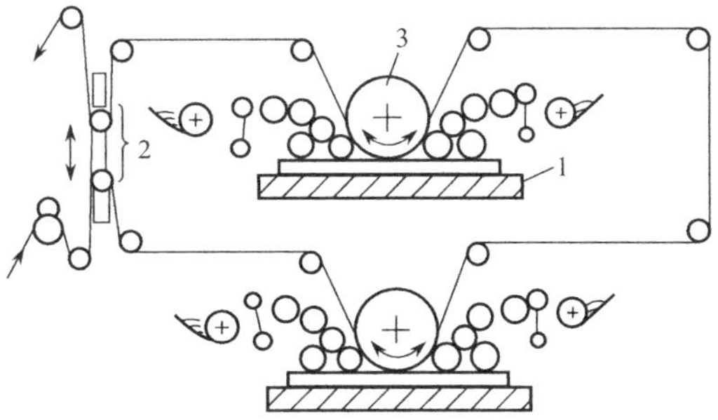

图 10－19　卷筒纸双面圆压平印刷机结构

1－版台；2－张力控制装置；3－压印滚筒

根据匀墨方式不同，圆压平印刷机的匀墨装置有以下三种形式。

1. 墨辊式匀墨装置

墨辊式匀墨装置的基本构成如图 10－20 所示。在印刷过程中，着墨辊所消耗掉的油墨可以及时地得到补充，可连续传递油墨，以利于提高印刷质量。

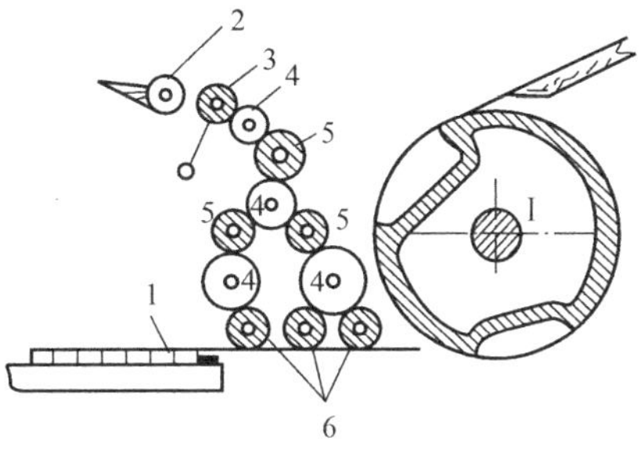

图 10－20　墨辊式匀墨装置

1－印版；2－墨斗辊；3－传墨辊；4－串墨辊；5－匀墨辊；6－着墨辊

2. 墨台式匀墨装置

墨台式匀墨装置的基本构成如图 10－21 所示。油墨经传墨辊传出，经串墨辊、匀墨辊和墨台将油墨打匀，然后传给着墨辊。这种匀墨装置不能连续传墨，着墨辊所消耗掉的油墨不能及时得到补充，其匀墨效果较差。

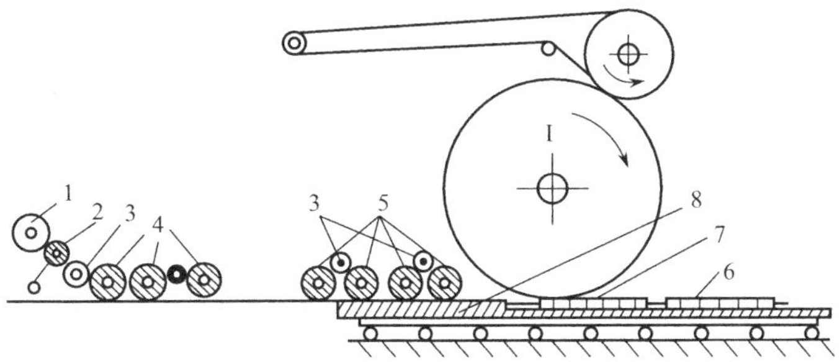

图 10－21　墨台式匀墨装置

1－墨斗辊；2－传墨辊；3－串墨辊；4－匀墨辊；5－着墨辊；6－印版；7、8－匀墨台

3. 组合式匀墨装置

组合式匀墨装置的基本构成如图 10－22 所示，由墨辊式和墨台式两种匀墨方式组合而成。左端为墨辊式匀墨装置，右端为墨台式匀墨装置，匀墨效果好，有助于提高印刷质量。

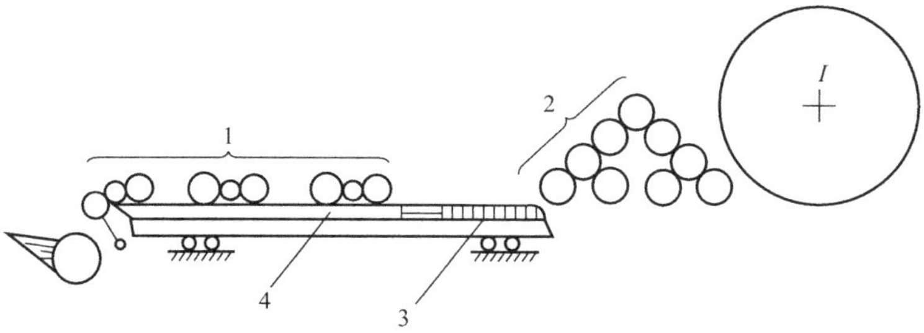

图 10－22　组合式匀墨装置

1－墨台式匀墨装置；2－墨辊式匀墨装置；3－印版；4－匀墨台

在印刷相同规格的印品时，圆压平印刷机的压印滚筒直径要比其他类型的印刷机大得多，这样不仅增加了机器重量，而且也限制了印刷速度。

四、圆压平型印刷机的给纸和收纸装置

根据给纸台和收纸台的位置不同，圆压平型印刷机的给纸和收纸装置有平台式和高台式两种形式。这里主要介绍翻纸拍式输纸装置，主要应用于停回转印刷机上。

平台机的走纸路线如图 10－23 所示，采用墨台式匀墨装置 5、6 和翻纸拍收纸输出装置 3。从压印滚筒 I 的下侧（也有的在上侧）续纸，在给纸台 2 的对面设置收纸台 4。

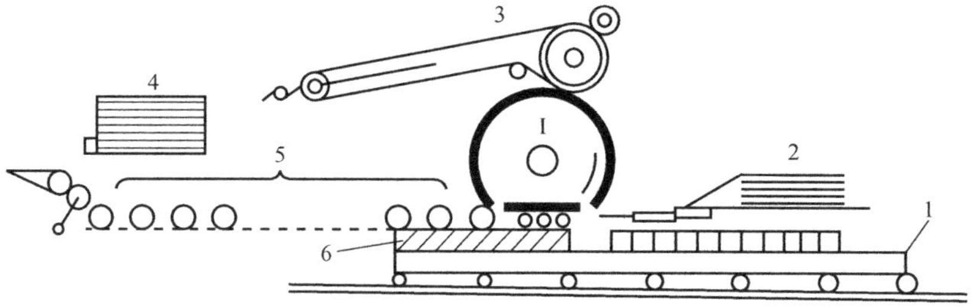

图 10－23　平台式印刷机

1－版台；2－给纸台；3－翻纸拍收纸输出装置；4－收纸台；5－供墨辊；6－墨台

高台式印刷机如图 10－24 所示。从压印滚筒的上侧续纸，而在给纸台 2 的下部设置收纸台 1。

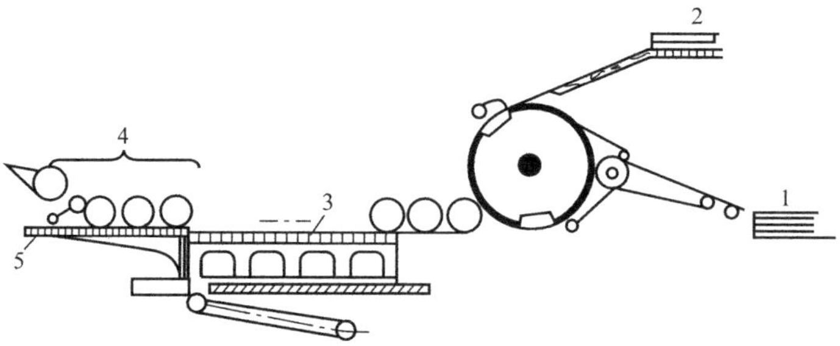

图 10－24　高台式印刷机

1－收纸台；2－给纸台；3－印版；4－供墨辊；5－墨台

第三节　圆压圆型印刷机

圆压圆型凸版印刷机是目前凸版印刷机中最先进的一种机型。圆压圆型印刷机习惯上称作轮转型印刷机，按所使用纸张形式不同分为两种：平板纸轮转印刷机（俗称单张纸轮转机）和卷筒纸轮转印刷机。不同的走纸方式决定了印刷机的结构，也一定程度上决定了印刷机的功能特性。

在一般情况下，使用单张纸的凸版轮转印刷机，滚筒转一周完成一张印品；使用卷筒纸的轮转印刷机，当纸幅宽为787mm、滚筒直径为350mm时，滚筒转一周完成两张印品，当纸幅宽为1575mm、滚筒直径为350mm时，滚筒转一周完成四张印品。

一、单张纸轮转凸版印刷机的结构

单张纸轮转印刷机的印刷速度虽然不如卷筒纸轮转印刷机高，但套印准确，适合于印刷质量较高的印刷品。

1. 单色轮转印刷机

LP1101型轮转印刷机是单张纸凸版轮转机的一种标准机型。该机从给纸、印刷到收纸等过程全部实现自动化，可用来印刷数量较大的经典著作、科技书刊等。这种印刷机在20世纪70年代前后，在大、中型印刷厂中得到了广泛应用。

图10－25为LP1101型轮转印刷机简图。

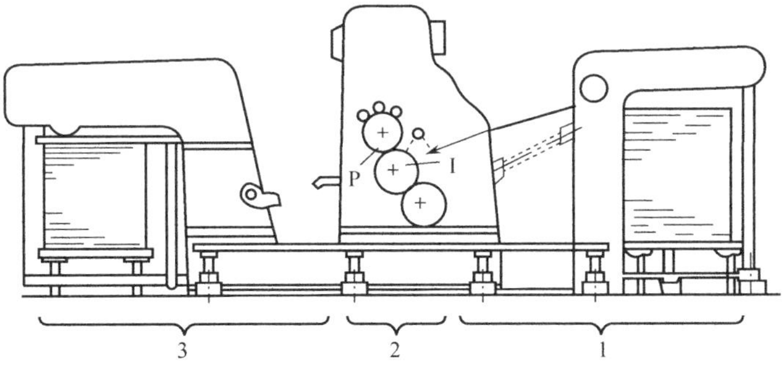

图10－25　LP1101型轮转印刷机简图

1－输纸部；2－印刷部；3－收纸部

该机从功能结构上可看做三部分：输纸部1、印刷部2和收纸部3，其外观及结构都与单张纸平版胶印机有很多相似之处。自动输纸机为独立部件，通过万向联轴节从印刷部的主电机获得动力，为印刷部连续地提供分离的单页纸；印刷结束后，由收纸部3完成收纸和理纸。这两部分的功能都具有相对独立性，其结构也大体上可以与胶印机通用。

在印刷部2中，除了印刷部件（即印版滚筒和压印滚筒）外，在印版滚筒的上方设有给墨装置，以不断地供给印版足够而均匀的油墨。输纸机输送到输纸板上的单张纸经过规矩定位后，由偏心上摆式递纸牙叼取，加速后传递给压印滚筒。当压印滚筒与印版滚筒“合压”后旋转一周即可完成一张印品，印好的印张由压印滚筒叼纸牙传给收纸链条上的叼纸牙排，然后再由链条从机器的底部传到收纸台上。

为保证高速工作时的印刷质量，同样需要确保纸张的传递精度，尤其是三次纸张交接的准确性。因此需要性能优良的规矩部件以及运动可靠的递纸牙部件。本机采用偏心摆动式递纸牙机构，完成由输纸板→递纸牙→压印滚筒叼纸牙的两次交接任务。另外，滚筒之间的传动采用斜齿轮，一般都经过精加工，保证机器传动的平稳性。为使滚筒接触处的线速度相等，保证滚筒在印刷时不产生滑移现象，各滚筒的外径（包括衬垫及印版和橡皮布的厚度）必须严格地与齿轮节圆直径相等。同时，每个滚筒均需保证轴向串动和径向跳动允许公差。

为保证一定的印刷压力，除在滚筒表面加适当包衬外，两滚筒的中心距也可进行微量调节，以获得正确的印刷压力，保证字迹匀实。

该机的输墨装置为连续供墨的墨辊式匀墨方式，墨辊的排列如图 10－26 所示。采用五根匀墨辊，三根串墨辊传递并碾匀油墨；采用了三根着墨辊，增强了印版的着墨能力，着墨均匀，印刷质量较好。

2. 组合式双色凸版印刷机

组合式双色凸版印刷机是将圆压圆和圆压平两种压印的凸版印刷装置组合在一起完成双色印刷的凸版印刷机，其构成如图 10－27 所示。

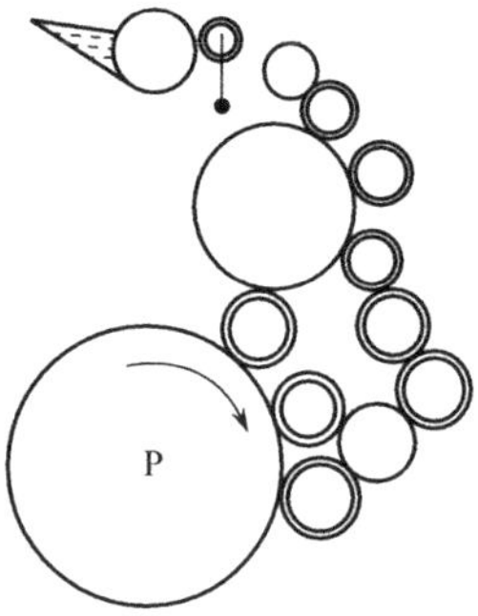

图 10－26　输墨装置

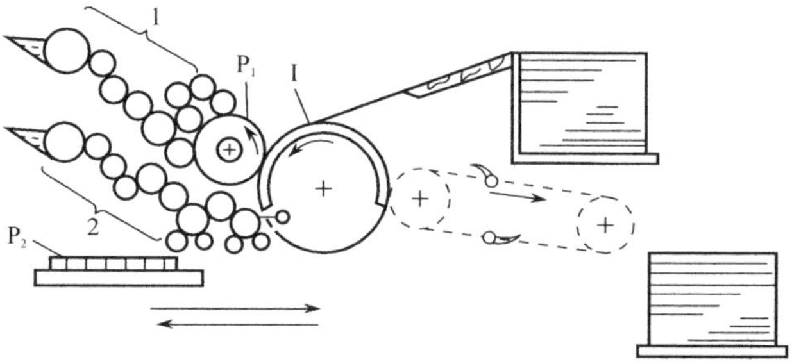

图 10－27　组合式双色凸版印刷机

1－墨辊式供墨；2－墨台式供墨

该机一色印刷装置为圆压圆型，由一色印版滚筒 P_1，输墨装置 1 及压印滚筒 I 组成；另一色印刷装置是为圆压平型的一回转或停回转压印机构，由另一色印版 P_2、输墨装置 2 及压印滚筒 I 组成，显然，两组印刷装置共用一个压印滚筒，印版滚筒的直径为压印滚筒的 1/2。

工作时，纸张经输纸板传给压印滚筒叼纸牙进行一色印刷，接着进行第二色印刷，最后由收纸链条将印张输出堆积。

采用这种机型不仅具有圆压平印刷机印品墨色牢实的优点，而且还扩大了使用范围，对于印刷带有彩色插图的书刊较为有利，但其印刷速度受到限制。

3. 机组式薄凸版双色印刷机

在 20 世纪 70 年代前后，薄凸版版材的出现促进了凸版印刷技术的发展，先后开发出不同形式的薄凸版印刷机，其中机组式薄凸版双色印刷机具有代表性，其基本构成如图 10－28 所示。

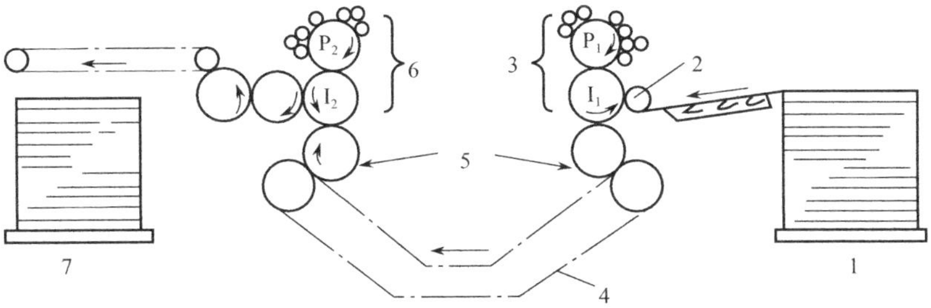

图 10－28　机组式薄凸版双色印刷机简图

1－输纸台；2－递纸滚筒；3、6－印刷部；4－传纸链条；5－换向滚筒；7－收纸台

该机由两组印刷装置 3、6 完成单面双色印刷。在两机组之间用链条 4 连接以传送印张，并由换向滚筒 5 完成换向，这样可延长印张在两机组之间传送的时间，有利于印品干燥。该机采用递纸滚筒 2 进行递纸，纸张的传递比较平稳，印刷速度可达 7000 张/时。

4. 机组式多色凸版印刷机

由一组印版滚筒和压印滚筒构成印刷装置的印刷机是单色凸版印刷机。若将多组单色印刷装置串联起来，便可构成机组式多色凸版印刷机，如图 10－29 所示。

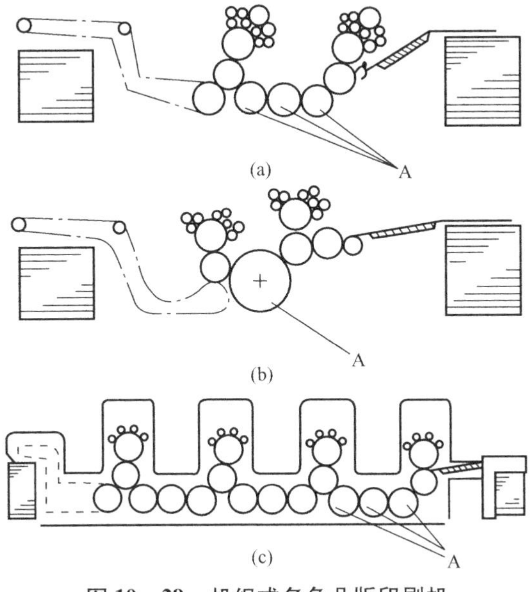

图 10－29　机组式多色凸版印刷机

图 10－29（a）为双色机组式凸版印刷机，在两色组之间用 3 个传纸滚筒 A 相连接。本机型的传纸滚筒其直径与压印滚筒相等，这样，印版的安装、维修和垫版、套印的调整等工作都比较方便。

图 10－29（b）为机组式双色机的另一种形式，其传纸滚筒的直径为压印滚筒的 2 倍，结构有所简化，但印刷速度较低。

图 10－29（c）为机组式四色凸版印刷机，扩大了使用范围。

5. 配色印版多色凸版印刷机

配色印版多色凸版印刷机是把直接印刷和间接印刷结合在一起，一般的多色印刷都是用不同的印版在同一张纸上按印刷色序进行套印，而该机是先把几种不同色的油墨着在相应的分色印版 $P_1 \sim P_4$ 上，然后，经复印辊 B 将从分色版上得到的不同色油墨转印在配色印版 P 上，最后由配色印版进行一次印刷，即可得到多色印刷品。如图 10－30 所示。

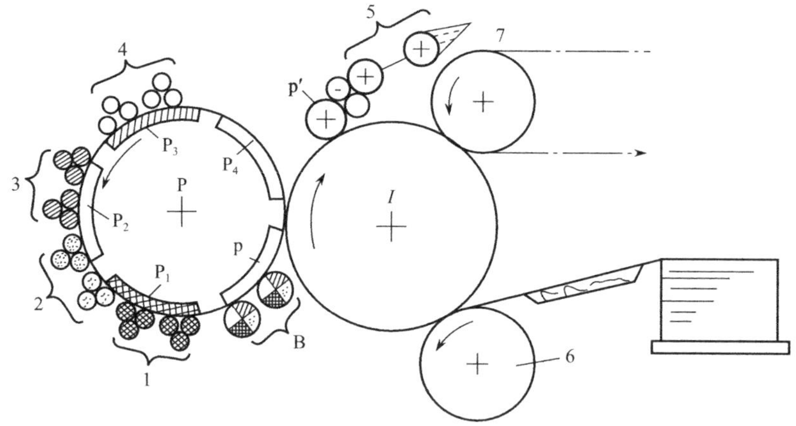

图 10－30　配色印版多色凸版印刷机

1、2、3、4－分色输墨部件；5－供墨部件；6－传纸滚筒；7－收纸滚筒

每一组分色印版都设有单独的输墨装置，着墨辊与其相应的分色印版接触进行着墨，当其他分色印版与其相遇时，着墨辊随即离开印版滚筒表面。印版滚筒旋转一周，完成四色印刷，接着由压印滚筒上部的加印装置完成满版网目凸版印刷，最后由收纸滚筒 7 输出在收纸台上堆积。

这种印刷方法具有良好的防伪性能，主要用于有价票证印刷。

二、卷筒纸凸版轮转印刷机的结构

卷筒纸轮转凸版印刷机的主要特点是印刷速度高，并且可同时进行双面、多色、大幅面印刷，但精度要低于单张纸印刷机，一度曾是印刷报纸、书刊等印刷品的主要设备之一。在我国 20 世纪 70 年代前后曾得到广泛应用。单张纸印刷机的最高印刷速度目前已超过 18000 张/时，而卷筒纸印刷速度则高达 45000 转/时。

按用途不同，卷筒纸凸版轮转印刷机可分为两种：报版轮转印刷机和书版轮转印刷机。

报版轮转印刷机使用报刊新闻卷筒纸进行印刷，它以高速低价为主要要求，对印刷质量要求较低，其压印滚筒的包衬较柔软，把版装在印版滚筒上直接印刷，而给纸、给墨、收纸等装置也能满足高速印刷的要求。

书版轮转印刷机印刷书籍、杂志等质量要求较高的印刷品，使用的卷筒纸的质量较高，吸墨性较差；压印滚筒用硬性衬垫，所以其印刷速度比报版轮转印刷机要低。

为了提高生产率，往往把卷筒纸给纸、印刷装置与折叠、裁切等装置组合在一起构成不同的机型，以满足高效自动化的后续加工需要。

1. 印刷装置及其滚筒排列

卷筒纸凸版轮转印刷机多用于实现双面单色印刷。不同于胶印，它不能同时进行双面印刷，而是印完一面再印另一面。由于空间方位的不同，实现双面印刷的四个滚筒有两种排列形式：即卧式排列和立式排列，如图 10－31 所示。其中，图 10－31（a）为水平布置垂直排列形式；图 10－31（b）为垂直布置水平排列形式；图 10－31（c）、图 10－31（d）为垂直布置垂直排列形式；图 10－31（e）、图 10－31（f）为水平布置上下错开排列形式。习惯上称图 10－31（b）、图 10－31（e）、图 10－31（f）为卧式排列，而图 10－31（a）、图 10－31（c）、图 10－31（d）为立式排列。

一般报版高速印刷机上采用图 10－31（a）的水平布置垂直排列形式和图 10－31（b）的垂直布置水平排列形式；而书刊印刷机多数采用图 10－31（e）、图 10－31（f）的倾斜布置水平排列等形式。

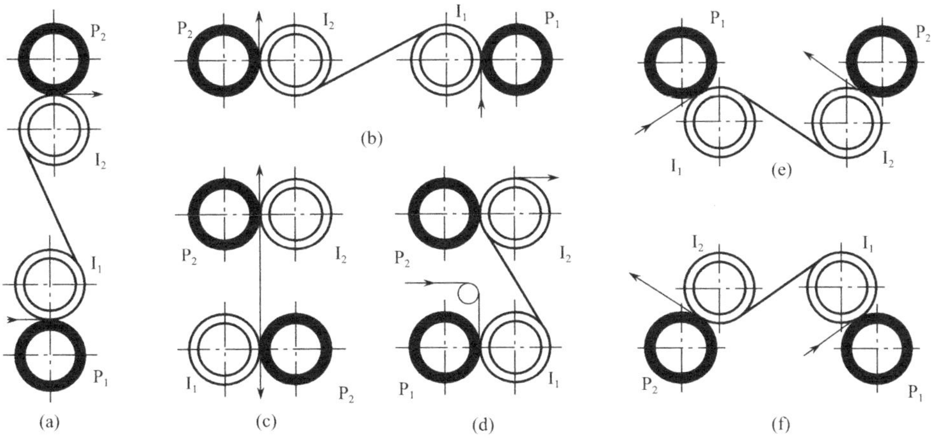

图 10－31　双面单色卷筒纸凸版印刷机的滚筒排列形式

2. 双面凸版印刷机整体结构

双面凸版印刷机由输纸部件、印刷部件和折页部件三部分组成。纸带 2 从纸卷输出，经张力控制机构和一系列的导纸辊进入第一印刷装置 5 印刷第一面，然后由第二印刷装置 3 进行背面印刷，随即进入折页部件 7 进行折页，最后，书帖由输送带输出。为保证双面印刷精度和折页精度，在两印刷机组之间和纸带进入折页装置之前，分别设有双面套准调整辊 4 和折页套准调节辊 6，用以通过张力调整控制纸带印刷、折页的相对位置，如图 10－32 所示。其详细结构可参阅第九章（卷筒纸胶印机）相关内容。

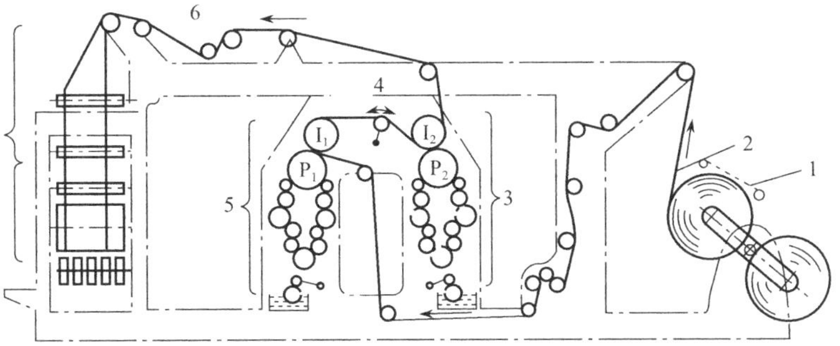

图 10－32　双面单色卷筒纸凸版印刷机简图

1－加速带；2－纸带；3、5－印刷装置；4、6－套准调整辊；7－折页部件

第四节　表格印刷中的凸版印刷装置

不干胶印刷中凸版印刷基本被胶印所取代，但是对于商业表格、票据以及信息记录纸的印刷，凸版印刷仍然发挥着重要作用，表格印刷机中很多都设有凸版印刷部件或机组。为满足信息时代全球一体化进程的发展，商业表格票据印刷产品需求量不断增长，其印刷设备总量和生产能力也逐年增加。在技术方面，表格印刷机经历了从单张纸印刷机向卷筒纸印刷机，从平压平型凸版印刷、圆压圆型凸版印刷到商业表格胶印机及其生产线的发展历程。

到目前为止，无论一般表格、无碳复写表格、连续类商业表格还是光学识读表格（即OCR 表格），其中的号码打印主要还是采用凸印方式完成。

一、单张纸票据印刷机

目前，单张纸票据印刷机通常采用平版胶印，已取代凸版票据印刷方式。单张纸票据印刷生产的工艺过程为：给纸→印刷→打号码→打易撕线→配页→订本。这里以日本樱井公司开发的 OLIVER 58EⅡ四开系列多功能胶印机为例介绍单张纸票据印刷机。

该机在彩色胶印机的基础上兼顾了票据印刷对于超薄纸的要求，单色、双色机都可选配打号装置，印刷纸张厚度为0.04～0.4mm，印刷速度为4300～12000 张/时。

如图 10－33 所示集彩色印刷、打号码（或条码）、压钢线、局部套色于一体的多功能彩色胶印机。在胶印机上附带易装卸的打号码（或条码）、压钢线装置 3 和局部套色装置 4。

该机型采用独特的分纸机构和输纸定位机构，保证了彩色印刷的套印精度，可印刷定量 17～500 g/m^2 的纸张。在一次印刷循环中可同时完成彩色印刷、局部套印和 64 个号码（或条码）印刷和压钢线等工艺过程。

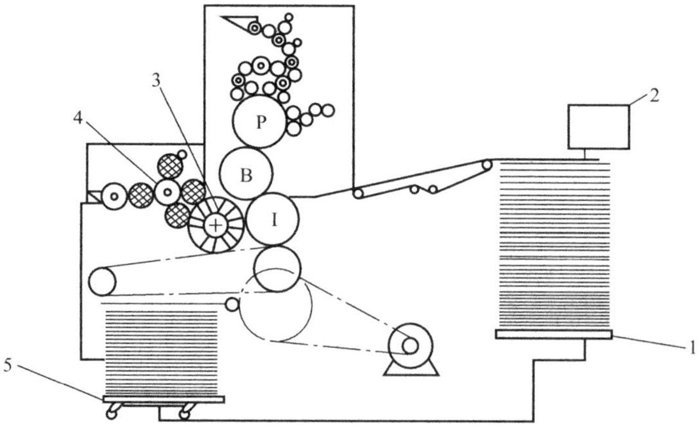

图 10－33　单张纸票据印刷机结构简图

1－给纸台；2－飞达；3－压钢线装置；4－局部套色装置；5－收纸台

二、卷筒纸商业表格印刷机

卷筒纸商业表格印刷机可印刷各种规格的票据和计算机用纸，也可印制批量较大的明信片、标签等产品。北人富士印刷机械有限公司生产的 BF 系列商业表格印刷机在国内具有代表性。BF 系列商用表格印刷机机结构简单，功能齐全，操作方便，适合于印刷各种表格纸、打印纸、票据、条形码以及彩色商业广告。

1. BF 系列商业表格印刷机基本功能构成

如图 10－34 所示为 BF 系列商业表格印刷机简图，其主要特点包括：

①控制精度较高、动作迅速准确。

②操作灵活、方便，成品率高。

③胶印和凸印的滚筒更换方便。

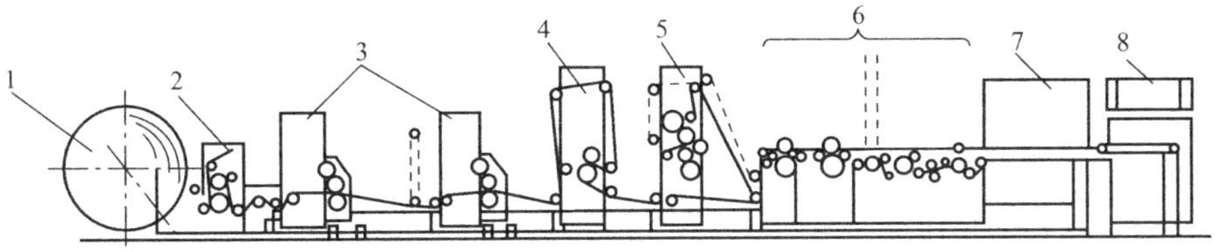

图 10－34 BF4211 型商用表格印刷机简图

1－纸卷；2－给纸部件；3－平印机组；4－凸印机组；5－涂碳印刷机组；
6－印后加工部件；7－折叠部件；8－收料复卷部件

纸卷 1 在给纸部件 2 控制下放卷输纸，经平印机组 3、凸印机组 4、涂碳印刷机组 5、印后加工部件 6、折叠部件 7 和收料复卷部件 8 等完成印刷。印刷最大纸卷宽度为 470mm，折页尺寸范围 177.8～457.2mm，最高印刷速度 200m/min，印刷纸张定量为 35～160 g/m^2。

该机配有张力控制、印刷、加工、收纸等作业预设定、预调整和数字化集中控制装置，在印前准备和印刷过程操作实现了数字化自动调节，有效地降低了辅助时间，减少了纸张和印刷材料的浪费。在印后加工部件采用打孔、戳横垄线双工位配置，扩大了印刷加工范围，便于实现印后加工联动。

2. 典型部件及其功能

（1）给纸部件

图 10－35 所示为其给纸部件。采用单臂式自动升降支架 2，气动式上纸机构、气胀式芯轴，定位可靠，并通过手轮可横向调整卷筒纸 1 的轴向位置；采用磁粉制动器张力自动控制系统和可变速送纸辊装置 3，以对纸带进行张力控制；纸边自动正位装置 4 位于边缘处预设定位置，保证卷筒纸 1 的横向位置；纸尾检测器是对卷筒纸快用完时的检测，实现自动报警、减速、离压、停机等工作过程。

（2）印刷部件

胶印部件完成表格主要内容的印刷复制，其结构与普通胶印机组一样。

凸版印刷机组完成号码（跳型码）印刷，进行防伪印刷等。

（3）涂碳印刷机组

图 10－36 所示为其中涂碳印刷机组，其作用是将复写油墨涂布到印张背面。采用网纹

辊输墨系统，网纹辊 3 从墨斗 1、墨斗辊 2 接受油墨，涂布在印版滚筒 P 上，涂布后采用远红外线干燥，干燥后由冷却辊 5 进行冷却，擦拭辊 4 以防止背面蹭脏，网纹辊的线数一般为 200 线/英寸左右。

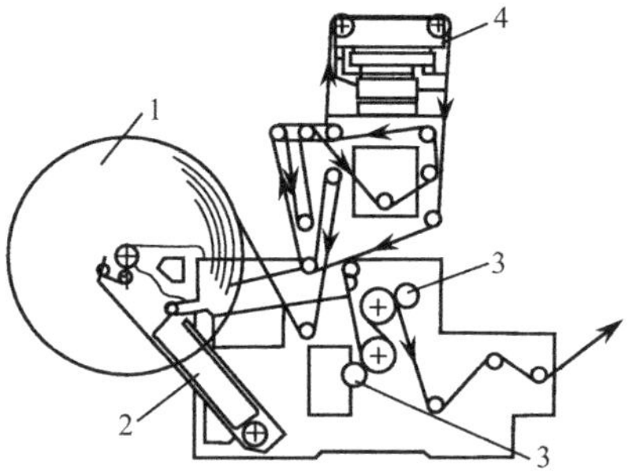

图 10－35　给纸部件图

1－纸卷；2－支架；3－送纸辊；
4－正位装置

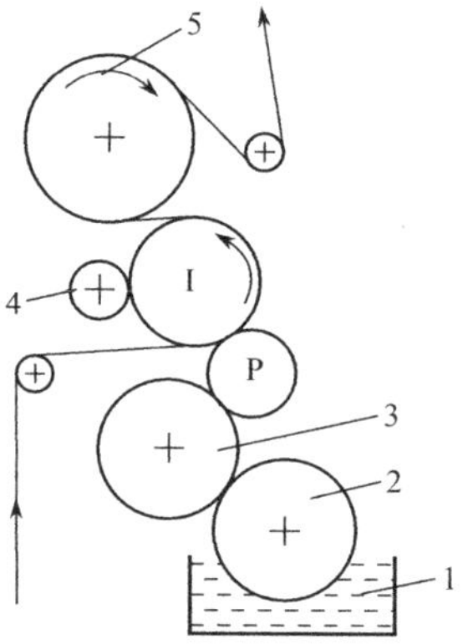

图 10－36　涂碳印刷机组机构图

1－墨斗；2－墨斗辊；3－网纹辊；
4－擦拭辊；5－冷却辊

（4）印后加工处理

BF 系列商用表格印刷机中，由印后加工部件对纸带边缘进行打孔、打垄线处理，采用敞开式结构的折叠部件对纸带完成折叠过程。边缘孔、纵垄线及剪切的横向位置确定以及边缘孔与文件孔在长度方向上的套准均通过数控系统进行自动确定和控制。

第十一章

凹版印刷机

凹版印刷属于直接印刷方式，凹版印刷机也有单张纸与卷筒纸两种给纸方式，下面主要对凹版印刷机的工作原理、典型的机构部件以及印刷部件的调节进行分析。

第一节　凹版印刷机的工作原理

凹版印刷由于具有印刷速度快、印版耐印力高、墨色光泽度高、印品墨色厚实、着色力强、色调丰富、色彩再现性好、转印与叠印性能好、印刷密度高、清晰明快、反差适度、形象逼真、产品规格多样以及防伪性能好等特点。目前在包装印刷中占有重要地位，凹版印刷适合于印刷量大的长版活，在钞票、股票、礼券、邮票以及商业性信誉凭证或文具等的印刷中特定使用；在食品、药品、服装、衣料、香烟及酒业等包装所使用的纸、玻璃纸、塑料薄膜、铝箔等产品的印刷中，由于其自身的特点，也多使用凹版印刷。

一、凹版印刷的基本原理

凹版印刷与凸版印刷恰恰相反，印刷的图文部分低于空白部分，图文部分的凹陷程度又随着图像层次的深浅做相应变化，即图像层次越暗，印版图文部分的凹陷深度越深，空白部分在同一平面上。

凹版印刷原理参见图 1－3、图 1－4 所示，印刷时，首先对整个印版版面涂布油墨后，用刮墨装置刮去平面上（即空白部分）的油墨，使油墨只保留在版面低凹的印刷图文部分上；其次，在版面上放置待印的承印物，施以较大的压力，使版面上印刷部分的油墨转移到承印物上，获得印刷品。因版面上印刷部分凹陷的深浅不同，印刷部分的油墨量就不等，印刷成品上的油墨层厚度也不一致，因而可使图像呈现明暗不等的色调层次。

二、凹版印刷机的结构型式

凹版印刷机一般采用直接印刷方式。凹版印刷机依靠传动系统、输料系统、印刷系统、输墨系统、干燥系统及收料系统等各部分的共同作用，完成图文转移复制。根据凹版制作方法的不同，凹版印刷机可分为照相凹版印刷机和雕刻凹版印刷机。

1. 照相凹版印刷机

照相凹版（Photogravure）又称为影写版，是利用照相制版的方法对铜版进行腐蚀制备。将经过重铬酸钾溶液感光处理过的胶纸（Larbo Tissue）和凹版专用的网线版（Screen）贴合曝光，然后将这种胶纸和连续调（Continuous - tone）的阳片晒版。胶纸经两次曝光之后，再用温水显影，画面亮调部分，阳片上面的反映是黑银较淡，胶纸被光波所透射而硬化的程度则较高，故经水显影后的胶膜便较厚；画面暗调部分的胶纸，因受阳片较浓黑银掩护的关系，其胶纸可被光波透射而硬化的程度便较小，故经水显影后的胶膜便较薄。因此这种经显影后而厚薄不一的胶纸贴在铜质滚筒或平面，用氯化铁溶液腐蚀，亮调部分胶膜较厚的地方，其溶液能渗透并侵蚀铜版的深度便较浅，暗调部分胶膜较薄的地方，其胶厚溶液渗透而蚀入铜版比较深。

照相凹版印刷机，一般使用挥发性油墨。印刷后纸张等承印物通过输送装置和干燥装置，以促进墨迹的干燥。照相凹版印刷机能印刷层次丰富、墨色厚实的印刷品，而且可以印刷其他非纸类承印物。因此，照相凹版印刷机的使用范围较大。

根据印版形式的不同，照相凹版印刷机一般可分为平版式和滚筒式两种。

（1）平版式照相凹版印刷机

图 11 -1 为平版式照相凹版印刷机工作原理图。平版式照相凹版印刷机所采用的印版是平版式的，使用时将其包络在滚筒上。其结构组成主要包括给纸装置、印刷装置、输墨装置和收纸装置。

照相凹版印刷机的印版一般为 0. 30 ~0. 80mm 厚的薄板，印刷时着墨辊 5 给印版 P 着墨，刮墨刀 4 刮掉多余的油墨，给纸装置 2 输纸，压印滚筒 I 上的叼牙 3 叼住纸张，与印版滚筒 P 压印完成油墨转移，印完后由收纸滚筒 1 收纸。

这种机型不适宜印制高级印刷品，原因是从刮墨刀到压印线之间的距离较大，油墨易挥发固结于印版表面，加之印版固定不易，目前这种结构形式较少被采用。

（2）滚筒式照相凹版印刷机

图 11 -2 为滚筒式照相凹版印刷机工作原理图。印版由铜材制成，为改善滚筒印刷能力，提高表面硬度，再在铜表面镀铬等高硬度物质。印版滚筒 P 的直径是压印滚筒 I 的一半，压印滚筒表面包有约 3. 5mm 厚的衬垫。印刷时，滚筒下半部浸入墨槽中，用刮墨刀 2 刮去印版滚筒表面多余油墨，纸张印刷过程跟平版式照相凹版印刷机印刷过程相同。

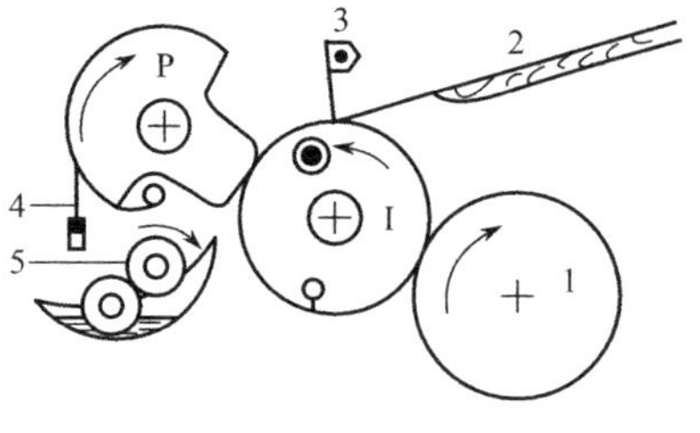

图 11 -1　平版式照相凹版印刷机工作原理图

1 - 收纸滚筒；2 - 给纸装置；3 - 叼牙；4 - 刮墨刀；5 - 着墨辊；P - 印版滚筒；I - 压印滚筒

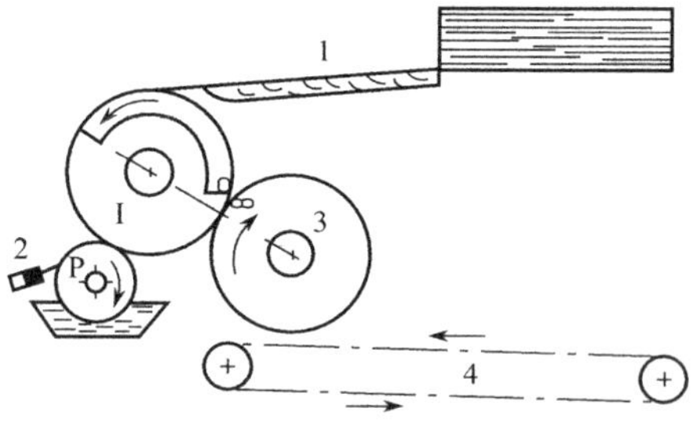

图 11 -2　滚筒式照相凹版印刷机工作原理图

1 - 输纸台；2 - 刮墨刀；3 - 收纸滚筒；4 - 收纸链条；I - 压印滚筒；P - 印版滚筒

2. 雕刻凹版印刷机

雕刻凹版由早期金属装饰的雕刻术演变而来，当时把雕刻图案作为装饰品，后来才被应用在印刷工业上。雕刻凹版印刷采用雕刻的方法进行制版。无论铜版印刷还是钢版印刷，都是以线条的粗细和深浅来表现立体感，与照相凹版印刷相比，雕刻凹版印刷的图文着墨部分网点和线条比较大和深，其印品特点是墨层较厚，印刷时需要相对很大的印刷压力。

雕刻凹版印刷机工作时，首先对整个印版全面上墨，然后将多余的油墨用擦拭装置擦掉，最后通过印刷装置把油墨转移到承印物上，以完成印刷过程。由于印刷转移的墨层较厚，为避免印品蹭脏，可增加干燥装置或在印刷材料之间增加间纸（衬纸）。

雕刻凹版印刷机根据结构形式和特点的不同，一般又分标准型、刮墨式、链条给纸式和集合滚筒式。

（1）标准型凹版印刷机

标准型凹版印刷机的基本构成如图 11－3 所示。该机主要包括给纸装置、印刷装置、输墨装置、擦拭装置和收纸装置。工作时，纸张由自动输纸机输送到印刷装置，与此同时，输墨装置 1 对印版滚筒进行施墨，擦拭装置 2 擦掉多余的油墨，纸张从压印滚筒 I 与印版滚筒 P 中间通过完成印刷，最后通过收纸装置送到收纸台。

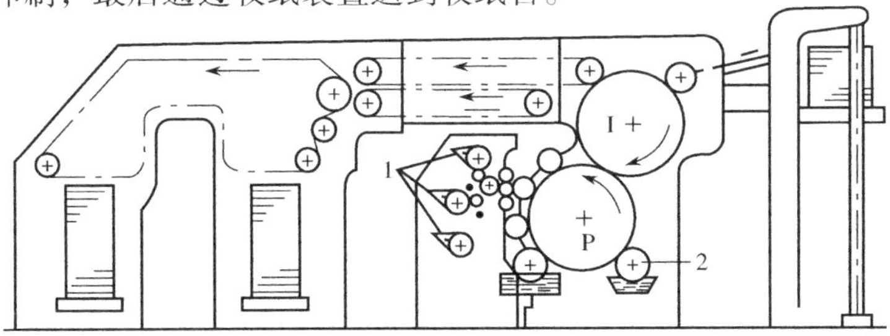

图 11－3　凹版印刷机标准机型示意图

1－输墨装置；2－擦拭装置

（2）刮墨式凹版印刷机

刮墨式凹版印刷机的基本构成如图 11－4 所示。工作时，纸张由输纸系统 1 输送到压印滚筒 2 上，压印滚筒 2 上安装了两个压印面 I_1、I_2。同时，在印版滚筒 3 上也对应装有两块凹版 P_1、P_2，版面先由输墨装置 11 全面着墨后，再用刮墨装置 7、8、9、10 刮墨，然后由擦拭装置 4、5、6 将版面上多余的油墨擦净，纸张通过印版滚筒和压印滚筒之间完成印刷。印完的纸张由收纸链条 12 和输送带 13 送到收纸台 14 上进行堆积。

（3）链条给纸式凹版印刷机

链条给纸式凹版印刷机基本构成如图 11－5 所示。工作时，纸张在输纸台 1 上被链条 2 上的叼纸牙叼住，沿图示箭头方向送到压印滚筒 3 处，压印滚筒 3 上安装了两个压印面 I_1、I_2。同时，墨辊 8 依次分别接受来自 9、10 和 11、12 的双色油墨，然后双色墨辊 7 将接受的双色油墨涂布印版上，通过墨辊 6 进一步着墨。印版滚筒 4 上装有 4 组印版 P_1、P_2、P_3、P_4。印版滚筒的上方设有 4 组擦拭装置 5 将版面上多余的油墨擦净。印刷完后，纸张送到收纸台 14。

（4）集合滚筒式凹版印刷机

集合滚筒式凹版印刷机基本构成如图 11－6 所示。工作时，纸张从输纸台 1 上输送到压印滚筒 I 处，压印滚筒 I 的直径为印版滚筒的一半。该机印版滚筒 P 上安装两副相同的凹版

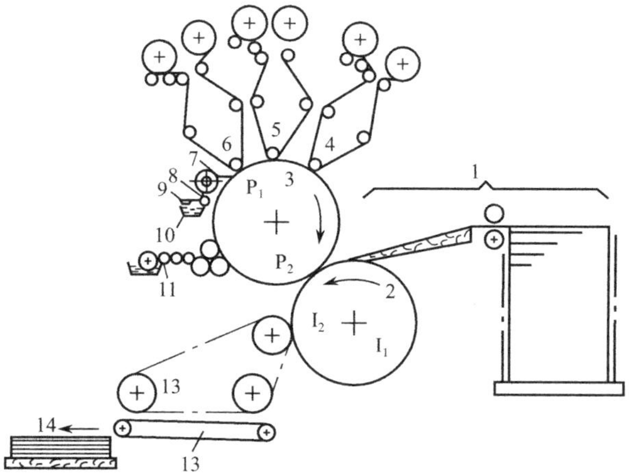

图 11－4　刮墨式轮转型凹版印刷机示意图

1－输纸系统；2－压印滚筒；3－印版滚筒；4、5、6－擦拭装置；7、8、9、10－刮墨装置；11－输墨装置；12－收纸链条；13－输送带；14－收纸台

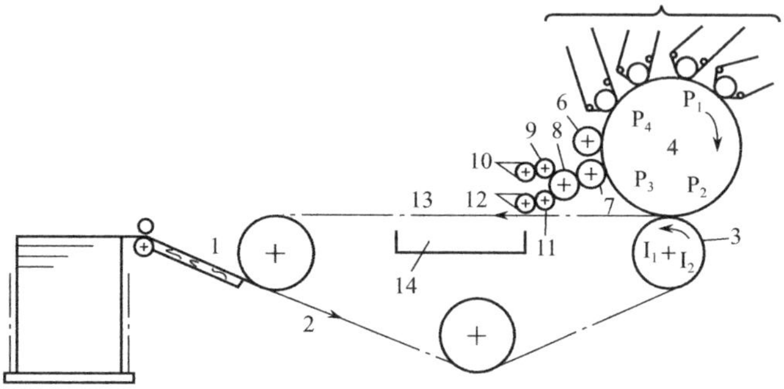

图 11－5　链条给纸式凹版印刷机示意图

1－输纸台；2－链条；3－压印滚筒；4－印版滚筒；5－擦拭装置；6、7－着墨辊；8－中间墨辊；9、11－传墨辊；10、12－墨斗；13－开牙机构；14－收纸台

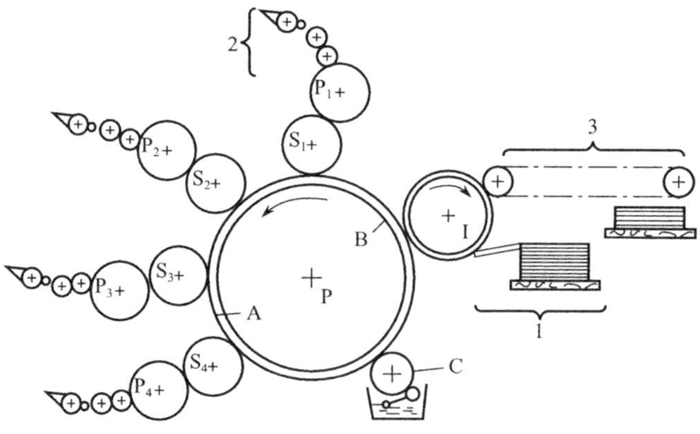

图 11－6　集合滚筒凹版印刷机示意图

1－给纸装置；2－输墨装置；3－收纸装置；S_1～S_4－集合滚筒；A、B－凹版；C－擦拭装置

A、B，在印版滚筒 P 的周围设有 4 组色模版 $P_1 \sim P_4$ 和 4 组由弹性体制成的集合滚筒 $S_1 \sim S_4$。色模版首先由各自的输墨装置进行色模版着墨，接着把各色模版上的油墨转移到集合滚筒 S 上，然后由集合滚筒将不同色的印墨向印版 A、B 上着墨，经擦拭装置 C 将版面上空白部分的油墨擦净，最后纸张在压印滚筒和印版滚筒中间通过，印版滚筒转 1 周，压印滚筒转 2 周完成 2 张印品，在一次旋转中完成多色印刷。

该机型实际上是将各色模凸版上图文部分的油墨经集合滚筒印在凹版上连接起来，而形成一块多色的凹印版图形，并一次转移到承印物上，此机型主要是完成多色印刷工艺过程，所以一般也将此机型称为接纹凹版印刷机，或称为凸版—凹版组合型印刷机。这种机型是凹印机的一种特例，属于特种印刷机范畴，主要用于有价证券印刷，以满足防伪要求。

三、凹版印刷机的种类

凹版印刷机有不同的分类方法。

①从印刷施压方式上分，可分为平面式（即平压平）凹版印刷机和滚筒式凹版印刷机。

②按印刷滚筒排列形式分，滚筒式凹印机又可分为卫星式（见图 11－7）和机组式（见图 11－8）两大类。

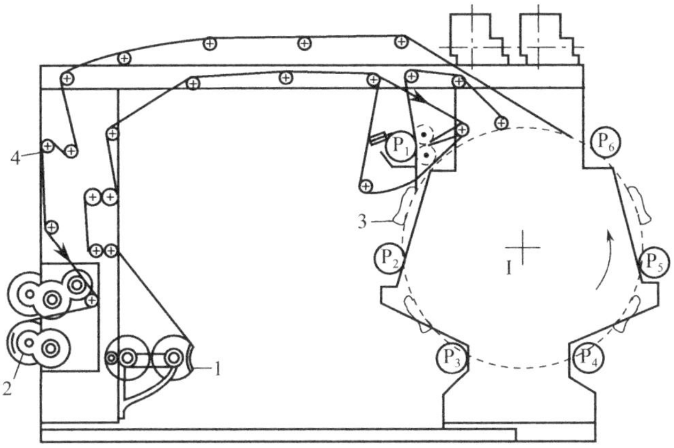

图 11－7　卫星式凹印机示意图

1－给料部；2－收料部；3－制动辊；4－牵引装置

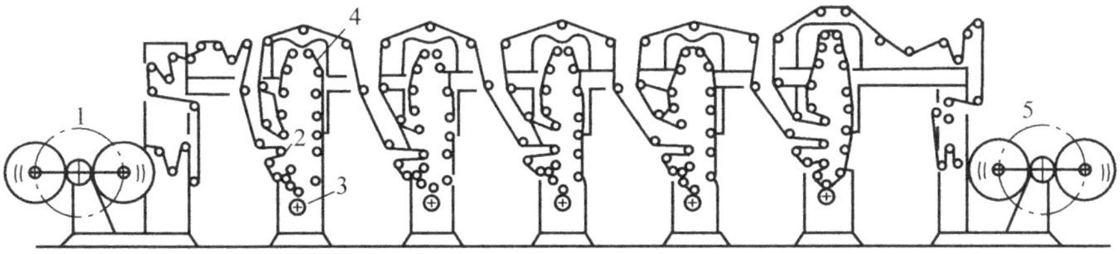

图 11－8　机组式凹印机示意图

1－给料部；2－套准调节部；3－印刷部；4－干燥部；5－收料部

③按给纸方式分，可分为单张纸凹版印刷机和卷筒纸凹版印刷机。

④按印刷品类型不同分，可分为纸张凹版印刷机、软包装凹版印刷机、硬包装凹版印刷机三类。纸张凹版印刷机主要用于印刷彩色印品及书籍杂志，其给纸形式有单张纸和卷筒纸两

种。软包装凹版印刷机以印刷各种软包装材料为主（如卷烟、食品包装等），如纸张、塑料薄膜、电化铝等印刷品，其给料形式以卷筒材料为主；硬包装凹版印刷主要是印刷不同厚度的纸板，如印刷硬盒卷烟外包装、食品盒、药品外包装等类印品，其给纸形式以卷筒材料为主。

第二节　凹版印刷机的典型装置

凹版印刷机的主要结构包括：输纸装置、给墨装置、刮（擦）拭装置、印刷装置和收纸装置。凹版印刷机的给纸装置和收纸装置与平版印刷机基本相同，只是凹版印刷墨层较厚，所以为防止印品蹭脏，可加大纸张的输送距离或在印张之间设置间纸，收纸装置采用较长的收纸路线。另外，为促进油墨快干，对于高速凹印机设置干燥装置。在此介绍凹版印刷机中的典型机构。

一、输墨装置

由于凹版印刷采用溶剂型液体油墨，所以凹版印刷机采用短墨路输墨装置。凹版印刷机输墨装置主要有墨斗辊式、浸泡式和喷墨式三种。

1. 墨斗辊式输墨装置

墨斗辊式输墨装置基本构成如图 11 －9 所示，这种输墨方式又称间接着墨法。墨斗辊 3 的一部分浸入墨槽中，旋转时带动表面的油墨，通过接触传递到印版滚筒 P 上，刮墨刀 2 直接作用印版滚筒上，将多余的油墨刮掉。该装置中，墨斗辊一般由橡皮布辊或牛皮胶辊制成。

2. 浸泡式输墨装置

浸泡式输墨装置基本构成如图 11 －10 所示。这种输墨方式又称直接着墨法。将印版滚筒 P 一部分直接浸入墨斗 3 内，大约 1/3 左右。通过它的旋转直接将油墨从墨斗中带出，实现给印版滚筒的版面上油墨的目的，刮刀 2 刮掉多余的油墨。此机构中印版滚筒同时起到墨斗辊的作用，该输墨装置是凹印机普遍采用的着墨方法。

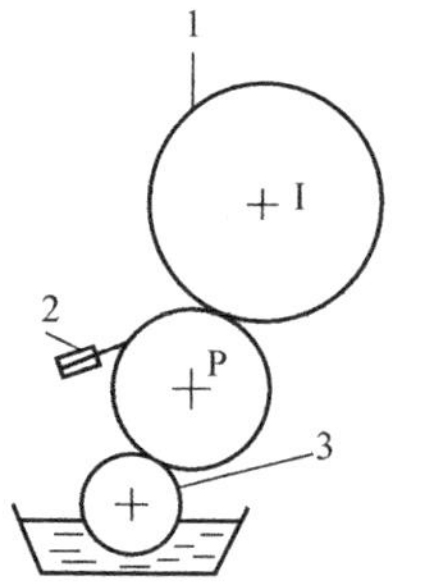

图 11 －9　墨斗辊式输墨装置

1 －压印滚筒；2 －刮墨刀；3 －墨斗辊

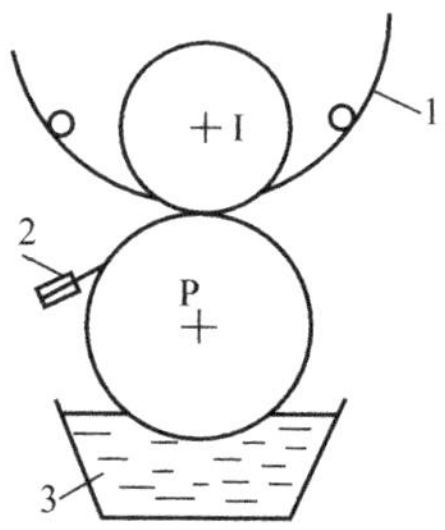

图 11 －10　浸泡式输墨装置

1 －承印物；2 －刮墨刀；3 －墨斗

3. 喷墨式输墨装置

喷射式给墨装置基本构成如图 11 －11 所示。本机构是喷射式密闭给墨装置。工作时，印版滚筒 P 置于密闭的容器内，油泵把油墨打入油墨管中，由喷墨装置 1 直接喷射到印版上，刮墨刀 3 将空白处的油墨刮掉，被刮下的油墨又回到墨槽 4 中去。输墨装置中的喷嘴和刮墨刀可沿印版滚筒轴左右移动，以保证着墨和刮墨效果。

现代高速凹印机一般采用这种输墨装置。由于在高速印刷中，油墨用量很大，这种密闭式结构使油墨内的溶剂挥发较少，保证了油墨性能的稳定性。

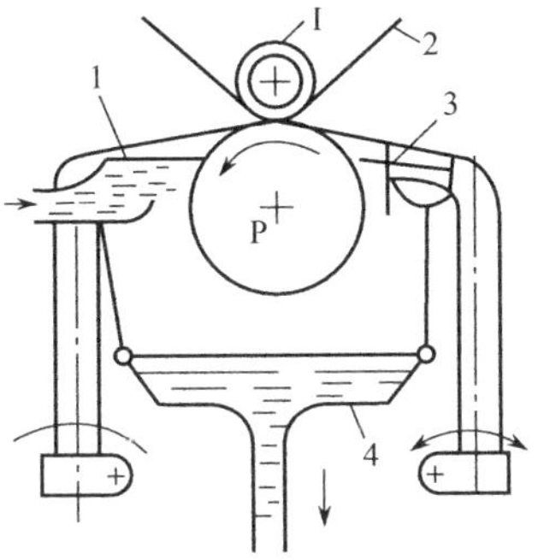

图 11 - 11　喷墨式输墨装置

1 - 喷墨装置；2 - 承印物；
3 - 刮墨刀；4 - 墨槽

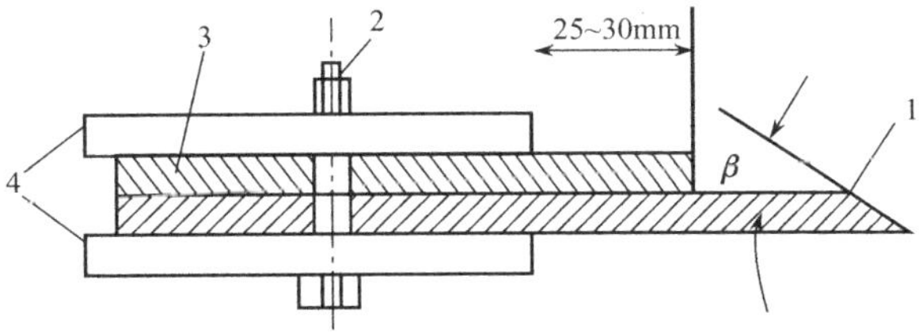

图 11 - 12　刮墨刀结构图

1 - 刮墨刀；2 - 螺钉；3 - 单垫片；4 - 片夹

二、刮（擦）拭装置

1. 刮墨装置

根据凹版印刷工作原理，刮墨装置是凹印机上很重要的组成部分。印版表面着墨后，要用刮墨装置将空白部分的油墨刮掉，刮墨装置刮墨效果直接影响印品的质量。

（1）刮墨刀结构

刮墨刀的结构如图 11 - 12 所示。两组刀片夹 4 把刮墨刀 1 和单垫片 3 用螺钉 2 紧固。单垫片 3 的作用是加强刮墨刀的刚度，一般为钢片，厚度为 0.3 ~ 0.5mm，如果刮墨刀用上下垫片支承，则每个垫片厚度为单垫片的一半。垫片伸出刀夹约 25 ~ 30mm。

刮墨刀一般用优质钢片制成，宽度比印版宽度稍大一些，宽度为 50 ~ 80mm，厚度为 0.1 ~ 0.5mm。刮墨刀的刃角 β 是个重要的参数，它的大小直接影响刮墨效果。β 较小，刮墨效果好，但容易损伤刀刃，刀刃容易被油墨或纸张上的硬粒碰出缺口，导致印品上出现细墨杠。β 过大，虽然刃口坚固，但是刮墨效果不良，刮墨刀的刃角 β 一般取 20° ~ 25°为宜。

（2）刮墨刀的安装

刮墨刀的安装位置如图 11 - 13 所示，一般以 α 角的大小来确定，α 角为两滚筒的中心连线 $O-O$ 和通过刮墨刀与印版滚筒的接触点到印版滚筒中心点的延长线 A - A 所夹的角度。从图中的三种情况对比出：α 越大，从刮掉油墨到进行印刷中间经过的时间就越长，在压印前油墨就容易变干，而且印版凹纹中的油墨易溢出，影响印刷质量。所以，α 角小一些比较有利，即刮墨刀与印版滚筒的接触点靠近两滚筒的接触点较为有利，图 11 - 13（a）中安装位置较好。

2. 擦拭装置

擦拭装置主要用在雕刻凹版印刷机中。擦拭装置基本构成如图 11 - 14 所示。擦拭装置由溶剂槽 1 和擦拭辊 2 组成。擦拭辊 2 下部浸入溶剂槽 1 中，上部直接与印版表面接触。擦拭辊由动力带动与印版滚筒保持同方向转动，利用速差将版面多余的油墨擦净。擦拭辊表面层一般用木棉或皱纹纸制成。

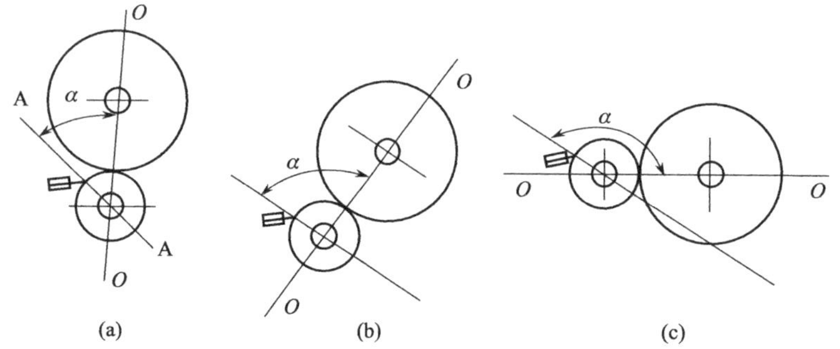

图 11－13　刮墨刀的合理位置

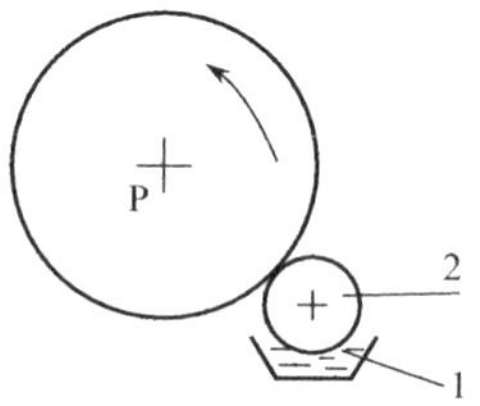

图 11－14　擦拭装置

1－溶剂槽；2－擦拭辊

三、印刷装置

印版滚筒和压印滚筒的排列形式有水平排列、倾斜排列和垂直排列三种，一般机器采用倾斜排列或垂直排列；压印滚筒直径有单倍径、双倍径等不同类型，如图 11－15 所示。

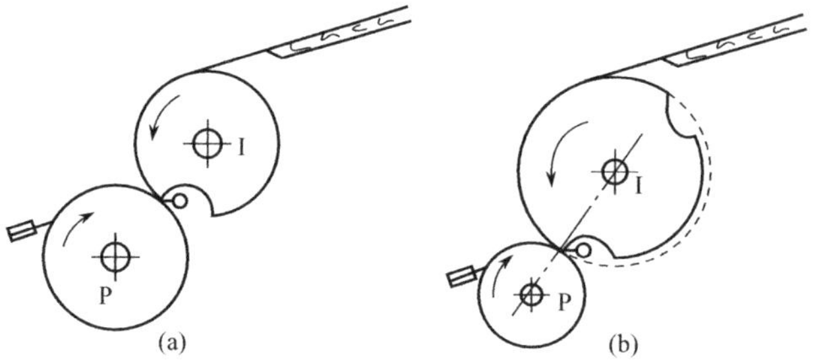

图 11－15　印刷装置的基本类型

图 11－15（a）中，压印滚筒 I 与印版滚筒 P 的直径相等。压印滚筒设有空档，所以印版滚筒的利用率达不到 100%。

图 11－15（b）中，压印滚筒 I 的直径是印版滚筒 P 直径的 2 倍。压印滚筒旋转 1 周，印版滚筒旋转 2 周，小直径印版滚筒有利于制版操作和后续处理。因此，这种机型应用较多。

四、干燥装置

在高速多色凹版印刷机中，各机组之间一般都设置干燥装置。干燥装置根据安装位置不同通常分为印后干燥装置和机组间干燥装置。根据干燥装置结构不同又可分为滚筒干燥装置和热风干燥装置。

1. 滚筒型干燥装置

滚筒型干燥装置一般采用水蒸气加热或电加热方式向干燥滚筒表面辐射热能。印品直接与干燥滚筒表面接触，使印迹固化。这种干燥装置干燥效果比较理想，目前应用较广泛，但是这种干燥装置容易引起印品的伸缩变形，最好配套使用冷却辊。

2. 热风干燥装置

热风干燥装置的结构如图 11－16 所示。这种装置多配置在现代凹版印刷机上。该装置采用热风箱和冷却辊组合的干燥系统。印刷后的纸带从右侧进入烘干箱，烘干道中喷嘴喷出的热空气使油墨中的溶剂得到挥发，使油墨层及时得以干燥。纸带从热风箱中出来，再通过冷却辊使纸带及时降温，从而保证纸带上的印迹尺寸稳定。

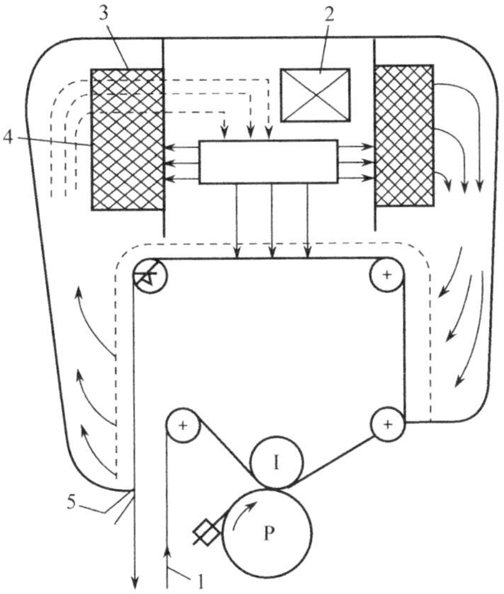

图 11－16 热风干燥装置

1－印张；2－排气口；3－发热装置；4－通风装置；5－进气口

该装置采用热交换加热方法产生热风。工作时，用热风管把风吹出，使油墨干燥。同时回收部分热风，并使部分热能循环使用，节约了热能，又提高了干燥效率。

第三节 凹版印刷机的操作调整

凹版印刷过程主要包括：印前准备过程和印刷品印制过程。其中，印前准备过程可包括校版、装版、调墨、装刮墨刀等操作；印刷品印制过程又包括承印材料开卷、印刷、收卷等操作。凹版印刷机调整操作主要是印刷装置的调整。

一、单张纸凹版印刷机的印刷装置

单张纸凹版印刷机的印刷装置包括印版滚筒、压印滚筒、离合压机构和调压机构。

1. 印版滚筒结构与调节

单张纸凹版印刷机的印版滚筒结构为套筒式结构，滚筒轴端结构及其调整操作均与胶印机相似。图 11－17 所示为印版滚筒装版部分结构示意图。印版滚筒体上安装有内锥形开口轴套 5，轴套上又装有套筒 4，套筒上镀有基铜和印版铜层的镀铜层。滚筒体（即印版滚筒芯轴）6 和轴套 5、轴套 5 和套筒 4 通过键 7、3 固定连接，防止相互转动。同时轴套又用垫圈 2 和螺母 1 固定在滚筒体上。

固定套筒的操作是：先松开左端螺母，紧右端螺母，通过垫圈 2 使轴套左移并逐渐胀大，利用摩擦力把套筒固定在轴套上。卸下套筒的操作与上述相反，只需卸下套筒，换上制好的新印版的套筒。

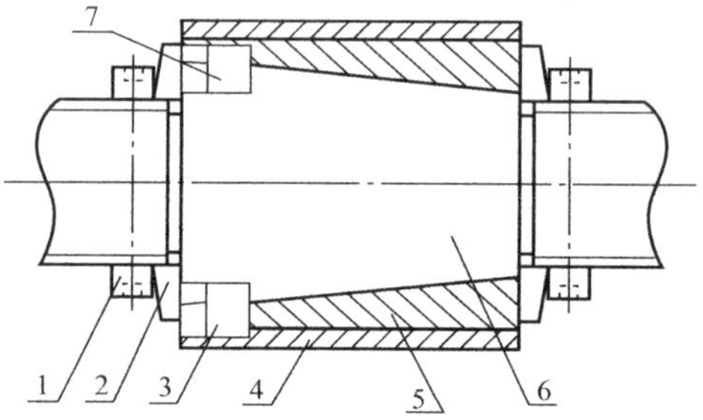

图 11－17　印版滚筒装版部分结构示意图

1－螺母；2－垫圈；3、7－键；4－套筒；5－内锥形开口轴套；6－滚筒芯轴

2. 压印滚筒的结构与调节

压印滚筒结构如图 11－18 所示，安装在压印滚筒轴右端的锥齿轮 7 驱动滚筒转动，安装在压印滚筒轴左端的阶梯齿轮驱动印版滚筒上的齿轮旋转。安装滚筒左端的凸轮 2 控制给纸机构的运动，压印滚筒上安装有叼纸牙排轴，用来完成叼纸，固定在机座上的凸轮控制叼纸牙开闭。凸轮 5 驱动滚子的摆杆 4，摆杆与轴 3 一起顺时针方向转动时，横穿轴并固定在轴上的支柱拉动弹簧内部的芯杆，使叼纸牙打开。在轴反转时，支柱压在弹簧上，而弹簧又压在叼纸牙上，使叼牙闭合。

图 11－18（b）所示为压印滚筒剖面图，压印滚筒表面上一般要包着衬垫物，衬垫物的前端由螺钉 9 夹紧在紧固板 10 中，紧固板卡在滚筒体的槽里，由牙垫板压紧，后端用压板 18 夹紧。当紧固板固定后，用螺栓 17 将压板固定在轴上。衬垫物随着轴的转动被绷紧，此时棘轮 15 和棘爪 19 可防止轴倒转。

二、卷筒纸凹版印刷机的印刷装置

卷筒纸凹版印刷机的印刷装置中，主电机变速箱中的齿轮和印版滚筒轴端的齿轮连接并带动其旋转，压印滚筒依靠与印版滚筒相接触的摩擦力带动并旋转，不用齿轮传动。

1. 印版滚筒结构

卷筒纸凹版印刷机印版滚筒结构有整体式印版滚筒和套筒式印版滚筒两种形式。

（1）整体式印版滚筒结构

整体式印版滚筒，也就是滚筒和轴固连在一起，其中又有通轴和半轴之分，半轴即轴中间断开，如图 11－19 所示。

通轴式印版滚筒基本结构如图 11－19（a）所示。滚筒体中固定有长滚筒轴，滚筒内壁上加有一定数量的筋板，加筋板的目的是防止印刷时印版滚筒由于刚性不够产生弯曲变形。其数量可因滚筒体直径和长短不同而不同。半轴式印版滚筒基本结构如图 11－19（b）所示，半轴伸入滚筒体 1/3 处，为保证两端轴的同心度，在滚筒壁内加上固定筋将其固定。固定筋板的数目，以印刷时保证印刷滚筒不产生弯曲变形为准。

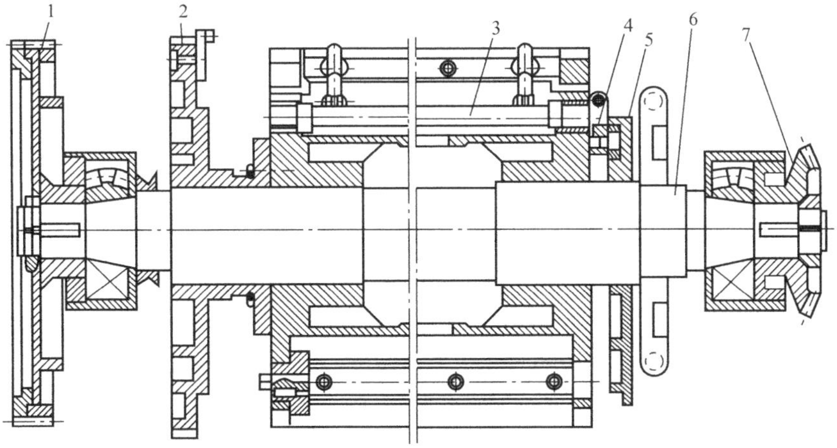

(a) 结构图

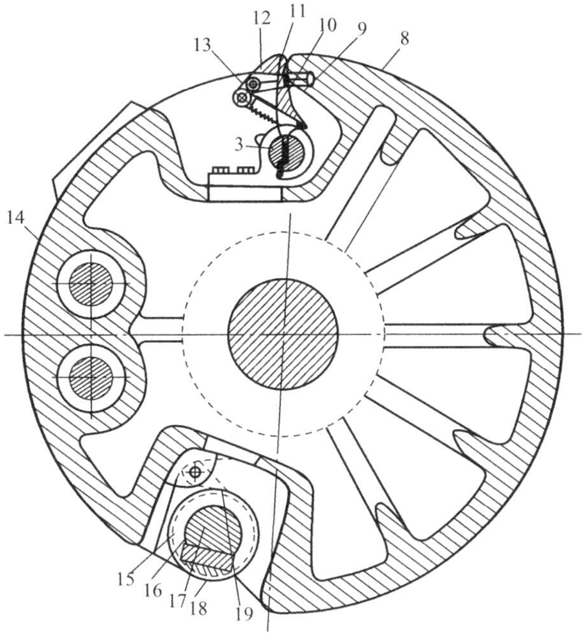

(b) 剖面图

图 11－18　压印滚筒结构图

1－阶梯齿轮；2－凸轮；3、16－轴；4－摆杆；5－槽凸轮；6－压印滚筒轴；7－锥齿轮；8－衬层；9－螺钉；10－紧固板；11－牙垫；12－叼纸牙；13－弹簧；14－平衡轴；15－棘轮；17－螺栓；18－压板；19－棘爪

上述结构的滚筒体并不能直接用于印刷，还要在制版前，先把印版滚筒整体镀一层镍，再镀基层铜层，最后镀制版铜层。印版制好后，为了印版耐磨、耐用，还要镀铬层。

（2）套筒式印版滚筒结构

套筒式印版滚筒基本结构如图 11－20 所示，其印版滚筒结构为滚筒和轴可分离式。印版滚筒是由离心浇注的黄铜管或紫铜管经过车磨后再制版而成。印版滚筒表面镀铬以增加使用寿命，其中轴又分为一根通轴和气撑辊（一根辊芯上可以轮流更换上多个套筒版外皮，

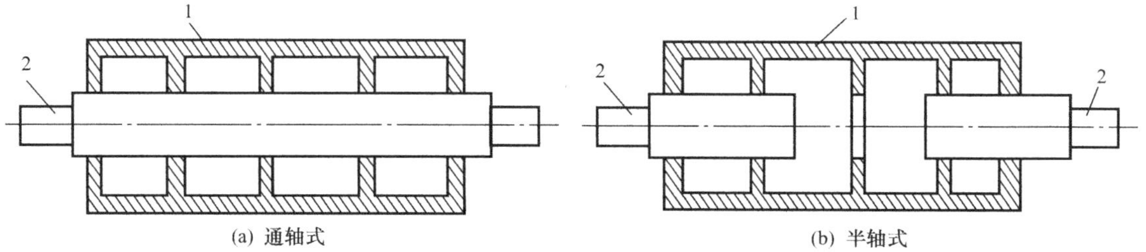

图 11－19　整体式印版滚筒

1－滚筒体；2－滚筒轴

辊芯做成可通入空气，故也称为气撑辊）两种。上机印刷时，印版滚筒要装上一根通轴，在滚筒两端的轴上安装有轴承及锁紧螺母等零件。

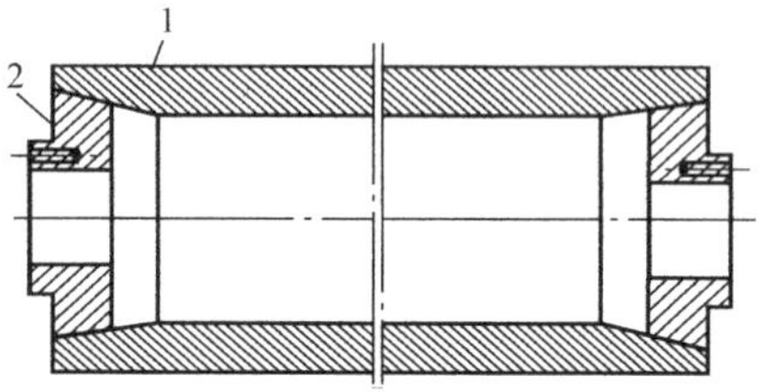

图 11－20　套筒式印版滚筒结构图

1－印版滚筒；2－印版滚筒斜堵头

印版滚筒堵头斜面必须与印版滚筒外径斜度一致，以保证印版滚筒轴与印版滚筒的同轴度要求（径向跳动为 0.01mm），斜面锥度 1∶10 为宜。

2. 印版滚筒的调整

在印刷中，印版滚筒的直径根据各色组印刷尺寸的不同而变化，因此压印滚筒与印版滚筒之间的中心距要求能进行调整，卷筒纸凹版印刷机中，压印滚筒中心是固定不变的。故只能通过改变印版滚筒中心的位置来实现。

（1）印版滚筒的位置调节

卷筒纸卫星式凹版印刷机印版滚筒的位置调整如图 11－21 所示。图中，印版滚筒的轴颈装在轴承座 5 内，轴承座固定在滑板 2 上，滑板可以在滑板支架的导轨上沿导轨左右滑动，调节螺杆 1 连接滑板并固定在滑板支架 3 上。当印版滚筒直径发生了变化需调节印版滚筒的高低位置时，先松开紧固螺母，拧动与之连接的调节螺杆，调整轴承座到所需的位置，再锁紧螺母，调节压力也是采用这种方式。

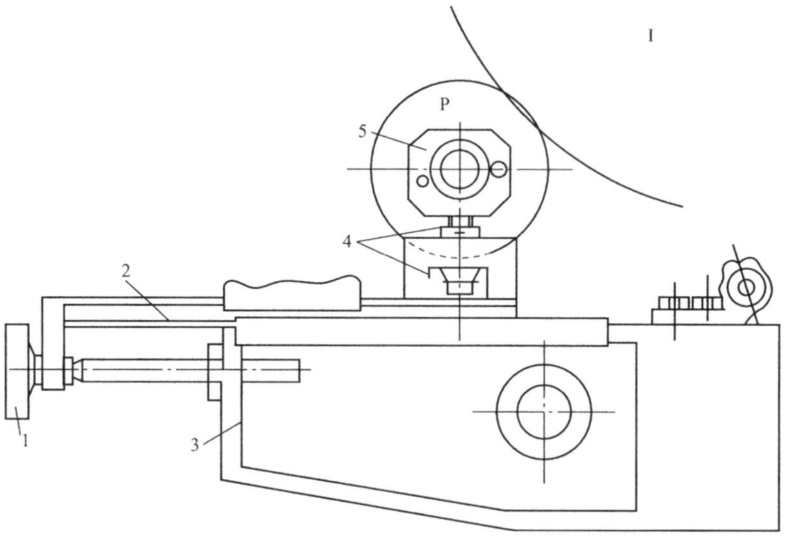

图 11－21　印版滚筒位置调整图

1－调节螺杆；2－滑板；3－滑板支架；4－调整螺母；5－轴承座；P－印版滚筒；I－压印滚筒

（2）印版滚筒的套准调整

印刷中需要连续完成多色套印时，为了满足套印精度的要求，在机器上必须安装横向和纵向的印版调整装置。轴向调版装置结构及调节原理与胶印机相似，周向调版机构见图11－22。

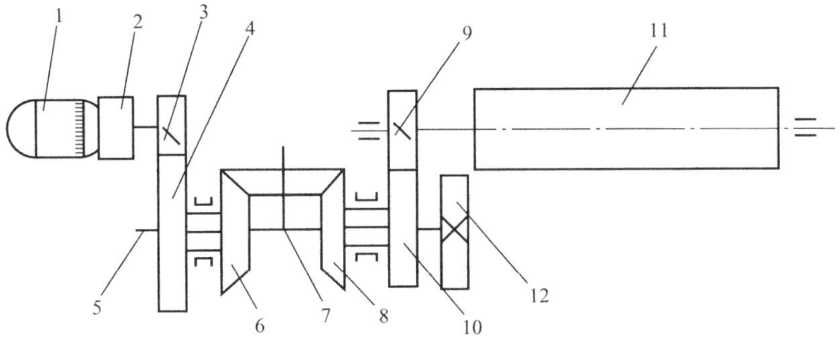

图 11－22　锥齿轮差动周向调整装置

1－伺服电机；2－减速器；3－齿轮；4、6、8、10－双联齿轮；5－轴；
7－行星锥齿轮；9－印版滚筒齿轮；11－印版滚筒；12－主传动齿轮

这是一种锥齿轮差动周向调整装置。卷筒纸凹版印刷机在多色印刷过程中，当第一色的套印标记与第二色的相对位置符合要求时，光电装置发出停转信号，即伺服电机 1、减速器 2、齿轮 3、双联齿轮 4、6（中心轮）固定不动，此时由主传动齿轮 12 以正常转速 n_{12}经轴将旋转运动传递给差动齿轮机构，再经行星锥齿轮 7，双联齿轮 8、10，印版滚筒 11 在印版滚筒齿轮 9 驱动下旋转，正常工作。

3. 压印滚筒结构

目前，卷筒纸凹版印刷机的压印滚筒结构分为一体式和分体式两种形式。一体式基本结构如图 11－23（a）所示，滚筒两轴头焊于钢制管子上，一体加工而成，再从滚筒体中间向两边开出左、右旋粗螺纹，然后表面流挂胶层（5～10mm）。一体式（滚筒与轴一起旋转）结构主要用于机组式卷筒纸凹版印刷机上。分体式基本结构如图 11－23（b）所示，压印滚筒装在一根通轴上，滚筒与轴之间用滚动轴承连接。工作时，滚筒旋转轴不旋转，分体式结构主要用于卫星式卷筒纸凹版印刷机上。

4. 离合压机构

卷筒纸凹版印刷机的离合压基本机构如图 11－24 所示。由气缸带动背压钢辊上下移动实现离合压。当合压时，气缸 8 中的活塞在气体压力作用下，推动背压钢辊 5 下移，压着压印滚筒 4 下移与印版滚筒 2 合压。离压时，气缸 8 活塞退回，带动背压钢辊 5 上移，同时使导板 6 拉动压印滚筒 4 上移与印版滚筒 2 离开，完成离压。压印滚筒与背压钢辊同时装在导板中，并且压印滚筒的轴承在导板的滑槽中可以上下移动。这种离合压机构既能防止合压时压印滚筒的变形又能保证压力的稳定性。

三、塑料凹版印刷机的印刷装置

塑料凹版印刷机的印刷装置由印版滚筒、压印滚筒、离合压机构等组成。

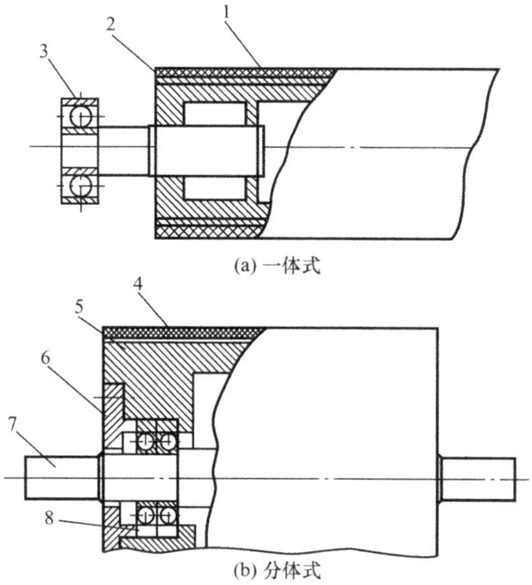

图 11－23　压印滚筒结构图

1、4－橡胶层；2－滚筒；3、8－轴承；
5－滚筒体；6－端盖；7－轴

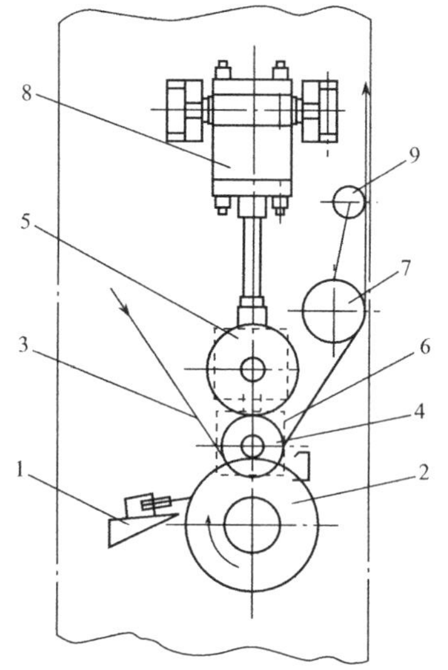

图 11－24　离合压机构图

1－刮墨装置；2－印版滚筒；3－纸带；
4－压印滚筒；5－背压钢辊；6－导板；
7－摆辊；8－气缸；9－导纸辊

1. 印版滚筒结构与调节

塑料凹版印刷机的印版滚筒结构也分为无轴滚筒和有轴滚筒，它们的基本机构分别如图 11－25（a）、图 11－25（b）所示。有轴式滚筒结构一般都用在较旧的塑料凹印机上，目前已经趋于淘汰；无轴式滚筒结构多用于现代塑料凹印机。

（1）无轴式印版滚筒的安装

印版滚筒两端的安装如图 11－25 所示。在传动面一侧用气动锥顶 5 安装，在操作面一侧用手动锥顶 2 安装，手动锥顶用于调整印版滚筒轴向位置，气动锥顶则用于快速安装滚筒。印版滚筒的转动是由主传动接螺旋齿轮副来完成的。

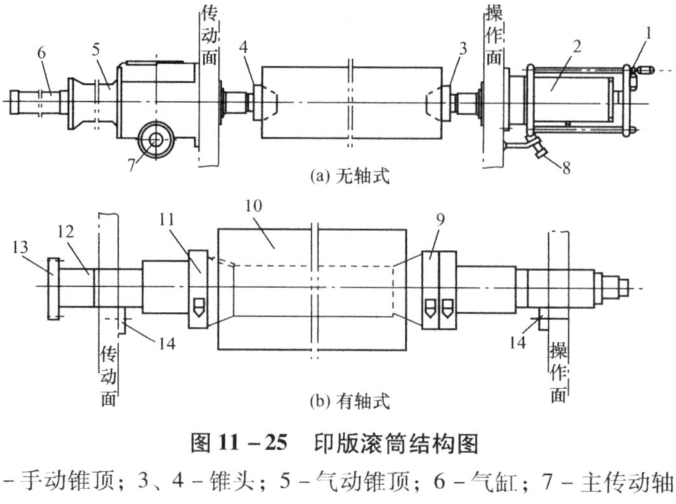

图 11－25　印版滚筒结构图

1－调节手轮；2－手动锥顶；3、4－锥头；5－气动锥顶；6－气缸；7－主传动轴；8－紧固手柄；
9、11－夹紧机构；10－印版滚筒；12－印版滚筒轴；13－传动齿轮；14－支撑轴承

气动锥顶基本结构如图 11 - 26 所示。采用了 15°螺旋齿轮副传动。由主传动带动螺旋齿轮副 23、24 旋转，再经外齿轮 11 与内齿轮 10 啮合，通过锥头轴上的花键带动锥头轴转动。印版滚筒与锥头轴上的键连接，即带动印版滚筒转动。当需要停止气动锥顶转动时，搬动手柄（图中未画出），使拨叉摆杆 13 拨动外齿轮与内齿轮脱离啮合。此时，螺旋齿轮副转动，但锥头不转动，这样就可以完成装上和拆下印版滚筒的操作。

安装印版滚筒时，气缸 17 的活塞推出，通过连接套 15 推动滚动轴承 14，使锥头轴向右移动，于是锥头顶紧印版滚筒，这时手动锥顶不动。印版滚筒安装好后，扳动手柄，使拨叉摆杆摆动，拨动外齿轮与内齿轮啮合，印版滚筒开始转动，即可以进行印刷。

更换印版滚筒时，气缸断气，活塞退回气缸。此时，因为固定在活塞上的连接套用紧固螺钉与轴承外套相连接。因此，活塞退回时，活塞上的连接套带动轴承外套拉动滚动轴承，并由锁紧螺母使锥头轴退回与印版滚筒脱开。

（2）无轴印版滚筒的横向调节

在塑料凹版印刷机上，手动锥顶结构是印版滚筒的横向调节装置，是手动锥顶利用气体的可压缩性来实现的，安装在操作面的印版滚筒上。手动锥顶基本结构如图 11 - 27 所示。手动锥顶的转动是由气动锥顶的转动带动的。调整时，首先松开紧固手柄，转动调节手轮 16，并通过键带动螺纹轴转动，使螺纹套在螺纹轴上左右移动。通过固定板推动轴承只能左右移动，并受到挡柱的限制而不能转动，从而轴承推动锥头轴左右移动，即可以完成印版滚筒位置的横向调节的目的。调节好以后，拧紧紧固手柄，以防止手轮转动而导致印版滚筒位置变化。

2. 压印滚筒与离合压机构

塑料凹版印刷机压印滚筒结构以及离合压机构均与纸张凹版印刷机基本相同，这里不再赘述。

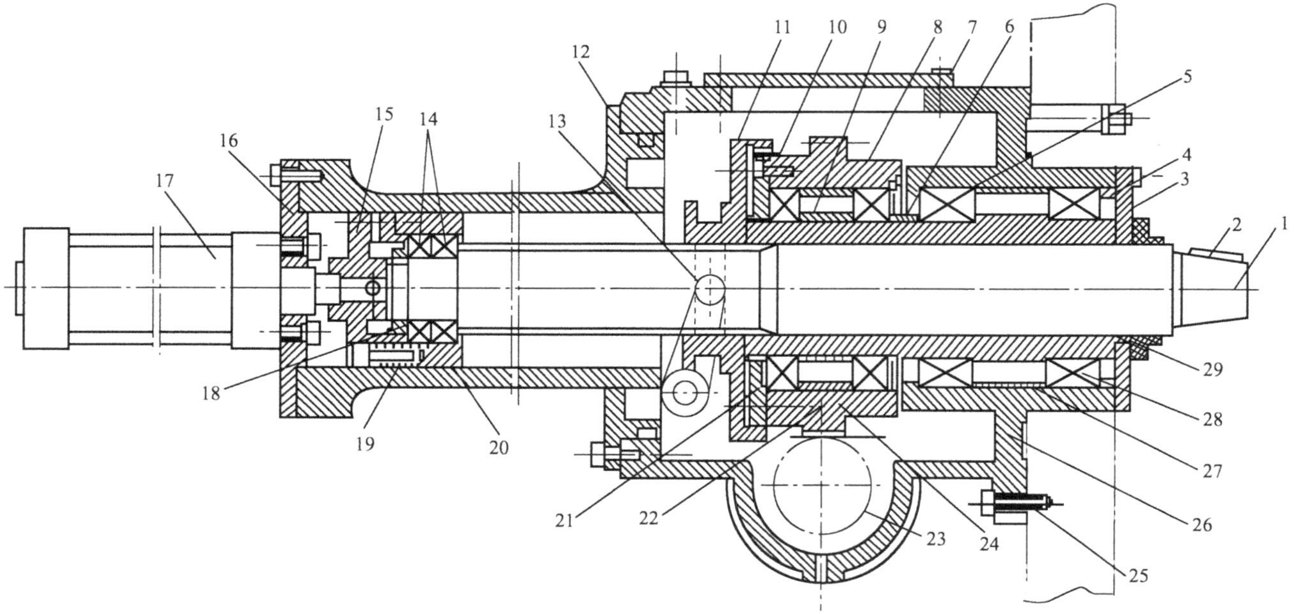

图11-26　气动锥顶结构图

1-锥头轴；2-键；3-端盖；4-调整垫圈；5、28-双列圆锥滚柱轴承；6、8、9、27-轴承隔套；7-盖板；10-内齿轮；11-外齿轮；12-长套；13-拨叉摆杆；14-滚动轴承；15-连接套；16-连接板；17-气缸；18-锁紧螺母；19-紧固螺钉；20-轴承外套；21、22-圆锥滚柱轴承；23、24-螺旋齿轮副；25-螺钉；26-齿轮副；29-密封圈

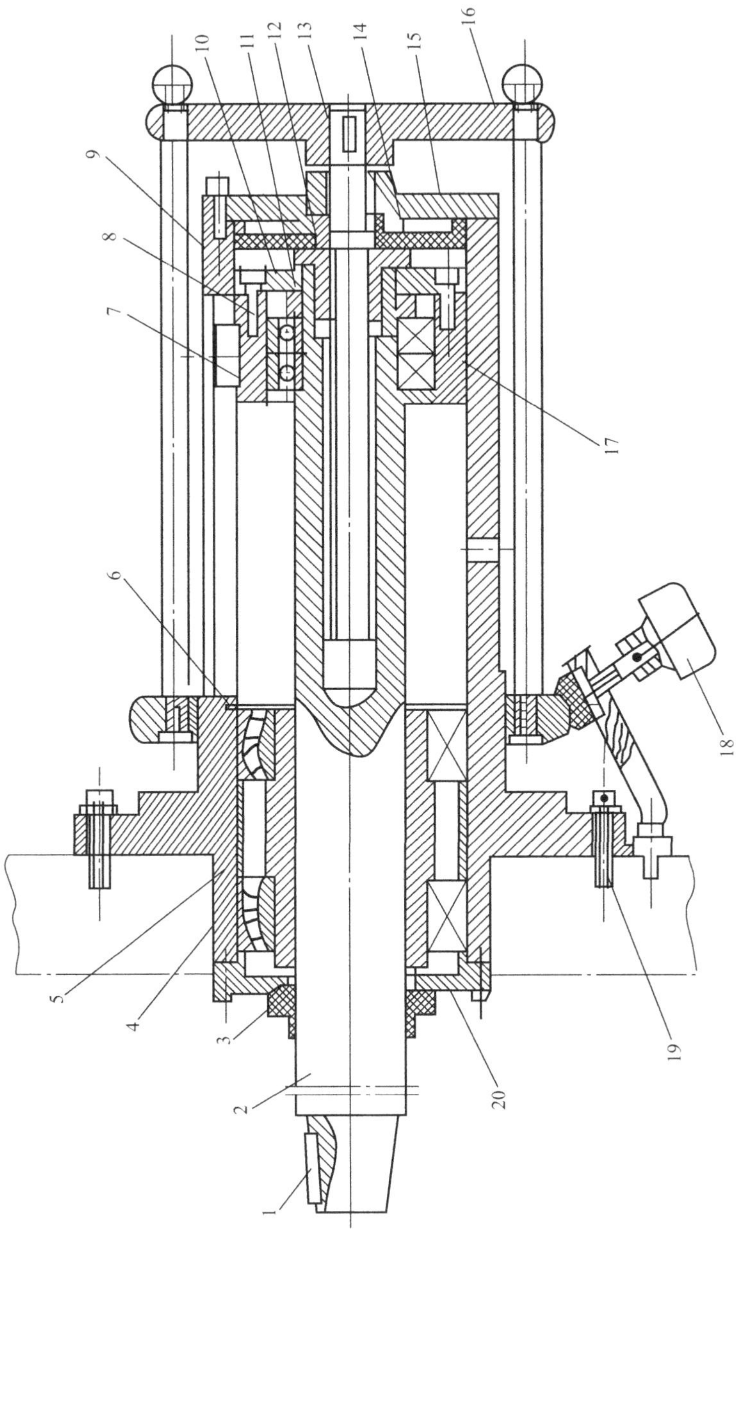

图11-27　手动锥顶结构图

1-键；2-锥头轴；3-密封圈；4-轴承内套；5、11-轴承隔套；6-轴承；7-挡柱；8-轴承；9-轴套；10-固定板；12-螺纹套；13-螺纹轴；14-密封圈；15-盖板；16-调节手轮；17-轴承外套；18-紧固手柄；19-螺钉；20-封盖

第十二章 12

柔性版印刷机

柔性版的图文呈浮雕型凸起，承印材料与印版直接接触进行印刷，印刷原理与直接凸版印刷的原理是一致的，所以柔性版印刷机属于凸版印刷机类型，只是柔性版印刷采用树脂、橡胶等柔性版材。但与凸版印刷不同的是，柔性版印刷利用网纹辊传墨，从而缩短了墨路，简化了机器结构；采用柔性版材降低了印刷压力，减低了功率损耗，减轻了运动副磨损；采用水基油墨，减少了污染，有利于环保。

柔性版印刷的印刷对象涵盖纸张、报纸、塑料薄膜、铝箔、不干胶标签、烟包、瓦楞纸板等诸多承印材料，因此柔性版印刷机的应用非常广泛，尤其是在包装行业。

第一节　柔性版印刷机的总体结构

柔性版印刷机的品种较多，目前，国内外通常使用的几乎都是卷筒输料，单张纸（纸板）柔版印刷机比较少。所以这里主要介绍卷筒纸柔性版印刷机。

柔性版印刷机的印刷单元有三种排列方式，包括层叠式、卫星式和机组式。

一、层叠式柔性版印刷机

层叠式（重叠式）柔性版印刷机的整体结构如图 12－1（a）所示，多个印刷机组一层一层地叠加起来，装配在一个整体框架内。目前，这类结构最多有八个色组。

这种柔性版印刷机上，每个印刷机组（色组）都有一个独立的印刷单元，包括压印滚筒、印版滚筒以及输墨装置。这类机器对印刷材料适应性强，印刷速度快，能进行正反面印刷，但套印精度不高，尤其是印刷易拉伸变形的材料。

二、卫星式柔性版印刷机

如图 12－1（b）所示，这种印刷机上多个色组的印版滚筒及其输墨装置共用一个压印滚筒，分布在其周围，当共同的压印滚筒带着绕覆在其表面的料带进行合压转动时，依次完成各色印刷。显然，由于料带与压印滚筒相对静止，因而套印精度较高，所以这种结构的机器适用于高精细产品的印刷，对很薄的伸缩性大的薄膜类承印材料进行印刷也不会产生太大的套印误差，但是无法进行反面印刷。

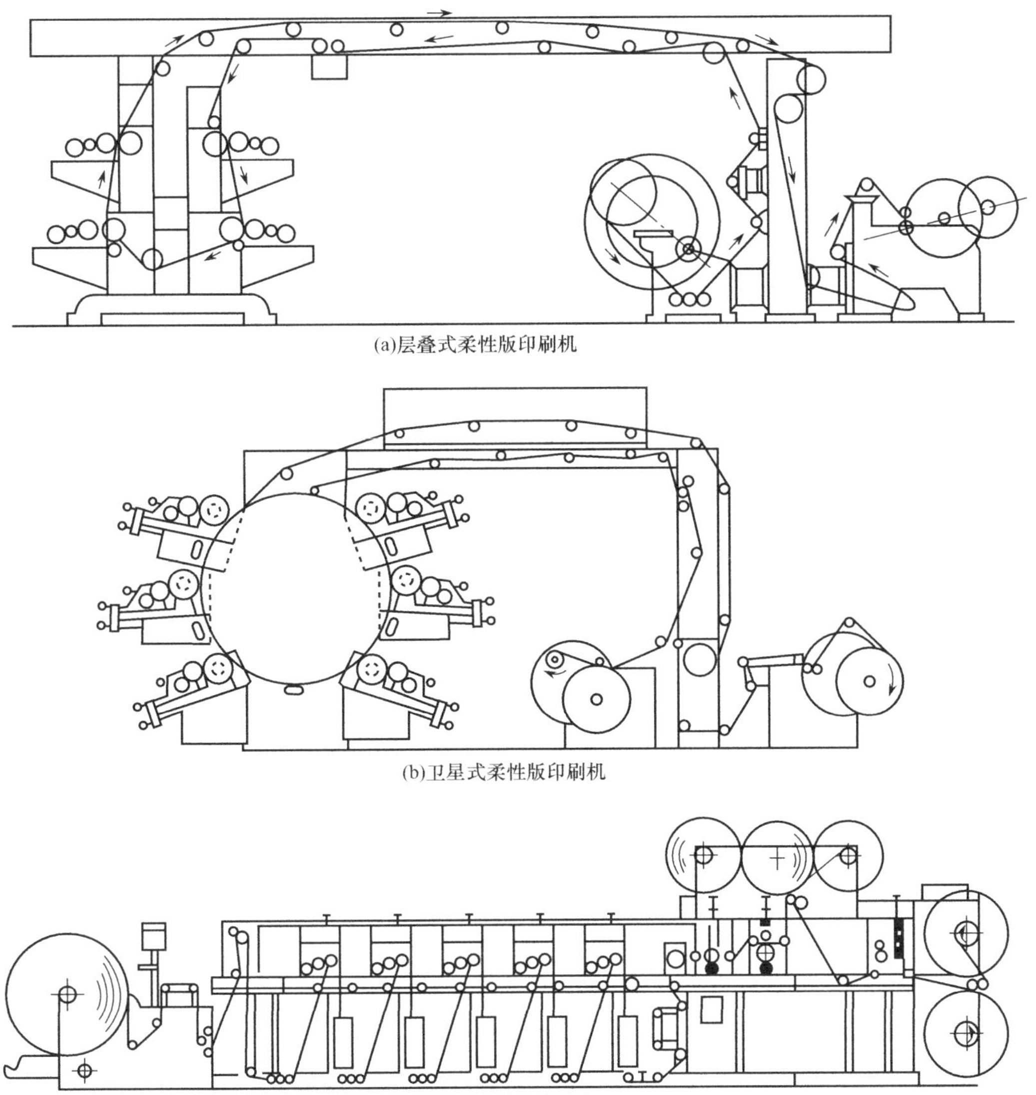

(a)层叠式柔性版印刷机

(b)卫星式柔性版印刷机

(c)机组式柔性版印刷机

图 12－1　柔性版印刷机整体结构图

三、机组式柔性版印刷机

如图 12－1（c）所示为机组式柔性版印刷机的整体结构，它由各个相互独立的印刷机组按直线方式排列起来，并共用一个输料和收料装置一次完成多色印刷。这种机器多用于窄幅印刷，以小型化机构结构为主。依靠反向导向辊，机组式柔印机可以进行双面印刷。由于机组之间运行路线较长，一般有套准调节机构，但套印精度仍受到一定限制。该机印完后还可以进行辅助性联合加工，如模切、压痕等。

第二节 柔性版印刷机的主要部件

柔性版印刷的承印物多是卷筒的供料形式，给卷装置、烘干装置、套准机构和张力控制机构与卷筒纸胶印机的基本相同，相关内容参见卷筒纸部分。下面介绍柔性版印刷机的印刷部件、输墨系统和收卷部件。

一、印刷部件

印刷部件包括印版滚筒和压印辊。为提高滚筒部件运动的平稳性，滚筒传动齿轮常采用小压力角的斜齿轮。滚筒轴承一般采用球面轴承，或铜套滑动轴承，但需要采用分组选配或研磨修配工艺方法安装。

柔性版印刷的特点之一是可印刷不同纵向长度的图文，因此，柔性版印刷机一般都配有一套与常用印件规格相对应的印版滚筒。对于层叠式或机组式柔性版印刷机，压印辊的直径较小，结构比较简单；而卫星式柔性版印刷机上的压印辊因尺寸较大，工作条件特殊，结构相对复杂。

为保证滚筒部件的运动平稳性，对于高速柔性版印刷机，印版滚筒与压印辊要进行严格的动平衡处理。

1. 印版滚筒

印版滚筒由滚筒体、滚枕、传动齿轮等组成，根据滚筒体的结构特点不同，可分为整体式和磁性式，目前整体式应用较多。

整体式印版滚筒采用整体式结构，滚筒体上不存在空档，装版时用双面胶带将印版粘贴在印版滚筒体表面。磁性式印版滚筒的滚筒体表面由磁性材料制成，而滚筒的版基层为金属材料，装版时将金属版基的印版依靠磁性吸引力直接固定在印版滚筒体上。

整体式印版滚筒有三种结构形式：第一种是轴头式；第二种是芯轴插入式；第三种则是常用于现代柔性版印刷机的套筒式。

图 12 -2 所示为轴头式印版滚筒结构，印版滚筒的滚筒体多为无缝钢管，两头内孔加工后，将两端轴颈过盈加垫后装入孔中，然后一体加工成为印版滚筒。在印版滚筒的外表面沿轴向和周向加工成若干条细线，作为粘贴印版时的定位基准，然后镀硬铬，以防锈蚀。印版滚筒的直径一般为 60 ~75mm，在机器上用双排滚针轴承支承。印版滚筒的同轴度最大允差为 0.01mm，多色印刷时，各印版滚筒之间的平行度最大允差为 0.01mm，每块印版两表面间平行度应该在 0.01mm 之内。该结构换版时装拆不方便，而且换一次版，必须调整一次印刷压力，一般机器上很少采用。

采用芯轴式印版滚筒的柔性版印刷机，在换版时只需抽出芯轴，拆装相同重复长度的印版滚筒时，无须调整印刷压力。该结构在国内外先进的机器上得到广泛应用，但这种结构加工精度和装配质量必须严格保证，否则会引起印版滚筒的轴向串动和径向跳动。

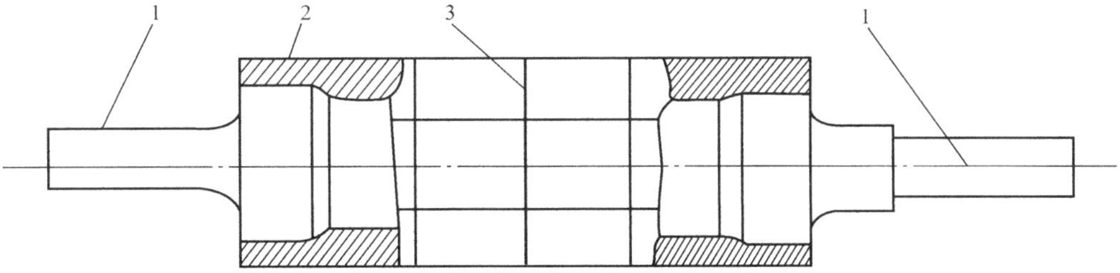

图 12 –2　印版滚筒结构图

1 – 轴颈；2 – 滚筒体；3 – 定位刻线

套筒式印版滚筒近几年得到广泛应用，它采用壁厚约 1mm 左右的薄形套筒，配以气胀式滚筒体结构。当需要换版时，滚筒芯不动，将不同尺寸的印版快速装在滚筒体上，这对于尺寸不变而图案变化的印件，如烟包、啤酒标签等极为方便。

印版滚筒与压印滚筒、印版滚筒与网纹辊的离合压多采用在水平导轨上移动的方式来实现，可以保证最大的刚性，避免跳动和印品上出现墨杠。

2. 压印滚筒

压印滚筒（压印辊）大多采用铸铁材料，也有采用钢材的。过去一般采用单壁式结构，与图 12 –2 所示的印版滚筒结构类似，机组式和层叠式的柔性版印刷机多采用这种压印辊结构，比较简单。由于卫星式柔性版印刷机的压印辊直径较大，承印材料在多色印刷中是贴附在压印辊表面的，而色组之间干燥装置的温度高达 300℃以上，在承印材料干燥的同时，热量还会传递到滚筒表面，使压印辊受热膨胀，因而造成印刷压力和滚筒表面线速度发生变化，从而影响印品的印刷质量。因此现代高速大型精密的柔性版印刷机的压印辊大多采用如图 12 –3 所示双壁式结构，双壁内腔与冷却水循环系统相连接，以调节和控制滚筒体的表面温度，避免了压印滚筒因温度变化而引起的膨胀或收缩，减少了温度效应。

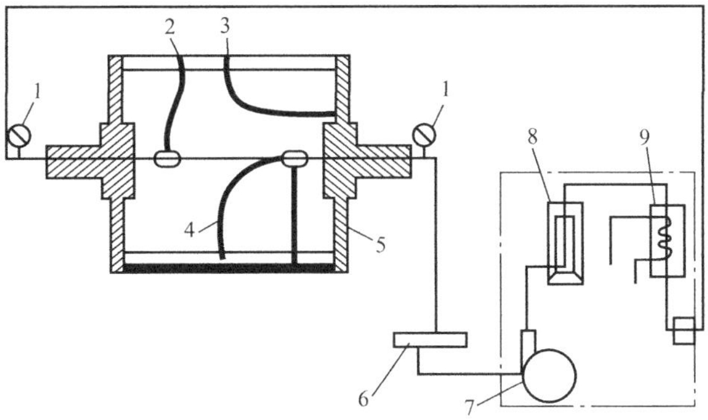

图 12 –3　双壁结构的压印滚筒

1 – 温度计；2 – 进水口；3 – 排气管；4 – 出水口；5 – 压印滚筒；
6 – 水箱；7 – 泵；8 – 冷却器；9 – 加热器

图 12 –3 中泵 7 将水箱 6 的水由进水口 2 进入压印滚筒 5，从出水口 4 流出而形成循环，循环水进入压印滚筒之前经过加热器 9 和冷却器 8，由温度计 1 显示水的温度。印刷时，控制水的温度在 32℃，偏差一般控制在 1℃以内，可有效地避免压印滚筒的膨胀和收缩，保证了印刷过程中印刷压力的稳定性。

压印滚筒一般安装在滚柱轴承中间，并经过动平衡处理，其表面镀镍，以防锈蚀。

3. 离合压机构

柔性版印刷机压力较小，印品的阶调与色彩再现性好。大多数柔性版印刷机的离合压机构采用偏心套结构，离合压驱动形式有机械式、液压式和气动式等，一般还配有微调印刷压力的装置。

（1）机械式离合压机构

如图 12－4 所示，印版滚筒轴承座 4 安装在托架 1 的内孔中，当扳动离合压手柄 8 时，通过齿轮 9、2 使偏心轴 3 转动，可带动轴承座 4 抬起或落下，使印版滚筒 6 与压印滚筒 5、网纹辊 7 实现离合压动作。机械式离合压机构结构比较复杂，可靠性较差，因此现代柔性版印刷机上很少采用。

（2）液压式离合压机构

如图 12－5 所示，电动机 4 驱动油泵 3，使液压油从油箱 1 经滤油器 2、单向阀 6、二位四通换向阀 10 的 A 路输入液压缸 8 内活塞的下部，在液压力作用下，活塞上移。活塞控制着印版滚筒轴承座 9 的位置，此时印版滚筒处于离压（或合压）状态。当需要印版滚筒离合压状态改变时，可使电磁铁 11 断电，在弹簧 7 的作用下，四通阀 10 移位，这时液压油经其 A′路输入液压缸内活塞上部，活塞下移，从而改变印版滚筒的位置。溢流阀 12 可保持油路中的压力稳定。

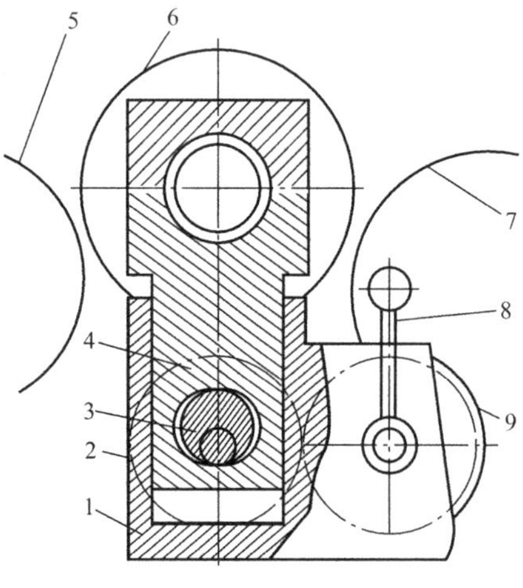

图 12－4　机械式离合压机构图

1－托架；2、9－齿轮；3－偏心轴；
4－轴承座；5－压印滚筒；6－印版滚筒；
7－网纹辊；8－离合压手柄

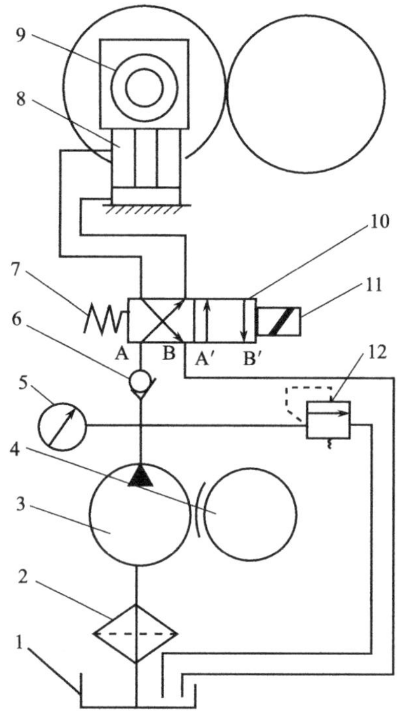

图 12－5　液压式离合压机构图

1－油箱；2－滤油器；3－油泵；4－电动机；5－压力表；
6－单向阀；7－弹簧；8－液压缸；9－轴承座；
10－二位四通阀；11－电磁铁；12－溢流阀

液压传动机构适应载荷范围较大，因此，在大型宽幅柔性版印刷机上经常采用。液压传动操作控制方便，易于集中控制，平稳性好，易于吸收冲击力，系统内全部机构都在油内工作，能自行润滑，可以经久耐用，但油液易泄漏，污染环境，而且液压元件价格高。

（3）气动式离合压机构

气压传动采用空气作为介质，用过的空气可任意排放，维护简单，操作控制方便，介质清洁，管路不易堵塞，使用安全。

气压传动时，由于压缩空气的工作压力较低，而系统结构尺寸较大，因而只适应中小压力传动。另外，由于空气具有可压缩性，气压传动系统压力的控制与调节准确性较差。

二、输墨系统

柔性版印刷一般采用溶剂型油墨或水性油墨，属于低黏度液体油墨，输墨装置结构简单，采用网纹辊的输墨系统，称为短墨路系统。如图 12－6 所示，由墨斗 1、墨斗辊 2、网纹辊 3 和刮刀（图 12－6 中未标示）组成。

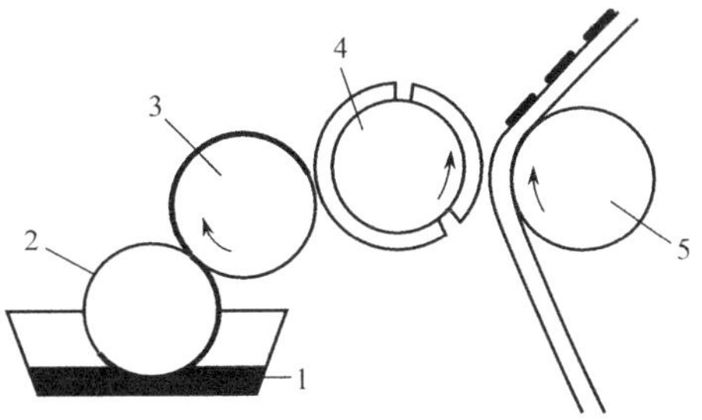

图 12－6　柔性版印刷机输墨系统图

1－墨斗；2－墨斗辊；3－网纹辊；4－印版滚筒；5－压印滚筒

1. 输墨系统的类型和特点

（1）双辊型输墨系统

如图 12－7 所示的是柔性版印刷机的输墨系统的基本形式。墨斗辊 1 和网纹辊 2 以不同的线速度转动，实现油墨传递。

一般情况下，墨斗辊的表面线速度低于网纹辊表面线速度，墨斗辊向网纹辊传墨的同时，还可以刮去网纹辊上多余的油墨。

（2）顺向刮刀型输墨系统

网纹辊加刮刀的单辊供墨系统，如图 12－8 所示，网纹辊 1 直接在墨槽内着墨，刮刀 2 顺着网纹辊旋转方向，刮去网纹辊 1 表面多余的油墨。

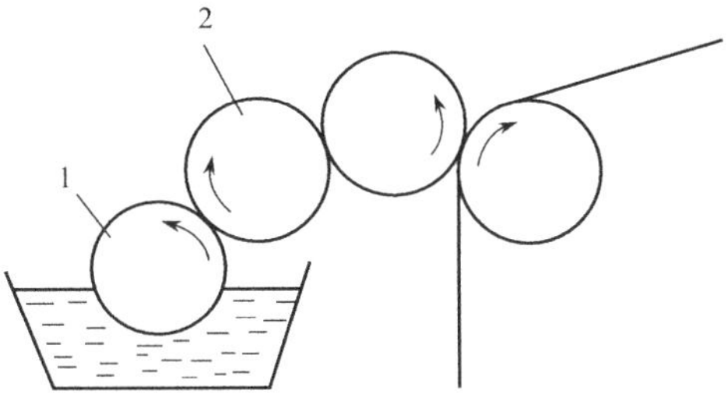

图 12－7　双辊型输墨系统图

1－墨斗辊；2－网纹辊

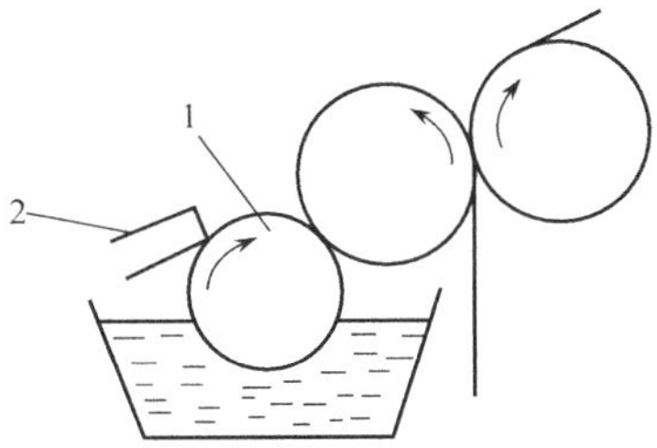

图 12－8　顺向刮刀型输墨系统图

1－网纹辊；2－刮刀

（3）逆向刮刀型输墨系统

如图 12－9 所示，该系统将刮刀 2 反向安装，逆着网纹辊 1 旋转方向在网纹辊上刮墨。

这种方法刮墨效果良好，可除去网纹辊表面微小异物，防止网眼堵塞。使用正向刮刀，刮刀角度为 60°～65°，油墨在液体压力的作用下堆积起来，容易损坏刮刀；而使用反向刮刀，角度减少到30°~40°，消除了堆积现象。

另外，根据不同的印刷需要，该系统还可变换刮刀的理想角度，能够更精确地控制供墨量。

（4）组合型输墨系统

如图12-10所示的方式是前三种的综合型。刮刀的安装方向可以是正向的，也可以反向的。墨斗辊与网纹辊1可以同步旋转，也可以不同步旋转，由网纹辊和刮刀来准确地控制供给印版的墨量。

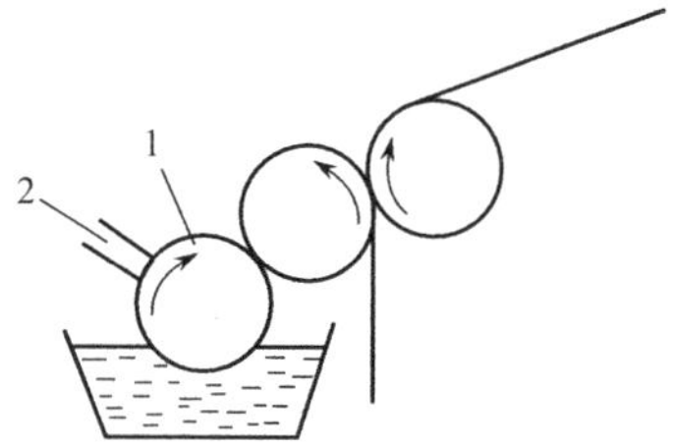

图12-9 逆向刮刀型输墨系统图

1-网纹辊；2-刮刀

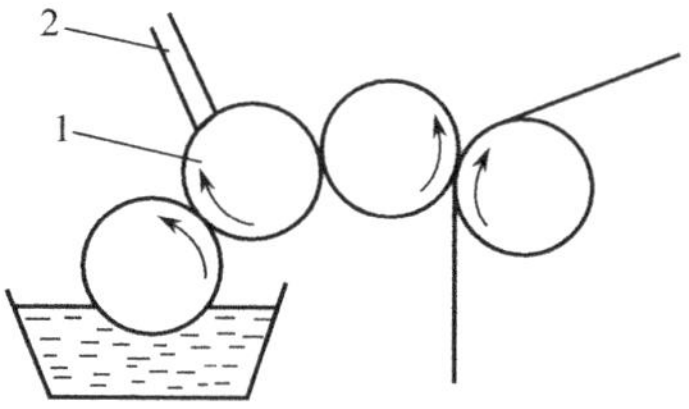

图12-10 组合型输墨系统图

1-网纹辊；2-刮刀

2. 刮刀及其调节机构

刮刀常用的材料是轴承钢，表面经过精细修整和发蓝处理，当使用水基油墨时，也可采用不锈钢材料。刮刀的材料应具有很高的强度，温度升高或经受磨损时，刃部不应出现裂缝和缺口；还应具有很高的弹性，不应出现永久变形，特别是不均匀变形，其硬度应低于网纹辊表面的涂层材料，以减缓对网纹辊的磨损。

为了保证刮刀的正确安装角度和恒定的压力，设有专门的调节机构进行控制和调节。一般刮刀的调节机构有如下几种类型。

（1）强制刮刀调节机构

如图12-11所示，刮刀5安装在刀座4上，刀座4紧固在轴3上，轴3一端紧固有蜗轮2，当旋转调节旋钮时，蜗杆1带动蜗轮2，调节刮刀5与网纹辊6之间的压力。

这种调节机构，网纹辊易磨损。工作时，由于摩擦发热，刮刀发生膨胀，引起刮刀的变形，使刮刀对网纹辊的压力增大，更加重网纹辊的磨损。

（2）弹簧刮刀调节机构

如图12-12所示，刮刀座6上固定有弹簧5和压板4，螺母3固定在墙板上，调节螺杆2前后移动，可使刮刀座摆动，从而改变刮刀7在网纹辊8表面的压力，刮刀座上还安装有配重块1，以平衡静态力，提高调节精度。

（3）气动刮刀调节机构

如图12-13所示，刮刀座4由支架1铰接支承，支架上安装有气动装置，改变气缸2中的气压，通过柱塞3使刮刀座绕自身支点摆动，即可改变刮刀5在网纹辊6表面的压力。该机构用在大幅宽的柔印机上，沿刮刀长度方向均匀分布多个气动装置，以获得均匀的压力。

如图12-14所示是另一种类型的气动刮刀调节机构。刮刀座3铰接在支架上，一根橡胶或其他弹性材料的管子2装在有90°开口的刚性壳体1内，外露部分支承着刮刀座。在橡胶管内通入压缩空气，橡胶管对刮刀座施压，即可对刮刀 4 进行压力调节和位置调整。这种结构简单，制造成本低，能使刮刀在网纹辊 5 上的压力均匀一致。

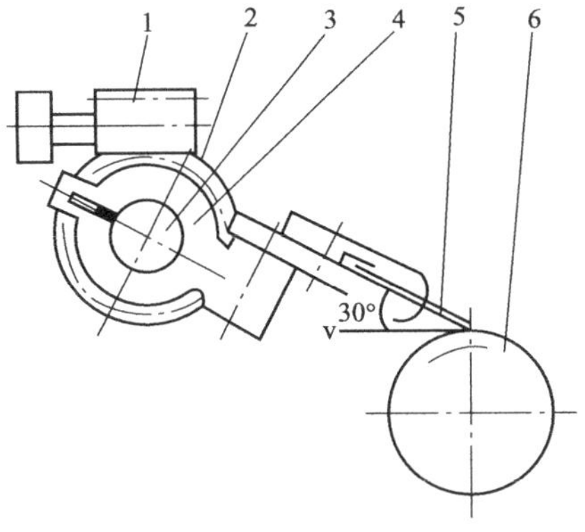

图 12－11　强制刮刀调节机构图

1－蜗杆；2－蜗轮；3－轴；
4－刀座；5－刮刀；6－网纹辊

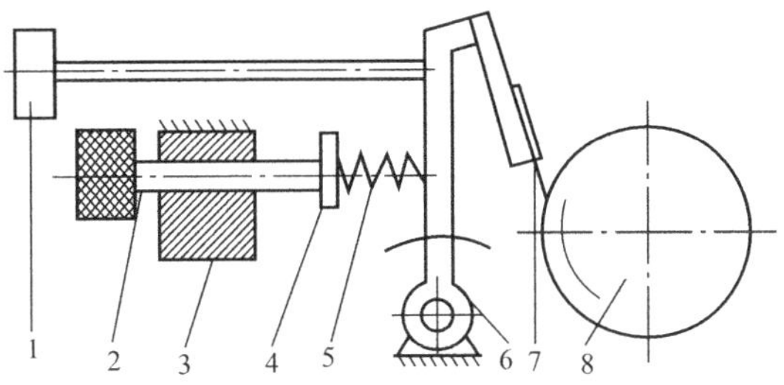

图 12－12　弹簧刮刀调节机构图

1－配重块；2－调节螺杆；3－螺母；4－压板；
5－弹簧 ；6－刮刀座；7－刮刀；8－网纹辊

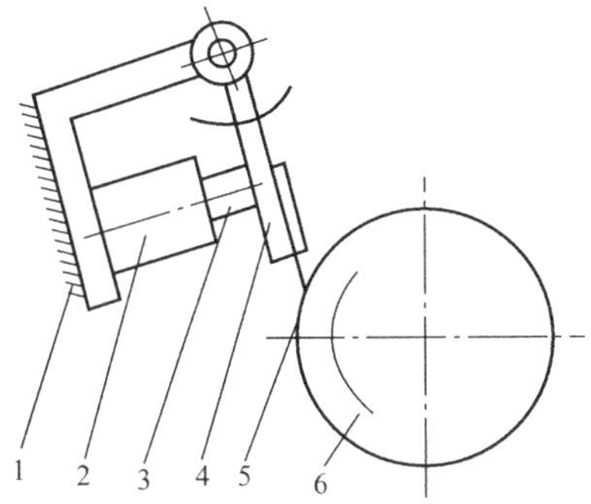

图 12－13　气动刮刀调节机构图（一）

1－支架；2－气缸；3－柱塞；4－刮刀座；
5－刮刀；6－网纹辊

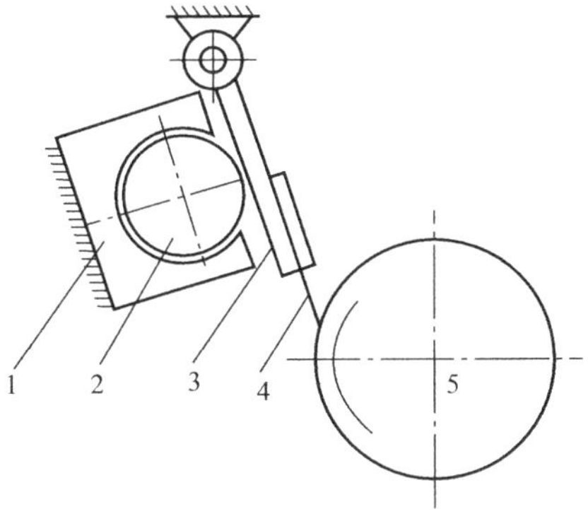

图 12－14　气动刮刀调节机构图（二）

1－壳体；2－管子；3－刮刀座；
4－刮刀；5－网纹辊

（4）双刮刀的调节机构

在高速柔性版印刷机上，输墨系统中采用了双刮刀的结构，如图 12－15 所示，刮刀 8 为反向安装，其作用是控制网纹辊 9 表面的墨量，采用金属材料；刮刀 10 为辅助刮刀，正向安装，其作用是保持油墨不泄漏，采用聚四氟乙烯材料。两个刮刀共同组成一个储墨腔。通过安装在网纹辊中部位置的供墨管道 3 向储墨腔内输墨，可使储墨腔内的油墨处于高于气压的状态。这样油墨对网纹辊表面有较大的压力作用，可克服空气附着层的影响。

安装刮刀时，可调节两端的螺栓 5，使刮刀 8 与网纹辊表面均匀压力接触，然后用螺栓 7 将刮刀座锁紧在支架 4 上。刮刀 10 只要刚好与网纹辊表面接触，能保持储墨腔中的油墨不会溢漏即可。

3. 网纹辊

网纹辊又称为网纹传墨辊或网线辊，是柔印机输墨系统中直接影响印品的质量的重要部件，是保证柔印机短墨路传墨及印刷质量的关键，其作用是向印版上图文部分定量地、均匀地传递所需的油墨。高速印刷时，可防止油墨的飞溅现象。目前常用金属材料制成，如钢质辊芯镀镍层后再精加工，然后镀铜，经雕刻网纹最后再镀铬层而制成的，具有耐磨、防腐蚀等功效；另一种选用的网纹辊材料为陶瓷，陶瓷具有很高的硬度，其耐磨性能大大提高；20 世纪 90 年代出现的一种用石墨碳纤维制成辊芯的新型网纹辊，具有质量轻、强度高、不易磨损的特点。

网纹辊的表面布满了墨穴，正是通过这些墨穴的形状、大小与深浅控制了墨量传递的多少。网纹辊着墨孔的形态有棱锥、棱台、斜线以及（棱台）附加通道等几种常见类型。网纹辊加工中的一个重要技术参数是网纹线数。网纹线数越高，说明单位面积内的网穴数越多，网穴则越小；反之，网穴则越大。一般网纹辊的网线要求要比印品的网线数（印版的加网线数）高 4 倍，这是实现网点印刷的重要条件。

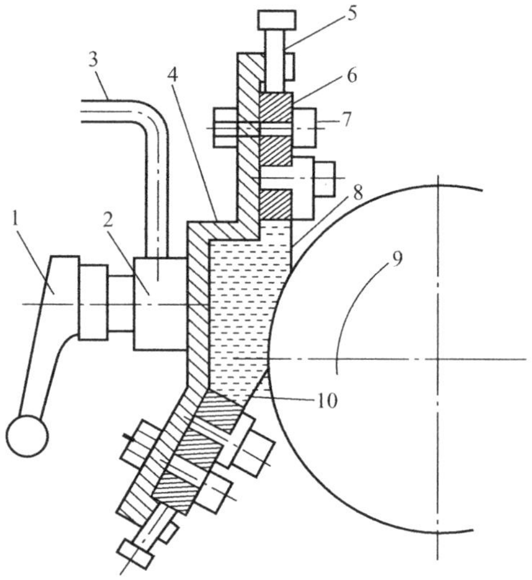

图 12－15 双刮刀的调节机构图

1－调节手柄；2－墨腔；3－管道；4－支架；5、7－螺栓；6－刮刀座；8、10－刮刀；9－网纹辊

三、印刷装置的压力调节

与其他印刷机一样，在柔性版印刷机上，操作者需要经常根据印件要求进行印刷装置的压力调节。

1. 墨斗辊与网纹辊之间的压力调节

网纹辊控制着传墨量的大小，压力大则传墨量小，反之则传墨量大。调节时要根据印品与网纹辊的网线数高低而定。一般情况下，印刷网点细小、印文字线条版时，墨斗辊与网纹辊之间压力调得大些，印刷色块和满版时，压力可调小些；当承印材料吸墨性较强时，压力应调小些，反之则应将压力调大些；当印刷面积较大时，压力应调小些；反之，则压力应调大些。

2. 网纹辊与印版滚筒之间的压力调节

这种压力也可称为着墨压力，作用是将网纹辊上的油墨转移到印版上，使印版上的图文得到所需的墨量。着墨压力大小直接影响到网点的增大率，当压力过大时，网点增大严重，甚至可使高调部分的一成网点增大至两成，使阶调层次变暗变深，使六成以上的网点出现重影或变成实地，而当着墨压力过小时，印版上就得不到足够的墨量，达不到印刷的要求。

3. 印版滚筒与压印辊之间的压力调节

这种压力是保证印版滚筒上的油墨转移到承印物上的条件。如果印刷压力过大，则网点明显增大，且中间色浅，四周色深，层次也不明显，暗调部分容易糊版，如果印刷压力过小，则印版上的网点细小文字会丢失。调节时，使滚筒两端压力保持一致，并使两滚筒成线性接触。当印版滚筒与承印材料接触时，网点基本不会增大，字、线清晰，不会发生双印、铺展现象。印刷图像全部清晰印出时，表明印刷压力已调到了最佳。

调节印版滚筒与压印辊之间压力时，一般使印版压缩变形量控制在 3～5mm 为宜。而且为保证调节精度，必须保持印版调整丝杠的清洁。

第三节　纸带收放卷机构

收、放卷部件一般均包括驱动、制动以及张力控制等主要功能机构装置，其中张力控制原理与结构同卷筒纸胶印机基本相同。这里主要介绍驱动装置和制动装置。

一、收卷部件

为保证印刷后的料卷松紧均匀、端面整齐，方便后续加工，收卷部件都配备有张力调节或控制装置。为了减少停机时间，有些柔性版印刷机上加装了不停机的换卷装置。

收卷部件的驱动方式与放卷部件相同，有轴驱动和圆周驱动两种类型。

1. 圆周驱动收卷部件

圆周驱动利用驱动辊与被收卷料表面的摩擦力驱动料卷。常用的有双辊圆周驱动收卷部件和单辊圆周驱动收卷部件。

（1）双辊圆周驱动

如图 12 – 16 所示为双驱动辊圆周驱动收卷部件。双辊圆周驱动收卷部件的两根驱动辊 1 通常是等径的。收卷部件的速度是可调节的，以产生必要的张力。为保证收卷紧密，两根驱动辊的转速稍有差别。另外，驱动辊表面还加工有正反螺旋线，消除纵向皱褶。

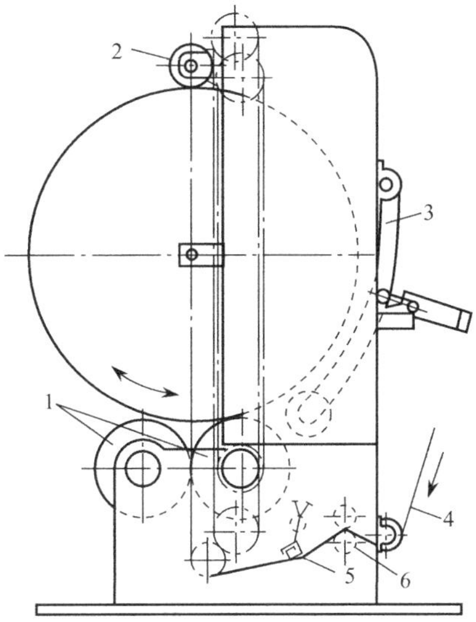

图 12 – 16　双辊圆周驱动的收卷部件

1 – 驱动辊；2 – 顶压辊；3 – 保持架；4 – 承印材料；5 – 裁切装置；6 – 平整棒

承印材料进入收卷部件有两种穿行路线，即可双向收卷。随着料卷直径增大，料卷中心垂直上升，料卷重量逐渐增大，承印材料收卷得越来越紧密。位于料卷顶部的顶压辊 2 配备有液压或气压驱动机构，压紧在料卷表面，来增加料卷与驱动辊的表面摩擦力，消除空气层的影响。平整棒 6 的作用是将承印材料 4 展平。为了使收卷后料卷端部整齐，裁切装置 5 可将承印材料 4 裁切成不同规则或将料卷边缘切齐。

（2）单辊圆周驱动

单辊圆周驱动收卷部件只有一根驱动辊，如图 12 – 17 所示。其基本原理与双辊驱动相同，只是随着直径增大，料卷是沿水平导轨移动，而不是垂直上升。采用这类结构时，料卷借助压紧气缸 2 施压，靠紧在驱动辊 4 表面，压力的大小可以根据料卷的紧密程度进行调节。这种收卷方式，控制压紧力时不需要考虑料卷重量增加的影响，故易于实现。承印材料经过导向辊 3 可以实现两个方向收卷。

收卷部件还配有卸卷装置 1，当收卷到最大直径时，通过气缸推动摆动架下摆，承印材料下降，以便运输。

圆周驱动收卷紧密均匀，但圆周表面料卷易磨损，不适用于光滑的承印材料。

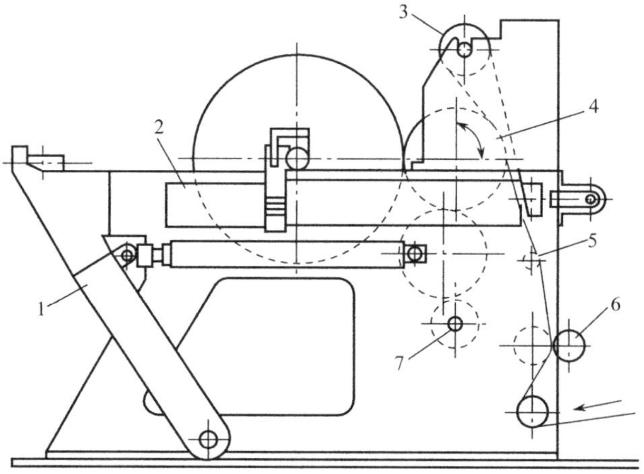

图 12－17　单辊圆周驱动的收卷部件

1－卸卷装置；2－气缸；3－导向辊；4－驱动辊；5－旁切装置；6－平整棒；7－传动辊

2. 芯轴驱动收卷部件

目前，绝大多数柔印机的收卷部件采用芯轴驱动。

如图 12－18 所示，料卷 11 紧固在芯轴 5 上，通过齿轮传动实现对芯轴驱动。收卷动力来自主传动齿轮，经齿轮 6 传给双联齿轮 7，齿轮 7 又分别传给齿轮 8、10，齿轮 8、10 在手轮 1、压簧 2 的作用下，通过摩擦片 3 带动齿轮 9、4 使芯轴 5、料卷 11 转动。手轮压紧的程度不同，可改变摩擦力矩的大小，以调节收卷张力。承印材料在复卷中挤出空气。如果收卷时承印材料两侧张力不一致，从两端挤出的空气就不均匀，承印材料就会出现轴向移动，使料卷形成锥体，空气在层料带间出现微小间隙，材料将在圆周上起皱，直径减小，料卷表面将产生瓦楞形状。

在高速柔性版印刷机上，为了有效地阻止承印材料表面留有空气附层，影响复卷的质量，芯轴驱动收卷部件也配备有压辊，如图 12－19 所示，收卷压辊由液压或气动机构加载，压在收卷的料卷上。

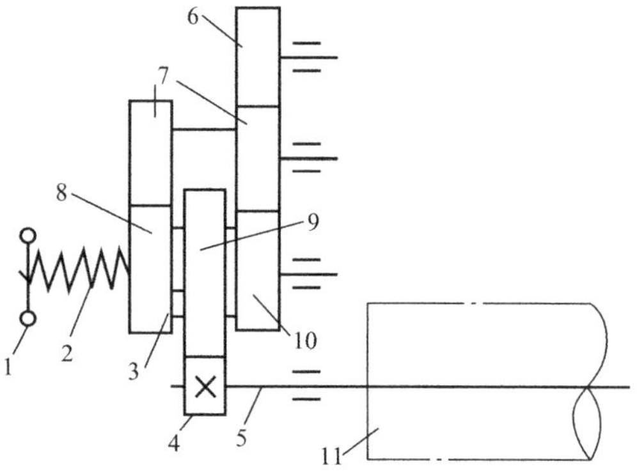

图 12－18　芯轴驱动的收卷部件

1－手轮；2－压簧；3－摩擦片；
4、6～10－齿轮；5－芯轴；11－料卷

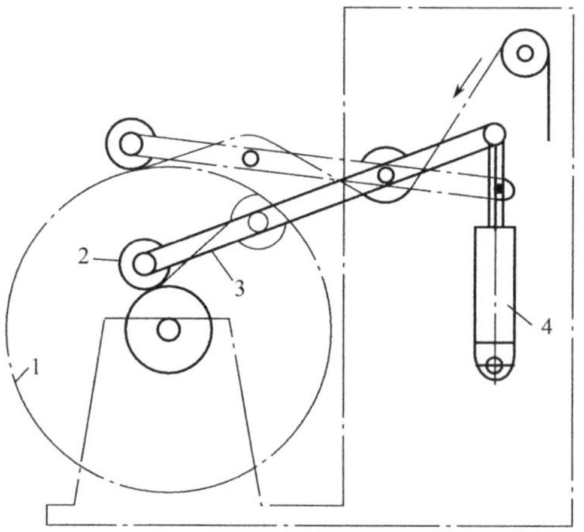

图 12－19　芯轴驱动的收卷部件

1－料卷；2－压辊；3－杠杆；4－阻尼缸

二、开卷装置结构

开卷装置本身一般设有驱动机构，而开卷时的卷料转动是依靠驱动辊带动的。为使卷筒式承印材料展开并能连续而稳定地进入印刷装置，在开卷和复卷装置上均有横向调节机构和张力控制机构，用以对带料横向定位和张力的控制。

料卷的安装也分为有芯轴和无芯轴两种类型。

1. 单卷无芯轴开卷装置

如图 12－20 所示为无芯轴开卷装置图。

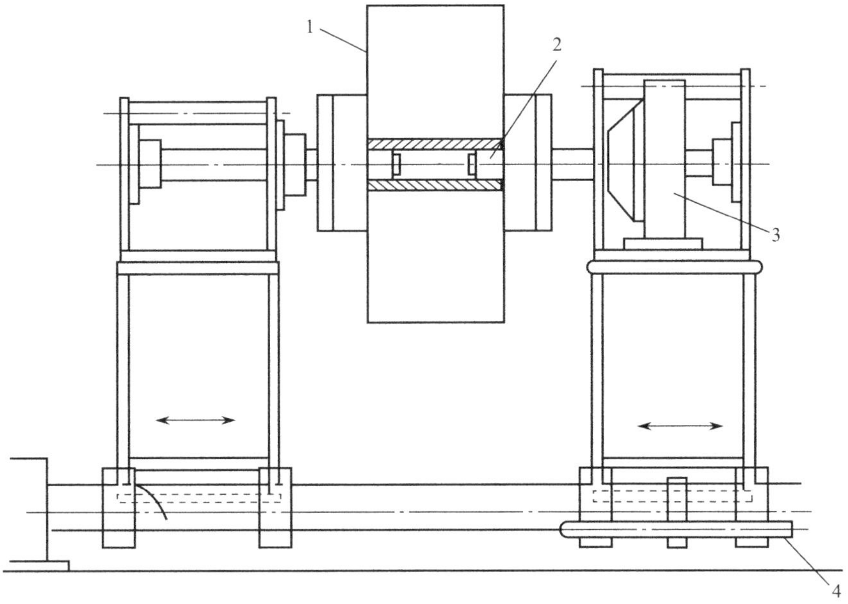

图 12－20　无芯轴开卷装置

1－料卷；2－顶尖头；3－制动器；4－调节丝杠

该装置是用两个圆锥头装夹料卷，通过调节丝杠带着顶尖头随支架一起轴向移动，从两边夹紧料卷。制动器安装在开卷轴上，有液压、气动、电磁和机械式多种形式。通过改变制动器对卷轴阻力矩的大小，就能达到开卷张力的调节与控制。这种形式属于轴制动。此外，有的柔性版印刷机采用皮带与料卷表面摩擦而对料卷产生制动力。

2. 胀紧芯轴开卷装置

由于采用锥头夹紧方式容易损坏料卷心部边缘，因此现在很多柔性版印刷机采用了胀紧式芯轴装夹方式，胀轴可分为机械式胀轴和气压式胀轴两种。机械式胀紧芯轴装置的芯轴是一根空心管中间穿有丝杠，其两端螺纹旋向相反。转动丝杠时，装在丝杠两端的螺母沿着轴向移动，螺母上的斜面将胀紧块顶出，使料卷在芯轴上顶紧而固定不动，如图 12－21 所示。

气压式胀紧芯轴与机械式胀紧芯轴的装夹原理基本相似，其芯轴也是一根管子，管子的外圆均布有许多装有胀紧块的圆孔和长槽，胀紧块下面固定有弹簧支承板，管内有一个用氯

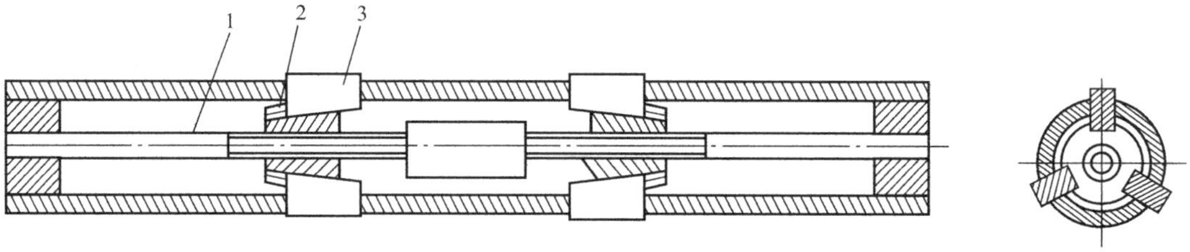

图 12－21　机械式胀轴装置

1－丝杠；2－螺母；3－胀紧块

丁橡胶材料制成的弹性气腔。当气腔内充入压缩空气膨胀后，通过支承板将胀紧块顶出，使料卷在芯轴固定不动。

第十三章 13

丝网印刷机

丝网印刷属于滤过版（亦称孔版）印刷的一种形式，是四大印刷方法之一，起源于中国秦汉时代的夹颉印花方法，距今已有两千多年的历史。丝网印刷对承印物的材料、形状及其大幅面乃至超大幅面有着广泛的印刷适应性，因此成为其他印刷方式所不可取代的独立印刷门类。然而由于种种原因，我国的丝印技术发展缓慢，远远落后于欧美各国和日本。随着科学技术的发展，丝网印刷的应用日益广泛，丝印制版和印刷工艺水平不断提高，丝网印刷机也在不断改良和完善。

第一节　丝网印刷机的原理与构成

丝网印刷工艺流程相对较短，因此较之于平版、凹版、凸版印刷机，丝网印刷机的结构一般要简单得多。但是，由于其工艺特点以及应用领域的特殊性，丝网印刷机的运行速度却要低得多。

一、丝网印刷的特点与应用

丝网印刷的特点是墨层厚、立体感强，颜色鲜艳。平印和凸印墨层厚度一般为 2 ~ 5μm，凹印一般为 10μm，而丝网印刷的墨层厚度可达 30μm 以上，某些特殊用途的丝网印刷机可达 1mm。而且由于丝网印刷在技术和工艺上的不断提高，目前已能承印精细的印刷品，其复制网目调的清晰度已达到 150 线/英寸。

在平版、凸版和凹版使用困难和不能印刷的情况下，丝网印刷显示了其独特的魅力。目前，丝网印刷在国内广泛应用于纺织，航空、铁路和公路运输，陶瓷装饰等各行各业，在电子行业和测量技术领域，大规模集成电路、印刷线路板、电子组件的印制，热塑性油墨装饰品的生产，重复图像印品（标签和邮票）的制造，玻璃、陶瓷、合成纤维和铁皮上的装饰图案印刷，纺织品与大型广告的印刷制作等，都成为丝网印刷技术的重要的甚至独特的应用领域。

丝网印刷机的结构比较简单。这是由丝网印刷简单的工艺流程所决定的。丝网印刷的供墨路线简单，它无须冗长的供墨匀墨过程，也不必严格地定量控制，只要保证足够的墨量即可；丝网印刷的图文转移过程易于实现，它没有印刷压力，无须严格的压力调节控制，调节好刮墨刀角度便可以印刷；丝网印刷机的功能运动单一，除了续纸运动以外，印刷部分只有一个刮墨运动、一个回墨运动。因此丝网印刷机的设计、制造都比较容易。

丝网印刷机的运行速度较低。一方面，因为丝网印刷品的墨层较厚，一般需要很长的干燥时间，另一方面，由于印刷幅面的影响，难以实现快速续纸，所以丝网印刷速度都比较低。小幅面的丝网印刷机速度一般不超过4000印/时，中等和大幅面的丝网印刷机的印刷速度不超过2000印/时，卷筒纸丝网印刷机的印刷速度也不高于1m/s。

应用领域的扩大，特别是电子行业的迅猛发展，积极推动了丝网印刷技术的发展和机器设备的进步和完善。目前，除了各种功能单一的丝网印刷机器得到较快发展外，与各种辅助联动机配套使用的、具有专用分配机构的、微机控制的丝网印刷机自动控制的流水线也纷纷上市，丝网印刷经历着快速的科技提升。

值得一提的是，除直接印刷形式外，丝网印刷还可以采用间接印刷方式，即先用丝网印刷方法将图文印在明胶或硅胶版上，然后再转印到承印物上。

二、丝网印刷机的基本构成及各部功能

丝网印刷机主要的机构由印刷装置、走料装置、传动装置、干燥装置和控制装置组成。各部功能如下。

1. 印刷装置

印刷部分是丝网印刷机的主体，主要由印版装置、印刷装置和承印平台组成。

（1）印版装置

丝网印版比较特殊，必须借助于网版夹持器加以固定。印版夹持要求牢固，在夹持点上不破坏网框。夹持方式很多，简单的方式是采用槽形体加丝杆压脚夹紧。

平面网版的印版装置主要由框架和丝网组成。在印刷过程中，印版反复起落，完成印刷。铰链式丝网印刷机的印版起落一般采用凸轮机构，或者再加摆杆机构；水平升降式丝网印刷机的印版起落一般采用气缸导柱机构或凸轮导柱机构。为了提高网版与支承平台间的重复位置精度，版框运动到印刷位置时还要依靠采用专门定位机构进行定位，如双锥销、定位块、滚轮等。

为提高印刷精度，要求刮墨刀刮墨后刚透过油墨的局部网版即与印件离开，这一动作除借助于丝网本身的弹力以外，还要依靠网版离版装置来实现。如图13－1所示，在承印平台上设置一个由弹簧控制的顶销与网框支架外端相接触，在刮墨过程中，借助弹簧的作用，使顶销产生一向上的顶力。

版框是印刷机上的标准配置，依靠它完成印版的安装与调节。为保证印刷精度，必须对网版与承印物之间的相对位置做出调整，因此，印版装置上一般还设有网版前后、左右和高低位置的调节装置。

（2）承印平台

承印平台用以固定承印物，也是多色套印的定位对象。在印刷行程中，刮墨刀挤压油墨通过网版，在承印物上形成图文。因此承印平台一般应具有较高的形状制造精度（如平面度、圆度等），保证印刷质量。

承印平台有平网式、圆网式和承放立体物件的座式等，其高度可以调整，并有定位装置和真空吸附设施，以保证彩色套印精度。

承印平台上应具有印件定位装置，其高度应可调整。定位装置为与承印物同样形状的曲尺形规矩，定位规矩的厚度不得高于承印物的厚度。

有的承印平台带有真空吸附设施，用以固定不透气的片状承印物如纸张、塑料薄膜等，在真空吸附时，采用透明不干胶纸贴成一个与承印物大小相同的边框作为定位条，边框以外的小孔全部被封死进行定位。

一般对于印刷精度高或双面印刷的承印物可采用两销法定位，在承印平台定位槽内固定可调定位销钉 4，如图 13－2 所示。

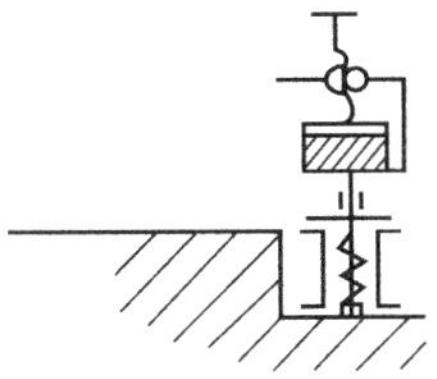

图 13－1 网框支架弹簧顶销

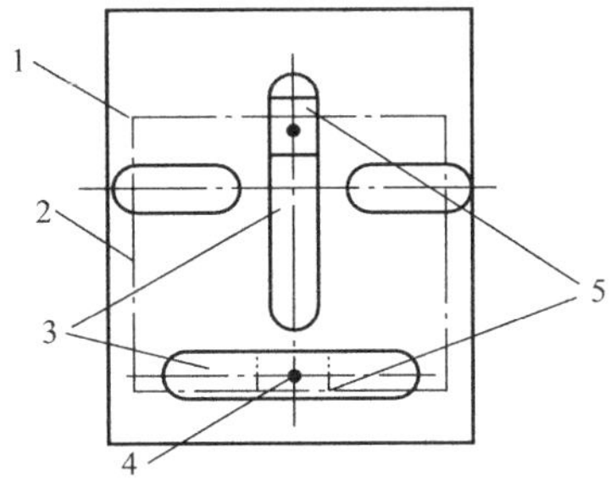

图 13－2 两销定位法

1－印刷台；2－承印物；3－定位槽；4－定位销；5－可调定位块

（3）刮墨装置

刮墨装置（也称印刷装置）是丝网印刷机的主体，主要由刮墨刀和回墨板及其刮墨、回墨运动机构组成。

刮墨是实现丝印的主要动作，要求刮墨刀的高低及刮墨压力可做调整，刮墨刀的刮印角度也可做调节，以保证其与网版呈最佳角度。

回墨是在一次刮印之后，把油墨送回起始端并均匀地在网版上敷上一层油墨，以便再次进行印刷的过程。回墨板一般为底面平滑的金属刮墨刀，其宽度应稍大于刮墨刀。

刮墨系统和回墨系统，通常安装在刮墨刀滑架上，在往复运动中，刮墨刀和回墨板做交替起落，分别实现刮墨和回墨动作。刮墨刀的起落，在一般平面半自动机上采用机械式换向，在精密半自动平面机上则多采用气动控制。

刮墨和回墨动作，有时也可采用一把刮墨刀实现。如手动曲面机，在刮印完成时，依靠一种独特的跳墨机构，即可在返程时把油墨均匀地敷在网版上，以便下次印刷时使用。

刮墨刀滑架的移动是实现刮墨刀印刷或回墨的主运动。往复行程即为印件所需要的印刷长度。要求刮墨刀在印刷时，运动轨迹与承印平台保证平行，并尽可能实现匀速运动。往复行程机构有曲柄连杆机构、曲柄滑块机构、链条链轮机构和圆柱塞磁力气缸。

2. 走料装置

走料装置即续纸装置，包括给料部分、传递部分和收料部分。

丝网印刷机的走料装置与其他印刷机基本相似，分为单张料和卷筒料的给料和收料，承印材料通过滚筒传动或手工方式实现给料和收料，特殊的丝网印刷机甚至还可以输送立体承印材料。

由于承印材料的特殊性，导致直接采用承印物定位较为困难。多色套印时，多采用承印平台（携带承印物）移动的方式进行走料和移动定位，以保证套印精度。

3. 干燥装置

由于丝印的墨层很厚，因此油墨的干燥问题较一般印刷方法更加突出。单色丝网印刷机往往不配备干燥系统，工件在印后采用晾架晾干或用烘干箱烘干，而自动生产线或多色丝网印刷机则必须配备干燥装置。

干燥系统的设置，往往要与采用的油墨相匹配，如半自动平面五色丝网印刷机采用远红外电热管热风烘干；使用紫外线固化油墨（UV 油墨）则采用紫外光固化烘干装置。

4. 传动装置和控制装置

控制装置用以进行各功能动作的运动转换和系统的安全控制，而传动装置则用来实现动力和运动传递。动力控制部分一般包括有电机、气泵、液压泵、电磁离合器等，而传动部分包括减速器和调速机构以及各种传动机构。减速器一般采用蜗轮蜗杆减速器。调速机构分有级和无级两类，多数中小型机都采用无级调速机构。传动机构包括齿轮齿条机构、各种连杆机构等。

第二节　丝网印刷机的基本类型

丝网印刷机形式多样，结构差异很大，但其基本原理相同，功能构成相对简单而统一。丝网印刷机有平面印版丝网印刷机、滚筒式印版丝网印刷机、带式印版丝网印刷机以及特殊丝网印刷机四种基本类型，不同的印版形式决定了其不同的实现结构。

一、平面印刷和曲面印刷

丝网印刷的应用范围很广，其承印物的种类繁多。但是，就其承印物形态而言，丝网印刷工艺大致可分为平面印刷和曲面印刷，相应地，丝网印刷机就有平面丝网印刷机和曲面丝网印刷机之分。

1. 平面印刷

平面印刷的承印物为平面状，可以是单张，也可以是卷筒的。

根据承印物的性质，平面印刷的对象包括纸张、广告、卡片类、金属及塑料标牌等单张印刷品的印刷，也包括卷筒纸、软质乙烯薄膜等承印物连续印刷。

进行平面印刷的印刷机有平网印刷机，也有圆网印刷机，其承印平台有的为平面状，有的为滚筒状。

2. 曲面印刷

曲面印刷的对象多为成型物表面，包括玻璃、陶瓷、塑料等各种成型物的印刷。

曲面印刷可以通过平网曲面丝印机或圆网曲面丝印机进行印刷。

曲面丝网印刷机多为半自动的和全自动的，可以是单色的也可以是多色的。

圆网曲面丝网印刷机一般为多色印刷，适宜玻璃、陶瓷、塑料等各种成型物的套色印刷。

曲面印刷与平面印刷相比，在一般情况下油墨的压出较为困难。例如，印刷薄壁的塑料容器，如果向承印面增加印压就会发生变形。遇到这种情况时，首先要向容器内压入空气，防止印刷时变形。如果印版使用的是金属丝网或化纤丝网，那么油墨就容易压出。

二、平型印版丝网印刷机

平网丝印机的网版为平面型的，其工作原理如图 13－3 所示。由于其结构所限，平网的印刷方式只能是往复间歇运动。要么网版固定、刮墨刀往返运动；或者刮墨刀固定，网版往复运动。

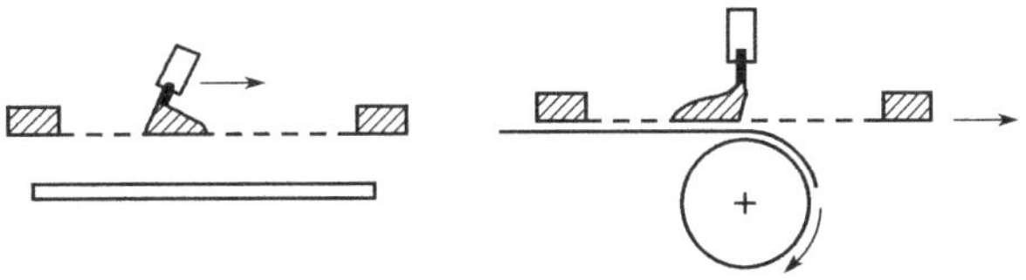

图 13－3　平网丝网印刷机的工作原理

平网丝印机有很多形式，如铰链式、升降式、水平移动式、倾斜滑动式、倾斜升降式、扇形开合式、平台旋转式和滚筒式（续纸）丝网印刷机。

1. 铰链式丝网印刷机

将平网（即版框）的固定在版架上，版架用铰链固定在承印平台一端，其上固定安装着刮墨刀与回墨刀导轨，版架带着印版绕铰链点摆动，如图 13－4 所示。印刷时，将网版放下，刮墨刀刮墨进行印刷；印刷后，将网版抬起，取出印件，完成一次印刷循环。

2. 升降式丝网印刷机

网版始终呈水平状态，可做升降运动，如图 13－5 所示。网版下降后完成刮墨印刷，网版提升时完成回墨行程，同时可以进行印件的取出与安放。由于它利用平台上下往复移动实现印刷和放、取承印物，而且需要足够的空间，因此平台移动距离大，印刷速度较慢。

这种形式有半自动和全自动机型，可使用单张纸，也可使用卷筒纸，这种机型具有工作平稳、套印准确等优点，多用于印刷线路板、电子组件和多色套印。

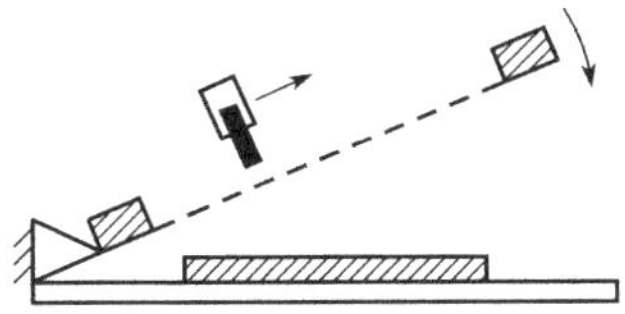

图 13－4　铰链式丝网印刷机

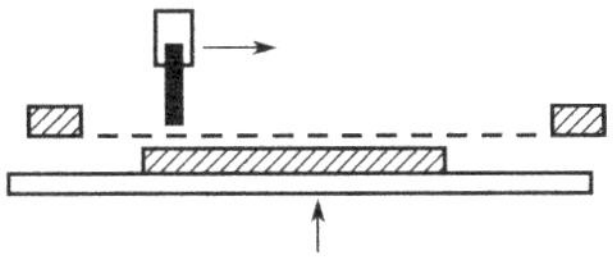

图 13－5　升降式丝网印刷机

3. 台板移动式丝网印刷机

采用台板移动的方式完成承印物的更换（包括工位更换），就形成了台板移动式丝网印刷机。这类丝印机的承印平台始终处于水平状态，但是平台移动的方式不尽相同，因此又有不同的结构形式。

如图 13－6 所示为直线移动式（也称水平移动式）丝网印刷机。在印刷时，印版固定不动，印刷承印平台做水平移动，刮墨刀做水平刮印运动。

这种丝网印刷机的印件取、放均在印刷工作平台滑出时进行，所以印件的定位、取放都较为方便；具有印刷平稳、套印准确等优点，可用于印刷线路板、电子元器件及其他平面形单色、套色印件。

如图 13－7 所示为倾斜滑动式丝网印刷机。承印平台能沿倾斜导轨做斜向上、下水平升降，同样可以很方便地进行给料和收料。

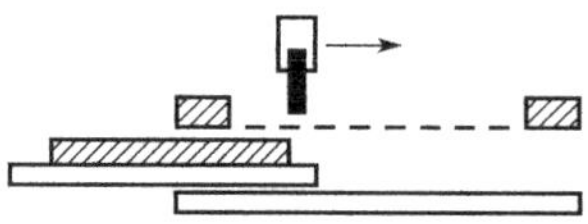

图 13－6　水平（直线）移动式丝网印刷机

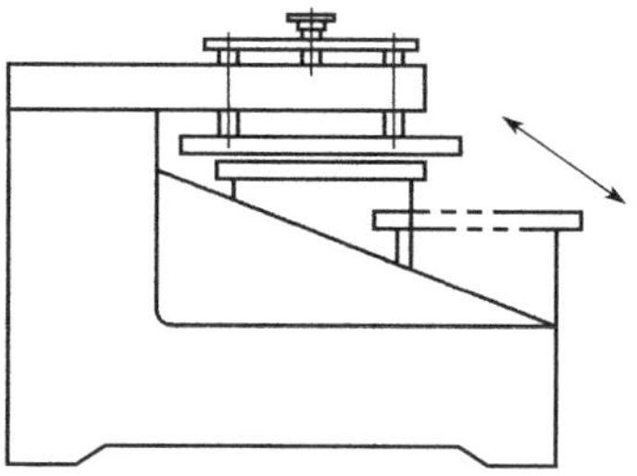

图 13－7　倾斜滑动式丝网印刷机

图 13－8 所示为平台旋转式丝网印刷机。在旋转的承印平台上有数个吸盘，用以固定承印物。平台做间歇旋转运动，每旋转一次，完成一次印刷，同时更换一个承印物。这种机型的特点是精度高、效率高。因为印刷时可同步进行印件的供给与取出，而且因为印刷位置能得到很好的控制，便于与给纸、收纸、干燥传送和堆积装置等连成流水线，实现自动化。

4. 扇形开合式丝网印刷机

这种印刷机，承印平台以里端做支点，可做上下扇形开合运动完成承印物更迭和印刷，其原理如图 13－9 所示。由于空间狭窄，操作者在交换承印物时有一些不便。

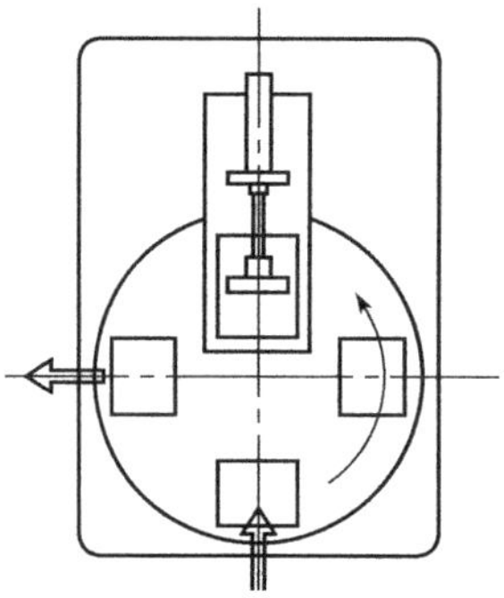

图 13－8　平台旋转式丝网印刷机

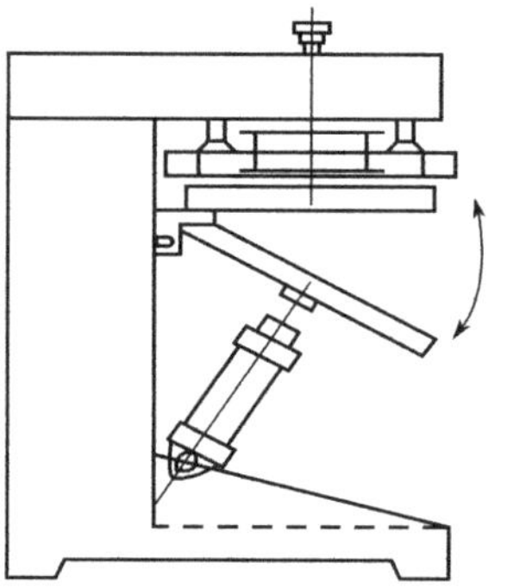

图 13－9　扇形开合式丝网印刷机

5. 滚筒式丝网印刷机

图 13－10 所示为滚筒式丝网印刷机。刮墨刀固定在滚筒上方的中心，印版左右水平移动，滚筒同时旋转。承印物在印刷前被送到预备位置，然后与滚筒一起旋转。滚筒的圆周表面上开有很多真空孔，吸附承印物进行转动印刷。这种机型适用于大型广告印刷。

平型网版丝印机结构简单，但印刷效率低，仅适用于小批量的生产。因为其供墨和刮印不能连续进行，传动机构一般都采用曲柄连杆机构，这就限制了印刷速度的提高。目前，平网机大多为手动和半自动机型，最高印速约为 3000 印/时。

三、圆网丝网印刷机

圆网丝网印刷机的网版呈圆筒形，如图 13－11 所示。圆网 1 的两端有加固端环和支撑轮辐，轴的一端装有传动齿轮，两端的筒体为金属丝网或金属模版。圆筒内部，有传墨辊2和刮墨刀3。工作时圆筒版做连续的旋转运动，刮墨刀不动。

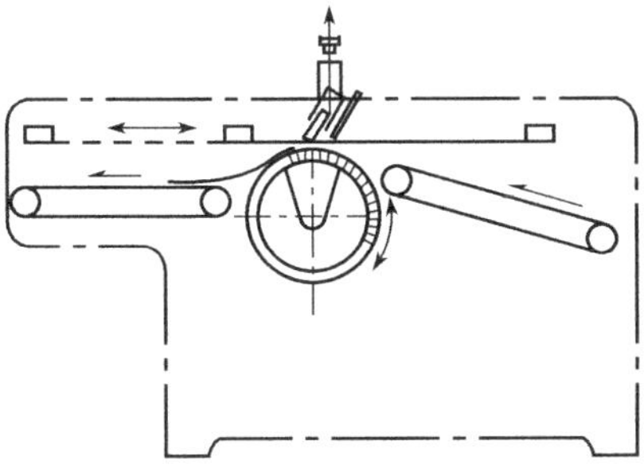

图13－10　滚筒式丝网印刷机

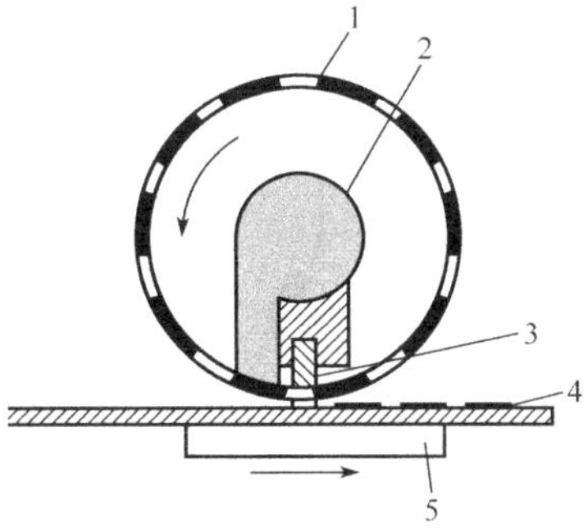

图13－11　圆网丝网印刷机的工作原理

1－圆网；2－传墨辊；3－刮墨刀；

4－纸张；5－承印平台

该机印刷速度可达6000印/时（80m/min），多用于卷筒匹布和墙纸的多色印刷。

圆网丝网印刷机根据支承平台的不同可分为圆网平台平面丝网印刷机和圆网滚筒平面丝网印刷机。

1. 圆网平台平面丝网印刷机

如图13－12所示。刮墨刀2安装在圆网印版1内，承印平台为平面形。印刷时，承印平台固定不动，圆网印版做旋转运动，直立向下的刮墨刀2与圆网内表面呈线接触，将油墨挤压在做水平移动的承印物上。这种机型适用于一般卷筒承印物，如丝绸、布匹、不干胶商标等印刷。

2. 圆网滚筒平面丝网印刷机

如图13－13所示。这种机型与平台式相比，不同在于承印平台是一个圆筒，称为承印滚筒3，印刷时，刮墨刀2保持不动，吸附在滚筒上的承印物4和网版保持等速同步运动；印刷后，印品能与网版迅速剥离。滚筒式承印平台因送料和离网较快，印刷速度较快。这种机型适用于转印花纸及不干胶标签纸的印刷。

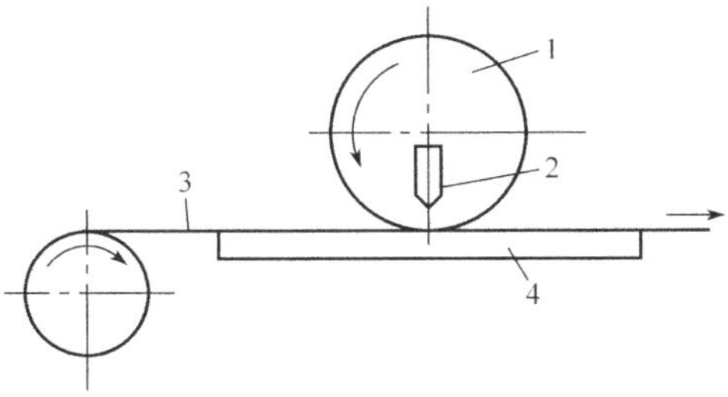

图13－12　圆网平台平面丝网印刷机

1－圆网；2－刮墨刀；

3－承印物；4－承印平台

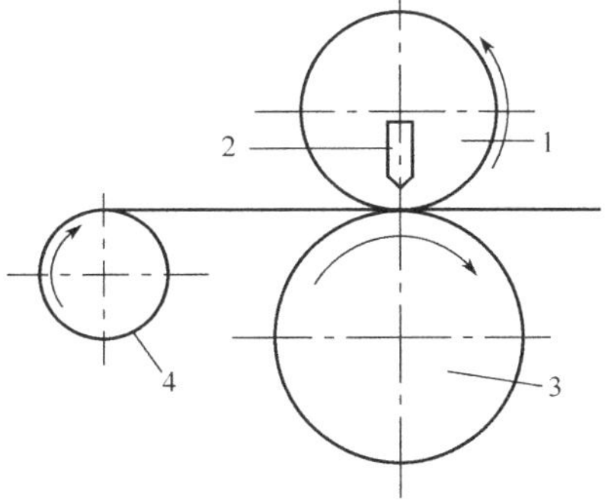

图13－13　圆网滚筒平面丝网印刷机

1－圆网；2－刮墨刀；

3－承印滚筒；4－承印物

圆网滚筒平面丝网印刷机有承印物平移式和承印物旋转式两种结构型式，其工作原理图分别如图 13－14（a）和图 13－14（b）所示。

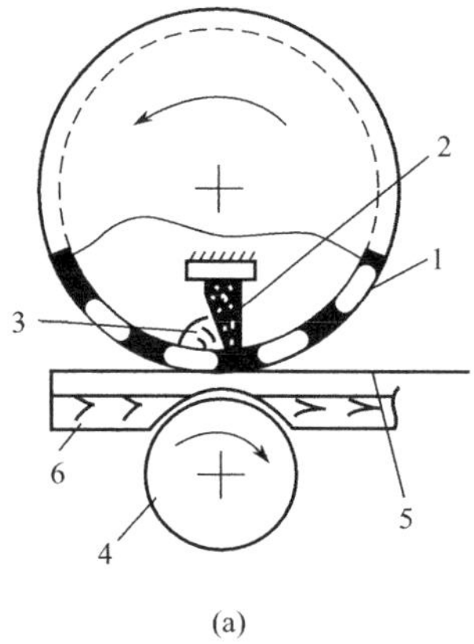

图 13－14　滚筒式印版丝网印刷机工作原理图

1－网版滚筒；2－刮墨板；3－油墨；4－承印滚筒；5－承印物；6－平板

如图 13－14（a）所示为承印物平移式结构，网版滚筒 1（印版紧绷在滚筒上）旋转，刮墨板 2 固定不动，承印滚筒 4 旋转，承印物 5 在平板 6 上递送。印刷时，承印物向右移动，网版滚筒和承印滚筒旋转，当承印物从两滚筒之间通过时，上刮墨板把油墨 3 刮入网孔并漏在印品上形成图案。这种机型尤其适用于印刷不易或不宜弯曲的承印物。

如图 13－14（b）所示为承印物旋转式结构，与平移式结构基本相同，区别在于承印物完全由承印滚筒带动旋转。这种机型尤其适用于印刷软质承印物。

与平面丝网印刷机相比，滚筒式印版丝网印刷机采用了滚筒式印版，取代了往复运动，消除了运动冲击，使结构简单紧凑，提高了印刷速度。

四、带式印版丝网印刷机

速印油印机和轮转油印机都属于带式印版的丝网印刷机。印版是专门在纸（蜡纸、薄膜）上用打字的方法或扫描方法制成的。图 13－15 所示为带式印版丝网印刷机工作图。

如图 13－15（a）所示，网版 l 固定于绕在油墨滚筒 3 上的钢丝网带 2 上，用两墨辊向油墨滚筒 3 表面上墨，油墨由油墨管供给，压印滚筒 8 旋转。

机器工作时，油墨自滚筒 3 的表面经过印版网孔被挤压到印张上，纸张由给纸装置沿台板 6 递送，然后在压印滚筒 8 和油墨滚筒 3 之间通过，印出图像并输出到台板 7 上。

如图 13－15（b）所示为卷筒纸丝网印刷机。数块网版固定在绕于油墨滚筒 12 上的钢丝网带 10 上，由墨辊 13 供给油墨滚筒 12 油墨。机器工作时，纸带 14 通过油墨滚筒 12 和压印滚筒 11，油墨透过印版网孔从油墨滚筒 12 的表面被挤压到纸带上，呈现图案。

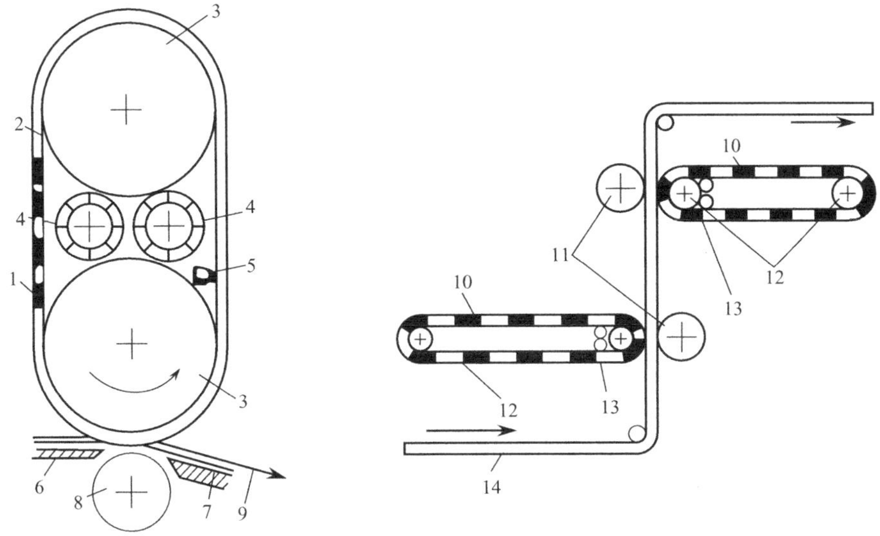

(a)单版式　　(b)多版式

图 13－15　带式印版丝网印刷机工作图

1－网版；2、10－钢丝网带；3、12－油墨滚筒；4、13－墨辊；5－油墨管；6、7－台板；8、11－压印滚筒；9－纸张；14－纸带

丝网印刷机的印品因为墨层较厚，一般需要很长的干燥时间，所以印刷速度都比较低。小幅面的丝网印刷机速度一般不超过4000 印/时，中等和大幅面的丝网印刷机的印刷速度不超过 2000 印/时，卷筒纸丝网印刷机的印刷速度也不高于 1m/s。

五、特殊的丝网印刷机

1. 磁辊丝网印刷机

这种丝网印刷机也称为无刮墨刀丝网印刷机，它是用一根磁性铁辊代替刮墨刀进行印刷的。采用圆网印刷时，如图 13－16 所示，磁辊 3 是相对固定在磁台 5 上。采用平网印刷时，如图 13－17 所示，磁辊 2 是水平移动的。

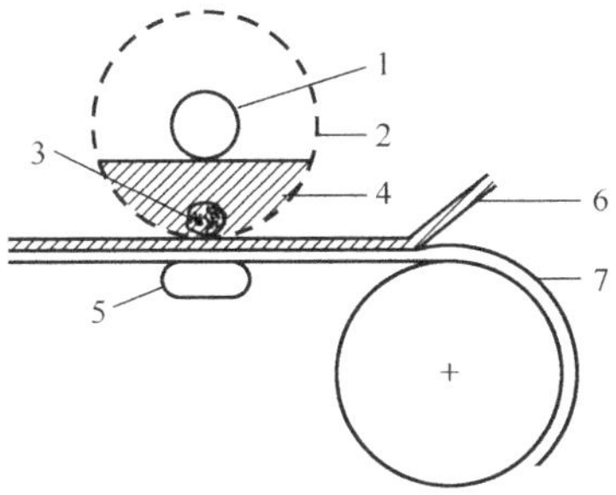

图 13－16　圆网磁辊丝网印刷机

1－供墨管；2－圆网；3－磁辊；4－油墨；5－磁台；6－承印物；7－橡皮布

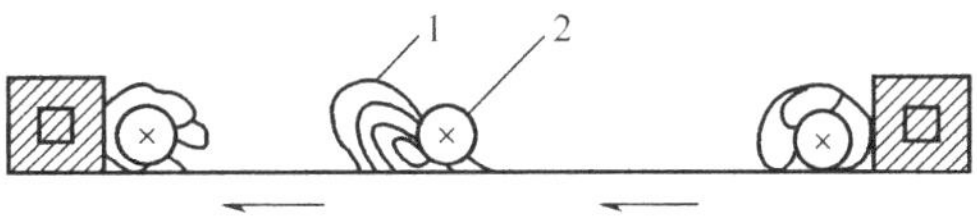

图 13－17　平网磁辊丝网印刷机

1－油墨；2－磁辊

这种印刷机的优点是省去了刮墨刀固定装置及刮墨刀修磨设备，印刷时墨层均匀，出墨量可调节；采用平网印刷时，磁辊可滚压到网框边沿处，扩大了印刷面积，改变磁场方向，可做往返双向印刷，大大提高了印刷速度；滚印比刮印对网版磨损小，能延长印版寿命。但印刷的分辨率不如刮印，目前只用于织物印刷。

2. T 恤衫丝网印刷机

T 恤衫丝网印刷机与平台旋转式丝网印刷机相似，只不过承印平台不是整体的，而且承印物是 T 恤衫，整体结构如图 13－18 所示。这类印刷机多为半自动机型，因为 T 恤衫无固定形状，需要人工完成上料、下料。印刷前，人工把 T 恤衫一件件固定在承印平台上，印好后再把印品取走。承印平台的安装呈圆形（或者椭圆形）放射状，一般为复数（4～12）个，间歇旋转完成工位转换。承印平台的安装个数，按所需印刷色数来决定。这种印刷机的多色套印，依靠 T 恤衫的夹持装置进行定位和对版。

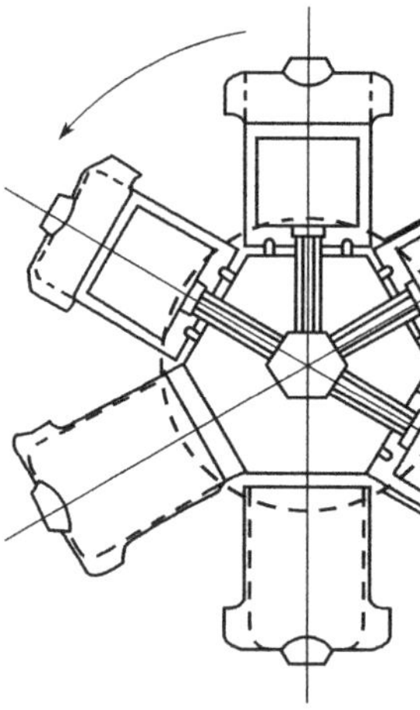

图 13－18　T 恤衫丝网印刷机

3. 静电丝网印刷机

这种丝网印刷机的特点是网版不必与承印物相接触就可进行印刷。所以对于软质有凹凸表面及高温表面的承印物都可进行印刷。

如图 13－19 所示。静电丝网印刷装置，由丝网版 1、模版 2、对抗电极板 4，高电压发生装置组成。其丝网版所绷丝网为导电性能良好的不锈钢丝网。在制成版的不锈钢丝网上接上正电极（＋），负电极（－）的引线同与丝网版相对的平行金属板（对抗电极板）相连接。

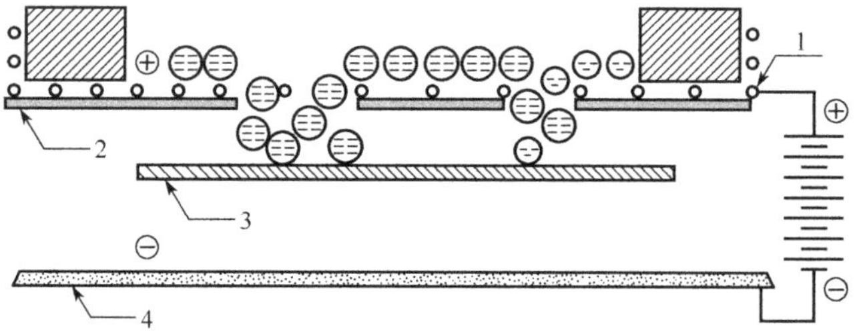

图 13－19　静电丝网印刷机

1－不锈钢丝网版；2－模版；3－承印物；4－对抗电极板

在丝网版内供给粉末油墨，显正负电荷的粉末，如图 13－20 所示。当丝网接近时，表面电荷移动，正负电荷各自集中。带有正电极的丝网接受了粉末油墨的负电荷，使粉末油墨呈带正电荷状态，受丝网和对抗电极板之间的电场影响，从网版的图像部分喷出附着在承印物的表面，然后用加热或加溶剂等办法固着油墨，如图 13－21 所示。

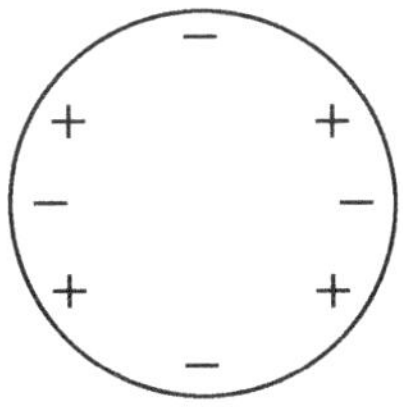

图 13 – 20　正负电荷的粉末

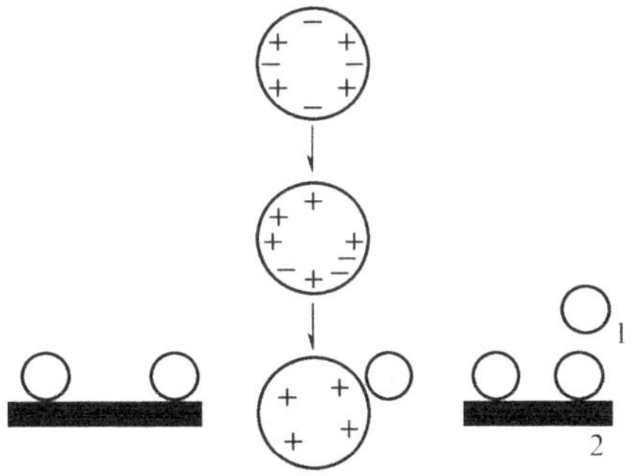

图 13 – 21　粉状颗粒表面的电荷移动

1 – 不锈钢丝网；2 – 模版

第三节　丝网印刷机的主要结构

丝网印刷机结构较为简单，印刷部件结构构成主体结构，主要运动是印刷部件的运动。

一、平型网版丝网印刷机的基本运动

平网丝印机的基本运动包括：刮墨运动、刮墨刀升降运动、印版运动、工作台运动等。

图 13 – 22 所示为当前应用较多的另外两种不同形式的平面丝网印刷机功能运动简图。图 13 – 22（a）为版框水平摆动、工作台上下移动结构；图 13 – 22（b）为版框水平摆动、滚筒旋转运动结构。

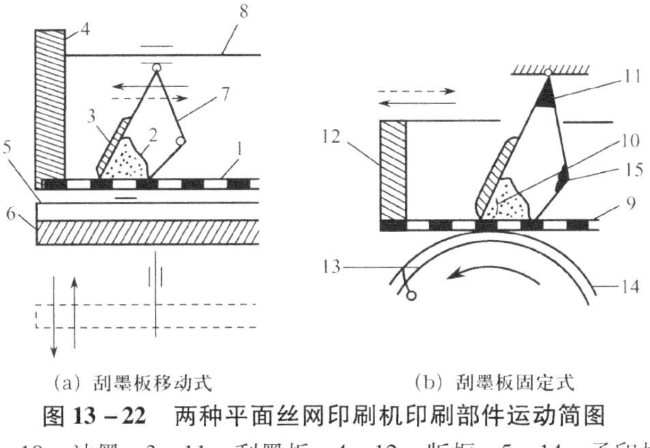

图 13 – 22　两种平面丝网印刷机印刷部件运动简图

1、9 – 网版；2、10 – 油墨；3、11 – 刮墨板；4、12 – 版框；5、14 – 承印材料；6 – 平台；7、15 – 回墨板；8 – 导轨；13 – 滚筒

如图 13 – 22（a）所示为平台上下运动式平面丝网印刷机结构原理。丝网版 1 连同版框固定在固定版框 4 上，其上装有导轨 8，刮墨板 3 在导轨 8 上做水平往复移动。支承承印材料 5 的平台 6 上下往复运动，用以取纸和续纸。印刷时，平台托着承印材料 5 上升与网版 1 接触，刮墨板 3 平移铲刮油墨 2，使油墨漏在承印材料 5 上，然后，平台下降，取出印品。

如图 13 – 22（b）所示为压印面（滚筒）旋转式平面丝网印刷机结构原理。网版 9 连同

固定的版框 l2 做水平往复移动，刮墨板 11 位置固定，滚筒式压印面 13 带动承印材料旋转。印刷时，版框 12 左移的同时，滚筒 13 带动承印材料逆时针方向间歇旋转，由固定于机架上的刮墨板 11 施加压力使油墨 10 透印在承印物 14 上，完成印刷过程。

二、平型网版丝网印刷机印版运动结构

网版运动有摆动式、移动式、升降式、复合运动式之分，因此也就有多种不同的网版运动机构型式。

1. 网版摆动式运动机构

斜臂式平面丝网印刷机的结构如图 13－23 所示，主要由机架 1、传动机构 6、摆架 5、刮墨组件 4、印版装置 3 和印刷工作台 2 等组成。网版通过印版固定装置 3 与摆架 5 固连在一起，在印刷时，印刷工作台 2 固定不动，摆架 5 在传动机构 6（曲柄摇杆机构）的带动下，绕固定铰链实现开合运动，从而带动网版的抬起和落下，以便承印物的供给和取出。刮墨组件 4 在专门驱动机构带动下沿着导杆（装在摆架上，图中未示出）做相对刮墨运动。

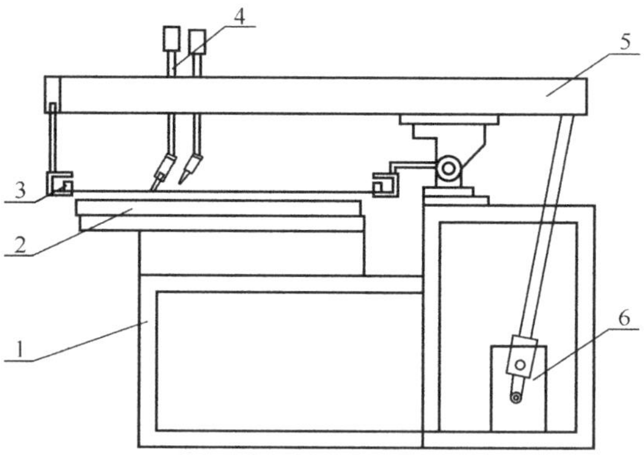

图 13－23　斜臂式（铰链式）平面丝网印刷机结构示意图

1－机架；2－印刷工作台；3－印版装置；4－刮墨组件；5－摆架；6－传动机构

2. 网版移动式运动机构

如图 13－24 所示为网版移动式丝网印刷机的传动原理图。齿轮 5 与齿轮 6 同轴固联，齿轮 5 与扇形齿轮 4 啮合，而齿轮 6 与齿条 7 啮合。轴 1 由电机经变速机构变速后带动曲柄 2 旋转，以连杆 3 带动扇形齿轮 4 来回摆动，然后通过齿轮 5、同轴齿轮 6、驱动齿条 7 往返移动，齿条上安装有网版框架。因此曲柄旋转一周，网版框做一次往复运动，完成一次印刷。

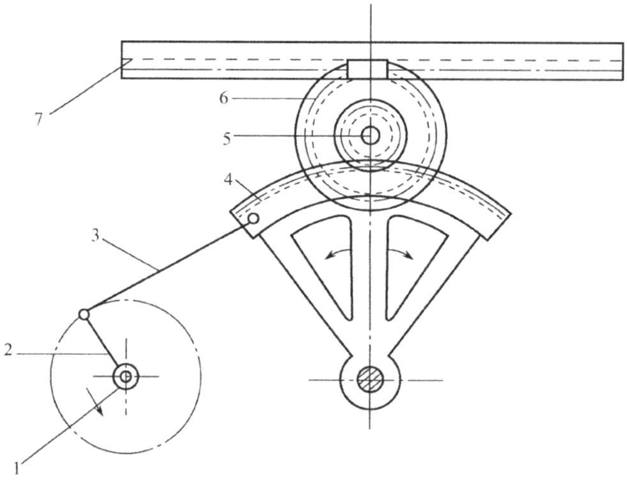

图 13－24　网版移动式传动机构

1－轴；2－曲柄；3－连杆；4－扇形齿轮；5、6－同轴齿轮；7－齿条

3. 网版升降式运动机构

在垂直升降式平面丝网印刷机中，印刷工作台固定不动，网框安装在横梁上。在传动机构带动下，横梁做垂直升降运动，从而带动网版抬起和落下，以便承印物的供给和取出。

垂直升降式丝网印刷机的传动机构是一个垂直安装的对心曲柄滑块机构，由曲柄、连杆、滑块和基座组成（图略）。印刷过程中，由正反转伺服电机带动，实现落版和抬版运动。

4. 复合移动式运动机构

四臂式丝网印刷机传动机构如图 13－25 所示，主运动机构是一个曲柄摇杆机构和平行四边形机构的串联机构。电机在控制下带动曲柄间歇转动，通过曲柄摇杆机构，带动摇杆间歇摆动。由于摇杆是一个平行四边形机构，因此，摇杆的摆动就带着印版装置（与平行四边形的一边固联）便会进行复合平移运动（平动），实现网版的水平移动和垂直升降。

显然，这种机构运动相当于摆动式与垂直升降式的合成，既满足了上、下料的空间需求，又保证了版框始终处于水平状态，避免了油墨的非正常流动。但是，仍然没有摆脱间歇运动和往复运动存在的问题，印刷速度难以提高。

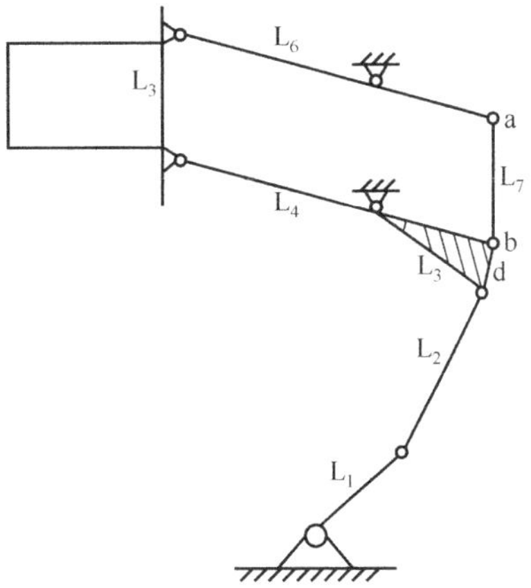

图 13－25　四臂式丝网印刷机的机构简图

三、丝网印刷机的刮墨机构

在丝网印刷中，刮墨装置无论是手工印刷还是机械印刷都是极其重要的组成部分，是丝网印刷中必备的装置。其性能对丝网印刷机的工作效能有着重要的影响。

刮墨机构包括：刮墨运动机构、升降运动机构和刮墨刀组件。

1. 刮墨运动机构

刮墨运动也是丝网印刷的主运动，除了刮墨板固定（版框往复移动）的结构形式外，丝印机都有刮墨运动机构。刮墨刀组件一般都安装在运动导杆上，由专门的运动机构带动其往复运动，完成刮墨与回墨循环。由于刮墨运动必须相对于印版进行，所以运动导杆一般与印版相对固定，多数情况下导杆与印版都装在活动支架（如摆架）上。刮墨运动的传动机构有两种结构形式：齿形带传动和气缸驱动，如图 13－26 所示。

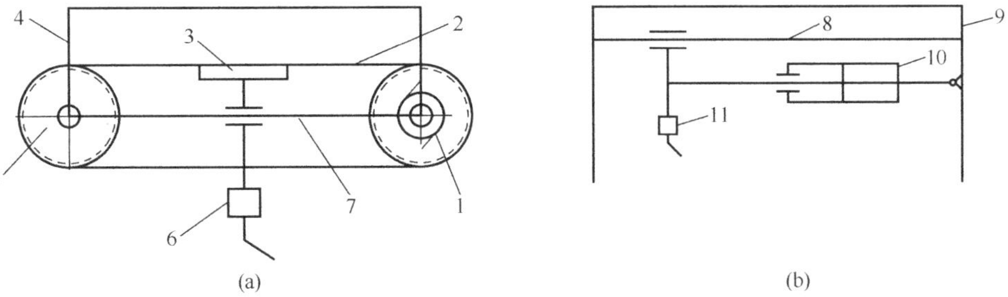

图 13－26　刮墨运动机构简图

1－电机；2－齿形带；3－安装件；4、9－支架；5－皮带轮；
6、11－刮墨刀组件；7、8－导杆；10－气缸

图 13－26（a）中，导杆 7 安装在活动支架 4 上，刮墨刀组件 6 可以沿着导杆 7 水平运动，刮墨刀组件 6 通过安装件 3 与齿形带 2 固连于一体，当伺服电机 1 在电气系统控制下做正反转运动时，便牵动刮墨刀组件 6 实现往复水平运动。

图 13－26（b）中，在活动支架 9 上装有导杆 8 和气缸 10，刮墨刀组件 11 安装在导杆上，在气缸推动下做水平运动。通过气路换向控制，便可实现刮墨与回墨运动。

2. 刮墨刀的升降运动机构

刮墨刀是刮印压力的施力机构，保证工作时刮墨刀施力的均匀性和刮墨刀面的直线度是保证印刷压力均匀的关键。目前丝网印刷机常采用的升降运动机构如图 13－27 所示，两个相同规格的气缸控制刮墨刀升降运动。

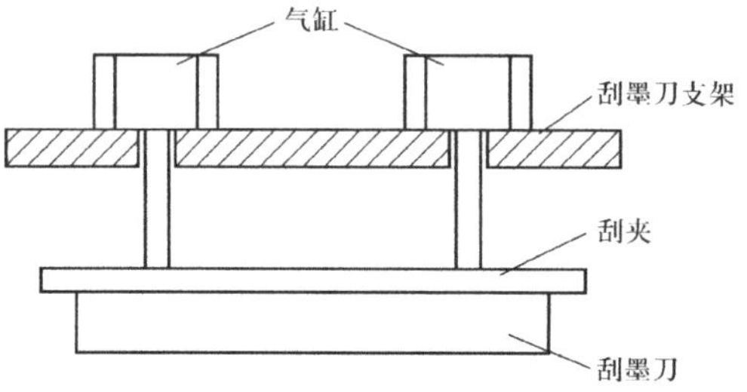

（a）示意图

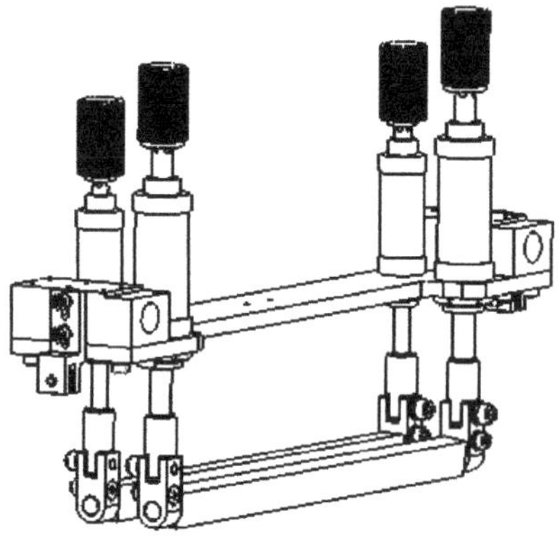
（b）结构图

图 13－27　刮墨刀升降机构示意图和结构图

3. 刮墨板结构

刮墨板（也称为刮板、刮墨刀），是由弹性的橡胶制成，并可以根据图像尺寸大小调节刮墨行程距离。刮墨时，把刮墨板前端抵在印版的内侧，与版面保持一定的角度（45°～70°）。同时加压力刮动，将网框内的油墨通过网孔漏印在承印物的表面上形成图像。刮墨板的结构如图 13－28 所示。

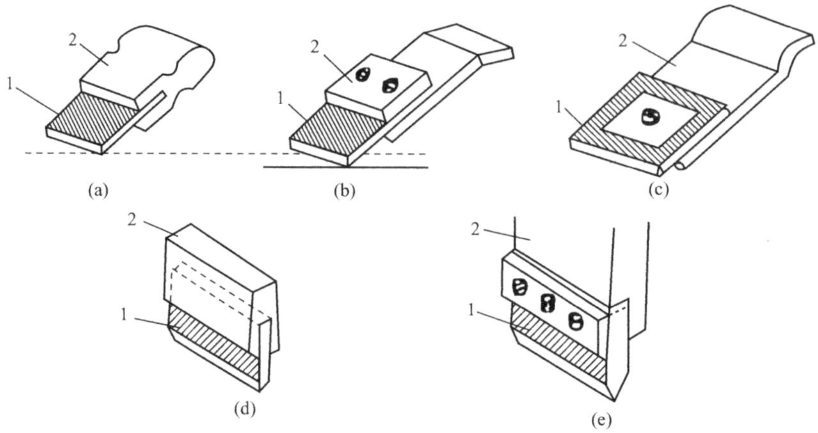

图 13－28　刮墨板结构

1－橡胶刮板；2－刮墨板柄

如图 13-28（a）所示，刮墨板用于手工印刷，故刮墨板装在木柄中。如图 13-28（b）、图 13-28（c）所示是平面印刷机用的刮墨板。如图 13-28（d）、图 13-28（e）所示是塑料和陶瓷等成形品进行印刷时用的曲面印刷机的刮墨板。

对于刮墨板，要求应有较强的耐溶剂性和耐磨损性。其硬度应为 60～80（Hsh）。同时刮墨板与版面形成的角度与刮墨板滑动速度应保持一定，如角度在45°～80°，则速度在60～200mm/s 时，印刷效果较好。

4. 刮墨板长度

印刷用刮墨板的尺寸如图 13-29 所示。

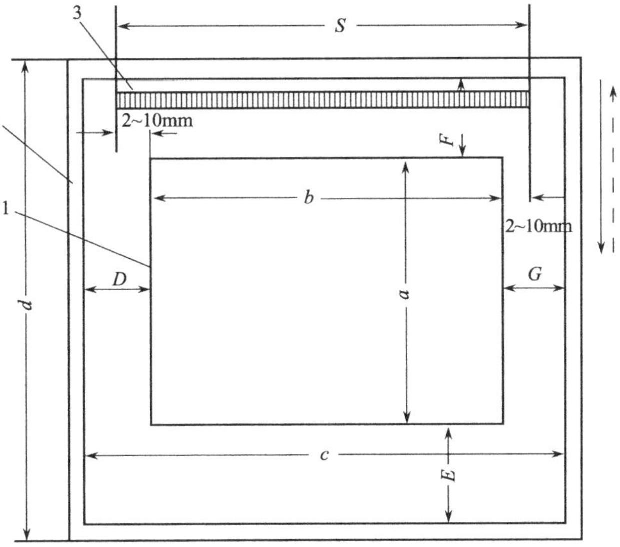

图 13-29 网框与刮墨板尺寸图

1-印刷图像区域；2-网框；3-刮墨刀

图中，$D=E=100\sim150$mm；$E=F=150\sim200$mm。图像宽度为 b，长度为 a。而印刷用刮墨板的长度应比所印图像的两边各长 20～100mm 为宜。

则刮墨板的长度为：$S=b+(20\sim100)\times2$（mm）。

印刷时，印刷图像越大，刮墨板的橡胶应越软；而油墨的黏度越高，则刮墨板应越长，这是因为刮墨板两端容易弯曲，造成压力不足的缘故。

5. 刮墨板的规格

刮墨板的规格一般用尺寸参数和硬度参数来表示，即长度×宽度×厚度×硬度。如 500×50.8×9×60（HA），表示刮墨板长 500mm，宽 50.8mm，厚 9mm，硬度为 60（HA）。

第四节 丝网印刷机的操作与调整

丝网印刷机在开始印刷之前，首先要进行绷网、涂感光溶剂、照相制版（包括冲洗），接着要进行油墨调配、印版安装操作以及承印物定位，最后还必须要对机器进行一系列操作调控。与其他印刷方式相比，丝网印刷机的操作调整明显要复杂得多，而且影响也最大。

一、绷网与绷网装置

绷网是将丝网在一定拉力下牢固地固定在版框上，而绷网装置则是帮助操作者实施绷网的辅助工具，一般也是丝网印刷机工作的配套装置。

1. 绷网

绷网是制作丝网印版不可或缺的一个工序。绷好时必须保证丝网具有一定的张力，以满足感光剂涂布及其他制版要求。丝网张力的大小及绷网质量的好坏将直接关系丝网印版的质量，因而直接影响印刷质量，要求套色的丝网印版，每色版的绷网张力要保证基本一致，这样才能保证套印准确。

绷网方法主要分为手工绷网、机械绷网和气动绷网。

（1）手工绷网

适用于木质网框，通过人手用钉子、木条、胶黏剂等材料将丝网固定在木框上。这种方法绷网张力能达到印刷要求，但很难保证张力均匀，操作麻烦费时，绷网质量不易保证。只用于个体少量印刷和要求精度不高的印品。

（2）机械绷网

机械绷网是利用机械的力量拉丝网绷紧，并用黏合剂将丝网与网框牢固地黏合在一起。待黏合剂干燥后，取下网框，再用聚酯膜平面压敏胶纸带封边，以防黏合剂溶解，并使丝网印版外观整洁。各种材质的网框均可采用机械绷网。

绷网机有两种：一种是采用齿轮齿条机构，另一种是采用蜗轮蜗杆机构。前者通过齿轮齿条机构传递动力，带动绷网机四面的夹头向外拉，以绷紧丝网，使其达到所需要的绷网张力；而后者则是通过蜗轮蜗杆机构传递动力进行绷网。

机械绷网具有张力均匀，绷网时间短，适用于要求精度高的丝网制版。

（3）气动绷网

气动绷网就是依靠压缩空气作为动力的绷网操作。气动绷网机采用空气压缩机作为动力源，气动夹头有双向和单向气动之分。一般成型配置 12、14、16 个气动夹头，绷网时通过调节气压大小来控制绷网张力。通常绢网绷网气压值为 $7 \sim 9\text{kgf/cm}^2$；尼龙丝网绷网气压为 $8 \sim 10\text{kgf/cm}^2$；涤纶丝网绷网气压为 $8 \sim 10\text{kgf/cm}^2$；不锈钢丝网的绷网气压为 $10 \sim 13\text{kgf/cm}^2$。

绷网时，将网框放在绷网台上。用气动夹头将四面丝网夹紧，并通过气压推动夹头的活塞拉动夹头，将丝网绷紧，达到所需要的张力后，用黏合剂将丝网与网框黏合牢固。

气动绷网机绷网张力均匀，操作方便，其绷网张力容易控制，因此获得了广泛的应用。

2. 绷网装置

目前先进的丝网印刷机上的绷网装置多采用气动绷网装置，如图 13－30 所示。

该装置是用气动拉网器绷网的绷网机构。一般由工作台、拉网器、配气装置及控制装置组成。各个气动拉网器均匀地分布在网框四周，一般配置有 8～24 个，每次绷网需用多少个拉网器取决于网框尺寸大小及绷网要求。

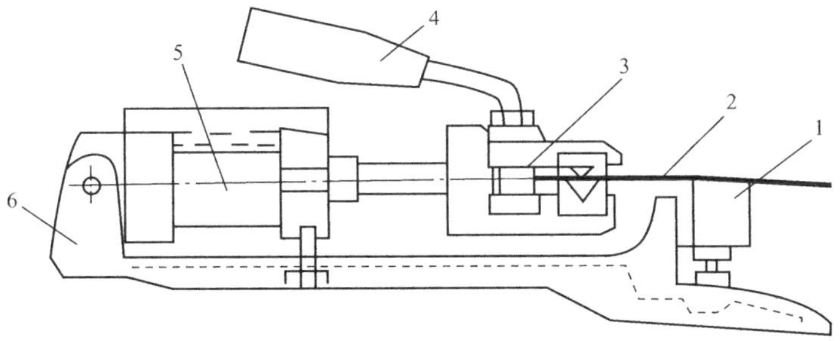

图 13－30　气动绷网装置

1－网框；2－丝网；3－夹头；4－手柄；5－气缸；6－拉网器

绷网时，拉网器紧靠在网框的外边缘上，丝网由夹头夹住，并由锁紧手柄锁紧，夹头固联于气缸的活塞杆上。当气缸中通入压缩空气时，由于活塞杆的移动，使得丝网被拉紧而产生一定的张力。这种气动绷网机构使丝网受力均匀，其张力大小可通过配气气压自由调节。

3. 丝网及其选用

丝网（又称为丝绢、绢网、网筛及纱等）是实现丝网印刷的基础。丝网以一定的张力被平整地绷紧在网框上，作为印版胶膜层的支撑体，即由丝网做经纬丝连接胶膜图像，使之固定于同一平面上，从而不会使封闭环形图文散落，印出符合原稿的印刷品。目前，用作丝网印版的丝网材料主要有蚕丝丝网、涤纶丝网、锦纶丝网（即尼龙丝网）、不锈钢丝网等。

丝网的选择上要考虑确定制版时所采用的丝网种类和加网线数，此外也要考虑丝网的材质和承印物的材料性质。一般有以下几个方面。

（1）根据不同的承印物选择丝网

承印物有纸张、塑料、金属、陶瓷、玻璃等，其表面形状也各不相同。所以，必须考虑承印物的特性来确定丝网。如印品为曲面或表面起伏不平时，宜采用弹性模量小的丝网，如尼龙丝网；对于光滑表面则应选用高回弹力及高张力的丝网；对表面粗糙的纺织品、编织袋、T恤衫等，应选用低目数的丝网；对于绝缘性承印物的材料表面要选用除静电的丝网，如碳化单缕尼龙丝网或金属丝网；对于吸收性强的承印物表面则应选用出墨量大的尼龙丝网。

（2）根据不同墨层厚度选择丝网

在丝网印刷中，墨层厚度与丝网的丝径、孔径和绷网张力有关。要想在印刷中得到厚墨层，则应选择厚网、孔径大的丝网为宜。

（3）根据不同的图像分辨率选择丝网

丝网的孔径越细，编织得越密，丝网的开孔则越小，可以印出极细小的网点，印得的图像分辨率愈高。因此，图像分辨率要求高的精细线条原稿，则应选择细丝网（如选用300目以上的丝网）。然而，当丝网过于精细时，印刷中会出现透墨量减小，造成印刷品的墨量不足现象。

（4）根据不同的油墨性能选择丝网

在丝网印刷中，选用的丝网应与油墨的颗粒及其流变性相适应。一般情况下，透明度比较高的油墨，其颜料颗粒比较细微，油墨透过丝网的性能较好，即便是高目数的丝网也能顺利通过，如塑料油墨等。但是，当油墨颜料浓度高、颗粒又粗大时，则应选用低目数的丝网。

（5）根据不同印刷品的网线数选择丝网

在彩色印刷中，丝网线数越多，网点越细，色彩阶调越丰富。但在彩色丝网印刷中，由于受到丝网孔径、网孔等参数的影响，丝网并非越细越好，它必须与丝网的目数相匹配。一般要求丝网的目数与印刷加网的线数之比为（5∶1）～（6∶1），如印刷60线/英寸的网点时，丝网的目数应为60×6=360线/英寸。即可选用360线/英寸以上的丝网为好。

（6）根据不同模板选择丝网

所选用的丝网应与模板材料及制作方法相适应。例如用直线感光模板时，宜采用防光晕丝网；用间接模板时，则应采用表面经过特别处理的涤纶丝网或镀镍涤纶丝网，以确保粘网牢固；用醇溶性感光模板时，则应选用金属丝网，这样有利于脱模和再生处理。

二、丝网印刷机的操作调整

适当调节操作对丝网印刷尤为重要，需要操作者重视。

1. 导轨、印版与工作台平行度的调整

调整时，以导轨或平台作为调整基准。

①调整平台与导轨的平行（此项调整一般在机器出厂前应调整好）如果两者不平行，因刮墨板是沿导轨运动的，因此会造成刮墨板不能始终以一定的压力接触平台，这样会出现产品故障。当机器长期使用后，因磨损会出现这种故障时，只有对机器进行大修来解决。

②调整丝网印版与平台的平行，如果两者不平行，则网台距（丝网印版底面到印刷面的距离）不一致，这样会引起印刷用力和丝网印版变形不一致。故必须按照网框平面的平行度要求，调整好网框与平台的平行度。

2. 对版调整

所谓对版调整，是指在丝网印刷机上对丝网印版与承印物之间的印刷精度调整。

①高低调整。根据印件厚度和网台距大小进行调整，一般机器的调整量不小于40mm。

②前后调整。一般机器的前后调整量不小于20mm。

③左右调整。一般机器的左右调整量不小于20mm。

④水平角度调控。一般机器水平角度的调整量不小于3°。

⑤套印调整。调整好单色机组的印版与承印物的相对位置，接下来便要根据试印刷的套印误差进行套印调整，逐一对印版水平位置做出精确调整。不同于其他印刷方式，丝网印刷的套印调整通常都是手工操作，费工费时而且精度有限，通常只能达到0.2mm。

3. 刮墨板调控

①刮墨板对平台平行度的调节。在可用左右边的丝杠测试高低的机器上，可以分别调节。在中间转轴带有顶丝的机器上，可以调整顶丝。实质上是对刮墨板左右分别调整高低位置，以达到刮墨板与平台的平行度要求。

②刮墨板倾角的调整。刮墨板倾角调整量在65°～85°的范围内，可根据印刷需要任意选择。

③印刷压力的调整。要与网台距的调整配合进行。在丝网印刷中，印刷压力的调整实际上是对刮墨板高低位置的调整。

④刮墨板长度不能调整，机器出厂时，一般按成套件供应，每套有几种不同长度的刮墨

板，可供选择使用。

4. 行程调整

行程调整包括行程大小的调整和行程位置的调整两方面。采用曲柄摆杆机构的丝网印刷机，可通过对曲柄半径的调整来实现行程大小的调整。曲柄半径增大则行程加大；反之曲柄半径减小，则行程也减小。采用气动驱动机构的丝网印刷机，可通过行程开关位置的调整来实现行程大小的调整。而采用链条驱动的丝网印刷机，其行程大小不能调整。

丝网印刷机行程的调整是根据印刷图案大小进行的。一般调整行程长度要超过图案100～200mm。气动和链条驱动的丝网印刷机行程长度一般超出图案20～50mm即可。

行程位置的调整应该根据印刷图案在平台上的定位位置进行。对于小规格印件的行程，其起始位置应距操作者较近。

5. 网台距的调整

降低丝网印版或升高平台均可实现网台距的调整。调整时一般均采用升高平台的办法，但要保证丝网印版四角的网台距的一致性，要求误差不大于0.5mm。网台距大小的调整，对精度要求较高的印刷品，网台距控制在1～3mm；对普通印刷品，网台距控制在2～6mm；对曲面印刷品，网台距要小些；而对平面印刷品则可大些。只在具有抬网补偿动作时，才允许网台距前大后小。

调整时，需要根据不同的印刷装置进行操作。

手工印刷的调整过程如图13－31所示，将网框夹在夹框器上，选用一定厚度的垫块3放在网框（印版）1和夹框器2底部，将网框1放在水平位置，然后用塞规4测量网框1底面与印刷台5之间的间隙，并用不同厚度的垫块调整间隙大小，直至满足印刷要求为止。调整好以后，将相应厚度的垫块固定在印刷台上，即完成了网台距的调整工作。

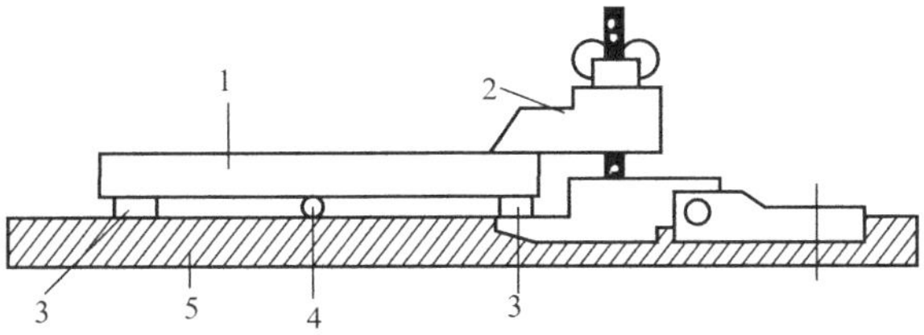

图13－31 网台距调整图

1－丝网印版（网框）；2－夹框器；3－垫块；4－塞规；5－印刷台

机械印刷调整网台距时，应先将网框安装在网框夹具上，并使其与印刷台成相对水平的位置，用塞规测量间隙大小，再通过调节螺栓调整夹框器的上下移动量达到印刷所需要的网台距离后，将螺栓固定，即可进行印刷。

6. 刮墨速度的调整

刮墨速度与机器工作循环周期一般具有确定的相对关系，随机器印刷速度变化而变化。当通过无级变速装置的调节手柄实现整个工作循环周期大小的调整以后，刮墨速度便随之确定。

应该指出，上述调整操作在机器上均配有相应的锁紧机构，在调整后，印刷作业必须在锁紧状态下进行工作。

第十四章 14

其他印刷机

其他印刷机种类也很多，本章简单介绍曲面印刷机、金属印刷机和数字化印刷系统。

第一节　曲面印刷机

曲面印刷机是指对外形呈曲面的承印物进行印刷的印刷机。

根据油墨转移方式或用途不同，可将曲面印刷机分为曲面丝网印刷机、移印机和成型物凸版胶印机等。本节介绍移印机和成型物凸版胶印机。

一、移印机

1. 基本知识

(1) 移印的方法及其应用

转移印刷是指用于某些表面呈现不规则起伏状态的承印物，或者是已经成型的物体，或者是不便于直接上印刷机的软性材料等进行印刷的印刷方法。移印为间接印刷方式，属于特种印刷范畴。

移印机是针对承印物为不规则的异形表面，使用铜或钢凹版，经由硅橡胶铸成半球面形的移印头压向版面，将墨转印至承印物上完成转移印刷的印刷机。

移印机的应用范围十分广泛，除可进行平面印刷外，主要用于各种成型物印刷，例如玻璃制品、塑料制品、金属制品、仪表以及电子、光学制品等，特别是对于不规则的凹凸表面，若用其他方式印刷是很困难的，甚至是不可能的，而采用移印机可实现多色精美的印刷。此外，由于移印机采用油墨为快干型溶剂油墨，干燥时间一般不超过15s，所以可实现多色套印。

移印机适用于印刷图文的面积较小、圆柱形或圆锥形的承印表面，印刷图文的弧长一般不超过圆心角为100°的范围，否则图文变形大，影响印刷效果。

(2) 移印机的分类

移印机按传动方式可分为机械式移印机和气动式移印机两类。气动式移印机具有机构简单，操作方便，运动平稳等特点，所以在国内外得到广泛应用，是目前移印机的主流。

移印机按印刷色数可分为单色移印机、双色移印机和多色移印机。

2. 典型结构

移印机主要由机体、印版装置、输送带、刮墨刀机构和施印机构等组成，移印机的工作过程如图 14－1 所示。

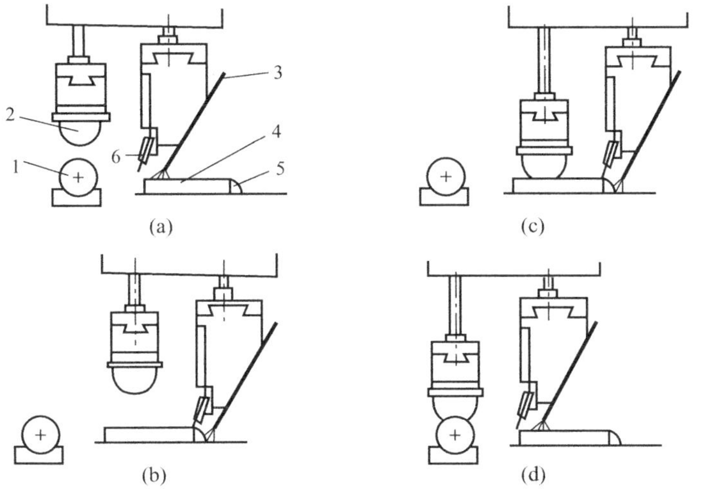

图 14－1 移印机的工作过程图

1－承印体；2－移印头；3－着墨刷；4－印版；5－墨斗；6－刮墨刀

印版 4 固定不动，当移印头 2、刮墨刀 6 向左运动时，由着墨刷 3 对印版 4 着墨，移印头 2 向下运动进行印刷，之后移印头 2 向上运动，如图 14－1（a）所示。当移印头 2、刮墨刀 6 向右运动时，由刮墨刀 6 对版面进行刮墨，将印版 4 上空白部的油墨刮净，此时着墨刷 3 回到墨斗 5，如图 14－1（b）所示。此时移印头 2 已到达印版 4 上部位置。移印头 2 向下运动，对印版 4 施以一定压力，将印版图文上的油墨转印到移印头 2 上，如图 14－1（c）所示。移印头 2 着墨后向上运动，接着移印头 2、刮墨刀 6 向左运动，此时，一方面由着墨刷 3 完成着墨，另一方面，移印头 2 开始向下运动，并对承印体 1 表面施压力完成印刷过程，如图 14－1（d）所示。而后移印头 2 向上运动，回到图 14－1（a）工作状态。

（1）印版

移印机所用凹版一般选用铜或钢版材，版材预加工一般包括平面机械加工、表面处理和研磨等；版材表面应平整、光洁，具有良好的表面质量。凹版的制作一般采用照相凹版腐蚀法，一般图文的腐蚀深度为 0.015～0.035mm；若承印物表面比较粗糙，腐蚀深度为 0.04～0.15mm 为宜。移印机所用凹版具有较高的耐印力，可达 100 万印。选用树脂版材制作凹版，其成本较低，耐印力也可达 5000～10000 印。

（2）移印头

移印头的选择直接影响油墨的转移率和印刷质量。目前所用的移印头主要有软型移印头和硬型移印头两种。软型移印头主要用于单色（色块）印刷或曲面印刷；硬型移印头用于网点套印或平面印刷。移印头由硅橡胶及聚氨基甲酸乙酯树脂等具有弹性的材料经浇注而成。移印头如图 14－2 所示多种类型，根据承印物表面形状选用。

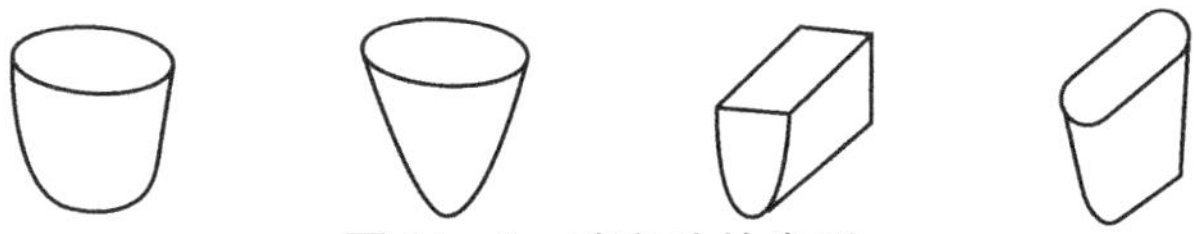

图 14－2　移印头的类型

（3）刮墨机构

刮墨刀和毛刷安装在刮墨刀支承架上之后，再一起安装在横梁的导轨上，它可以沿导轨进行往返水平移动。此外，刮墨刀和毛刷还可以进行上下运动和摆动，当毛刷下降到墨盘时，刮墨刀上抬，毛刷将墨盘铺刷到整个版面上，接着毛刷上抬，刮墨刀下落与版面接触做水平退回，刮去凹版表面上多余的油墨，完成一次上墨动作。

刮墨刀既保证将凹版上多余的油墨刮净，又不能刮掉凹版上图文部分的油墨。因此，刮墨刀应具有良好的平直度和合理的弹性。刮墨刀刀片可分为薄型刮墨刀片（厚度为 0.2mm）、厚型刮墨刀片（0.5mm）和特殊加厚型刮墨刀片，可根据印刷要求合理选用。

二、成型物凸版胶印机

成型物凸版胶印机指以圆柱体成型物为印刷对象，采用凸版胶印印刷方式的印刷机。凸版胶印也称间接凸印，俗称干胶印，是指经中间载体橡皮布将凸印版上图文部分的油墨转移到承印物表面的印刷方式。成型物凸版胶印机按用途不同主要有金属罐印刷机、软管印刷机和安瓿瓶印刷机三种机型。

1. 软管印刷机

软管印刷是指利用弹性橡皮层转印图像的原理对软管进行印刷的方式。

软管容器按所用材料不同主要有金属软管、塑料软管、层压复合软管和吹塑软管四种类型。由于所用材料不同，各种软管有不同的印刷方法。下面仅以金属软管为例说明其印刷的主要工艺过程及其设备。

以铝制软管为例，由于铝软管质量轻、价格比较稳定，适合于高速大批量生产等特点，所以一直得到较为广泛的应用。

铝软管以铝型芯为基材，经底层涂装后进行软管印刷。软管印刷一般选用四色软管印刷机，其基本构成如图 14－3 所示。

该机由四色印版滚筒 P、四色输墨装置 3 和橡皮滚筒 4 构成印刷装置，先将各色版的图文转印到橡皮布上，然后再将印刷图文转移到软管表面。

印刷时，将软管插入回转盘 1 的芯轴 2 上，软管可在芯轴上转动。当回转盘旋转时，靠橡皮滚筒上的橡皮布与软管表面接触施以印刷压力，印版上的图文则按顺序转印，完成多色印刷。印刷后，将软管从芯轴上拔出送入干燥装置进行烘干。

印版一般采用锌版或铝版，通过照相凸版制版法制成凸版，也可采用树脂凸版。

2. 安瓿瓶印刷机

安瓿瓶印刷机是曲面印刷机的一种，采用凸版胶印方式完成曲面印刷。这种印刷方式最初用在圆筒形的安瓿瓶印刷中。现在这种机型还可印刷晶体管、电阻、电容等电子元件。

如图 14－4 所示，成型物 3 经导向板 2 推到送料板 1 上，印版滚筒 P 上图文部分的油墨经橡皮滚筒 B 转印到成型物上完成印刷。由于采用圆压圆印刷方式，且设有专用的自动进料和收料系统，所以可实现大批量高速印刷。

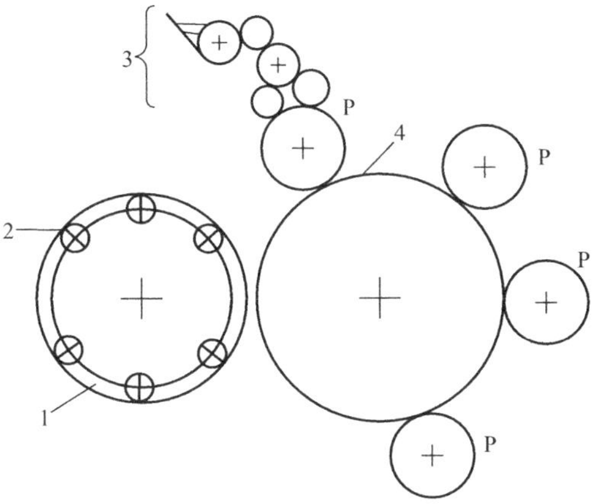

图 14－3　四色软管印刷机

1－回转盘；2－芯轴；3－输墨装置；4－橡皮滚筒

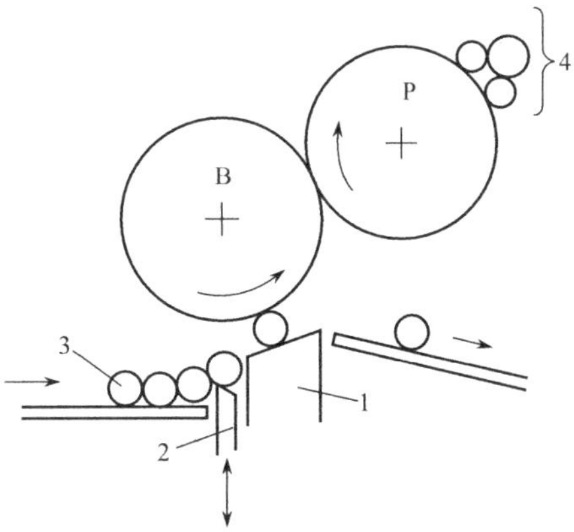

图 14－4　安瓿瓶印刷机

1－送料板；2－导向板；3－成型物；4－输墨装置

第二节　金属印刷机

金属印刷属于特种印刷范畴，它是以金属板、金属成型物及金属箔等硬质材料为承印物的印刷方式。金属承印材料主要包括马口铁、无锡薄钢板、锌铁板、黑钢板、铝板、铝冲压容器以及铝、白铁皮复合材料等。金属印刷广泛应用于各种容器、盖类、建材、家用电器制品、家具、标牌等各种日杂用品的印刷。

金属印刷产品的色彩鲜艳，层次丰富，具有良好的视觉效果，承印材料具有良好的加工性和造型设计的多样性，更好地体现商品使用价值与艺术性的统一。

金属印刷的承印物表面硬度比较大，压力调节要适当，印刷前应进行涂装，以增加金属与油墨之间的附着力；金属印刷的油墨必须具有良好的抗水性能、耐摩擦性和无毒性等。印刷进料时不仅要使用吸嘴，同时还要加马蹄形磁铁，以克服铁皮间的吸附力。被印刷的金属板按其用途不同可采用不同的设备进行加工或成型，这些制品使用时要求具有耐热、耐光、耐磨、耐药物腐蚀等性能。

金属印刷往往选用间接印刷方式，目前大多采用胶印形式。

胶印主要有普通平版胶印、无水平版胶印、凹版胶印以及凸版胶印四种形式。印刷方式的选用示例见表 14－1。

表 14－1　金属印刷胶印形式选择

承印物		印刷方式	主要制品示例
形态	承印材料		
卷材	锌铁板	凹版胶印	建材、装饰板等
片材	马口铁 无锡薄钢板 铝板 黑钢板	平版胶印 凸版胶印 凹版胶印 丝网印刷	罐装容器；点心、药品、装饰品、涂料容器等；玩具、标牌、盖类以及装饰板等

续表

承印物		印刷方式	主要制品示例
形态	承印材料		
金属箔	铝	照相凹版印刷	各类铝箔容器
成型物	铝冲压罐、铝、白铁皮复合罐、软管	凸版胶印、丝网印刷、热转印	装饰品；饮料容器；牙膏、药品、食品等容器

一、金属板印刷机

单张金属板印刷机有圆压平型平版胶印机和圆压圆型平版胶印机两种形式。圆压平型一般采用手工续料，印刷速度较低，适用承印物尺寸较小。印刷批量小的情况，如瓶盖、玩具等的印刷；圆压圆型大多以双色机为主，由于承印物表面吸墨性差，不适用于多色印刷，只适用于印刷双色的产品。

金属板平版印刷机主要由给料部件 1、印刷部件 2、涂装部件 3、干燥部件 4、翻转部件 5、收料部件 6、UV 干燥部件 7 等组成，其基本配置如图 14－5 所示。

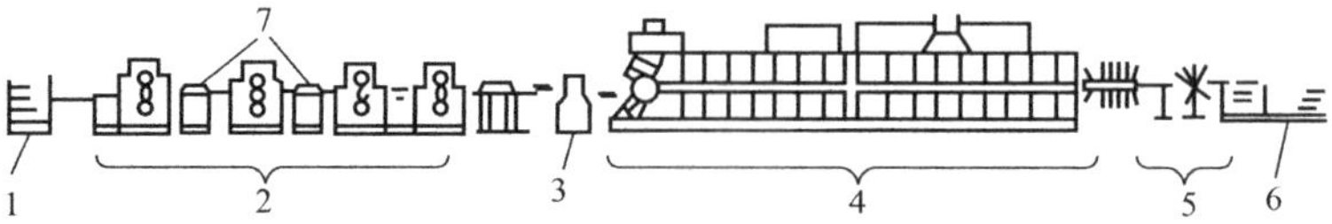

图 14－5　四色金属板平版胶印机

1－给料部件；2－印刷部件；3－涂装部件；4－干燥部件；
5－翻转部件；6－收料部件；7－UV 干燥部件

给料部件 1 由吸嘴、吹嘴、气泵、分气阀及传动装置等组成，结构形式与单张纸胶印机的给纸机基本相同，进料时采用两块马蹄形磁铁，在同一磁场内同性相斥原理使金属板之间产生间隙，再加上吹嘴的吹力，利用磁铁将板料分离，由吸嘴将其送入印刷部件 2。

印刷部件的三滚筒采用接近垂直的排列方式。输墨装置和润湿装置与单张纸胶印机基本相同，涂装部件 3 是利用滚筒的传递使橡皮涂布辊上的涂料均匀地涂布在金属板上，对金属板直接进行印白涂料或打底涂料的印刷，以及对印刷完毕的金属承印物进行上光，也有部分金属印刷机上没有涂装部件，其涂装部件由附属的涂布机进行。涂布机的主要部件有出料辊、传料辊、橡皮涂布辊、刮料辊和刮墨刀等。

在涂装、印刷之后，设置干燥部件，主要有板料干燥机和 UV 干燥部件，板料干燥机的加热方式有直热式和热风循环式。

翻转部件 5 是使印刷后的金属面朝上，以便下一印色的印刷。因为经过自动烘烤流水线干燥的金属印刷品正面是朝下的。

二、卷料金属板印刷机

卷料金属板印刷也称装饰板印刷，在卷筒状的金属板上印刷出连续的图案，主要用于大批量建材印刷，为提高印品的耐久性和可保持性，一般采用凹版胶印方式。这种印刷方式印品墨层较厚，色彩鲜艳，印刷质量较好。

金属表面首先进行脱脂去除氧化膜，在经过化学处理的表面上进行背面底色涂装，然后经干燥和冷却后进行木纹底色涂装和背面二次涂装，再经干燥和冷却，用凹版胶印机完成多色套印，最后通过上光机完成上光涂装后，经干燥、冷却，便可收料复卷。

印刷部件采用凹版胶印机组（见图 14－6），每一机组完成一色印刷，根据使用要求确定凹版胶印机组的数目。

凹版一般采用照相凹版方法制版，也可使用电子雕刻凹版方法制版。印版上图文部分的油墨经橡皮滚筒 B 转印到承印物 5 上，橡皮滚筒 B 上残留的油墨由清洗部件 4 清洗。

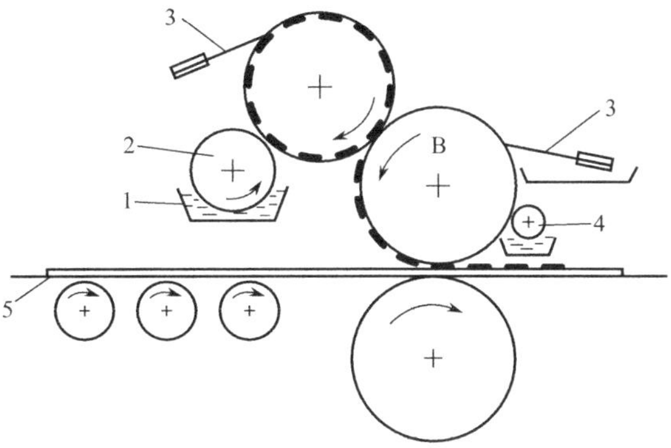

图 14－6　凹版胶印机组

1－墨斗；2－墨斗辊；3－刮墨刀；4－清洗部件；5－承印物

三、金属成型品印刷机

金属成型品主要是指圆筒形金属罐，一般由专用印刷设备对其进行印刷。

金属罐的生产过程一般包括罐体的成型到成品的制作整个的工艺过程，其中涂装和印刷则是生产线的组成部分。现在应用较普遍的金属罐主要是马口铁罐或铝罐，成型后都要经过洗净、表面处理后再进行涂装和印刷。涂装机组与印刷机组同步工作，印刷速度一般在 120～400 个/分范围内。

金属罐印刷机组目前主要以凸版胶印为主流，采用的凸版版材主要是金属和树脂两种。图 14－7 为金属罐四色凸版胶印机。

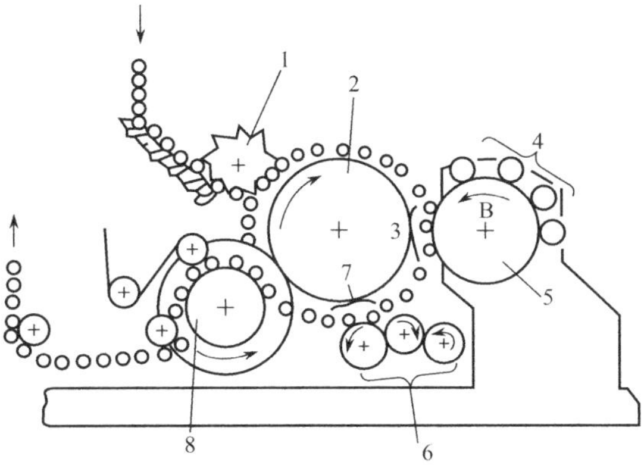

图 14－7　金属罐四色凸版胶印机

1－进料星形轮；2－芯轴转盘；3、7－成型物；4－印版滚筒；5－橡皮滚筒；6－上光部件；8－输出部件

印刷时，进料星形轮 1 将成型物送到芯轴转盘 2 上，四色印版滚筒 4 上的图文先转印到橡皮滚筒 5 上，再转移到装在芯轴转盘 2 上的成型物 3 表面，印刷完后，由输出部件 8 输

出。上光部件 6 设在印刷机组之后，一般采用湿式涂布辊涂布。

为了在印刷表面产生一定光泽，可先涂布白色漆作为底色，然后再进行印刷。

第三节　数字印刷机

数字化和网络化已成为当今印刷技术发展的两个主题，贯穿了整个印刷产业，正在形成一种全新的生产环境和技术基础。数字印刷技术是印刷技术数字化和网络化发展的当今印刷技术发展的新趋势。

数字印刷就是利用印前系统将图文信息直接转换成印刷品的一种印刷复制技术。它与传统印刷概念完全不同，不需要胶片和印版，无水墨平衡问题，简化了传统印刷工艺中十几道烦琐的工序，是一种快速、实用、经济、适合于彩色短版的全新印刷工艺。

一、数字印刷机的发展概况

数字印刷真正成熟是在 20 世纪 90 年代后。

1991 年，美国芝加哥的 Print 1991 展览会上，德国海德堡公司推出了世界上第一台数字式印刷机 GTO - DI，标志着直接制版印刷机新时代的来临。GTO - DI 是在原 GTO 印刷机的基础上改进而成，幅宽为 520mm。仍然采用传统 GTO 印刷机的模块化结构，不同的是其应用了无水胶印工艺，省掉了润湿装置，在其 GTO - DI 四色胶印机上直接生成胶印版。这套直接成像技术的核心技术是美国 Presstech 公司开发出来的电火花硅橡胶雕刻法，从计算机图像处理直接到印刷，省去了其间一系列工序。

1993 年，以色列的 Indigo 公司在 IPEX 印刷展览会上推出了 E - Print 1000 型数字式彩色印刷机。该机采用三滚筒与静电照相技术相结合，可在 A3 幅面的纸张上进行单面四色或六色印刷，采用液态油墨，用 A3 纸四色印刷时印刷速度可达 1000 张/时，图像分辨率为 800dpi。

1995 年，捷克的印刷机制造商 Omni - Adast 和 Presstek 首次推出第一台四开 DI 印刷机 745C DI，不久，同类型 5 色印刷机 755C DI 面世。该系列印刷机是无水印刷机，装有 Presstek 的 PEARL 成像系统，使用的是 PEARLdry 印版。在设备中不仅有可选的双面印刷和涂布单元，还有可选的红外干燥器、计数器、打孔和打号装置。

1998 年，克里奥与海德堡合作，首次研制了世界上第一台有水 DI 印刷机——SM74 DI。其印刷速度可达 1 万印/时，使用普通胶印油墨，并可选用柯达保丽光或爱克发等厂家提供的 CTP 版材，大大降低了使用成本。SM74 DI 是在原海德堡 SM 胶印机的结构上加装了成像装置。可通过 CP2000 的触摸屏对所有的印刷机组同时成像。CIP3 的数据用来计算活件所有色墨的分布情况，然后转给 CP 墨斗进行自动设定，这有助于减少启动时的废纸量，减少印刷准备时间。

2000 年，日本小森应用克里奥的技术，在 Drupa 2000 展览会上，展出了世界上第一台对开四色有水 DI 胶印机——Project D（幅宽为 1020mm）。Project D 的特点是采用克里奥 830nm 高性能、高可靠性的热敏成像头及成熟的 SQUARE spot 技术，能够在免显影印版上以 2400dpi 的分辨力、200 线/英寸的加网线数在 4 分钟内成像。

2008年，在Drupa 2008展览会上，有64家参展商展出了数字印刷机。数字印刷设备快速发展，呈现出了印刷速度不断提升及印刷质量直逼甚至超过胶印的特点。其中，惠普公司推出的印刷宽度为762mm的Inkjet Web Press卷筒纸印刷机，专为报纸、书刊和直邮市场而设计，最高印刷速度能达到2600页/分。这款机器印刷30%满版1页A4纸的彩色印刷成本只有0.01美元，黑白印刷成本只有0.0015美元。

2012年，在Drupa 2012展会的19个展馆中，有6个馆是与数字印刷相关的，而在Drupa 2008展会上只有4个馆与数字印刷有关。数字印刷机无论是速度、质量、幅面，都得到了有效提升，逐渐向胶印靠拢，而且在个性化方面更为突出。其中惠普展出3款四开多色数字印刷机Indigo10000、Indigo 20000、Indigo 30000分别打开了商业印刷、标签印刷和包装印刷市场的新天地，不仅填补了数字印刷机幅面的空白，而且扩大了承印物的范围，各种纸张、PVC、PET，最厚到600克板卡纸均可灵活运用。延展的幅面和多样的承印物让四开以下的所有印刷品均可实现按需印刷，为商业印刷、商标印刷、包装印刷企业提供了完整的数字印刷解决方案。

到目前为止，国内外的数字印刷机已经有了显著的发展，呈现出了技术更新速度快，新机型发布频繁、品质不断提升及印刷速度不断提高的特点。目前呈现出了两大显著的发展方向，首先在于赶超高端胶印的印刷速度（单张纸胶印机的速度已经发展到15000~18000张/时，卷筒纸胶印机的速度已经达到70000份/时）；其次在于提高数字印刷对于普通纸张的适应能力和达到工业标准的稳定性。

二、数字印刷机的分类及特点

1. 分类

数字印刷机是用数字数据实现印刷的机械，数字印刷机实际上是一台高速数字式彩色硬拷贝输出机，它直接接受从印前处理系统传送来的数字式信号，并将其转换成黑白/彩色硬拷贝（印刷品）。目前，数字印刷机的品种很多，见表14-2。

表14-2　数字印刷机分类

<table>
<tr><td rowspan="12">数字印刷机</td><td rowspan="6">无版式</td><td rowspan="2">电子照相方式</td><td colspan="2">固态墨粉</td></tr>
<tr><td colspan="2">液态墨粉</td></tr>
<tr><td colspan="3">电气凝聚方式</td></tr>
<tr><td rowspan="2">喷墨方式</td><td colspan="2">连续喷墨</td></tr>
<tr><td colspan="2">按需喷墨</td></tr>
<tr><td colspan="3">磁记录方式</td></tr>
<tr><td rowspan="6">有版式</td><td rowspan="5">专用机型</td><td colspan="2">有显影</td></tr>
<tr><td rowspan="2">无显影</td><td>有水</td></tr>
<tr><td>无水</td></tr>
<tr><td colspan="2">可擦写</td></tr>
<tr><td colspan="2">套筒式</td></tr>
<tr><td>传统机型</td><td colspan="2">无显影—有水</td></tr>
</table>

2. 特点

传统的印刷生产过程是按照印前、印刷、印后，以及销售环节中的仓储、运输，最后到顾客手中来进行排列的，在时间顺序上具有非常严格的逻辑先后次序。整个生产过程都是以物理载体的转换为特征，从原稿到数字文件，到胶片，到印版，最后到印刷品，都是在不同物理载体之间的相互转换。这就决定了传统的印刷生产需要采用仓储和交通运输的方式来连接和完成不同的生产环节以及产品和中介载体的传送、存储和流通。

而数字印刷却与之不同，尽管它与传统印刷一样仍然需要必要的印前处理，但印前处理所形成的数字文件、页面并不需要立即印刷输出，而是按照数字方式存储在系统中或通过数字网络传输到异地，最后，根据顾客的定货需求再完成印刷输出。显然，这是一种建立在“数字流程 + 数字媒体、高密存储 + 网络传输”基础上的崭新的生产方式。当然，它不会像传统生产方式那样，受到时间和地域的限制。随着技术的发展，实际上只要是在网络覆盖的区域内，不管距离有多远，都可以实现数字文件、页面的实时传输，并按客户的要求印刷输出。因此，也可以说传统印刷是“生产后再销售”的生产模式，而数字印刷是“销售后再生产”的生产模式。因此，数字印刷一旦与网络结合就可以构筑一种全球范围内的按需生产和服务的系统，满足逐渐发展成型的个性化印刷、出版市场的需要。

数字式直接印刷与传统胶印工艺比较，其优点如下：

①直接接受从电子印前系统传来的数字信息，在印刷机上直接成像。

②无须印版和胶片，省去了制版材料和制版等设备。

③印刷过程中可以随时更换信息，所以更新印刷内容快，交货快，能减少产品的库存量。

④简化了工艺流程，生产效率高。

⑤通过计算机网络将数字信息传送到任何地方进行异地印刷。

⑥由于没有印版，数百份以内（或 1 份）印刷品的成本比传统印刷要低，适合于短版快速彩色印刷市场。

由此看出，数字式印刷的优点集中体现在其优异的生产工艺流程，即从计算机到纸张是一个完全的数字式过程，实现了数字式页面向印刷品的直接转化，而且没有任何中介环节，连印版都将不再使用。无版实际上是数字式印刷区别于传统印刷的另一个非常重要的特点。正是因为无版，数字式印刷任何相邻的两张印品都可以不一样，即可以实现可变信息印刷，而这是传统印刷完全不可能实现的；也正是因为无版，数字式印刷产生的印刷品不再包括制版的成本，印刷品的价格基本上与印数的多少没有关系，印 1 张与印 100 张、1000 张、10000 张……的单价基本上一样，而传统印刷由于含有制版的成本，印数与成本之间有密切的关系。由于这些特点，数字式印刷被认为是一种可以提供信息的个人化服务的印刷方式，也就是说顾客要什么就印什么，这也就是按需印刷的基本概念。

三、数字印刷机的工作原理及其控制

1. 无版数字式印刷机

无版数字印刷系统，也称可变数据印刷系统。只有无版可变数据印刷系统才是一种能够从计算机到纸张，实现内容张张不同的全数字化印刷系统，是理想的按需印刷设备。无版印刷是一项从根本上改变传统印刷概念的技术。

可变数据印刷系统的主要技术是采用静电印刷或喷墨印刷原理印刷。

现有无版数字式印刷机包括电子照相方式、电气凝聚方式、喷墨方式和磁记录方式等几大类。墨粉有固态和液态两种，一般是固态占主流，喷墨方式从一般用途到特殊用途有多种类型，根据不同的目的、速度、分辨率及颜色再现范围也不尽相同。对于印数极少的大尺寸的招贴画，喷墨方式将独占鳌头。喷墨技术正与计算机技术以同一水准、同一速度发展。喷墨技术在印刷领域的应用，是21世纪的一大课题。

（1）电子照相方式

电子照相方式是通过数字技术控制对应图像信息的激光光束影响光导体表面上静电电荷的分布，而后带电图像吸引墨粉，再转移到承印物上，色粉经过定型后形成图像，其显色介质主要采用色粉和电子墨。

采用固态墨粉类型的数字印刷机，基本原理是经过RIP处理的图文信息控制激光器，激光器发出的激光束射向有机光半导体滚筒使其成像，再将细微墨粉吸附其上，在滚筒上形成墨粉影像，印刷后，墨粉经加热固定在纸上。

Xeikon DCP－1机型采用卷筒式给纸形式，通过印刷、输出机构的程控裁切机，将卷筒纸切成不同尺寸的印页，其工作原理如图14－8所示。

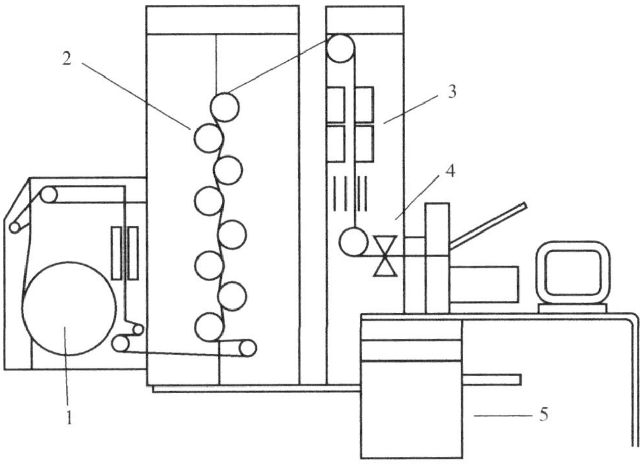

图14－8　Xeikon DCP－1机工作原理

1－进纸；2－印刷装置；3－熔化装置；4－裁切装置；5－RIP（光栅图像处理器）

印刷装置为一涂有有机光电导体（OPC）薄层的铝制滚筒，铝质滚筒首先经一个特殊的电晕放电器充电，使OPC仍然保持带电状态。用发光二极管（LED）光源在电荷均匀的滚筒上成像。OPC滚筒经过照射后，将产生原稿文件的带电图像或潜像。当潜像显影时，曝光的图像部分吸引由磁刷显影系统散布的带电颗粒色粉，也就是静电照相印刷所用的“油墨”，从而在滚筒上产生由色剂组成的真正图像，再将OPC滚筒上的色剂图像转印到纸张上。

滚筒上的OPC涂层为无接缝循环式，因此，滚筒的周长并不限制需要印刷图像的长度。全部成像过程采用同步操作并加以精确控制，数字技术对图像进行精确套准，而不受纸卷或OPC滚筒的干扰，可以精确定时转移每一色的图像。

采用液态墨粉类型的数字式印刷机工作原理如图 14－9 所示。通过网络或磁介质接收到电子印前系统做好印刷电子文件后，对数据进行 RIP 处理，再利用激光成像系统在成像版上形成光电网点图像，图像带有负电荷；喷墨部件将带有正电荷的电子油墨喷射到成像版上，迅速形成油墨图像，继而转印到橡皮布上，通过压印和静电形成使橡皮布上的油墨百分百地转印到纸或其他介质上。在转印过程中，印版滚筒按照色序每旋转一周印一种颜色，而橡皮布上不残留任何墨迹。这主要靠独特的电子液体油墨，以确保印刷机只用一组滚筒就可完成四色或六色印刷。

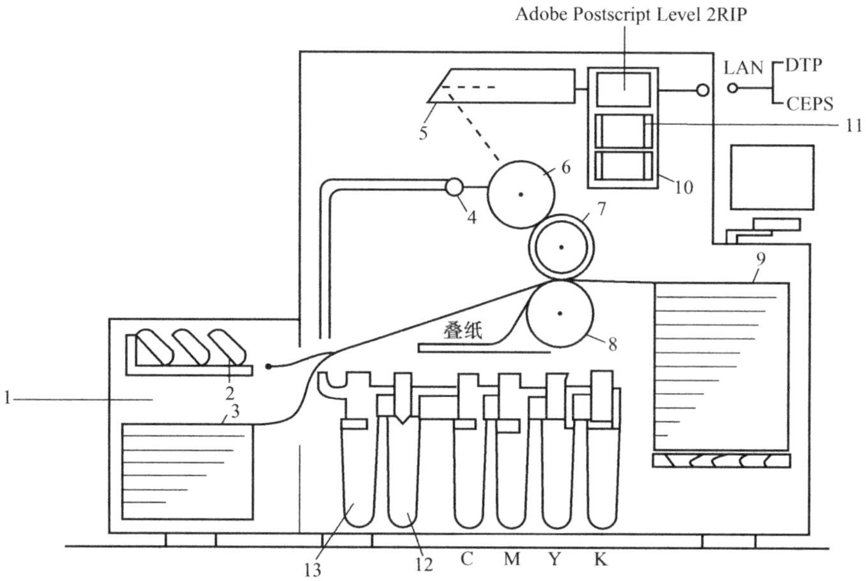

图 14－9　Indigo 数字印刷机工作原理

1－装订；2－小册子；3－纸堆；4－彩色油墨开关；5－激光成像；6－印版滚筒；7－橡皮滚筒；8－压印滚筒；9－输纸部件；10－磁带；11－存储器；12－第五色印刷；13－第六色印刷

Indigo 数字式印刷机不用胶片，也无须晒制印版，只需将计算机处理好的图像、文字文件，送入工作站，由内置的 RIP 对文件进行栅格化处理，而将图像文件转换成不同加网线数、加网角度和网点形状的点阵信息。用这些信息控制 6 束激光的“开”或“关”，而在成像滚筒的有机光导体表面扫描，形成带正电的图文区域和不带电的非图文区域。当带负电的液体电子油墨喷出时，便被吸附到图文区域，接着图文被转移到橡皮滚筒上。此时，第一色黄色便印刷到橡皮滚筒 7 与压印滚筒 8 之间的承印物纸张上。往复 4 次，便可完成色序为 Y→M→C→K 的四色套印。

（2）电气凝聚方式

电气凝聚成像是一种全新的成像方式，具有非常高的成像速度，这种成像方法采用电化学凝聚原理，通过电极之间的电化学反应导致油墨发生凝聚，使一种水性的反应油墨从液体状态转换成为固体状态，从而使油墨固着在成像滚筒表面形成图像区域，没有发生电化学反应的非图文区域的油墨依然是液体状态。然后，通过一个刮墨刀的机械作用可以将非图文区域的液体油墨去掉，使滚筒表面只剩下图文区域的固着油墨。最后，通过压力的作用可以将固着在成像滚筒上的油墨转移到承印物上，从而实现影像记录，完成印刷过程。

这种成像方式对承印物没有特殊要求，可以在普通纸上成像，使用颜料与传统的胶印相似，印刷质量可达到中档胶印水平，印刷速度可达到每分钟数百张，价格在喷墨成像与静电照相系统之间。

加拿大的 E1corsy Technology 公司研究开发电气凝聚方式的机型。其工作原理是：首先将油状膜层涂布在图像形成滚筒表面，在膜层上均匀地喷涂一层油墨，当产生的电场到达图像形成滚筒表面时，瞬间会在其表面发生电化学反应生成三价铁离子，通过滚筒表面的保护膜进入油墨层，使油墨凝聚，产生大小、厚度与图像信号对应的油墨点，然后清除多余油墨并将油墨转印到纸张上。

系统一组只能印刷一色，多色印刷或双面印刷需多组连接排列，印刷图像接近连续调。

（3）喷墨方式

喷墨印刷是通过控制细微墨滴的沉积，在承印材料上产生需要的颜色与密度，最终形成印刷品的一种复制技术。其原理如图 14－10 所示。喷墨印刷原理的数字印刷系统是用电子控制一股高速微细墨滴，使液体油墨在压力下通过一排微细的喷墨嘴 2（一般直径在 30～50μm），利用数字信号控制喷墨时间或利用高频动作切割喷射墨流成连续墨流，利用同极充电偏转板引导喷射到承印物上，最后通过油墨与承印物 1 的相互作用实现油墨影像的再现。

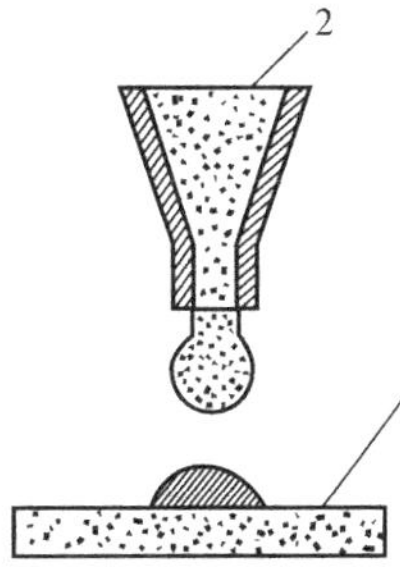

图 14－10　喷墨成像原理

1－承印物；2－喷墨嘴

为使油墨具有足够的干燥速度，并使印刷品具有足够高的印刷密度和分辨率，一般要求油墨中的溶剂、水能够快速渗透进入承印物，而油墨中的呈色剂（一般多为染料）应能够尽可能固着在承印物表面。因此，所使用的油墨必须与承印物匹配，以保证良好的印刷质量，正因为如此，一般的喷墨印刷系统都必须使用专用配套的油墨和承印材料，这是喷墨成像系统的一个缺点。

从原理上讲，喷墨印刷属于最高速的成像体系，喷射方式不同，墨滴的产生速度可以在每秒数千滴到数十万滴的范围内变化。但是喷墨印刷的高速性还取决于具体的喷墨方式，采用线阵列多嘴喷头的体系具有非常高的印刷速度，也是数字印刷系统通常采用的方法；采用独立喷头往返运动的印刷方式速度就比较低，但容易实现大幅面印刷，是大幅面彩色喷绘（包括彩色数字打样）通常采用的方式。

根据油墨的使用方式的不同，喷墨方式可以分为两种：连续式喷墨印刷和按需喷墨印刷，这两种喷墨复制技术在原理上有很大的差别。

①连续喷墨印刷原理。

连续喷墨印刷是指液体油墨在高频震荡压力作用下，从喷嘴中喷出形成均匀连续的墨滴流。由于在喷嘴处设有一个与图形光电转换信号同步变化的电场，使得喷出的墨滴在充电电场中有选择地带电。根据其偏转对象的不同又可分为连续偏转喷墨印刷和连续不偏转喷墨印刷。

连续偏转喷墨印刷是当墨滴流继续通过偏转电场时，带电的墨滴在电场的作用下发生偏转，越过集液器，形成印刷的油墨束，以高速喷射冲击在承印物表面上，形成图像和文字。

而未带电或带电少的墨滴不受偏转电极的影响，直接穿过电极而被集液器拦住，进入墨水循环系统，以便循环使用。为了进行正确的信息记录，需利用振荡器激励射流形成墨滴，并对墨滴的尺寸大小和间距进行控制。此外，还要对带有电荷的墨滴进行偏转控制，确保墨滴（受偏转电极电位控制的墨滴）到达需要印刷的位置。如图 14－11 所示。

连续不偏转喷墨印刷与连续偏转喷墨印刷方式的原理相同，差别是形成图像和文字的墨点不受偏转磁场的影响，以自然状态直线飞行喷射到承印材料表面形成图文部分，而不形成图像和文字的墨点则在偏转磁场的作用下被集液器拦住，进入墨水回收循环系统。在印刷过程中通过移动承印材料完成图文的整体印刷过程。如图 14－12 所示。

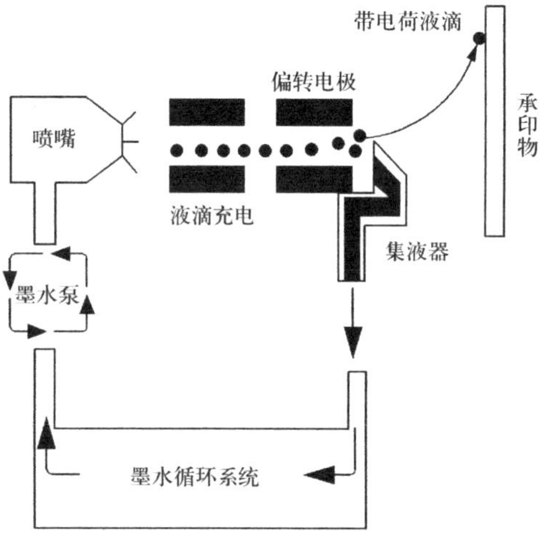

图 14－11　连续偏转喷墨印刷

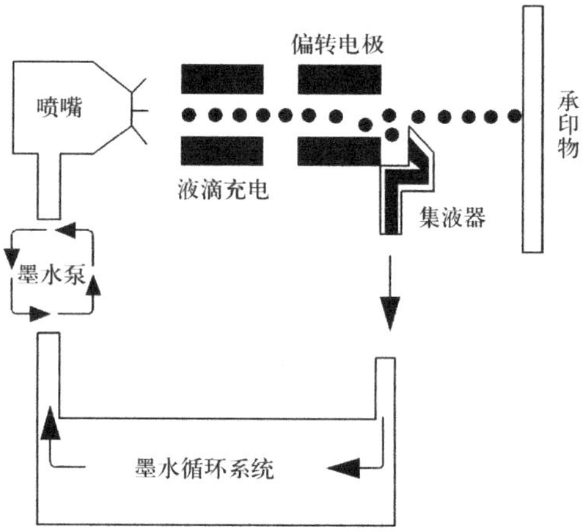

图 14－12　连续不偏转喷墨印刷

②按需喷墨印刷原理。

按需喷墨印刷原理是当需要印刷时，通过加热或压电效应把数字信号转成瞬时的压力使油墨形成微小的墨滴从喷嘴喷出，由计算机控制喷射到设定的图案处而完成印刷。如图 14－13及图 14－14 所示。按需供墨与连续供墨的差别在于作用于储墨盒的压力不是连续的，只有需要印刷时才会有压力作用。由于没有了墨滴的偏移，集液器和墨水回收循环系统就可以省去，数字印刷机的设计与结构得以简化。

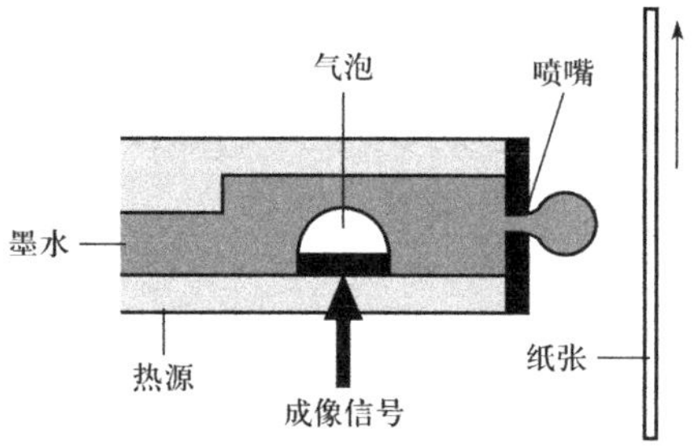

图 14－13　加热喷墨印刷

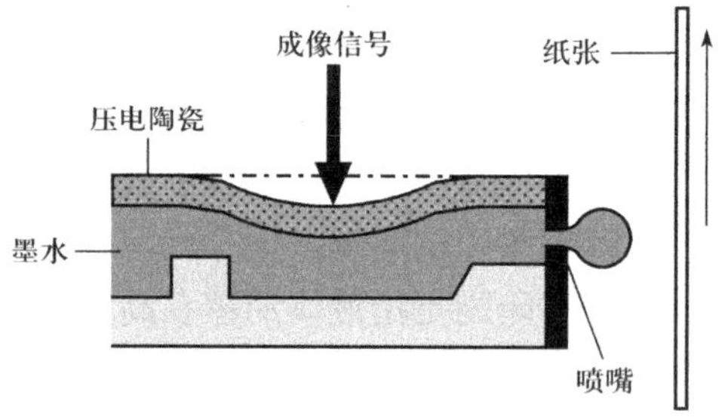

图 14－14　压电喷墨印刷

（4）磁记录方式

如图 14－15 所示，这种成像技术与磁带的记录技术采用相同的记录原理，即依靠磁性材料的磁子在外磁场的作用下定向排列，形成磁性潜影，然后再利用磁性色粉与磁性潜影之间的磁场力的相互作用，在成像滚筒 1 上完成显影，最后将磁性色粉 3 转移到承印物上完成印刷。

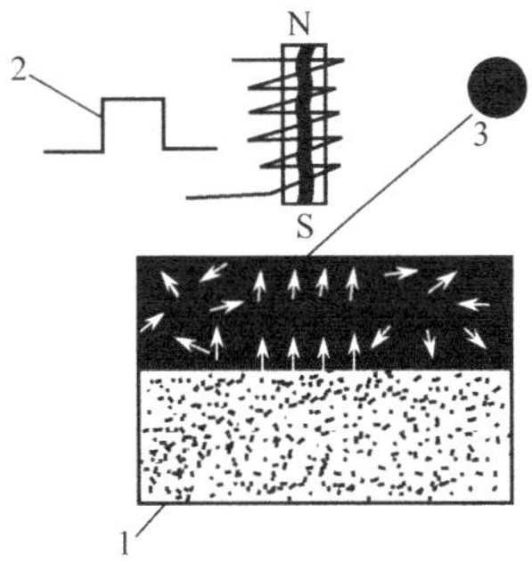

图 14－15　磁记录成像原理

1－成像滚筒；2－脉冲；3－磁性色粉

磁性色粉采用的磁性材料主要是三氧化二铁，由于这种材料本身具有很深的颜色，因此，这种方法只适合制作黑白影像，不容易实现彩色影像。可以在普通承印物上成像，印刷质量只相当于低档胶印的水平，适合于黑白文字和线条印刷，印刷速度为每分钟数百张。

由此可见，无版数字印刷系统从原理上是最能满足按需印刷要求的数字印刷设备，但就目前发展状况来看，其印刷质量和印刷速度还无法与传统印刷方式或者数字印刷系统相抗衡。

2. 有版数字式印刷机

有版数字印刷系统大多通过安装在印刷机上的激光成像部件实现在机制版或对相当于印版的转印介质进行直接数字制版，并采用胶印方式完成印刷，它基于胶印印刷原理。数字印刷系统印版材料主要使用银盐、聚酯或金属印版及可擦除印版介质，主要面向的是对开以下的单张承印材料，也有一些可以进行卷筒纸印刷，一般都可进行双面印刷。普遍采用激光成像技术，印刷分辨率较高，最高分辨率可达 3200dpi。

有版数字式印刷机，指在印刷机上装有某种曝光设备，对印刷滚筒上的印版直接进行曝光的印刷机。有版数字式印刷机根据版材的种类，分为有显影和无显影两种。

（1）有显影式

日本网屏公司的 TruePress 数字式印刷机，在双倍径滚筒方式的四色印刷机上安装了三菱 Silver 数字式制版机，由 CTP 与显影机组合而成。

TruePress 系统包括一个高性能控制器、数字成像系统和印刷两个单元，版材在安装到滚筒上以后可直接成像，分辨率可达 3000dpi 和 175dpi。印版装卸、曝光、显影、定位实现全部自动化，成像完成后采用胶印印刷，印刷质量接近传统胶印印刷水平。

采用胶印印刷方式，使用一般的油墨，也可使用专色油墨，印刷纸张厚度为 0.3 ~ 0.06mm，纸张的尺寸范围可达 545mm × 394mm。在印版自动记录曝光后，可单面四色和双面双色印刷，印刷最高速度为 8000 张/时。

TruePress 基本机型是一台单面四色印刷机，加上附属部件后也可实现双面双色印刷。工作原理如图 14－16 所示。

第一印版滚筒 6 被置于制版位置 8 处的成像头 10 下面，柔性的聚酯版材从暗盒传送到印版滚筒上，使用 633nm 波长的氦氖激光进行记录曝光。曝光后在位于印版滚筒下方的显影部件中显影，显影后就向下同第一橡皮滚筒 4 接触。第二印版滚筒 7 也同样的进行曝光、显影，并同第二橡皮滚筒 5 接触。制版完成后，供墨装置 9 供墨，纸张从给纸装置 2 经压印滚筒 1 传送到收纸装置 3，完成印刷。

印版滚筒采用了分离式结构，在印版滚筒上可同时晒两个色版，如在第一印版滚筒 6 上装青和品红两色版，在第二个印版滚筒 7 上装黄和黑两色版，可实现四色印刷。

TruePress 的自动化程度较高，整个曝光过程，包括印版的装卸、成像、显影、定位、墨斗辊调节、橡皮布清洗和印刷压力调节都自动完成。由于曝光过程是从印版装到滚筒后才进行的，因此保证了良好的套准精度。

（2）无显影式

如图 14 – 17 所示，QM – DI46 型印刷机采用卫星型滚筒排列结构和无水胶印原理，保证了套印精度。

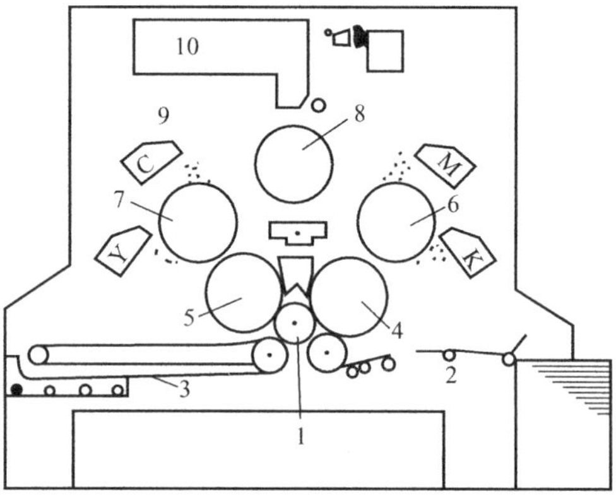

图 14 – 16 TruePress 数字印刷机

1 – 压印滚筒；2 – 给纸装置；3 – 收纸装置；
4 – 第一橡皮滚筒；5 – 第二橡皮滚筒；
6 – 第一印版滚筒；7 – 第二印版滚筒；
8 – 制版位置；9 – 供墨装置；10 – 成像头

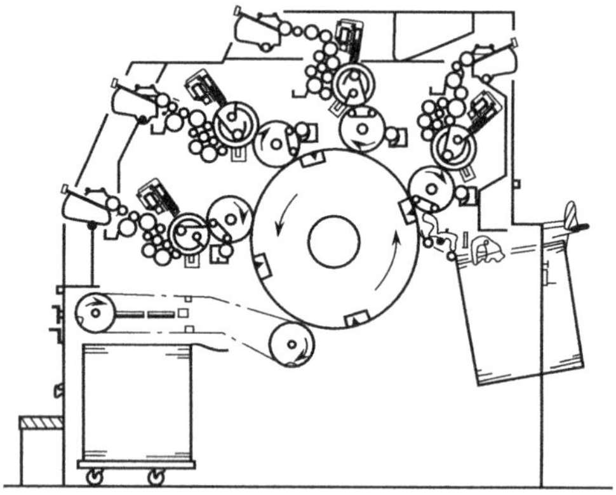

图 14 – 17 QM – DI46 型数字印刷机

滚筒采用斜齿轮传动和滚枕接触印刷方式。四个印刷单元均为气动控制，每个印版滚筒内部有两根平行的轴：供版轴和收版轴。每个供版轴上都装有一卷印版，可供 35 个活件使用。在换版时，利用新型上版部件，进行全自动换版操作，整个过程只需 30s。

无水胶印印版的非图文部分利用了硅酮胶层的疏墨特性，无须使用胶印润版液，但必须使用专用油墨。无水胶印油墨与印版硅胶层接触时，溶剂很快向硅胶层扩散、渗透而产生膨润现象，在硅层表面形成界面溶剂层，使油墨层剥离。因此，界面溶剂层的形成是实现无水胶印的先决条件。

由于无水胶印取消了能起冷却作用的润湿液，因而在大批量印刷时，油墨因受热而分解，引起非图文部分蹭脏。因此，必须在供墨部件安装冷却系统，通常采用水冷和风冷两种方法。

图 14 – 18 为 QM – DI46 型印刷机的供墨系统。该机采用中央水制冷系统，将水通过冷却部件输入到供墨部件，如墨斗辊、串墨辊、匀墨辊的辊芯内，将胶辊冷却，以保持供墨系统恒温，使油墨达到良好的黏度和流变性。一般高速的印刷机采用串墨辊水冷系统，而中速印刷机采用匀墨辊水冷却或风冷系统。

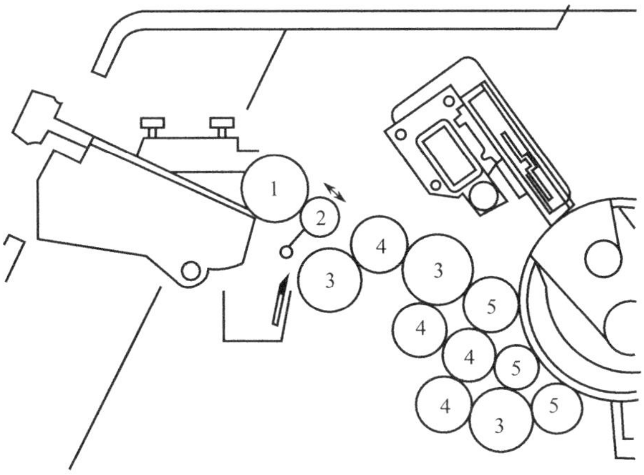

图 14－18　QM－DI46 型印刷机的供墨系统

1－墨斗辊；2－传墨辊；3－串墨辊；4－匀墨辊；5－着墨辊

当印版成像时，供墨系统将全部离压，以减少墨辊磨损，尤其防止油墨变质。该机型的每个印刷单元的供墨系统由 12 根墨辊组成，即三根串墨辊 3、三根着墨辊 5、四根匀墨辊 4、一根传墨辊 2 和一根墨斗辊 1。其中三根着墨辊的着墨量比例为 88:8:4。

该机型还装有自动墨量预设部件，CPC 油墨预设系统能计算出各色版最佳的墨量参数，当印刷速度改变时，供墨量也会随之自动调整；也可以通过控制台调整各个墨区的墨量和墨带宽度。

采用风冷部件向印版滚筒吹送冷风，使其印版冷却，防止印件蹭脏。输纸、收纸部件与普通胶印机基本相同。

海德堡公司推出 Speedmaster 74 DI 直接成像印刷机，是以海德堡速霸 74 胶印机为基础制造，其最高印速为 15000 张/时，最多可以印刷六色；还可以附加上光、翻转和干燥装置等，印刷的纸张厚度为 0. 03 ~0. 6mm。速霸 74 DI 使用感热铝基胶印版，记录幅面为 605mm ×745mm，记录分辨率为 2400dpi。采用 CPC 和 CP－Tronic 进行自动装版、自动清洗、自动套准、自动墨量和润版液量控制，因此，印刷质量和效率达到了较高的水平。

（3）可擦写式

曼罗兰公司最新数字胶印机 DICOWeb。该机采用 Creo 激光方形网点热成像技术，如图 14－19 所示。从印前系统接受数字化数据，用一条热转移带 1 在滚筒表面成像，如图 14－19（a）所示，转移带由一层薄薄的聚合物及转移层组成，通过激光 2 转移到印刷表面 3 的像素形成受墨区域。然后加热元件 4 使滚筒表面图像定影，如图 14－19（b）所示；之后将滚筒调整至受水状态，即可印刷。印完一个活件后，操作者用布 6 及清洗液 5 即可擦掉滚筒上的油墨及热转移材料，10min 后便可进行新活件的印刷，如图 14－19（c）所示。

该机的版材可重复使用，在印版滚筒外套上一个专用材料的金属筒，将转移带上的物质转移到这个专用的金属套筒上，使该套筒具备亲油和亲水的印刷特性。印刷完成后再用清洗液将套筒洗净，准备下一次的成像。所以称为可擦写式数字印刷机。

目前，该机印版的耐印力不是很高，只有 3 万印左右，专用的金属套筒在连续使用 300 次后就需要更换。一套系统可同时在 12 个成像部件上成像，半分钟完成一张 A4 幅面的图像成像，该机适于印刷 500 ~30000 份的印件。

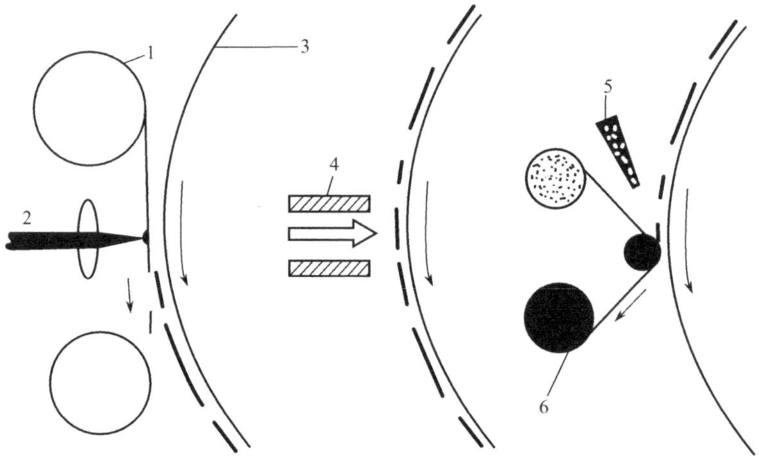

图 14－19　DICO Web 胶印成像过程

1－热转移带；2－激光；3－印刷表面；4－加热元件；5－清洗液；6－布

参考文献

[1] 冯瑞乾. 印刷原理与工艺. 北京：印刷工业出版社，1999.
[2] 肖道钧. 胶印工艺技术读本. 北京：印刷工业出版社，1995.
[3] 范凌群. 平版胶印印刷工艺. 北京：印刷工业出版社，1999.
[4] 刘昕. 胶版印刷工艺原理. 北京：印刷工业出版社，1996.
[5] 王淑华，许鑫. 印刷机结构原理与故障排除. 北京：化学工业出版社，2004.
[6] 冯昌伦. 胶印机的使用与调节. 北京：印刷工业出版社，1996.
[7] 武吉梅. 单张纸平版胶印印刷机. 北京：化学工业出版社，2005.
[8] 方振亚. 平版胶印印刷机械. 北京：印刷工业出版社，1995.
[9] 田如茹，袁金盛. 现代平版印刷设备手册. 北京：印刷工业出版社，1995.
[10] 许文才，智文广. 现代印刷机械. 北京：印刷工业出版社，1995.
[11] 蔡吉飞，龙熙芳，甘书梅，刘少有. 胶印机维修. 北京：印刷工业出版社，1998.
[12] 王淑华，许鑫. 印刷机结构与设计. 北京：印刷工业出版社，1994.
[13] 谢普南. 印刷设备. 北京：印刷工业出版社，2003.
[14] 钱军浩. 印刷机械. 北京：化学工业出版社，2004.
[15] 张海燕. 印刷机与印后加工设备设计. 北京：中国轻工业出版社，2004.
[16] 钱军浩. 现代印刷机与质量控制技术. 北京：中国轻工业出版社，2001.
[17] 刘世昌. 印刷品质量检测与控制. 北京：印刷工业出版社，2000.
[18] 蔡吉飞. 胶印领机必读. 北京：印刷工业出版社，1994.
[19] 李小东，朱新莲. 印刷设备. 北京：国防科技大学出版社，2002.
[20] 钱军浩. 印刷设备电气控制. 北京：化学工业出版社，2003.
[21] 徐宏飞. 印刷机械电路. 北京：中国轻工业出版社，2001.
[22] 杨皋. 印刷设备电路与控制. 北京：印刷工业出版社，1998.
[23] 孙竞斋. 胶印机结构与调节. 北京：中国轻工业出版社，1982.
[24] 成刚虎. 印刷设备使用与维修丛书——单张纸胶印机. 北京：化学工业出版社，2006.